Deepen Your Mind

Deepen Your Mind

序

2015 年 7 月，Windows 10 作業系統正式發行，新版本的作業系統在 UI 介面、安全性和易用性等方面都有了大幅提升。64 位元作業系統已經普及，但傳統的 Win32 API 也屬於 Windows API。因為不管編譯為 32 位元還是 64 位元的應用程式，使用的都是相同的 API，只不過是擴充了一些 64 位元資料型態。目前 Microsoft Windows 在作業系統市場中佔據相當大的百分比，讀者學習 Windows 程式設計的需求非常迫切。但是遺憾的是，近年來可選的關於 Windows API 的圖書較少。

使用 Windows API 是撰寫程式的一種經典方式，這一方式為 Windows 程式提供了優秀的性能、強大的功能和較好的靈活性，生成的執行程式量相對比較小，不需要外部程式庫就可以執行。更重要的是，無論將來讀者用什麼程式語言來撰寫 Windows 程式，只要熟悉 Windows API，就能對 Windows 的內部機制有更深刻、更獨到的理解。

熱愛逆向研究的讀者都應該先學好 Windows API 程式設計，而初學 Windows 程式設計的讀者可能會非常困惑。於是，在 2018 年年初，我產生了一個想法：複習我這 10 年的程式設計經驗，為 Windows 開發人員寫一本深入淺出的符合市場需求的圖書。本來我計畫用一年的時間撰寫本書，可是沒想到一寫就是 3 年！

本書針對沒有任何 Windows API 程式設計經驗的讀者，因此儘量做到通俗易懂。為了確保本書內容的時效性，MSDN 是最主要的參考。我的初心就是把這 10 年的程式設計經驗毫無保留地分享給讀者，並幫助讀者學會偵錯技術。另外，為了精簡篇幅，大部分程式的完整原始程式碼並沒有寫入書中。讀者透過本書可以全面掌握 Windows 程式設計，對於沒有涉及的問題也可以透過使用 MSDN 自行解決。

本書基於 Windows 10 和 Visual Studio 2019（VS 2019）撰寫，並提供了大量的範例程式。首先介紹學習 Windows 程式設計必備的基礎知識，並對可能用到的字串處理函數做詳細講解。萬事開頭難。我從只有 4 行程式的最簡單的 HelloWorld 程式開始，然後介紹具有標準 Windows 程式介面的 HelloWindows 程式。對於這兩個入門程式的每一行甚至每個單字我都進行深入介紹，講清楚其中的原理，讓後面的學習水到渠成。接著，我會介紹 Windows 視窗程式、GDI 繪圖、鍵盤與滑鼠以及計時器和時間等內容。然後，我會介紹一個程式介面所需的選單、圖示游標、點陣圖、子視窗控制項、對話方塊和其他資源等。最後，我會帶領讀者透過 Photoshop 切片和自繪技術實現一個優雅的程式介面。

目標讀者

(1) 初學 Windows 程式設計的讀者透過本書可以高效全面地掌握 Windows 程式設計。

(2) 學習 Windows 程式設計多年但仍有困惑的讀者透過本書可以系統地學習 Windows 程式設計的各方面。

(3) 其他任何愛好或需要學習 Windows API 程式設計的讀者，透過本書可以更進一步地了解 Windows API 程式設計的基本技巧。

讀者需要具備的基礎知識

在閱讀本書之前，讀者必須熟悉 C 或 C++ 語法。除此之外，不需要具備任何其他專業知識。

致謝

　　本書可以成功出版，得益於多位專業人士的共同努力。感謝家人的無條件支援，感謝微軟以及 CSDN 的朋友、15PB 資訊安全教育創始人任曉琿、《Windows 核心程式設計》的作者陳銘霖、《Windows 環境下 32 位元組合語言程式設計》的作者羅雲彬、微軟總部高級軟體工程師 Tiger Sun 以及各軟體安全討論區的朋友對本書提出寶貴的建議以及認可和肯定。

　　由於我的能力和水準的限制，書中難免會存在疏漏，歡迎讀者批評指正。讀者可以透過 Windows 中文網與我溝通。

作者簡介

　　王端明，從 2008 年開始參與 Windows API 程式設計，精通組合語言、C/C++ 語言和 Windows API 程式設計，精通 Windows 環境下的桌面軟體開發和加密 / 解密。曾為客戶訂製開發 32 位元 / 64 位元 Windows 桌面軟體，對加密 / 解密情有獨鍾，對 VMProtect、Safengine 等高增強式加密保護軟體的脫殼或記憶體更新有深入的研究和獨到的見解，喜歡分析軟體安全性漏洞，曾在金山和 360 等網站發表過多篇防毒軟體漏洞分析的文章。

目錄

第 1 章 基礎知識

1.1 Windows 的特色..................... 1-2

1.2 程式語言的分類..................... 1-3

    1.2.1 機器語言..................... 1-4

    1.2.2 組合語言..................... 1-4

    1.2.3 高階語言..................... 1-4

1.3 安裝 Visual Studio 開發工具.... 1-5

1.4 HelloWorld 程式..................... 1-6

    1.4.1 引入標頭檔 Windows.h 1-7

    1.4.2 入口函數 WinMain....... 1-8

    1.4.3 MessageBox 函數..... 1-15

1.5 程式編譯過程........................ 1-18

1.6 字元編碼 ASCII、擴充 ASCII、
DBCS、Unicode 和 ANSI 1-21

    1.6.1 ASCII..................... 1-21

    1.6.2 擴充 ASCII................ 1-22

    1.6.3 雙位元組字元集 DBCS1-23

    1.6.4 Unicode 國際化......... 1-23

    1.6.5 ASCII 和 ANSI 1-25

1.7 字元和字串處理................... 1-25

1.7.1 字元和字串資料型態.. 1-25

1.7.2 常用的字串處理函數.. 1-30

1.7.3 Windows 中的 ANSI 與
Unicode 版本函數 1-61

1.7.4 ANSI 與 Unicode
字串轉換................... 1-63

1.8 結構資料對齊 1-65

第 2 章 Windows 視窗程式

2.1 認識 Windows 視窗ー............... 2-2

2.2 第一個 Windows 視窗程式 2-4

    2.2.1 註冊視窗類別
（RegisterClassEx）...... 2-7

    2.2.2 建立視窗
（CreateWindowEx）... 2-15

    2.2.3 顯示視窗
（ShowWindow）
和更新視窗客戶區
（UpdateWindow）...... 2-20

    2.2.4 訊息迴圈................... 2-22

    2.2.5 視窗過程................... 2-25

2.3 Windows 資料型態............... 2-35

第 9 章 對話方塊

第 10 章 通用對話方塊

第 1 章
基礎知識

本章首先簡介 Windows 的特色和程式語言的分類，然後透過撰寫第一個
Windows 程式，詳細講解這個程式的組成，介紹一些程式設計基礎知識。

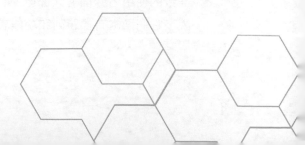

1.1 Windows 的特色

　　Microsoft Windows 是美國微軟公司研發的一套作業系統，它問世於 1985 年，起初僅是 Microsoft DOS 字元模式環境，由於微軟不斷地更新升級，後續的系統版本不但好用，而且也慢慢地成為使用者喜愛的作業系統。Windows 採用了圖形化使用者介面（Graphic User Interface，GUI），與以前的 DOS 需要輸入命令的方式相比更為人性化。隨著電腦硬體和軟體的不斷升級，微軟的 Windows 也在不斷地升級，從架構的 16 位元、16 + 32 位元混合版（Windows 9x）、32 位元，再到 64 位元，系統版本從最初的 Windows 1.0 到大家熟知的 Windows 95、Windows 98、Windows ME、Windows 2000、Windows XP、Windows Vista、Windows 7、Windows 8、Windows 8.1、Windows 10， 以及 Windows Server 2003、Windows Server 2008 和 Windows Server 2016 企業級伺服器作業系統，並仍在持續更新。微軟始終致力於 Windows 作業系統的開發和完善。

　　Windows 作業系統的主要特點包括圖形化使用者介面、多使用者、多工，網路支援良好、多媒體功能出色、硬體支援良好、可供下載使用的應用程式許多等，這些特點足以讓它廣泛流行。以下是 Windows 的 3 個主要的特點。

- 圖形化使用者介面。這是 Windows 最重要的特色，使用者由此擺脫了原有字元模式作業系統必須死記硬背的鍵盤命令和令人一頭霧水的螢幕提示，改為以滑鼠為主，可以直接和螢幕上所見的介面進行互動。

- 多工。Windows 是一個多工的作業系統環境，它允許使用者同時執行多個應用程式。每個應用程式在螢幕上佔據一塊矩形區域，這個區域稱為視窗。而且視窗是可以重疊的，使用者可以移動這些視窗，或在不同的應用程式視窗之間進行切換，並可以在不同的應用程式之間進行資料交換和通訊。

- 一致的使用者介面。大部分 Windows 程式的介面看起來都差不多，舉例來說，它們通常有標題列和功能表列。

程式設計師更關心的是隱藏在底層的細節，Windows 究竟提供了什麼便利？對程式設計師來說，Windows 的以下特徵更為重要。

- 大量的 API 函數呼叫。Windows 支援幾千種函數呼叫，涉及應用程式開發的各方面，程式設計師可以開發出具有精美使用者介面和卓越性能的應用程式。

- 裝置獨立性。應用程式並不直接存取螢幕、印表機和鍵盤等硬體裝置。Windows 虛擬化了所有的硬體，只要有裝置驅動程式，這個硬體就可以使用。應用程式不需要關心硬體的具體型號，這個特性與 DOS 程式設計中需要針對不同的顯示卡和印表機等撰寫不同的驅動程式相比，對程式設計師的幫助是巨大的。

- 記憶體管理方便。由於記憶體分頁和虛擬記憶體的使用，每個應用程式都可以使用 4GB 的位址空間（Win32），DOS 程式設計時必須考慮的 640KB 記憶體問題已經成為歷史。64 位元系統支援的位址空間更大。

Windows API（Application Programming Interface）是 Microsoft Windows 平台的應用程式設計發展介面，其主要目的是讓應用程式開發人員可以呼叫作業系統提供的一組常式功能，而無須考慮其底層的原始程式碼實現及內部工作機制。API 函數是構築整個 Windows 框架的基石，它基於 Windows 的作業系統核心，上層是所有的 Windows 應用程式。

1.2 程式語言的分類

程式語言的種類非常多，整體來說可以分為機器語言、組合語言和高階語言三大類。電腦所做的每一個操作，都按照用電腦語言撰寫的程式來執行，程式是電腦要執行的指令集合。程式是用我們所掌握的電腦語言來撰寫的，想控制電腦就需要透過電腦語言撰寫程式向其發出命令。

1.2.1 機器語言

電腦內部只能辨識二進位碼，用二進位的 0 和 1 描述的指令稱為機器指令。全部機器指令的集合組成電腦的機器語言。電腦把 0 和 1 描述的指令轉為一列高低電位，使電腦的電子器件受到驅動並進行運算。用機器語言撰寫的程式稱為目的程式，只有目的程式才能被電腦直接辨識和執行，但是機器語言撰寫的程式沒有明顯特徵，難以記憶，不便閱讀和書寫，且依賴於具體機器，局限性很大。機器語言屬於低階語言。

1.2.2 組合語言

組合語言和機器語言都是直接對硬體操作，同樣需要程式設計者將每一步具體的操作用指令的形式寫出來，只不過組合語言的指令採用了英文縮寫的快速鍵，更容易辨識和記憶。組合語言程式通常由 3 個部分組成：指令、虛擬指令和巨集指令。組合語言程式的每一句指令只能對應實際操作過程中的很細微的操作，例如移動和自動增加，因此組合語言來源程式一般比較冗長、複雜、容易出錯，而且使用組合語言程式設計需要程式設計師具備較多的電腦專業知識，但是組合語言的優點也是顯而易見的，例如有些硬體底層操作透過高階語言很難實現，組合語言生成的可執行檔（.exe 或 .dll）比較小，而且執行速度很快。

1.2.3 高階語言

高階語言主要相對於組合語言而言，它並不是特指某一種具體的程式語言，而是包括了多種程式語言，例如 C、C++、Java。高階語言是大多數程式設計人員的選擇，和組合語言相比，它不但將許多相關的機器指令合成單行指令，並且去掉了與完成工作無關的細節，例如使用堆疊、暫存器等，這樣就大大簡化了程式中的指令，同時，由於省略了很多細節，程式設計人員也就不需要具備太多的專業知識。

透過高階語言撰寫的應用程式不能直接被電腦辨識，必須經過轉換才能執行，按轉換方式可以將它們分為兩類。

■ 解釋類：執行方式類似於日常生活中的 "同聲翻譯" ，應用程式原始程式
碼一邊由對應程式語言的解譯器 "翻譯" 成目標程式（機器語言），一邊
被執行，因此執行效率比較低，而且不能生成可獨立執行的可執行檔，應
用程式不能脫離其解譯器，但這種方式比較靈活，可以動態地調整、修改
應用程式原始程式碼，Python、JavaScript、Perl 等都是解釋類語言。

■ 編譯類：編譯是指在程式執行以前，將程式原始程式碼 "翻譯" 成目標程
式（機器語言），因此目的程式可以脫離其程式語言環境獨立執行，使用
比較方便、效率較高。但是如果需要修改應用程式，則必須先修改原始程
式碼，再重新編譯生成新的目的檔案，如果只有目的檔案而沒主動程式，
則修改起來比較困難，C、C++、Delphi 等都是編譯類語言。

1.3　安裝 Visual Studio 開發工具

本書使用的作業系統為 Windows 10 64 位元企業版（1703），IDE 使用
Visual Studio（VS）2019 旗艦版整合開發工具。關於 VS 工具的下載以及安裝，
讀者可以自行搜尋安裝教學。VS 可以開發各種類型的專案，如果安裝全部專案
支援，可能需要幾十 GB 磁碟空間，因此我們只安裝 "使用 C++ 的桌面開發"
就可以。

安裝 VS 以後，建議讀者同時安裝一款功能強大的程式提示工具 Visual
Assist，安裝檔案以及安裝方法參見 Chapter1\Visual Assist X_10.9.2341.2。

安裝 Visual Assist 以後的 VS 預設視窗版面配置參見 Chapter1\1VS 預設視
窗版面配置 .png，左側的輔助視窗有伺服器方案總管和工具箱，右側的輔助視
窗有方案總管、團隊方案總管和屬性視窗等，這些輔助視窗都能隱藏、關閉或
調整位置，它們都可以在 "視圖" 選單項下找到。符合我工作習慣的 VS 視窗版
面配置參見 Chapter1\2 我的 VS 視窗版面配置 .png，右側的輔助視窗可以選擇
自動隱藏。如果需要恢復預設視窗版面配置，請點擊視窗選單項→重置視窗版
面配置。

1.4 HelloWorld 程式

開啟 VS，點擊建立新專案 (N) 按鈕，開啟建立新專案對話方塊。

語言類型選擇 C++，目標平台選擇 Windows，專案類型選擇所有專案類型。然後選取 Windows 桌面精靈，介面如圖 1.1 所示。

點擊下一步按鈕，介面如圖 1.2 所示，專案名稱輸入 HelloWorld，選擇一個儲存位置，點擊建立按鈕。

C++	▾	Windows	▾	所有項目類型 (T)

空白專案
使用 C++ for Windows 從頭開始操作。不提供基礎檔案。
C++　　Windows　　主控台

主控台應用
在 Windows 終端運行程式。預設列印 "Hello World"。
C++　　Windows　　主控台

Windows 桌面精靈
使用精靈自行建立 Windows 應用。
C++　　Windows　　桌面　　主控台　　函數庫

▲ 圖 1.1

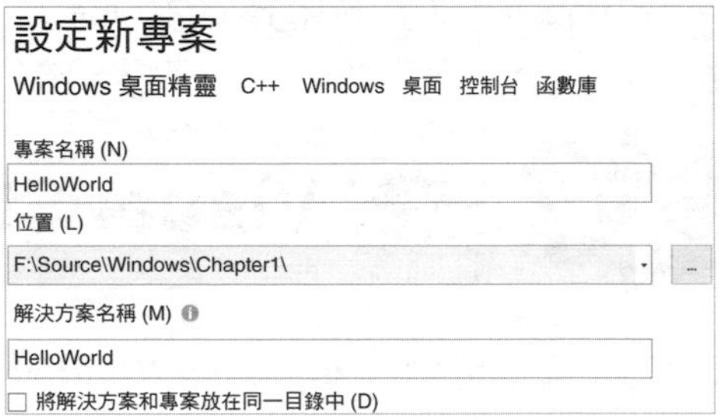

設定新專案

Windows 桌面精靈　C++　Windows　桌面　控制台　函數庫

專案名稱 (N)
HelloWorld

位置 (L)
F:\Source\Windows\Chapter1\

解決方案名稱 (M)
HelloWorld

☐ 將解決方案和專案放在同一目錄中 (D)

▲ 圖 1.2

如圖 1.3 所示，應用程式類型選擇桌面應用程式（.exe），選取空白專案，然後點擊確定按鈕，VS 會自動建立解決方案，因為選擇的是空白專案，所以一切原始檔案和標頭檔都需要我們自己逐一增加。

建立解決方案以後，預設情況下是 Debug x86（32 位元程式，偵錯版本），如圖 1.4 所示，因為 Win32 程式還將長期存在，所以本書程式預設選擇該設定。後面會介紹 Release 發行版本和編譯為 64 位元程式時需要注意的問題。

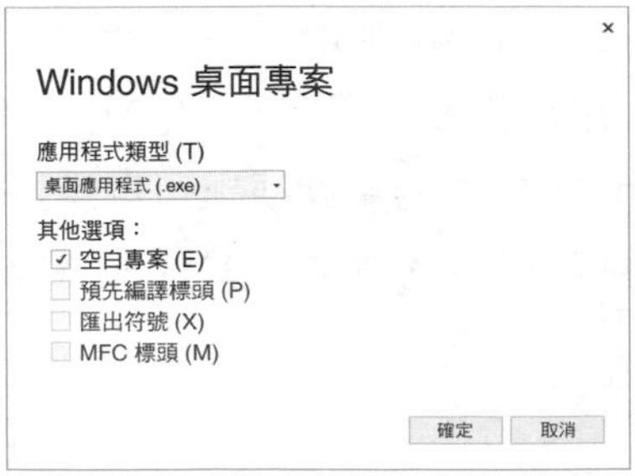

Windows 桌面專案

應用程式類型 (T)
桌面應用程式 (.exe)

其他選項：
☑ 空白專案 (E)
☐ 預先編譯標頭 (P)
☐ 匯出符號 (X)
☐ MFC 標頭 (M)

確定　　取消

▲ 圖 1.1 3

檔案 (F)　編輯 (E)　檢視 (V)　專案 (P)　生成 (B)　偵錯 (D)　測試 (S)　分析 (N)　工具 (T)　擴充 (X)

Debug ▾　x86 ▾　　▶ 本機 Windows 偵錯器

▲ 圖 1.4

在左側的方案總管中，按滑鼠右鍵，選擇原始檔案→增加→新建專案，選擇 C++ 檔案，命名為 HelloWorld.cpp，點擊增加按鈕。HelloWorld.cpp 原始檔案的內容如下：

```
#include <Windows.h>

int WINAPI WinMain(HINSTANCE hInstance, HINSTANCE hPrevInstance, LPSTR lpCmdLine, int
nCmdShow)
{
    MessageBox(NULL, TEXT("Hello World!"), TEXT("Caption"), MB_OKCANCEL | MB_
ICONINFORMATION | MB_DEFBUTTON2);

    return 0;
}
```

按 Ctrl+F5 複合鍵執行程式，彈出一個訊息方塊，標題為 Caption，內容為 Hello World!，如圖 1.5 所示。

卜面詳細解釋本程式。

▲ 圖 1.5

1.4.1　引入標頭檔 Windows.h

因為 #include <Windows.h> 是編譯前置處理指令，而非 C++ 敘述，所以並不需要以分號結束。Windows.h 是撰寫 Windows 程式最重要的標頭檔，在 HelloWorld.cpp 檔案中，游標定位到第一行 #include <Windows.h> 中的 Windows.h 上，按滑鼠右鍵，選擇轉到文件 (G)<Windows.h>，可以看到 Windows.h 標頭檔的內容。Windows.h 標頭檔中包含了許多其他標頭檔，其中較重要且基本的如下。

- WinDef.h：基底資料型態定義。

- WinBase.h：Kernel（核心）有關定義。

- WinGdi.h：圖形裝置介面有關定義。

- WinUser.h：使用者介面有關定義。

這些標頭檔對 Windows 的資料型態、函數宣告、資料結構以及常數等作了定義。

1.4.2 入口函數 WinMain

和主控台程式有一個入口函數 main 一樣，Windows 程式的入口函數為 WinMain，該函數由系統呼叫，入口函數 WinMain 在 WinBase.h 標頭檔中的宣告如下：

```
int WINAPI WinMain(
    _In_        HINSTANCE hInstance,
    _In_opt_    HINSTANCE hPrevInstance,
    _In_        LPSTR     lpCmdLine,
    _In_        int       nShowCmd);
```

1 · 函數呼叫約定

WinMain 函數名稱前面的 WINAPI 在 minwindef.h 標頭檔中的定義如下：

```
#define CALLBACK    __stdcall
#define WINAPI      __stdcall
#define APIPRIVATE  __stdcall
#define PASCAL      __stdcall
#define APIENTRY    WINAPI
```

可以看到，CALLBACK、WINAPI、APIENTRY 等都代表 __stdcall，__stdcall 是一種函數呼叫約定，也稱為標準呼叫約定。函數呼叫約定描述函數參數的傳遞方式和由誰來平衡堆疊，在程式中呼叫一個函數時，函數參數的傳遞是透過堆疊進行的，也就是說呼叫者把要傳遞給函數的參數存入堆疊，函數在執行過程中從堆疊中取出對應的參數使用。

開啟 OllyICE 偵錯器（簡稱 OD），把 Chapter1\HelloWorld\Debug\HelloWorld.exe 拖入 OD 中，在 OD 左下角的 Command 編輯方塊中輸入：bpx MessageBoxW。這就為 HelloWorld 程式中呼叫 MessageBox 函數的位置設了一個中斷點，然後按 F9 鍵執行程式，在 OD 中可以看到程式在 0115171B 一行中斷：

```
0115170A    68 41010000    push    141             ; MB_OKCANCEL | MB_ICONINFORMATION |
MB_DEFBUTTON2
0115170F    68 307B1501    push    01157B30        ; UNICODE "Caption"
01151714    68 447B1501    push    01157B44        ; UNICODE "Hello World!"
01151719    6A 00          push    0               ; 0
0115171B    FF15 98B01501  call    [<&USER32.MessageBoxW>>; USER32.MessageBoxW
01151721    3BF4           cmp     esi, esp
```

HelloWorld 程式中對 MessageBox 函數的呼叫被組合語言為以上 4 個 push 和 1 個 call 呼叫共 5 行組合語言程式碼。Win32 API 函數都是使用 __stdcall 呼叫約定，可以看到 MessageBox 的函數參數是按照從右到左的順序依次存入堆疊的。HelloWorld 程式原始程式碼中使用 MessageBox 函數呼叫，程式編譯以後則是 MessageBoxW 函數呼叫，多了一個 W，這個問題後面會講。

現在程式執行到 0115171B 這一行，按 F7 鍵單步進入，到達 MessageBoxW 函數的內部，如圖 1.6 所示。

```
7777DB70    8BFF          mov     edi, edi
7777DB72    55            push    ebp
7777DB73    8BEC          mov     ebp, esp
7777DB75    6A FF         push    -1
7777DB77    6A 00         push    0
7777DB79    FF75 14       push    dword ptr [ebp+14]
7777DB7C    FF75 10       push    dword ptr [ebp+10]
7777DB7F    FF75 0C       push    dword ptr [ebp+C]
7777DB82    FF75 08       push    dword ptr [ebp+8]
7777DB85    E8 56FEFFFF   call    MessageBoxTimeoutW
7777DB8A    5D            pop     ebp
7777DB8B    C2 1000       retn    10
```

▲ 圖 1.6

此時 OD 右下角堆疊視窗顯示的堆疊空間如圖 1.7 所示。

```
0093F6B8    01151721    ┌CALL 到 MessageBoxW 來自 HelloWor.0115171B
0093F6BC    00000000    │hOwner = NULL
0093F6C0    01157B44    │Text = "Hello World!"
0093F6C4    01157B30    │Title = "Caption"
0093F6C8    00000141    └Style = MB_OKCANCEL|MB_ICONASTERISK|MB_DEFBUTTON2|MB_AP
0093F6CC    0115123F    offset HelloWor.<模組入口點>
```

▲ 圖 1.7

從上面的堆疊視窗第一行可以看到，0115171B　　FF15 98B01501 call [<&USER32.MessageBoxW>> 的下一行（即一行指令）的位址 01151721 被存入堆疊，這是 MessageBoxW 函數執行完成後傳回的位址。從圖 1.7 中還可以清晰地看到 HelloWorld 程式對 MessageBox 函數的呼叫，其函數參數是按照從右到左的順序依次存入堆疊的。

MessageBoxW 函數內部需要使用剛才傳遞進來的函數參數，而且大部分函數內部需要使用區域變數。因為要不斷壓堆疊移出堆疊，所以 esp 暫存器的值會經常發生變化。函數內部使用 ebp 暫存器作為指標來引用函數參數和區域變數，首先把 ebp 的值存入堆疊，然後把 esp 的值賦給 ebp，之後就可以使用 ebp 作為指標了，在 7777DB8A 這一行再恢復 ebp 暫存器的值。

前面說過，函數呼叫約定描述函數參數是怎麼傳遞和由誰來平衡堆疊的，7777DB8B 一行 retn 10 指令的功能是傳回到 01151721，並把 esp 暫存器的值加上十六進位的 10（也就是 16，加 16 是因為當初呼叫 MessageBoxW 函數的時候存入了 4 個函數參數，正好是 16 位元組的堆疊空間）。執行 retn 10 指令以後 esp 暫存器會恢復為呼叫 MessageBoxW 函數以前的值，也就是執行 0115170A 這一行指令以前的值。另外，之所以把 esp 加上一個數來恢復 esp 的值，是因為壓堆疊操作會導致 esp 的值變小，也就是堆疊生長方向的問題。

從本例可以看出，__stdcall 函數呼叫約定按照從右到左的順序把函數參數存入堆疊，並由函數自身來負責平衡堆疊。

常用的函數呼叫約定有 __stdcall、__cdecl（C 呼叫約定）、__fastcall、__pascal 等。__stdcall、__cdecl、__fastcall 的函數參數都是按照從右到左的順序存入堆疊，而 __pascal 則是按照從左到右的順序存入堆疊。__cdecl 由函數呼叫方負責平衡堆疊，__stdcall、__fastcall、__pascal 則是由函數自身負責平衡堆疊。

看一下 __cdecl 呼叫約定平衡堆疊的方式。開啟 VS，建立一個主控台應用程式的空白專案 CLanguage，CLanguage.c 原始檔案的內容如下所示：

```
#include <stdio.h>

int add(int a, int b)
{
    return a + b;
}

int main()
{
    int n;

    n = add(1, 2);
    printf("%d\n", n);
    return 0;
}
```

游標定位到 n = add(1, 2); 這
一行，按 F9 鍵增加中斷點，然後
按 F5 鍵偵錯執行，程式中斷在 n =
add(1, 2); 這一行，點擊偵錯→視窗
→反組譯，介面如圖 1.8 所示。

```
       n = add(1, 2);
⊙ 010A18A8  push        2
  010A18AA  push        1
  010A18AC  call        _add (010A11E0h)
  010A18B1  add         esp,8
  010A18B4  mov         dword ptr [n],eax
       printf("%d\n", n);
  010A18B7  mov         eax,dword ptr [n]
```

▲ 圖 1.8

可以看到呼叫方在呼叫 _add 函
數以後，是透過 add esp,8 敘述進行平衡堆疊的。為什麼 010A18AC 一行顯示
的函數呼叫是 _add 而非 add，後面再講。

64 位元 CPU 除段暫存器以外，其餘都是 64 位元（8 位元組）。64 位元的
通用暫存器在數量上增加了 8 個，共有 16 個通用暫存器，其中 8 個是為了相容
32 位元，將原來的名稱由 E** 改為了 R**，如 EAX 改為 RAX，其餘 8 個分別命
名為 R8 ～ R15，EIP 和 EFLAGS 都改為 RIP 和 RFLAGS，浮點暫存器還是 64
位元，分別是 MMX0(FPR0) ～ MMX7(FPR7)。另外，還增加了 16 個 128 位元
的多媒體暫存器 XMM0 ～ XMM15，稱為 SSE 指令，XMM0 等多媒體暫存器又
是 256 位元暫存器 YMM0 等的低 128 位元。

RAX 等 8 個通用暫存器的低 32 位元、低 16 位元、低 8 位元，那麼可以使用對應的暫存器進行存取，例如 RAX 來説分別是 EAX、AX、AL；R8 等後來按序號命名的暫存器取 64 位元、低 32 位元、低 16 位元、低 8 位元分別用 R8、R8D、R8W、R8B。

64 位元程式的函數呼叫有所不同。64 位元程式的函數呼叫約定最多可以透過暫存器傳遞 4 個函數參數，前 4 個參數從左到右依次存放於 RCX、RDX、R8 和 R9 暫存器，從第五個參數開始需要透過堆疊來進行傳遞，64 位元程式的新式函數呼叫約定可以明顯地加快函數呼叫的速度。在 64 位元程式中，進行函數呼叫時通常不再使用 PUSH 指令來傳遞參數，而是透過 MOV 指令把參數傳遞到暫存器或堆疊。64 位元程式的新式函數呼叫約定不再使用 EBP 暫存器作為指標來引用函數參數和區域變數，而是直接使用 RSP 堆疊指標暫存器。另外，由呼叫者負責堆疊平衡（和 __cdecl 一樣）。掌握了 32 位元程式的偵錯，再去偵錯 64 位元程式是非常容易上手的。偵錯 64 位元程式通常使用 x64Dbg。

2．批註

WinMain 函數名稱下有一個綠色波浪線，這是一個警告，滑鼠游標懸停於 WinMain 函數名稱上時會彈出一個提示：C28251: "WinMain" 的批註不一致：此實例包含 無批註。參見 C:\Program Files (x86)\Windows Kits\10\Include\10.0.18362.0\um\WinBase.h(933)，如圖 1.9 所示。

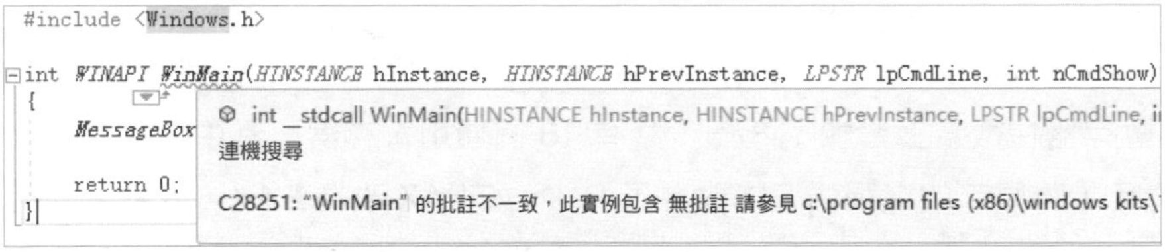

▲ 圖 1.9

開啟 WinBase.h 標頭檔，定位到 933 行，如圖 1.10 所示。

```
933  WinMain (
934      _In_ HINSTANCE hInstance,
935      _In_opt_ HINSTANCE hPrevInstance,
936      _In_ LPSTR lpCmdLine,
937      _In_ int nShowCmd
938      );
```

▲ 圖 1.10

WinMain 函數宣告的每個參數的資料型態前都有一個參數修飾詞：_In_、_In_opt_ 等，這些參數修飾詞稱為參數批註。圖 1.9 中提示的意思是，WinBase.h 標頭檔中的 WinMain 函數宣告有批註，而程式中的 WinMain 函數定義沒有批註。

參數批註用於說明函數參數的性質和類型，可以幫助開發人員更進一步地了解如何使用這些參數，常見的參數批註如表 1.1 所示。

▼ 表 1.1

參數批註	含義
_In_	該參數是一個輸入參數，在呼叫函數的時候為該參數設定一個值，函數只可以讀取該參數的值但不可以修改
Inout	該參數是一個輸入輸出參數，在呼叫函數的時候為該參數設定一個值，函數傳回以後會修改該參數的值
Out	該參數是一個輸出參數，函數傳回以後會在該參數中傳回一個值
Outptr	該參數是一個輸出參數，函數傳回以後會在該參數中傳回一個指標值

與上面 4 個參數批註對應的還有 _In_opt_、_Inout_opt_、_Out_opt_ 和 _Outptr_opt_，opt 表示可選擇（optional），表示可以不使用該參數，也可以設定為 0 或 NULL(0)，而表格中的 4 個不帶 opt 的參數批註表示該參數必須指定一個合理的值。

在 VS 2019 以前，並不要求在函數宣告和定義中設定參數批註，參數批註僅用於指導程式設計師正確使用函數參數。為了簡潔，本書設定自訂函數的時候也不使用參數批註，但在具體介紹一個 Windows API 函數的時候，我們都會列出參數批註，以幫助大家正確使用函數參數。

3・WinMain 的 4 個函數參數的含義

- HINSTANCE hInstance，表示應用程式的當前實例的控制碼，在 Windows 程式中控制碼無非就是一個數值，程式中用它來標識某些物件，本例中 hInstance 實例控制碼就唯一地標識了正在執行中的 exe 程式檔案。

  - 先說一下模組的概念。模組代表的是一個執行中的 .exe 或 .dll 檔案，表示這個檔案中的所有程式和資源，磁碟上的檔案不是模組，載入記憶體後執行時期叫作模組；另外，一個應用程式呼叫其他動態連結程式庫中的 API 時，這些 .dll 檔案也會被載入記憶體，這就產生了一些動態連結程式庫模組。為了區分位址空間中的不同模組，每個模組都有一個唯一的模組控制碼來標識。模組控制碼實際上就是一個記憶體基底位址，系統將 .exe 或 .dll 檔案載入到位址空間的這個位置。

  - 實例的概念源於 Win16，Win16 系統中執行的不同程式的位址空間並非是完全隔離的。一個可執行檔執行後形成模組，多次載入同一個可執行檔時，這個模組是公用的。為了區分多次載入的"複製"，把每個"複製"叫作實例，每個實例均用不同的實例控制碼（HINSTANCE）值來標識。但在 Win32 中，每一個執行中的程式的位址空間是隔離的，每個實例都使用自己私有的 4GB 虛擬位址空間，不存在一個模組具有多個實例的問題。即使同一程式同時執行了多個，它們之間通常也是互不影響的。在 Win32 中，實例控制碼就是模組控制碼，但很多 API 函數中用到模組控制碼的時候使用的名稱還是實例控制碼。

- HINSTANCE hPrevInstance，表示應用程式上一個實例的控制碼。在 Win16 中，當同時執行一個程式的多個副本時，同一程式的所有實例共用程式以及只讀取資料（例如選單或對話方塊範本之類的資源），一個程式可以透過查看 hPrevInstance 參數從而得知是否有它的其他實例在執行，這樣就可以把一些資料從前一個實例移到自己的資料區來。對於 Win32 應用程式，該參數始終為 NULL。

- LPSTR lpCmdLine，指向應用程式命令列參數字串的指標，不包括可執行檔名。要獲取整數個命令列，可以呼叫 GetCommandLine 函數。舉例來說，在 D 磁碟下有一個 111.txt 檔案，當我們用滑鼠按兩下這個檔案時將啟

動記事本程式（notepad.exe），此時系統會將 D:\111.txt 作為命令列參數
傳遞給記事本程式的 WinMain 函數，記事本程式得到這個檔案的路徑後，
在視窗中顯示該檔案的具體內容。

LPSTR 是一種 Windows 資料型態，在 winnt.h 標頭檔中定義如下：

```
typedef _Null_terminated_ CHAR *NPSTR, *LPSTR, *PSTR;
typedef char CHAR;
```

_Null_terminated_ 表示以零結尾的字串，LPSTR 表示一個以零結尾的
char 類型字串的指標。LPSTR 中的 LP 是 Long Pointer（長指標），這是
Win16 遺留的概念，在 Win32 中不區分長短指標，指標都是 32 位元。以
零結尾，有時候也稱為以空字元結尾、以 NULL 結尾等。

- int nCmdShow，指定應用程式最初如何顯示，例如在工作列上正常顯示、
  最大化到全螢幕顯示或最小化顯示。

1.4.3 MessageBox 函數

MessageBox 函數的功能是顯示一個訊息提示框，其中可以包含一個系統
圖示、一組按鈕、一個訊息標題和一筆簡短的訊息內容。函數原型如下：

```
int WINAPI MessageBox(
    _In_opt_ HWND     hWnd,       // 訊息方塊的所有者 ( 擁有者 ) 的視窗控制碼
    _In_opt_ LPCTSTR lpText,      // 要顯示的訊息內容
    _In_opt_ LPCTSTR lpCaption,   // 訊息方塊的標題
    _In_     UINT     uType);     // 訊息方塊的圖示樣式和按鈕樣式
```

第 1 個參數 hWnd 指定訊息方塊的所有者的視窗控制碼，HWND 是
Handle Window 的縮寫，即視窗控制碼。在 Win32 中控制碼實際上就是一個
32 位元的數值。控制碼的實際設定值對程式來說並不重要，Windows 透過控
制碼來標識它所代表的物件，比如讀者點擊某個按鈕，Windows 透過該按鈕的
視窗控制碼來判斷讀者點擊了哪一個按鈕。在 Windows 中，控制碼的使用非常
頻繁，以後還將遇到 HICON（圖示控制碼）、HCURSOR（游標控制碼）以及
HBRUSH（筆刷控制碼）等。

第 2 個參數 lpText 指定要顯示的訊息內容，LPCTSTR 是一種 Windows 資料型態，在 winnt.h 標頭檔中定義如下：

```
typedef LPCWSTR PCTSTR, LPCTSTR;
typedef _Null_terminated_ CONST WCHAR *LPCWSTR, *PCWSTR;
typedef _Null_terminated_ CONST CHAR *LPCSTR, *PCSTR;
typedef wchar_t WCHAR;
typedef char CHAR;
```

CONST 表示常數字串，不可修改，也就是説 LPCTSTR 是一個指向 wchar_t 或 char 類型常字串的指標。後面將介紹 wchar_t 資料型態。

第 3 個參數 lpCaption 指定訊息方塊的標題。

第 4 個參數 uType 指定訊息方塊的圖示樣式和按鈕樣式。要指定在訊息方塊中顯示的按鈕，可以使用表 1.2 所列的值。

▼ 表 1.2

常數	顯示的按鈕
MB_ABORTRETRYIGNORE	中止、重試和忽略
MB_CANCELTRYCONTINUE	取消、重試和繼續
MB_HELP	確定、説明
MB_OK	確定
MB_OKCANCEL	確定、取消
MB_RETRYCANCEL	重試、取消
MB_YESNO	是、否
MB_YESNOCANCEL	是、否和取消

要指定在訊息方塊中顯示的圖示，可以使用表 1.3 所列的值。

▼ 表 1.3

常數	顯示的圖示
MB_ICONEXCLAMATION	驚嘆號圖示
MB_ICONWARNING	驚嘆號圖示

（續表）

常數	顯示的圖示
MB_ICONINFORMATION	在一個圓圈中有一個小寫字母 i 組成的圖示
MB_ICONASTERISK	在一個圓圈中有一個小寫字母 i 組成的圖示
MB_ICONQUESTION	問號圖示
MB_ICONSTOP	停止標識圖示
MB_ICONERROR	停止標識圖示
MB_ICONHAND	停止標識圖示

　　還可以指定訊息方塊的預設按鈕。預設按鈕在顯示訊息方塊時突出顯示的按鈕，它有一個粗的邊框，按下 Enter 鍵就相當於點擊了這個按鈕。要設定預設按鈕，可以使用表 1.4 所列的值。

▼ 表 1.4

常數	含義
MB_DEFBUTTON1	第 1 個按鈕是預設按鈕
MB_DEFBUTTON2	第 2 個按鈕是預設按鈕
MB_DEFBUTTON3	第 3 個按鈕是預設按鈕
MB_DEFBUTTON4	第 4 個按鈕是預設按鈕

　　MessageBox 函數執行成功會傳回一個整數值，指明使用者點擊了哪個按鈕，傳回值可以使用表 1.5 所列的值。

▼ 表 1.5

傳回值	含義
IDABORT	點擊了中止按鈕
IDCANCEL	點擊了取消按鈕，如果訊息方塊有取消按鈕，當按下 Esc 鍵或點擊取消按鈕時，函數都將傳回 IDCANCEL 值
IDCONTINUE	點擊了繼續按鈕
IDIGNORE	點擊了忽略按鈕
IDNO	點擊了否按鈕

（續表）

傳回值	含義
IDOK	點擊了確定按鈕
IDRETRY	點擊了重試按鈕
IDTRYAGAIN	點擊了重試按鈕
IDYES	點擊了是按鈕

舉例來說，可以像下面這樣判斷傳回值：

```
int nRet = MessageBox(NULL, TEXT("Hello World!"), TEXT("Caption"), MB_OKCANCEL |
MB_ICONINFORMATION | MB_DEFBUTTON2);
switch (nRet)
{
case IDOK:
    MessageBox(NULL, TEXT(" 使用者點擊了確定按鈕 "), TEXT("Caption"), MB_OK); // TEXT 巨集
稍後再講
    break;
case IDCANCEL:
    MessageBox(NULL, TEXT(" 使用者點擊了取消按鈕 "), TEXT("Caption"), MB_OK);
    break;
}
```

1.5 程式編譯過程

電腦只認識二進位的 0 和 1，編譯是把高階語言轉換成電腦可以辨識的二進位機器語言的過程。本節透過分步編譯 CLanguage.c 來演示一個程式的編譯過程。為了實現分步編譯，我們在本機安裝了 MinGW Installer 編譯工具，這是 Linux 下的 gcc 編譯器的 Windows 版本。將一個 C/C++ 檔案編譯為可執行程式，需要經過前置處理、組合語言、編譯、連結等階段，下面分別介紹。

1．前置處理

開啟命令視窗，輸入 gcc -E CLanguage.c –o CLanguage.i。

　　-E 選項表示只進行前置處理，執行上述命令會生成經過前置處理的 CLanguage.i 檔案。用 EditPlus 軟體開啟 CLanguage.i，可以看到短短的幾行原始程式碼變成了 800 多行：

```
……
# 1 "C:/Strawberry/c/i686-w64-mingw32/include/_mingw_print_pop.h" 1 3
# 994 "C:/Strawberry/c/i686-w64-mingw32/include/stdio.h" 2 3
# 2 "CLanguage.c" 2

int add(int a, int b)
{
    return a + b;
}

int main()
{
    int n;

    n = add(1, 2);
    printf("%d\n", n);
    return 0;
}
```

　　前置處理的過程做了以下工作：巨集定義展開（例如 #define 定義）；處理所有的條件編譯指令，例如 #ifdef、#ifndef、#endif 等；處理 #include，將 #include 引用的檔案插入該行；刪除所有註釋；增加行號和檔案標識，這樣在偵錯和編譯出錯的時候可以確定是哪個檔案的哪一行。前置處理的過程並不會檢查語法錯誤。

2．組合語言

　　繼續在命令列視窗輸入 gcc -S CLanguage.i -o CLanguage.s。

　　-S（大寫）選項表示只進行前置處理和組合語言，執行上述命令會生成經過前置處理和組合語言的 CLanguage.s 檔案。用 EditPlus 軟體開啟 CLanguage.s，可以看到：

```
    .file "CLanguage.c"
    .text
    .globl _add
    .def _add; .scl 2; .type 32; .endef
_add:
    pushl %ebp
    movl %esp, %ebp
    movl 8(%ebp), %edx
    movl 12(%ebp), %eax
    addl %edx, %eax
    popl %ebp
    ret
    .def ___main; .scl 2; .type 32; .endef
    .section .rdata,"dr"
LC0:
    .ascii "%d\12\0"
    .text
    .globl _main
    .def _main; .scl 2; .type 32; .endef
_main:
    pushl %ebp
    movl %esp, %ebp
    andl $-16, %esp
    subl $32, %esp
    call ___main
    movl $2, 4(%esp)
    movl $1, (%esp)
    call _add
    movl %eax, 28(%esp)
    movl 28(%esp), %eax
    movl %eax, 4(%esp)
    movl $LC0, (%esp)
    call _printf
    movl $0, %eax
    leave
    ret
    .ident "GCC: (i686-posix-sjlj, built by strawberryperl.com project) 4.9.2"
    .def _printf; .scl 2; .type 32; .endef
```

組合語言的過程會檢查語法錯誤。

3 · 編譯

繼續在命令列視窗輸入 gcc -c CLanguage.s -o CLanguage.obj。

-c（小寫）選項表示只進行前置處理、組合語言和編譯，執行上述命令會生成經過前置處理、組合語言和編譯的 CLanguage.obj 檔案。編譯過程就是將組合語言檔案生成目的檔案的過程，在這個過程中會做一些最佳化處理。目的檔案是二進位檔案，無法使用文字編輯器開啟，可以使用十六進位編輯工具開啟查看。

4 · 連結

CLanguage.c 用到了 C 標準函數庫的 printf 函數，但是編譯過程只是把原始檔案轉換成二進位檔案而已，這個二進位檔案還不能直接執行，還需要把轉換以後的二進位檔案與要用到的函數庫綁定連結到一起（實際上還會綁定其他物件，並做一些其他工作，在此不再深究）。

一步編譯命令 gcc CLanguage.c -o CLanguage.exe。

執行上述命令會生成經過前置處理、組合語言、編譯和連結的 exe 可執行程式。

在 VS 中，一步編譯的快速鍵是 Ctrl + F7，一步編譯並執行的快速鍵是 Ctrl + F5。

1.6 字元編碼 ASCII、擴充 ASCII、DBCS、Unicode 和 ANSI

1.6.1　ASCII

我們知道，電腦只能儲存二進位資料，那麼該如何表示和儲存字元呢？這就需要使用字元集來實現字元與整數之間的轉換。

ASCII（American Standard Code for Information Interchange，美國資訊交換標準程式）起始於 20 世紀 50 年代後期，在 1967 年定案，是基於拉丁字母的一套電腦編碼系統，主要用於顯示現代英文和其他西歐語言，它是現今通用的單位元組編碼系統。ASCII 最初是美國國家標準，供不同的電腦在相互通訊時作為共同遵守的西文字元編碼標準，後來被國際標準組織（International Organization for Standardization，ISO）定為國際標準，稱為 ISO 646 標準。

ASCII 使用 7 位元二進位數字來表示 128 個字元，稱為標準 ASCII，包括所有的大寫和小寫字母、數字 0 ～ 9、標點符號以及在美式英文中使用的特殊控制字元。

- 0 ～ 31 及 127（共 33 個）是控制字元或通訊專用字元，例如控制字元包括 LF（換行）、CR（確認）、FF（換頁）、DEL（刪除）、BS（退格）、BEL（鈴聲）等；通訊專用字元包括 SOH（文頭）、EOT（文尾）、ACK（確認）等。ASCII 值 8、9、10 和 13 分別轉為退格、製表、換行和確認字元，它們並沒有特定的圖形顯示，但會對文字顯示產生影響。

- 32 ～ 126（共 95 個）是字元（32 是空格），其中 48 ～ 57 為阿拉伯數字 0 ～ 9；65 ～ 90 為 26 個大寫英文字母，97 ～ 122 號為 26 個小寫英文字母；其餘為標點符號、運算子號等。

由 ASCII 碼表可以看到，數字記號、大寫字母符號和小寫字母符號的編碼都是連續的，所以只要記住數字記號的編碼從 0x30 開始、大寫字母符號的編碼從 0x41 開始以及小寫字母符號的編碼從 0x61 開始便可以推算出其他數字記號和字母符號的編碼。

1.6.2 擴充 ASCII

標準 ASCII 僅使用了每位元組的低 7 位元進行編碼，最多可以表示 128 個字元。這往往不能滿足實際需求，為此在 IBM PC 系列及其相容機上使用了擴充的 ASCII 碼。擴充的 ASCII 碼使用 8 位元二進位數字進行編碼，擴充的 ASCII 包含標準 ASCII 中已有的 128 個字元，又增加了 128 個字元，總共是 256 個，值 128 ～ 255 用來表示框線、音標和其他歐洲非英語系的字母。

1987 年 4 月，MS DOS 3.3 把內碼表的概念帶進了 IBM。每個內碼表都是一個字元集，並且這一概念後來也被用到了 Windows 系統裡。這樣一來，原本的 IBM 字元整合為第 437 頁內碼表，微軟自己的 MS DOS Latin 1 字元整合為第 850 頁內碼表。其他的內碼表為其他語言制定，也就是說較低的 128 個 ASCII 碼總是表示標準 ASCII 字元，而較高的 128 個 ASCII 碼則取決於定義內碼表的語言。內碼表的數量以超乎想像的速度遞增，後來更是出現了不同作業系統對於同一個國家語言的內碼表互相不相容的情況。每個系統環境的內碼表都對標準字元集進行了修訂，這使局面很混亂。

1.6.3　雙位元組字元集 DBCS

單一位元組字元集肯定遠遠包含不了那些包括上萬個字元的語言，例如中文、日文，因此這些國家都開發了表示自己本國文字的雙位元組字元集，用 2 位元組（16 位元二進位資料）來表示除 ASCII 以外的字元（ASCII 還是使用 1 位元組來表示），其中常見的就是台灣的 BIG5 系列編碼了。不同國家創造出來的字元集雖說與 ASCII 相容，但是編碼卻是互不相容的，例如相同數值的 2 位元組，在中文和日語中則表示兩個不同的字元。這些不同國家的字元集，同樣也被微軟納入了內碼表系統中，例如中文就是第 936 頁內碼表（我們最常見的 CP936 就是這個意思，它表達的字元集和 GBK 是一樣的）。

Windows 支援 4 種不同的雙位元組字元集：內碼表 932（日文）、936（簡體中文）、949（韓文）以及 950（繁體中文）。在雙位元組字元集中，一個字串中的每個字元都由 1 位元組或 2 位元組組成。以日文為例，如果第 1 位元組在 0x81 ～ 0x9F 或 0xE0 ～ 0xFC，就必須檢查下一位元組，才能判斷出一個完整的字元。對程式設計師而言，和雙位元組字元集打交道如同一場噩夢，因為有的字元是 1 位元組寬，有的字元卻是 2 位元組寬。

1.6.4　Unicode 國際化

為了表示不同國家和地區的語言，編碼方案有上百種，避免這種混亂的需求由來已久。Unicode 是 1988 年由 Apple 和 Xerox 共同建立的一項標準，Unicode 的誕生解決了雙位元組字元集的混亂問題。雖然同樣是用 16 位元（2

位元組）來表示字元，但 Unicode 只有一個字元集，包含了世界上任何一個國家和地區的語言所用的字元。Unicode 標準定義了所有主要語言中使用的字母、符號、標點，其中包括了歐洲地區的語言、中東地區的希伯來語言、亞洲地區的語言等。Unicode 有 3 種編碼形式，允許字元以位元組、字或雙字格式儲存。

- UTF-8。UTF-8 將有的字元編碼為 1 位元組，有的字元編碼為 2 位元組，有的字元編碼為 3 位元組，甚至有的字元編碼為 4 位元組。值在 0x80（128）以下的字元（即標準 ASCII）被轉為 1 位元組，適合美國；0x80 ～ 0x7FF 的字元被轉為 2 位元組，適合歐洲和中東地區；0x800 以上的字元被轉為 3 位元組，適合東亞地區；最後，代理對（Surrogate Pair）被轉為 4 位元組。代理對是 UTF-16 中用於擴充字元而使用的編碼方式，採用 4 位元組（兩個 UTF-16 編碼）來表示一個字元。UTF-8 是一種相當流行的編碼格式，但在對值為 0x800 以上的大量字元進行編碼時，UTF-8 不如 UTF-16 高效。

- UTF-16。UTF-16 將每個字元編碼為 2 位元組（16 位元）。在談到 Unicode 時，除非專門宣告，一般都是指 UTF-16 編碼。Windows 之所以使用 UTF-16，是因為全球各地使用的大部分語言中，通常用一個 16 位元值來表示每個字元，每個字元被編碼為 2 位元組，所以很容易遍歷字串並計算它的字元個數。但是，16 位元不足以表示某些語言的所有字元。對於不能表示的字元，UTF-16 支援使用代理對，代理對是用 32 位元（4 位元組）來表示一個字元的一種方式，由於只有少數應用程式需要使用這類字元，因此 UTF-16 在節省空間和簡化編碼這兩個目標之間提供了一個很好的折衷。

- UTF-32。UTF-32 將每個字元都編碼為 4 位元組，用於不太關心儲存空間的環境中。在將字串儲存到檔案或傳輸到網路的時候，基於空間和速度的考慮，很少會使用這種格式，這種編碼格式一般在應用程式內部使用。

把長度較小的 Unicode 值（例如位元組）複製到長度較大的 Unicode 值（例如字或雙字）中不會遺失任何資料。另外，Unicode 的實現還有大小端（後面會講）儲存的區別，並且 UTF-8 還會有是否帶有 BOM 標記的問題，因此在很多文字編輯器裡有多種關於 Unicode 這一項的編碼轉換。

1.6.5　ASCII 和 ANSI

　　首先是字面上的差別，ASCII 即 American Standard Code for Information Interchange，美國資訊互換標準程式；ANSI 即 American National Standard Institu//te，美國國家標準協會的一種編碼標準。後者更強調國家標準，一般是全球內國家和地區之間導向的交流，該協會規定了很多類似的標準。為了讓電腦支援更多語言，值在 0x80 ～ 0xFFFF 範圍的字元使用 2 位元組或多位元組來表示，比如：中文字 "中" 在中文作業系統中使用 [0xD6,0xD0] 來儲存。不同的國家和地區制定了不同的標準，由此產生了 GB2312、GBK、GB18030、Big5、Shift_JIS 等各自的編碼標準。這些使用多位元組來代表一個字元的各種延伸編碼方式，稱為 ANSI 編碼。在簡體中文 Windows 作業系統中，ANSI 編碼代表 GBK 編碼；在繁體中文 Windows 作業系統中，ANSI 編碼代表 Big5；在日文 Windows 作業系統中，ANSI 編碼代表 Shift_JIS 編碼。不同的 ANSI 編碼互不相容。當資訊在國際間交流時，兩種語言的文字無法使用同一個 ANSI 編碼，ANSI 編碼就是一個具體國家的多位元組字元集。ANSI 編碼表示英文字元時使用 1 位元組，表示中文時用 2 ～ 4 位元組。

　　其次，一般會拿 ANSI 碼和 Unicode 碼對比，兩者都是各種語言的表示方法。不同的是，ANSI 在不同國家和地區的不同語言中有不同的具體標準，是國家標準，相對而言，Unicode 正如其名，是 Universal Code，具有統一、通用的意思，是國際化標準。

1.7　字元和字串處理

1.7.1　字元和字串資料型態

1．char 資料型態

　　我們可以這樣定義並初始化一個字元變數：

```
char c = 'A';
```

變數 c 需要 1 位元組的儲存空間，並用十六進位數值 0x41 來初始化（字母 A 的 ASCII 值為 0x41）。

可以按以下方式定義並初始化一個 char 類型字串的指標：

```
char *pStr = "Hello!";
```

在 Win32 中指標變數 pStr 需要 4 位元組的儲存空間。指標變數 pStr 指向的字串需要 7 位元組的儲存空間，其中包括 6 位元組的字元和一個字串結束標識 0。

可以按以下方式定義並初始化一個 char 類型字元陣列：

```
char szStr[] = "Hello!";
```

字元陣列 szStr 同樣需要 7 位元組的儲存空間，其中包括 6 位元組的字元和一個字串結束標識 0。

2·寬字元 wchar_t

Unicode（一般指 UTF-16）統一用 2 位元組來表示一個字元。Unicode 是現代電腦的預設編碼方式，Windows 2000 以後的作業系統，包括 Windows 2000、Windows XP、Windows Vista、Windows 7、Windows 8、Windows 10、Windows Phone、Windows Server 等（統稱 Windows NT）都從底層支援 Unicode。注意，說到寬字元集，通常指 Unicode，也就是 UTF-16，Unicode 為寬字元集代言；說到多位元組字元集通常指用 1 到多位元組來表示一個字元，ANSI 為多位元組字元集代言。寬字元在記憶體中佔用的空間通常比多位元組字元多，但是處理速度更快，因為很多系統的核心（包括 Windows NT 核心）都是從底層向上使用 Unicode 編碼的。用 VS 建立專案的時候，預設使用 Unicode 字元集，可以透過在方案總管中按右鍵專案名稱→屬性→設定屬性→進階→字元集進行設定。

C/C++ 的寬字元資料型態為 wchar_t。可以按以下方式定義並初始化一個 wchar_t 類型變數：

```
wchar_t wc = L'A';
```

大寫字母 L 表明右邊的字元需要使用寬字元儲存。變數 wc 需要 2 位元組的儲存空間，並用十六進位數值 0x0041 來初始化。

可以按以下方式定義並初始化一個 wchar_t 類型字串的指標：

```
wchar_t *pwStr = L"Hello!";
```

一個字元需要 2 位元組來儲存，指標變數 pwStr 指向的字串需要 14 位元組的儲存空間，其中包括 12 位元組的字元和 2 位元組的字串結束標識 0。上述字串在記憶體中的儲存形式為 48 00 65 00 6c 00 6c 00 6f 00 21 00 00 00。

可以按以下方式定義並初始化一個 wchar_t 類型字元陣列：

```
wchar_t szwStr[] = L"Hello!";
```

字元陣列 szwStr 同樣需要 14 位元組的儲存空間。

sizeof 操作符號用於傳回一個變數、物件或資料型態所佔用的記憶體位元組數，例如下面的程式：

```
char ch = 'A';              // 1
wchar_t wch = L'A';         // 2
char str[] = "C 語言";       // 6，C 佔用 1 位元組，語言佔用 4 位元組，還有 1 位元組的字元
                            // 串結束標識
wchar_t wstr[] = L"C 語言";  // 8，一個字元佔用 2 位元組，還有 2 位元組的字串結束標識
printf("ch = %d, wch = %d, str = %d, wstr = %d\n",
    sizeof(ch), sizeof(wch), sizeof(str), sizeof(wstr));
```

輸出結果為 ch = 1, wch = 2, str = 6, wstr = 8。

注意：用 char 資料型態定義變數就表示使用多位元組字元集儲存字元，使用 1 位元組或多位元組來表示一個字元。標準 ASCII 部分的字元只需要使用 1 位元組來表示，非標準 ASCII 部分的字元需要 2 位元組或 2 位元組以上來表示一個字元；用 wchar_t 資料型態定義變數表示使用 Unicode 字元集儲存字元，使用 2 位元組來表示一個字元。

3 · TCHAR 通用資料型態

Windows 在 winnt.h 標頭檔中定義了自己的字元和寬字元資料型態：

```
typedef char CHAR;                    // 字元

#ifndef _MAC
    typedef wchar_t WCHAR;            // 寬字元
#else
    // Macintosh 編譯器沒有定義 wchar_t 資料型態，寬字元被定義為 16 位元整數數
    typedef unsigned short WCHAR;
#endif
```

winnt.h 標頭檔中還有以下定義：

```
#ifdef  UNICODE
    typedef WCHAR   TCHAR, *PTCHAR;
#else
    typedef CHAR    TCHAR, *PTCHAR;
#endif
```

用 VS 建立一個專案的時候，預設使用 Unicode 字元集。按右鍵專案名稱 →屬性→設定屬性→ C/C++ →命令列，可以看到 UNICODE 和 _UNICODE 都 被定義了，這兩個巨集不是在標頭檔中定義的，而是透過專案屬性進行設定的； 如果把專案屬性設定為多位元組字元集，則可以看到 UNICODE 和 _UNICODE 都會被取消定義。C 語言程式通常用 _UNICODE 巨集進行判斷，Windows 通常 用 UNICODE 巨集進行判斷，所以這兩個巨集不是同時定義，就是一個都不定 義，否則會出現難以預料的問題。

根據專案屬性是否使用 Unicode 字元集，TCHAR 被解釋為 CHAR(char) 或 WCHAR(wchar_t) 資料型態。

4 · TEXT 巨集

winnt.h 標頭檔中有以下定義：

```
#ifdef  UNICODE
    #define __TEXT(quote) L##quote
#else
    #define __TEXT(quote) quote
#endif


#define  TEXT(quote)  __TEXT(quote)
```

被稱為"權杖貼上",表示把字母 L 和巨集引數拼接在一起,假設巨集引數 quote 是 "Hello!",那麼 L##quote 就是 L"Hello!"。

就是說,如果原始檔案中有以下定義:

```
TCHAR szBuf[] = TEXT("C 語言 ");
```

如果專案屬性使用 Unicode 字元集,那麼上面的定義將被解釋為:
WCHAR szBuf[] = L"C 語言 ";。如果專案屬性使用多位元組或 ANSI 字元集,
則上面的定義將被解釋為:CHAR szBuf[] = "C 語言 ";。

5．字串資料型態

winnt.h 標頭檔中定義了許多字串資料型態,例如:

```
typedef char CHAR;

typedef _Null_terminated_ CHAR          *NPSTR, *LPSTR, *PSTR;
typedef _Null_terminated_ CONST  CHAR   *LPCSTR, *PCSTR;

typedef _Null_terminated_ WCHAR         *NWPSTR, *LPWSTR, *PWSTR;
typedef _Null_terminated_ CONST  WCHAR  *LPCWSTR, *PCWSTR;

#ifdef  UNICODE
    typedef LPWSTR   PTSTR, LPTSTR;
    typedef LPCWSTR  PCTSTR, LPCTSTR;
#else
    typedef LPSTR    PTSTR, LPTSTR, PUTSTR, LPUTSTR;
    typedef LPCSTR   PCTSTR, LPCTSTR, PCUTSTR, LPCUTSTR;
#endif
```

　　PSTR 和 LPSTR 表示 CHAR 類型字串；PCSTR 和 LPCSTR 表示 CHAR 類型常字串，C 表示 const。

　　PWSTR 和 LPWSTR 表示 WCHAR 類型字串；PCWSTR 和 LPCWSTR 表示 WCHAR 類型常字串。

　　PTSTR 和 LPTSTR 表示 TCHAR 類型字串；PCTSTR 和 LPCTSTR 表示 TCHAR 類型常字串。

　　如果希望我們的程式有 ANSI 版本和 Unicode 版本兩個版本，可以透過撰寫兩套程式分別實現 ANSI 版本和 Unicode 版本，但是針對 ANSI 字元和 Unicode 字元，維護兩套程式是一件非常麻煩的事情，有了這些巨集定義就可以實現對 ANSI 和 Unicode 編碼的通用程式設計。

　　另外，進入點函數還可以寫為以下格式：

```
int WINAPI _tWinMain(HINSTANCE hInstance, HINSTANCE hPrevInstance, LPTSTR lpCmdLine,
int   nCmdShow);
```

　　根據是否定義 UNICODE，會被解釋為 WinMain 或 wWinMain：

```
int WINAPI WinMain( HINSTANCE hInstance, HINSTANCE hPrevInstance, LPSTR lpCmdLine,
int nCmdShow);
int WINAPI wWinMain(HINSTANCE hInstance, HINSTANCE hPrevInstance, LPWSTR lpCmdLine,
int nCmdShow);
```

　　本書中都是使用 WinMain。如果使用 _tWinMain，那麼必須包含 tchar.h 標頭檔。

1.7.2　常用的字串處理函數

　　字串處理是程式設計中的常見話題，本節介紹常用的 C/C++ 字串處理函數。學習這些函數有點枯燥，但是以後都會用到它們，所以本節必須介紹並要求大家掌握這些內容。

1 · 獲取字串的長度

獲取字串長度的函數是 strlen 和 wcslen，請看函數宣告：

```
size_t strlen(const char*    str);  // char 類型字串指標
size_t wcslen(const wchar_t* str);  // wchar_t 類型字串指標
```

size_t 在 vcruntime.h 標頭檔中定義如下：

```
#ifdef _WIN64
    typedef unsigned __int64 size_t;
#else
    typedef unsigned int     size_t;
#endif
```

如果編譯為 64 位元程式，size_t 代表 64 位元無號整數；如果編譯為 32 位元程式，size_t 代表 32 位元無號整數。如果有不清楚的資料型態或資料結構定義，可以將其輸入 VS 原始檔案中，按右鍵轉到定義，查看其定義；或將游標定位到相關單字處按 F1 鍵開啟微軟官方説明文件查看解釋。

注意：strlen 會將字串解釋為單位元組字串，因此即使該字串包含多位元組字元，其傳回值也始終等於位元組數；wcslen 是 strlen 的寬字元版本，wcslen 的參數是寬字串，傳回寬字元個數。這兩個函數的傳回值不包括字串結尾的 0，範例如下：

```
CHAR  str[] = "C 語言 ";     // 5，C 佔用 1 位元組，語言佔用 4 位元組
WCHAR wstr[] = L"C 語言 ";    // 3，3 個寬字元

// _tprintf 是 printf、wprintf 的通用版本，稍後介紹 _tprintf 函數
_tprintf(TEXT("strlen(str) = %d, wcslen(wstr) = %d\n"), strlen(str), wcslen(wstr));
```

輸出結果為 strlen(str) = 5, wcslen(wstr) = 3。

_tprintf 是 printf 和 wprintf 的通用版本，因此格式化字串需要使用 TEXT 巨集，今後一般不使用 CHAR 類型字串 "" 或 WCHAR 類型字串 L"" 形式的字串定義。使用 _tprintf 需要包含 tchar.h 標頭檔，如果不包含，_tprintf 下方會顯示一

個紅色波浪線。如果讀者不知道一個函數需要哪個標頭檔，則可以將游標定位
到該函數，按 F1 鍵開啟官方文件查看函數解釋，會提示需要哪個 .h 標頭檔（有
的函數還需要 .lib 匯入函數庫）。

strlen 和 wcslen 這兩個函數的通用版本為 _tcslen，在 tchar.h 標頭檔中有
以下定義：

```
#ifdef _UNICODE
    #define _tcslen wcslen
#else
    #define _tcslen strlen
#endif
```

範例如下：

```
#include <Windows.h>
#include <tchar.h>
#include <stdio.h>

int main()
{
    TCHAR szStr[] = TEXT("C 語言 ");    // 3 或 5
    _tprintf(TEXT("_tcslen(szStr) = %d\n"), _tcslen(szStr));

    return 0;
}
```

如果將專案屬性設定為 Unicode 字元集，則輸出結果為 3；如果將專案屬
性設定為多位元組字元集，則輸出結果為 5。那麼遇到多位元組字元集，如何計
算字串的字元個數呢？實際上也有相關函數，但一般用不到，因為我們建議使
用 Unicode 字元集程式設計。

2 · 尋找一個字串中第一次出現的指定字元

strchr 尋找一個字串中第一次出現的指定字元，然後傳回該字元出現的位
址；strchr 尋找一個字串中最後出現的指定字元，然後傳回該字元出現的位址。

這兩個函數的通用版本分別是 _tcschr 和 _tcsrchr，如果沒有找到指定的字元或函數執行失敗，則傳回值為 NULL。這兩個函數只需要一個字串和一個字元共兩個參數，函數宣告不再列出，範例如下：

```
#include <Windows.h>
#include <tchar.h>
#include <stdio.h>
#include <locale.h>

int main()
{
    TCHAR szStr[] = TEXT("WindowsAPI 是最為強大的程式語言！");
    LPTSTR lp = _tcschr(szStr, TEXT('最'));

setlocale(LC_ALL, "chs");    // 用 _tprintf 函數輸出中文字元的時候，需要呼叫本函數設定區域

    _tprintf(TEXT("szStr 的位址：%p lp 的位址：%p \n"), szStr, lp);
    _tprintf(TEXT("szStr = %s lp = %s\n"), szStr, lp);
    // Unicode 字元集
    // szStr 的位址：0014FCC0 lp 的位址：0014FCD6
    // szStr = WindowsAPI 是最為強大的程式語言！ lp = 最為強大的程式語言！
    // 多位元組字元集
    // szStr 的位址：003EFE38 lp 的位址：003EFE44
    // szStr = WindowsAPI 是最為強大的程式語言！ lp = 最為強大的程式語言！

    return 0;
}
```

　　不管是設定為 Unicode 字元集，還是設定為多位元組字元集，都是計算 "WindowsAPI 是" 佔用了多少位元組的問題，設定為 Unicode，0x0014FCD6-0x0014FCC0 = 0x16，也就是十進位的 22；設定為多位元組，0x003EFE44-0x003EFE38 = 0x0C，也就是十進位的 12。這兩種情況下 lp 都獲得了正確的結果。

　　注意：用 _tprintf 函數輸出中文字元的時候，需要呼叫 setlocale 函數（locale.h）設定區域為 chs。

3 · 在一個字串中尋找另一個字串

在一個字串中尋找另一個字串第一次出現的位置使用 strstr 和 wcsstr 函數，通用版本是 _tcsstr：

```
char *strstr(
    const char *str,          // 在這個字串中搜尋
    const char *strSearch);   // 要搜尋的字串
wchar_t *wcsstr(
    const wchar_t *str,
    const wchar_t *strSearch);
```

如果 strSearch 是 str 的子字串，則傳回 strSearch 在 str 中第一次出現的位址；如果 strSearch 不是 str 的子字串，則傳回值為 NULL。範例如下：

```
TCHAR szStr[] = TEXT("Hello, Windows, Windows API program simple and powerful!");
TCHAR szStrSearch[] = TEXT("Windows");

_tprintf(TEXT("%s\n"), _tcsstr(szStr, szStrSearch));
// Windows, Windows API program simple and powerful!
```

4 · 從一個字串中尋找另一個字串中的任何一個字元

從一個字串中尋找另一個字串中的任何一個字元第一次出現的位置使用 strpbrk 和 wcspbrk 函數，通用版本是 _tcspbrk：

```
char *strpbrk(
    const char *str,           // 在這個字串中搜尋
    const char *strCharSet);   // 要搜尋的字串，匹配任何一個字元均可
wchar_t *wcspbrk(
    const wchar_t *str,
    const wchar_t *strCharSet);
```

函數在來源字串 str 中找出最先含有搜尋字串 strCharSet 中任一字元的位置並傳回，如果找不到則傳回 NULL。範例如下：

```
TCHAR szStr[] = TEXT("The 3 men and 2 boys ate 5 pigs");
TCHAR szStrCharSet[] = TEXT("0123456789");
```

```
LPTSTR lpSearch = NULL;

_tprintf(TEXT("1: %s\n"), szStr);

lpSearch = _tcspbrk(szStr, szStrCharSet);
_tprintf(TEXT("2: %s\n"), lpSearch);

lpSearch++;
lpSearch = _tcspbrk(lpSearch, szStrCharSet);
_tprintf(TEXT("3: %s\n"), lpSearch);
```

輸出結果：

```
1: The 3 men and 2 boys ate 5 pigs
2: 3 men and 2 boys ate 5 pigs
3: 2 boys ate 5 pigs
```

5‧轉換字串中的字元大小寫

```
char *_strupr(char *str);
wchar_t *_wcsupr(wchar_t *str);
```

這兩個函數的通用版本是 _tcsupr。函數將 str 字串中的小寫字母轉為大寫形式，其他字元不受影響，傳回修改後的字串指標。

```
char *_strlwr(char * str);
wchar_t *_wcslwr(wchar_t * str);
```

這兩個函數的通用版本是 _tcslwr。函數將 str 字串中的大寫字母轉為小寫形式，其他字元不受影響，傳回修改後的字串指標。

範例如下：

```
TCHAR szStr[] = TEXT("WindowsAPI 是一種強大的程式語言！");
_tprintf(TEXT("%s\n"), _tcsupr(szStr)); // WINDOWSAPI 是一種強大的程式語言！
_tprintf(TEXT("%s\n"), _tcslwr(szStr)); // windowsapi 是一種強大的程式語言！
```

　　按 Ctrl + F5 複合鍵編譯執行，提示 _wcsupr 和 _wcslwr 函數可能不安全，建議使用安全版本的 _wcsupr_s 和 _wcslwr_s 函數，這兩個安全版本函數的通用版本是 _tcsupr_s 和 _tcslwr_s。C/C++ 語言中需要修改字串的處理函數通常有一個安全版本，就是在函數名稱後加一個 _s 尾碼：

```
errno_t _strupr_s(
    char* str,                 // 指定要轉換的字串，傳回轉換以後的字串
    size_t numberOfElements);  // str 緩衝區的大小，位元組單位，包括結尾的空字元，可以用
                               // _tcslen(str) + 1
errno_t _wcsupr_s(
    wchar_t* str,              // 指定要轉換的字串，傳回轉換以後的字串
    size_t numberOfElements);  // str 緩衝區的大小，字元單位，包括結尾的空字元，可以用
                               // _tcslen(str) + 1
```

　　如果函數執行成功，則傳回 0；如果函數執行失敗，則傳回相關錯誤程式。_strlwr_s 和 _wcslwr_s 的函數宣告不再列出，格式都是相同的。

　　另外，把一個字元轉為大寫字母的函數是 toupper 和 towupper，通用版本是 _totupper；把一個字元轉為小寫字母的函數是 tolower 和 towlower，通用版本是 _totlower。非字母字元不做任何處理：

```
int toupper(int c);
int towupper(wint_t c);     // typedef unsigned short wint_t;

int tolower(int c);
int towlower(wint_t c);
```

　　範例如下：

```
TCHAR szStr[] = TEXT("Hello, Windows, Windows API program simple and 強大 !");

for (size_t i = 0; i < _tcslen(szStr); i++)
{
    _tprintf(TEXT("%c"), _totupper(szStr[i]));
    // HELLO, WINDOWS, WINDOWS API PROGRAM SIMPLE AND 強大 !
}

_tprintf(TEXT("\n"));
```

```
for (size_t i = 0; i < _tcslen(szStr); i++)
{
    _tprintf(TEXT("%c"), _totlower(szStr[i]));
    // hello, windows, windows api program simple and 強大！
}
```

6 · 字串拼接

```
char* strcat(
    char*        strDestination,    // 目標字串
    const char* strSource);         // 來源字串
wchar_t* wcscat(
    wchar_t*       strDestination,  // 目標字串
    const wchar_t* strSource);      // 來源字串
```

這兩個函數的通用版本是 _tcscat。函數把來源字串 strSource 附加到目標字串 strDestination 的後面，傳回指向目標字串的指標。函數不會檢查目標緩衝區 strDestination 是否有足夠的空間，可能造成緩衝區溢位。實際上任何修改字串緩衝區的函數都會存在一個安全隱憂，如果目標字串緩衝區不夠大，無法容納新的字串，那麼會導致記憶體中的其他資料被破壞，建議使用安全版本的 _tcscat_s 函數：

```
errno_t strcat_s(
    char*         strDestination,
    size_t        numberOfElements,     // 目標字串緩衝區的大小，位元組單位
    const char* strSource);
errno_t wcscat_s(
    wchar_t*        strDestination,
    size_t          numberOfElements,   // 目標字串緩衝區的大小，字元單位
    const wchar_t* strSource);
```

如果函數執行成功，則傳回 0；如果函數執行失敗，則傳回相關錯誤程式。範例如下：

```
TCHAR szStrDest[64] = TEXT("WindowsAPI");
TCHAR szStrSour[] = TEXT("是一種強大的程式語言！");
_tcscat_s(szStrDest, _countof(szStrDest), szStrSour);
_tprintf(TEXT("%s\n"), szStrDest);  // WindowsAPI 是一種強大的程式語言！
```

_countof 巨集用於獲取一個陣列中的陣列元素個數，本例中 _countof (szStrDest) 傳回 64。這裡與 sizeof 進行比較，sizeof 是求位元組數，本例中如果設定為 Unicode 字元集，那麼 sizeof(szStrDest) 傳回 128；而如果設定為多位元組字元集，那麼 sizeof(szStrDest) 傳回 64。

7 · 字串複製

複製字串的函數是 strcpy 和 wcscpy，安全版本為 strcpy_s 和 wcscpy_s，通用版本為 _tcscpy_s：

```
errno_t strcpy_s(
    char*        strDestination,        // 目標字串緩衝區的指標
    size_t       numberOfElements,      // 目標字串緩衝區的大小，位元組單位
    const char* strSource);             // 來源字串緩衝區的指標
errno_t wcscpy_s(
    wchar_t*     strDestination,        // 目標字串緩衝區的指標
    size_t       numberOfElements,      // 目標字串緩衝區的大小，字元單位
    const wchar_t* strSource);          // 來源字串緩衝區的指標
```

函數將來源字串 strSource 中的內容（包括字串結尾的 0 字元）複製到目標字串緩衝區 strDestination，目標字串緩衝區必須足夠大以儲存來源字串及其結尾的 0 字元。如果函數執行成功，則傳回 0；如果函數執行失敗，則傳回相關錯誤程式。範例如下：

```
TCHAR szStrDest[64];
TCHAR szStrSour[] = TEXT("WindowsAPI 是一種強大的程式語言！");
_tcscpy_s(szStrDest, _countof(szStrDest), szStrSour);
_tprintf(TEXT("%s\n"), szStrDest);  // WindowsAPI 是一種強大的程式語言！
```

在呼叫 _tcscpy_s 函數時，目標字串緩衝區必須足夠大以儲存來源字串及其結尾的 0 字元，但是有時候某些字串並不一定以 0 結尾（後面會遇到這種情況），例如下面的程式，pString 是一個不以 0 結尾的字串指標：

```
TCHAR szResType[128] = { 0 };

_tcscpy_s(szResType, 5, pString);
```

因為 pString 指向的字串並不是以 0 結尾，所以 pString 可能指向一塊很大的資料，然後有一個 0 字元，這時候呼叫 _tcscpy_s 函數就會出現目標緩衝區太小的錯誤訊息。

在這種情況下，可以使用後面將要介紹的 StringCchCopy 函數：

```
TCHAR szResType[128] = { 0 };

StringCchCopy(szResType, 5, pString);
```

StringCchCopy 函數只會從 pString 指向的字串中複製 5-1 個字元，並把 szResType 緩衝區的第 5 個字元設定為 0，要想得到 5 個字元的以 0 結尾的字串，可以把 StringCchCopy 函數的第 2 個參數設定為 5 + 1。強烈建議使用 StringCchCopy 代替 _tcscpy_s 函數！

當然，也可以使用記憶體複製函數 memcpy_s，該函數可以指定目標緩衝區和來源緩衝區的位元組數（後面會介紹該函數），不會出現緩衝區溢位。

同樣的理由，建議使用 StringCchCat（後面有相關介紹）代替字串拼接函數 _tcscat 和 _tcscat_s。

8 · 字串比較

比較兩個字串大小關係的函數是 strcmp 和 wcscmp，通用版本為 _tcscmp：

```
int strcmp(
    const char *string1,
    const char *string2);
int wcscmp(
    const wchar_t *string1,
    const wchar_t *string2);
```

函數對 string1 和 string2 執行序號（ASCII 碼值）比較並傳回一個指示它們關係的值。傳回值指明了 string1 和 string2 的大小關係，如表 1.6 所示。

▼ 表 1.6

值	string1 與 string2 的關係
小於 0	string1 小於 string2
等於 0	string1 等於 string2
大於 0	string1 大於 string2

比較兩個字串的規則：一個一個比較兩個字串中對應的字元，字元大小按照 ASCII 碼值確定，從左向右開始比較，如果遇到不同字元，那麼所遇第一對不同字元的大小關係就確定了兩個字串的大小關係；如果未遇到不同字元而某個字串首先結束，那麼先結束的字串是較小的；否則兩個字串相等。例如：

```
TCHAR szStr1[] = TEXT("ABCDE"); // E 的 ASCII 為 0x45
TCHAR szStr2[] = TEXT("ABCDe"); // e 的 ASCII 為 0x65

int n = _tcscmp(szStr1, szStr2);
if (n > 0)
    _tprintf(TEXT("szStr1 大於 szStr2\n"));
else if (n == 0)
    _tprintf(TEXT("szStr1 等於 szStr2\n"));
else
    _tprintf(TEXT("szStr1 小於 szStr2\n"));
// 輸出結果：szStr1 小於 szStr2
```

因為 _tcscmp 比較字串按照 ASCII 值進行比較，所以字母要區分大小寫。

_stricmp、_wcsicmp 和 _tcsicmp（通用版本）在比較字串之前會首先將其轉換成小寫形式，適用於不區分大小寫的字串比較。

對於 ASCII 字元集順序（就是 ASCII 值）和字典的字元順序不同的區域設定，應該使用 strcoll / wcscoll 函數（通用版本 _tcscoll）而非 _tcsicmp 函數進行字串比較，_tcscoll 函數根據正在使用區域設定的內碼表的 LC_COLLATE 類別設定比較兩個字串，而 _tcsicmp 則不受區域設定影響。在 "C" 區域設定下，ASCII 字元集中的字元順序與字母排序相同，但是在其他區域設定中，ASCII 字元集中的字元順序可能與字典中的順序不同，例如在某些歐洲內碼表中，字元 a

（值 0x61）位於字元 ä（值 0xE4）之前，但是在字母排序中，字元 ä 在字元 a 之前。

　　LC_COLLATE 是一組處理跟語言相關問題的規則，這些規則包括如何對字串進行比較和排序等。按照 C99 標準的規定，程式在啟動時區域設定為 "C"。在區域設定 "C" 下，字串的比較就是按照 ASCII 值逐位元組地進行，這時 _tcscoll 與 _tcsicmp 函數沒有區別；但是在其他區域設定下，字串的比較方式可能就不同了，例如在簡體中文區域設定下，_tcsicmp 仍然按 ASCII 值比較，而 _tcscoll 對於中文字則是按拼音進行的（這與作業系統有關，Windows 還支援按筆劃排序，可以在區域和語言設定中進行修改）：

```
int strcoll(
    const char *string1,
    const char *string2);
int wcscoll(
    const wchar_t *string1,
    const wchar_t *string2);
```

　　範例如下：

```
setlocale(LC_ALL, "chs");    // LC_ALL 包括 LC_COLLATE，英文國家則是 en-US 或 English

TCHAR szStr1[] = TEXT(" 我愛老王 ");
// Unicode：11 62 31 72 01 80 8B 73 00 00   多位元組：CE D2 B0 AE C0 CF CD F5 00
TCHAR szStr2[] = TEXT(" 我是老王 ");
// Unicode：11 62 2F 66 01 80 8B 73 00 00   多位元組：CE D2 CA C7 C0 CF CD F5 00

int n = _tcscmp(szStr1, szStr2);
if (n > 0)
    _tprintf(TEXT("szStr1 > szStr2\n"));
else if (n == 0)
    _tprintf(TEXT("szStr1 == szStr2\n"));
else
    _tprintf(TEXT("szStr1 < szStr2\n"));
// 輸出結果：szStr1 > szStr2

n = _tcscoll(szStr1, szStr2);
```

```
if (n > 0)
    _tprintf(TEXT("szStr1 > szStr2\n"));
else if (n == 0)
    _tprintf(TEXT("szStr1 == szStr2\n"));
else
    _tprintf(TEXT("szStr1 < szStr2\n"));
// 輸出結果：szStr1 < szStr2
```

本例專案屬性使用 Unicode 字元集，以後如果沒有特別說明，那麼專案均是使用 Unicode 字元集。

本例中 "我愛老王" 和 "我是老王" 在 Unicode 字元集和多位元組字元集下的記憶體位元組是不同的，在這兩種字元集下使用 _tcsicmp 的比較結果是不同的。再次重複：Unicode 是國際化編碼，用一套字元集表示所有國家的字元；而 ANSI 是國家標準，同樣的碼值在不同的國家代表不同的字元。程式一開始就呼叫 setlocale(LC_ALL, "chs"); 來設定中文區域設定，因此呼叫 _tcscoll 函數進行比較的結果就是 "我愛老王" < "我是老王"。

如果不呼叫 setlocale(LC_ALL, "chs");，就相當於設定了區域設定 "C"，因為在程式啟動時，將執行 setlocale(LC_ALL, "C"); 敘述的等效項目。

還是上面的程式，請查看不設定中文區域設定的情況：

```
TCHAR szStr1[] = TEXT(" 我愛老王 ");
// Unicode：11 62 31 72 01 80 8B 73 00 00   多位元組：CE D2 B0 AE C0 CF CD F5 00
TCHAR szStr2[] = TEXT(" 我是老王 ");
// Unicode：11 62 2F 66 01 80 8B 73 00 00   多位元組：CE D2 CA C7 C0 CF CD F5 00

int n = _tcscmp(szStr1, szStr2);
if (n > 0)
    _tprintf(TEXT("szStr1 > szStr2\n"));
else if (n == 0)
    _tprintf(TEXT("szStr1 == szStr2\n"));
else
    _tprintf(TEXT("szStr1 < szStr2\n"));
// 輸出結果：szStr1 > szStr2
```

```
n = _tcscoll(szStr1, szStr2);
if (n > 0)
    _tprintf(TEXT("szStr1 > szStr2\n"));
else if (n == 0)
    _tprintf(TEXT("szStr1 == szStr2\n"));
else
    _tprintf(TEXT("szStr1 < szStr2\n"));
// 輸出結果：szStr1 > szStr2
```

使用 _tcsicmp 進行比較的結果不變，而使用 _tcscoll 進行比較的結果變為
"我愛老王" > "我是老王"。

9 · 分割字串

用於分割字串的函數是 strtok、wcstok 和 _tcstok，安全版本為 strtok_s、
wcstok_s 和 _tcstok_s。函數宣告如下：

```
char* strtok_s(
    char*       strToken,   // 要分割的字串
    const char* strDelimit, // 分隔符號字串，分隔符號字串中的每個字元均為分割符號
    char**      context);   // 傳回 strToken 中剩餘未被分割的部分，提供一個字串
                            // 指標的指標即可
wchar_t* wcstok_s(
    wchar_t*        strToken,
    const wchar_t*  strDelimit,
    wchar_t**       context);
```

當 strtok_s / wcstok_s 函數在參數 strToken 的字串中發現參數 strDelimit
包含的分割字元時，會將該字元修改為字元 0。在第一次呼叫時，參數 strToken
指向要分割的字串，以後的呼叫則將參數 strToken 設定為 NULL，每次呼叫成
功函數會傳回指向被分割出部分的指標，當字串 strToken 中的字元尋找到尾端
時，函數傳回 NULL。需要注意的是，strtok_s / wcstok_s 函數會破壞被分割的
字串。如果要分割的字串 strToken 中不存在分隔符號字串 strDelimit 中指定的
任何字元，函數會傳回 strToken 字串本身。範例如下：

```
TCHAR strToken[] = TEXT("A string\tof ,,tokens\nand some  more tokens");
TCHAR strDelimit[] = TEXT(" ,\t\n");      // 前面有個空格
```

```
LPTSTR lpToken = NULL;                    // 被分割出部分的指標
LPTSTR lpTokenNext = NULL;                // 剩餘未被分割部分的指標

// 獲取第一個字串
lpToken = _tcstok_s(strToken, strDelimit, &lpTokenNext);

// 迴圈查詢
while (lpToken != NULL)
{
    _tprintf(TEXT("%s\n"), lpToken);
    // 獲取下一個
    lpToken = _tcstok_s(NULL, strDelimit, &lpTokenNext);
}
/*
```

輸出結果：

```
A
string
of
tokens
and
some
more
tokens
*/
```

10·字串快速排序

進行字串快速排序的函數是 qsort，安全版本為 qsort_s：

```
void qsort(
    void*       base,       // 待排序的字串陣列
    size_t      num,        // 待排序的字串陣列中陣列元素的個數
    size_t      width,      // 以位元組為單位，各元素佔用的空間大小
    int(__cdecl* compare)(const void*, const void*)); // 對字串進行比較的回呼函數
void qsort_s(
    void*       base,
    size_t      num,
```

```
    size_t        width,
    int(__cdecl* compare)(void*, const void*, const void*),
    void*         context); // 上面回呼函數的參數
```

這個函數對於初學者比較複雜，因為涉及回呼函數的概念。先看範例再作
解釋，在此以 qsort 函數為例：

```
#include <Windows.h>
#include <tchar.h>
#include <stdio.h>
#include <locale.h>

// 回呼函數宣告
int compare(const void *arg1, const void *arg2);

int main()
{
    setlocale(LC_ALL, "chs");

    LPTSTR arrStr[] = {
        TEXT(" 架構風格之資源管理 .AVI"),
        TEXT(" 模組化之合理內聚 .AVI"),
        TEXT(" 複習 .AVI"),
        TEXT(" 模組化之管理依賴 .AVI"),
        TEXT(" 系統架構設計概述 .AVI"),
        TEXT(" 架構風格之分散式 .AVI")
    };
    qsort(arrStr, _countof(arrStr), sizeof(LPTSTR) , compare);

    for (int i = 0; i < _countof(arrStr); i++)
        _tprintf(TEXT("%s\n"), arrStr[i]);

    return 0;
}

int compare(const void *arg1, const void *arg2)
{
    // 因為 arg1、arg2 是陣列元素的指標，所以需要 *(LPTSTR *)
    return _tcscoll(*(LPTSTR *)arg1, *(LPTSTR *)arg2);
}
```

輸出結果：

```
架構風格之分散式 .AVI
架構風格之資源管理 .AVI
模組化之管理依賴 .AVI
模組化之合理內聚 .AVI
系統架構設計概述 .AVI
複習 .AVI
```

qsort 函數對指定陣列中的元素進行排序。當然，陣列元素也可以是其他類型，例如 int 類型。排序的規則是什麼呢？在進行排序的時候，qsort 函數會呼叫 compare 函數對兩個陣列元素進行比較（比較規則需要根據具體情況進行不同的設定），這就是回呼函數的概念。回呼函數 compare 由 qsort 函數負責呼叫，以後還會遇到由作業系統呼叫的回呼函數。本例是升冪排序，如果需要降冪排序，只需要把 _tcscoll 函數的兩個參數互換即可。

請注意：不同版本的 VS 的語法檢查規則有所不同。上例中，變數 arrStr 是一個 LPTSTR 類型的陣列，但是該陣列中的陣列元素都是常字串指標，因此編譯器可能會顯示出錯。此時把 LPTSTR 改為 LPCTSTR 類型即可，表示常字串陣列。以後如果遇到類似問題，請自行根據錯誤訊息靈活處理。

陣列元素排序完成以後，二分尋找一個陣列元素就很快了，這需要使用 bsearch 函數或安全版本的 bsearch_s 函數：

```
void* bsearch(
    const void*  key,        // 要尋找的資料
    const void*  base,       // 要從中進行尋找的陣列
    size_t       num,        // 被尋找陣列中的陣列元素個數
    size_t       width,      // 每個陣列元素的長度，以位元組為單位
    int(__cdecl* compare) (const void* key, const void* datum));
                             // 進行比較的回呼函數
```

函數用二分尋找法從陣列元素 base[0] ～ base[num-1] 中尋找參數 key 指向的資料。陣列 base 中的陣列元素應以升冪排列，函數 bsearch 的傳回值指

向匹配項目；如果沒有發現匹配項目，則傳回 NULL。bsearch 函數的用法和
qsort 類似，此處不再舉例。

11 · 字串與數值型的相互轉換

將字串轉為雙精度浮點數的函數是 atof 和 _wtof，通用版本是 _ttof：

```
double atof(const char*    str);
double _wtof(const wchar_t* str);
```

將字串轉為整數或長整數的函數是 atoi、_wtoi 或 atol、_wtol，通用版本是
_ttoi 或 _ttol：

```
int atoi(const char*    str);
int _wtoi(const wchar_t* str);
long atol(const char*    str);
long _wtol(const wchar_t* str);
```

將字串轉為 64 位元整數或 long long 整數的函數是 _atoi64、_wtoi64 或
atoll、_wtoll，通用版本是 _llToi64 或 _ttoll：

```
__int64 _atoi64(const char*    str);
__int64 _wtoi64(const wchar_t* str);
long long atoll(const char*    str);
long long _wtoll(const wchar_t* str);
```

上述函數並不要求字串 str 必須是數值形式，在此以 _ttof 函數為例，假設
字串 str 為 "-1.23456 你好，老王"，呼叫 _ttof(str) 函數傳回的結果為 double
型的 -1.23456。函數會跳過前面的空格字元，直到遇上數字或正負符號才開始
轉換，直到出現非數字或字串結束標識時結束轉換，並將轉換後的數值結果傳
回。如果開頭部分就是不可轉換字元，例如 "你好 -1.23456 你好，老王"，則
函數傳回 0.0。

將數值型轉為字串的相關通用版本函數有 _itot、_ltot、_ultot、_i64tot 和
_ui64tot：

```
char* _itoa(int                 value, char* buffer, int radix);
char* _ltoa(long                value, char* buffer, int radix);
char* _ultoa(unsigned long      value, char* buffer, int radix);
char* _i64toa(long long         value, char* buffer, int radix);
char* _ui64toa(unsigned long long value, char* buffer, int radix);
wchar_t* _itow(int              value, wchar_t* buffer, int radix);
wchar_t* _ltow(long             value, wchar_t* buffer, int radix);
wchar_t* _ultow(unsigned long   value, wchar_t* buffer, int radix);
wchar_t* _i64tow(long long      value, wchar_t* buffer, int radix);
wchar_t* _ui64tow(unsigned long long value, wchar_t* buffer, int radix);
```

但是，我們知道修改字串緩衝區的函數都存在一個緩衝區溢位安全隱憂，因此建議使用這些函數的安全版本 _itot_s、_ltot_s、_ultot_s、_i64tot_s 和 _ui64tot_s：

```
errno_t _itoa_s(int                 value, char* buffer, size_t size, int radix);
errno_t _ltoa_s(long                value, char* buffer, size_t size, int radix);
errno_t _ultoa_s(unsigned long      value, char* buffer, size_t size, int radix);
errno_t _i64toa_s(long long         value, char* buffer, size_t size, int radix);
errno_t _ui64toa_s(unsigned long long value, char* buffer, size_t size, int radix);
errno_t _itow_s(int                 value, wchar_t* buffer, size_t size, int radix);
errno_t _ltow_s(long                value, wchar_t* buffer, size_t size, int radix);
errno_t _ultow_s(unsigned long      value, wchar_t* buffer, size_t size, int radix);
errno_t _i64tow_s(long long         value, wchar_t* buffer, size_t size, int radix);
errno_t _ui64tow_s(unsigned long long value, wchar_t* buffer, size_t size, int radix);
```

參數 value 是要轉換的數值；參數 buffer 是存放轉換結果的字串緩衝區；參數 size 用於指定緩衝區的大小；參數 radix 表示進位制，可以指定為 2、8、10 或 16。如果函數執行成功，則傳回 0；如果函數執行失敗，則傳回相關錯誤程式。

例如下面的程式：

```
int n = 0x12CFFE20;
TCHAR szBuf[16] = { 0 };

_itot_s(n, szBuf, _countof(szBuf), 10);
_tprintf(TEXT("%s\n"), szBuf);        // 315620896
```

```
_itot_s(n, szBuf, _countof(szBuf), 16);
_tprintf(TEXT("%s\n"), szBuf);        // 12cffe20
```

前面介紹過，將字串轉為雙精度浮點數、整數或長整數、64 位元整數或 long long 整數的函數是 _ttof、_ttoi 或 _ttol、_ttoi64 或 _ttoll，與之類似的還有 _tcstod、_tcstol、_tcstoul、_tcstoi64、_tcstoui64、_tcstoll 和 _tcstoull 函數：

```
double             strtod(const char*        str, char**     endptr);
double             wcstod(const wchar_t*      str, wchar_t** endptr);
long               strtol(const char*         str, char**     endptr, int radix);
long               wcstol(const wchar_t*       str, wchar_t** endptr, int radix);
unsigned long      strtoul(const char*        str, char**     endptr, int radix);
unsigned long      wcstoul(const wchar_t*      str, wchar_t** endptr, int radix);
__int64            _strtoi64(const char*       str, char**     endptr, int radix);
__int64            _wcstoi64(const wchar_t*    str, wchar_t** endptr, int radix);
unsigned __int64   _strtoui64(const char*      str, char**     endptr, int radix);
unsigned __int64   _wcstoui64(const wchar_t*   str, wchar_t** endptr, int radix);
long long          strtoll(const char*         str, char**     endptr, int radix);
long long          wcstoll(const wchar_t*       str, wchar_t** endptr, int radix);
unsigned long long strtoull(const char*         str, char**     endptr, int radix);
unsigned long long wcstoull(const wchar_t*       str, wchar_t** endptr, int radix);
```

可以看到，多了 endptr 和 radix 兩個參數。endptr 參數用於傳回成功轉換的最後一個字元之後的剩餘字串指標，可以設定為 NULL；參數 radix 表示進位制，可以指定為 2、8、10 或 16。

範例如下：

```
#include <Windows.h>
#include <tchar.h>
#include <stdio.h>
#include <locale.h>

// 回呼函數宣告
int compare(const void *arg1, const void *arg2);

int main()
```

```
{
    setlocale(LC_ALL, "chs");

    LPCTSTR arrStr[] = {
        TEXT("4、原理一開發風格之資源管理 .AVI"),
        TEXT("11、原理一複習 .AVI"),
        TEXT("8、原理一模組化之管理依賴 .AVI"),
        TEXT("6、原理一架構風格之調配與擴充 .AVI"),
        TEXT("1、原理一系統架構設計概述 .AVI"),
        TEXT("7、原理一模組化之重用與內聚 .AVI"),
        TEXT("10、原理一模組化之確保擴充 .AVI"),
        TEXT("3、原理一架構風格之分散式 .AVI"),
        TEXT("9、原理一模組化之保持可用 .AVI"),
        TEXT("2、原理一架構風格之系統結構 .AVI"),
        TEXT("5、原理一架構風格之事件驅動 .AVI"),
        TEXT("4、原理一架構風格之資源管理 .AVI")
    };
    qsort(arrStr, _countof(arrStr), sizeof(LPCTSTR), compare);

    for (int i = 0; i < _countof(arrStr); i++)
        _tprintf(TEXT("%s\n"), arrStr[i]);

    return 0;
}

int compare(const void *arg1, const void *arg2)
{
    LPTSTR p1 = NULL;
    LPTSTR p2 = NULL;    // p1 和 p2 傳回的是數字字元後面的字串
    double d1 = _tcstod(*(LPTSTR *)arg1, &p1);
    double d2 = _tcstod(*(LPTSTR *)arg2, &p2);

    // 先比較數字，如果數字相同，就比較數字後面的字串
    if (d1 != d2)
    {
        if (d1 > d2)
            return 1;
        else
            return -1;
```

```
    }
    else
    {
        return _tcscoll(p1, p2);
    }
}
```

輸出結果：

1、原理—系統架構設計概述 .AVI
2、原理—架構風格之系統結構 .AVI
3、原理—架構風格之分散式 .AVI
4、原理—架構風格之資源管理 .AVI
4、原理—開發風格之資源管理 .AVI
5、原理—架構風格之事件驅動 .AVI
6、原理—架構風格之調配與擴充 .AVI
7、原理—模組化之重用與內聚 .AVI
8、原理—模組化之管理依賴 .AVI
9、原理—模組化之保持可用 .AVI
10、原理—模組化之確保擴充 .AVI
11、原理—複習 .AVI

本例模擬的是 Windows 方案總管對檔案進行排序的結果。

12 · 格式化字串

printf 和 wprintf 函數用於向標準輸出裝置按指定格式輸出資訊。函數宣告
如下：

```
int printf(const char* format [, argument]...);
int wprintf(const wchar_t* format [, argument]...);
```

_tprintf 是 printf 和 wprintf 的通用版本，如果定義了 _UNICODE，則 _tprintf
會被轉為 wprintf，否則為 printf。輸出中文的時候需要 setlocale(LC_ALL, "chs");。

建議使用安全版本的 printf_s 和 wprintf_s 函數，通用版本為 _tprintf_s。安全版本的 printf_s、wprintf_s 與 printf、wprintf 的函數宣告是相同的。printf_s 和 wprintf_s 函數會檢查 format 參數中的格式化字串是否有效，而 printf 和 wprintf 函數僅檢查 format 參數是否為 NULL。

表 1.7 列出了一些與 printf 類似的函數，與 printf 不同的是，表 1.7 中的這些函數是輸出到緩衝區，而非輸出到標準輸出裝置。

▼ 表 1.7

	ANSI 版本	寬字元版本	通用版本	通用安全版本
可變數目的參數				
標準版	sprintf	swprintf	_stprintf	_stprintf_s
限定最大長度版	_snprintf	_snwprintf	_sntprintf	_sntprintf_s
Windows 版	wsprintfA	wsprintfW	wsprintf	
參數陣列的指標				
標準版	vsprintf	vswprintf	_vstprintf	_vstprintf_s
限定最大長度版	_vsnprintf	_vsnwprintf	_vsntprintf	_vsntprintf_s
Windows 版	wvsprintfA	wvsprintfW	wvsprintf	

printf 前面的字母 s 表示 string，即輸出到字串緩衝區。

這麼多格式化輸出到緩衝區的類別 printf 函數，應該如何選擇呢？為了避免緩衝區溢位，應該使用限定最大長度的 _sntprintf_s 或 _vsntprintf_s 函數，這兩個函數的宣告如下：

```
int _snprintf_s(char*    buf, size_t size, size_t count, const char*    format
[, argument] ...);
int _snwprintf_s(wchar_t*  buf, size_t size, size_t count, const wchar_t* format
[, argument] ...);
int _vsnprintf_s(char*    buf, size_t size, size_t count, const char*    format,
va_list argptr);
int _vsnwprintf_s(wchar_t* buf, size_t size, size_t count, const wchar_t* format,
va_list argptr);
```

buf 參數用於指定輸出的字串緩衝區；size 參數用於指定緩衝區的大小；count 參數用於指定要輸出到緩衝區的最大字元數，通常可以指定為 _TRUNCATE(-1)；format 參數為格式化控制字串；_sntprintf_s 函數傳遞的是不定數目的參數，而 _vsntprintf_s 函數傳遞的是一個 va_list 類型的參數列表指標（實際程式設計中很少用到該類型）。

在 Windows 程式設計中，可以使用 Windows 版的 wsprintf 或 wvsprintf 函數，函數宣告如下：

```
int WINAPIV wsprintf(        // #define WINAPIV __cdecl
    _Out_ LPTSTR  buf,
    _In_  LPCTSTR format,
    ...);
int WINAPI wvsprintf(        // #define WINAPI  __stdcall
    _Out_ LPTSTR  buf,
    _In_  LPCTSTR format,
    _In_ va_list  arglist);
```

從函數宣告中可以看出，上面兩個函數是有緩衝區溢位安全隱憂的。微軟也宣告請勿使用 wsprintf 或 wvsprintf 函數，應該使用 C/C++ 執行函數庫提供的新增安全版本函數 StringCbPrintf、StringCchPrintf 或 StringCbVPrintf、StringCchVPrintf 來取代它們。

StringCbPrintf、StringCchPrintf、StringCbVPrintf 和 StringCchVPrintf 的函數宣告如下：

```
STRSAFEAPI StringCbPrintf(           // #define STRSAFEAPI __inline HRESULT __stdcall
    _Out_ LPTSTR  pszDest,
    _In_  size_t  cbDest,            // 目的緩衝區的大小，以位元組為單位
    _In_  LPCTSTR pszFormat,
    ...);
STRSAFEAPI StringCchPrintf(
    _Out_ LPTSTR  pszDest,
    _In_  size_t  cchDest,           // 目的緩衝區的大小，以字元為單位
    _In_  LPCTSTR pszFormat,
    ...);
```

```
STRSAFEAPI StringCbVPrintf(
    _Out_ LPTSTR  pszDest,
    _In_  size_t  cbDest,
    _In_  LPCTSTR pszFormat,
    _In_  va_list argList);
STRSAFEAPI StringCchVPrintf(
    _Out_ LPTSTR  pszDest,
    _In_  size_t  cchDest,
    _In_  LPCTSTR pszFormat,
    _In_  va_list argList)
```

cbDest 參數用於指定目標緩衝區的大小，以位元組為單位，這個值必須足夠大，以容納格式化字串加上結尾的 0 字元，允許的最大位元組數是 STRSAFE_MAX_CCH(2147483647) × sizeof(TCHAR)；cchDest 參數用於指定目標緩衝區的大小，以字元為單位，這個值必須足夠大，以容納格式化字串加上結尾的 0 字元，允許的最大字元數是 STRSAFE_MAX_CCH。

上面 4 個函數需要包含 strsafe.h 標頭檔。傳回數值型態為 HRESULT，可以使用 SUCCEEDED 巨集來測試函數是否執行成功，稍後再介紹 HRESULT 資料型態。

複習一下，為了避免緩衝區溢位，應該使用限定最大長度的 _sntprintf_s 或 _vsntprintf_s 函數；在 Windows 程式設計中，可以使用 C/C++ 執行函數庫提供的新增安全版本函數 StringCbPrintf、StringCchPrintf、StringCbVPrintf 和 StringCchVPrintf。在很多地方我可能使用了不安全的 _tprintf 和 wsprintf 等函數，請讀者自行按上述說明進行使用。

下面以 StringCchPrintf 為例說明格式化字串函數的使用：

```
#include <Windows.h>
#include <strsafe.h>

int WINAPI WinMain(HINSTANCE hInstance, HINSTANCE hPrevInstance, LPSTR lpCmdLine, int nCmdShow)
{
    TCHAR szName[] = TEXT(" 老王 ");
```

```
TCHAR szAddress[] = TEXT(" 山東濟南 ");
int nAge = 18;
TCHAR szBuf[128] = { 0 };
HRESULT hResult = E_FAIL;

hResult = StringCchPrintf(szBuf, _countof(szBuf),
    TEXT(" 自我介紹 \n 我是：%s 來自：%s 年齡：%d\n"), szName, szAddress, nAge);
if (SUCCEEDED(hResult))
    MessageBox(NULL, szBuf, TEXT(" 格式化字串的使用 "), MB_OKCANCEL | MB_
ICONINFORMATION);
else
    MessageBox(NULL, TEXT(" 函數執行失敗 "), TEXT(" 錯誤訊息 "), MB_OKCANCEL | MB_
ICONWARNING);

return 0;
}
```

程式執行效果如圖 1.11 所示。

▲ 圖 1.11

13 · 字串格式化為指定類型的資料

前面我們學習了一系列格式化字串函數，實際程式設計中可能還需要把字串格式化為指定類型的資料。例如 sscanf_s（多位元組版本）和 swscanf_s（寬字元版本）函數可以從字串緩衝區將資料讀取到每個參數中。這兩個函數與 scanf 的區別是，後者以標準輸入裝置為輸入來源，而前者以指定的字串為輸入來源。上述兩個函數是 sscanf 和 swscanf 的安全版本，函數宣告如下：

```
int sscanf_s(
    const char* buffer,      // 字串緩衝區
```

```
    const char* format        // 格式控制字串，支援條件限定和萬用字元
    [, argument] ...);         // 參數指標，傳回資料到每個參數
int swscanf_s(
    const wchar_t* buffer,
    const wchar_t* format
    [,argument] ...);
```

例如下面的範例把一個十六進位形式的字串轉為十六進位數值：

```
DWORD dwTargetRVA;
TCHAR szBuf[32] = TEXT("1234ABCD");

swscanf_s(szBuf, TEXT("%X"), &dwTargetRVA);      // 結果：dwTargetRVA 等於十六進位的
1234ABCD
```

14 · Windows 中的一些字串函數

Windows 也提供了各種字串處理函數，例如 lstrlen、lstrcpy、lstrcat 和 lstrcmp 等。因為安全性問題，有些不建議使用。本節簡介一下這些函數。

（1）lstrlen

lstrlen 函數用於計算字串長度，以字元為單位：

```
int WINAPI lstrlen(_In_ LPCTSTR lpString);
```

（2）lstrcpy 與 StringCchCopy

lstrcpy 函數用於字串複製：

```
LPTSTR WINAPI lstrcpy(
    _Out_ LPTSTR lpString1,
    _In_  LPTSTR lpString2);
```

不建議使用這個函數，可能造成緩衝區溢位。緩衝區溢位是應用程式中許多安全問題的根源，在最壞的情況下，如果 lpstring1 是基於堆疊的緩衝區，則緩衝區溢位可能會導致攻擊者向處理程序中注入可執行程式。

　　除了新的安全字串函數，C/C++ 執行函數庫還新增了一些函數，用於在執行字串處理時提供更多控制。例如 StringCchCopy 函數：

```
HRESULT StringCchCopy(
    _Out_ LPTSTR  pszDest,  // 目標緩衝區
    _In_  size_t  cchDest,  // 目標緩衝區的大小，以字元為單位
    _In_  LPCTSTR pszSrc);  // 來源字串
```

　　cchDest 參數指定的大小必須大於或等於字串 pszSrc 的長度加 1，以容納複製的來源字串和終止的空字元。cchDest 參數允許的最大字元數為 STRSAFE_MAX_CCH(#define STRSAFE_MAX_CCH 2147483647)。該函數需要包含 strsafe.h 標頭檔。

　　StringCchCopy 函數的傳回值是 HRESULT 類型，可以傳回表 1.8 所列的值。

▼ 表 1.8

傳回值	含義
S_OK	來源字串已被成功複製
STRSAFE_E_INVALID_PARAMETER	cchDest 參數為 NULL 或大於 STRSAFE_MAX_CCH
STRSAFE_E_INSUFFICIENT_BUFFER	目標緩衝區空間不足，複製操作失敗，但是目標緩衝區包含被截斷的以 0 結尾的來源字串的一部分

　　可以使用 SUCCEEDED 和 FAILED 巨集來測試函數的傳回值，這兩個巨集在 strsafe.h 標頭檔中定義如下：

```
#define SUCCEEDED(hr)   (((HRESULT)(hr)) >= 0)
#define FAILED(hr)      (((HRESULT)(hr)) < 0)
```

　　再看一下 StringCchCopy 函數傳回值的定義：

```
#define S_OK                        ((HRESULT)0L)
#define STRSAFE_E_INVALID_PARAMETER ((HRESULT)0x80070057L)
```

```
#define STRSAFE_E_INSUFFICIENT_BUFFER   ((HRESULT)0x8007007AL)
typedef _Return_type_success_(return >= 0) long HRESULT;
```

SUCCEEDED 巨集用於判斷傳回值是否大於等於 0，可以這樣使用這個巨集：

```
HRESULT hr = StringCchCopy(...);
if (SUCCEEDED(hr))
{
    // StringCchCopy 函數執行成功
}
```

（3）lstrcat 與 StringCchCat

lstrcat 函數把一個字串附加到另一個字串後面：

```
LPTSTR WINAPI lstrcat(
    _Inout_ LPTSTR lpString1,
    _In_    LPTSTR lpString2);
```

同樣，不建議使用這個函數，因為可能造成緩衝區溢位。建議使用 C/C++ 執行函數庫的新增函數 StringCchCat：

```
HRESULT StringCchCat(
    _Inout_ LPTSTR  pszDest,     // 目標緩衝區
    _In_    size_t  cchDest,     // 目標緩衝區的大小，以字元為單位
    _In_    LPCTSTR pszSrc);     // 來源字串
```

目標緩衝區的大小必須大於或等於 pszSrc 的長度加 pszDest 的長度再加 1，以容納兩個字串和終止的空字元。同樣，允許的最大字元數為 STRSAFE_MAX_CCH。StringCchCat 函數的傳回值和用法與 StringCchCopy 函數類似。

（4）lstrcmp、lstrcmpi 與 CompareStringEx

lstrcmp 函數用於比較兩個字串。如果需要執行不區分大小寫的比較，則可以使用 lstrcmpi 函數：

```
int WINAPI lstrcmp(
    _In_ LPCTSTR lpString1,
    _In_ LPCTSTR lpString2);
int WINAPI lstrcmpi(
    _In_ LPCTSTR lpString1,
    _In_ LPCTSTR lpString2);
```

這兩個函數的傳回值和用法與前面介紹的 C/C++ 字串比較函數類似。

實際上，lstrcmp 與 lstrcmpi 函數在內部使用當前區域設定呼叫 CompareStringEx 函數，CompareStringEx 函數是 CompareString 函數的擴充版本。Ex 是 Extend 或 Expand 的縮寫，意思是擴充、增強。後面大家會看到很多 Windows API 函數都有 Ex 擴充版本。

```
int CompareStringEx(
    _In_opt_ LPCWSTR          lpLocaleName,          // 區域設定名稱
    _In_     DWORD            dwCmpFlags,            // 指示函數如何比較兩個字串的標識
    _In_     LPCWSTR          lpString1,             // 字串 1
    _In_     int              cchCount1,             // 字串 1 的字元長度，可以設定為 -1
    _In_     LPCWSTR          lpString2,             // 字串 2
    _In_     int              cchCount2,             // 字串 2 的字元長度，可以設定為 -1
    _In_opt_ LPNLSVERSIONINFO lpVersionInformation,  // 一般設定為 NULL
    _In_opt_ LPVOID           lpReserved,            // 保留參數
    _In_opt_ LPARAM           lParam);               // 保留參數
```

雖然 CompareStringEx 函數參數比較多，但是通常將最後 3 個參數設定為 NULL。

- 第 1 個參數 lpLocaleName 是指向區域設定名稱的字串，或是下列預先定義值之一。

  ◆ LOCALE_NAME_INVARIANT

  ◆ LOCALE_NAME_SYSTEM_DEFAULT

  ◆ LOCALE_NAME_USER_DEFAULT

  區域設定可以讓函數以符合當地語言習慣的方式來比較字串，得到的結果對使用者來說更有意義。

- 第 2 個參數 dwCmpFlags 是指示函數如何比較兩個字串的標識。大部分的情況下將其設定為 0 即可。該參數可以是表 1.9 所列值的組合，在此只列舉比較重要的幾個。

▼ 表 1.9

標識	含義
LINGUISTIC_IGNORECASE 或 NORM_IGNORECASE	忽略大小寫
NORM_IGNORESYMBOLS	忽略符號和標點符號
NORM_LINGUISTIC_CASING	對大小寫使用語言規則，而非檔案系統規則
SORT_DIGITSASNUMBERS	將字串前面的數字字元解釋為數值型數字

- 第 3 個參數 lpString1 和第 5 個參數 lpString2 指定要比較的兩個字串；參數 cchCount1 和 cchCount2 分別指定這兩個字串的字元長度，不包括字串終止的空字元。如果確定 lpString1 和 lpString2 指向的字串分別都是以零結尾的，那麼可以指定 cchCount1 和 cchCount2 為一個負數，例如 -1，這時函數可以自動計算字串的長度。

函數執行成功，傳回值是 CSTR_LESS_THAN、CSTR_EQUAL 或 CSTR_GREATER_THAN，分別代表 lpString1 小於、等於或大於 lpString2。這 3 個巨集在 WinNls.h 標頭檔中定義如下：

```
#define CSTR_LESS_THAN       1      // 字串 1 小於字串 2
#define CSTR_EQUAL           2      // 字串 1 等於字串 2
#define CSTR_GREATER_THAN    3      // 字串 1 大於字串 2
```

lstrcmp 與 lstrcmpi 函數在內部使用當前區域設定呼叫 CompareStringEx 函數，並把傳回值減去 2，這是為了和 C 執行函數庫的其他字串比較函數的傳回值結果一致。

函數執行失敗，傳回值為 0，可以透過呼叫 GetLastError 函數獲取錯誤程式。關於 GetLastError 函數以後再作介紹。

還是將字串轉為數值型的範例，開啟 Chapter1\FileSort 專案，修改 compare 回呼函數如下：

```
int compare(const void *arg1, const void *arg2)
{
    return CompareStringEx(LOCALE_NAME_SYSTEM_DEFAULT, SORT_DIGITSASNUMBERS,
        *(LPTSTR *)arg1, -1, *(LPTSTR *)arg2, -1, NULL, NULL, NULL) - 2;
}
```

程式執行效果是相同的，事實上 CompareStringEx 函數更好用一些。

還有一個 CompareStringOrdinal 函數執行的是序號比較，可以用於不考慮區域設定的情況。如果是比較程式內部所用的字串（例如檔案路徑、登錄檔項目/值），便可以使用這個函數：

```
int CompareStringOrdinal(
    _In_ LPCWSTR lpString1,
    _In_ int     cchCount1,
    _In_ LPCWSTR lpString2,
    _In_ int     cchCount2,
    _In_ BOOL    bIgnoreCase);  // 是否忽略大小寫，TRUE 為忽略，FALSE 為不忽略
```

函數的參數、傳回值和用法與 CompareStringEx 類似。

1.7.3 Windows 中的 ANSI 與 Unicode 版本函數

如果一個 Windows API 函數需要字串參數，則該函數通常有兩個版本。例如 MessageBox 函數有 MessageBoxA 和 MessageBoxW 兩個版本，MessageBoxA 接受 ANSI 字串，而 MessageBoxW 接受 Unicode 字串。這兩個函數的函數原型如下：

```
int WINAPI MessageBoxA(
    _In_opt_ HWND   hWnd,
    _In_opt_ LPCSTR lpText,
    _In_opt_ LPCSTR lpCaption,
    _In_ UINT       uType);
```

```
int WINAPI MessageBoxW(
    _In_opt_ HWND     hWnd,
    _In_opt_ LPCWSTR  lpText,
    _In_opt_ LPCWSTR  lpCaption,
    _In_ UINT         uType);
```

MessageBoxW 版本接受 Unicode 字串，函數名稱尾端的大寫字母 W 代表 Wide；MessageBoxA 尾端的大寫字母 A 表明該函數接受 ANSI 字串。

我們平時在寫程式的時候直接呼叫 MessageBox 即可，不需要呼叫 MessageBoxW 或 MessageBoxA。在 WinUser.h 中，MessageBox 實際上是一個巨集，它的定義如下：

```
#ifdef UNICODE
    #define MessageBox  MessageBoxW
#else
    #define MessageBox  MessageBoxA
#endif
```

編譯器根據是否定義了 UNICODE 來決定是呼叫 MessageBoxA 還是 MessageBoxW。

MessageBox 由動態連結程式庫 User32.dll 匯出，匯出表中不存在 MessageBox 函數，只有 MessageBoxA 和 MessageBoxW 這兩個函數。 MessageBoxA 的內部原始程式碼只是一個轉換層，它負責分配記憶體，將 ANSI 字串轉為 Unicode 字串，然後使用轉換後的 Unicode 字串呼叫 MessageBoxW；MessageBoxW 函數執行完畢傳回以後，MessageBoxA 會釋放它的記憶體緩衝區。所有這些轉換都在後台進行，為了執行這些字串轉換，系統會產生時間和記憶體上的銷耗。從 Windows NT 開始，Windows 的核心版本都完全使用 Unicode 來建構，Microsoft 也逐漸開始傾向於只提供 API 函數的 Unicode 版本。因此為了使應用程式的執行更高效，我們應該使用 Unicode 字元集來開發應用程式。

在建立供其他軟體開發人員使用的動態連結程式庫時，可以選擇在動態連結程式庫中匯出兩個函數版本：一個是 ANSI 版本；另一個是 Unicode 版本。

在 ANSI 版本中，只是分配記憶體並執行必要的字串轉換，然後呼叫該函數的
Unicode 版本。

1.7.4 ANSI 與 Unicode 字串轉換

MultiByteToWideChar 函數可以將一個多位元組字串轉為寬字串：

```
int MultiByteToWideChar(
    _In_        UINT    CodePage,       // 執行轉換時使用的內碼表
    _In_        DWORD   dwFlags,        // 指定轉換類型的標識，一般設定為 0
    _In_        LPCSTR  lpMultiByteStr, // 指向要轉換的多位元組字串的指標
    _In_        int     cbMultiByte,    // 要轉換的多位元組字串的大小，以位元組為單位，
                                        // 可以為 -1
    _Out_opt_   LPWSTR  lpWideCharStr,  // 指向接收轉換以後寬字串的緩衝區的指標
    _In_        int     cchWideChar);   // lpWideCharStr 指向的緩衝區的大小，以字元為單位
```

- 第 1 個參數 CodePage 指定執行轉換時使用的內碼表。該參數可以設定為
  作業系統中安裝或可用的任何內碼表的值，還可以指定為表 1.10 所列的值。

▼ 表 1.10

常數	含義
CP_ACP	系統預設的 Windows ANSI 內碼表
CP_OEMCP	當前系統 OEM 內碼表
CP_SYMBOL	符號內碼表（42）
CP_THREAD_ACP	當前執行緒的 Windows ANSI 內碼表
CP_UTF8	UTF-8

- 第 2 個參數 dwFlags 指定轉換類型的標識，預設值為 MB_
  PRECOMPOSED(1)，它會影響帶變音符號（比如重音）的字元。一般情況
  下不使用該參數，直接設定為 0 即可。

- 第 4 個參數 cbMultiByte 指定要轉換的多位元組字串的大小，以位元組為
  單位，字母 cb 表示 Count Byte 位元組數。如果確定 lpMultiByteStr 參
  數指向的字串以零結尾，可以將該參數設定為 -1，那麼函數將處理整個

lpMultiByteStr 字串，包括終止的空字元；如果 cbMultiByte 參數設定為 0，那麼函數將失敗；如果 cbMultiByte 參數設定為正整數，那麼函數將精確處理指定的位元組數；如果指定的大小不包含終止的空字元，那麼生成的 Unicode 字串也不以空字元結尾。

- 第 6 個參數 cchWideChar 指定 lpWideCharStr 指向緩衝區的大小（單位為字元），字母 cch 表示 Count CHaracter 字元數。如果該參數設定為 0，則函數傳回所需的緩衝區大小（以字元為單位），包括終止的空字元。在這種情況下，函數不會在 lpWideCharStr 參數指向的緩衝區中傳回資料。大部分的情況下，我們不知道需要多大的緩衝區，可以兩次呼叫 MultiByteToWideChar 函數，第一次把 lpWideCharStr 參數設定為 NULL，把 cchWideChar 參數設定為 0，呼叫 MultiByteToWideChar 函數，函數傳回所需的緩衝區大小，我們根據傳回值分配合適的緩衝區，並指定參數 cchWideChar 的大小與其相等，然後進行第二次呼叫。

如果函數執行成功，則傳回向 lpWideCharStr 參數指向緩衝區寫入的字元數；如果函數執行失敗，則傳回 0，可以透過呼叫 GetLastError 函數獲取錯誤資訊。

用 MultiByteToWideChar 函數實現一個簡單的範例：

```
LPCSTR lpMultiByteStr = "Windows API 程式設計 ";

// 第一次呼叫，獲取所需緩衝區大小
int nCchWideChar = MultiByteToWideChar(CP_ACP, 0, lpMultiByteStr, -1, NULL, 0);

// 分配合適大小的緩衝區，進行第二次呼叫
LPWSTR lpWideCharStr = new WCHAR[nCchWideChar];        // new 是 C++ 中用於動態內
                                                       // 存分配的操作符號
MultiByteToWideChar(CP_ACP, 0, lpMultiByteStr, -1, lpWideCharStr, nCchWideChar);

MessageBoxW(NULL, lpWideCharStr, L"Caption", MB_OK);
delete[] lpWideCharStr;                   // delete 是 C++ 中用於釋放記憶體的操作符號
```

對應地，WideCharToMultiByte 函數可以將寬字串轉為多位元組字串，函數宣告如下：

```
int WideCharToMultiByte(
    _In_        UINT     CodePage,
    _In_        DWORD    dwFlags,
    _In_        LPCWSTR  lpWideCharStr,
    _In_        int      cchWideChar,
    _Out_opt_   LPSTR    lpMultiByteStr,
    _In_        int      cbMultiByte,
    _In_opt_    LPCSTR   lpDefaultChar,      // 在指定的內碼表中遇到無法表示的
                                            // 字元時要使用的字元
    _Out_opt_   LPBOOL   lpUsedDefaultChar); // 傳回是否在轉換過程中使用了上面
                                            // 指定的預設字元
```

　　這個函數的用法和 MultiByteToWideChar 函數是一樣的，只是多了最後兩
個參數，這兩個參數通常都可以設定為 NULL。

- 參數 lpDefaultChar 表示轉換過程中在指定的內碼表中遇到無法表示的字元
  時作為取代的字元，可以將該參數設定為 NULL 表示使用系統預設值。預
  設字元通常是一個問號，這對檔案名稱來說是非常危險的，因為問號是一
  個萬用字元。要獲得系統預設字元，可以呼叫 GetCPInfo 或 GetCPInfoEx
  函數。

- lpUsedDefaultChar 參數指向一個布林變數。在寬字串中，如果至少有一
  個字元不能轉為對應的多位元組形式，則函數就會把 lpUsedDefaultChar
  參數指向的 BOOL 變數設定為 TRUE；如果所有字元都能成功轉換，就會
  把 lpUsedDefaultChar 參數指向的 BOOL 變數設定為 FALSE。對於後者，
  我們可以在函數傳回後測試該變數，以驗證寬字串是否已全部成功轉換。

1.8　結構資料對齊

　　在用 sizeof 運算子計算結構所佔位元組數時，並不是簡單地將結構中所有
欄位各自佔的位元組數相加，這裡涉及記憶體對齊的問題。記憶體對齊是作業
系統為了提高記憶體存取效率而採取的策略，作業系統在存取記憶體的時候，
每次讀取一定的長度（這個長度是作業系統預設的對齊數，或預設對齊數的整

數倍）。如果沒有對齊，為了存取一個變數可能會產生二次存取。比如有的平台每次都是從偶位址處開始讀取資料，對於一個 double 類型的變數，如果從偶位址單元處開始存放，則只需一個讀取週期即讀取到該變數；但是如果從奇位址處開始存放，則需要兩個讀取週期才可以讀取到該變數。

如圖 1.12 所示，假設記憶體對齊細微性為 8，系統一次讀取 8 位元組。讀取 f1 的時候，系統會讀取記憶體單元 0 ～ 7，但是發現 f1 還沒有讀取完，所以還需要再讀取一次；而讀取 f2 只需要一次便可以讀取完。作業系統這樣做的原因是拿空間換時間，提高效率。

記憶體地址	0	1	2	3	4	5	6	7	8	9	A	B	C	D	E	F
記憶體資料		double 類型態資料 f1										A	B	C	D	E	F
	double 類型態資料 f2															

▲ 圖 1.12

可以透過預先編譯命令 #pragma pack(n) 來改變對齊係數，其中的 n 就是指定的對齊係數，對齊係數不能任意設定，只能是內建資料型態的位元組數，如 1(char)、2(short)、4(int)、8(double)，不能是 3、5 等。舉例來說，可以按以下方式改變一個結構的對齊係數：

```
#pragma pack(4)
struct MyStruct
{
    int a;
    char b;
    double c;
    float d;
};
#pragma pack()
```

如果需要獲取系統預設的對齊係數，可以在原始程式碼中使用 #pragma pack(show) 命令，編譯執行。如果是 Win32 程式，會在 VS 底部的輸出視窗顯示：warning C4810: 雜注 pack(show) 的值 == 8；如果是 Win64，則預設對齊係數是 16。

對於標準資料型態，例如 char、int、float、double，它們的存放位址是其所佔位元組長度的整數倍。在 Win32 程式中，這些基底資料型態所佔位元組數為 char = 1，int = 4，float = 4，double = 8。對於非標準資料型態，比如結構，要遵循以下對齊原則。

■ 原則 1：欄位的對齊規則，第一個欄位放在 offset 為 0 的地方，以後每個欄位的對齊按照 #pragma pack(n) 指定的數值和這個欄位資料型態所佔位元組數中比較小的那個進行對齊。

■ 原則 2：結構的整體對齊規則，在各個欄位完成對齊之後，結構本身也要進行對齊，對齊將按照 #pragma pack(n) 指定的數值和結構所有欄位中佔用位元組數最大的那個欄位所佔位元組數（假設為 m）中，比較小的那個進行對齊，也就是說結構的大小是 min(n, m) 的整數倍。

■ 原則 3：結構作為成員的情況，如果一個結構裡有其他結構作為成員，則結構成員要從其內部最大欄位大小的整數倍位址開始儲存。

舉一個結構對齊的例子：

```
#include <Windows.h>
#include <tchar.h>
#include <stdio.h>


#pragma pack(4)
struct MyStruct
{
    int a;      // 存放在記憶體單元 0～3
    char b;     // min(1, pragma pack(4)) 等於 1，所以存放在記憶體單元 4
    double c;   // min(8, pragma pack(4)) 等於 4，所以從記憶體單元 8 開始存放，存放
                // 在記憶體單元 8～15
    float d;    // min(4, pragma pack(4)) 等於 4，所以從記憶體單元 16 開始存放，存放
                // 在記憶體單元 16～19
};              // MyStruct 正好佔用 20 個記憶體位元組，是 min(8, pragma pack(4)) 的整數倍

struct MyStruct2 {
    char a;     // 存放在記憶體單元 0
    MyStruct b; // MyStruct 結構的最大欄位為 8，所以從記憶體單元 8 開始存放，存放在記憶體
```

```
                    // 單元 8 ～ 27
    double c;       // min(8, pragma pack(4)) 等於 4，所以從記憶體單元 28 開始存放，存放
                    // 在記憶體單元 28 ～ 31
};                  // MyStruct2 正好佔用 32 個記憶體位元組，是 min(8, pragma pack(4)) 的
                    // 整數倍
#pragma pack()

int main()
{
    _tprintf(TEXT("MyStruct = %d\n"), sizeof(MyStruct));     // 20
    _tprintf(TEXT("MyStruct2 = %d\n"), sizeof(MyStruct2));   // 32

    return 0;
}
```

如果不指定 #pragma pack(4)Win32 程式的預設對齊係數則是 8，在這種情況下，這兩個結構的對齊情況如下所示：

```
struct MyStruct
{
    int a;          // 存放在記憶體單元 0 ～ 3
    char b;         // min(1, pragma pack(8)) 等於 1，所以存放在記憶體單元 4
    double c;       // min(8, pragma pack(8)) 等於 8，所以從記憶體單元 8 開始存放，存放在
                    // 記憶體單元 8 ～ 15
    float d;        // min(4, pragma pack(8)) 等於 4，所以從記憶體單元 16 開始存放，存放
                    // 在記憶體單元 16 ～ 19
};                  // MyStruct 佔用 20 個記憶體位元組，不是 min(8, pragma pack(8)) 的整數
                    // 倍，所以是 24

struct MyStruct2 {
    char a;         // 存放在記憶體單元 0
    MyStruct b;     // MyStruct 結構的最大欄位為 8，所以從記憶體單元 8 開始存放，存放在記憶體
                    // 單元 8 ～ 31
    double c;       // min(8, pragma pack(8)) 等於 8，所以從記憶體單元 32 開始存放，存放
                    // 在記憶體單元 32 ～ 40
};                  // MyStruct2 正好佔用 40 個記憶體位元組，是 min(8, pragma pack(8)) 的
                    // 整數倍

int main()
```

```
{
    _tprintf(TEXT("MyStruct = %d\n"), sizeof(MyStruct));    // 24
    _tprintf(TEXT("MyStruct2 = %d\n"), sizeof(MyStruct2));  // 40

    return 0;
}
```

有了上面的知識，我們可以按照資料型態來調整結構體內部欄位的先後順序以減少記憶體的消耗，例如我們將結構 MyStruct 中的順序調整為 MyStruct2，sizeof(MyStruct) 的結果為 12，而 sizeof (MyStruct) 的結果為 8：

```
#include <Windows.h>
#include <tchar.h>
#include <stdio.h>

struct MyStruct
{
    char a;
    int b;
    char c;
};

struct MyStruct2
{
    char a;
    char c;
    int b;
};

int main()
{
    _tprintf(TEXT("MyStruct = %d\n"), sizeof(MyStruct));    // 12
    _tprintf(TEXT("MyStruct2 = %d\n"), sizeof(MyStruct2));  // 8

    return 0;
}
```

本章介紹了大量的基礎知識，特別是字串話題，這是在程式開發過程中必不可缺的。讓我們愉快地進入第 2 章的學習，一起開啟 Windows 程式設計之門！

第 2 章

Windows 視窗程式

本章首先帶領大家認識一下 Windows 視窗程式，然後詳細介紹開發一個標準 Windows 視窗程式的步驟與原理。很多內容都是 Windows 的規定。對於剛剛接觸 Windows 程式設計的讀者，第 2 章或許是全書最難的，但是只要明白了本章所涉及的原理，後面章節的學習就會順理成章。

2.1 認識 Windows 視窗

　　圖形化使用者介面（Graphical User Interface，GUI）是指採用圖形方式顯示程式介面。與早期電腦使用的命令列介面相比，圖形介面對使用者來說在視覺上更易於接受。啟動一個應用程式，桌面上就會顯示一塊矩形區域，這個矩形區域稱為視窗。使用者可以在視窗中操作應用程式，進行資料的管理和編輯。

　　第 1 章的 HelloWorld 程式僅是建立了一個最簡單的視窗，稱為對話方塊視窗，可以顯示標題、提示文字以及幾個系統內建的按鈕和圖示。讓我們以記事本程式為例（見圖 2.1），了解一個典型視窗程式的組成，即了解組成程式視窗的各個元素。

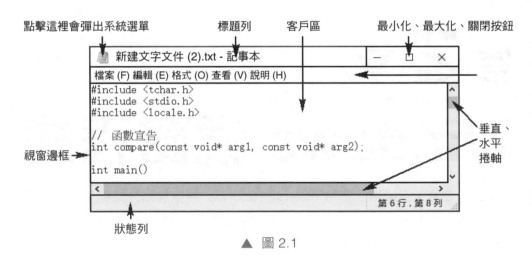

▲ 圖 2.1

　　圖 2.1 所示的視窗中包含以下元素。

（1）標題列和視窗標題，標題列是位於視窗頂部的一塊矩形區域，其中含有視窗標題，按兩下標題列可以將程式視窗最大化或從最大化的狀態恢復，按下滑鼠左鍵拖動標題列可以進行視窗的移動。

（2）系統選單按鈕，位於視窗標題列的最左側，點擊以後可以彈出系統選單，有最小化、最大化、關閉等選單項。

(3) 功能表列，位於標題列的下方，會列出許多選單項，用於提供各種不同的操作命令。

(4) 最小化、最大化和關閉按鈕，在視窗標題列的最右側有 3 個按鈕，點擊中間的最大化按鈕，可以把視窗放大到最大（佔據整個桌面）；當視窗已經最大化時，最大化按鈕就會變成還原按鈕，點擊可以將視窗還原為原來的大小；點擊左邊的最小化按鈕，程式視窗就會從桌面隱藏，只剩下工作列中的程式圖示（含視窗標題），點擊工作列中的程式圖示可以恢復顯示到桌面；如果需要關閉該視窗，可以點擊最右邊的關閉按鈕。

(5) 捲軸，當視窗的大小不足以顯示整個檔案的內容時，可以使用位於視窗底部或右邊的捲軸（向右或向下移動），以查看該檔案（檔）中的剩餘部分。

(6) 視窗邊框，視窗周邊的網條邊稱為視窗邊框，用滑鼠移動一條邊框的位置可以改變視窗的大小，也可以用滑鼠移動視窗的角來同時改變視窗兩個邊框的位置以改變視窗大小。

(7) 客戶區，視窗內部的矩形區域稱為客戶區，客戶區是指除標題列、功能表列、工具列、狀態列、捲軸和邊框以外的區域，程式在這裡顯示文字、圖形、子視窗控制項或其他資訊。以後會遇到非客戶區的概念，非客戶區就是指除客戶區以外的區域，就是標題列、功能表列、工具列、狀態列、捲軸和邊框等。

(8) 狀態列，狀態列通常位於視窗的最下方，用來顯示一些狀態資訊。

有的程式在功能表列的下面還有工具列，工具列用圖示的形式列出了常用的選單項，相當於選單項的捷徑。並不是所有的程式都有上述這些元素，有的程式沒有功能表列，有的程式沒有狀態列，等等。

一個視窗並不一定就是一個程式，它可能只是一個程式的一部分，一個程式可以建立多個最上層視窗，因此一個視窗並不是程式的代表。另外，Windows 的視窗採用層次結構，在一個視窗中可以建立多個子視窗，例如記事本程式是一個視窗，視窗內部的客戶區、狀態列等都是一個子視窗。一個程式的主視窗都是最上層視窗，最上層視窗（Top-Level，也叫頂層視窗）通常是指其父視窗是桌面的程式視窗。

相反，一個程式並不一定必須要有一個視窗，比如悄悄在後台執行的木馬程式就不會顯示一個視窗讓使用者發現它在做什麼。開啟工作管理員可以看到處理程序的數量比螢幕上的視窗多得多，這説明很多正在執行的程式並沒有顯示視窗。如果一個程式不想和使用者進行互動，它可以選擇不建立視窗。

2.2 第一個 Windows 視窗程式

看一下 Windows 程式設計的範本，其實很簡單，只有 70 多行。理解這些，我相信讀者對於 Windows 程式設計就已經入門了，並且掌握了這門程式語言的 20%。這麼説並不誇張，因為這是一大跨越！然後學習關於 Windows 各方面的幾百個 API 函數，了解訊息機制，學會查詢 MSDN，Windows 程式設計就變得非常簡單了。

建立一個 Win32 空白專案 HelloWindows，HelloWindows.cpp 原始檔案的內容如下所示：

```cpp
#include <Windows.h>
#include <tchar.h>                          // _tcslen 函數需要該標頭檔


#pragma comment(lib, "Winmm.lib")          // 播放聲音的 PlaySound 函數需要 Winmm 匯入函數庫


// 函數宣告，視窗過程
LRESULT CALLBACK WindowProc(HWND hwnd, UINT uMsg, WPARAM wParam, LPARAM lParam);

int WINAPI WinMain(HINSTANCE hInstance, HINSTANCE hPrevInstance, LPSTR lpCmdLine,
int nCmdShow)
{
    WNDCLASSEX wndclass;                    // RegisterClassEx 函數用的 WNDCLASSEX 結構
    TCHAR szClassName[] = TEXT("MyWindow"); // RegisterClassEx 函數註冊的視窗類別的名稱
    TCHAR szAppName[] = TEXT("HelloWindows");       // 視窗標題
    HWND hwnd;                              // CreateWindowEx 函數建立的視窗的控制碼
    MSG msg;                                // 訊息迴圈所用的訊息結構

    wndclass.cbSize = sizeof(WNDCLASSEX);
```

```
    wndclass.style = CS_HREDRAW | CS_VREDRAW;
    wndclass.lpfnWndProc = WindowProc;
    wndclass.cbClsExtra = 0;
    wndclass.cbWndExtra = 0;
    wndclass.hInstance = hInstance;
    wndclass.hIcon = LoadIcon(NULL, IDI_APPLICATION);
    wndclass.hCursor = LoadCursor(NULL, IDC_ARROW);
    wndclass.hbrBackground = (HBRUSH)GetStockObject(WHITE_BRUSH);
    wndclass.lpszMenuName = NULL;
    wndclass.lpszClassName = szClassName;
    wndclass.hIconSm = NULL;
    RegisterClassEx(&wndclass);

    hwnd = CreateWindowEx(0, szClassName, szAppName, WS_OVERLAPPEDWINDOW,
        CW_USEDEFAULT, CW_USEDEFAULT, 300, 180, NULL, NULL, hInstance, NULL);

    ShowWindow(hwnd, nCmdShow);
    UpdateWindow(hwnd);

    while (GetMessage(&msg, NULL, 0, 0) != 0)
    {
        TranslateMessage(&msg);
        DispatchMessage(&msg);
    }

    return msg.wParam;
}

LRESULT CALLBACK WindowProc(HWND hwnd, UINT uMsg, WPARAM wParam, LPARAM lParam)
{
    HDC hdc;
    PAINTSTRUCT ps;
    TCHAR szStr[] = TEXT(" 你好，Windows 程式設計 ");

    switch (uMsg)
    {
    case WM_CREATE:
        PlaySound(TEXT(" 成都（兩會版）.wav"), NULL, SND_FILENAME | SND_ASYNC);
        return 0;
```

```
case WM_PAINT:
    hdc = BeginPaint(hwnd, &ps);
    TextOut(hdc, 10, 10, szStr, _tcslen(szStr));
    EndPaint(hwnd, &ps);
    return 0;

case WM_DESTROY:
    PostQuitMessage(0);
    return 0;
}

return DefWindowProc(hwnd, uMsg, wParam, lParam);
}
```

按 Ctrl + F5 複合鍵編譯執行程式，電腦響起 "春風吹過的時候 我矗立在街頭……" ，並在客戶區左上角顯示 "你好，Windows 程式設計" ，程式介面如圖 2.2 所示。

▲ 圖 2.2

程式有標題列，系統選單，最小化、最大化、關閉按鈕，拖拉視窗邊框可以改變視窗大小，這個視窗包含了一個典型視窗的大部分特徵。

剛剛接觸 Windows 程式設計的讀者可能會覺得這個程式太過複雜，但是這個程式是大部分視窗程式的範本，以後要寫一個新的程式，只要把它複製過來再在其中添磚加瓦即可。複雜的可能是 WNDCLASSEX 結構各個欄位的填充。在 VS 中輸入 WNDCLASSEX，按右鍵轉到定義，就可以看到該結構的定義，然後按照定義依次填充每個欄位即可（每個欄位的含義稍後會詳細介紹）。

在螢幕上顯示一個視窗的過程一般包括以下步驟，也就是入口函數 WinMain 的執行流程。

(1) 註冊視窗類別（RegisterClassEx），在註冊之前，要先填寫 RegisterClassEx 函數的參數 WNDCLASSEX 結構的各個欄位。

(2) 建立視窗（CreateWindowEx）。

(3) 顯示視窗（ShowWindow）、更新視窗客戶區（UpdateWindow）。

(4) 進入無限的訊息獲取、分發的迴圈：獲取訊息（GetMessage），轉換訊息（TranslateMessage），將訊息分發到回呼函數 WindowProc 進行處理（DispatchMessage）。

下面分別介紹每一個步驟。

2.2.1 註冊視窗類別（RegisterClassEx）

RegisterClassEx，顧名思義就是註冊視窗類別，最後的 Ex 是擴充的意思，它是 Win16 中 RegisterClass 函數的擴充。該函數用於註冊一個視窗類別，在下一步呼叫 CreateWindowEx 函數建立視窗時使用：

```
ATOM WINAPI RegisterClassEx(_In_ const WNDCLASSEX *lpwcx);
```

函數傳回數值型態 ATOM 是原子的意思，也就是說 RegisterClassEx 函數會傳回一個獨一無二的值，這個值就唯一代表我們註冊的視窗類別。我們通常不關心這個值，而是使用 WNDCLASSEX 結構中指定的視窗類別名稱（WNDCLASSEX.lpszClassName 欄位）。ATOM 資料型態在 minwindef.h 標頭檔中定義如下：

```
typedef WORD ATOM;
```

如果函數執行成功，則傳回值是標識已註冊視窗類別的類別原子值；如果函數執行失敗，則傳回值為 0，可以透過呼叫 GetLastError 函數獲取錯誤程式。

參數 lpwcx 是一個指向 WNDCLASSEX 結構的指標，呼叫 RegisterClassEx 函數之前必須初始化該結構：

```
typedef struct tagWNDCLASSEX {
    UINT        cbSize;        // 該結構的大小，以位元組為單位，設定為 sizeof(WNDCLASSEX)
    UINT        style;         // 用這個視窗類別建立的視窗具有的樣式
    WNDPROC     lpfnWndProc;   // 指定視窗過程，所有基於這個視窗類別建立的視窗都使用這個視窗過程
    int         cbClsExtra;    // 緊接在 WNDCLASSEX 結構後面的附加資料位元組數，用來存放自訂資料
    int         cbWndExtra;    // 緊接在視窗實例後面的附加資料位元組數，用來存放自訂資料
    HINSTANCE   hInstance;     // 視窗類別的視窗過程所屬的實例控制碼（模組控制碼）
    HICON       hIcon;         // 用這個視窗類別建立的視窗所用的圖示資源控制碼
    HCURSOR     hCursor;       // 用這個視窗類別建立的視窗所用的游標資源控制碼
    HBRUSH      hbrBackground; // 用這個視窗類別建立的視窗所用的背景筆刷控制碼
    LPCTSTR     lpszMenuName;  // 指定視窗類別的選單資源名稱，選單資源通常在資源檔中定義
    LPCTSTR     lpszClassName; // 指定視窗類別的名稱，呼叫 CreateWindowEx 函數建立視窗時需要使
                               //    用視窗類別名稱
    HICON       hIconSm;       // 用這個視窗類別建立的視窗所用的小圖示的控制碼
} WNDCLASSEX, *PWNDCLASSEX;
```

- 第 1 個欄位 cbSize 指定該結構的大小，以位元組為單位，設定為 sizeof (WNDCLASSEX) 或 sizeof(wndclass) 都可以。很多 Windows API 函數參數中使用的結構中都有一個 cbSize 欄位，它主要用來區分結構的版本。系統升級以後結構可能會新增一些欄位，結構就對應增大。如果函數呼叫的時候發現 cbSize 還是舊的長度，就表示執行的是基於舊結構的程式，這樣可以防止使用無效的欄位。請注意，如果一個結構有 cbSize 結構大小的欄位，必須把它初始化為 sizeof（結構名稱或結構變數名稱）。

- 第 2 個欄位 style 指定視窗類別樣式，也就是用這個視窗類別建立的視窗具有的樣式，常見的視窗類別樣式如表 2.1 所示。

▼ 表 2.1

常數	含義
CS_HREDRAW	當視窗寬度發生變化時，重新繪製整個視窗
CS_VREDRAW	當視窗高度發生變化時，重新繪製整個視窗
CS_NOCLOSE	禁用關閉按鈕，系統選單的關閉選單項也會消失
CS_DBLCLKS	當使用者按兩下滑鼠時，在視窗過程發送按兩下訊息 WM_LBUTTONDBLCLK
CS_GLOBALCLASS	表示視窗類別應用程式全域類別

（續表）

常數	含義
CS_OWNDC	為視窗類別每個視窗分配唯一的裝置環境
CS_CLASSDC	分配一個裝置環境供基於視窗類別所有視窗共用
CS_PARENTDC	將子視窗的裁剪矩形設定為父視窗的裁剪矩形，以便子視窗可以在父視窗上進行繪製

指定為 CS_HREDRAW | CS_VREDRAW 表示如果視窗的水平尺寸或垂直尺寸改變了，那麼所有基於該視窗類別建立的視窗都將被重新繪製。

CS_NOCLOSE 表示禁用關閉按鈕，系統選單的關閉選單項也會消失。大家把設定視窗類別樣式一行改為 wndclass.style = CS_HREDRAW | CS_VREDRAW | CS_NOCLOSE; 看看會發生什麼現象，為了關閉程式是不是只能開啟工作管理員結束處理程序呢？

請大家不要急於完全理解或自己寫出本程式，隨著本書內容的不斷深入，一切都會慢慢明朗起來的。執行程式，按兩下客戶區，沒有任何反應，大家把設定視窗類別樣式一行改為 wndclass.style = CS_HREDRAW | CS_VREDRAW | CS_DBLCLKS; 。

把視窗過程函數 WindowProc 的 switch(uMsg) 加上對 WM_LBUTTONDBLCLK 訊息的處理：

```
case WM_LBUTTONDBLCLK:
    MessageBox(hwnd, TEXT(" 客戶區被按兩下 "), TEXT(" 提示 "), MB_OK);
    return 0;

case WM_DESTROY:
```

重新編譯執行，按兩下客戶區會彈出一個訊息方塊。

- 第 3 個欄位 lpfnWndProc 指定視窗過程，所有基於這個視窗類別建立的視窗都使用這個視窗過程。視窗過程的概念稍後講解，現在只需要知道程式執行以後會發生很多事件，比如視窗建立、視窗重繪、視窗尺寸改變、滑鼠按兩下、程式關閉等事件，作業系統會把這些事件通知應用程式，應用程式在 lpfnWndProc 欄位指定的視窗過程（就是函數）中處理這些事件，WNDPROC 是視窗過程指標類型。

- 第 4 個欄位 cbClsExtra 指定緊接在 WNDCLASSEX 結構後面的視窗類別附加資料位元組數，用來存放自訂資料，可以透過呼叫 GetClassLong 或 GetClassLongPtr 函數來獲取這些資料。視窗類別附加資料位元組數不能超過 40 位元組。

- 第 5 個欄位 cbWndExtra 指定緊接在視窗實例後面的的視窗附加資料位元組數，用來存放自訂資料，可以透過呼叫 GetWindowLong 或 GetWindowLongPtr 函數來獲取這些資料。視窗附加資料位元組數不能超過 40 位元組。

以上兩個欄位，以後用到的時候再去理解其含義，沒有特別需求，這兩個欄位設定為 0 即可。

- 第 6 個欄位 hInstance 指定視窗類別的視窗過程所屬的實例控制碼，也就是所屬的模組。

- 第 7 個欄位 hIcon 指定圖示資源控制碼，這個圖示用於生成可執行檔圖示。Windows 已經預先定義了一些圖示，程式也可以使用在資源檔中自訂的圖示。這些圖示的控制碼可以透過呼叫 LoadIcon 或 LoadImage 函數獲取（LoadImage 函數的用法在後面學習資源檔的時候再講解）。資源檔在編譯的時候會被打包到可執行檔中，LoadIcon 函數用於從應用程式實例（模組）中載入指定的圖示資源：

```
HICON WINAPI LoadIcon(
    _In_opt_ HINSTANCE hInstance,    // 程式實例控制碼（模組控制碼）
    _In_     LPCTSTR   lpIconName); // 要載入的圖示資源的名稱
```

HICON 是 Windows 定義的圖示控制碼資料型態，Windows 為不同的物件定義了不同名稱的控制碼類型，但是控制碼只不過是一個數值，不需要深究。

如果函數執行成功，則傳回值是所載入圖示的控制碼；如果函數執行失敗，則傳回值為 NULL。

也可以使用一個系統預先定義的圖示，將 hInstance 參數設定為 NULL，將 lpIconName 參數設定為表 2.2 所列的值。

▼ 表 2.2

值	含義	形狀
IDI_APPLICATION 或 IDI_WINLOGO	預設應用程式圖示	
IDI_ASTERISK 或 IDI_INFORMATION	資訊提示樣式圖示	
IDI_ERROR 或 IDI_HAND	錯誤訊息樣式圖示	
IDI_QUESTION	問號圖示	
IDI_EXCLAMATION 或 IDI_WARNING	驚嘆號圖示	
IDI_SHIELD	安全防護盾牌圖示	

- 第 8 個欄位 hCursor 指定用這個視窗類別建立的視窗所用的游標資源控制碼，就是當滑鼠在客戶區中時的游標形狀。Windows 預先定義了一些游標，程式也可以使用在資源檔中自訂的游標。這些游標的控制碼可以透過呼叫 LoadCursor 或 LoadImage 函數獲取。

LoadCursor 函數用於從應用程式實例（模組）中載入指定的游標資源：

```
HCURSOR WINAPI LoadCursor(
    _In_opt_ HINSTANCE hInstance,        // 程式實例控制碼（模組控制碼）
    _In_     LPCTSTR   lpCursorName);    // 要載入的游標資源的名稱
```

HCURSOR 是 Windows 定義的游標控制碼資料型態，在 windef.h 標頭檔中 HCURSOR 定義如下：

```
typedef HICON   HCURSOR;
```

如果函數執行成功，則傳回值是所載入游標的控制碼；如果函數執行失敗，則傳回值為 NULL。

也可以使用一個系統預先定義的游標，將 hInstance 參數設定為 NULL，將 lpCursorName 參數設定為表 2.3 所列的值。

▼ 表 2.3

值	含義	形狀
IDC_APPSTARTING	標準箭頭和等待（忙碌）	
IDC_ARROW	標準箭頭	
IDC_CROSS	十字線	
IDC_HAND	手形	
IDC_HELP	箭頭和問號	
IDC_IBEAM	工字	
IDC_NO	斜線圓	
IDC_SIZEALL	指向北、南、東和西的四角箭頭	
IDC_SIZENESW	指向東北和西南的雙尖箭頭	
IDC_SIZENS	指向南北的雙尖箭頭	
IDC_SIZENWSE	指向西北和東南的雙尖箭頭	
IDC_SIZEWE	指向西和東的雙尖箭頭	
IDC_UPARROW	垂直箭頭	
IDC_WAIT	等待（忙碌）	

- 第 9 個欄位 hbrBackground 指定用這個視窗類別建立的視窗所用的背景筆刷控制碼，也可以使用標準系統色彩。系統用指定的背景筆刷或顏色填充客戶區背景。HBRUSH 是 Windows 定義的筆刷控制碼類型。

  GetStockObject 函數用於獲取備用（或說庫存，實際上就是系統預先定義的）畫筆、筆刷、字型等的控制碼：

```
HGDIOBJ GetStockObject(_In_ int fnObject);
```

fnObject 參數指定備用物件的類型，對筆刷來說，可以是表 2.4 所列的值。

▼ 表 2.4

值	含義
BLACK_BRUSH	黑色筆刷
WHITE_BRUSH	白色筆刷
DKGRAY_BRUSH	深灰色筆刷
GRAY_BRUSH	灰色筆刷
LTGRAY_BRUSH	淺灰色筆刷
DC_BRUSH	DC 筆刷，預設顏色為白色，可以使用 SetDCBrushColor 函數更改顏色
HOLLOW_BRUSH 或 NULL_BRUSH	空筆刷，表示什麼也不畫

如果函數執行成功，則傳回指定備用物件的 HGDIOBJ 類型控制碼；如果函數執行失敗，則傳回值為 NULL。

也可以使用標準系統色彩，表 2.5 所列的值是可用的部分標準系統色彩。

▼ 表 2.5

常數	顏色效果
COLOR_ACTIVEBORDER	■
COLOR_ACTIVECAPTION	■
COLOR_APPWORKSPACE	■

（續表）

常數	顏色效果
COLOR_BACKGROUND	■
COLOR_BTNFACE	■
COLOR_BTNSHADOW	■
COLOR_BTNTEXT	■
COLOR_CAPTIONTEXT	■
COLOR_GRAYTEXT	■
COLOR_HIGHLIGHT	■
COLOR_HIGHLIGHTTEXT	
COLOR_INACTIVEBORDER	■
COLOR_INACTIVECAPTION	■
COLOR_MENU	■
COLOR_MENUTEXT	■
COLOR_SCROLLBAR	■
COLOR_WINDOW	
COLOR_WINDOWFRAME	■
COLOR_WINDOWTEXT	■

關於每個常數值具體對應什麼顏色，書本上可能看不出來，我已經儲存了圖片，參見 Chapter2\SystemColor.png。使用標準系統色彩的時候，需要加 1，例如 wndclass.hbrBackground = (HBRUSH) (COLOR_BTNFACE + 1); 。

- 第 10 個欄位 lpszMenuName 指定視窗類別的選單資源名稱。選單通常在資源檔中定義，也可以在建立視窗函數 CreateWindowEx 的參數中指定。如果在這兩個地方都沒有指定，那麼程式就沒有選單。本程式沒有使用選單，所以設定為 NULL。

- 第 11 個欄位 lpszClassName 指定視窗類別的名稱，最大字元個數為 256。呼叫 CreateWindowEx 函數建立視窗時需要使用這個視窗類別。如果需要獲取指定視窗的視窗類別，可以呼叫 GetClassName 函數。

- 第 12 個欄位 hIconSm 指定用這個視窗類別建立的視窗所用的小圖示控制碼，小圖示是顯示在視窗標題列左側和工作列的圖示。如果該欄位設定為 NULL，則系統會搜尋可執行檔的圖示資源以尋找合適大小的圖示作為小圖示。

應用程式在建立視窗時，必須首先註冊視窗類別，視窗類別包含了一個視窗的重要資訊，例如視窗樣式、視窗過程、顯示和繪製視窗所需要的資訊等，每一個視窗都是一個視窗類別的實例。一個程式可以基於同一個視窗類別建立多個視窗實例，同一視窗類別的視窗使用同一個視窗過程 WindowProc，請讀者在 UpdateWindow(hwnd); 敘述後面加上以下敘述，基於同一個視窗類別建立一個視窗實例看一看效果：

```
HWND hwnd2 = CreateWindowEx(0, szClassName, szAppName, WS_OVERLAPPEDWINDOW,
    300, 200, 300, 180, NULL, NULL, hInstance, NULL);
ShowWindow(hwnd2, nCmdShow);
UpdateWindow(hwnd2);
```

2.2.2 建立視窗（CreateWindowEx）

註冊視窗類別，就可以在視窗類別的基礎上透過呼叫 CreateWindowEx 函數增加其他的屬性來建立視窗了。CreateWindowEx 是 CreateWindow 函數的擴充版本，可以建立具有擴充視窗樣式的重疊視窗、快顯視窗或子視窗：

```
HWND WINAPI CreateWindowEx(
    _In_     DWORD     dwExStyle,      // 視窗的擴充視窗樣式
    _In_opt_ LPCTSTR   lpClassName,    // RegisterClassEx 函數註冊的視窗類別
```

```
_In_opt_ LPCTSTR    lpWindowName,   // 視窗標題
_In_     DWORD      dwStyle,        // 視窗的視窗樣式
_In_     int        x,              // 視窗的初始水平位置，像素單位
_In_     int        y,              // 視窗的初始垂直位置，像素單位
_In_     int        nWidth,         // 視窗的初始寬度，像素單位
_In_     int        nHeight,        // 視窗的初始高度，像素單位
_In_opt_ HWND       hWndParent,     // 視窗的父視窗
_In_opt_ HMENU      hMenu,          // 選單控制碼
_In_opt_ HINSTANCE  hInstance,      // 與視窗連結的實例控制碼 ( 模組控制碼 )
_In_opt_ LPVOID     lpParam);       // 額外參數
```

- 第 1 個參數 dwExStyle 指定視窗的擴充樣式。dwExStyle 是 Win32 中擴充的參數，擴充視窗樣式是一些以 WS_EX_ 開頭的預先定義值，WS 是 Windows Style 的縮寫。表 2.6 所列是部分擴充視窗樣式。

▼ 表 2.6

常數	含義
WS_EX_WINDOWEDGE	視窗的邊框帶有凸起的邊緣
WS_EX_CLIENTEDGE	視窗的邊框帶有凹陷的邊緣
WS_EX_OVERLAPPEDWINDOW	等於 WS_EX_WINDOWEDGE	WS_EX_CLIENTEDGE，視窗是一個重疊視窗
WS_EX_ACCEPTFILES	視窗接受拖放檔案
WS_EX_TOPMOST	視窗始終保持在最頂層
WS_EX_MDICHILD	視窗是 MDI 子視窗
WS_EX_CONTEXTHELP	視窗的標題列包含一個問號按鈕，如果使用者點擊問號，則游標將變為帶有指標的問號；如果使用者隨後點擊子視窗，則子視窗將收到一筆 WM_HELP 訊息，子視窗應將訊息傳遞給父視窗過程，父視窗過程使用 HELP_WM_HELP 命令呼叫 WinHelp 函數，應用程式顯示一個快顯視窗，通常包含子視窗的說明。WS_EX_CONTEXTHELP 不能與 WS_MAXIMIZEBOX 或 WS_MINIMIZEBOX 樣式一起使用
WS_EX_LAYERED	分層或透明視窗，該樣式可以實現一些混合特效
WS_EX_TOOLWINDOW	建立一個工具視窗，通常用作浮動工具列

如果沒有特別需求，第 1 個參數可以設定為 0。

- 第 2 個參數 lpClassName 指定為 RegisterClassEx 函數註冊的視窗類別。

- 第 3 個參數 lpWindowName 指定視窗標題，通常視窗類別和視窗標題可以使用相同的名稱。

- 第 4 個參數 dwStyle 指定視窗樣式，視窗樣式是一些以 WS_ 開頭的預先定義值。表 2.7 所列是部分視窗樣式。

▼ 表 2.7

常數	含義
WS_BORDER	視窗有細線邊框
WS_CAPTION	視窗有一個標題列（包括 WS_BORDER）
WS_DLGFRAME	建立一個帶對話方塊邊框的視窗，這種樣式的視窗沒有標題列
WS_HSCROLL	視窗有一個水平捲軸
WS_VSCROLL	視窗有一個垂直捲軸
WS_MAXIMIZEBOX	視窗有一個最大化按鈕，不能與 WS_EX_CONTEXTHELP 樣式組合，還必須指定 WS_SYSMENU 樣式
WS_MINIMIZEBOX	視窗有一個最小化按鈕，不能與 WS_EX_CONTEXTHELP 樣式組合，還必須指定 WS_SYSMENU 樣式
WS_ICONIC 或 WS_MINIMIZE	視窗最初被最小化
WS_MAXIMIZE	視窗最初被最大化
WS_SIZEBOX 或 WS_THICKFRAME	可以透過邊框調整視窗大小
WS_SYSMENU	視窗的標題列上有一個系統選單，還必須同時指定 WS_CAPTION 樣式
WS_OVERLAPPED 或 WS_TILED	視窗是重疊視窗，重疊視窗具有標題列和邊框
WS_POPUP	視窗是一個快顯視窗，該樣式不能與 WS_CHILD 樣式一起使用

（續表）

常數	含義
WS_DISABLED	視窗最初被禁用，禁用的視窗無法接收使用者的輸入
WS_VISIBLE	視窗最初可見，如果不設定這個樣式，視窗將不可見
WS_CHILD 或 WS_CHILDWINDOW	視窗是子視窗，具有該樣式的視窗不能有功能表列。該樣式不能與 WS_POPUP 樣式一起使用
WS_CLIPCHILDREN	父視窗不對子視窗區域進行繪製
WS_CLIPSIBLINGS	不對兄弟視窗（屬於同一個父視窗的多個子視窗）進行繪製，以後可能會用到
WS_POPUPWINDOW	相當於 WS_POPUP | WS_BORDER | WS_SYSMENU，WS_POPUPWINDOW 和 WS_CAPTION 樣式組合才能使標題列可見
WS_OVERLAPPEDWINDOW 或 WS_TILEDWINDOW	相當於 WS_OVERLAPPED | WS_CAPTION | WS_SYSMENU | WS_THICKFRAME | WS_MINIMIZEBOX | WS_MAXIMIZEBOX

CreateWindowEx 函數可以建立具有擴充視窗樣式的重疊視窗、快顯視窗或子視窗。如果需要建立一個常見的重疊視窗，則使用 WS_OVERLAPPEDWINDOW 樣式即可，具有標題列、系統選單、可調邊框、最小化 / 最大化 / 關閉按鈕等；如果需要建立一個快顯視窗，則使用 WS_POPUPWINDOW \| WS_CAPTION 樣式即可，具有標題列、系統選單、關閉按鈕等；如果需要建立一個子視窗，則使用 WS_CHILD 樣式。

- 第 5 個參數 x 和第 6 個參數 y 分別指定視窗左上角相對於螢幕左上角的初始水平和垂直位置，以像素為單位，設定為 CW_USEDEFAULT（表示由 Windows 設定為預設值）。

- 第 7 個參數 nWidth 和第 8 個參數 nHeight 分別指定視窗的初始寬度和高度，以像素為單位，也可以設定為 CW_USEDEFAULT（表示由 Windows 設定為預設值）。

- 第 9 個參數 hWndParent 指定視窗的父視窗。如果是建立子視窗,則需要指定父視窗控制碼,以便父子視窗之間進行通訊。本程式是最上層重疊視窗,設定為 NULL 即可。

  重疊視窗是指具有標題列、邊框和客戶區的最上層視窗,另外還可以有選單、最小化和最大化按鈕以及捲軸等,作為應用程式的主視窗;快顯視窗是一種特殊類型的重疊視窗,通常用於顯示對話方塊、訊息方塊和其他臨時視窗。快顯視窗和重疊視窗的主要區別在於快顯視窗的標題列是可選的,而重疊視窗必須具有標題列(9.4 節將建立一個沒有標題列的快顯視窗)。最上層視窗是指沒有 WS_CHILD 屬性的視窗,最上層視窗的父視窗為桌面視窗。重疊視窗和快顯視窗都可以是最上層視窗,它們的座標定位相對於螢幕左上角,最上層視窗作為一個程式的主視窗。

  子視窗必須具有父視窗。父視窗可以是重疊視窗、快顯視窗,甚至可以是其他子視窗。子視窗從父視窗的客戶區左上角定位,而非從螢幕左上角定位。可以為子視窗設定標題列、最小化和最大化按鈕、邊框和捲軸等,但不能設定選單。

- 第 10 個參數 hMenu 指定選單控制碼。本程式沒有選單,設定為 NULL。如果建立的是子視窗,則該參數設定為子視窗的 ID。

- 第 11 個參數 hInstance 指定與視窗連結的實例控制碼,也就是指定視窗所屬的模組。

- 第 12 個參數 lpParam 可以指定為指向某些資料或資料結構的指標。如果沒有特別需求,則設定為 NULL 即可。後面會再次講到這個參數。

視窗類別是定義了視窗的一般特徵,基於同一視窗類別以建立許多不同的視窗。在呼叫 CreateWindowEx 函數建立視窗時,還可以指定許多與視窗有關的細節資訊,例如 WNDCLASSEX 結構中沒有定義的外觀、視窗標題、位置、大小等屬性。剛剛接觸 Windows 程式設計的讀者可能會疑惑視窗的特徵為什麼不能一次性指定完。基於同一視窗類別可以建立許多不同的視窗實例,這些視窗可以樣式、大小各異。視窗類別決定的是這些視窗的通用特徵,而呼叫 CreateWindowEx 函數建立每個視窗的時候可以再指定一些個性化的特徵。

如果函數執行成功，則傳回新建立視窗的視窗控制碼；如果函數執行失敗，則傳回值為 NULL。在 Windows 系統中，每一個視窗都有一個控制碼，在程式中可以使用控制碼對視窗進行引用。許多 Windows API 都以視窗控制碼作為參數，透過視窗控制碼 Windows 就可以知道該函數要對哪個視窗操作。如果一個程式建立了多個視窗，那麼每個視窗都具有不同的視窗控制碼。

2.2.3 顯示視窗（ShowWindow）和更新視窗客戶區（UpdateWindow）

游標定位到 ShowWindow(hwnd, nCmdShow); 一行，按 F9 鍵設中斷點，按 F5 鍵開始偵錯。這時候程式視窗還沒有顯示出來，但如果讀者開啟工作管理員，則會發現 HelloWindows.exe 處理程序已經存在，視窗已經在 Windows 內部被建立了。ShowWindow 函數用於設定指定視窗的顯示狀態：

```
BOOL WINAPI ShowWindow(
    _In_ HWND hWnd,         // 視窗控制碼
    _In_ int  nCmdShow);    // 視窗的顯示方式
```

第一次呼叫 ShowWindow 時，nCmdShow 參數可以指定為 WinMain 函數 nCmdShow 的值（通常為 SW_SHOWDEFAULT），表示啟動並顯示視窗。

ShowWindow 函數的作用是設定指定視窗的顯示狀態，如果程式以後需要設定視窗的顯示狀態，nCmdShow 參數可以指定為表 2.8 所列的值。

▼ 表 2.8

常數	含義
SW_SHOW	啟動視窗並以當前大小和位置顯示視窗
SW_SHOWNA	以當前大小和位置顯示視窗。該值類似於 SW_SHOW，不同之處在於未啟動視窗
SW_HIDE	隱藏視窗
SW_MINIMIZE	最小化視窗
SW_SHOWMAXIMIZED 或 SW_MAXIMIZE	啟動視窗並將其顯示為最大化視窗

（續表）

常數	含義
SW_RESTORE	啟動並恢復顯示視窗。如果視窗最小化或最大化，則系統會將其還原到原始大小和位置
SW_SHOWNORMAL	啟動並顯示一個視窗，如果視窗最小化或最大化，則系統會將其還原到原始大小和位置。第一次顯示視窗時，通常使用該標識
SW_SHOWNOACTIVATE	顯示一個視窗，如果視窗最小化或最大化，則系統會將其還原到原始大小和位置。該值類似於 SW_SHOWNORMAL，不同之處在於未啟動視窗
SW_SHOWMINIMIZED	啟動視窗並將其顯示為最小化視窗
SW_SHOWMINNOACTIVE	顯示為最小化視窗。該值類似於 SW_SHOWMINIMIZED，不同之處在於未啟動視窗
SW_SHOWDEFAULT	根據傳遞給 CreateProcess 函數的 STARTUPINFO 結構中指定的 SW_ 值設定顯示狀態（後面會學習 CreateProcess 函數）
SW_FORCEMINIMIZE	最小化視窗（即使擁有該視窗的執行緒沒有回應），僅當最小化其他執行緒中的視窗時才使用該標識

如果視窗以前可見，則傳回值為非零；如果視窗以前隱藏，則傳回值為 0。

在 ShowWindow(hwnd, nCmdShow); 一行，按 F9 鍵設定中斷點，按 F5 鍵開始偵錯。按 F10 鍵單步執行完這一句以後，可以看到程式視窗已經顯示出來了；繼續按 F10 鍵單步執行完 UpdateWindow (hwnd);，發現客戶區已經顯示出 "你好，Windows 程式設計"，但是音樂還沒有響起。

接下來談一下 UpdateWindow 函數。UpdateWindow 函數透過在視窗發送 WM_PAINT 訊息來更新指定視窗的客戶區。該函數將 WM_PAINT 訊息直接發送到視窗的視窗過程，繞過應用程式的訊息佇列，即 UpdateWindow 函數導致視窗過程 WindowProc 執行 case WM_PAINT 邏輯，呼叫 TextOut 函數在視窗客戶區中輸出文字。訊息機制將在下一節詳細介紹：

```
BOOL UpdateWindow(_In_ HWND hWnd);  // 更新哪個視窗
```

如果函數執行成功，則傳回 TRUE；如果函數執行失敗，則傳回 FALSE。

2.2.4 訊息迴圈

前面說過，程式執行以後會發生很多事件，比如視窗建立、視窗重繪、視窗尺寸改變、滑鼠按兩下、程式關閉等事件，Windows 會把這些事件通知應用程式。那麼 Windows 是如何把這些事件通知應用程式的呢？ Windows 為每個應用程式維護訊息佇列，事件發生以後，Windows 會自動將其轉為訊息，並放置在應用程式的訊息佇列中；應用程式透過呼叫 GetMessage 函數從訊息佇列中獲取訊息；呼叫 TranslateMessage 函數轉換訊息；呼叫 DispatchMessage 函數分發訊息到視窗過程，實際上 DispatchMessage 函數的處理機制是把訊息傳遞給 Windows，然後 Windows 去呼叫視窗過程；視窗過程處理完一個訊息以後，將控制權傳回給 Windows，然後 DispatchMessage 函數傳回。這一輪操作完成以後，又會進行下一輪的訊息獲取、轉換和分發。

GetMessage 函數用於從呼叫執行緒的訊息佇列中獲取訊息：

```
BOOL WINAPI GetMessage(
    _Out_     LPMSG lpMsg,          // MSG 結構用於存放訊息的具體資訊
    _In_opt_  HWND  hWnd,           // 要獲取哪個視窗的訊息
    _In_      UINT  wMsgFilterMin,  // 要獲取的訊息的最小值
    _In_      UINT  wMsgFilterMax); // 要獲取的訊息的最大值
```

- 第 1 個參數 lpMsg 是一個指向 MSG 結構的指標，用於存放訊息的具體資訊，即函數在獲取一個訊息以後，會把這個訊息的具體資訊存放在這個結構中：

```
typedef struct tagMSG {
    HWND      hwnd;    // 哪個視窗發生的訊息
    UINT      message; // 訊息類型，以 WM_ 開頭 (Windows Message)
    WPARAM    wParam;  // 訊息參數，其含義取決於具體的訊息類型
    LPARAM    lParam;  // 訊息參數，其含義取決於具體的訊息類型
    DWORD     time;    // 訊息發生時的時間
    POINT     pt;      // 訊息發生時的游標位置，螢幕座標
} MSG, *PMSG, NEAR *NPMSG, FAR *LPMSG;
```

pt 欄位是一個 POINT 結構,表示訊息發生時的游標位置,該結構在 windef.h 標頭檔中定義如下:

```
typedef struct tagPOINT
{
    LONG  x;
    LONG  y;
} POINT, *PPOINT, NEAR *NPPOINT, FAR *LPPOINT;
```

關於 WPARAM 和 LPARAM 資料型態的定義如下所示:

```
typedef UINT_PTR            WPARAM;
typedef LONG_PTR            LPARAM;

#if defined(_WIN64)
    typedef unsigned __int64 UINT_PTR, * PUINT_PTR;
#else
    typedef _W64 unsigned int UINT_PTR, * PUINT_PTR;
#endif

#if defined(_WIN64)
    typedef __int64 LONG_PTR, * PLONG_PTR;
#else
    typedef _W64 long LONG_PTR, * PLONG_PTR;
#endif
```

如果程式編譯為 32 位元,則 WPARAM 和 LPARAM 都是一個 32 位元的數值;如果程式編譯為 64 位元,則 WPARAM 和 LPARAM 都是一個 64 位元的數值。

- 第 2 個參數 hWnd 指定要獲取哪個視窗的訊息。如果 hWnd 設定為 NULL,則函數將獲取屬於當前執行緒的所有視窗的訊息。

- 第 3 個參數 wMsgFilterMin 和第 4 個參數 wMsgFilterMax 指定要獲取的訊息的最小值和最大值。例如 WM_PAINT 訊息實際上就是一個數值,設定要獲取的訊息的最小值和最大值是為了過濾訊息,只對感興趣的訊息進行處理。如果 wMsgFilterMin 和 wMsgFilterMax 都設定為 0,則函數將獲取所

有的可用訊息，不執行範圍篩選。不過，不管如何設定範圍，WM_QUIT
（程式退出）訊息都是可以獲取到的。如果獲取到的訊息不是 WM_QUIT
（程式退出），則函數傳回值為非零；如果獲取到的訊息是 WM_QUIT，則
傳回值為 0；如果函數執行失敗，則傳回 -1。

TranslateMessage 函數將按鍵訊息轉為字元訊息，然後將字元訊息發送到
呼叫執行緒的訊息佇列，下次執行緒呼叫 GetMessage 函數時即可獲取這個字
元訊息：

```
BOOL WINAPI TranslateMessage(_In_ const MSG *lpMsg); // 從 GetMessage 函數獲取到的 MSG 結構
```

如果訊息被轉換，即一個字元訊息被發送到執行緒的訊息佇列，則傳回值
為非零；如果訊息沒有被轉換，即沒有字元訊息被發送到執行緒的訊息佇列，
則傳回值為 0。

視窗顯示以後，程式需要處理來自使用者的鍵盤輸入和滑鼠輸入等。
使用者按下一個按鍵時會產生 WM_KEYDOWN 訊息，鬆開按鍵的時候會產
生 WM_KEYUP 訊息。如果使用者按下的是字元按鍵，TranslateMessage
函數可以把 WM_KEYDOWN 訊息轉為 WM_CHAR 訊息，這樣一來我們就
可以在視窗過程中處理 WM_CHAR 訊息來判斷使用者是按下了哪個字元按
鍵，即有了 TranslateMessage 函數的說明，對於字元按鍵我們不需要處理
WM_KEYDOWN 和 WM_KEYUP 訊息，只需處理 WM_CHAR 訊息即可。在視
窗過程中增加以下程式：

```
case WM_CHAR:
    {
        TCHAR szChar[16] = { 0 };
        wsprintf(szChar, TEXT(" 使用者按下了字元：%c"), wParam);
        MessageBox(hwnd, szChar, TEXT(" 提示 "), MB_OK);
        return 0;
    }
```

編譯執行程式，輸入法切換為英文狀態。每當使用者按下一個可顯示字元，
就會彈出一個訊息方塊。如果按下的是 Ctrl、Shift、Alt 之類的按鍵，則不會產

生 WM_CHAR 訊息。如果把 TranslateMessage (&msg); 註釋起來，則不會產生 WM_CHAR 訊息。關於鍵盤與滑鼠的輸入情況，以後還會詳細介紹。

DispatchMessage 函數用於把 GetMessage 函數獲取到的訊息分發送到視窗過程：

```
LRESULT WINAPI DispatchMessage(_In_ const MSG *lpmsg);  // 從 GetMessage 函數
                                                        // 獲取到的 MSG 結構
```

函數傳回為視窗過程處理完訊息以後的傳回值，在視窗過程中處理完一筆訊息之後通常都是傳回 0。

2.2.5　視窗過程

訊息既可以是（訊息）佇列訊息，也可以是非（訊息）佇列訊息。佇列訊息是指那些由 Windows 放入程式的訊息佇列中的訊息。在程式的訊息迴圈中，佇列訊息被獲取，並投遞到視窗過程中。非佇列訊息則是由 Windows 對視窗過程的直接呼叫而產生的。佇列訊息被投遞（Post）到訊息佇列中，而非佇列訊息則是被發送（Send）到視窗過程。無論在哪種情況下，視窗過程都會為程式處理所有訊息（無論是佇列訊息還是非佇列訊息）。視窗過程是程式的訊息處理中心。

- 佇列訊息主要由使用者的輸入產生，主要為按鍵訊息（例如 WM_KEYDOWN 和 WM_KEYUP 訊息）、由按鍵產生的字元訊息（WM_CHAR）、滑鼠移動（WM_MOUSEMOVE）、滑鼠點擊（WM_LBUTTONDOWN）等。此外，佇列訊息還包括計時器訊息（WM_TIMER）、重繪訊息（WM_PAINT）和退出訊息（WM_QUIT）等。

- 非佇列訊息則包括除佇列訊息以外的其他所有訊息，通常由呼叫特定的 Windows 函數引起。舉例來說，當 WinMain 呼叫 CreateWindowEx 函數時，Windows 就會建立視窗，並在建立過程中在視窗過程發送一筆 WM_CREATE 訊息；當 WinMain 呼叫 ShowWindow 函數時，Windows 又會將 WM_SIZE 訊息和 WM_SHOWWINDOW 訊息發送給視窗過程；接下來，

WinMain 又對 UpdateWindow 函數進行呼叫，這便促使 Windows 在視窗過程發送一筆 WM_PAINT 訊息。另外，一些表示鍵盤或滑鼠輸入的佇列訊息也能夠產生非佇列訊息。舉例來說，當用鍵盤或滑鼠選擇某個選單項時，鍵盤或滑鼠訊息會進入訊息佇列，而最終表明有某選單項被選擇的 WM_COMMAND 訊息卻是一個非佇列訊息。

對於各種類型的訊息，大家先大致有一個印象即可，後面都會詳細介紹。

視窗過程是 Windows 回呼函數（Windows 進行呼叫），它是透過註冊視窗類別使用 WNDCLASSEX 結構的 lpfnWndProc 欄位指定的。視窗過程的定義形式如下：

```
LRESULT CALLBACK WindowProc(
    _In_ HWND    hwnd,
    _In_ UINT    uMsg,
    _In_ WPARAM wParam,
    _In_ LPARAM lParam);
```

視窗過程的名稱可以任意命名，只要不與其他函數名稱衝突即可。WNDPROC 是視窗過程指標類型：

```
typedef LRESULT (CALLBACK* WNDPROC)(HWND, UINT, WPARAM, LPARAM);
```

一個 Windows 程式可以包含多個視窗過程，但是一個視窗過程總是與一個透過呼叫 RegisterClassEx 函數註冊的視窗類別相關聯。視窗過程的 4 個參數與 MSG 結構的前 4 個欄位是一一對應的。

視窗過程傳回數值型態為 LRESULT，LRESULT 定義如下：

```
typedef LONG_PTR  LRESULT;

#if defined(_WIN64)
    typedef __int64          LONG_PTR, * PLONG_PTR;
    typedef unsigned __int64 ULONG_PTR, * PULONG_PTR;
    #define __int3264    __int64
#else
```

```
    typedef _W64 long           LONG_PTR, * PLONG_PTR;
    typedef _W64 unsigned long ULONG_PTR, * PULONG_PTR;
    #define __int3264    __int32
#endif
```

如果編譯為 32 位元程式，LONG_PTR 就是 long 類型；如果編譯為 64 位元程式，LONG_PTR 就是 __int64 類型。透過使用 *_PTR 類型，一個程式既可以編譯為 32 位元程式，也可以編譯為 64 位元程式。類似的還有 DWORD_PTR、INT_PTR、LONG_PTR、UINT_PTR、ULONG_PTR 等。其他的例如指標、控制碼類型等。編譯為 32 位元就是 32 位元指標、控制碼，編譯為 64 位元就是 64 位元指標、控制碼。VS 2019 非常智慧，如果在撰寫 64 位元程式的時候使用了不合理的資料型態，則編譯的時候會舉出警告提示。

- 第 1 個參數 hwnd 表示接收訊息的視窗的控制碼。如果程式基於同一個視窗類別建立了多個視窗（這些視窗的視窗過程相同），hwnd 參數將標識這個訊息屬於哪一個視窗。

- 第 2 個參數 uMsg 表示具體的訊息類型，例如 WM_CREATE、WM_PAINT 等。

- 在 Win32 程式中，最後兩個參數 wParam 和 lParam 都是 32 位元的訊息參數，用於提供關於該訊息更豐富的資訊。wParam 和 lParam 參數中所包含的內容依賴於具體的訊息類型，例如對於字元訊息 WM_CHAR，wParam 和 lParam 參數包含按下了哪個字元以及按下次數等資訊。對於滑鼠移動訊息 WM_MOUSEMOVE，wParam 和 lParam 參數包含滑鼠游標座標等資訊。

1 · WM_CREATE 訊息

當 WinMain 呼叫 CreateWindowEx 函數時，Windows 就會建立視窗，並在建立過程中在視窗過程發送一筆 WM_CREATE 訊息。WM_CREATE 訊息是視窗過程較早收到的訊息之一，程式通常會在這裡做一些初始化的工作。本程式為了增加趣味性，在 WM_CREATE 訊息中呼叫 PlaySound 函數播放一首音樂：

```
BOOL PlaySound(
    LPCSTR  pszSound,    // 要播放的音效檔名稱
    HMODULE hmod,        // 如果是從資源檔中載入音樂，該參數指定可執行檔模組控制碼，否則可為
NULL
    DWORD   fdwSound);   // 播放聲音的方式
```

fdwSound 參數如果指定了 SND_FILENAME，則表示 pszSound 參數指定的是音效檔名；如果指定了 SND_ASYNC，則表示以非同步方式播放聲音，PlaySound 函數在開始播放後立即傳回；如果指定了 SND_SYNC，則表示以同步方式播放聲音，在播放完音樂之後 PlaySound 函數才傳回。

WM_CREATE 訊息是視窗過程較早收到的訊息之一，應該先播放音樂，再執行 WM_PAINT 訊息顯示字串，但是為什麼在 2.2.3 節偵錯執行的時候順序卻恰好相反呢？這是因為 PlaySound 函數的 fdwSound 參數指定了 SND_ASYNC，表示以非同步方式播放聲音，更改為：

```
PlaySound(TEXT("成都(兩會版).wav"), NULL, SND_FILENAME | SND_SYNC);
```

然後按 F9 鍵設定幾個中斷點，如圖 2.3 所示。

```
● 31        hwnd = CreateWindowEx(0, szClassName, szAppName, WS_OVERLAPPEDWINDOW,
  32            CW_USEDEFAULT, CW_USEDEFAULT, 300, 180, NULL, NULL, hInstance, NULL);
  33
● 34        ShowWindow(hwnd, nCmdShow);
  35        UpdateWindow(hwnd);
  36
  37        while (GetMessage(&msg, NULL, 0, 0) != 0)
  38        {
  39            TranslateMessage(&msg);
  40            DispatchMessage(&msg);
  41        }
  42
  43        return msg.wParam;
  44    }
  45
  46    LRESULT CALLBACK WindowProc(HWND hwnd, UINT uMsg, WPARAM wParam, LPARAM lParam)
  47    {
  48        HDC hdc;
  49        PAINTSTRUCT ps;
  50        TCHAR szStr[] = TEXT("你好，Windows程序设计");
  51
  52        switch (uMsg)
  53        {
  54 ●      case WM_CREATE:
  55            PlaySound(TEXT("成都(两会版).wav"), NULL, SND_FILENAME | SND_SYNC);
  56            return 0;
```

▲ 圖 2.3

按 F5 鍵偵錯執行，程式首先中斷在 CreateWindowEx 函數呼叫；繼續按 F5 鍵執行，程式中斷在 PlaySound 函數呼叫；按 F10 鍵單步執行，優雅的音樂響起來，在聲音播放完以前，程式是不會繼續往下執行的，讓我們花幾分鐘時間休息一下吧；聲音播放完畢，程式中斷在下一行；繼續按 F5 鍵執行，程式中斷在 ShowWindow 函數呼叫；按 F5 鍵繼續執行，程式介面出現。

程式處理完 WM_CREATE 訊息以後，應該傳回 0，表示繼續建立視窗；如果傳回 -1，則視窗將被銷毀，程式退出。實際上，大部分訊息在處理完以後傳回 0，有的訊息在處理完以後可能需要傳回其他值，例如 TRUE，之後遇到需要傳回其他值的訊息，我會特別說明。

2 · 視窗關閉過程

使用者點擊程式視窗右上角的關閉按鈕以後，視窗過程會收到 WM_CLOSE 訊息，DefWindowProc 函數會對 WM_CLOSE 訊息進行處理，即呼叫 DestroyWindow 函數；DestroyWindow 函數完成程式視窗的一些清理工作，然後在視窗過程發送 WM_DESTROY 訊息，DefWindowProc 函數不會處理 WM_DESTROY 訊息，因此這個訊息需要我們自己處理；我們在 WM_DESTROY 訊息中呼叫 PostQuitMessage 函數，PostQuitMessage 函數會發送 WM_QUIT 訊息給程式的訊息佇列；GetMessage 函數獲取 WM_QUIT 訊息後傳回 0，從而結束訊息迴圈，程式退出。

DefWindowProc 函數不會處理 WM_DESTROY 訊息。刪除程式的 case WM_DESTROY 邏輯，重新編譯執行，然後關閉程式，讀者會發現音樂還在繼續，開啟工作管理員可以看到 HelloWindows.exe 處理程序依然存在，也就是說視窗已經銷毀，但是處理程序並沒有結束，訊息迴圈還在繼續。

DefWindowProc 函數會對 WM_CLOSE 訊息進行處理，我們也可以自己處理 WM_CLOSE 訊息，例如可以增加以下程式：

```
case WM_CLOSE:
    {
        int nClose = MessageBox(hwnd, TEXT("你真的要關閉程式嗎？"), TEXT("程式關閉"),
MB_YESNO);
```

```
// 只有使用者點擊的是訊息方塊的 " 確定 " 按鈕時才呼叫 DestroyWindow 函數
if (nClose == IDYES)
    DestroyWindow(hwnd);

return 0;
}
```

PostQuitMessage 函數通常用於處理 WM_DESTROY 訊息，函數原型如下：

```
VOID WINAPI PostQuitMessage(_In_ int nExitCode);    // 應用程式退出程式
```

nExitCode 參數指定退出程式，這個參數會用作 WM_QUIT 訊息的 wParam 參數。

PostQuitMessage 函數將 WM_QUIT 訊息發送到程式的訊息佇列並立即傳回。當 GetMessage 函數從訊息佇列中獲取到 WM_QUIT 訊息時，程式退出訊息迴圈並呼叫 return 敘述將控制權傳回給系統。return 敘述所用傳回值是 WM_QUIT 訊息的 wparam 參數，所以 WinMain 函數最後呼叫的是 return msg. wParam;。

3 · 其他訊息處理

Windows 是基於訊息驅動的系統，在 Windows 中發生的一切都可以用訊息來表示，訊息告訴作業系統發生了什麼事件。訊息類型數目巨大，一個程式在執行過程中會發生數不盡的訊息，實際上在視窗過程 WindowProc 中我們僅是處理了極少量感興趣的訊息而已。

DefWindowProc 函數用於呼叫 Windows 提供的預設視窗過程，預設視窗過程為應用程式不處理的訊息提供預設處理。呼叫 DefWindowProc 函數可以確保程式的每個訊息都得到處理，比如按住標題列拖動視窗、點擊最小化 / 最大化按鈕、改變視窗大小等，都是預設視窗過程進行處理的。呼叫 DefWindowProc 函數時使用視窗過程接收到的相同參數即可：

```
LRESULT WINAPI DefWindowProc(
    _In_ HWND    hWnd,
```

```
_In_ UINT    Msg,
_In_ WPARAM wParam,
_In_ LPARAM lParam);
```

函數傳回值是預設視窗過程 DefWindowProc 對於訊息處理的結果，取決於具體的訊息。我們只需要簡單地傳回 DefWindowProc 函數的傳回值即可。

大家可以刪除 return DefWindowProc(hwnd,uMsg,wParam,lParam);，不呼叫 Windows 提供的預設視窗過程看看什麼現象。

4 · WM_PAINT 重繪訊息

我們知道，WinMain 呼叫 UpdateWindow 函數，會促使 Windows 在視窗過程發送 WM_PAINT 訊息。

WM_PAINT 是 Windows 程式設計中非常重要的一筆訊息，當視窗客戶區的部分或全部變為"無效"且必須"更新"時，視窗過程會收到這個訊息，這時候視窗客戶區必須重繪。什麼時候視窗客戶區會變為無效呢？

- 當程式視窗被第一次建立時，整個視窗客戶區都是無效的，因為此時應用程式尚未在視窗客戶區上繪製任何東西。在 WinMain 中呼叫 UpdateWindow 函數時會發送第一筆 WM_PAINT 訊息，指示視窗過程在視窗客戶區中進行繪製。

- 在調整程式視窗的大小時，視窗客戶區也會變為無效。我們把 WNDCLASSEX 結構的 style 欄位設定為 CS_HREDRAW | CS_VREDRAW，表示當視窗大小發生變化時，整個視窗都應宣佈無效，視窗過程會收到一筆 WM_PAINT 訊息。

- 如果先最小化程式視窗，再將視窗恢復到原先的尺寸，Windows 並不會儲存原先視窗客戶區的內容，因為假設由系統負責儲存視窗客戶區的內容，但是程式一直在執行，在系統恢復視窗客戶區的內容以前它可能已經發生了變化，在圖形化使用者介面下需要儲存的這種資料太多了。對此，Windows 採取的策略是宣佈視窗無效，視窗過程接收到 WM_PAINT 訊息後需要自行恢復視窗客戶區的內容。

- 在螢幕中拖動程式視窗的全部或一部分到螢幕以外，然後再拖回螢幕中的時候，視窗被標記為無效，視窗過程會收到一筆 WM_PAINT 訊息，並對視窗的客戶區進行重繪。

收到 WM_PAINT 訊息以後，對於該訊息的處理通常是呼叫 BeginPaint 函數來獲取視窗客戶區的顯示裝置的裝置環境（Device Context，簡稱 DC，也稱裝置上下文）控制碼，然後呼叫 GDI 繪圖函數（例如 TextOut）來執行更新視窗客戶區所需的繪圖操作。完成繪圖操作以後，應該呼叫 EndPaint 函數來釋放顯示裝置 DC。在繪製之前，必須首先獲取顯示裝置 DC 控制碼，顯示裝置 DC 定義一組圖形物件及其連結屬性，以及影響輸出的圖形模式等，系統提供與程式視窗相連結的顯示裝置 DC，應用程式使用顯示裝置 DC 將其輸出定向到指定的視窗。隨著以後學習的深入，讀者會慢慢理解裝置環境（DC）的概念，呼叫 GDI 繪圖函數來顯示文字和圖形時通常都需要使用 DC 控制碼。

Beginpaint 函數會將視窗的更新區域設定為空，也就是說使 "無效區域" 變為有效。如果應用程式處理 WM_PAINT 訊息但不呼叫 Beginpaint 或以其他方式清除無效區域，只要無效區域不為空，應用程式將繼續接收到 WM_PAINT 訊息。

如果一個視窗過程不對 WM_PAINT 訊息進行處理，那麼應該交給 DefWindowProc 函數執行預設處理。DefWindowProc 函數依次呼叫 BeginPaint 和 EndPaint 函數，以使客戶區的無效區域變為有效。

BeginPaint 函數為指定視窗進行繪圖工作的準備，並把和繪圖有關的資訊填充到一個 PAINTSTRUCT 結構中：

```
HDC BeginPaint(
    _In_  HWND          hwnd,      // 要重繪的視窗控制碼
    _Out_ LPPAINTSTRUCT lpPaint); // 指向接收繪製資訊的結構 PAINTSTRUCT 的指標
```

應用程式除了回應 WM_PAINT 訊息以外，不應該呼叫 BeginPaint 函數。如果函數執行成功，則傳回指定視窗的顯示裝置 DC 控制碼；如果函數執行失敗，則傳回 NULL。

lpPaint 參數是一個指向 PAINTSTRUCT 結構的指標，該結構包含繪製視窗客戶區所需的資訊：

```
typedef struct tagPAINTSTRUCT {
    HDC  hdc;                   // 裝置環境控制碼，和 BeginPaint 函數的傳回值相同
    BOOL fErase;                // 是否已抹除背景
    RECT rcPaint;               // 指定請求重繪的矩形的左上角和右下角
    BOOL fRestore;              // 系統保留欄位
    BOOL fIncUpdate;            // 系統保留欄位
    BYTE rgbReserved[32];       // 系統保留欄位
} PAINTSTRUCT, *PPAINTSTRUCT;
```

視窗背景是繪圖操作開始前視窗客戶區填充的顏色或圖案。如果在註冊視窗類別的 WNDCLASSEX 結構中的 hbrBackground 欄位中指定了筆刷，則在 BeginPaint 函數呼叫之前系統會發送 WM_ ERASEBKGND 訊息到視窗過程，預設視窗過程 DefWindowProc 會處理這個訊息，用 hbrBackground 欄位指定的筆刷抹除背景，在我們的程式中所使用的筆刷是一個備用的白色筆刷，即 Windows 會將視窗的背景填充為白色；如果 hbrBackground 欄位為空，那麼視窗過程應該處理 WM_ERASEBKGND 訊息抹除背景，處理完 WM_ ERASEBKGND 訊息以後應傳回 TRUE。如果預設視窗過程或我們的視窗過程已經處理了 WM_ERASEBKGND 訊息，那麼 fErase 欄位會被設定為 0。

抹除背景是為了防止應用程式的新輸出與不相關的舊資訊混合，讀者可以不設定 WNDCLASSEX 結構的背景筆刷並看一下現象，把背景筆刷改為 wndclass.hbrBackground = NULL;，然後重新編譯執行，程式視窗尺寸為 300 × 180，此時最大化視窗就會發現視窗客戶區出現了混亂，因為沒有抹除背景。

視窗過程收到 WM_PAINT 訊息，並不代表整個視窗客戶區都需要被重繪，可能需要重繪的區域只有一小塊，這個區域就叫作 "無效區域"，程式只需要更新該區域即可。Windows 為每個視窗維護一個繪圖資訊結構 PAINTSTRUCT，無效區域的座標就在其中，用的正是 rcPaint 欄位。使用由 BeginPaint 函數傳回的 DC 控制碼是無法在無效區域以外的區域進行繪製的。rcPaint 欄位是一個 RECT 結構，在 windef.h 標頭檔中定義如下：

```
typedef struct tagRECT
{
    LONG    left;    // 矩形左上角的 X 座標
    LONG    top;     // 矩形左上角的 Y 座標
    LONG    right;   // 矩形右下角的 X 座標
    LONG    bottom;  // 矩形右下角的 Y 座標
} RECT, *PRECT, NEAR *NPRECT, FAR *LPRECT;
```

rcPaint 欄位定義了無效區域的邊界，這 4 個欄位的值是以像素為單位的，相對於客戶區的左上角，客戶區左上角為 (0, 0)。rcPaint 欄位表示的無效區域就是程式需要進行重新繪製的區域。

每次呼叫 BeginPaint 函數完成相關繪製操作以後，必須呼叫 EndPaint 函數釋放相關資源：

```
BOOL EndPaint(
    _In_        HWND        hWnd,          // 重繪的視窗控制碼
    _In_ const PAINTSTRUCT *lpPaint);      // 指向包含 BeginPaint 獲取到的繪製資訊結構的指標
```

函數傳回值始終為非零，即不會失敗。

TextOut 函數用於在指定位置顯示一個字串，函數原型如下：

```
BOOL TextOut(
    _In_ HDC       hdc,         // 裝置環境控制碼
    _In_ int       nXStart,     // 字串的開始位置 X 座標，邏輯單位
    _In_ int       nYStart,     // 字串的開始位置 Y 座標，邏輯單位
    _In_ LPCTSTR   lpString,    // 指向要繪製的字串，因為有 cchString 參數指定長度，
                                // 所以不要求以零結尾
    _In_ int       cchString);// lpString 指向的字串長度，以字元為單位
```

邏輯單位的概念後面再講，可以暫時理解為邏輯單位就是像素單位。

2.3　Windows 資料型態

　　Windows 定義了許多資料型態，大部分是對 C/C++ 基底資料型態的重定義。先回憶一下 C/C++ 的基底資料型態，如表 2.9 所示。

▼ 表 2.9

類型名稱	位元組數	別名	範圍
int	4	signed	-2147483648 ～ 2147483647
unsigned int	4	unsigned	0 ～ 4294967295
__int8	1	char	-128 ～ 127
unsigned __int8	1	unsigned char	0 ～ 255
__int16	2	short, short int, signed short int	-32768 ～ 32767
unsigned __int16	2	unsigned short, unsigned short int	0 ～ 65535
__int32	4	signed, signed int, int	-2147483648 ～ 2147483647
unsigned __int32	4	unsigned, unsigned int	0 ～ 4294967295
__int64	8	long long, signed long long	-9223372036854775808 ～ 9223372036854775807
unsigned __int64	8	unsigned long long	0 ～ 18446744073709551615
bool	1	無	false 或 true
char	1	無	-128 ～ 127（如果指定了 /J 編譯開關，則是 0 ～ 255）
signed char	1	無	-128 ～ 127
unsigned char	1	無	0 ～ 255
short	2	short int, signed short int	-32768 ～ 32767
unsigned short	2	unsigned short int	0 ～ 65535

（續表）

類型名稱	位元組數	別名	範圍
long	4	long int, signed long int	-2147483648 ～ 2147483647
unsigned long	4	unsigned long int	0 ～ 4294967295
long long	8	無（等價於 __int64）	-9223372036854775808 ～ 9223372036854775807
unsigned long long	8	無（等價於 unsigned __int64）	0 ～ 18446744073709551615
enum	變化	無	
float	4	無	3.4E +/-38（7 位有效數字）
double	8	無	1.7E +/-308（15 位有效數字）
long double	8	無	1.7E +/-308（15 位有效數字）
wchar_t	2	__wchar_t	0 ～ 65535

Windows 的資料型態特別多，讀者先有所了解，以後遇到新的資料型態，我還會再解釋。表 2.10 僅列出一些常用的資料型態。

▼ 表 2.10

資料型態	描述
BOOL	TRUE or FALSE，在 WinDef.h 定義如下：typedef int BOOL;
BYTE	1 位元組（8 位元），在 WinDef.h 定義如下： typedef unsigned char BYTE;
CHAR	一個 8 位元 ASCII 字元，在 WinNT.h 定義如下： typedef char CHAR;
COLORREF	一個 32 位元的 RGB 顏色值，在 WinDef.h 定義如下： typedef DWORD COLORREF;
CONST	在 WinDef.h 定義如下：#define CONST const
DWORD 或 DWORD32	一個 32 位元的無號 int，在 IntSafe.h 定義如下： typedef unsigned long DWORD;
DWORDLONG 或 DWORD64	一個 64 位元的無號 int，在 IntSafe.h 定義如下： typedef unsigned __int64 DWORDLONG;

（續表）

資料型態	描述
DWORD_PTR	在 BaseTsd.h 定義如下：typedef ULONG_PTR DWORD_PTR;
FLOAT	在 WinDef.h 定義如下：typedef float FLOAT;
HANDLE	物件控制碼，在 WinNT.h 定義如下：typedef PVOID HANDLE;
HACCEL	快速鍵控制碼，在 WinDef.h 定義如下：typedef HANDLE HACCEL;
HBITMAP	點陣圖控制碼，在 WinDef.h 定義如下：typedef HANDLE HBITMAP;
HBRUSH	筆刷控制碼，在 WinDef.h 定義如下：typedef HANDLE HBRUSH;
HCURSOR	游標控制碼，在 WinDef.h 定義如下：typedef HICON HCURSOR;
HDC	DC（裝置環境）控制碼，在 WinDef.h 定義如下：typedef HANDLE HDC;
HFILE	OpenFile 函數傳回的檔案控制代碼，在 WinDef.h 定義如下：typedef int HFILE;
HFONT	字型控制碼，在 WinDef.h 定義如下：typedef HANDLE HFONT;
HGDIOBJ	GDI 物件控制碼，在 WinDef.h 定義如下：typedef HANDLE HGDIOBJ;
HGLOBAL	全域區塊控制碼，在 WinDef.h 定義如下：typedef HANDLE HGLOBAL;
HLOCAL	局部區塊控制碼，在 WinDef.h 定義如下：typedef HANDLE HLOCAL;
HHOOK	鉤子控制碼，在 WinDef.h 定義如下：typedef HANDLE HHOOK;
HICON	圖示控制碼，在 WinDef.h 定義如下：typedef HANDLE HICON;
HINSTANCE 或 HMODULE	實例或模組控制碼，在 WinDef.h 定義如下：typedef HANDLE HINSTANCE;
HKEY	登錄檔項目控制碼，在 WinDef.h 定義如下：typedef HANDLE HKEY;
HMENU	選單控制碼，在 WinDef.h 定義如下：typedef HANDLE HMENU;

（續表）

資料型態	描述
HMETAFILE	圖資料定義控制碼，在 WinDef.h 定義如下： typedef HANDLE HMETAFILE;
HPEN	畫筆控制碼，在 WinDef.h 定義如下：typedef HANDLE HPEN;
HRESULT	COM 介面使用的傳回程式，在 WinNT.h 定義如下： typedef LONG HRESULT;
HRGN	區域控制碼，在 WinDef.h 定義如下：typedef HANDLE HRGN;
HWND	視窗控制碼，在 WinDef.h 定義如下：typedef HANDLE HWND;
INT	在 WinDef.h 定義如下：typedef int INT;

INT_PTR	在 BaseTsd.h 定義如下：
	`#if defined(_WIN64)`
	`  typedef __int64 INT_PTR;`
	`#else`
	`  typedef int INT_PTR;`
	`#endif`

INT8	在 BaseTsd.h 定義如下：typedef signed char INT8;
INT16	在 BaseTsd.h 定義如下：typedef signed short INT16;
INT32	在 BaseTsd.h 定義如下：typedef signed int INT32;
INT64	在 BaseTsd.h 定義如下：typedef signed __int64 INT64;
LCID	區域 ID，在 WinNT.h 定義如下：typedef DWORD LCID;
LONG	在 WinNT.h 定義如下：typedef long LONG;

LONGLONG	在 WinNT.h 定義如下：
	`#if !defined(_M_IX86)    // _M_IX86 指 32 位元處理器`
	`  typedef __int64 LONGLONG;`
	`#else`
	`  typedef double LONGLONG;`
	`#endif`

LONG32	在 BaseTsd.h 定義如下：typedef signed int LONG32, *PLONG32;
LONG64	在 BaseTsd.h 定義如下：typedef __int64 LONG64, *PLONG64;

（續表）

資料型態	描述

LONG_PTR	在 BaseTsd.h 定義如下：
	`#if defined(_WIN64)`
	` typedef __int64 LONG_PTR;`
	`#else`
	` typedef long LONG_PTR;`
	`#endif`

LPARAM	訊息參數，在 WinDef.h 定義如下：typedef LONG_PTR LPARAM;
LPBOOL	BOOL 類型指標，在 WinDef.h 定義如下：typedef BOOL far *LPBOOL;
LPBYTE	BYTE 類型指標，在 WinDef.h 定義如下：typedef BYTE far *LPBYTE;
LPCOLORREF	COLORREF 類型指標，在 WinDef.h 定義如下：typedef DWORD *LPCOLORREF;
LPCSTR 或 PCSTR	ANSI 常字串指標，在 WinNT.h 定義如下：typedef __ nullterminated CONST CHAR *LPCSTR;
LPCWSTR 或 PCWSTR	Unicode 常字串指標，在 WinNT.h 定義如下：typedef CONST WCHAR *LPCWSTR;

LPCTSTR 或 PCTSTR	在 WinNT.h 定義如下：
	`#ifdef UNICODE`
	` typedef LPCWSTR LPCTSTR;`
	`#else`
	` typedef LPCSTR LPCTSTR;`
	`#endif`

LPDWORD 或 PDWORD	在 WinDef.h 定義如下：typedef DWORD *LPDWORD;
LPHANDLE	在 WinDef.h 定義如下：typedef HANDLE *LPHANDLE;
LPINT	在 WinDef.h 定義如下：typedef int *LPINT;
LPLONG	在 WinDef.h 定義如下：typedef long *LPLONG;
LPSTR 或 PSTR	在 WinNT.h 定義如下：typedef CHAR *LPSTR;
LPWSTR 或 PWSTR	在 WinNT.h 定義如下：typedef WCHAR *LPWSTR;

（續表）

資料型態	描述

LPTSTR 或 PTSTR	在 WinNT.h 定義如下：
	```#ifdef UNICODE```
	``` typedef LPWSTR LPTSTR;```
	```#else```
	``` typedef LPSTR LPTSTR;```
	```#endif```

LPVOID 或 PVOID	在 WinDef.h 定義如下：typedef void *LPVOID;
LRESULT	訊息處理傳回值，在 WinDef.h 定義如下：typedef LONG_PTR LRESULT;
PBOOL	在 WinDef.h 定義如下：typedef BOOL *PBOOL;
PBYTE	在 WinDef.h 定義如下：typedef BYTE *PBYTE;
PCHAR	在 WinNT.h 定義如下：typedef CHAR *PCHAR;
PDWORD_PTR	在 BaseTsd.h 定義如下：typedef DWORD_PTR *PDWORD_PTR;
PDWORD32	在 BaseTsd.h 定義如下：typedef DWORD32 *PDWORD32;
PDWORD64	在 BaseTsd.h 定義如下：typedef DWORD64 *PDWORD64;
PFLOAT	在 WinDef.h 定義如下：typedef FLOAT *PFLOAT;
PHANDLE	在 WinNT.h 定義如下：typedef HANDLE *PHANDLE;
PHKEY	在 WinDef.h 定義如下：typedef HKEY *PHKEY;
PINT	在 WinDef.h 定義如下：typedef int *PINT;
PINT_PTR	在 BaseTsd.h 定義如下：typedef INT_PTR *PINT_PTR;
QWORD	typedef unsigned __int64 QWORD;
SHORT	在 WinNT.h 定義如下：typedef short SHORT;
SIZE_T	在 BaseTsd.h 定義如下：typedef ULONG_PTR SIZE_T;
SSIZE_T	在 BaseTsd.h 定義如下：typedef LONG_PTR SSIZE_T;

TCHAR	在 WinNT.h 定義如下：
	```#ifdef UNICODE```
	``` typedef WCHAR TCHAR;```
	```#else```
	``` typedef char TCHAR;```
	```#endif```

（續表）

資料型態	描述
UCHAR	在 WinDef.h 定義如下：typedef unsigned char UCHAR;
UINT	在 WinDef.h 定義如下：typedef unsigned int UINT;

UINT_PTR	在 BaseTsd.h 定義如下：
	`#if defined(_WIN64)`
	` typedef unsigned __int64 UINT_PTR;`
	`#else`
	` typedef unsigned int UINT_PTR;`
	`#endif`

ULONG	在 WinDef.h 定義如下：typedef unsigned long ULONG;

ULONGLONG	在 WinNT.h 定義如下：
	`#if !defined(_M_IX86)`
	` typedef unsigned __int64 ULONGLONG;`
	`#else`
	` typedef double ULONGLONG;`
	`#endif`

ULONG_PTR	在 BaseTsd.h 定義如下：
	`#if defined(_WIN64)`
	` typedef unsigned __int64 ULONG_PTR;`
	`#else`
	` typedef unsigned long ULONG_PTR;`
	`#endif`

VOID	在 WinNT.h 定義如下：#define VOID void
WORD	在 WinDef.h 定義如下：typedef unsigned short WORD;
WPARAM	訊息參數，在 WinDef.h 定義如下：typedef UINT_PTR WPARAM;

2.4 函數名稱、變數名稱命名規則

　　駝峰命名法是指混合使用大小寫字母來組成變數和函數的名字。當變數名稱或函數名稱是由多個單字組成時，第一個單字以小寫字母開始，第二個單字及以後的每個單字的字首都採用大寫字母，例如 myFirstName、myLastName，這樣的變數名稱看上去就像駱駝峰一樣此起彼伏，故得名。

1．小駝峰法

變數名稱一般用小駝峰法標識，就是除第一個單字以外，其他單字字首都大寫。例如：

```
int myStudentNum;           // 我的學號
```

2．大駝峰法

函數名稱、類別名稱一般用大駝峰法標識，就是每一個單字的字首都大寫。例如：

```
VOID  PrintStudentScore();   // 函數宣告，列印學生成績
```

匈牙利命名法是一位叫查理斯・西蒙尼（Charles Simonyi）的匈牙利程式設計師發明的，後來他在微軟工作了幾年，於是這種命名法就透過微軟的各種產品和文件資料傳播開了。該命名法的做法是把變數名稱按 "屬性 + 類型 + 物件描述" 的順序組合起來，這樣的命名方法可以直觀了解變數的屬性、類型和用途，屬性部分如表 2.11 所示，類型部分如表 2.12 所示。

▼ 表 2.11

變數屬性	表示	變數屬性	表示
全域變數	g_	結構欄位、類別成員變數	m_(member)
常數	c_	靜態變數	s_

▼ 表 2.12

變數類型	表示	變數類型	表示
陣列	a 或 arr	雙精度浮點	d
指標	p 或 lp	字	w
函數	fn	雙字	dw
控制碼	h	字元	c 或 ch

（續表）

變數類型	表示	變數類型	表示
短整數	n	字串	sz（String Zero，指以零結尾的字串）
整數	i 或 n	位元組	b 或 by
長整數	l	實數	r
布林	b 或 f(flag)	無號	u
浮點數（有時也指檔案）	f		

　　舉例來說，定義一個全域變數，表示檔案名稱緩衝區：TCHAR g_szFile Name[256];。

　　定義一個局部整數變數，表示我的學號：int nMyStudentNum; 或 int iMyStudentNum;。

Note

第 **3** 章

GDI 繪圖

GDI（Graphics Device Interface）是圖形裝置介面的英文縮寫，處理 Windows 程式的圖形和影像輸出。程式設計師不需要關心硬體裝置及裝置驅動，就可以將應用程式的輸出轉為硬體裝置上的輸出，實現應用程式與硬體裝置的隔離，大大簡化程式開發工作。在 Windows 作業系統中，圖形介面應用程式通常離不開 GDI，利用 GDI 所提供的許多函數可以方便地在螢幕、印表機以及其他輸出裝置上實現輸出文字、圖形等操作。本章基礎知識比較抽象，請耐心閱讀。本章以後的內容都比較通俗易懂。

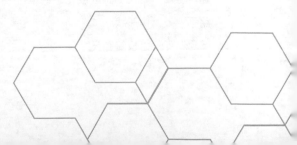

3.1 裝置環境（DC）

　　裝置獨立性是 Windows 的主要功能之一。應用程式可以在各種裝置上進行繪製和列印輸出，系統統一把所有外部設備都當作檔案來看待，只要安裝了它們的驅動程式，應用程式就可以像使用檔案一樣操縱、使用這些裝置，GDI 代表應用程式和裝置驅動程式進行互動。為了實現裝置"獨立性"，引入了邏輯裝置和物理裝置這兩個概念，在應用程式中，使用邏輯裝置名稱來請求使用某類裝置，而系統在實際執行時，使用的是物理裝置名稱。"裝置"獨立性的支援包含在兩個動態連結程式庫中，第一個是 GDI 相關動態連結程式庫，稱為圖形裝置介面；第二個是裝置驅動程式，裝置驅動程式的名稱取決於應用程式繪製輸出的裝置。GDI 處理常式的繪圖函數呼叫，將這些呼叫傳遞給裝置驅動程式，裝置驅動程式接收來自 GDI 的輸入，將輸入轉為裝置命令，並將這些命令傳遞給對應的裝置。

　　當程式在客戶區中顯示文字或圖形時，我們通常稱程式在"繪製"客戶區。GDI 在載入驅動程式後，準備裝置進行繪製操作，例如選擇線條顏色和寬度、筆刷顏色和圖案、字型名稱、裁剪區域等。這些任務是透過建立和維護裝置環境（DC）來完成的。DC 是定義一組圖形物件及其連結屬性以及影響輸出的圖形模式的結構。

　　與 DC 相關的部分圖形物件及屬性如表 3.1 所示。

▼ 表 3.1

圖形物件	屬性
畫筆	樣式、寬度和顏色
筆刷	樣式、顏色、圖案和原點
字型	字型名稱、字型大小、字元寬度、字元高度、字元集等
點陣圖	大小（以位元組為單位），尺寸（以像素為單位）、顏色格式、壓縮方案等
路徑	形狀
區域	位置和尺寸

　　與大多數結構不同，應用程式不能直接存取 DC，而是透過呼叫各種函數間接地對 DC 結構操作。

　　Windows 支援 5 種圖形模式，允許應用程式指定顏色的混合方式、輸出的位置、輸出的縮放方式等。表 3.2 描述了儲存在 DC 中的這些模式。

▼ 表 3.2

圖形模式	描述
背景模式	文字的背景顏色與現有視窗或螢幕顏色的混合方式等
繪圖模式	畫筆、筆刷的顏色與目標顯示區域顏色的混合方式等
映射模式	如何將圖形輸出從邏輯座標映射到客戶區、螢幕或印表機紙張
多邊形填充模式	如何使用筆刷填充複雜區域的內部
伸展模式	當點陣圖被放大或縮小時如何計算新點陣圖

　　Windows 有 4 種類型的 DC，分別是顯示裝置 DC、列印 DC、記憶體 DC（也稱記憶體相容 DC）、資訊 DC，每種類型的 DC 都有特定的用途，如表 3.3 所述。

▼ 表 3.3

DC 類型	描述
顯示裝置 DC	在顯示器上進行繪圖操作
列印 DC	在印表機或繪圖器上進行繪圖操作
記憶體 DC	通常是在記憶體中的點陣圖上進行繪圖操作
資訊 DC	獲取裝置環境資訊

　　也就是說，透過裝置環境，不僅可以在螢幕視窗進行繪圖，也可以在印表機或繪圖器上進行繪圖，還可以在記憶體中的點陣圖上進行繪圖。關於圖形物件、圖形模式以及各種 DC 類型，後面會分別進行詳細介紹。

獲取顯示裝置 DC 控制碼

　　DC 控制碼是程式使用 GDI 函數的通行證，幾乎所有的 GDI 繪圖函數都需要一個 DC 控制碼參數，有了 DC 控制碼，便能隨心所欲地繪製視窗客戶區。

前面說過，當視窗客戶區的部分或全部變為 "無效" 且必須 "更新" 時，例如改變視窗大小、最小化／最大化視窗、拖動視窗一部分到螢幕外再拖動回來時，應用程式將獲取到 WM_PAINT 訊息。視窗過程的大部分繪圖操作是在處理 WM_PAINT 訊息期間進行的，可以透過呼叫 BeginPaint 函數來獲取顯示 DC 控制碼。WM_PAINT 訊息的處理邏輯一般如下：

```
hdc = BeginPaint(hwnd, &ps);
// 繪圖程式
EndPaint(hwnd, &ps);
```

BeginPaint 函數的傳回值就是需要更新區域的 DC 控制碼 hdc，BeginPaint 傳回的 hdc 對應的尺寸僅是無效區域，程式無法透過該控制碼繪製到這個區域以外的地方。由於視窗過程每次接收到 WM_PAINT 訊息時的無效區域可能不同，因此這個 hdc 值僅在當次 WM_PAINT 訊息中有效，程式不應該儲存它並把它用在 WM_PAINT 訊息以外的程式中。BeginPaint 和 EndPaint 函數只能用在 WM_PAINT 訊息中，因為只有這時才存在無效區域。BeginPaint 函數還有一個作用就是把無效區域有效化，如果不呼叫 BeginPaint，那麼視窗的無效區域就一直不為空，系統會一直發送 WM_PAINT 訊息。

視窗客戶區中存在一個無效區域，將會導致 Windows 在應用程式的訊息佇列中放置一筆 WM_PAINT 訊息，即只有當程式客戶區的一部分或全部無效時，視窗過程才會接收到 WM_PATNT 訊息。Windows 在內部為每個視窗都儲存了一個繪製資訊結構 PAINTSTRUCT，這個結構儲存著一個可以覆蓋該無效區域的最小矩形的座標和一些其他資訊，這個最小矩形稱為無效矩形。如果在視窗過程處理一筆 WM_PAINT 訊息之前，視窗客戶區中又出現了另一個無效區域，那麼 Windows 將計算出一個可以覆蓋這兩個無效區域的新的無效區域，並更新 PAINTSTRUCT 結構。Windows 不會在訊息佇列中放置多筆 WM_PAINT 訊息。

WM_PAINT 訊息是一個低優先順序的訊息，Windows 總是在訊息迴圈為空的時候才把 WM_PAINT 訊息放入訊息佇列。每當訊息迴圈為空的時候，如果 Windows 發現存在一個無效區域，就會在程式的訊息佇列中放入一個 WM_PAINT 訊息。前面說過 "當程式視窗被第一次建立時，整個客戶區都是無效的"，因為此時應用程式尚未在該視窗上繪製任何東西。在 WinMain 中呼叫

UpdateWindow 函數時會發送第一筆 WM_PAINT 訊息，指示視窗過程在視窗客戶區進行繪製，UpdateWindow 函數將 WM_PAINT 訊息直接發送到指定視窗的視窗過程，繞過應用程式的訊息佇列。現在大家應該明白，UpdateWindow 函數只不過是讓視窗過程儘快更新視窗，HelloWindows 程式去掉 UpdateWindow 函數呼叫也可以正常執行。

如果應用程式在其他任何時間（例如在處理鍵盤或滑鼠訊息期間）需要進行繪製，可以呼叫 GetDC 或 GetDCEx 函數來獲取顯示 DC 控制碼：

```
hdc = GetDC(hwnd);
// 繪圖程式
ReleaseDC(hwnd, hdc);
```

GetDC 函數傳回的 hdc 對應指定視窗的整個客戶區，透過 GetDC 函數傳回的 hdc 可以在客戶區的任何位置進行繪製操作，不存在無效矩形的概念，無效矩形和 BeginPaint 才是原配。當使用完畢時，必須呼叫 ReleaseDC 函數釋放 DC。對於用 GetDC 獲取的 hdc，Windows 建議使用的範圍限於單筆訊息內。當程式處理某筆訊息的時候，如果需要繪製客戶區，可以呼叫 GetDC 函數獲取 hdc，但在訊息傳回前，必須呼叫 ReleaseDC 函數將它釋放掉。如果在下一筆訊息中還需要用到 hdc，那麼可以重新呼叫 GetDC 函數獲取。如果將 GetDC 的 hwnd 參數設定為 NULL，那麼函數獲取的是整個螢幕的 DC 控制碼。

現在我提出一個問題，相信讀者是可以理解的，按下滑鼠左鍵時將產生 WM_LBUTTONDOWN 訊息，滑鼠在客戶區中移動的時候會不斷產生 WM_MOUSEMOVE 訊息，這兩個訊息的 lParam 參數中都含有滑鼠座標資訊。按住滑鼠左鍵不放拖動滑鼠會產生 WM_LBUTTONDOWN 訊息和一系列 WM_MOUSEMOVE 訊息，我們在視窗過程中處理 WM_LBUTTONDOWN 和 WM_MOUSEMOVE 訊息，利用 GetDC 函數獲取 DC 控制碼進行繪圖，連接 WM_LBUTTONDOWN 訊息和一系列 WM_MOUSEMOVE 訊息的這些座標點就會形成一條線，但是當改變視窗大小、最小化然後最大化視窗、拖動視窗一部分到螢幕外再拖回來時，讀者會發現這條線沒有了，因為在需要重繪的時候 Windows 會使用指定的背景筆刷抹除背景。如果希望這條線繼續存在，就必須在 WM_PAINT 訊息中重新繪製（可以事先儲存好那些點）。如果可能，我們最好是在 WM_PAINT 訊息中處理所有繪製工作。

GetWindowDC 函數可以獲取整數個視窗的 DC 控制碼，包括非客戶區（例如標題列、選單和捲軸）。使用 GetWindowDC 函數傳回的 hdc 可以在視窗的任何位置進行繪製，因為這個 DC 的原點是視窗的左上角，而非視窗客戶區的左上角，舉例來説，程式可以使用 GetWindowDC 函數傳回的 hdc 在視窗的標題列上進行繪製，這時程式需要處理 WM_NCPAINT（非客戶區繪製）訊息。

```
HDC GetWindowDC(_In_ HWND hWnd);
```

函數執行成功，傳回值是指定視窗的 DC 控制碼。同樣的，完成繪製後必須呼叫 ReleaseDC 函數來釋放 DC。如果將參數 hWnd 參數設定為 NULL，GetWindowDC 函數獲取的是整個螢幕的 DC 控制碼。

Windows 有 4 種類型的 DC，關於其他類型 DC 控制碼的獲取，後面用到的時候再講解。理論知識講解太多實在乏味，接下來先實現一個輸出（繪製）文字的範例，並實現捲軸功能。

3.2 繪製文字

GetSystemMetrics 函數用於獲取系統度量或系統組態資訊，例如可以獲取螢幕解析度、全螢幕視窗客戶區的寬度和高度、捲軸的寬度和高度等，該函數獲取到的相關度量資訊均以像素為單位：

```
int WINAPI GetSystemMetrics(_In_ int nIndex);
```

該函數只有一個參數，稱之為索引，這個索引有 95 個識別字可以使用，可用的索引值及含義參見 Chapter3\SystemMetrics\SystemMetrics\Metrics.h 標頭檔，這是一個結構陣列，欄位 m_nIndex 表示可用的索引值，欄位 m_pDesc 表示含義。

例如 GetSystemMetrics(SM_CXSCREEN) 獲取的是螢幕的寬度（CX 表示 Count X，X 軸像素數），SystemMetrics 程式根據 95 個索引在客戶區中輸出 95 行，每行的格式類似下面的樣子：

| SM_CXSCREEN | 螢幕的寬度 | 1366 |

透過 TextOut 函數輸出 METRICS 結構陣列的每個陣列元素很簡單。這裡僅列出 WM_PAINT 訊息的處理：

```
case WM_PAINT:
    hdc = BeginPaint(hwnd, &ps);
    for (int i = 0; i < NUMLINES; i++)
    {
        y = 18 * i; // 行距
        TextOut(hdc,   0,     y,  METRICS[i].m_pLabel,   _tcslen(METRICS[i].m_pLabel));
        TextOut(hdc,   240,   y,  METRICS[i].m_pDesc,    _tcslen(METRICS[i].m_pDesc));
        TextOut(hdc,   760,   y,  szBuf,
            wsprintf(szBuf, TEXT("%d"), GetSystemMetrics(METRICS[i].m_nIndex)));
    }
    EndPaint(hwnd, &ps);
    return 0;
```

程式的執行效果與完整程式參見 Chapter3\SystemMetrics 專案。程式使用 wndclass.hbrBackground = (HBRUSH)(COLOR_BTNFACE + 1); 把視窗背景設定為標準系統色彩（淺灰色），所以很容易發現文字其實是有背景顏色的，預設是白色背景；字型是系統字型（System 字型，標題列、選單、對話方塊預設情況下使用系統字型）；對於每一行的行距以及每一列的距離，我們大致設定了一個數值，這並不準確；客戶區一共輸出了 95 行，但是由於螢幕解析度的原因，無法完整顯示出來，很明顯程式需要一個垂直捲軸。

3.2.1　格式化文字

文字輸出是程式客戶區中最常見的圖形輸出類型，有一些函數可以格式化和繪製文字。格式化函數可以設定背景模式、背景顏色、對齊方式、文字顏色、字元間距等，這些都是DC的文字格式屬性。背景模式不透明、背景顏色為白色、對齊方式為左對齊、文字顏色為黑色等都是預設的 DC 文字格式屬性。

格式函數可以分為三類：獲取或設定 DC 的文字格式屬性的函數、獲取字元寬度和高度的函數，以及獲取字串寬度和高度的函數。

1‧文字格式屬性

（1）文字對齊方式

SetTextAlign 函數為指定的 DC 設定文字對齊方式：

```
UINT SetTextAlign(
    _In_ HDC  hdc,       // 裝置環境控制碼
    _In_ UINT fMode);    // 文字對齊方式
```

fMode 參數指定文字對齊方式，可用的值及含義如表 3.4 所示。

▼ 表 3.4

常數	含義
TA_TOP	起始點在文字邊界矩形的上邊緣
TA_BOTTOM	起始點在文字邊界矩形的下邊緣
TA_BASELINE	起始點在文字的基準線上
TA_LEFT	起始點在文字邊界矩形的左邊緣
TA_RIGHT	起始點在文字邊界矩形的右邊緣
TA_CENTER	起始點在文字邊界矩形的中心（水平方向）
TA_UPDATECP	使用當前位置作為起始點，當前位置在每次文字輸出函數呼叫後會更新
TA_NOUPDATECP	每次文字輸出函數呼叫以後，當前位置不會更新

預設值為 TA_LEFT | TA_TOP | TA_NOUPDATECP。

呼叫 SetTextAlign 函數可以改變 TextOut、ExtTextOut、TabbedTextOut 等函數中 nXStart 和 nYStart 參數表示的含義。使用 TA_LEFT、TA_RIGHT 和 TA_CENTER 標識會影響 nXStart 表示的水平座標值，使用 TA_TOP、TA_BOTTOM 和 TA_BASELINE 標識會影響 nYStart 表示的垂直座標值。例如在 SetTextAlign 函數中指定 TA_RIGHT 標識，那麼 TextOut 函數的 nXStart 表示字串中最後一個字元右側的水平座標。如果指定 TA_TOP，則 nYStart 表示字串中所有字元的最高點，即所有字元都在 nYStart 指定的位置之下；如果指定 TA_BOTTOM 則表示字串中所有字元都會在 nYStart 指定的位置之上。

如果設定了 TA_UPDATECP 標識，Windows 會忽略 TextOut 函數的 nXStart 和 nYStart 參數指定的值，而是將由先前呼叫的 MoveToEx 或 LineTo 函數（或其他一些可以改變當前位置的函數）指定的當前位置座標值作為起始點。如果沒有呼叫改變當前位置的函數，那麼預設情況下當前位置的座標為 (0, 0)，相對客戶區左上角；設定 TA_UPDATECP 標識以後，對 TextOut 函數的每次呼叫也會更新當前位置。舉例來說，如果設定為 TA_LEFT | TA_UPDATECP，TextOut 函數傳回後新的當前位置就是該字串的結束位置，下次呼叫 TextOut 函數時就會從上一個字串的結束位置開始繪製，有時候可能需要這個特性。

如果函數執行成功，則傳回值是原來的文字對齊設定；如果函數執行失敗，則傳回值為 GDI_ERROR。

大家可以把 SystemMetrics 程式的最後一個 TextOut 改為：

```
SetTextAlign(hdc, TA_RIGHT | TA_TOP);    // 設定最後一列右對齊
TextOut(hdc, 800, y, szBuf, wsprintf(szBuf, TEXT("%d"), GetSystemMetrics(METRICS[i].
m_nIndex)));
SetTextAlign(hdc, TA_LEFT | TA_TOP);    // 設定回左對齊
```

將 fMode 參數設定為 TA_RIGHT，那麼 TextOut 的 nXStart 參數指定的就是字串中最後一個字元右側的 X 座標，用截圖工具測量一下，可以看到從客戶區左側到第三列結束正好是 800 邏輯單位（像素）。

可以透過呼叫 GetTextAlign 函數來獲取指定 DC 的當前文字對齊設定：

```
UINT GetTextAlign(_In_ HDC hdc);
```

呼叫 SetTextAlign 函數的時候通常使用逐位元或運算子組合幾個標識，呼叫 GetTextAlign 函數的時候可以使用逐位元 "與" 運算子檢測傳回值是否包含某標識。

（2）字元間距

可以透過呼叫 SetTextCharacterExtra 函數設定指定 DC 中文字輸出的字元間距：

```
int SetTextCharacterExtra(
    HDC hdc,                // 裝置環境控制碼
    int nCharExtra);        // 字元間距，邏輯單位
```

預設字元間距值為 0。如果函數執行成功，則傳回值是原來的字元間距值；如果執行失敗，則傳回值為 0x80000000。

大家可以在 SystemMetrics 程式的 3 個 TextOut 前呼叫 SetTextCharacterExtra 函數設定一下字元間距，看一下效果，例如：SetTextCharacterExtra (hdc, 5);。

可以透過呼叫 GetTextCharacterExtra 函數來獲取指定 DC 的當前字元間距：

```
int GetTextCharacterExtra(HDC hdc);
```

（3）背景模式、背景顏色和文字顏色

可以透過呼叫 SetTextColor 函數設定繪製的文字顏色，以及在彩色印表機上繪製的文字顏色；可以透過呼叫 SetBkColor 函數設定每個字元後顯示的顏色（也就是背景顏色）；可以透過呼叫 SetBkMode 函數設定背景模式為透明或不透明。

```
COLORREF SetTextColor(
    HDC hdc,                // 裝置環境控制碼
    COLORREF crColor);      // 文字顏色值
```

如果函數執行成功，則傳回原來的文字顏色值；如果函數執行失敗，則傳回值為 CLR_INVALID。

```
COLORREF SetBkColor(
    HDC hdc,                // 裝置環境控制碼
    COLORREF crColor);      // 背景顏色值
```

如果函數執行成功，則傳回原來的背景顏色值；如果函數執行失敗，則傳回值為 CLR_INVALID。

```
int SetBkMode(
    HDC hdc,              // 裝置環境控制碼
    int iBkMode);         // 背景模式
```

iBkMode 參數指定背景模式，可用的值只有兩個：指定為 OPAQUE 表示不透明背景，指定為 TRANSPARENT 表示透明背景。如果函數執行成功，則傳回原來的的背景模式；如果函數執行失敗，則傳回值為 0。

COLORREF 用於指定 RGB 顏色值，在 windef.h 標頭檔中定義如下：

```
typedef DWORD    COLORREF;
typedef DWORD    *LPCOLORREF;
```

COLORREF 值的十六進位為 "0x00BBGGRR" 的形式，低位元位元組包含紅色值，倒數第 2 位元組包含綠色值，倒數第 3 位元組包含藍色值，高位元位元組必須為 0，單位元組的最大值為 255。

要建立 COLORREF 顏色值，可以使用 RGB 巨集分別指定紅色、綠色、藍色的值；要提取 COLORREF 顏色值中的的紅色、綠色和藍色值，可以分別使用 GetRValue、GetGValue 和 GetBValue 巨集。這些巨集在 wingdi.h 標頭檔中定義如下：

```
#define RGB(r,g,b)
    ((COLORREF)(((BYTE)(r)|((WORD)((BYTE)(g))<<8))|(((DWORD)(BYTE)(b))<<16)))
#define GetRValue(rgb)  (LOBYTE(rgb))
#define GetGValue(rgb)  (LOBYTE(((WORD)(rgb)) >> 8))
#define GetBValue(rgb)  (LOBYTE((rgb)>>16))
```

現在，我們在 SystemMetrics 程式的 3 個 TextOut 函數呼叫前面加上以下敘述：

```
SetBkMode(hdc, TRANSPARENT);
SetTextColor(hdc, RGB(0, 0, 255));
```

可以看到背景模式是透明的，文字顏色為藍色。

顯示 DC 的預設文字顏色為黑色，預設背景顏色為白色，預設背景模式為不透明。程式可以透過呼叫 GetTextColor 函數獲取 DC 的當前文字顏色，可以透過呼叫 GetBkColor 函數獲取 DC 的當前背景顏色，可以透過呼叫 GetBkMode 函數獲取 DC 的當前背景模式。

2 · 獲取字串的寬度和高度

GetCharWidth32 函數可以獲取指定 DC 當前字型中指定範圍內的連續字元的寬度：

```
BOOL GetCharWidth32(
    _In_  HDC   hdc,          // 裝置環境控制碼
    _In_  UINT  iFirstChar,   // 連續字元中的第一個字元
    _In_  UINT  iLastChar,    // 連續字元中的最後一個字元，不得位於指定的第一個字元之前
    _Out_ LPINT lpBuffer);    // 接收每個字元寬度的 INT 陣列，字元寬度是邏輯單位
```

連續字元指的是 ASCII 值連續，例如將 iFirstChar 指定為 A，iLastChar 指定為 Z。看下面的範例：

```
INT arrWidth[4];
TCHAR sz[8] = { 0 };
TCHAR szBuf[32] = { 0 };
GetCharWidth32(GetDC(hwnd), TEXT(' 你 '), TEXT(' 傭 '), arrWidth);
for (int i = TEXT(' 你 '), j = 0; i <= TEXT(' 傭 '); i++, j++)
{
    wsprintf(sz, TEXT("%c = %d\n"), i, arrWidth[j]);
    StringCchCat(szBuf, _countof(szBuf), sz);
}
MessageBox(hwnd, szBuf, TEXT(" 提示 "), MB_OK);
```

"你" 的碼值為 0x4F60，"傭" 的碼值為 0x4F63，輸出結果如圖 3.1 所示。

▲ 圖 3.1

可以把 iFirstCha 和 iLastChar 參數指定為相同的值，只獲取一個字元的寬度。

GetTextExtentPoint32 函數用於獲取指定 DC 中一個字串的寬度和高度值：

```
BOOL GetTextExtentPoint32(
    _In_  HDC      hdc,        // 裝置環境控制碼
    _In_  LPCTSTR  lpString,   // 字串指標，不要求以零結尾，因為參數 c 可以指定字串長度
    _In_  int      c,          // 字串長度，可以使用 _tcslen
    _Out_ LPSIZE   lpSize);    // 在這個 SIZE 結構中傳回字串的寬度和高度，邏輯單位
```

lpSize 是一個指向 SIZE 結構的指標，在這個 SIZE 結構中傳回字串的寬度和高度。SIZE 結構在 windef.h 標頭檔中定義如下：

```
typedef struct tagSIZE
{
    LONG        cx;
    LONG        cy;
} SIZE, *PSIZE, *LPSIZE;
```

以後對於函數傳回數值型態比較簡單的情況，例如 BOOL 類型，沒有特殊情況，我就不介紹其傳回值了，但像 GetMessage 函數，雖然傳回數值型態是 BOOL，我們還需要考慮傳回值為 -1（函數執行失敗）的情況，而不能判斷傳回 TRUE 還是 FALSE。另外，很多函數都有一個 Ex 擴充版本，大家可以把函數名稱輸入 VS，按 F1 鍵開啟説明文件查詢用法，或開啟網頁版 MSDN 進行查詢，也可以安裝一個離線版 MSDN。

為了簡潔起見，我們的程式可能對函數執行成功與否缺少必要的判斷，這並不代表不需要透過函數的傳回值判斷函數執行是否成功。VS 2019 提供了更多的原始程式碼錯誤檢查，如果發現函數中的參數不符合規定或未初始化，會在該行敘述下方顯示一條波浪線，滑鼠移到波浪線處會給出錯誤訊息，我們可以根據提示修改原始程式碼。另外，本書寫作了多年，使用過不同版本的作業系統和 VS，但是後期使用最新的作業系統和 VS 2019 對全書進行了修正。

前面說過："WM_CREATE 訊息是視窗過程較早收到的訊息之一，程式通常會在這裡做一些初始化的工作"。對於 SystemMetrics 程式，我們可以在 WM_CREATE 訊息中獲取字串高度，用於在 TextOut 函數中指定 y 座標值：

```
HDC hdc;
PAINTSTRUCT ps;
TCHAR szBuf[10];
int y;
static SIZE size = { 0 };

switch (uMsg)
{
case WM_CREATE:
    hdc = GetDC(hwnd);
    GetTextExtentPoint32(hdc, METRICS[0].m_pLabel, _tcslen(METRICS[0].m_pLabel), &size);
    ReleaseDC(hwnd, hdc);
    return 0;

case WM_PAINT:
    hdc = BeginPaint(hwnd, &ps);
    for (int i = 0; i < NUMLINES; i++)
    {
        y = size.cy * i;
        SetBkMode(hdc, TRANSPARENT);
        SetTextColor(hdc, RGB(0, 0, 255));
        TextOut(hdc,   0,    y,  METRICS[i].m_pLabel,   _tcslen(METRICS[i].m_pLabel));
        TextOut(hdc, 240,    y,  METRICS[i].m_pDesc,    _tcslen(METRICS[i].m_pDesc));
        TextOut(hdc, 760,    y,  szBuf,
            wsprintf(szBuf, TEXT("%d"), GetSystemMetrics(METRICS[i].m_nIndex)));
    }
    EndPaint(hwnd, &ps);
    return 0;
```

GetTextExtentPoint32 函數適用於字串中不包含定位字元的情況，如果字串中包含定位字元，則應該呼叫 GetTabbedTextExtent 函數：

```
DWORD GetTabbedTextExtent(
    _In_        HDC      hDC,              // 裝置環境控制碼
    _In_        LPCTSTR  lpString,         // 字串指標，不要求以零結尾，因為 nCount
                                           // 指定字串長度
    _In_        int      nCount,           // 字串長度，可以使用 _tcslen
    _In_        int      nTabPositions,    // lpnTabStopPositions 陣列中元素的個數
    _In_opt_    const LPINT  lpnTabStopPositions); // 指向包含定位字元位置的陣列
```

如果將 nTabPositions 參數設定為 0，並將 lpnTabStopPositions 參數設定為 NULL，定位字元會自動按平均字元寬度的 8 倍來擴充；如果將 nTabPositions 參數設定為 1，則所有定位字元按 lpnTabStopPositions 參數指向的陣列中的第一個陣列元素指定的距離來分隔。

如果函數執行成功，則傳回值是字串的寬度和高度（邏輯單位），高度值在高位元字中，寬度值在低位元字中；如果函數執行失敗，則傳回值為 0。

HIWORD 巨集可以得到一個 32 位元數的高 16 位元；LOWORD 巨集可以得到一個 32 位元數的低 16 位元；HIBYTE 巨集可以得到一個 16 位元數的高位元組；LOBYTE 巨集可以得到一個 16 位元數的低位元組。類似的還有，MAKELONG 巨集可以將兩個 16 位元的數合成為一個 32 位元的 LONG 型；MAKEWORD 巨集可以將兩個 8 位元的數合成為一個 16 位元的 WORD 型，等等。這些巨集在 minwindef.h 標頭檔中定義如下：

```
#define MAKEWORD(a, b)
    ((WORD)(((BYTE)(((DWORD_PTR)(a)) & 0xff)) |
        ((WORD)((BYTE)(((DWORD_PTR)(b)) & 0xff))) << 8))
#define MAKELONG(a, b)
    ((LONG)(((WORD)(((DWORD_PTR)(a)) & 0xffff)) |
        ((DWORD)((WORD)(((DWORD_PTR)(b)) & 0xffff))) << 16))


#define LOWORD(l)    ((WORD)(((DWORD_PTR)(l)) & 0xffff))
#define HIWORD(l)    ((WORD)((((DWORD_PTR)(l)) >> 16) & 0xffff))
#define LOBYTE(w)    ((BYTE)(((DWORD_PTR)(w)) & 0xff))
#define HIBYTE(w)    ((BYTE)((((DWORD_PTR)(w)) >> 8) & 0xff))
```

3 · 選擇字型

系統提供了 6 種備用字型，前面説過 "GetStockObject 函數用於獲取備用（或説庫存）畫筆、筆刷、字型等的控制碼"，獲取字型控制碼以後，可以透過呼叫 SelectObject 函數把字型選入 DC 中，以後透過 GDI 函數進行文字繪製就會使用新的 DC 屬性。一些備用字型如表 3.5 所示。

▼ 表 3.5

值	含義
ANSI_FIXED_FONT	等寬系統字型
ANSI_VAR_FONT	變寬系統字型
DEVICE_DEFAULT_FONT	裝置預設字型
OEM_FIXED_FONT	OEM（原始裝置製造商）等寬字型
SYSTEM_FONT	系統字型，預設情況下使用系統字型繪製選單、對話方塊控制項和文字
SYSTEM_FIXED_FONT	等寬系統字型

SelectObject 函數可以把一個 GDI 物件選入指定的 DC 中：

```
HGDIOBJ SelectObject(
    _In_ HDC     hdc,        // 裝置環境控制碼
    _In_ HGDIOBJ hgdiobj);   // GDI 物件控制碼
```

函數執行成功，傳回原來（也就是被取代掉的）物件的控制碼。通常需要儲存一下傳回值，在用新物件完成繪製操作以後，應該再呼叫一次 SelectObject 函數，用原來的物件取代掉新物件，也就是恢復 DC 屬性。

舉例來説，我們透過 SystemMetrics 程式用 OEM_FIXED_FONT 字型輸出文字看一下效果：

```
HGDIOBJ hFontOld;

switch (uMsg)
```

```
{
case WM_PAINT:
    hdc = BeginPaint(hwnd, &ps);
    SetBkMode(hdc, TRANSPARENT);
SetTextColor(hdc, RGB(0, 0, 255));

    hFontOld = SelectObject(hdc, GetStockObject(OEM_FIXED_FONT));
    for (int i = 0; i < NUMLINES; i++)
    {
        y = 18 * i;
        TextOut(hdc,  0,     y,  METRICS[i].m_pLabel,  _tcslen(METRICS[i].m_pLabel));
        TextOut(hdc,  240,   y,  METRICS[i].m_pDesc,   _tcslen(METRICS[i].m_pDesc));
        TextOut(hdc,  760,   y,  szBuf,
            wsprintf(szBuf, TEXT("%d"), GetSystemMetrics(METRICS[i].m_nIndex)));
}

    SelectObject(hdc, hFontOld);
    EndPaint(hwnd, &ps);
    return 0;
```

重新編譯執行，效果稍微好看了一些，但是備用字型比較少，接下來我們學習建立自己喜歡的邏輯字型。

用 CreateFont 函數建立具有指定特徵的邏輯字型：

```
HFONT CreateFont(
    _In_ int      nHeight,          // 字元高度，設定為 0 表示使用預設的字元高度
    _In_ int      nWidth,           // 字元寬度，通常設定為 0，表示根據字元的高度來選擇合適的字型
    _In_ int      nEscapement,      // 字串的傾斜角度，以 0.1 度為單位，沒有特殊需要一般設定為 0
    _In_ int      nOrientation,     // 單一字元的傾斜角度，以 0.1 度為單位，通常這個欄位會被忽略
    _In_ int      fnWeight,         // 字型粗細，如果設定為 0，則使用預設粗細
    _In_ DWORD    fdwItalic,        // 是否斜體，設定為 TRUE 表示使用斜體
    _In_ DWORD    fdwUnderline,     // 是否有底線，設定為 TRUE 表示使用底線
    _In_ DWORD    fdwStrikeOut,     // 是否有刪除線，設定為 TRUE 表示使用刪除線
    _In_ DWORD    fdwCharSet,       // 字元集
    _In_ DWORD    fdwOutputPrecision,// 指定 Windows 透過字型的大小特徵來匹配真實字型的方式
    _In_ DWORD    fdwClipPrecision, // 指定裁剪方式，也就是當字元在顯示區域以外時，如何只顯示
                                    // 部分字元
```

```
_In_ DWORD    fdwQuality,        // 指定如何將邏輯字型屬性與實際物理字型屬性匹配
_In_ DWORD    fdwPitchAndFamily, // 指定字元間距和字型家族
_In_ LPCTSTR lpszFace);          // 字型名稱，字串長度不得超過 LF_FACESIZE(32) 個字元
```

- 前兩個參數 nHeight 和 nWidth 均是邏輯單位。

- 第 5 個參數 fnWeight 指定字型的粗細，字型的粗細在 0 ～ 1000，400 是正常粗細，700 是粗體的，如果該參數設定為 0，則使用預設粗細。wingdi.h 標頭檔中定義了常數用於表示字型粗細，如表 3.6 所示。

▼ 表 3.6

常數	值
FW_DONTCARE	0
FW_THIN	100
FW_EXTRALIGHT	200
FW_ULTRALIGHT	200
FW_LIGHT	300
FW_NORMAL	400
FW_REGULAR	400
FW_MEDIUM	500
FW_SEMIBOLD	600
FW_DEMIBOLD	600
FW_BOLD	700
FW_EXTRABOLD	800
FW_ULTRABOLD	800
FW_HEAVY	900
FW_BLACK	900

- 第 9 個參數 fdwCharSet 指定字型的字元集，OEM_CHARSET 表示 OEM 字元集，DEFAULT_ CHARSET 表示基於當前系統區域的字元集。一些可用的預先定義值如表 3.7 所示。

▼ 表 3.7

常數	值	含義
ANSI_CHARSET	0	ANSI（美國、西歐）
GB2312_CHARSET	134	簡體中文
CHINESEBIG5_CHARSET	136	繁體中文
DEFAULT_CHARSET	1	預設字元集
OEM_CHARSET	255	原始裝置製造商字元集
SYMBOL_CHARSET	2	標準符號
EASTEUROPE_CHARSET	238	東歐字元集
GREEK_CHARSET	161	希臘語字元集
MAC_CHARSET	77	Apple Macintosh
RUSSIAN_CHARSET	204	俄語字元集

- 第 10 個參數 fdwOutputPrecision 指定輸出精度，也就是指定實際獲得的字型與所請求字型的高度、寬度、字元方向、逸出、間距和字型類型匹配的程度，一般不使用這個參數。

- 第 12 個參數 fdwQuality 指定如何將邏輯字型屬性與實際物理字型屬性匹配。值的含義如表 3.8 所示。

▼ 表 3.8

值	含義
ANTIALIASED_QUALITY	如果字型支援，並且字型大小不太小或太大，則字型是反鋸齒的或平滑的
CLEARTYPE_QUALITY	使用 ClearType 反鋸齒方法顯示文字
DEFAULT_QUALITY	字型的外觀並不重要
DRAFT_QUALITY	對於 GDI 點陣字型啟用縮放，這表示可以使用更多的字型大小，但品質可能更低
NONANTIALIASED_QUALITY	字型不會消除鋸齒
PROOF_QUALITY	字型的字元品質比邏輯字型屬性的精確匹配更重要。對於 GDI 點陣字型，禁用縮放，並選擇最接近大小的字型，雖然使用 PROOF_QUALITY 時所選字型大小可能無法精確映射，但字型品質高，外觀無變形

- 第 13 個參數 fdwPitchAndFamily 指定字元間距和字型家族,最低兩個位元表示該字型是否是一個等寬字型(所有字元的寬度都相同)或是一個變寬字型。wingdi.h 標頭檔中定義了表 3.9 所列的常數。

▼ 表 3.9

常數	值	含義
DEFAULT_PITCH	0	預設間距
FIXED_PITCH	1	等寬
VARIABLE_PITCH	2	變寬

4 ～ 7 位元指定字型家族,值的含義如表 3.10 所示。

▼ 表 3.10

常數	值	含義
FF_DONTCARE	(0<<4)	使用預設字型
FF_ROMAN	(1<<4)	具有可變筆劃寬度和襯線的字型
FF_SWISS	(2<<4)	筆劃寬度可變且不帶襯線的字型
FF_MODERN	(3<<4)	具有恒定筆劃寬度、帶或不帶襯線的字型
FF_SCRIPT	(4<<4)	字型看起來像手寫,草書就是例子
FF_DECORATIVE	(5<<4)	古英文

CreateFont 函數雖然參數比較多,但是除了字元高度、字元集和字型名稱以外,其他參數通常均可以指定為 0。HFONT 是邏輯字型控制碼類型,如果函數執行成功,則傳回值是所建立邏輯字型的控制碼;如果函數執行失敗,則傳回值為 NULL。

當不再需要建立字型時,需要呼叫 DeleteObject 函數將其刪除。DeleteObject 函數用於刪除建立的邏輯畫筆、邏輯筆刷、邏輯字型、點陣圖、區域等,釋放與物件相連結的所有系統資源,物件刪除後,指定的控制碼不再有效。

```
BOOL DeleteObject(_In_ HGDIOBJ hObject);    // GDI 物件控制碼
```

我們在 SystemMetrics 程式的 3 個 TextOut 前加上以下敘述：

```
hFont = CreateFont(12, 0, 0, 0, 0, 0, 0, 0, GB2312_CHARSET, 0, 0, 0, 0, TEXT(" 宋體 "));
hFontOld = (HFONT)SelectObject(hdc, hFont);
```

可以看到，字型美觀了不少。

CreateFontIndirect 函數的功能與 CreateFont 函數完全相同，不同的是 CreateFontIndirect 函數只需要一個 LOGFONT 結構參數：

```
HFONT CreateFontIndirect(_In_ const LOGFONT *lplf);
```

LOGFONT 結構的欄位與 CreateFont 函數的 14 個參數是一一對應的：

```
typedef struct tagLOGFONT {
    LONG  lfHeight;
    LONG  lfWidth;
    LONG  lfEscapement;
    LONG  lfOrientation;
    LONG  lfWeight;
    BYTE  lfItalic;
    BYTE  lfUnderline;
    BYTE  lfStrikeOut;
    BYTE  lfCharSet;
    BYTE  lfOutPrecision;
    BYTE  lfClipPrecision;
    BYTE  lfQuality;
    BYTE  lfPitchAndFamily;
    TCHAR lfFaceName[LF_FACESIZE];
} LOGFONT, *PLOGFONT;
```

EnumFontFamiliesEx 函數可以根據提供的 LOGFONT 結構列舉系統中的字型：

```
int EnumFontFamiliesEx(
    _In_ HDC          hdc,                   // 裝置環境控制碼
    _In_ LPLOGFONT    lpLogfont,             // 指定字型特徵的 LOGFONT 結構
    _In_ FONTENUMPROC lpEnumFontFamExProc,   // 回呼函數
```

```
  _In_ LPARAM       lParam,          // 傳遞給回呼函數的參數
       DWORD        dwFlags);        // 未使用，必須為 0
```

- 參數 lpLogfont 是指定字型特徵的 LOGFONT 結構，函數只使用 lfCharSet、
  lfFaceName 和 lfPitchAndFamily 共 3 個欄位，如表 3.11 所示。

▼ 表 3.11

欄位	含義
lfCharSet	如果設定為 DEFAULT_CHARSET，函數將列舉所有字元集中指定名稱的字型。如果有兩種字型名稱相同，則只列舉一種字型；如果設定為其他有效的字元集，則函數僅列舉指定字元集中的字型
lfFaceName	如果設定為空字串，則函數將在所有字型名稱中列舉一種字型；如果設定為有效的字型名稱，則函數將列舉具有指定名稱的字型
lfPitchAndFamily	必須設定為 0

也就是說函數是基於字型名稱或字元集或兩者共同來列舉字型。

表 3.12 顯示了 lfCharSet 和 lfFaceName 的各種值組合的結果。

▼ 表 3.12

組合	含義
lfCharSet = DEFAULT_CHARSET lfFaceName = NULL	列舉所有字元集中全部名稱的字型，如果有兩種字型名稱相同，則只列舉一種字型
lfCharSet = DEFAULT_CHARSET lfFaceName = 指定字型名稱	列舉所有字元集中指定名稱的字型
lfCharSet = 指定字元集 lfFaceName = NULL	列舉指定字元集中所有名稱的字型
lfCharSet = 指定字元集 lfFaceName = 指定字型名稱	列舉指定字元集中指定名稱的字型

- 參數 lpEnumFontFamExProc 是 EnumFontFamiliesEx 函數的回呼函數，
  對於列舉到的每個字型，都會呼叫一次這個回呼函數。回呼函數的格式
  如下：

```
int CALLBACK EnumFontFamExProc(
    const LOGFONT    *lpelfe,      // 有關字型邏輯屬性資訊的 LOGFONT 結構
    const TEXTMETRIC *lpntme,      // 有關字型物理屬性資訊的 TEXTMETRIC 結構
    DWORD        FontType,         // 字型類型，例如 DEVICE_FONTTYPE、RASTER_FONTTYPE、
                                   // TRUETYPE_FONTTYPE
    LPARAM       lParam);          // EnumFontFamiliesEx 函數的 lParam 參數
```

如果需要繼續列舉，則回呼函數應傳回非零；如果需要停止列舉，則傳回 0。

EnumFontFamiliesEx 函數的傳回值是最後一次回呼函數呼叫傳回的值。

系統會自動在 DC 中儲存一組預設圖形物件（沒有預設點陣圖或路徑）及屬性，程式可以透過建立一個新物件並將其選入 DC 中（呼叫 SelectObject 函數）來更改這些預設值。可以透過呼叫 GetCurrentObject 函數獲取 DC 中指定圖形物件（例如字型、畫筆、筆刷和點陣圖）的控制碼，可以透過呼叫 GetObject 函數獲取 DC 中指定圖形物件的屬性。

4 · 獲取字型的度量值

GetTextMetrics 函數可以獲取當前選定字型的度量值，該函數通常用於英文字型：

```
BOOL GetTextMetrics(
    _In_  HDC          hdc,        // 裝置環境控制碼
    _Out_ LPTEXTMETRIC lptm);      // 在這個 TEXTMETRIC 結構中傳回字型度量值，邏輯單位
```

函數執行成功，在 lptm 指定的 TEXTMETRIC 結構中傳回字型的資訊。在 wingdi.h 標頭檔中 TEXTMETRIC 結構的定義如下：

```
typedef struct tagTEXTMETRIC {
    LONG  tmHeight;               // 字元高度 ( 等於 tmAscent + tmDescent)
    LONG  tmAscent;               // 字元基準線以上的高度
    LONG  tmDescent;              // 字元基準線以下的高度
    LONG  tmInternalLeading;      // 字元高度範圍內的一部分頂部空間，可用於重音符號和其他音調
符號
    LONG  tmExternalLeading;      // 在行之間增加的額外高度空間
    LONG  tmAveCharWidth;         // 字型中字元 (小寫字母) 的平均寬度 (通常定義為字母 x 的寬度)
    LONG  tmMaxCharWidth;         // 字型中最寬字元的寬度
```

```
    LONG   tmWeight;                 // 字型的粗細
    LONG   tmOverhang;               // 增加到某些合成字型中的額外寬度
    LONG   tmDigitizedAspectX;
    LONG   tmDigitizedAspectY;
    TCHAR  tmFirstChar;              // 字型中定義的第一個字元
    TCHAR  tmLastChar;               // 字型中定義的最後一個字元
    TCHAR  tmDefaultChar;            // 字型中所沒有字元的替代字元
    TCHAR  tmBreakChar;              // 單字之間的分隔字元，通常是空格
    BYTE   tmItalic;                 // 字型為斜體時非零
    BYTE   tmUnderlined;             // 字型有底線時非零
    BYTE   tmStruckOut;              // 字型有刪除線時非零
    BYTE   tmPitchAndFamily;         // 字型間距（低 4 位元）和字型家族（高 4 位元）
    BYTE   tmCharSet;                // 字型的字元集
} TEXTMETRIC, *PTEXTMETRIC;
```

tmOverhang 欄位表示增加到某些合成字型中（例如粗體或斜體）的每個
字串的額外寬度，舉例來說，GDI 透過擴充每個字元的間距並用偏移量值重寫
字串，使字串變為粗體。

TEXTMETRIC 結構雖然欄位比較多，但是常用的也就是前面幾個。欄位
tmHeight、tmAscent、tmDescent 和 tmInternalLeading 之間的關係如圖 3.2
所示。在圖 3.2 中，欄位 tmExternalLeading 沒有表示出來。

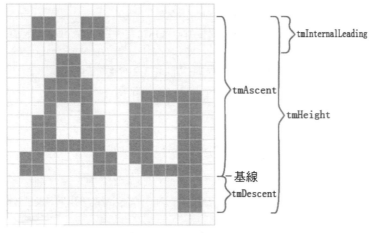

▲ 圖 3.2

對於等寬字型，大寫字母寬度等於字元的平均寬度；對於變寬字型，大寫字母寬度通常是字元平均寬度的 1.5 倍。對於變寬字型，TEXTMETRIC 結構中的 tmPitchAndFamily 欄位的低 4 位元為 1，對於等寬字型則為 0。計算大寫字母寬度的方式為 cxCaps = (tm.tmPitchAndFamily & 1 ? 3 : 2) × cxChar / 2;。

3.2.2　繪製文字函數

在選擇了適當的字型和所需的文字格式選項後，可以透過呼叫相關函數來繪製字元或字串，常用的文字繪製函數有 DrawText、DrawTextEx、TextOut、ExtTextOut、PolyTextOut 和 TabbedTextOut 等。當呼叫其中一個函數時，作業系統將此呼叫傳遞給 GDI 圖形引擎，而 GDI 圖形引擎又將呼叫傳遞給對應的裝置驅動程式。其中 ExtTextOut 函數執行速度最快，該呼叫將快速轉為裝置的 ExtTextOut 呼叫。但是，有時程式可能更適合呼叫其他函數，舉例來說，要在指定的矩形區域範圍內繪製文字，可以呼叫 DrawText 函數，要建立具有對齊列的多列文字，可以呼叫 TabbedTextOut 函數。

DrawText 和 DrawTextEx 函數在指定的矩形內繪製文字：

```
int DrawText(
    _In_    HDC      hdc,                   // 裝置環境控制碼
    _Inout_ LPCTSTR lpchText,               // 字串指標
    _In_    int      cchText,               // 字串長度，以字元為單位
    _Inout_ LPRECT   lpRect,                // 所繪製的文字限定在這個矩形範圍內
    _In_    UINT     uFormat);              // 繪製格式選項
int DrawTextEx(
    _In_    HDC               hdc,          // 裝置環境控制碼
    _Inout_ LPTSTR            lpchText,     // 字串指標
    _In_    int               cchText,      // 字串長度，以字元為單位
    _Inout_ LPRECT            lpRect,       // 所繪製的文字限定在這個矩形範圍內
    _In_    UINT              uFormat,      // 繪製格式選項
    _In_opt_ LPDRAWTEXTPARAMS lpDTParams);// 指定擴充格式選項的 DRAWTEXTPARAMS 結構，可以
為 NULL
```

- 參數 cchText 指定字串的長度。如果 lpchText 參數指定的字串是以零結尾的，那麼 cchText 參數可以設定為 -1，函數會自動計算字元個數；否則需要指定字元個數。

- 參數 uFormat 指定格式化文字的方法，常用的值及含義如表 3.13 所示。

▼ 表 3.13

常數	含義
DT_TOP	將文字對齊到矩形的頂部
DT_BOTTOM	將文字對齊到矩形的底部，該標識僅與 DT_SINGLELINE 單行文字一起使用
DT_VCENTER	文字在矩形內垂直置中，該標識僅與 DT_SINGLELINE 單行文字一起使用
DT_LEFT	文字在矩形內左對齊
DT_RIGHT	文字在矩形內右對齊
DT_CENTER	文字在矩形內水平置中
DT_SINGLELINE	在單行上顯示文字，確認和分行符號也不能打斷行
DT_WORDBREAK	如果一個單字超過矩形的邊界，則自動斷開到下一行
DT_EXPANDTABS	展開定位字元 \t，每個定位字元的預設字元數是 8

DrawTextEx 函 數 的 lpDTParams 參 數 是 用 於 指 定 擴 充 格 式 選 項 的
DRAWTEXTPARAMS 結構，可為 NULL：

```
typedef struct tagDRAWTEXTPARAMS
{
    UINT    cbSize;         // 該結構的大小
    int     iTabLength;     // 每個定位字元的大小，單位等於平均字元寬度
    int     iLeftMargin;    // 左邊距，邏輯單位
    int     iRightMargin;   // 右邊距，邏輯單位
    UINT    uiLengthDrawn;  // 傳回函數處理的字元個數，包括空格字元，不包括字串結束標識
} DRAWTEXTPARAMS, FAR *LPDRAWTEXTPARAMS;
```

如果函數執行成功，則傳回值是以邏輯單位表示的文字高度，如果指定
了 DT_VCENTER 或 DT_BOTTOM，則傳回值是從 lpRect → top 到所繪製文字
底部的偏移量；如果函數執行失敗，則傳回值為 0。

下面使用 DrawTextEx 函數輸出一個字串看一下效果：

```
LRESULT CALLBACK WindowProc(HWND hwnd, UINT uMsg, WPARAM wParam, LPARAM lParam)
{
    HDC hdc;
    PAINTSTRUCT ps;
    TCHAR szText[] = TEXT("For displayed text, if the end of a string does not fit in
the rectangle, it is truncated and ellipses are added. If a word that is not at the
end of the string goes beyond the limits of the rectangle, it is truncated without ell
ipses.");
    DRAWTEXTPARAMS dtp = { sizeof(DRAWTEXTPARAMS) };
    dtp.iLeftMargin = 10;
    dtp.iRightMargin = 10;
    RECT rect;

    switch (uMsg)
    {
    case WM_PAINT:
        hdc = BeginPaint(hwnd, &ps);
        SetBkMode(hdc, TRANSPARENT);
        SetTextColor(hdc, RGB(0, 0, 255));
        GetClientRect(hwnd, &rect);           // 獲取客戶區矩形尺寸
        DrawTextEx(hdc, szText, -1, &rect, DT_WORDBREAK, &dtp);
        EndPaint(hwnd, &ps);
        return 0;

    case WM_DESTROY:
        PostQuitMessage(0);
        return 0;
    }

    return DefWindowProc(hwnd, uMsg, wParam, lParam);
}
```

GetClientRect 函數用於獲取客戶區的矩形座標：

```
BOOL WINAPI GetClientRect(
    _In_  HWND    hWnd,       // 視窗控制碼
    _Out_ LPRECT  lpRect);    // 在這個 RECT 中傳回客戶區的座標，以像素為單位
```

參數 lpRect 指向的 RECT 結構傳回客戶區的左上角和右下角座標。因為客戶區座標是相對於視窗客戶區左上角的,所以獲取到的左上角的座標是 (0, 0),即 lpRect → right 等於客戶區寬度,lpRect → bottom 等於客戶區高度。

程式執行效果如圖 3.3 所示。

TabbedTextOut 函數在指定位置繪製字串,並將定位字元擴充到定位字元位置陣列中指定的位置:

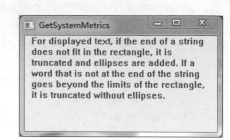

▲ 圖 3.3

```
LONG TabbedTextOut(
    _In_        HDC      hDC,                // 裝置環境控制碼
    _In_        int      X,                  // 字串起點的 X 座標,邏輯單位
    _In_        int      Y,                  // 字串起點的 Y 座標,邏輯單位
    _In_        LPCTSTR  lpString,           // 字串指標,不要求以零結尾,參數 nCount 可以指定字串
長度
    _In_        int      nCount,             // 字串長度,可以使用 _tcslen
    _In_        int      nTabPositions,      // lpnTabStopPositions 陣列中陣列元素的個數
    _In_ const  LPINT    lpnTabStopPositions, // 指向包含定位字元位置的陣列,邏輯單位
    _In_        int      nTabOrigin);        // 定位字元開始位置的 X 座標,邏輯單位,定位字元的位
置等於
                                            // nTabOrigin + lpnTabStopPositions[x]
```

如果將 nTabPositions 參數設定為 0,並將 lpnTabStopPositions 參數設定為 NULL,定位字元將按平均字元寬度的 8 倍來擴充;如果將 nTabPositions 參數設定為 1,則所有定位字元按 lpnTabStopPositions 指向的陣列中的第一個陣列元素指定的距離來分隔。

如果函數執行成功,則傳回值是字串的寬度和高度(邏輯單位),高度值在高位元字中,寬度值在低位元字中;如果函數執行失敗,則傳回值為 0。看一個範例:

```
LRESULT CALLBACK WindowProc(HWND hwnd, UINT uMsg, WPARAM wParam, LPARAM lParam)
{
    HDC hdc;
```

```
    PAINTSTRUCT ps;
    TCHAR szBuf[] = TEXT(" 姓名 \t 工作地點 \t 年齡 ");
    TCHAR szBuf2[] = TEXT(" 小王 \t 山東省濟南市 \t18");
    TCHAR szBuf3[] = TEXT(" 弗拉基米爾•弗拉基米羅維奇•科夫 \t 俄羅斯莫斯科 \t68");
    INT nTabStopPositions[] = { 260, 370 };
    LONG lRet;

    switch (uMsg)
    {
    case WM_PAINT:
        hdc = BeginPaint(hwnd, &ps);
        SetBkMode(hdc, TRANSPARENT);
        SetTextColor(hdc, RGB(0, 0, 255));
        lRet = TabbedTextOut(hdc, 0, 0,      szBuf,  _tcslen(szBuf),  2, nTabStopPositi
ons, 0);
        TabbedTextOut(hdc, 0, HIWORD(lRet), szBuf2, _tcslen(szBuf2), 2, nTabStopPositi
ons, 0);
        TabbedTextOut(hdc, 0, HIWORD(lRet) * 2, szBuf3, _tcslen(szBuf3), 2, nTabStopPo
sitions, 0);
        EndPaint(hwnd, &ps);
        return 0;

    case WM_DESTROY:
        PostQuitMessage(0);
        return 0;
    }

    return DefWindowProc(hwnd, uMsg, wParam, lParam);
}
```

程式執行效果如圖 3.4 所示。

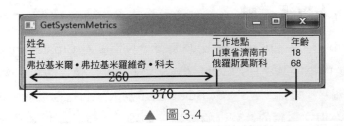

▲ 圖 3.4

ExtTextOut 函數和 TextOut 一樣可以輸出文字，另外，該函數可以指定一個矩形用於裁剪或作為背景。

```
BOOL ExtTextOut(
    _In_        HDC      hdc,         // 裝置環境控制碼
    _In_        int      X,           // 字串的開始位置 X 座標，相對於客戶區左上角，邏輯單位
    _In_        int      Y,           // 字串的開始位置 Y 座標，相對於客戶區左上角，邏輯單位
    _In_        UINT     fuOptions,   // 指定如何使用 lprc 參數指定的矩形，可以設定為 0
    _In_ const RECT      *lprc,       // 指向可選 RECT 結構的指標，用於裁剪或作為背景，可為
NULL
    _In_        LPCTSTR lpString,     // 要繪製的字串 , 因為有 cbCount 參數指定長度，所以不要求
                                      // 以零結尾
    _In_        UINT     cbCount,     // lpString 指向的字串長度，可以使用 _tcslen，不得超過
8192
    _In_ const INT       *lpDx);      // 指向可選整數陣列的指標，該陣列指定相鄰字元之間的間距
```

- 參數 fuOptions 指定如何使用 lprc 參數定義的矩形，常用的值如表 3.14 所示。

▼ 表 3.14

常數	含義
ETO_CLIPPED	文字將被裁剪到矩形範圍內，也就是説矩形範圍以外的文字不會顯示
ETO_OPAQUE	使用當前背景顏色來填充矩形

- 參數 lpDx 是指向可選陣列的指標，該陣列指定相鄰字元之間的間距。如果設定為 NULL，表示使用預設字元間距。

關於其他繪製文字函數的使用方法請自行參見 MSDN。

3.2.3 加入標準捲軸

在視窗中加入一個標準捲軸比較簡單，只需要在 CreateWindowEx 函數的 dwStyle 參數中指定 WS_HSCROLL / WS_VSCROLL 樣式即可。WS_HSCROLL 表示加入一個水平捲軸，WS_VSCROLL 表示加入一個垂直捲軸。之所以叫標準捲軸，是因為與之對應的還有一個捲軸控制項。捲軸控制項是子視窗，可以出現在父視窗客戶區的任何位置，後面會講捲軸控制項。

每個捲軸都有對應的"範圍"和"位置"。捲軸的範圍是一對整數,分別代表捲軸的最小值和最大值。位置是指滑動桿在範圍中所處的值。當滑動桿在捲軸的最頂端(或最左)時,滑動桿的位置是範圍的最小值;當捲軸在捲軸的最底部(或最右)時,捲軸的位置是範圍的最大值。

標準捲軸的預設範圍是 0 ～ 100,捲軸控制項的預設範圍為空(最小值和最大值均為 0)。透過呼叫 SetScrollRange 函數,可以把範圍改成對程式更有意義的值:

```
BOOL SetScrollRange(
    _In_ HWND hWnd,        // 捲軸所在視窗的視窗控制碼
    _In_ int  nBar,        // 指定要設定的捲軸
    _In_ int  nMinPos,     // 最小捲動位置
    _In_ int  nMaxPos,     // 最大捲動位置
    _In_ BOOL bRedraw);    // 是否應該重新繪製捲軸以反映更改
```

參數 nBar 指定要設定的捲軸,該參數如表 3.15 所示。

▼ 表 3.15

常數	含義
SB_HORZ	設定標準水平捲軸的範圍
SB_VERT	設定標準垂直捲軸的範圍
SB_CTL	設定捲軸控制項的範圍,這種情況下 hWnd 參數必須設定為捲軸控制項的控制碼

nMinPos 和 nMaxPos 參數指定的值之間的差異不得大於 MAXLONG (0X7FFFFFFF)。

SetScrollPos 函數用於設定捲軸在捲軸中的位置:

```
int SetScrollPos(
    _In_ HWND hWnd,        // 捲軸所屬視窗的視窗控制碼
    _In_ int  nBar,        // 指定要設定的捲軸,含義同 SetScrollRange 函數的 nBar 參數
    _In_ int  nPos,        // 捲軸的新位置
    _In_ BOOL bRedraw);    // 是否重新繪製捲軸以反映新的捲軸位置
```

如果函數執行成功，則傳回值是捲軸的前一個位置；如果函數執行失敗，則傳回值為 0。

1 · WM_SIZE 訊息

在 WinMain 呼叫 ShowWindow 函數時、在視窗大小更改後、在視窗最小化到工作列或從工作列恢復時，Windows 都會發送 WM_SIZE 訊息到視窗過程。對一個訊息的處理，依賴於其 wParam 和 lParam 參數的含義，每個訊息的 wParam 和 lParam 參數的含義通常都不相同，這令初學者很困惑！我的建議是，不必刻意記憶不同訊息的 wParam 和 lParam 參數的含義，用的時候開啟說明文件或查詢 MSDN 即可。常用的訊息並不是很多，用得多了，自然也就熟悉了。學習 Windows 程式設計，只需要有人把讀者領進門，面對 Windows 這座巨大迷宮，以後讀者還是要依靠 MSDN。

- WM_SIZE 訊息的 wParam 參數表示請求的大小調整類型，常用的值如表 3.16 所示。

▼ 表 3.16

常數	值	含義
SIZE_RESTORED	0	視窗的大小已發生變化，包括從最小化或最大化恢復到原來的狀態
SIZE_MINIMIZED	1	視窗已最小化
SIZE_MAXIMIZED	2	視窗已最大化

- WM_SIZE 訊息的 lParam 參數表示視窗客戶區的新尺寸，lParam 的低位元組指定客戶區的新寬度，lParam 的高位元字指定客戶區的新高度。通常這樣使用 lParam 參數：

```
cxClient = LOWORD(lParam);    // 客戶區的新寬度
cyClient = HIWORD(lParam);    // 客戶區的新高度
```

隨著視窗大小的改變，子視窗或子視窗控制項通常也需要隨之改變位置和大小，以適應新的客戶區大小。舉例來說，記事本程式客戶區中用於編輯文字的元件就是一個編輯控制項，如果視窗大小改變，程式就需要回應 WM_SIZE 訊息，重新計算客戶區大小，對編輯控制項的大小做出改變。

視窗過程處理完 WM_SIZE 訊息以後，應傳回 0。

如果不是在 WM_SIZE 訊息中，可以透過呼叫 GetClientRect 函數獲取客戶區尺寸。

2．WM_HSCROLL 訊息

當視窗的標準水平捲軸中發生捲動事件時，視窗過程會收到 WM_HSCROLL 訊息；當視窗的標準垂直捲軸中發生捲動事件時，視窗過程會收到 WM_VSCROLL 訊息。

- WM_HSCROLL 訊息的 wParam 參數表示捲軸的當前位置和使用者的捲動請求。wParam 的低位元字表示使用者的捲動請求，值如表 3.17 所示。

▼ 表 3.17

值	含義
SB_LINELEFT	向左捲動一個單位
SB_LINERIGHT	向右捲動一個單位
SB_PAGELEFT	向左捲動一頁（一個客戶區寬度）
SB_PAGERIGHT	向右捲動一頁（一個客戶區寬度）
SB_THUMBPOSITION	使用者拖動捲軸並已釋放滑鼠，wParam 的高位元字指示拖動操作結束時捲軸的新位置
SB_THUMBTRACK	使用者正在拖動捲軸，該訊息會不斷發送，直到使用者釋放滑鼠，wParam 的高位元字即時指示捲軸被拖動到的新位置
SB_LEFT	捲動到最左側，這個暫時用不到
SB_RIGHT	捲動到最右側，這個暫時用不到
SB_ENDSCROLL	捲動已結束，通常不使用

如果 wParam 參數的低位元字是 SB_THUMBPOSITION 或 SB_THUMBTRACK，則 wParam 參數的高位元字表示捲軸的當前位置，在其他情況下無意義。

- 如果訊息是由捲軸控制項發送的，則 IParam 參數是捲軸控制項的控制碼；如果訊息是由標準捲軸發送的，則 IParam 參數為 NULL。

視窗過程處理完 WM_HSCROLL 訊息以後，應傳回 0。

3 · WM_VSCROLL 訊息

- WM_VSCROLL 訊息的 wParam 參數表示捲軸的當前位置和使用者的捲動請求。wParam 的低位元字表示使用者的捲動請求，值如表 3.18 所示。

▼ 表 3.18

值	含義
SB_LINEDOWN	向下捲動一個單位
SB_LINEUP	向上捲動一個單位
SB_PAGEDOWN	向下捲動一頁（一個客戶區高度）
SB_PAGEUP	向上捲動一頁（一個客戶區高度）
SB_THUMBPOSITION	使用者拖動捲軸並已釋放滑鼠，wParam 的高位元字指示拖動操作結束時捲軸的新位置
SB_THUMBTRACK	使用者正在拖動捲軸，該訊息會不斷發送，直到使用者釋放滑鼠，wParam 的高位元字即時指示捲軸被拖動到的新位置
SB_TOP	捲動到最上部，這個暫時用不到
SB_BOTTOM	捲動到最底部，這個暫時用不到
SB_ENDSCROLL	捲動已結束，通常不使用

如果 wParam 參數的低位元字是 SB_THUMBPOSITION 或 SB_THUMBTRACK，則 wParam 參數的高位元字表示捲軸的當前位置，在其他情況下無意義。

- 如果訊息是由捲軸控制項發送的，則 IParam 參數是捲軸控制項的控制碼；如果訊息是由標準捲軸發送的，則 IParam 參數為 NULL。

視窗過程處理完 WM_VSCROLL 訊息以後，應傳回 0。

使用者點擊或拖動捲軸的不同位置時的捲動請求如圖 3.5 所示。

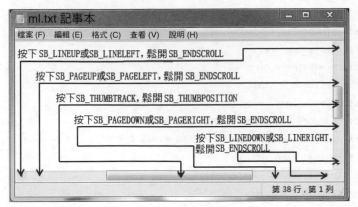

▲ 圖 3.5

當使用者按住水平或垂直捲軸進行拖動時，程式通常處理的是 SB_
THUMBTRACK 請求，而非 SB_THUMBPOSITION 請求，以便使用者拖動過程
中，客戶區的內容可以即時發生改變。

是時候給 SystemMetrics 程式增加標準捲軸了，先增加一個垂直捲軸：

```
#include <Windows.h>
#include <tchar.h>
#include "Metrics.h"

const int NUMLINES = sizeof(METRICS) / sizeof(METRICS[0]);

// 函數宣告，視窗過程
LRESULT CALLBACK WindowProc(HWND hwnd, UINT uMsg, WPARAM wParam, LPARAM lParam);

int WINAPI WinMain(HINSTANCE hInstance, HINSTANCE hPrevInstance, LPSTR lpCmdLine, int
nCmdShow)
{
    WNDCLASSEX wndclass;                        // RegisterClassEx 函數用的 WNDCLASSEX 結構
    TCHAR szClassName[] = TEXT("MyWindow");     // RegisterClassEx 函數註冊的視窗類別名稱
    TCHAR szAppName[] = TEXT("GetSystemMetrics");  // 視窗標題
    HWND hwnd;                          // CreateWindowEx 函數建立的視窗的控制碼
    MSG msg;                            // 訊息迴圈所用的訊息結構

    wndclass.cbSize = sizeof(WNDCLASSEX);
```

```
    wndclass.style = CS_HREDRAW | CS_VREDRAW;
    wndclass.lpfnWndProc = WindowProc;
    wndclass.cbClsExtra = 0;
    wndclass.cbWndExtra = 0;
    wndclass.hInstance = hInstance;
    wndclass.hIcon = LoadIcon(NULL, IDI_APPLICATION);
    wndclass.hCursor = LoadCursor(NULL, IDC_ARROW);
    wndclass.hbrBackground = (HBRUSH)(COLOR_BTNFACE + 1);
    wndclass.lpszMenuName = NULL;
    wndclass.lpszClassName = szClassName;
    wndclass.hIconSm = NULL;
    RegisterClassEx(&wndclass);

    hwnd = CreateWindowEx(0, szClassName, szAppName, WS_OVERLAPPEDWINDOW | WS_VSCROLL,
        CW_USEDEFAULT, CW_USEDEFAULT, CW_USEDEFAULT, CW_USEDEFAULT, NULL, NULL,
hInstance, NULL);

    ShowWindow(hwnd, nCmdShow);
    UpdateWindow(hwnd);

    while (GetMessage(&msg, NULL, 0, 0) != 0)
    {
        TranslateMessage(&msg);
        DispatchMessage(&msg);
    }

    return msg.wParam;
}

LRESULT CALLBACK WindowProc(HWND hwnd, UINT uMsg, WPARAM wParam, LPARAM lParam)
{
    HDC hdc;
    PAINTSTRUCT ps;
    HFONT hFont, hFontOld;
    static BOOL IsCalcStr = TRUE;           // 只在第一次 WM_PAINT 中計算 s_iCol1、
s_iCol2、
                                            // s_iHeight
    static int s_iCol1, s_iCol2, s_iHeight; // 第一列、第二列字串的最大寬度，字串高度
    static int s_cxClient, s_cyClient;      // 客戶區寬度、高度
```

```
    static int s_iVscrollPos;                      // 垂直捲軸當前位置
    TCHAR szBuf[10];
    int y;

    switch (uMsg)
    {
    case WM_CREATE:
        // 設定垂直捲軸的範圍和初始位置
        SetScrollRange(hwnd, SB_VERT, 0, NUMLINES - 1, FALSE);
        SetScrollPos(hwnd, SB_VERT, s_iVscrollPos, TRUE);
        return 0;

case WM_SIZE:
        // 計算客戶區寬度、高度，捲軸捲動一頁的時候需要使用
        s_cxClient = LOWORD(lParam);
        s_cyClient = HIWORD(lParam);
        return 0;

    case WM_VSCROLL:
        switch (LOWORD(wParam))
        {
        case SB_LINEUP:
            s_iVscrollPos -= 1;
            break;
        case SB_LINEDOWN:
            s_iVscrollPos += 1;
            break;
        case SB_PAGEUP:
            s_iVscrollPos -= s_cyClient / s_iHeight;
            break;
        case SB_PAGEDOWN:
            s_iVscrollPos += s_cyClient / s_iHeight;
            break;
        case SB_THUMBTRACK:
            s_iVscrollPos = HIWORD(wParam);
            break;
        }
        s_iVscrollPos = min(s_iVscrollPos, NUMLINES - 1);
        s_iVscrollPos = max(0, s_iVscrollPos);
```

```
        if (s_iVscrollPos != GetScrollPos(hwnd, SB_VERT))
        {
            SetScrollPos(hwnd, SB_VERT, s_iVscrollPos, TRUE);
            //UpdateWindow(hwnd);                    // 不可以，不存在無效區域不會生成 WM_
PAINT 訊息
            //InvalidateRect(hwnd, NULL, FALSE);// 不可以
            InvalidateRect(hwnd, NULL, TRUE);
        }
        return 0;

    case WM_PAINT:
        hdc = BeginPaint(hwnd, &ps);
        SetBkMode(hdc, TRANSPARENT);
        hFont = CreateFont(12, 0, 0, 0, 0, 0, 0, 0, GB2312_CHARSET, 0, 0, 0, 0, TEXT
(" 宋體 "));
        hFontOld = (HFONT)SelectObject(hdc, hFont);

        if (IsCalcStr)
        {
            SIZE size = { 0 };
            for (int i = 0; i < NUMLINES; i++)
            {
                GetTextExtentPoint32(hdc, METRICS[i].m_pLabel, _tcslen(METRICS[i]
.m_pLabel), &size);
                if (size.cx > s_iCol1)
                    s_iCol1 = size.cx;
                GetTextExtentPoint32(hdc, METRICS[i].m_pDesc, _tcslen(METRICS[i]
.m_pDesc), &size);
                if (size.cx > s_iCol2)
                    s_iCol2 = size.cx;
            }
            s_iHeight = size.cy + 2;     // 留一點行距
            IsCalcStr = FALSE;
        }

        for (int i = 0; i < NUMLINES; i++)
        {
            y = s_iHeight * (i - s_iVscrollPos);
            TextOut(hdc, 0,                 y, METRICS[i].m_pLabel, _tcslen(METRICS[i]
.m_pLabel));
```

```
        TextOut(hdc, s_iCol1,              y, METRICS[i].m_pDesc, _tcslen(METRICS[i]
.m_pDesc));
        TextOut(hdc, s_iCol1 + s_iCol2, y, szBuf,
            wsprintf(szBuf, TEXT("%d"), GetSystemMetrics(METRICS[i].m_nIndex)));
        }

    SelectObject(hdc, hFontOld);
    DeleteObject(hFont);
    EndPaint(hwnd, &ps);
    return 0;

    case WM_DESTROY:
        PostQuitMessage(0);
        return 0;
    }

    return DefWindowProc(hwnd, uMsg, wParam, lParam);
}
```

　　程式中有幾個變數被定義為靜態變數。靜態變數儲存在全域資料區，而非儲存在堆疊中，不會因為 WindowProc 函數的退出而被銷毀，下一次訊息處理的時候還可以繼續使用上次儲存的值。也可以定義為全域變數，但是原則上還是少使用全域變數。

　　完整程式請參考 Chapter3\SystemMetrics2 專案。編譯執行，程式執行效果如圖 3.6 所示。

▲ 圖 3.6

　　程式需要初始化捲軸的範圍和位置；處理捲動請求並更新捲軸的位置，否則捲軸會在使用者鬆開滑鼠以後回到原來的位置；並根據捲軸的變化更新客戶區的內容。

在 WM_CREATE 訊息中我們設定垂直捲軸的範圍和初始位置,把垂直捲軸的範圍設定為 0 ～ NUMLINES-1,也就是總行數。然後把捲軸初始位置設定為 0,s_iVscrollPos 是靜態變數,系統會自動設定未初始化的靜態變數初值為 0。如果捲軸的位置是 0,則第一行文字顯示在客戶區的頂部;如果位置是其他值,則其他行會顯示在頂部;如果位置是 NUMLINES-1,則最後一行顯示在客戶區的頂部。

看一下對 WM_PAINT 訊息的處理。如果是第一次執行 WM_PAINT,則需要分別計算出第一列和第二列中最寬的字串,這個寬度用於 TextOut 函數的 X 座標;對於每一行 Y 座標的計算如下:

```
y = s_iHeight * (i - s_iVscrollPos);
```

令 i = 0(也就是輸出第一行)時,假設垂直捲軸向下捲動了 2 行,也就是 s_iVscrollPos 的值等於 2。因為客戶區左上角的座標是 (0, 0),所以第一行和第二行實際上是跑到了客戶區上部,只不過在客戶區以外的內容是不可見的。

再看一下對 WM_VSCROLL 訊息的處理,我們分別處理了向上捲動一行 SB_LINEUP、向下捲動一行 SB_LINEDOWN、向上捲動一頁 SB_PAGEUP、向下捲動一頁 SB_PAGEDOWN 和按住捲軸拖動 SB_THUMBTRACK 的情況。然後需要對捲軸新位置 s_iVscrollPos 進行合理範圍的判斷,否則 s_iVscrollPos 值會出現小於 0 或大於 NUMLINES-1 的情況。雖然捲軸新位置 s_iVscrollPos 值已經計算好了,但是捲軸真正的位置還沒有變化,我們應該判斷一下 s_iVscrollPos 和捲軸的當前位置這兩個值是否相等,如果不相等,再呼叫 SetScrollPos 函數設定捲軸位置。

去掉對 InvalidateRect 函數的呼叫,看一下會是什麼現象,是不是存在捲軸可以正常執行,但是客戶區內容沒有隨之捲動的情況?如果最小化程式視窗,再將視窗恢復到原先的尺寸,導致客戶區無效重繪,那麼是不是客戶區內容就更新過來了呢?

InvalidateRect 函數向指定視窗的更新區域增加一個無效矩形:

```
BOOL InvalidateRect(
    _In_         HWND hWnd,        // 視窗控制碼
    _In_ const RECT *lpRect,       // 無效矩形，如果設定為 NULL，表示整個客戶區是無效矩形
    _In_         BOOL bErase);     // 是否抹除更新區域的背景
```

InvalidateRect 函數會導致客戶區出現一個無效區域。如果客戶區存在無效區域，Windows 會發送 WM_PAINT 訊息到視窗過程。

這裡不可以使用 UpdateWindow，前面說過：當視窗客戶區的部分或全部變為 "無效" 且必須 "更新" 時，視窗過程會收到 WM_PAINT 訊息，這也就表示客戶區必須被重繪。呼叫 UpdateWindow，Windows 會檢查客戶區是否存在無效區域（或更新區域），如果存在，才會在視窗過程發送 WM_PAINT 訊息。

InvalidateRect 函數向指定視窗的更新區域增加一個無效矩形，該函數會導致客戶區出現一個無效區域。如果客戶區存在無效區域，Windows 會發送 WM_PAINT 訊息到視窗過程。但是 WM_PAINT 訊息是一個低優先順序的訊息，Windows 總是在訊息迴圈為空的時候才把 WM_PAINT 放入其中。每當訊息迴圈為空的時候，如果 Windows 發現存在一個無效區域，就會在程式的訊息佇列中放入一個 WM_PAINT 訊息。

呼叫 UpdateWindow 函數，Windows 會檢查客戶區是否存在無效區域。如果存在，就把 WM_PAINT 訊息直接發送到指定視窗的視窗過程，繞過應用程式的訊息佇列，即 UpdateWindow 函數導致視窗過程 WindowProc 立即執行 case WM_PAINT 邏輯，所以可以在 InvalidateRect 函數呼叫以後緊接著呼叫 UpdateWindow 函數立即更新客戶區。

與 InvalidateRect 函數對應的，還有一個 ValidateRect 函數，該函數可以從指定視窗的更新區域中刪除一個矩形區域：

```
BOOL ValidateRect(
    _In_         HWND hWnd,        // 視窗控制碼
    _In_ const RECT *lpRect);      // 使之有效的矩形，如果設定為 NULL，表示整個客戶區變為有效
```

前面講解獲取顯示 DC 控制碼的時候，曾經提及，如果可能，我們最好是在 WM_PAINT 訊息中處理繪製工作。SystemMetrics2 程式就是這樣，繞了個彎，沒有在 WM_VSCROLL 訊息中進行重繪，而是透過呼叫 InvalidateRect 函數生成一個無效區域進而生成 WM_PAINT 訊息，在 WM_PAINT 訊息中統一進行重繪。這不是捨近求遠，而是一舉兩得。

在學習 Windows 以前，我以為捲軸是自動的，但實際上需要我們自己處理各種捲動請求並做出更新、重繪，可以理解，Windows 程式設計本來就是比較底層的東西。

1 · SetScrollInfo 和 GetScrollInfo 函數

SystemMetrics2 程式工作正常，但是捲軸的大小不能反映一頁內容佔據總內容的比例。假設總內容總共是 3 頁，那麼捲軸大小應該是捲軸長度的 1/3才可以。實際上，SetScrollRange 和 SetScrollPos 函數是 Windows 向後相容Win16 的產物，微軟建議我們使用新函數 SetScrollInfo。之所以介紹一些舊函數，一方面是因為這些函數簡單好用，很多資深的程式設計師還在使用；另一方面，本書的目標是既能做開發，又能做逆向，所以有些過時的東西我們還需要去了解。

SetScrollInfo 函數具有 SetScrollRange 和 SetScrollPos 這兩個函數的功能。SetScrollInfo 函數用於設定捲軸的參數，包括捲軸的最小和最大捲動範圍、頁面大小以及捲軸位置：

```
int SetScrollInfo(
    _In_ HWND          hwnd,       // 捲軸所屬視窗的控制碼，如果 fnBar 指定為 SB_CTL、則是捲軸
                                   // 控制項控制碼
    _In_ int           fnBar,      // 指定要設定的捲軸，含義同 SetScrollRange 函數的 nBar 參數
    _In_ LPCSCROLLINFO lpsi,       // 在這個 SCROLLINFO 結構中指定捲軸的參數
    _In_ BOOL          fRedraw);// 是否重新繪製捲軸以反映對捲軸的更改
```

除了 lpsi 參數，其他的我們都已了解。lpsi 參數是一個指向 SCROLLINFO 結構的指標，在這個結構中指定捲軸的參數。在 WinUser.h 標頭檔中 SCROLLINFO結構的定義如下：

```
typedef struct tagSCROLLINFO
{
    UINT    cbSize;      // 該結構的大小，sizeof( SCROLLINFO)
    UINT    fMask;       // 要設定或獲取哪些捲軸參數
    int     nMin;        // 最小捲動位置
    int     nMax;        // 最大捲動位置
    UINT    nPage;       // 頁面大小 ( 客戶區高度或寬度 )，捲軸使用這個欄位確定捲軸的適當大小
    int     nPos;        // 捲軸的位置
    int     nTrackPos;   // 使用者正在拖動捲軸時的即時位置，可以在處理 SB_THUMBTRACK 請求時
使用該欄位
}   SCROLLINFO, FAR *LPSCROLLINFO;
```

fMask 欄位指定要設定（SetScrollInfo）或獲取（GetScrollInfo）哪些捲軸參數，值如表 3.19 所示。

▼ 表 3.19

常數	含義
SIF_PAGE	nPage 欄位包含頁面大小資訊
SIF_POS	nPos 欄位包含捲軸位置資訊
SIF_RANGE	nMin 和 nMax 欄位包含捲動範圍的最小值和最大值
SIF_DISABLENOSCROLL	在呼叫 SetScrollInfo 函數設定捲軸參數時，如果沒有指定這個標識，並且客戶區內容比較少，不需要捲軸捲動，那麼系統會刪除捲軸；如果指定了這個標識，那麼系統僅是禁用捲軸而非刪除
SIF_TRACKPOS	nTrackPos 欄位包含使用者拖動捲軸時捲軸的即時位置
SIF_ALL	SIF_PAGE | SIF_POS | SIF_RANGE | SIF_TRACKPOS

呼叫 SetScrollInfo 函數設定捲軸參數的時候，只能使用前 4 個標識。把 fMask 欄位設定為需要設定的標識，並在對應的欄位中指定新的參數值，函數傳回值是捲軸的當前位置。

SetScrollInfo 函數會對 SCROLLINFO 結構的 nPage 和 nPos 欄位指定的值進行範圍檢查。nPage 欄位必須指定為 0 ～ nMax-nMin + 1 的值；nPos 欄位必須指定為介於 nMin ～ nMax-nPage + 1 的值。假設一共有 95 行，我們把範圍設定為 0 ～ 94，一頁可以顯示 35 行，nPos 欄位最大值為 94-35 + 1 =

60。如果 nPos 等於 60，客戶區顯示 61 ～ 95 行，那麼最後一行在最底部，而非最頂部。如果上述欄位的值超出範圍，則函數會將其設定為剛好在範圍內的值。

GetScrollInfo 函數可以獲取捲軸的參數，包括捲軸的最小和最大捲動範圍、頁面大小、捲軸位置以及捲軸即時位置（處理 SB_THUMBTRACK 請求時）：

```
BOOL GetScrollInfo(
    _In_    HWND        hwnd,
    _In_    int         fnBar,
    _Inout_ LPSCROLLINFO lpsi);
```

呼叫 GetScrollInfo 函數獲取捲軸參數時，SCROLLINFO.fMask 欄位只能使用 SIF_PAGE、SIF_POS、SIF_RANGE 和 SIF_TRACKPOS 這幾個標識。為了簡潔，通常直接指定為 SIF_ALL 標識。函數執行成功，會將指定的捲軸參數複製到 SCROLLINFO 結構的相關欄位中。

在處理 WM_HSCROLL / WM_VSCROLL 訊息時，對於 SB_THUMBPOSITION / SB_THUMBTRACK 捲動請求使用 HIWORD(wParam) 獲取到的是 16 位元位置資料，即最大值為 65535；而使用 SetScrollInfo / GetScrollInfo 可以設定 / 獲取的範圍是 32 位元資料，因為 SCROLLINFO 結構的範圍和位置參數都是 int 類型。

接下來，我們使用 SetScrollInfo 和 GetScrollInfo 函數改寫 SystemMetrics2 專案。WinMain 函數除了在 CreateWindowEx 函數呼叫中加了一個 WS_HSCROLL 樣式以增加水平捲軸以外，沒有任何變化。下面僅列出 WindowProc 視窗過程。

```
LRESULT CALLBACK WindowProc(HWND hwnd, UINT uMsg, WPARAM wParam, LPARAM lParam)
{
    HDC hdc;
    PAINTSTRUCT ps;
    TEXTMETRIC tm;
    SCROLLINFO si;
    HFONT hFont, hFontOld;
    static int s_iCol1, s_iCol2, s_iCol3, s_iHeight; // 第 1 ～ 3 列字串的最大寬度，字串高度
    static int s_cxClient, s_cyClient;    // 客戶區寬度、高度
```

```
    static int s_cxChar;                // 平均字元寬度，用於水平捲軸捲動單位
    int iVertPos, iHorzPos;             // 垂直、水平捲軸的當前位置
    SIZE size = { 0 };
    int x, y;
    TCHAR szBuf[10];

    switch (uMsg)
    {
    case WM_CREATE:
        hdc = GetDC(hwnd);
        hFont = CreateFont(12, 0, 0, 0, 0, 0, 0, 0, GB2312_CHARSET, 0, 0, 0, 0, TEXT
("宋體"));
        hFontOld = (HFONT)SelectObject(hdc, hFont);
        for (int i = 0; i < NUMLINES; i++)
        {
            GetTextExtentPoint32(hdc, METRICS[i].m_pLabel, _tcslen(METRICS[i].m_
pLabel),
                                &size);
            if (size.cx > s_iCol1)
                s_iCol1 = size.cx;
            GetTextExtentPoint32(hdc, METRICS[i].m_pDesc, _tcslen(METRICS[i].m_pDesc),
                                &size);
            if (size.cx > s_iCol2)
                s_iCol2 = size.cx;
            GetTextExtentPoint32(hdc, szBuf,
                wsprintf(szBuf, TEXT("%d"), GetSystemMetrics(METRICS[i].m_
nIndex)), &size);
            if (size.cx > s_iCol3)
                s_iCol3 = size.cx;
        }
        s_iHeight = size.cy + 2;

        GetTextMetrics(hdc, &tm);
        s_cxChar = tm.tmAveCharWidth;

        SelectObject(hdc, hFontOld);
        DeleteObject(hFont);
        ReleaseDC(hwnd, hdc);
        return 0;
```

```
case WM_SIZE:
    // 客戶區寬度、高度
    s_cxClient = LOWORD(lParam);
    s_cyClient = HIWORD(lParam);
    // 設定垂直捲軸的範圍和頁面大小
    si.cbSize = sizeof(SCROLLINFO);
    si.fMask = SIF_RANGE | SIF_PAGE;
    si.nMin = 0;
    si.nMax = NUMLINES - 1;
    si.nPage = s_cyClient / s_iHeight;
    SetScrollInfo(hwnd, SB_VERT, &si, TRUE);
    // 設定水平捲軸的範圍和頁面大小
    si.cbSize = sizeof(SCROLLINFO);
    si.fMask = SIF_RANGE | SIF_PAGE;
    si.nMin = 0;
    si.nMax = (s_iCol1 + s_iCol2 + s_iCol3) / s_cxChar - 1;
    si.nPage = s_cxClient / s_cxChar;
    SetScrollInfo(hwnd, SB_HORZ, &si, TRUE);
    return 0;

case WM_VSCROLL:
    si.cbSize = sizeof(SCROLLINFO);
    si.fMask = SIF_ALL;
    GetScrollInfo(hwnd, SB_VERT, &si);
    iVertPos = si.nPos;
    switch (LOWORD(wParam))
    {
    case SB_LINEUP:
        si.nPos -= 1;
        break;
    case SB_LINEDOWN:
        si.nPos += 1;
        break;
    case SB_PAGEUP:
        si.nPos -= si.nPage;
        break;
    case SB_PAGEDOWN:
        si.nPos += si.nPage;
```

```
            break;
        case SB_THUMBTRACK:
            si.nPos = si.nTrackPos;
            break;
        }
        // 設定位置，然後獲取位置，如果 si.nPos 越界，Windows 不會設定
        si.cbSize = sizeof(SCROLLINFO);
        si.fMask = SIF_POS;
        SetScrollInfo(hwnd, SB_VERT, &si, TRUE);
        GetScrollInfo(hwnd, SB_VERT, &si);
        // 如果 Windows 更新了捲軸位置，我們更新客戶區
        if (iVertPos != si.nPos)
            InvalidateRect(hwnd, NULL, TRUE);
        return 0;

    case WM_HSCROLL:
        si.cbSize = sizeof(SCROLLINFO);
        si.fMask = SIF_ALL;
        GetScrollInfo(hwnd, SB_HORZ, &si);
        iHorzPos = si.nPos;
        switch (LOWORD(wParam))
        {
        case SB_LINELEFT:
            si.nPos -= 1;
            break;
        case SB_LINERIGHT:
            si.nPos += 1;
            break;
        case SB_PAGELEFT:
            si.nPos -= si.nPage;
            break;
        case SB_PAGERIGHT:
            si.nPos += si.nPage;
            break;
        case SB_THUMBTRACK:
            si.nPos = si.nTrackPos;
            break;
        }
        // 設定位置，然後獲取位置，如果 si.nPos 越界，Windows 不會設定
```

```
        si.cbSize = sizeof(SCROLLINFO);
        si.fMask = SIF_POS;
        SetScrollInfo(hwnd, SB_HORZ, &si, TRUE);
        GetScrollInfo(hwnd, SB_HORZ, &si);
        // 如果 Windows 更新了捲軸位置，我們更新客戶區
        if (iHorzPos != si.nPos)
            InvalidateRect(hwnd, NULL, TRUE);
        return 0;

    case WM_PAINT:
        hdc = BeginPaint(hwnd, &ps);
        // 獲取垂直捲軸、水平捲軸位置
        si.cbSize = sizeof(SCROLLINFO);
        si.fMask = SIF_POS;
        GetScrollInfo(hwnd, SB_VERT, &si);
        iVertPos = si.nPos;

        si.cbSize = sizeof(SCROLLINFO);
        si.fMask = SIF_POS;
        GetScrollInfo(hwnd, SB_HORZ, &si);
        iHorzPos = si.nPos;

        SetBkMode(hdc, TRANSPARENT);
        hFont = CreateFont(12, 0, 0, 0, 0, 0, 0, 0, GB2312_CHARSET, 0, 0, 0, 0, TEXT
("宋體"));
        hFontOld = (HFONT)SelectObject(hdc, hFont);
        for (int i = 0; i < NUMLINES; i++)
        {
          x = s_cxChar * (-iHorzPos);
          y = s_iHeight * (i - iVertPos);
          TextOut(hdc, x, y, METRICS[i].m_pLabel, _tcslen(METRICS[i].m_pLabel));
          TextOut(hdc, x + s_iCol1,          y, METRICS[i].m_pDesc,
_tcslen(METRICS[i] .m_pDesc));
          TextOut(hdc, x + s_iCol1 + s_iCol2, y, szBuf,
              wsprintf(szBuf, TEXT("%d"), GetSystemMetrics(METRICS[i].m_nIndex)));
        }

        SelectObject(hdc, hFontOld);
        DeleteObject(hFont);
```

```
        EndPaint(hwnd, &ps);
        return 0;

    case WM_DESTROY:
        PostQuitMessage(0);
        return 0;
    }

    return DefWindowProc(hwnd, uMsg, wParam, lParam);
}
```

編譯執行，可以發現，因為 WM_SIZE 訊息中 SetScrollInfo 函數的 SCROLLINFO 結構的 fMask 欄位沒有指定 SIF_DISABLENOSCROLL 標識，所以在不需要水平捲軸的時候，水平捲軸是不顯示的。完整程式參見 Chapter3\SystemMetrics3 專案。

SystemMetrics3 程式最先執行的是 WM_CREATE 訊息，然後是 WM_SIZE 和 WM_PAINT。因為在 WM_SIZE 訊息中需要使用 s_iCol1、s_iCol2、s_iCol3、s_iHeight、s_cxChar 這些變數，所以我們需要在 WM_CREATE 訊息中提前獲取這些值。

看一下 WM_VSCROLL 訊息的處理，首先呼叫 GetScrollInfo 函數獲取捲動以前的位置。然後根據捲動請求更新 si.nPos 的值，呼叫 SetScrollInfo 函數更新捲軸位置，再次呼叫 GetScrollInfo 函數看一下捲軸位置是否真的變化了，如果變化了，就呼叫 InvalidateRect 函數使整個客戶區無效。為什麼繞這麼大一個彎呢？前面說過，SetScrollInfo 函數會對 SCROLLINFO 結構的 nPage 和 nPos 欄位指定的值進行範圍檢查。nPage 欄位必須指定為介於 0 ～ nMax - nMin + 1 的值；nPos 欄位必須指定為介於 nMin ～ nMax - max(nPage -1, 0) 的值。如果任一值超出其範圍，則函數將其設定為剛好在範圍內的值。假設現在垂直捲軸捲軸在位置 0 處，則向上捲動一個單位，執行 SB_LINEUP 請求，si.nPos 的值變為 -1，SetScrollInfo 函數是不會向上捲動一個單位的，也就是說捲軸位置不會變化。

2‧只更新無效區域

前面的 SystemMetrics2 和 SystemMetrics3 程式，不管客戶區是捲動了一行還是一頁，都統統宣佈整個客戶區無效。如果更新客戶區的程式很麻煩且耗時的話，就會造成程式介面延遲。前面曾多次提及無效區域的概念，發生捲軸捲動請求以後，我們可以僅讓新出現的那些行無效，WM_PAINT 只需要更新這些行所佔的區域即可，這樣的邏輯無疑會更高效。當然了，對於程式邏輯很簡單的情況，在當今強大的 CPU 面前，我們應該更注重程式簡潔與易於理解。下面我們就只更新無效區域，僅列出 WindowProc 中程式發生變化的幾個訊息：

```
case WM_VSCROLL:
    si.cbSize = sizeof(SCROLLINFO);
    si.fMask = SIF_ALL;
    GetScrollInfo(hwnd, SB_VERT, &si);
    iVertPos = si.nPos;
    switch (LOWORD(wParam))
    {
    case SB_LINEUP:
        si.nPos -= 1;
        break;
    case SB_LINEDOWN:
        si.nPos += 1;
        break;
    case SB_PAGEUP:
        si.nPos -= si.nPage;
        break;
    case SB_PAGEDOWN:
        si.nPos += si.nPage;
        break;
    case SB_THUMBTRACK:
        si.nPos = si.nTrackPos;
        break;
    }
    // 設定位置，然後獲取位置。如果 si.nPos 越界，則 Windows 不會設定
    si.cbSize = sizeof(SCROLLINFO);
    si.fMask = SIF_POS;
    SetScrollInfo(hwnd, SB_VERT, &si, TRUE);
```

```
    GetScrollInfo(hwnd, SB_VERT, &si);
    // 如果 Windows 更新了捲軸位置，那麼我們更新客戶區
    if (iVertPos != si.nPos)
    {
        ScrollWindow(hwnd, 0, s_iHeight * (iVertPos - si.nPos), NULL, NULL);
        UpdateWindow(hwnd);
    }
    return 0;

case WM_HSCROLL:
    si.cbSize = sizeof(SCROLLINFO);
    si.fMask = SIF_ALL;
    GetScrollInfo(hwnd, SB_HORZ, &si);
    iHorzPos = si.nPos;
    switch (LOWORD(wParam))
    {
    case SB_LINELEFT:
        si.nPos -= 1;
        break;
    case SB_LINERIGHT:
        si.nPos += 1;
        break;
    case SB_PAGELEFT:
        si.nPos -= si.nPage;
        break;
    case SB_PAGERIGHT:
        si.nPos += si.nPage;
        break;
    case SB_THUMBTRACK:
        si.nPos = si.nTrackPos;
        break;
    }
    // 設定位置，然後獲取位置。如果 si.nPos 越界，則 Windows 不會設定
    si.cbSize = sizeof(SCROLLINFO);
    si.fMask = SIF_POS;
    SetScrollInfo(hwnd, SB_HORZ, &si, TRUE);
    GetScrollInfo(hwnd, SB_HORZ, &si);
    // 如果 Windows 更新了捲軸位置，那麼我們更新客戶區
    if (iHorzPos != si.nPos)
```

```
    {
        ScrollWindow(hwnd, s_cxChar * (iHorzPos - si.nPos), 0, NULL, NULL);
        UpdateWindow(hwnd);
    }
    return 0;

case WM_PAINT:
    hdc = BeginPaint(hwnd, &ps);
    // 獲取垂直捲軸、水平捲軸位置
    si.cbSize = sizeof(SCROLLINFO);
    si.fMask = SIF_POS | SIF_PAGE;
    GetScrollInfo(hwnd, SB_VERT, &si);
    iVertPos = si.nPos;
    si.cbSize = sizeof(SCROLLINFO);
    si.fMask = SIF_POS;
    GetScrollInfo(hwnd, SB_HORZ, &si);
    iHorzPos = si.nPos;

    SetBkMode(hdc, TRANSPARENT);
    hFont = CreateFont(12, 0, 0, 0, 0, 0, 0, 0, GB2312_CHARSET, 0, 0, 0, 0, TEXT
("宋體"));
    hFontOld = (HFONT)SelectObject(hdc, hFont);

    // 獲取無效區域
    nPaintBeg = max(0, iVertPos + ps.rcPaint.top / s_iHeight);
    nPaintEnd = min(NUMLINES - 1, iVertPos + ps.rcPaint.bottom / s_iHeight);
    for (int i = nPaintBeg; i <= nPaintEnd; i++)
    {
        x = s_cxChar * (-iHorzPos);
        y = s_iHeight * (i - iVertPos);
        TextOut(hdc, x,                    y, METRICS[i].m_pLabel,
_tcslen(METRICS[i].
            m_pLabel));
        TextOut(hdc, x + s_iCol1,          y, METRICS[i].m_pDesc,
_tcslen(METRICS[i].
            m_pDesc));
        TextOut(hdc, x + s_iCol1 + s_iCol2, y, szBuf,
            wsprintf(szBuf, TEXT("%d"), GetSystemMetrics(METRICS[i].m_nIndex)));
    }
```

```
SelectObject(hdc, hFontOld);
DeleteObject(hFont);
EndPaint(hwnd, &ps);
return 0;
```

完整程式參見 Chapter3\SystemMetrics4 專案。讀者可以在 nPaintBeg = max(0, iVertPos + ps.rcPaint.top / s_iHeight); 這一行按 F9 鍵設定中斷點,查看發生捲動事件時 PAINTSTRUCT 結構的無效矩形。

ScrollWindow 函數捲動指定視窗的客戶區:

```
BOOL ScrollWindow(
    _In_        HWND hWnd,           // 視窗控制碼
    _In_        int  XAmount,        // 水平捲動的量
    _In_        int  YAmount,        // 垂直捲動的量
    _In_ const RECT *lpRect,         // 將要捲動的客戶區部分的 RECT 結構設定為 NULL,則捲動整
個客戶區
    _In_ const RECT *lpClipRect);    // 裁剪矩形 RECT 結構,矩形外部的區域不會被繪製
```

lpRect 和 lpClipRect 這兩個參數挺有意思的,讀者可以試著設定一下這兩個參數看一看效果。

Windows 會自動將新捲動出現的區域無效化,從而產生一筆 WM_PAINT 訊息,因此不需要呼叫 InvalidateRect 函數。

ScrollWindow 函數有一個擴充版本 ScrollWindowEx,功能更多,也是微軟建議使用的,不過參數比較多,有點複雜,具體用法請參考 MSDN。

3‧根據客戶區內容調整程式視窗大小

在我的 1366 × 768 解析度的筆記型電腦上,CreateWindowEx 函數的寬度和高度參數指定為 CW_USEDEFAULT,SystemMetrics4 程式執行效果如圖 3.7 所示。

GetSystemMetrics

SM_CXSCREEN	螢幕的寬度	1366
SM_CYSCREEN	螢幕的高度	768
SM_CXFULLSCREEN	全螢幕視窗的客戶區寬度	1366
SM_CYFULLSCREEN	全螢幕視窗的客戶區高度	716
SM_ARRANGE	如何排列最小化視窗	8
SM_CLEANBOOT	系統啟動方式	0
SM_CMONITORS	監視器的數裡	1
SM_CMOUSEBUTTONS	滑鼠上的按鈕數	5
SM_CONVERTIBLESLATEMODE	筆記型電腦或平板電腦模式	0
SM_CXBORDER	視窗邊框的寬度	1
SM_CYBORDER	視窗邊框的高度	1
SM_CXCURSOR	游標的寬度	32
SM_CYCURSOR	游標的高度	32
SM_CXDLGFRAME	同 SM_CXFIXEDFRAME, 有標題但不可調整大小的視窗邊框的寬度	3
SM_CYDLGFRAME	同 SM_CYFIXEDFRAME, 有標題但不可調整大小的視窗邊框的高度	3
SM_CXDOUBLECLK	滑鼠按兩下事件兩次點擊的 X 座標不可以超過這個值	4
SM_CYDOUBLECLK	滑鼠按兩下事件兩次點擊的 Y 座標不可以超過這個值	4
SM_CXDRAG	拖動操作開始之前, 滑鼠指標可以移動的滑鼠下點的任意一側的像素數	4
SM_CYDRAG	拖動操作開始之前, 滑鼠指標可以移動的滑鼠下點上方和下方的像素數	4
SM_CXEDGE	三維邊框的寬度	2
SM_CYEDGE	三維邊框的高度	2
SM_CXFIXEDFRAME	同 SM_CXDLGFRAME, 有標題但不可調整大小的視窗邊框的寬度	3
SM_CYFIXEDFRAME	同 SM_CYDLGFRAME, 有標題但不可調整大小的視窗邊框的高度	3
SM_CXFOCUSBORDER	DrawFocusRect 繪製的焦點矩形的左邊線和右邊線的寬度	1
SM_CYFOCUSBORDER	DrawFocusRect 繪製的焦點矩形的上邊線和下邊線的高度	1
SM_CXFRAME	同 SM_CXSIZEFRAME, 可調大小視窗框的寬度	4
SM_CYFRAME	同 SM_CYSIZEFRAME, 可調大小視窗框的高度	4
SM_CXHSCROLL	水平捲軸中箭頭點陣圖的寬度	17
SM_CYHSCROLL	水平捲軸中箭頭點陣圖的高度	17
SM_CXVSCROLL	垂直捲軸中箭頭點陣圖的寬度	17
SM_CYVSCROLL	垂直捲軸中箭頭點陣圖的高度	17
SM_CXHTHUMB	水平捲軸中縮圖框的寬度	17
SM_CYVTHUMB	垂直捲軸中縮圖框的高度	17
SM_CXICON	圖示的預設寬度	32
SM_CYICON	圖示的預設高度	32

▲ 圖 3.7

可以看到客戶區右邊還有一大區塊空白，不是很美觀。我們希望視窗寬度正好容納 3 列文字，即根據 3 列文字的寬度之和計算視窗寬度，視窗寬度包括客戶區寬度、捲軸寬度和邊框寬度等，計算起來不是很方便。在 WM_CREATE 訊息中 s_cxChar = tm.tmAveCharWidth; 敘述的下面增加以下敘述：

```
GetClientRect(hwnd, &rect);
rect.right = s_iCol1 + s_iCol2 + s_iCol3 + GetSystemMetrics(SM_CXVSCROLL);
AdjustWindowRectEx(&rect, GetWindowLongPtr(hwnd, GWL_STYLE),
    GetMenu(hwnd) != NULL, GetWindowLongPtr(hwnd, GWL_EXSTYLE));
SetWindowPos(hwnd, NULL, 0, 0, rect.right - rect.left, rect.bottom - rect.top,
    SWP_NOZORDER | SWP_NOMOVE);
```

視窗高度我們沒有改變。首先透過呼叫 GetClientRect 函數獲取客戶區座標，客戶區座標是相對於視窗客戶區左上角的，因此獲取到的左上角的座標是 (0,0)，即 rect.right 等於客戶區寬度，rect.bottom 等於客戶區高度；把客戶區的寬度重新設定為三列文字寬度之和再加上垂直捲軸的寬度；為 AdjustWindowRectEx 函數指定視窗樣式、擴充視窗樣式以及是否有功能表列，該函數可以根據客戶區座標計算視窗座標，但是計算出的視窗座標不包括捲軸，所以前面客戶區的寬度我們又加上了一個垂直捲軸的寬度，需要注意的是，計算出來的視窗座標是相對於客戶區左上角的。視窗座標的左上角並不是 (0,0)，所以視窗寬度等於 rect.right-rect.left，視窗高度等於 rect.bottom-rect.top；最後呼叫 SetWindowPos 函數設定視窗大小。

GetMenu 函數獲取指定視窗的選單控制碼，如果函數執行成功，則傳回值是選單的控制碼；如果這個視窗沒有選單，則傳回 NULL，這個函數很簡單。接下來介紹一下 GetWindowLongPtr、AdjustWindowRectEx 和 SetWindowPos 這 3 個函數。

要介紹 GetWindowLongPtr 函數，不得不先介紹一下 SetWindowLongPtr 函數。SetWindowLongPtr 是 SetWindowLong 函數的升級版本，指標和控制碼在 32 位元 Windows 上為 32 位元，在 64 位元 Windows 上為 64 位元。使用 SetWindowLong 函數設定指標或控制碼只能設定 32 位元的，要撰寫 32 位元和 64 位元版本相容的程式，應該使用 SetWindowLongPtr 函數。如果編譯為 32 位元程式，則對 SetWindowLongPtr 函數的呼叫實際上還是呼叫 SetWindowLong。SetWindowLongPtr 函數設定視窗類別與每個視窗連結的額外記憶體的資料，或設定指定視窗的屬性：

```
LONG_PTR WINAPI SetWindowLongPtr(
    _In_ HWND     hWnd,       // 視窗控制碼
    _In_ int      nIndex,     // 要設定哪一項
    _In_ LONG_PTR dwNewLong);// 新值
```

參數 nIndex 指定要設定哪一項。WNDCLASSEX 結構有一個 cbWndExtra 欄位，該欄位用於指定緊接在視窗實例後面的的附加資料位元組數，用來存放自訂資料，即與每個視窗相連結的附加自訂資料，假設我們設定 wndclass.cbWndExtra = 16，16 位元組可以存放 2 個 __int64 型態資料或 4 個 int 型態資料，nIndex 參數指定為 0、8 分別表示要設定第 1、2 個 __int64 型態資料。如果存放的是 int 型態資料，則可以設定為 0、4、8、12。如果要設定視窗的一些屬性，值如表 3.20 所示。

▼ 表 3.20

常數	含義
GWL_EXSTYLE	設定擴充視窗樣式
GWL_STYLE	設定視窗樣式
GWLP_HINSTANCE	設定應用程式的實例控制碼
GWLP_ID	設定視窗的 ID，用於子視窗
GWLP_USERDATA	設定與視窗連結的使用者資料
GWLP_WNDPROC	設定指在視窗過程的指標

如果函數執行成功，則傳回值是指定偏移量處或視窗屬性的先前值；如果函數執行失敗，則傳回值為 0。

GetWindowLong 和 GetWindowLongPtr 函數可以獲取指定視窗的自訂資料或視窗的一些屬性：

```
LONG_PTR WINAPI GetWindowLongPtr(
    _In_ HWND hWnd,      // 視窗控制碼
    _In_ int  nIndex);   // 要獲取哪一項
```

如果函數執行成功，則傳回所請求的值；如果函數執行失敗，則傳回值為 0。

AdjustWindowRectEx 函數根據客戶區的大小計算所需的視窗大小：

```
BOOL WINAPI AdjustWindowRectEx(
    _Inout_ LPRECT lpRect,       // 提供客戶區座標的 RECT 結構，函數在這個結構中傳回所需的
視窗座標
    _In_    DWORD  dwStyle,      // 視窗的視窗樣式
    _In_    BOOL   bMenu,        // 視窗是否有選單
    _In_    DWORD  dwExStyle);   // 視窗的擴充視窗樣式
```

SetWindowPos 函數可以更改一個子視窗、最上層視窗的大小、位置和 Z 順序，其中 Z 順序是指視窗的前後順序。假設桌面上有很多程式視窗，互相重疊覆蓋，更改 Z 順序可以確定哪個視窗在前或在後：

```
BOOL WINAPI SetWindowPos(
    _In_      HWND hWnd,              // 要調整大小、位置或 Z 順序的視窗的視窗控制碼
```

```
_In_opt_ HWND hWndInsertAfter,   // 指定一個視窗控制碼或一些預先定義值
_In_     int  X,                 // 視窗新位置的 X 座標,以像素為單位
_In_     int  Y,                 // 視窗新位置的 Y 座標,以像素為單位
_In_     int  cx,                // 視窗的新寬度,以像素為單位
_In_     int  cy,                // 視窗的新高度,以像素為單位
_In_     UINT uFlags);           // 視窗的大小和定位標識
```

- 參數 hWndInsertAfter 指定一個視窗控制碼,hWnd 視窗將位於這個視窗之前,即 hWndInsertAfter 視窗作為定位視窗,可以設定為 NULL。參數 hWndInsertAfter 也可以指定為表 3.21 所示的值。

▼ 表 3.21

常數	含義
HWND_TOP	把視窗放置在 Z 順序的頂部
HWND_BOTTOM	把視窗放置在 Z 順序的底部
HWND_TOPMOST	視窗始終保持為最頂部的視窗,即使該視窗沒有被啟動
HWND_NOTOPMOST	取消始終保持為最頂部的視窗

- 參數 X 和 Y 指定視窗新位置的 X 和 Y 座標。如果 hWnd 參數指定的視窗是最上層視窗,則相對於螢幕左上角;如果是子視窗,則相對於父視窗客戶區的左上角。

- 參數 uFlags 指定視窗的大小和定位標識,常用的值如表 3.22 所示。

▼ 表 3.22

常數	含義
SWP_NOZORDER	維持當前 Z 序(忽略 hWndInsertAfter 參數)
SWP_NOMOVE	維持當前位置(忽略 X 和 Y 參數)
SWP_NOSIZE	維持當前尺寸(忽略 cx 和 cy 參數)
SWP_HIDEWINDOW	隱藏視窗
SWP_SHOWWINDOW	顯示視窗

例如上面的範例使用 SWP_NOZORDER | SWP_NOMOVE 標識，表示忽略 hWndInsertAfter、X 和 Y 參數，保持 Z 順序和視窗位置不變，僅改變視窗大小。有時候我們希望把一個視窗設定為始終保持為最頂部，可以這樣使用：SetWindowPos(hwnd, HWND_TOPMOST, 0, 0, 0, 0, SWP_NOMOVE | SWP_NOSIZE);。

MoveWindow 函數可以更改一個子視窗、最上層視窗的位置和尺寸。實際上 SetWindowPos 函數具有 MoveWindow 的全部功能。MoveWindow 函數通常用於設定子視窗：

```
BOOL WINAPI MoveWindow(
    _In_ HWND hWnd,        // 要調整大小、位置的視窗的視窗控制碼
    _In_ int  X,           // 視窗新位置的 X 座標，以像素為單位
    _In_ int  Y,           // 視窗新位置的 Y 座標，以像素為單位
    _In_ int  nWidth,      // 視窗的新寬度，以像素為單位
    _In_ int  nHeight,     // 視窗的新高度，以像素為單位
    _In_ BOOL bRepaint);   // 是否要重新繪製視窗，通常指定為 TRUE
```

複習一下，視窗過程在什麼時候會收到 WM_PAINT 訊息。

- 當程式視窗被第一次建立時，整個客戶區都是無效的，因為此時應用程式尚未在該視窗上繪製任何東西，此時視窗過程會收到第一筆 WM_PAINT 訊息。

- 在調整程式視窗的尺寸時，客戶區也會變為無效。我們把 WNDCLASSEX 結構的 style 欄位設定為 CS_HREDRAW | CS_VREDRAW，表示當程式視窗尺寸發生變化時，整個視窗客戶區都應宣佈無效，視窗過程會接收到一筆 WM_PAINT 訊息。

- 如果先最小化程式視窗，然後將視窗恢復到原先的尺寸，那麼 Windows 並不會儲存原先客戶區的內容，視窗過程接收到 WM_PAINT 訊息後需要自行恢復客戶區的內容。

- 在螢幕中拖動程式視窗的全部或一部分到螢幕以外，然後又拖動回螢幕中的時候，視窗被標記為無效，視窗過程會收到一筆 WM_PAINT 訊息，並對客戶區的內容進行重繪。

- 程式呼叫 InvalidateRect 或 InvalidateRgn 函數向客戶區增加無效區域，會生成 WM_PAINT 訊息。

- 程式呼叫 ScrollWindow 或 ScrollDC 函數捲動客戶區。

  InvalidateRgn 和 ScrollDC 函數，以後用到的時候再解釋。

  還有一個問題，SystemMetrics 程式不能使用鍵盤的 Home、End 和方向鍵進行捲動，標準捲軸的鍵盤介面需要我們自己去實現，不過相當簡單，等學習了第 4 章以後再增加鍵盤介面。

3.2.4　儲存裝置環境

呼叫 GetDC 或 BeginPaint 函數以後，會傳回一個 DC 控制碼，DC 的所有屬性都被設定為預設值。如果程式需要使用非預設的 DC 屬性，可以在獲取到 DC 控制碼以後設定相關 DC 屬性；在呼叫 ReleaseDC 或 EndPaint 函數以後，系統將恢復 DC 屬性的預設值，對屬性所做的任何改變都會遺失。例如：

```
case WM_PAINT:
    hdc = BeginPaint(hwnd, &ps);
    // 設定裝置環境屬性
    // 繪製程式
    EndPaint(hwnd, &ps);
    return 0;
```

有沒有辦法在釋放 DC 時儲存對屬性所做的更改，以便在下次呼叫 GetDC 或 BeginPaint 函數時這些屬性仍然有效呢？還記得 WNDCLASSEX 結構的第 2 個欄位 style 嗎？這個欄位指定視窗類別樣式，其中 CS_OWNDC 表示為視窗類別的每個視窗分配唯一的 DC。可以按以下方式設定 style 欄位：

```
wndclass.style = CS_HREDRAW | CS_VREDRAW | CS_OWNDC;
```

現在，每個基於這個視窗類別建立的視窗都有它私有的專用 DC。使用 CS_OWNDC 樣式以後，只需要初始化 DC 屬性一次，舉例來說，在處理 WM_CREATE 訊息時：

```
case WM_CREATE:
    hdc = GetDC(hwnd);
    // 設定裝置環境屬性
    ReleaseDC(hwnd, hdc);
    return 0;
```

在視窗的生命週期內,除非再次改變 DC 的屬性值,原 DC 屬性會一直有效。對於 SystemMetrics 程式,我們可以在 WM_CREATE 訊息中設定背景模式和字型,這樣一來就不需要每一次都在 WM_PAINT 訊息中設定了。對於客戶區需要大量繪圖操作的情況,指定 CS_OWNDC 樣式可以提高程式性能。

需要注意的是,指定 CS_OWNDC 樣式僅影響透過 GetDC 和 BeginPaint 函數獲取的 DC 控制碼,透過其他函數(例如 GetWindowDC)獲取的 DC 是不受影響的。

有時候可能想改變某些 DC 屬性,然後使用改變後的屬性進行繪製,接著再恢復原來的 DC 屬性,可以使用 SaveDC 和 RestoreDC 函數來儲存和恢復 DC 狀態。

SaveDC 函數透過把 DC 屬性存入 DC 堆疊來儲存指定 DC 的當前狀態:

```
int SaveDC(_In_ HDC hdc);    // 要儲存其狀態的裝置環境控制碼
```

如果函數執行成功,則傳回值將標識儲存的狀態;如果函數執行失敗,則傳回值為 0。

RestoreDC 函數透過從 DC 堆疊中彈出狀態資訊來恢復 DC 到指定狀態:

```
BOOL RestoreDC(
    _In_ HDC hdc,            // 要恢復其狀態的裝置環境控制碼
    _In_ int nSavedDC);      // 要還原的儲存狀態
```

參數 nSavedDC 指定要還原的儲存狀態,可以指定為 SaveDC 函數的傳回值,或指定為負數,例如 -1 表示最近儲存的狀態,-2 表示最近儲存的狀態的前一次。

　　同一狀態不能多次恢復，恢復狀態後儲存的所有狀態將被彈出銷毀。另外還有一點需要注意，請看程式：

```
// 設定裝置環境屬性，然後儲存
nDC1 = SaveDC(hdc);
// 再次設定裝置環境屬性，然後儲存
nDC2 = SaveDC(hdc);
// …………
RestoreDC(hdc, nDC1);
// 使用狀態 1 進行繪圖
RestoreDC(hdc, nDC2);    // 恢復失敗
// 使用狀態 2 進行繪圖
```

　　呼叫 RestoreDC 函數把 DC 狀態恢復到 nDC1，DC 堆疊會彈出 nDC1 及以後存入堆疊的內容。

3.3　繪製直線和曲線

　　許多應用程式經常需要繪製直線和曲線，例如 CAD 和繪圖程式會使用直線和曲線來繪製物件的輪廓、指定物件的中心，試算表程式會使用直線和曲線繪製儲存格、圖表等。

3.3.1　繪製像素點

　　呼叫 SetPixel 函數可以將指定座標處的像素設定為指定的顏色，GetPixel 函數用於獲取指定座標處的像素 COLORREF 顏色值：

```
COLORREF SetPixel(_In_ HDC hdc, _In_ int X, _In_ int Y, _In_ COLORREF crColor);
COLORREF GetPixel(_In_ HDC hdc, _In_ int X, _In_ int Y);
```

　　GetPixel 函數傳回一個 COLORREF 顏色值，可以分別使用 GetRValue、GetGValue 和 GetBValue 巨集提取 COLORREF 顏色值中的的紅色、綠色和藍色值。

SetPixel 函數可以繪製任意複雜的圖形，例如畫一條線：

```
for (int i = 0; i < 100; i++)
    SetPixel(hdc, i, 10, RGB(255, 0, 0));
```

雖然繪製像素是最基本的繪圖操作方法，但是在程式中一般很少使用 SetPixel 函數，因為它的銷耗很大，只適合用在需要繪製少量像素的地方。如果需要繪製一個線條或一片區域，那麼推薦使用後面介紹的畫線函數或填充圖形函數，因為這些函數是在驅動程式等級上完成的，用到了硬體加速功能。

我們也經常需要獲取某個座標處像素的顏色值，但是不應該透過 GetPixel 函數來獲取一大區塊像素資料。如果需要分析一片區域的像素資料，可以把全部像素資料複製到記憶體中再進行處理。

3.3.2　繪製直線

常用的繪製直線的函數有 LineTo、Polyline、PolylineTo 和 PolyPolyline。繪製直線的函數比較簡單，LineTo 函數從當前位置到指定的點之間繪製一條直線（線段）；Polyline、PolylineTo 函數透過連接指定陣列中的點來繪製一系列線段；PolyPolyline 函數相當於一次呼叫多個 Polyline。

LineTo 函數以當前位置為起點，以指定的點為終點，畫一條線段：

```
BOOL LineTo(
    _In_ HDC hdc,      // 裝置環境控制碼
    _In_ int nXEnd,    // 終點的 X 座標，邏輯單位
    _In_ int nYEnd);   // 終點的 Y 座標，邏輯單位
```

函數執行成功，指定的終點（nXEnd,nYEnd）會被設定為新的當前位置。

當前位置作為某些 GDI 函數繪製的起點，DC 中的預設當前位置是客戶區座標 (0,0) 處。以 LineTo 函數為例，如果沒有設定當前位置，那麼呼叫 LineTo 函數就會從客戶區的左上角開始到指定的終點之間畫一條線。

MoveToEx 函數用於將當前位置更新為指定的點，並可以傳回上一個當前位置：

```
BOOL MoveToEx(
    _In_        HDC     hdc,        // 裝置環境控制碼
    _In_        int     X,          // 新當前位置的 X 座標，邏輯單位
    _In_        int     Y,          // 新當前位置的 Y 座標，邏輯單位
    _Out_opt_   LPPOINT lpPoint);   // 在這個 POINT 結構中傳回上一個當前位置，可以
                                    // 設定為 NULL
```

在呼叫需要使用當前位置的 GDI 函數進行繪製以前，通常需要先呼叫 MoveToEx 設定 DC 的當前位置。

Polyline 函數透過連接指定陣列中的點來繪製一系列線段：

```
BOOL Polyline(
    _In_        HDC hdc,            // 裝置環境控制碼
    _In_ const POINT *lppt,         // 點結構陣列，邏輯單位
    _In_        int  cPoints);      // lppt 陣列中點的個數，必須大於或等於 2
```

需要注意的是，Polyline 函數既不使用也不更新當前位置。

PolylineTo 函數和 Polyline 函數功能相同：

```
BOOL PolylineTo(
    _In_        HDC  hdc,           // 裝置環境控制碼
    _In_ const POINT *lppt,         // 點結構陣列，邏輯單位
    _In_        DWORD cCount);      // lppt 陣列中點的個數
```

唯一不同的是，PolylineTo 函數會使用並更新當前位置。函數從當前位置到 lppt 參數指定陣列中的第一個點繪製第一條線，然後從上一條線段的終點到 lppt 陣列指定的下一點畫第二條線，直到最後一個點。繪製結束時 PolylineTo 函數會將當前位置設定為最後一條線的終點。

PolyPolyline 函數在功能上相當於呼叫了多個 Polyline，也就是說可以繪製多個一系列線段：

```
BOOL PolyPolyline(
    HDC          hdc,       // 裝置環境控制碼
    const POINT *apt,       // 點結構陣列，邏輯單位。可以視為是多個群組，一個群組可以畫一系列線段
    const DWORD *asz,       // DWORD 類型陣列，每個陣列元素指定 apt 陣列中每一個群組有幾個點
    DWORD        csz);      // 群組的個數，也就是 asz 陣列的陣列元素個數，也就是畫多個一系列線段
```

參數 asz 是一個 DWORD 類型的陣列，分別指定 apt 陣列中每一個群組有幾個點，每一個群組的點個數必須大於或等於 2。該函數既不使用也不更新當前位置。

可以看出只有帶 To 的函數才使用和更新當前位置。

DC 包含影響直線和曲線輸出的一些屬性，直線和曲線用到的屬性包括當前位置、畫筆樣式、寬度和顏色、筆刷樣式和顏色等。

Windows 使用當前畫筆繪製直線和曲線，預設畫筆是一個 1 像素寬的實心黑色畫筆（BLACK_PEN）。可以透過呼叫 GetStockObject 函數獲取系統的備用畫筆，可用的備用畫筆如表 3.23 所示。

▼ 表 3.23

常數	含義
BLACK_PEN	黑色畫筆（預設畫筆）
WHITE_PEN	白色畫筆
NULL_PEN	空畫筆，表示什麼也不畫
DC_PEN	DC 畫筆，預設顏色為白色，可以使用 SetDCPenColor 函數更改顏色

我們還可以透過呼叫 CreatePen / CreatePenIndirect 函數來建立新的邏輯畫筆。建立好畫筆以後可以透過呼叫 SelectObject 函數將其選入 DC 中。

畫線函數通常不使用筆刷。預設筆刷為純白筆刷（WHITE_BRUSH），可以透過呼叫 GetStockObject 函數獲取系統的備用筆刷。備用筆刷在講解註冊視窗類別 WNDCLASSEX 結構時說過，有白色、黑色、灰色等幾種；還可以透過呼叫 CreateSolidBrush / CreateBrushIndirect 函數來建立新的邏輯筆刷。建立好筆刷以後可以透過呼叫 SelectObject 函數將其選入 DC 中。

接下來看一下建立畫筆的幾個函數。

CreatePen / CreatePenIndirect 函數建立具有指定樣式、寬度和顏色的邏輯畫筆：

```
HPEN CreatePen(
    _In_ int        fnPenStyle,// 畫筆樣式
    _In_ int        nWidth,    // 畫筆寬度，邏輯單位
    _In_ COLORREF crColor);  // 畫筆顏色，使用 RGB 巨集
HPEN CreatePenIndirect(_In_ const LOGPEN *lplgpn);  // LOGPEN 結構
```

參數 fnPenStyle 指定畫筆樣式，值如表 3.24 所示。

▼ 表 3.24

常數	含義
PS_SOLID	實心畫筆
PS_DASH	劃線
PS_DOT	點線
PS_DASHDOT	交替的劃線和點線
PS_DASHDOTDOT	交替的劃線和雙點線
PS_INSIDEFRAME	PS_SOLID 和 PS_INSIDEFRAME 樣式的畫筆使用的都是實心線條，它們之間的區別是當畫筆的寬度大於 1 像素，且使用區域繪畫函數（例如繪製矩形）的時候，PS_SOLID 樣式的線條會置中畫於邊框線上；而 PS_INSIDEFRAME 樣式的線條會全部畫在邊框線裡面，畫筆的寬度會向區域的內部擴充，所以它的名稱是 INSIDEFRAME
PS_NULL	空，什麼也不畫

這幾種樣式的畫筆效果如圖 3.8 所示。

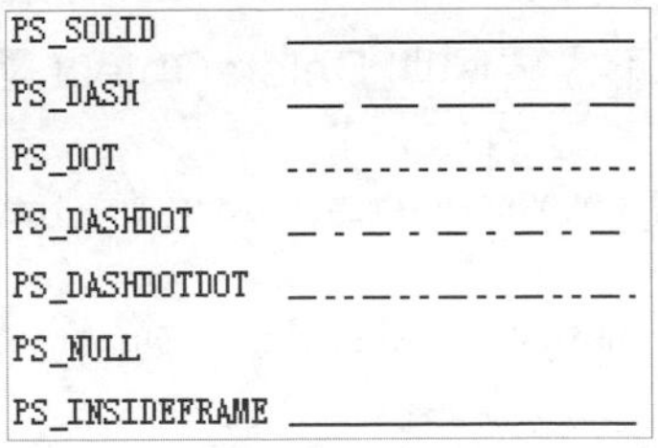

對於 PS_DASH、PS_DOT、PS_DASHDOT 和 PS_DASHDOTDOT 樣式，如果指定的寬度 nWidth 大於 1，那麼會被取代為具有 nWidth 寬度的 PS_SOLID 樣式的畫筆，即這些樣式的畫筆只能是 1 像素寬。對於上述 4 種樣式的畫筆，劃線和點線中間的空白預設是不透明、白色，可以透過呼叫 SetBkMode 和 SetBkColor 函數改變背景模式和背景顏色。

▲ 圖 3.8

CreatePenIndirect 函數的 lplgpn 參數是一個指向 LOGPEN 結構的指標，用於定義畫筆的樣式、寬度和顏色，LOGPEN 結構在 wingdi.h 標頭檔中定義如下：

```
typedef struct tagLOGPEN
  {
    UINT        lopnStyle;
    POINT       lopnWidth;
    COLORREF    lopnColor;
  } LOGPEN, *PLOGPEN, NEAR *NPLOGPEN, FAR *LPLOGPEN;
```

這 3 個欄位的含義和 CreatePen 函數的 3 個參數一一對應。

如果函數執行成功，則傳回值是邏輯畫筆的控制碼，HPEN 是畫筆控制碼類型；如果函數執行失敗，則傳回值為 NULL。再看一下建立筆刷的幾個函數。

CreateSolidBrush 函數建立具有指定顏色的純色邏輯筆刷：

```
HBRUSH CreateSolidBrush(_In_ COLORREF crColor);  // COLORREF 顏色值，使用 RGB 巨集
```

函數執行成功，傳回一個邏輯筆刷控制碼，HBRUSH 是筆刷控制碼類型。

如果需要使用系統色彩筆刷進行繪製，直接使用 GetSysColorBrush 即可，不需要使用 CreateSolidBrush（GetSysColor(nIndex)）建立筆刷。因為 GetSysColorBrush 直接傳回系統快取的筆刷，而非建立新的筆刷，不用的時候不需要呼叫 DeleteObject 函數將其刪除：

```
COLORREF GetSysColor(_In_ int nIndex);        // nIndex 指定為標準系統色彩，傳回對應的
                                              // COLORREF 顏色值
HBRUSH GetSysColorBrush(_In_ int nIndex);     // nIndex 指定為標準系統色彩，傳回這個顏色的
筆刷控制碼
```

CreateHatchBrush 函數建立具有陰影樣式的邏輯筆刷：

```
HBRUSH CreateHatchBrush(
    _In_ int        fnStyle,  // 陰影樣式
    _In_ COLORREF clrref);  // COLORREF 顏色值
```

fnStyle 指定陰影樣式，可用的值如表 3.25 所示。

▼ 表 3.25

常數	含義
HS_BDIAGONAL	從左到右看是向上 45 度的斜線
HS_CROSS	水平和垂直交叉線
HS_DIAGCROSS	45 度交叉線
HS_FDIAGONAL	從左到右看是向下 45 度的斜線
HS_HORIZONTAL	水平線
HS_VERTICAL	垂直線

這幾種樣式的陰影筆刷效果如圖 3.9 所示。

▲ 圖 3.9

陰影中間的空白預設為不透明、白色，可以呼叫 SetBkMode 和 SetBkColor 函數改變背景模式和背景顏色。

CreatePatternBrush 函數可以建立一個具有點陣圖圖案的邏輯筆刷：

```
HBRUSH CreatePatternBrush(HBITMAP hbm); // 點陣圖控制碼
```

CreateBrushIndirect 函數建立具有指定樣式、顏色和圖案的邏輯筆刷：

```
HBRUSH CreateBrushIndirect(_In_ const LOGBRUSH *lplb);
```

CreateBrushIndirect 函數具有前面所有函數的功能，而且也比較簡單。參數 lplb 是一個指向 LOGBRUSH 結構的指標。LOGBRUSH 結構在 wingdi.h 標頭檔中定義如下：

```
typedef struct tagLOGBRUSH
{
    UINT        lbStyle;    // 樣式
    COLORREF    lbColor;    // 顏色
    ULONG_PTR   lbHatch;    // 圖案
} LOGBRUSH, *PLOGBRUSH, NEAR *NPLOGBRUSH, FAR *LPLOGBRUSH;
```

■ lbStyle 欄位指定筆刷樣式，值如表 3.26 所示。

▼ 表 3.26

常數	含義
BS_DIBPATTERN、BS_DIBPATTERN8X8	由裝置無關點陣圖（DIB）定義的圖案筆刷，lbHatch 欄位指定為 DIB 的控制碼
BS_DIBPATTERNPT	由裝置無關點陣圖（DIB）定義的圖案筆刷，lbHatch 欄位指定為 DIB 的控制碼
BS_SOLID	實心筆刷
BS_HATCHED	陰影筆刷
BS_PATTERN、BS_PATTERN8X8	由記憶體點陣圖定義的圖案筆刷，lbHatch 欄位指定為記憶體點陣圖的控制碼
BS_HOLLOW、BS_NULL	空筆刷

■ lbColor 欄位指定筆刷的顏色，通常用於 BS_SOLID 或 BS_HATCHED 樣式的筆刷。

■ lbHatch 欄位的含義取決於 lbStyle 定義的筆刷樣式。如果 lbStyle 欄位指定為 BS_HATCHED，則 lbHatch 欄位指定陰影填充的線的方向，可用的值與 CreateHatchBrush 函數的 fnStyle 欄位相同；如果 lbStyle 欄位指定為 BS_SOLID 或 BS_HOLLOW、BS_NULL，則忽略 lbHatch 欄位。

當不再需要建立的邏輯畫筆、筆刷時，需要呼叫 DeleteObject 函數將其刪除。

先練習一下這幾個畫線函數的用法。Line 程式使用前面介紹的 LineTo、Polyline、PolylineTo、PolyPolyline 函數畫線。程式執行效果如圖 3.10 所示。

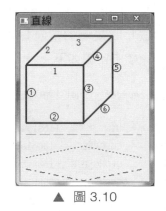

其中，Line 程式使用 PolyPolyline 函數畫了一個立方體，分為 2 群組，第 1 群組畫了 1～3，第 2 群組畫了①～⑥。Line.cpp 原始檔案的內容如下所示：

▲ 圖 3.10

```
#include <Windows.h>
#include <tchar.h>

// 函數宣告，視窗過程
LRESULT CALLBACK WindowProc(HWND hwnd, UINT uMsg, WPARAM wParam,LPARAM lParam);

int WINAPI WinMain(HINSTANCE hInstance, HINSTANCE hPrevInstance, LPSTR lpCmdLine,
int nCmdShow)
{
    WNDCLASSEX wndclass;
    TCHAR szClassName[] = TEXT("MyWindow");
    TCHAR szAppName[] = TEXT(" 直線 ");
    HWND hwnd;
    MSG msg;

    wndclass.cbSize = sizeof(WNDCLASSEX);
    wndclass.style = CS_HREDRAW | CS_VREDRAW;
    wndclass.lpfnWndProc = WindowProc;
    wndclass.cbClsExtra = 0;
    wndclass.cbWndExtra = 0;
    wndclass.hInstance = hInstance;
    wndclass.hIcon = LoadIcon(NULL, IDI_APPLICATION);
    wndclass.hCursor = LoadCursor(NULL, IDC_ARROW);
    wndclass.hbrBackground = (HBRUSH)(COLOR_BTNFACE + 1);
    wndclass.lpszMenuName = NULL;
    wndclass.lpszClassName = szClassName;
    wndclass.hIconSm = NULL;
    RegisterClassEx(&wndclass);

    hwnd = CreateWindowEx(0, szClassName, szAppName, WS_OVERLAPPEDWINDOW,
        CW_USEDEFAULT, CW_USEDEFAULT, 240, 300, NULL, NULL, hInstance, NULL);

    ShowWindow(hwnd, nCmdShow);
    UpdateWindow(hwnd);

    while (GetMessage(&msg, NULL, 0, 0) != 0)
    {
        TranslateMessage(&msg);
        DispatchMessage(&msg);
```

```
    }

    return msg.wParam;
}

LRESULT CALLBACK WindowProc(HWND hwnd, UINT uMsg, WPARAM wParam, LPARAM lParam)
{
    HDC hdc;
PAINTSTRUCT ps;

    POINT arrPtPolyPolyline[] = {                          // PolyPolyline 函數的點
        110,60, 10,60, 60,10, 160,10,
        10,60, 10,160, 110,160, 110,60, 160,10, 160,110, 110,160,
        /*10,160, 60,110, 160,110,
        60,110, 60,10*/
    };
DWORD arrGroup[] = { 4, 7 };

POINT arrPtPolyline[] = { 10,220, 110,200, 210,220 };   // Polyline 函數的點

    POINT arrPtPolylineTo[] = { 110,260, 210,240 };      // PolylineTo 函數的點

    switch (uMsg)
    {
    case WM_PAINT:
    {
        hdc = BeginPaint(hwnd, &ps);
        SetBkMode(hdc, TRANSPARENT);
        // 寬度為 3 的紅色實心畫筆畫立方體
        SelectObject(hdc, CreatePen(PS_SOLID, 3, RGB(255, 0, 0)));
        PolyPolyline(hdc, arrPtPolyPolyline, arrGroup, _countof(arrGroup));

        // 綠色劃線畫筆畫 1 條線
        DeleteObject(SelectObject(hdc, CreatePen(PS_DASH, 1, RGB(0, 255, 0))));
        MoveToEx(hdc, 10, 180, NULL);
        LineTo(hdc, 210, 180);

        // 藍色點線畫筆畫 2 條線
        DeleteObject(SelectObject(hdc, CreatePen(PS_DOT, 1, RGB(0, 0, 255))));
```

```
        Polyline(hdc, arrPtPolyline, _countof(arrPtPolyline));

        // 黑色虛線畫筆畫 2 條線
        DeleteObject(SelectObject(hdc, CreatePen(PS_DASHDOT, 1, RGB(0, 0, 0))));
        MoveToEx(hdc, 10, 240, NULL);
        PolylineTo(hdc, arrPtPolylineTo, _countof(arrPtPolylineTo));

        DeleteObject(SelectObject(hdc, GetStockObject(BLACK_PEN)));
        EndPaint(hwnd, &ps);
        return 0;
    }

    case WM_DESTROY:
        PostQuitMessage(0);
        return 0;
    }

    return DefWindowProc(hwnd, uMsg, wParam, lParam);
}
```

完整程式請參考 Chapter3\Line 專案。

使用 GDI 函數進行圖形繪製的一般流程如下所示。

（1）獲取 DC 控制碼 hdc。

（2）建立 GDI 物件，呼叫 SelectObject 函數把 GDI 物件選入 DC 以改變一些 DC 屬性。

（3）呼叫 GDI 圖形繪製函數在 DC 中進行繪圖。

（4）刪除建立的 GDI 物件，恢復 DC 的預設屬性。

3.3.3　繪製曲線

常用的繪製曲線的函數有 Arc、ArcTo、PolyBezier、PolyBezierTo，可以繪製直線和曲線組合的函數有 AngleArc、PolyDraw。

Arc 函數用於繪製橢圓弧線，就是橢圓（包括正圓形）邊框的一部分：

```
BOOL Arc(
    _In_ HDC hdc,              // 裝置環境控制碼，以下單位均是邏輯單位
    _In_ int nLeftRect,        // 邊界矩形左上角的 X 座標
    _In_ int nTopRect,         // 邊界矩形左上角的 Y 座標
    _In_ int nRightRect,       // 邊界矩形右下角的 X 座標
    _In_ int nBottomRect,      // 邊界矩形右下角的 Y 座標
    _In_ int nXStartArc,       // 弧起點的 X 座標
    _In_ int nYStartArc,       // 弧起點的 Y 座標
    _In_ int nXEndArc,         // 弧終點的 X 座標
    _In_ int nYEndArc);        // 弧終點的 Y 座標
```

點（nLeftRect,nTopRect） 和（nRightRect,nBottomRect） 指 定 邊 界 矩形，邊界矩形內的橢圓定義了橢圓弧線的範圍。將矩形中心到起點（nXStartArc,nYStartArc）與橢圓的相交點作為弧線的起點，矩形中心到終點（nXEndArc,nYEndArc）與橢圓的相交點作為弧線的終點，從弧線的起點到終點沿當前繪圖方向繪製。如果起點和終點相同，則會繪製一個完整的橢圓形（內部不會填充）。具體請詳見圖 3.11，其中的實心弧線就是 Arc 函數所畫的弧線。

DC 有一個當前繪圖方向屬性對 Arc 函數有影響。預設繪圖方向是逆時鐘方向，可以透過呼叫 GetArcDirection 和 SetArcDirection 函數獲取和設定 DC 的當前繪圖方向。如果更改繪圖方向為順時鐘，那麼圖 3.11 中的橢圓弧線就會變為橢圓的虛線部分。

Arc 函數既不使用也不更新當前位置。

ArcTo 函數的參數和 Arc 完全相同，只不過 ArcTo 函數會從當前位置到弧線起點額外畫一條線，而且會更新 DC 的當前位置為弧線終點。注意，這裡的弧線起點不一定是函數中定義的起點，除非起點（nXStartArc,nYStartArc）正好定義為弧線起點，這裡的弧線終點不一定是函數中定義的終點，除非終點（nXEndArc,nYEndArc）正好定義為弧線終點。圖 3.12 中的實心直線和弧線就是 ArcTo 函數繪製的結果。

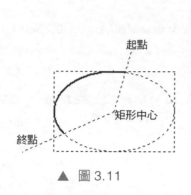

▲ 圖 3.11

▲ 圖 3.12

貝茲曲線（Bezier curve）是應用於二維圖形應用程式的數學不規則曲線，由法國數學家皮埃爾‧貝茲（Pierre Bezier）發明，為電腦向量圖形學奠定了基礎。我們在繪圖工具上看到的筆型工具就是用來繪製這種向量曲線的。

PolyBezier 函數可以繪製一條或多條貝茲曲線：

```
BOOL PolyBezier(
    HDC          hdc,     // 裝置環境控制碼
    const POINT *apt,     // 端點和控制點的點結構陣列，邏輯單位
    DWORD        cpt);    // apt 陣列中點的個數
```

參數 cpt 指定 apt 陣列中點的個數，該值必須是要繪製曲線個數的 3 倍以上，因為每個貝茲曲線需要 2 個控制點和 1 個端點。另外，貝茲曲線的開始還需要 1 個額外的起點。如果不明白，繼續往下看。

PolyBezier 函數使用 apt 參數指定的端點和控制點進行繪製。以第 2 點和第 3 點為控制點，從第 1 點到第 4 點繪製第一條曲線，也就是說第一條曲線需要使用 4 個點；apt 陣列中的每個後續曲線需要提供 3 個點，以上一條曲線的終點為起點，後續 2 個點為控制點，後續第 3 個點為終點。

PolyBezier 函數使用當前畫筆繪製線條，該函數既不使用也不更新當前位置。

舉例說明如下：

```
LRESULT CALLBACK WindowProc(HWND hwnd, UINT uMsg, WPARAM wParam, LPARAM lParam)
{
  HDC hdc;
  PAINTSTRUCT ps;
  POINT arrPoint[] = { 10,100, 100,10, 150,150, 200,50 };// 分別是曲線起點、控點1、控點2、
                                                         // 曲線終點

  switch (uMsg)
  {
  case WM_PAINT:
  {
      hdc = BeginPaint(hwnd, &ps);
      SetBkMode(hdc, TRANSPARENT);
      SelectObject(hdc, CreatePen(PS_SOLID, 2, RGB(0, 0, 0)));
      // 繪製貝茲曲線
      PolyBezier(hdc, arrPoint, _countof(arrPoint));

      DeleteObject(SelectObject(hdc, CreatePen(PS_DOT, 1, RGB(0, 0, 0))));
      // 曲線起點到控制點1畫一條點線
      MoveToEx(hdc, arrPoint[0].x, arrPoint[0].y, NULL);
      LineTo(hdc, arrPoint[1].x, arrPoint[1].y);
      // 曲線終點到控制點2畫一條點線
      MoveToEx(hdc, arrPoint[2].x, arrPoint[2].y, NULL);
      LineTo(hdc, arrPoint[3].x, arrPoint[3].y);

      DeleteObject(SelectObject(hdc, GetStockObject(BLACK_PEN)));
      EndPaint(hwnd, &ps);
      return 0;
  }

  case WM_DESTROY:
      PostQuitMessage(0);
      return 0;
  }

  return DefWindowProc(hwnd, uMsg, wParam, lParam);
}
```

程式執行效果如圖 3.13 所示。

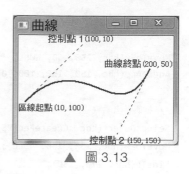
▲ 圖 3.13

PolyBezier 函數只是畫了一條曲線（圖中的實心黑線）。繪製控制線是程式的責任，一般的繪圖程式通常是滑鼠按住控制點 1 或 2 拖動可以調整曲線的形狀。這個過程看起來很簡單，只需要處理滑鼠按下、鬆開和滑鼠移動訊息，然後重新計算控制點座標，再次呼叫 PolyBezier 函數即可（曲線的起點和終點座標通常不會再改變）。讀者學習了第 4 章之後，完全可以根據自己的需求完成實用的貝茲曲線。為了精簡篇幅，之後很多範例程式我可能不列出完整原始程式碼，上例中沒有列出 WinMain 函數，是因為 WinMain 函數和以前相同。

PolyBezierTo 函數的參數和 PolyBezier 完全相同。PolyBezierTo 函數從當前位置到 apt 陣列提供的第 3 個點繪製一條貝茲曲線，使用第 1、2 個點作為控制點；對於每個後續曲線，函數也是需要 3 個點，使用前一條曲線的終點作為下一條曲線的起點。PolyBezierTo 函數將當前位置設定為最後一條貝茲曲線的終點。

AngleArc 函數繪製一條直線和一條弧線（一個正圓形邊框的一部分）。直線從當前位置繪製到弧線的開頭，弧線沿著指定半徑和圓心的圓的邊框線逆時鐘繪製（不受當前繪圖方向影響）。弧線的長度由給定的起始角度和掃描角度決定。

```
BOOL AngleArc(
HDC    hdc,           // 裝置環境控制碼
int    x,             // 圓心的 X 座標，邏輯單位
int    y,             // 圓心的 Y 座標，邏輯單位
DWORD  r,             // 圓的半徑，邏輯單位
FLOAT StartAngle,     // 相對於 X 軸的起始角度，單位是度
FLOAT SweepAngle);    // 掃描角度，即相對於起始角度 StartAngle 的角度，單位是度
```

AngleArc 函數會將當前位置設定為弧線的終點。

例如下面的程式：

```
MoveToEx(hdc, 250, 50, NULL);              // 設定當前位置
AngleArc(hdc, 150, 150, 100, 0, 270);      // 呼叫 AngleArc 函數進行繪製

// 繪製參考點線
SelectObject(hdc, CreatePen(PS_DOT, 1, RGB(0, 0, 0)));
MoveToEx(hdc, 150, 150, NULL);
LineTo(hdc, 270, 150);
MoveToEx(hdc, 150, 150, NULL);
LineTo(hdc, 150, 270);

DeleteObject(SelectObject(hdc, GetStockObject(BLACK_PEN)));
```

程式執行效果如圖 3.14 所示。

▲ 圖 3.14

PolyDraw 函數繪製一組直線和貝茲曲線，該函數可以用來代替對 MoveToEx、LineTo 和 PolyBezierTo 函數的連續呼叫，以繪製一系列圖形，即使形成了閉合圖形其內部也不會填充：

```
BOOL PolyDraw(
    HDC           hdc,  // 裝置環境控制碼
    const POINT *apt,  // 點結構陣列，包含每條直線的端點以及每條貝茲曲線的端點和控制點
    const BYTE   *aj,  // 一個陣列，每個陣列元素指定如何使用 apt 陣列中對應的每個點
    int           cpt); // apt 陣列中點的個數
```

參數 aj 中的每個陣列元素指定如何使用 apt 陣列中對應的每個點，該參數
如表 3.27 所示。

▼ 表 3.27

常數	含義
PT_MOVETO	從該點開始繪製，該點將成為新的當前位置
PT_LINETO	從當前位置到該點繪製一條直線，然後該點將成為新的當前位置
PT_BEZIERTO	該點是貝茲曲線的控制點或端點。PT_BEZIERTO 類型總是以 3 個一組出現，當前位置作為貝茲曲線的起點，前 2 個點是控制點，第 3 個點是終點，終點會變為新的當前位置

PT_LINETO 或 PT_BEZIERTO 還可以和 PT_CLOSEFIGURE 標識一起使用，
即 PT_LINETO | PT_CLOSEFIGURE 或 PT_BEZIERTO | PT_CLOSEFIGURE，表
示繪製完直線或貝茲曲線以後，直線或貝茲曲線的終點和最近使用 PT_MOVETO
的點之間會畫一條線，形成一個封閉區域，但其內部不會被填充。

還是上面的 PolyBezier 函數的範例，我們可以改寫為：

```
LRESULT CALLBACK WindowProc(HWND hwnd, UINT uMsg, WPARAM wParam, LPARAM lParam)
{
    HDC hdc;
    PAINTSTRUCT ps;
    POINT arrPoint[] = { 10,100, 100,10, 150,150, 200,50,
        10,100, 100,10, 150,150, 200,50 };          // 這4個點用於繪製控制線
    BYTE arrFlag[] = { PT_MOVETO, PT_BEZIERTO, PT_BEZIERTO, PT_BEZIERTO,
        PT_MOVETO, PT_LINETO, PT_MOVETO, PT_LINETO };

    switch (uMsg)
    {
    case WM_PAINT:
        hdc = BeginPaint(hwnd, &ps);
        PolyDraw(hdc, arrPoint, arrFlag, _countof(arrPoint));
        EndPaint(hwnd, &ps);
        return 0;

    case WM_DESTROY:
```

```
    PostQuitMessage(0);
    return 0;
    }


    return DefWindowProc(hwnd, uMsg, wParam, lParam);
}
```

效果是一樣的，只不過是貝茲曲線和控制線都是實心黑線，不能分別控制其樣式。

3.4 填充圖形

填充圖形，也叫填充形狀。有許多應用程式會用到填充圖形，例如試算表程式使用填充圖形來繪製圖表。填充圖形使用當前畫筆繪製邊框線，使用當前筆刷繪製內部的填充色。常見的填充圖形如表 3.28 所示。

▼ 表 3.28

填充圖形	所用函數	效果圖
直角矩形	Rectangle	
圓角矩形	RoundRect	
橢圓	Ellipse	
弦形或弓形	Chord	

（續表）

填充圖形	所用函數	效果圖
餅形	Pie	
多邊形	Polygon	
多個多邊形	PolyPolygon	

　　預設的 DC 使用 1 像素的黑色實心畫筆和白色筆刷，所以這些填充圖形的邊框線是 1 像素的實心黑線，內部填充為白色。為了能看出填充圖形的內部填充顏色，本節程式指定 WNDCLASSEX 結構的 hbrBackground 欄位為 COLOR_BTNFACE + 1（淺灰色視窗背景）。

　　Rectangle 函數用於繪製一個直角矩形，該函數既不使用也不更新當前位置：

```
BOOL Rectangle(
    _In_ HDC hdc,           // 裝置環境控制碼
    _In_ int nLeftRect,     // 矩形左上角的 X 座標，邏輯單位
    _In_ int nTopRect,      // 矩形左上角的 Y 座標，邏輯單位
    _In_ int nRightRect,    // 矩形右下角的 X 座標，邏輯單位
    _In_ int nBottomRect);  // 矩形右下角的 Y 座標，邏輯單位
```

　　RoundRect 函數繪製一個圓角矩形，該函數既不使用也不更新當前位置：

```
BOOL RoundRect(
    _In_ HDC hdc,           // 裝置環境控制碼
    _In_ int nLeftRect,     // 矩形左上角的 X 座標，邏輯單位
    _In_ int nTopRect,      // 矩形左上角的 Y 座標，邏輯單位
    _In_ int nRightRect,    // 矩形右下角的 X 座標，邏輯單位
    _In_ int nBottomRect,   // 矩形右下角的 Y 座標，邏輯單位
```

```
    _In_ int nWidth,          // 用於繪製圓角的橢圓的寬度，邏輯單位
    _In_ int nHeight);        // 用於繪製圓角的橢圓的高度，邏輯單位
```

可以把圓角矩形的圓角想像成是一個較小的橢圓，如圖 3.15 所示。

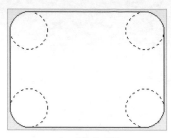

▲ 圖 3.15

　　這個小橢圓的寬度是 nWidth，高度是 nHeight，可以想像成 Windows 將這個小橢圓分成了 4 個象限，4 個圓角分別是該小橢圓的象限。當 nWidth 和 nHeight 的值較大時，對應的圓角顯得比較明顯；如果 nWidth 的值等於 nLeftRect 與 nRightRect 的差，並且 nHeight 的值等於 nTopRect 與 nBottomRect 的差，那麼 RoundRect 函數畫出來的就是一個橢圓，而非一個圓角矩形。圖 3.15 中在圓角矩形的長邊上的那部分圓角和短邊上的那部分圓角是相同大小的，因為使用了相同的 nWidth 和 nHeight 值，也可以把這兩個參數指定為不同的值，實現不同的效果。

　　Ellipse 函數在指定的邊界矩形內繪製橢圓，函數參數和 Rectangle 完全相同，該函數既不使用也不更新當前位置：

```
BOOL Ellipse(
    _In_ HDC hdc,             // 裝置環境控制碼
    _In_ int nLeftRect,       // 矩形左上角的 X 座標，邏輯單位
    _In_ int nTopRect,        // 矩形左上角的 Y 座標，邏輯單位
    _In_ int nRightRect,      // 矩形右下角的 X 座標，邏輯單位
    _In_ int nBottomRect);    // 矩形右下角的 Y 座標，邏輯單位
```

　　Chord 函數繪製一個弦形，由一個橢圓和一條直線的交點界定的區域，該函數既不使用也不更新當前位置：

```
BOOL Chord(
    _In_ HDC hdc,             // 裝置環境控制碼
    _In_ int nLeftRect,       // 邊界矩形左上角的 X 座標，邏輯單位
    _In_ int nTopRect,        // 邊界矩形左上角的 Y 座標，邏輯單位
    _In_ int nRightRect,      // 邊界矩形右下角的 X 座標，邏輯單位
    _In_ int nBottomRect,     // 邊界矩形右下角的 Y 座標，邏輯單位
    _In_ int nXRadial1,       // 弦起點的徑向端點的 X 座標，邏輯單位
    _In_ int nYRadial1,       // 弦起點的徑向端點的 Y 座標，邏輯單位
    _In_ int nXRadial2,       // 弦終點的徑向端點的 X 座標，邏輯單位
    _In_ int nYRadial2);      // 弦終點的徑向端點的 Y 座標，邏輯單位
```

弦形曲線部分的繪製和 Arc 函數類似，只不過 Chord 函數會閉合曲線的兩個
端點。點（nLeftRect,nTopRect）和（nRightRect,nBottomRect）指定邊界矩形，
邊界矩形內的橢圓定義了弦形的曲線。矩形中心到起點（nXRadial1,
nYRadial1）與橢圓的相交點作為弦形曲線的起點，矩形中心到終點（nXRadial2,
nYRadial2）與橢圓的相交點作為弦形曲線的終點，從弦形曲線的起點到終點沿
當前繪圖方向繪製，然後在弦形曲線的起點和終點之間繪製一條直線來閉合弦
形。如果起點和終點相同，則會繪製一個完整的橢圓形。具體請詳見圖 3.16。

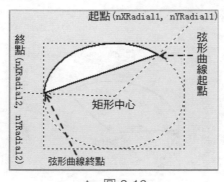

▲ 圖 3.16

DC 有一個當前繪圖方向屬性對 Chord 函數有影響，預設繪圖方向是逆時
鐘方向，可以呼叫 GetChordDirection 和 SetChordDirection 函數獲取和設定
DC 的當前繪圖方向。

　　Pie 函數繪製一個餅形，該函數的參數和 Chord 完全相同，只不過閉合方式不同，該函數既不使用也不更新當前位置：

```
BOOL Pie(
    _In_ HDC hdc,               // 裝置環境控制碼
    _In_ int nLeftRect,         // 邊界矩形左上角的 X 座標，邏輯單位
    _In_ int nTopRect,          // 邊界矩形左上角的 Y 座標，邏輯單位
    _In_ int nRightRect,        // 邊界矩形右下角的 X 座標，邏輯單位
    _In_ int nBottomRect,       // 邊界矩形右下角的 Y 座標，邏輯單位
    _In_ int nXRadial1,         // 餅形起點的徑向端點的 X 座標，邏輯單位
    _In_ int nYRadial1,         // 餅形起點的徑向端點的 Y 座標，邏輯單位
    _In_ int nXRadial2,         // 餅形終點的徑向端點的 X 座標，邏輯單位
    _In_ int nYRadial2);        // 餅形終點的徑向端點的 Y 座標，邏輯單位
```

　　點（nLeftRect,nTopRect）和（nRightRect,nBottomRect）指定邊界矩形，邊界矩形內的橢圓定義了餅形的曲線。矩形中心到起點（nXRadial1,nYRadial1）與橢圓的相交點作為餅形曲線的起點，矩形中心到終點（nXRadial2,nYRadial2）與橢圓的相交點作為餅形曲線的終點，從餅形曲線的起點到終點沿當前繪圖方向繪製，然後在矩形中心到餅形曲線的起點和終點之間分別繪製一條直線來閉合餅形。具體結合圖 3.17 理解。

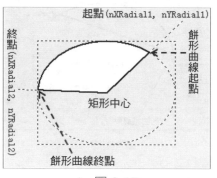

▲ 圖 3.17

　　可以看到，函數 Arc、Chord 和 Pie 都使用同樣的參數。同樣，Pie 函數會受當前繪圖方向的影響。

　　Polygon 函數與 Polyline 有點類似，該函數透過連接指定陣列中的點來繪製一條或多筆直線。如果陣列中的最後一個點與第一個點不同，則會額外繪製

一條線連接最後一個點與第一個點（Polyline 函數不會這麼做），形成一個多邊形，內部會被填充。該函數既不使用也不更新當前位置：

```
BOOL Polygon(
    _In_        HDC   hdc,          // 裝置環境控制碼
    _In_ const POINT *lpPoints,   // 點結構陣列，邏輯單位
    _In_        int   nCount);     // lpPoints 陣列中點的個數，必須大於或等於 2
```

參數 nCount 指定 lpPoints 陣列中點的個數，必須大於或等於 2。如果只是指定了 2 個點，那麼僅繪製一條直線。大家測試一下，把 Line 程式對 Polyline 函數的呼叫改為 Polygon，會發現 (10,220)，(110,200)，(210,220) 這 3 個點會形成一個多邊形，內部會被填充。

有一個問題，請看程式，我們繪製兩個五角形：

```
LRESULT CALLBACK WindowProc(HWND hwnd, UINT uMsg, WPARAM wParam, LPARAM lParam)
{
    HDC hdc;
    PAINTSTRUCT ps;
    POINT arrPt[] = { 0,  40, 100,40, 20, 100, 50, 0, 80, 100 };
    POINT arrPt2[] = { 120,40, 220,40, 140,100, 170,0, 200,100 };
    // X 座標相對於 arrPt 右移 120

    switch (uMsg)
    {
    case WM_PAINT:
        hdc = BeginPaint(hwnd, &ps);
        Polygon(hdc, arrPt, _countof(arrPt));

        // 設定多邊形填充模式為 WINDING
        SetPolyFillMode(hdc, WINDING);
        Polygon(hdc, arrPt2, _countof(arrPt2));
        EndPaint(hwnd, &ps);
        return 0;

    case WM_DESTROY:
        PostQuitMessage(0);
        return 0;
```

```
    }

    return DefWindowProc(hwnd, uMsg, wParam, lParam);
}
```

程式執行效果如圖 3.18 所示。

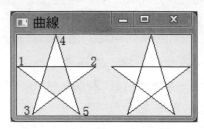

▲ 圖 3.18

為了方便大家辨識，我把 5 個點的先後順序標識出來了。可以看到，預設情況下五角形內部那個五邊形不會被填充；設定多邊形填充模式為 WINDING 以後，五角形內部那個五邊形會被填充。

在填充複雜的重疊多邊形的情況下，例如上面的五角形，不同的多邊形填充模式可能會導致內部填充方式的不同。SetPolyFillMode 函數為多邊形填充函數設定多邊形填充模式：

```
int SetPolyFillMode(
    _In_ HDC hdc,              // 裝置環境
    _In_ int iPolyFillMode);// 新的多邊形填充模式
```

參數 iPolyFillMode 指定新的多邊形填充模式，該參數如表 3.29 所示。

▼ 表 3.29

常數	含義
ALTERNATE	交替模式，預設值。對於 ALTERNATE 填充模式，要判斷一個封閉區域是否被填充，可以想像從這個封閉區域中的點向外部無窮遠處水平或垂直畫一條射線，只有該射線穿越奇數條邊框線時，封閉區域才會被填充

（續表）

常數	含義
WINDING	繞排模式。WINDING 模式在大多數情況下會填充所有封閉區域，但是也有例外。在 WINDING 模式下，要確定一個區域是否應該被填充，同樣可以假想從區域內的點畫一條伸向外部無窮遠處的水平或垂直射線，如果射線穿越奇數條邊框線，則區域被填充，這和 ALTERNATE 模式相同
	如果射線穿越偶數條邊框線，還要考慮到邊框線的繪製方向。在被穿越的偶數條邊框線中，不同方向的邊框線（相對於射線的方向）的數目如果相等，則區域不會被填充；不同方向的邊框線（相對於射線的方向）的數目如果不相等，則區域會被填充

為了讓大家理解多邊形填充模式，再看一種更複雜的情況，圖 3.19 中的箭頭表示畫線的方向。

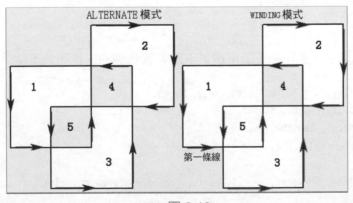

▲ 圖 3.19

WINDING 模式和 ALTERNATE 模式都會填充號碼為 1～3 的 3 個封閉的 L 型區域。兩個更小的內部區域號碼為 4 和 5，在 ALTERNATE 模式下不被填充。但是在 WINDING 模式下，號碼為 5 的區域會被填充，這是因為從區域的內部到達圖形的外部會穿越兩條相同方向的邊框線；號碼為 4 的區域不會被填充，這是因為射線會穿越兩條邊框線，但是這兩條邊框線的繪製方向相反。

PolyPolygon 函數在功能上相當於呼叫了多個 Polygon，也就是說繪製一系列多邊形，該函數既不使用也不更新當前位置：

```
BOOL PolyPolygon(
    _In_          HDC    hdc,         // 裝置環境控制碼
    _In_ const POINT *lpPoints,       // 點結構陣列，邏輯單位。可理解為是多個群組，一個群組畫
一個多邊形
    _In_ const INT    *lpPolyCounts,  // 整數陣列
    _In_          int    nCount);     // 群組的個數，也就是 lpPolyCounts 的陣列元素個數，即幾
個多邊形
```

參數 lpPolyCounts 是一個整數陣列，每個陣列元素用於指定每一個群組分別有幾個點，每一個群組的點個數必須大於或等於 2。每個多邊形都會通過從最後一個頂點到第一個頂點繪製一條直線來自動閉合多邊形，該函數同樣受多邊形填充模式影響。PolyPolygon 在功能上等於下面的程式：

```
for (int i = 0, iGroup = 0; i < nCount; i++)
{
    Polygon(hdc, lpPoints + iGroup, lpPolyCounts[i]);
    iGroup += lpPolyCounts[i];
}
```

舉個小例子，畫一個三菱車標，不過，我提供的座標可能不是很精確：

```
POINT arrPoint[] = { 50,66, 66,33, 50,0, 33,33,
    50,66, 17,66, 0,100, 33,100,
    50,66, 83,66, 100,100, 66,100 };
INT arrPolyCounts[] = { 4, 4, 4 };
// …………
PolyPolygon(hdc, arrPoint, arrPolyCounts, _countof(arrPolyCounts));
```

程式執行效果就是本節一開始列出的常見填充圖形函數表中 PolyPolygon 函數的效果圖。

可以看到，上面的函數都既不使用也不更新當前位置；填充圖形使用當前畫筆繪製邊框線，使用當前筆刷繪製內部的填充色。前面已經學習過建立邏輯畫筆和邏輯筆刷，我們可以建立各種不同樣式、寬度和顏色的畫筆，然後使用 SelectObject 函數將其選入 DC 中用於繪製邊框線；可以建立各種不同顏色、陰影樣式或圖案的筆刷，然後使用 SelectObject 函數將其選入 DC 中用於填充圖形內部。

一些矩形操作函數

在 GDI 程式設計中經常使用矩形，以下矩形函數在實際開發中可能會用到。矩形的座標值使用有號整數，矩形右側的座標值必須大於左側的座標值。同樣，矩形底部的座標值必須大於頂部的座標值。下面的所有矩形函數都使用邏輯單位。

SetRect 函數設定指定矩形的座標；CopyRect 函數將一個矩形的座標複製給另一個矩形，設定 rect2 = rect1；SetRectEmpty 函數用於把一個矩形的所有座標都設定為 0；IsRectEmpty 函數判斷一個矩形的大小是否為 0，即右側的座標是否小於或等於左側的座標，或底部的座標是否小於或等於頂部的座標，或同時小於或等於；EqualRect 函數判斷兩個矩形是否相同，即兩個矩形的左上角和右下角座標是否都相同，若兩個矩形的尺寸大小相同是不可以的，必須是座標完全相同。

```
BOOL SetRect(
    _Out_ LPRECT lprc,              // 要設定的矩形的 RECT 結構的指標
    _In_  int    xLeft,             // 指定矩形左上角的新 X 座標
    _In_  int    yTop,              // 指定矩形左上角的新 Y 座標
    _In_  int    xRight,            // 指定矩形右下角的新 X 座標
    _In_  int    yBottom);          // 指定矩形右下角的新 Y 座標
BOOL CopyRect(
    _Out_           LPRECT lprcDst, // 目標矩形的 RECT 結構的指標
    _In_  const RECT    *lprcSrc);  // 來源矩形的 RECT 結構的指標
BOOL SetRectEmpty(
    _Out_ LPRECT lprc);             // 要設定的矩形的 RECT 結構的指標
BOOL IsRectEmpty(
    _In_  const RECT *lprc);        // 要判斷的矩形的 RECT 結構的指標
BOOL EqualRect(
    _In_  const RECT *lprc1,        // 第一個矩形的 RECT 結構的指標
    _In_  const RECT *lprc2);       // 第二個矩形的 RECT 結構的指標
```

InflateRect 函數增加或減小一個矩形的寬度或高度，也可以同時增加或減小寬度和高度：

```
BOOL InflateRect(
    _Inout_ LPRECT lprc,     // 要設定的矩形的 RECT 結構的指標
```

```
    _In_    int    dx,        // 增加或減少矩形寬度的量,設定為負可以減小寬度
    _In_    int    dy);       // 增加或減少矩形高度的量,設定為負可以減小高度
```

Inflate 的字面意思是膨脹,該函數在矩形的左側和右側各增加 dx 單位,在頂部和底部各增加 dy 單位:

```
RECT rect = { 10, 10, 110, 110 }; // 矩形大小 100 × 100
// ············
InflateRect(&rect, 100, 100);      // 變為 rect = { -90, -90, 210, 210 } 矩形大小
300 × 300
InflateRect(&rect, -150, -150);    // 變為 rect = { 60, 60, 60, 60 } 矩形大小 0 × 0
```

OffsetRect 函數將矩形移動一定的量,大小不會改變:

```
BOOL OffsetRect(
    LPRECT lprc,      // 要移動的矩形的 RECT 結構的指標
    int    dx,        // 向左或向右移動的量,設定為負值可以向左移動
    int    dy);       // 向上或向下移動的量,設定為負值可以向上移動
```

為了幫助理解,請看程式:

```
RECT rect = { 10, 10, 110, 110 };
// ······
OffsetRect(&rect, 10, 20);    // rect = { 20,  30,  120, 130 }  100 × 100
OffsetRect(&rect, -50, -50);  // rect = { -30, -20, 70,  80  }  100 × 100
```

PtInRect 函數用於判斷一個點是否位於指定的矩形內,這個函數經常使用:

```
BOOL PtInRect(
    const RECT *lprc,    // 矩形的 RECT 結構的指標
    POINT      pt);      // 點結構
```

IntersectRect 函數計算兩個來源矩形的交集,並將交集矩形的座標放入目標矩形參數:

```
BOOL IntersectRect(
    LPRECT     lprcDst,      // 目標矩形的 RECT 結構的指標
    const RECT *lprcSrc1,    // 來源矩形 1 的 RECT 結構的指標
    const RECT *lprcSrc2);   // 來源矩形 2 的 RECT 結構的指標
```

如果兩個來源矩形不相交，則將一個空矩形（所有座標都設定為 0）放置到目標矩形中，如圖 3.20 所示。

UnionRect 函數計算兩個來源矩形的聯集，結果如圖 3.21 所示：

```
BOOL UnionRect(
    LPRECT      lprcDst,       // 目標矩形的 RECT 結構的指標
    const RECT *lprcSrc1,      // 來源矩形 1 的 RECT 結構的指標
    const RECT *lprcSrc2);     // 來源矩形 2 的 RECT 結構的指標
```

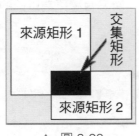

▲ 圖 3.20

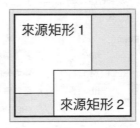

▲ 圖 3.21

來源矩形 1 和來源矩形 2 的聯集就是實心黑線範圍的大矩形，聯集的結果是包含兩個來源矩形的最小矩形，而不會是一個不規則的形狀。

SubtractRect 函數從一個矩形中減去另一個矩形：

```
BOOL SubtractRect(
    LPRECT      lprcDst,       // 存放相減結果的矩形的 RECT 結構的指標
    const RECT *lprcSrc1,      // 來源矩形 1 的 RECT 結構的指標，函數從該結構中減去
                               // lprcSrc2 指向的矩形
    const RECT *lprcSrc2);     // 來源矩形 2 的 RECT 結構的指標
```

有一點需要注意，請看圖 3.22。

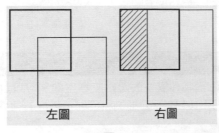

▲ 圖 3.22

　　圖中粗邊框的矩形為來源矩形 1，細邊框的矩形為來源矩形 2，左圖中來源矩形 1 減來源矩形 2 的結果還是來源矩形 1；右圖中來源矩形 1 減來源矩形 2 的結果則是陰影填充那個小矩形，即無法只減去一個小角，和 UnionRect 函數的道理相同，結果不會是一個不規則形狀。

　　FillRect 函數使用指定的筆刷填充矩形；FrameRect 函數使用指定的筆刷繪製矩形的邊框，一般都是使用畫筆繪製邊框線，使用筆刷繪製邊框線比較少見；InvertRect 函數透過對矩形每個像素的顏色值執行邏輯非運算來反轉矩形的邊框和內部填充顏色，對同一個矩形呼叫 InvertRect 兩次又會還原為以前的顏色。

```
int FillRect(
    HDC         hDC,        // 裝置環境控制碼
    const RECT *lprc,       // 要填充的矩形的 RECT 結構的指標
    HBRUSH      hbr);       // 用於填充矩形的邏輯筆刷控制碼，或標準系統色彩，例如
                            // (HBRUSH)(COLOR_BTNFACE + 1)
int FrameRect(
    HDC         hDC,        // 裝置環境控制碼
    const RECT *lprc,       // 要繪製邊框線的矩形的 RECT 結構的指標
    HBRUSH      hbr);       // 用於繪製邊框線的筆刷控制碼
BOOL InvertRect(
    HDC         hDC,        // 裝置環境控制碼
    const RECT *lprc);      // 要反轉顏色的矩形的 RECT 結構的指標
```

3.5 邏輯座標與裝置座標

　　座標空間是一個二維笛卡爾座標系，透過使用相互垂直的兩個參考軸來定位二維物件。系統中有四層座標空間：世界、頁面、裝置和物理裝置（客戶區、桌面或打印紙頁面），如表 3.30 所示。

▼ 表 3.30

座標空間	描述
世界座標空間	可選，用作圖形物件變換的起始座標空間，可以對圖形物件進行平移、縮放、旋轉、剪下（傾斜、變形）和反射（鏡像）。世界座標空間高 2^{23} 單位，寬 2^{23} 單位

（續表）

座標空間	描述
頁面座標空間	用作世界座標空間之後的下一個座標空間，或圖形變換的起始座標空間，該座標空間可以設定映射模式。頁面座標空間也是高 2^{23} 單位，寬 2^{23} 單位
裝置座標空間	用作頁面座標空間之後的下一個座標空間，該座標空間只允許平移操作，這樣可以確保裝置座標空間的原點映射到物理裝置座標空間中的正確位置。裝置座標空間高 2^{27} 個單位，寬 2^{27} 個單位
物理裝置座標空間	圖形物件變換的最終（輸出）空間，通常指應用程式視窗的客戶區，也可以是整個桌面、全視窗（整個程式視窗，包括標題列、功能表列、客戶區、邊框等）或一頁印表機或繪圖器紙張，具體取決於獲取的是哪一種 DC

　　本節的話題比較抽象，但是相信讀者透過閱讀已經掌握了不少。世界座標空間是可選的，所以只是簡介一下，頁面座標空間、裝置座標空間以及映射模式是需要我們學習的。

　　世界座標空間和頁面座標空間都稱為邏輯座標空間，這兩種座標空間配合使用，為應用程式提供與裝置無關的單位，如毫米和英吋。系統使用變換技術將一個矩形區域從一個座標空間複製（或映射）到下一個座標空間，直到輸出全部顯示在物理裝置上，變換是一種改變物件大小、方向和形狀的演算法。一些工程或機械繪圖類程式使用像素作為繪圖單位是不合適的，因為像素的大小因裝置而異（例如一個手機螢幕解析度可能高達 2560 × 1440，而一個 14 寸筆記型電腦才 1366 × 768，高切割畫面 14 寸筆記型電腦可能是 1920 × 1080），所以這類程式一般使用與裝置無關的單位（例如毫米、英吋）。這類程式通常也使用變換技術，例如 CAD 程式的旋轉物件、縮放圖形或建立視圖等功能。

3.5.1　世界座標空間到頁面座標空間的變換

　　DC 預設執行在相容圖形模式下。相容圖形模式只支援一種邏輯座標空間，即頁面座標空間，而不支援世界座標空間。如果應用程式需要支援世界座標空間，就必須呼叫 SetGraphicsMode（hdc, GM_ADVANCED）函數改變 DC 的圖形模式為高級圖形模式，這樣一來，DC 就支援兩層邏輯座標空間：世界座標空間和頁面座標空間以及兩種座標空間之間的變換矩陣。世界座標空間到頁面座標空間的變換支援平移、縮放、旋轉、剪下（傾斜、變形）和反射（鏡像）等功能，這都是透過呼叫 SetWorldTransform 函數實現的。呼叫該函數以後，映射將從世界座標空間開始；不然映射將從頁面座標空間開始。

SetWorldTransform 函數為指定的 DC 設定世界座標空間和頁面座標空間之間的二維線性變換，該函數使用的是邏輯單位：

```
BOOL SetWorldTransform(
    _In_        HDC     hdc,        // 裝置環境控制碼
    _In_ const XFORM *lpXform); // 包含變換資料的 XFORM 結構的指標
```

參數 lpXform 是一個指向 XFORM 結構的指標，包含世界座標空間到頁面座標空間變換的資料，XFORM 結構在 wingdi.h 標頭檔中定義如下：

```
typedef struct  tagXFORM
{
    FLOAT   eM11;
    FLOAT   eM12;
    FLOAT   eM21;
    FLOAT   eM22;
    FLOAT   eDx;
    FLOAT   eDy;
} XFORM, *PXFORM, FAR *LPXFORM;
```

這 6 個欄位組成了一個 2 × 3 矩陣，不同的操作需要設定不同的欄位，如表 3.31 所示。

▼ 表 3.31

操作	eM11	eM12	eM21	eM22	eDx	eDy	演算法
相等	1	0	0	1	0	0	x' = x, y' = y
平移	1	0	0	1	dx	dy	x' = x + dx, y' = y + dy
縮放	mx	0	0	my	0	0	x' = mx × x, y' = my × y
旋轉	cos(t)	sin(t)	-sin(t)	cos(t)	0	0	x' = cos(t) × x-sin(t) × y, y' = sin(t) × x + cos(t) × y; 逆時鐘旋轉 t 度

（續表）

操作	eM11	eM12	eM21	eM22	eDx	eDy	演算法
剪下	1	s	0	1	0	0	$x' = x + s \times y$, $y' = y$; x' 與 y 成一定的比例
反射	-1	0	0	-1	0	0	$x' = -x$, $y' = -y$

接下來讓我們看一下不同變換的效果。對於 WorldPage 程式，讀者分別用 NORMAL、TRANSLATE、SCALE、ROTATE、SHEAR、REFLECT 為參數呼叫 TransformAndDraw 函數，看一下相等、平移、縮放、旋轉、剪下、反射的效果，在學習了頁面座標空間到裝置座標空間的變換以後就可以讀懂本程式。完整程式請參考 Chapter3\WorldPage 專案。

3.5.2 頁面座標空間到裝置座標空間的變換

頁面座標空間到裝置座標空間的變換決定了與 DC 連結的所有圖形輸出的映射模式。映射模式指定用於繪圖操作的邏輯單位的大小。Windows 提供了 8 種映射模式，如表 3.32 所示。

▼ 表 3.32

映射模式	邏輯單位	X、Y 軸正方向
MM_TEXT	頁面空間中的每個邏輯單位都映射到一個像素，也就是說，根本不執行縮放，這種映射模式下的頁面空間相當於裝置空間	X 座標軸從左向右增加 Y 座標軸從上到下增加
MM_HIENGLISH	頁面空間中的每個邏輯單位映射到裝置空間中的 0.001 英吋	X 座標軸從左向右增加 Y 座標軸從下到上增加
MM_LOENGLISH	頁面空間中的每個邏輯單位映射到裝置空間中的 0.01 英吋	X 座標軸從左向右增加 Y 座標軸從下到上增加
MM_HIMETRIC	頁面空間中的每個邏輯單位映射到裝置空間中的 0.01 毫米	X 座標軸從左向右增加 Y 座標軸從下到上增加
MM_LOMETRIC	頁面空間中的每個邏輯單位映射到裝置空間中的 0.1 毫米	X 座標軸從左向右增加 Y 座標軸從下到上增加

映射模式	邏輯單位	X、Y軸正方向
MM_TWIPS	頁面空間中的每個邏輯單位映射到一個點的二十分之一（1/1440 英吋）	X 座標軸從左向右增加 Y 座標軸從下到上增加
MM_ISOTROPIC	頁面空間中的每個邏輯單位映射到裝置空間中應用程式定義的單元	座標軸總是等量縮放 座標軸的方向由應用程式指定
MM_ANISOTROPIC	頁面空間中的每個邏輯單位映射到裝置空間中應用程式定義的單元	座標軸不一定等量縮放 座標軸的方向由應用程式指定

單字 METRIC（公制）和 ENGLISH（英制）指的是兩種比較通用的測量系統，LO 和 HI 是低（Low）和高（High），指的是精度的高低。在排版中，一個點是一個基本測量單位，大約為 1/72 英吋，但是在圖形程式設計中，通常假設它正好是 1/72 英吋，一個 Twip 是 1/20 點，也就是 1/1440 英吋。ISOTROPIC 和 ANISOTROPIC 的意思分別是各向同性和各向異性。

前 6 種映射模式屬於系統預先定義映射模式，MM_ISOTROPIC 和 MM_ANISOTROPIC 屬於程式自訂映射模式。在 6 種預先定義的映射模式中，一種依賴於裝置（MM_TEXT），其餘（MM_HIENGLISH、MM_LOENGLISH、MM_HIMETRIC、MM_LOMETRIC、MM_TWIPS）稱為度量映射模式，度量映射模式獨立於裝置，即與裝置無關。

在 6 種預先定義的映射模式中，X 座標軸都是從左向右增加；除了 MM_TEXT 映射模式 Y 座標軸從上到下增加以外，其餘 5 種的 Y 座標軸都是從下到上增加。

要設定映射模式，需要呼叫 SetMapMode 函數；呼叫 GetMapMode 函數可以獲取 DC 的當前映射模式：

```
int SetMapMode(
    _In_ HDC hdc,              // 裝置環境控制碼
    _In_ int fnMapMode);       // 8 種映射模式之一
int GetMapMode(_In_ HDC hdc);  // 裝置環境控制碼
```

前面曾多次提到過邏輯座標和邏輯單位的概念，預設的頁面座標空間到裝置座標空間變換的映射模式是 MM_TEXT。1 個邏輯單位就等於 1 像素，X 座標軸從左向右增加，Y 座標軸從上到下增加，這種映射模式直接映射到裝置的座標系。回憶一下 HelloWindows 程式輸出文字的那句 TextOut 呼叫：TextOut(hdc, 10, 10, szStr, _tcslen(szStr));，文字起始於距離客戶區左上角向右 10 像素、向下 10 像素處。

如果設定為 MM_LOENGLISH 映射模式，每個邏輯單位將映射為裝置座標空間中的 0.01 英吋（1 英吋 ≈ 2.54 公分）：

```
SetMapMode(hdc, MM_LOENGLISH);
TextOut(hdc, 100, -100, szStr, _tcslen(szStr));
```

文字起始於距離客戶區左上角向右 1 英吋，向下 1 英吋處；Y 座標使用負值，因為在 MM_ LOENGLISH 映射模式下，Y 座標軸從下到上增加。

如果不需要實現一些變換效果，大部分 Windows 程式可能不需要呼叫 SetGraphicsMode（hdc, GM_ADVANCED）啟用世界座標空間，也不需要 MM_ TEXT 以外的映射模式，因為以像素為單位操作起來很方便。有些程式可能需要與裝置無關的映射模式（例如度量映射模式 MM_HIENGLISH、MM_LOENGLISH、MM_HIMETRIC、MM_LOMETRIC、MM_TWIPS），假設試算表程式提供圖表功能，如果希望每個圓形圖的直徑為 2 英吋，那麼可以使用 MM_LOENGLISH 映射模式並呼叫繪圖函數來繪製圖表，這樣一來圖表的直徑在任何顯示器或印表機上都是一致的，前面說過像素的大小因裝置而異。

幾乎所有需要一個 DC 控制碼 hdc 參數的 GDI 函數，都是使用邏輯單位。具體一個邏輯單位映射為多少像素或度量單位，取決於映射模式。也有個別不需要 DC 控制碼的函數，例如建立畫筆的 CreatePen 函數也是使用邏輯單位。

1．裝置座標系統

講到這裡，不得不說明裝置座標空間到物理裝置座標空間的變換問題。裝置座標空間到物理裝置座標空間的變換是由 Windows 控制的，沒有設定裝置座標空間到物理裝置座標空間變換的函數，也沒有獲取相關資料的函數，這種變換的唯一目的是確保裝置座標空間的原點映射到物理裝置上的適當位置。裝置座標空間到物理裝置座標空間（客戶區、桌面或印表機紙張）的變換始終是一對一映射，它確保無論程式視窗在桌面上移動到何處，圖形輸出都可以正確顯示在應用程式的視窗中。本書認為裝置座標空間近似等於物理裝置座標空間。

映射模式是 DC 的一種屬性，只有當使用以 DC 控制碼作為參數的 GDI 函數時，才存在映射模式的概念，因此幾乎所有的非 GDI 函數都使用裝置座標。

在圖形物件最終輸出之前，Windows 會把在 GDI 函數中指定的邏輯座標轉為裝置座標。

在 Windows 中有 3 種裝置座標系統：螢幕座標、全視窗座標和客戶區座標。注意，在所有的裝置座標系統中，都是以像素為單位，水平方向上 X 值從左向右增加，垂直方向上 Y 值從上往下增加。

- 螢幕座標：很多函數的操作都是相對於螢幕的，比如建立一個程式視窗的 CreateWindowEx 函數，獲取一個視窗位置、大小的 GetWindowRect 函數，獲取游標位置的 GetCursorPos 函數，MSG 結構的 pt 欄位（訊息發生時的游標位置）等，都是使用螢幕座標。

- 全視窗座標：全視窗座標在 Windows 中用得不多，呼叫 GetWindowDC 函數獲取的 DC 的原點是視窗的左上角而非客戶區左上角。

- 客戶區座標：這是最常使用的裝置座標系統，呼叫 GetDC 或 BeginPaint 函數獲取的 DC 的原點是客戶區左上角。

可以呼叫 ClientToScreen 函數把客戶區座標轉為螢幕座標，呼叫 ScreenToClient 函數把螢幕座標轉為客戶區座標：

```
BOOL ClientToScreen(
    _In_    HWND    hWnd,    // 視窗控制碼
    _Inout_ LPPOINT lpPoint);// 要轉換的客戶區座標的點結構，函數傳回後螢幕座標將被複製到該
結構中
BOOL ScreenToClient(
    _In_ HWND    hWnd,       // 視窗控制碼
    _Inout_ LPPOINT lpPoint);// 要轉換的螢幕座標的點結構，函數傳回後客戶區座標將被複製到
該結構中
```

GetWindowRect 函數獲取指定視窗的尺寸，尺寸以螢幕座標表示，相對於螢幕左上角：

```
BOOL WINAPI GetWindowRect(
    _In_  HWND   hWnd,        // 視窗控制碼
    _Out_ LPRECT lpRect);     // 接收視窗左上角和右下角螢幕座標的 RECT 結構
```

全視窗座標是相對於一個程式視窗的。如果想將一組點從相對於一個視窗的座標空間轉換（映射）到相對於另一個視窗的座標空間，則可以呼叫 MapWindowPoints 函數：

```
int MapWindowPoints(
    _In_    HWND    hWndFrom,
    _In_    HWND    hWndTo,
    _Inout_ LPPOINT lpPoints,   // 指向 POINT 結構陣列的指標，其中包含要轉換的點
    _In_    UINT    cPoints);   // lpPoints 參數指向的陣列中 POINT 結構的數量
```

MapWindowPoints 函數將相對於 hWndFrom 指定的程式視窗的一組座標點轉換到相對於 hWndTo 指定的程式視窗的一組座標點。hWndFrom 和 hWndTo 參數如果設定為 NULL 或 HWND_DESKTOP，則表示桌面控制碼。

2 · 視窗和視埠

映射模式定義了 Windows 如何將 GDI 函數中指定的邏輯座標映射到裝置座標，這裡的裝置座標系統取決於獲取 DC 控制碼所用的函數。

到目前為止，本書中"視窗"一詞恐怕是出現次數最多的，讀者都明白視窗的含義，但是本節討論的視窗卻是另外的含義。視窗指的是頁面座標空間的邏輯座標系，視窗以邏輯座標表示（可能是像素、毫米、英吋等）；視埠指的是裝置座標空間的裝置座標系，視埠以裝置座標（像素）表示。視窗和視埠分別由原點、水平（X）範圍和垂直（Y）範圍組成，即視窗原點、視窗水平範圍、視窗垂直範圍、視埠原點、視埠水平範圍、視埠垂直範圍、系統根據視窗和視埠的原點、範圍來進行頁面座標空間到裝置座標空間的變換。系統將視窗原點映射到視埠原點，視窗範圍映射到視埠範圍，如圖 3.23 所示。

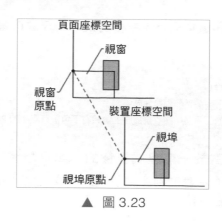

▲ 圖 3.23

　　視埠指的是裝置座標空間的裝置座標系，通常是客戶區座標，也可以是螢幕座標或全視窗座標，這取決於獲取 DC 控制碼所用的函數。

　　對於所有的映射模式，Windows 使用下面的公式將視窗（邏輯）座標轉為視埠（裝置）座標：

```
xViewport = (xWindow - xWinOrg) × xViewExt / xWinExt + xViewOrg;
yViewport = (yWindow - yWinOrg) × yViewExt / yWinExt + yViewOrg;
```

　　其中，點（xWindow, yWindow）是一個待轉換的視窗邏輯點座標，是邏輯單位；點（xViewport, yViewport）是轉換以後的視埠裝置點座標，是裝置單位，大多數情況下是客戶區座標。點（xWinOrg, yWinOrg）是邏輯座標系下的視窗原點，點（xViewOrg, yViewOrg）是裝置座標系下的視埠原點，在預設情況下這兩個點都被設定為 (0,0)，但是可以改變它們。（xWinExt, yWinExt）是邏輯座標系下的視窗範圍；（xViewExt, yViewExt）是裝置座標系下的視埠範圍。在大多數的映射模式中，範圍是由映射方式所隱含的，不能改變，每個範圍本身並沒有多大意義，但是可以看到邏輯單位轉為裝置單位的換算因數是視埠範圍和視窗範圍的比例。視窗原點和視埠原點都可以改變，但不變的是視窗原點（xWinOrg, yWinOrg），它總是會被映射到視埠原點（xViewOrg, yViewOrg）。

　　如果視窗和視埠的原點都停留在它們的預設值 (0,0) 上，則公式可以簡化如下：

```
xViewport = xWindow × xViewExt / xWinExt;
yViewport = yWindow × yViewExt / yWinExt;
```

　　為了加深理解，先介紹幾個函數，然後舉一個例子。GetWindowExtEx 函數可以獲取指定 DC 的當前視窗的 X 範圍和 Y 範圍，GetViewportExtEx 函數可以獲取指定 DC 的當前視埠的 X 範圍和 Y 範圍：

```
BOOL GetWindowExtEx(
    _In_  HDC    hdc,        // 裝置環境控制碼
    _Out_ LPSIZE lpSize);    // 接收視窗 X 範圍和 Y 範圍的 SIZE 結構的指標，邏輯單位
BOOL GetViewportExtEx(
    _In_  HDC    hdc,        // 裝置環境控制碼
    _Out_ LPSIZE lpSize);    // 接收視埠 X 範圍和 Y 範圍的 SIZE 結構的指標，裝置單位
```

　　GetDeviceCaps 函數可以獲取一些裝置資訊：

```
int GetDeviceCaps(
    _In_ HDC hdc,            // 裝置環境控制碼
    _In_ int nIndex);        // 索引
```

　　參數 nIndex 指定索引，可用的索引值有 37 個，常用的值及含義如表 3.33 所示。

▼ 表 3.33

常數	含義
HORZRES	螢幕的寬度（像素），對於印表機則是頁面可列印範圍的寬度
VERTRES	螢幕的高度（像素），對於印表機則是頁面可列印範圍的高度
HORZSIZE	螢幕的物理寬度（毫米）
VERTSIZE	螢幕的物理高度（毫米）
LOGPIXELSX	沿螢幕寬度每邏輯英吋的像素數
LOGPIXELSY	沿螢幕高度每邏輯英吋的像素數
PLANES	顏色平面數
BITSPIXEL	每個像素的相鄰顏色位數

我的筆記型電腦是 14 英吋 1366 × 768 解析度，設定映射模式為 MM_
LOENGLISH，看一看視窗範圍和視埠範圍：

```
// 獲取裝置資訊
nHorzRes = GetDeviceCaps(hdc, HORZRES);      // 1366 像素
nVertRes = GetDeviceCaps(hdc, VERTRES);      // 768 像素
nHorzSize = GetDeviceCaps(hdc, HORZSIZE);    // 309 毫米
nVertSize = GetDeviceCaps(hdc, VERTSIZE);    // 174 毫米


SetMapMode(hdc, MM_LOENGLISH);
GetWindowExtEx(hdc, &size);                   // { cx=1217 cy=685 }
GetViewportExtEx(hdc, &size);                 // { cx=1366 cy=-768 }
```

- GetWindowExtEx 函數獲取的視窗的 X 範圍和 Y 範圍分別是 1217 和 685
  個 0.01 英吋，1 英吋（in）≈ 25.4 毫米（mm）：

  309 × 100 / 25.4 = 1216.535 個 0.01 英吋

  174 × 100 / 25.4 = 685.039 個 0.01 英吋

  可知，當使用 MM_LOENGLISH 映射模式時，Windows 將 xViewExt 設定
  為水平像素數，xWinExt 表示以 0.01 英吋為單位被 xViewExt 像素佔據的
  長度，它們的比例（xViewExt / xWinExt）表示每 0.01 英吋的像素數。為
  了提高轉換性能，比例因數表示為整數，而非浮點數。

- GetViewportExtEx 函數獲取的視埠的 X 範圍和 Y 範圍分別是 1366 像素
  和 -768 像素，-768 表示 Y 邏輯座標軸從下到上增加。

下面的公式可以將視埠（裝置）座標轉為視窗（邏輯）座標：

```
xWindow = (xViewport - xViewOrg) × xWinExt / xViewExt + xWinOrg;
yWindow = (yViewport - yViewOrg) × yWinExt / yViewExt + yWinOrg;
```

Windows 提供了兩個函數在裝置座標與邏輯座標之間轉換。DPtoLP 函數
將裝置座標轉為邏輯座標，LPtoDP 函數將邏輯座標轉為裝置座標：

```
BOOL DPtoLP(
    _In_   HDC    hdc,          // 裝置環境控制碼
```

```
    _Inout_ LPPOINT lpPoints,    // 點結構陣列的指標，將轉換每個點結構中包含的 X 和 Y 座標
    _In_    int     nCount);     // 點結構的個數
BOOL LPtoDP(
    _In_    HDC     hdc,
    _Inout_ LPPOINT lpPoints,
    _In_    int     nCount);
```

例如：

```
SetMapMode(hdc, MM_LOENGLISH);
GetClientRect(hwnd, &rect);     // {LT(0, 0) RB(384, 261)    [384 x 261]}
DPtoLP(hdc, (LPPOINT)&rect, 2); // {LT(0, 0) RB(342, -233)   [342 x -233]}
TextOut(hdc, rect.right / 2, rect.bottom / 2, TEXT(" 映射模式 "),_tcslen(TEXT
(" 映射模式 ")));
```

文字會從客戶區中間開始輸出。GetClientRect 函數獲取的客戶區大小為 [384 × 261]，經過 DPtoLP 函數轉換以後變為 [342 ×-233]，-233 的負號大家應該懂了，但是客戶區矩形尺寸怎麼發生變化了呢？因為一個是裝置單位，一個是邏輯單位。

前面説過，在所有的裝置座標系統中，都是以像素為單位。水平方向上 X 值從左向右增加，垂直方向上 Y 值從上往下增加。雖然已經設定為 MM_LOENGLISH 映射模式，GetClientRect 函數獲取的裝置座標（客戶區座標）還是水平方向上 X 值從左向右增加，垂直方向上 Y 值從上往下增加；轉為邏輯座標以後則是水平方向上 X 值從左向右增加，垂直方向上 Y 值從下往上增加。

3．預設的 MM_TEXT 映射模式

預設的頁面座標空間到裝置座標空間變換的映射模式是 MM_TEXT，1 個邏輯單位映射為 1 像素，正 X 在右邊，正 Y 在下面，這種映射模式直接映射到裝置的座標系。在 MM_TEXT 映射模式下，預設的視窗、視埠原點和範圍如下：

```
視窗原點：(0, 0) 可以改變
視埠原點：(0, 0) 可以改變
視窗範圍：(1, 1) 不可改變
視埠範圍：(1, 1) 不可改變
```

視窗和視埠範圍都設定為 1，不可改變，即建立一對一映射，在邏輯座標和裝置座標之間沒有執行縮放；視窗原點和視埠原點可以改變，即邏輯座標到裝置座標的變換支援平移。

MM_TEXT 稱為文字映射模式，這是因為座標軸的方向與文字讀寫類似，我們讀文字的順序是從左到右、從上到下，MM_TEXT 以同樣的方式定義座標軸上值的增長方向，如圖 3.24 所示。

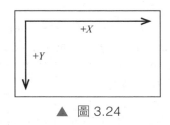

▲ 圖 3.24

前面給出的視窗（邏輯）座標轉為視埠（裝置）座標的公式可以簡化為以下形式：

```
xViewport = xWindow - xWinOrg + xViewOrg;
yViewport = yWindow - yWinOrg + yViewOrg;
```

MM_TEXT 映射模式下的視窗原點和視埠原點都可以改變，可以透過 SetWindowOrgEx 函數和 SetViewportOrgEx 函數來改變視窗原點和視埠原點。SetWindowOrgEx 函數把指定的視窗邏輯座標點映射到視埠原點 (0,0)，然後邏輯點 (0,0) 不再指向客戶區左上角；SetViewportOrgEx 函數把指定的視埠裝置座標點映射到視窗原點 (0,0)，然後邏輯點 (0,0) 不再指向客戶區左上角。

```
BOOL SetWindowOrgEx(
    _In_  HDC     hdc,        // 裝置環境控制碼
    _In_  int     X,          // 新視窗原點的 X 座標，邏輯單位
    _In_  int     Y,          // 新視窗原點的 Y 座標，邏輯單位
    _Out_ LPPOINT lpPoint);   // 在這個 POINT 結構中傳回視窗的上一個原點
BOOL SetViewportOrgEx(
    _In_  HDC     hdc,        // 裝置環境控制碼
    _In_  int     X,          // 新視埠原點的 X 座標，裝置單位
    _In_  int     Y,          // 新視埠原點的 Y 座標，裝置單位
    _Out_ LPPOINT lpPoint);   // 在這個 POINT 結構中傳回視埠的上一個原點
```

　　換句話說，如果將視窗原點改為（xWinOrg, yWinOrg），邏輯點（xWinOrg, yWinOrg）將被映射到裝置點 (0,0)，即客戶區左上角；如果將視埠原點改為（xViewOrg, yViewOrg），那麼邏輯點 (0,0) 將被映射到裝置點（xViewOrg, yViewOrg）。視窗原點始終會映射到視埠原點。

　　SetWindowOrgEx 和 SetViewportOrgEx 函數的作用是平移座標軸，這兩個函數只使用一個即可，應該儘量避免兩個函數同時使用。不管怎麼呼叫 SetWindowOrgEx 或 SetViewportOrgEx 函數改變視窗或視埠原點，裝置點 (0,0) 始終是客戶區左上角，但是 GDI 圖形輸出函數使用的是邏輯座標。

　　舉個例子，假設客戶區寬度為 cxClient 像素，高度為 cyClient 像素，如果想定義邏輯點 (0,0) 為客戶區的中心，可以這樣做：

```
SetViewportOrgEx(hdc, cxClient / 2, cyClient / 2, NULL);
```

　　SetViewportOrgEx 函數的 X、Y 參數均是裝置單位，上面的函數呼叫表示將邏輯點 (0,0) 映射到裝置點（cxClient/2, cyClient/2）。現在的邏輯座標系（是說邏輯座標）如圖 3.25 所示。

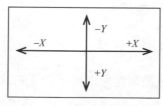

▲ 圖 3.25

　　邏輯 X 軸的範圍是 cxClient/2 ～ cxClient/2，邏輯 Y 軸的範圍是 -cyClient/2 ～ cyClient/2，客戶區右下角的邏輯座標為（cxClient/2, cyClient/2）。如果想在客戶區的左上角，也就是裝置座標點 (0,0) 處開始顯示文字，則需要使用負的邏輯座標：

```
TextOut(hdc, -cxClient / 2, -cyClient / 2, TEXT("Hello MM_TEXT"),
_tcslen(TEXT("Hello MM_TEXT")));
```

因為使用裝置單位比較方便，所以我個人傾向於使用 SetViewportOrgEx 函數，當然可以透過呼叫 SetWindowOrgEx 函數取得相同的效果，把邏輯點（-cxClient/2,-cyClient/2）映射到視埠原點 (0,0)，也就是客戶區的左上角：

```
SetWindowOrgEx(hdc, -cxClient / 2, -cyClient / 2, NULL); // MM_TEXT 映射模式下 1 個邏輯單位
就是 1 像素
```

SetViewportOrgEx 函數的 X、Y 參數均是邏輯單位，但是在 MM_TEXT 映射模式下 1 個邏輯單位映射為 1 像素，預設的頁面座標空間到裝置座標空間變換的映射模式就是 MM_TEXT。如果需要使用 MM_TEXT 映射模式，則不需要呼叫 SetMapMode(hdc, MM_TEXT);。

SetWindowOrgEx 和 SetViewportOrgEx 函數的作用是平移座標軸，回應捲軸捲動請求的時候，可以透過呼叫這兩個函數達到捲動客戶區內容的目的。開啟 SystemMetrics2 專案，在 WM_PAINT 訊息中是這樣根據垂直捲軸的當前位置輸出文字的：

```
for (int i = 0; i < NUMLINES; i++)
{
    y = s_iHeight * (i - s_iVscrollPos);
    // 輸出文字
}
```

呼叫 SetWindowOrgEx 函數也可以獲得同樣的效果：

```
SetWindowOrgEx(hdc, 0, s_iHeight * s_iVscrollPos, NULL);
for (int i = 0; i < NUMLINES; i++)
{
    y = s_iHeight * i;
    // 輸出文字
}
```

4．度量映射模式

在 6 種系統預先定義的映射模式中，MM_TEXT 依賴於裝置，其餘 5 種（MM_HIENGLISH、MM_LOENGLISH、MM_HIMETRIC、MM_LOMETRIC、

MM_TWIPS）稱為度量映射模式，度量映射模式提供了與裝置無關的邏輯單位。MM_TEXT 映射模式 Y 座標軸從上到下增加，度量映射模式的 Y 座標軸都是從下到上增加的。有些程式可能需要與裝置無關的度量映射模式，例如 CAD 程式通常以毫米為單位。

這 5 種映射模式按照從低精度到高精度依次如表 3.34 所示。為了對照，最後一列以毫米（mm）為單位表示了該邏輯單位的大小。

▼ 表 3.34

映射模式	邏輯單位	毫米
MM_LOENGLISH	0.01in	0.254
MM_LOMETRIC	0.1mm	0.1
MM_HIENGLISH	0.001in	0.0254
MM_TWIPS	1/1400in	0.0176
MM_HIMETRIC	0.01mm	0.01

預設情況下，這 5 種映射模式的視窗和視埠的原點及範圍如下所示：

視窗原點：(0, 0) 可以改變
視埠原點：(0, 0) 可以改變
視窗範圍：(?, ?) 不可改變
視埠範圍：(?, ?) 不可改變

在講解視窗和視埠的時候，我用 14 英吋 1366 × 768 解析度的筆記型電腦，設定映射模式為 MM_LOENGLISH 做了測試，當時的視窗範圍是 { cx=1217 cy=685 }，視埠範圍是 { cx=1366 cy=-768 }，比例 xViewExt / xWinExt 表示每 0.01 英吋的像素數。現在我說，這 5 種映射模式的視窗範圍和視埠範圍取決於哪種映射模式和裝置解析度是多少，相信大家可以理解這句話。範圍本身並不重要，只有把它們表達為一個比值時才有意義，邏輯單位轉為裝置單位的換算因數是視埠範圍和視窗範圍的比例。

在我的電腦上我一一測試每種映射模式的視窗範圍，視埠範圍當然都是 { cx=1366 cy=-768 }，如表 3.35 所示。

▼ 表 3.35

映射模式	視窗範圍	視埠範圍
MM_LOENGLISH	{ cx=1217 cy=685 } 個 0.01in	{ cx=1366 cy=-768 }
MM_LOMETRIC	{ cx=3090 cy=1740 } 個 0.1mm	{ cx=1366 cy=-768 }
MM_HIENGLISH	{ cx=12165 cy=6850 } 個 0.001 in	{ cx=1366 cy=-768 }
MM_TWIPS	{ cx=17518 cy=9865 } 個 1/1400 in	{ cx=1366 cy=-768 }
MM_HIMETRIC	{ cx=30900 cy=17400 } 個 0.01mm	{ cx=1366 cy=-768 }
MM_TEXT	{ cx=1 cy=1 }	{ cx=1 cy=1 }

在這裡只需知道視埠範圍 Y 值前面的負號是什麼意思，表示 Y 邏輯座標軸從下到上增加。除此之外，這 5 種映射模式的用法和 MM_TEXT 沒有多大不同。和 MM_TEXT 一樣，視窗原點和視埠原點可以改變，即邏輯座標到裝置座標的變換支援平移。

當改變為 5 種映射模式之一時，邏輯座標系統如圖 3.26 所示。

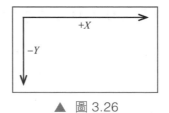

▲ 圖 3.26

如果需要在客戶區顯示圖形物件，只能使用負的 Y 座標值，例如：

```
SetMapMode(hdc, MM_LOENGLISH);
TextOut(hdc, 100, -100, TEXT("Hello"), _tcslen(TEXT("Hello")));
```

文字將顯示在距離客戶區左上角右邊和下面各 1 英吋的地方。

再舉例來說，在距離客戶區左上角 1/4 ～ 3/4 的區域畫一個橢圓：

```
SetMapMode(hdc, MM_LOENGLISH);
GetClientRect(hwnd, &rect);     // {LT(0, 0) RB(384, 261)  [384 x 261]}
DPtoLP(hdc, (LPPOINT)&rect, 2); // {LT(0, 0) RB(342, -233)  [342 x -233]}
```

```
Ellipse(hdc, rect.right / 4, rect.bottom / 4, rect.right * 3 / 4, rect.
bottom * 3 / 4);
```

對於這 5 種映射模式，DPtoLP 函數為我們提供了很大的便利。

5 · 自訂映射模式

MM_ISOTROPIC 和 MM_ANISOTROPIC 屬於程式自訂的映射模式，對於 6 種預先定義的映射模式（MM_TEXT、MM_HIENGLISH、MM_LOENGLISH、 MM_HIMETRIC、MM_LOMETRIC 和 MM_TWIPS），當呼叫 SetMapMode 函數設定為其中一種映射模式時，系統將設定其視窗範圍和視埠範圍，這兩個範圍不能改變。其他兩種映射模式（MM_ISOTROPIC 和 MM_ANISOTROPIC）要求我們自己指定範圍，這是透過呼叫 SetWindowExtEx 和 SetViewportExtEx 函數來實現的，對於 MM_ ISOTROPIC 映射模式，在呼叫 SetViewportExtEx 之前通常先呼叫 SetWindowExtEx。

SetWindowExtEx 函數設定 DC 的視窗水平和垂直範圍，SetViewportExtEx 設定 DC 的視埠水平和垂直範圍：

```
BOOL SetWindowExtEx(
    _In_  HDC    hdc,        // 裝置環境控制碼
    _In_  int    nXExtent,   // 視窗的水平範圍，邏輯單位
    _In_  int    nYExtent,   // 視窗的垂直範圍，邏輯單位
    _Out_ LPSIZE lpSize);    // 在這個 SIZE 結構中傳回以前的視窗範圍，可以設定為 NULL
BOOL SetViewportExtEx(
    _In_  HDC    hdc,        // 裝置環境控制碼
    _In_  int    nXExtent,   // 視埠的水平範圍，裝置單位
    _In_  int    nYExtent,   // 視埠的垂直範圍，邏輯單位
    _Out_ LPSIZE lpSize);    // 在這個 SIZE 結構中傳回以前的視埠範圍，可以設定為 NULL
```

MM_ISOTROPIC 映射模式可以確保 X 方向和 Y 方向的邏輯單位相同，而 MM_ANISOTROPIC 映射模式則允許 X 方向和 Y 方向的邏輯單位不同。邏輯單位相同的意思是兩個軸上的邏輯單位表示相等的物理距離。

（1）MM_ISOTROPIC 映射模式

MM_ISOTROPIC 映射模式可以確保 X 方向和 Y 方向的邏輯單位相同的含義。請看程式：

```
LRESULT CALLBACK WindowProc(HWND hwnd, UINT uMsg, WPARAM wParam, LPARAM lParam)
{
    HDC hdc;
    PAINTSTRUCT ps;
    RECT rect;
    SIZE size;

    switch (uMsg)
    {
    case WM_PAINT:
        hdc = BeginPaint(hwnd, &ps);
        // 設定映射模式為 MM_ISOTROPIC
        SetMapMode(hdc, MM_ISOTROPIC);

        // 視窗範圍設定為 (100, 100)
        SetWindowExtEx(hdc, 100, 100, &size);   // size 傳回 { cx=3090 cy=1740}
        // 視埠範圍設定為客戶區的寬度和高度
        GetClientRect(hwnd, &rect);  // {LT(0, 0) RB(384, 261)  [384 x 261]}
        SetViewportExtEx(hdc, rect.right, rect.bottom, &size);  // size 傳回
{cx=1366 cy=-768 }

        // 獲取視窗範圍和視埠範圍
        GetWindowExtEx(hdc, &size);      // {cx=100 cy=100 }
        GetViewportExtEx(hdc, &size);    // {cx=261 cy=261 }

        // 畫一個和客戶區寬度或高度相同大小的圓
        Ellipse(hdc, 0, 0, 100, 100);
        EndPaint(hwnd, &ps);
        return 0;

    case WM_DESTROY:
        PostQuitMessage(0);
        return 0;
    }
```

```
    return DefWindowProc(hwnd, uMsg, wParam, lParam);
}
```

我們呼叫 SetWindowExtEx 函數把視窗的水平範圍和垂直範圍都設定為 100 邏輯單位；呼叫 SetViewportExtEx 函數把視埠的水平範圍和垂直範圍設定為客戶區的寬度和高度，此處為 [384 × 261]，沒有使用 -261，這說明我們希望邏輯座標和 MM_TEXT 一樣，X 座標軸從左向右增加，Y 座標軸從上到下增加。一般來說在呼叫 SetWindowExtEx 函數時，要把視窗範圍設定為期望得到的邏輯視窗的邏輯大小；而在呼叫 SetViewportExtEx 函數時，則把視埠範圍設定為客戶區的實際寬度和高度。

呼叫 SetWindowExtEx 函數以後在 size 參數中傳回原視窗範圍為 { cx=3090 cy=1740 }，呼叫 SetViewportExtEx 函數以後在 size 參數中傳回原視埠範圍為 { cx=1366 cy=-768 }。在講解度量映射模式的時候，我曾經在我的電腦上一一測試每種度量映射模式的視窗和視埠範圍，可以看出當設定映射模式為 MM_ISOTROPIC 時，Windows 使用與 MM_LOMETRIC 映射模式相同的視窗和視埠範圍，不過不要依賴這一事實。

設定好視窗範圍和視埠範圍以後，我們呼叫 GetWindowExtEx 和 GetViewportExtEx 函數分別獲取視窗範圍和視埠範圍，視窗範圍還是我們設定的 { cx=100 cy=100 }，視埠範圍變為 { cx=261 cy=261 }，即 Windows 取客戶區寬度和高度中較小的。Windows 之所以會調整它們的值，是為了讓 X 和 Y 座標軸上的邏輯單位表示相同的物理尺寸。當 Windows 調整這些範圍時，它必須讓邏輯視窗可以容納在對應的物理視埠之內，這就有可能導致 X 軸或 Y 軸的一部分客戶區落在邏輯視窗的外面。

有什麼意義呢？現在我們隨意拖拉調整程式視窗的寬度或高度，程式都會在客戶區的左上角顯示一個直徑為客戶區寬度或高度的正圓。請讀者把映射模式設定為 MM_ANISOTROPIC，看一看又會是什麼現象。

上面的圓形總是位於客戶區的左上角，我們希望不管視窗大小如何調整，圓形總是位於客戶區的中心，可以實現一個四象限二維笛卡兒座標系。邏輯點

(0,0) 位於客戶區的中心，4 個方向的軸可以任意縮放，X 軸向右增加，Y 軸向上增加。可以使用下面的程式：

```
case WM_PAINT:
    hdc = BeginPaint(hwnd, &ps);
    // 設定映射模式為 MM_ISOTROPIC
    SetMapMode(hdc, MM_ISOTROPIC);

    // 視窗範圍設定為 (100, 100)
    SetWindowExtEx(hdc, 100, 100, &size);
    // 視埠範圍設定為客戶區的寬度和高度
    GetClientRect(hwnd, &rect);
    SetViewportExtEx(hdc, rect.right, -rect.bottom, &size);      // -rect.bottom

    // 設定視埠原點
    SetViewportOrgEx(hdc, rect.right / 2, rect.bottom / 2, NULL);

    // 畫一個和客戶區寬度或高度相同大小的圓
    Ellipse(hdc, -50, 50, 50, -50);
    EndPaint(hwnd, &ps);
    return 0;
```

如果客戶區的寬度大於高度，那麼邏輯座標如圖 3.27 所示。如果客戶區的高度大於寬度，那麼邏輯座標如圖 3.28 所示。

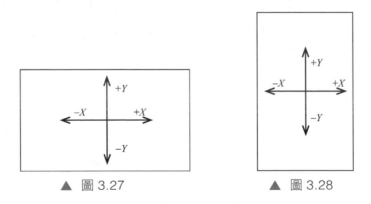

▲ 圖 3.27　　　　　　　　　▲ 圖 3.28

但是，在視窗或視埠的範圍中，Windows 並沒有實現裁剪。當呼叫 GDI 函數時，仍然可以隨意使用小於 -50 或大於 50 的邏輯 X 和 Y 值。

（2）MM_ANISOTROPIC 映射模式

Windows 不會對使用 MM_ANISOTROPIC 映射模式設定的視窗和視埠範圍做任何調整，該模式允許 X 方向和 Y 方向的邏輯單位不同。再看一下前面 MM_ISOTROPIC 映射模式畫圓的部分程式：

```
// 視窗範圍設定為 (100, 100)
SetWindowExtEx(hdc, 100, 100, &size);
// 視埠範圍設定為客戶區的寬度和高度
GetClientRect(hwnd, &rect);
SetViewportExtEx(hdc, rect.right, -rect.bottom, &size);      // -rect.bottom
// 設定視埠原點
SetViewportOrgEx(hdc, rect.right / 2, rect.bottom / 2, NULL);
```

使用 MM_ISOTROPIC 映射模式，上面的程式會導致 X 軸或 Y 軸的一部分客戶區落在邏輯視窗的外面；而使用 MM_ANISOTROPIC 映射模式，不管客戶區的尺寸如何調整，視窗範圍（100,100）總是覆蓋整個客戶區的寬度和高度，如果客戶區不是正方形的，那麼 X 和 Y 軸的每個邏輯單位會有不同的物理尺寸。

學習了這麼多，讀者應該明白一個函數是使用邏輯單位還是裝置單位。幾乎所有 GDI 函數，需要一個 DC 控制碼 hdc 參數的函數，以及操作 GDI 圖形物件的函數，它們都是使用邏輯單位。具體一個邏輯單位映射為多少像素或度量單位，取決於映射模式。此外，與螢幕、視窗或客戶區有關的函數都是使用裝置單位。對於 API 函數的講解，我以後不再刻意指出使用什麼單位。

3.6 擴充畫筆

ExtCreatePen 函數可以建立擴充畫筆，該函數建立具有指定樣式、寬度和畫筆屬性的裝飾畫筆或幾何畫筆。ExtCreatePen 函數比較複雜，如果沒有特別需求，使用前面的 CreatePen / CreatePenIndirect 函數即可。ExtCreatePen 函數建立的裝飾畫筆寬度只能是 1（解釋為裝置單位，像素），只能是純色。而幾何畫筆可以有任意寬度，可以有畫筆的任何屬性，例如陰影和圖案樣式。幾何畫筆用於繪製具有獨特端點或連接點樣式的線條以及寬度超過 1 像素的線條，也用於需要可縮放線條的應用程式（因為畫筆寬度是邏輯單位）：

```
HPEN ExtCreatePen(
    _In_          DWORD     dwPenStyle,   // 類型、樣式、端點和連接點屬性的組合
    _In_          DWORD     dwWidth,      // 畫筆寬度，邏輯單位
    _In_ const LOGBRUSH *lplb,           // 指向 LOGBRUSH 結構的指標
    _In_          DWORD     dwStyleCount,// 下面 lpStyle 陣列的陣列元素個數
    _In_ const DWORD      *lpStyle);     // DWORD 類型的陣列
```

參數 dwPenStyle 是畫筆類型、樣式、端點和連接點屬性的組合。

（1）畫筆類型如表 3.36 所示。

▼ 表 3.36

常數	含義
PS_COSMETIC	裝飾畫筆
PS_GEOMETRIC	幾何畫筆

（2）畫筆樣式如表 3.37 所示。

▼ 表 3.37

常數	含義
PS_ALTERNATE	用於 PS_COSMETIC 裝飾畫筆類型，指定該樣式以後每隔一個像素設定一次，即看上去像素線，只能是 PS_SOLID 樣式（無法使用其他畫筆樣式，例如 PS_DASH、PS_DOT 等）
PS_USERSTYLE	使用（使用者提供的）lpStyle 陣列提供的樣式
PS_SOLID	含義同 CreatePen 函數的 fnPenStyle 參數
PS_DASH	
PS_DOT	
PS_DASHDOT	
PS_DASHDOTDOT	
PS_NULL	
PS_INSIDEFRAME	

（3）使用 CreatePen 函數建立的畫筆，端點和連接點總是圓滑的；而使用 ExtCreatePen 函數建立的畫筆，端點和連接點可以有其他選擇。端點指的是一條線的兩端，端點樣式僅適用於幾何畫筆，值如表 3.38 所示。

▼ 表 3.38

常數	含義
PS_ENDCAP_ROUND	端點是圓形的
PS_ENDCAP_SQUARE	端點是方形的
PS_ENDCAP_FLAT	端點是平的

（4）連接點指的是線與線之間的連接處，連接點樣式僅適用於幾何畫筆，值如表 3.39 所示。

▼ 表 3.39

常數	含義
PS_JOIN_BEVEL	斜截，將連接點的末端切斷
PS_JOIN_MITER	斜接，將連接點的末端處理為尖頭
PS_JOIN_ROUND	連接點的末端是圓的

讓我們看一下不同端點、連接點樣式的效果。這些在實際開發中會遇到，所以不妨了解一下：

```
LRESULT CALLBACK WindowProc(HWND hwnd, UINT uMsg, WPARAM wParam, LPARAM lParam)
{
    HDC hdc;
    PAINTSTRUCT ps;
    HPEN hPen;
    LOGBRUSH logBrush;
    int arrEnd[] = { PS_ENDCAP_ROUND , PS_ENDCAP_SQUARE , PS_ENDCAP_FLAT };
    int arrJoin[] = { PS_JOIN_BEVEL , PS_JOIN_MITER , PS_JOIN_ROUND };
    POINT arrPoint[] = { 50,50, 100,200, 150,50 };

    switch (uMsg)
    {
```

```
    case WM_PAINT:
    {
        hdc = BeginPaint(hwnd, &ps);
        logBrush.lbStyle = BS_SOLID;
        logBrush.lbColor = RGB(0, 0, 0);
        logBrush.lbHatch = 0;
        for (int i = 0; i < 3; i++)
        {
            // 畫黑色 40 寬的粗線，幾何畫筆
            hPen = ExtCreatePen(PS_GEOMETRIC | PS_SOLID | arrEnd[i] | arrJoin[i],
40, &logBrush, 0,NULL);
            SelectObject(hdc, hPen);
            for (int j = 0; j < _countof(arrPoint); j++)
            {
             if (i > 0)
                arrPoint[j].x += 150;
            }
            Polyline(hdc, arrPoint, _countof(arrPoint));

            // 畫白色細線作為對比
            DeleteObject(SelectObject(hdc, GetStockObject(WHITE_PEN)));
            Polyline(hdc, arrPoint, _countof(arrPoint));
            SelectObject(hdc, GetStockObject(BLACK_PEN));
        }
        EndPaint(hwnd, &ps);
        return 0;
    }

    case WM_DESTROY:
        PostQuitMessage(0);
        return 0;
    }

    return DefWindowProc(hwnd, uMsg, wParam, lParam);
}
```

程式執行效果如圖 3.29 所示。

▲ 圖 3.29

完整程式參見 Chapter3\ExtCreatePen 專案。只有設定為粗線的時候才能看出效果，為了形成對比，我在粗線內部又畫了同樣尺寸的 1 像素的白線。

- 參數 dwWidth 指定畫筆寬度，是邏輯單位。如果 dwPenStyle 參數指定了 PS_COSMETIC 裝飾畫筆類型，則寬度必須設定為 1；如果 dwPenStyle 參數指定了 PS_GEOMETRIC 幾何畫筆類型，寬度可以隨意指定（邏輯單位）。

- 參數 lplb 是一個指向 LOGBRUSH 結構的指標，使用筆刷結構指定畫筆屬性。如果 dwPenStyle 參數指定了 PS_COSMETIC 類型，則 lplb->lbColor 欄位指定畫筆的顏色，lplb->lbStyle 欄位必須設定為 BS_SOLID；如果 dwPenStyle 參數指定了 PS_GEOMETRIC 類型，則可以使用所有欄位指定畫筆的屬性。關於 LOGBRUSH 結構，參見 CreateBrushIndirect 函數的 lplb 參數的解釋。

幾何畫筆可以使用點陣圖圖案，下面的程式用到了資源檔。增加資源我們還沒有講解，大家可以先不做測試：

```
LRESULT CALLBACK WindowProc(HWND hwnd, UINT uMsg, WPARAM wParam, LPARAM lParam)
{
    HDC hdc;
    PAINTSTRUCT ps;
    HPEN hPen;
    LOGBRUSH logBrush;

    switch (uMsg)
```

```
    {
    case WM_PAINT:
    {
        hdc = BeginPaint(hwnd, &ps);
        logBrush.lbStyle = BS_PATTERN;          // 點陣圖圖案筆刷
        // LoadBitmap 用於載入一副蘋果圖示的點陣圖，這個函數後面再講
        logBrush.lbHatch = (ULONG_PTR)LoadBitmap(g_hInstance, MAKEINTRESOURCE(IDB_
APPLE));

        hPen = ExtCreatePen(PS_GEOMETRIC, 100, &logBrush, 0, NULL);
        SelectObject(hdc, hPen);
        MoveToEx(hdc, 70, 70, NULL);
        LineTo(hdc, 470, 70);

        DeleteObject(SelectObject(hdc, GetStockObject(BLACK_PEN)));
        MoveToEx(hdc, 70, 70, NULL);
        LineTo(hdc, 470, 70);
        EndPaint(hwnd, &ps);
        return 0;
    }

    case WM_DESTROY:
        PostQuitMessage(0);
        return 0;
    }

    return DefWindowProc(hwnd, uMsg, wParam, lParam);
}
```

程式執行效果如圖 3.30 所示。

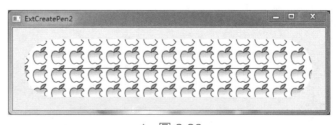

▲ 圖 3.30

完整程式參見 Chapter3\ExtCreatePen2 專案。程式用點陣圖筆刷建立了一個幾何畫筆，為了形成對比，粗線中間是一條黑色細線。ExtCreatePen 函數可以建立各種風格各異的幾何畫筆。

- 參數 dwStyleCount 指定 lpStyle 陣列的陣列元素個數，最大為 16。如果 dwPenStyle 參數沒有指定 PS_USERSTYLE 樣式，則該參數必須為 0。

- 參數 lpStyle 是一個指向 DWORD 類型陣列的指標，該參數用於 PS_USERSTYLE 樣式。如果 dwPenStyle 參數沒有指定 PS_USERSTYLE 樣式，該參數可以設定為 NULL。第一個值指定第一個短劃線的長度，第二個值指定第一個空格的長度，依此類推。如果在繪製線條時超出了 lpStyle 陣列，指標將重置為陣列的開頭。如果 dwStyleCount 為偶數，破折號和空格的模式將再次重複；如果 dwStyleCount 是奇數，當指標重置時模式將反轉—— lpStyle 的第一個元素現在引用空格，第二個元素引用破折號。

3.7 區域

區域是與 DC 連結的圖形物件之一，區域就是一個矩形、圓角矩形、橢圓或多邊形以及兩個或多個以上的圖形組合起來的形狀，可以對區域內部進行填充、繪製區域邊框線、用於執行命中測試（測試游標位置）等。可以呼叫表 3.40 所示的函數建立特定形狀的區域。

▼ 表 3.40

形狀	所用函數
矩形區域	CreateRectRgn、CreateRectRgnIndirect、SetRectRgn
圓角矩形區域	CreateRoundRectRgn
橢圓區域	CreateEllipticRgn、CreateEllipticRgnIndirect
多邊形區域	CreatePolygonRgn、CreatePolyPolygonRgn

（1）矩形區域：

```
HRGN CreateRectRgn(int x1, int y1, int x2, int y2); // 指定矩形區域左上角的 X、Y、
右下角的 X、Y 座標
HRGN CreateRectRgnIndirect(const RECT *lprect);      // 透過一個 RECT 結構指定矩形區域
```

（2）圓角矩形區域：

```
// w、h 指定建立圓角的那個小橢圓的寬度、高度
HRGN CreateRoundRectRgn(int x1, int y1, int x2, int y2, int w, int h);
```

（3）橢圓區域：

```
HRGN CreateEllipticRgn(int x1, int y1, int x2, int y2);
HRGN CreateEllipticRgnIndirect(const RECT *lprect);
```

（4）多邊形區域：

```
HRGN CreatePolygonRgn(const POINT *pptl, int cPoint, int iMode); // iMode 參數同
SetPolyFillMode 的參數
HRGN CreatePolyPolygonRgn(const POINT *pptl, const INT *pc, int cPoly, int iMode);
```

以上這些函數的用法和 Rectangle、RoundRect、Ellipse、Polygon、PolyPolygon 函數的用法類似，在此不再詳細解釋。HRGN 是區域控制碼類型，每個區域建立函數都傳回一個標識新區域的控制碼。

當不再需要建立的區域時，可呼叫 DeleteObject 函數將其刪除。

CombineRgn 函數可以按指定的組合模式組合兩個區域，並將結果儲存在第三個區域中：

```
int CombineRgn(
    _In_ HRGN hrgnDest,        // 兩個區域組合的結果區域控制碼
    _In_ HRGN hrgnSrc1,        // 第一個區域的控制碼
    _In_ HRGN hrgnSrc2,        // 第二個區域的控制碼
    _In_ int  fnCombineMode);  // 組合模式
```

參數 fnCombineMode 指定組合模式是表 3.41 所示的效果之一。在表 3.41 最後一列中，矩形區域是 hrgnSrc1，圓形區域是 hrgnSrc2，陰影部分是組合的結果 hrgnDest。

▼ 表 3.41

常數	含義	效果圖
RGN_AND	新區域是兩個區域的共同部分	
RGN_COPY	新區域是 hrgnSrc1 中的區域	
RGN_DIFF	新區域是 hrgnSrc1 區域減去 hrgnSrc2 中的部分	
RGN_OR	新區域是兩個區域的疊加	
RGN_XOR	新區域是兩個區域的疊加除去共同部分	

該函數把 hrgnSrc1 和 hrgnSrc2 兩個區域組合起來放入 hrgnDest 指定的區域中，但 hrgnDest 必須是一個已經存在的區域控制碼（哪怕是建立一個空區域），在函數執行後，hrgnDest 中原來的區域會被破壞並取代成新組合的區

域。hrgnDest 和 hrgnSrc1 這兩個參數可以使用同一個控制碼，這樣就相當於把 hrgnSrc2 組合到 hrgnSrc1 中去。

傳回值表明了結果區域 hrgnDest 的類型，值如表 3.42 所示。

▼ 表 3.42

常數	含義
SIMPLEREGION	新區域是一個簡單形狀，例如矩形
COMPLEXREGION	新區域是一個複雜形狀
NULLREGION	新區域是空區域
ERROR	函數執行出錯

FillRgn 和 PaintRgn 函數都可以填充區域。FillRgn 函數使用指定的筆刷和當前多邊形填充模式來填充區域，PaintRgn 函數使用當前筆刷和當前多邊形填充模式來填充區域（該函數沒有筆刷控制碼參數）：

```
BOOL FillRgn(
    _In_ HDC    hdc,        // 裝置環境控制碼
    _In_ HRGN   hrgn,       // 要填充的區域的控制碼
    _In_ HBRUSH hbr);       // 用於填充區域的筆刷的控制碼
BOOL PaintRgn(
    _In_ HDC  hdc,          // 裝置環境控制碼
    _In_ HRGN hrgn);        // 要填充的區域的控制碼
```

FrameRgn 函數使用指定的筆刷繪製一個區域的邊框：

```
BOOL FrameRgn(
    _In_ HDC    hdc,        // 裝置環境控制碼
    _In_ HRGN   hrgn,       // 區域控制碼
    _In_ HBRUSH hbr,        // 用於繪製邊框的筆刷的控制碼
    _In_ int    nWidth,     // 筆刷的寬度
    _In_ int    nHeight);   // 筆刷的高度
```

關於 nWidth 和 nHeight 參數的理解參見圖 3.31，它顯示了對一個組合區域呼叫 FrameRgn(hdc, hRgn, (HBRUSH)GetStockObject(BLACK_BRUSH), 10, 1); 的結果。

呼叫 InvertRgn 函數可以反轉區域內的顏色，例如使白色像素變黑，黑色像素變白：

```
BOOL InvertRgn(_In_ HDC  hdc, _In_ HRGN hrgn);
```

舉例來說，對圖 3.31 呼叫 InvertRgn 函數的結果如圖 3.32 所示。

▲ 圖 3.31   ▲ 圖 3.32

透過呼叫 GetRgnBox 函數可以獲取一個區域的邊界矩形尺寸。如果區域是矩形，則函數傳回區域的矩形尺寸；如果區域是橢圓，則函數傳回可以界定橢圓區域的最小矩形的尺寸；如果區域是多邊形，則函數傳回可以界定整個多邊形的最小矩形的尺寸。程式如下：

```
int GetRgnBox(_In_  HRGN  hrgn, _Out_ LPRECT lprc); // lprc 是接收邊界矩形尺寸的 RECT
結構的指標
```

函數的傳回值同 CombineRgn 函數的傳回值，即 SIMPLEREGION、COMPLEXREGION、NULLREGION 或 ERROR。

OffsetRgn 函數可以將區域移動一定的量，大小不會改變：

```
int OffsetRgn(
    _In_ HRGN hrgn,        // 要移動的區域的控制碼
    _In_ int  nXOffset,    // 向左或向右移動的量，設定為負值可以向左移動
    _In_ int  nYOffset);   // 向上或向下移動的量，設定為負值可以向上移動
```

函數的傳回值同 CombineRgn 函數的傳回值，即 SIMPLEREGION、COMPLEXREGION、NULLREGION 或 ERROR。

EqualRgn 函數用於比較兩個區域是否相同，兩個區域相同是指大小和形狀都相同（座標可以不同）：

```
BOOL EqualRgn(HRGN hrgn1, HRGN hrgn2);
```

PtInRegion 函數可以判斷指定的點是否在一個區域內：

```
BOOL PtInRegion(
    _In_ HRGN hrgn, // 區域控制碼
    _In_ int  X,    // 點的 X 座標
    _In_ int  Y);   // 點的 Y 座標
```

前面說過，區域可以用於執行命中測試（測試游標位置），可以透過處理各種滑鼠訊息來獲取游標座標，例如滑鼠左鍵按下 WM_LBUTTONDOWN、滑鼠左鍵抬起 WM_LBUTTONUP、滑鼠右鍵按下 WM_RBUTTONDOWN、滑鼠右鍵抬起 WM_RBUTTONUP、滑鼠移動 WM_MOUSEMOVE 等，這些訊息的 lParam 參數包含游標的座標資訊。我們可以利用 PtInRegion 函數測試滑鼠游標是否位於區域內，然後執行對應的操作。

SelectClipRgn 函數用於把指定區域作為 DC 的當前裁剪區域，以後僅在裁剪區域邊界內的圖形輸出時才會顯示；要刪除 DC 的裁剪區域，呼叫 SelectClipRgn（hdc, NULL）即可。

```
int SelectClipRgn(
    _In_ HDC  hdc,    // 裝置環境控制碼
    _In_ HRGN hrgn);  // 區域控制碼
```

下面的程式繪製了一個和客戶區大小相同的黑色矩形，但是只有橢圓區域內的部分才會顯示：

```
LRESULT CALLBACK WindowProc(HWND hwnd, UINT uMsg, WPARAM wParam, LPARAM lParam)
{
    HDC hdc;
    PAINTSTRUCT ps;
    HRGN hRgn;
    RECT rect;

    switch (uMsg)
    {
    case WM_PAINT:
        hdc = BeginPaint(hwnd, &ps);
        hRgn = CreateEllipticRgn(50, 50, 350, 250);
```

```
        SelectClipRgn(hdc, hRgn);

        // 繪製一個和客戶區大小相同的黑色矩形
        GetClientRect(hwnd, &rect);
        SelectObject(hdc, GetStockObject(BLACK_BRUSH));
        Rectangle(hdc, 0, 0, rect.right, rect.bottom);
        SelectObject(hdc, GetStockObject(WHITE_BRUSH));
        EndPaint(hwnd, &ps);
        return 0;

    case WM_DESTROY:
        PostQuitMessage(0);
        return 0;
    }

    return DefWindowProc(hwnd, uMsg, wParam, lParam);
}
```

講解了這麼多對區域的操作，區域有什麼用呢？先舉一個例子，SetWindowRgn 函數用於設定一個視窗的視窗區域，視窗區域決定了視窗中允許繪圖的區域，位於視窗區域之外的任何部分都不會顯示：

```
int SetWindowRgn(
    _In_ HWND hWnd,       // 設定這個視窗的視窗區域
    _In_ HRGN hRgn,       // 將視窗的視窗區域設定為該區域
    _In_ BOOL bRedraw);   // 設定視窗區域後是否重新繪製視窗，通常設為 TRUE
```

需要注意的是，視窗區域 hRgn 的座標相對於視窗的左上角，而非客戶區的左上角。有 Set…函數，通常就有對應的 Get…函數，要獲取視窗的視窗區域控制碼，可以呼叫 GetWindowRgn 函數。

假設我用 CreateWindowEx 函數建立了一個 400 像素 × 300 像素的視窗，處理 WM_CREATE 訊息：

```
case WM_CREATE:
    hRgn = CreateEllipticRgn(50, 50, 350, 250);
    SetWindowRgn(hwnd, hRgn, TRUE);
    return 0;
```

設定視窗區域為距離程式視窗左上角 (50,50) 到右下角 (350,250) 的橢圓範圍內，執行程式可以看到顯示為一個 300 × 200 的橢圓形，透過設定視窗區域可以實現各種奇形怪狀的程式視窗。但是現在標題列不見了，無法拖動視窗，"關閉" 按鈕也不可見。這些問題透過後面的學習都可以解決，現在可以透過按下 Alt + F4 複合鍵，或工作列右鍵關閉程式。

3.8 路徑

路徑也是與 DC 連結的圖形物件之一，系統會自動在 DC 中儲存一組預設的圖形物件（例如畫筆、筆刷、字型）及屬性，但是沒有預設路徑。

要建立路徑並將其選入 DC 中，首先需要呼叫 BeginPath(hdc) 函數表示開始建立路徑，然後呼叫繪圖函數進行繪製，這相當於向路徑中增加點，最後呼叫 EndPath(hdc) 函數來結束路徑的建立。可用的繪圖函數包括繪製直線的 MoveToEx、LineTo、Polyline、PolylineTo、PolyPolyline，繪製曲線的 Arc、ArcTo、PolyBezier、PolyBezierTo、AngleArc、PolyDraw，繪製填充圖形的 Rectangle、RoundRect、Ellipse、Chord、Pie、Polygon、PolyPolygon，繪製文字的 TextOut、ExtTextOut，閉合路徑中繪製的圖形的 CloseFigure，等等。

先看一下 CloseFigure 函數的作用，用於閉合路徑中繪製的圖形，我依次呼叫了：

```
BeginPath(hdc);
MoveToEx(hdc, 50, 50, NULL);
LineTo(hdc, 150, 80);
LineTo(hdc, 50, 110);
CloseFigure(hdc);

Rectangle(hdc, 160, 50, 250, 110);
EndPath(hdc);

StrokePath(hdc);      // 繪製路徑的輪廓
```

從圖 3.33 可以看到 CloseFigure(hdc) 的作用就是畫了箭頭所指的直線來閉合圖形。

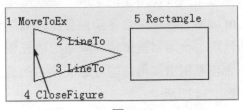

▲ 圖 3.33

呼叫 BeginPath 函數時，如果以前在 DC 中已經選了一個路徑，則系統會刪除老路徑。呼叫 EndPath 函數以後，系統會把新路徑選入 DC，然後程式可透過以下方式之一對新路徑操作。

- 繪製路徑的輪廓或邊框（使用當前畫筆）。

- 填充路徑的內部（使用當前筆刷）。

- 繪製路徑輪廓並填充路徑的內部。

- 將路徑轉為裁剪路徑。

- 將路徑轉為區域。

- 將路徑中的每條曲線轉為一系列線段來展平路徑（FlattenPath 函數）。

- 獲取組成路徑的直線和曲線的座標（GetPath 函數）。

可以透過呼叫 StrokePath 函數使用當前畫筆來繪製路徑的輪廓，透過呼叫 FillPath 函數使用當前筆刷來填充路徑的內部，透過呼叫 StrokeAndFillPath 函數使用當前畫筆、筆刷來繪製路徑的輪廓並填充路徑的內部。填充路徑時，系統使用 DC 的當前填充模式，可以透過呼叫 SetPolyFillMode 函數來設定新的填充模式。建立路徑時可以使用任何繪圖函數，各種圖形形狀組成了一個複雜的路徑，這是以前介紹的單一繪圖函數無法實現的：

```
BOOL StrokePath(_In_ HDC hdc);
BOOL FillPath(_In_ HDC hdc);
BOOL StrokeAndFillPath(HDC hdc);
```

請注意,呼叫這 3 個函數的任意一個以後,當前路徑將從 DC 中刪除。如果路徑需要用於其他用途,則不要呼叫上述函數。FillPath 函數會自動閉合當前路徑中沒有閉合的圖形,然後使用當前筆刷、多邊形填充模式填充路徑的內部;StrokeAndFillPath 函數會自動閉合當前路徑中沒有閉合的圖形,然後使用當前畫筆繪製路徑的輪廓,使用當前筆刷、多邊形填充模式填充路徑的內部;StrokePath 函數則不會自動閉合當前路徑中沒有閉合的圖形。看一個範例,不同函數呼叫的結果如圖 3.34 所示:

```
case WM_PAINT:
    hdc = BeginPaint(hwnd, &ps);
    BeginPath(hdc);
    MoveToEx(hdc, 50, 50, NULL);
    LineTo(hdc, 150, 80);
    LineTo(hdc, 50, 110);
    Rectangle(hdc, 160, 50, 250, 110);
    EndPath(hdc);

    SelectObject(hdc, CreatePen(PS_SOLID, 2, RGB(0, 0, 0)));
    SelectObject(hdc, CreateSolidBrush(RGB(180, 180, 180)));
    StrokePath(hdc);
    //FillPath(hdc);
    //StrokeAndFillPath(hdc);
EndPaint(hwnd, &ps);
    DeleteObject(SelectObject(hdc, GetStockObject(BLACK_PEN)));
    DeleteObject(SelectObject(hdc, GetStockObject(WHITE_BRUSH)));
    return 0;
```

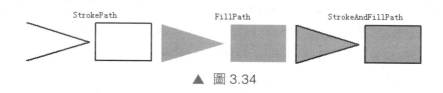

▲ 圖 3.34

如果使用 TextOut 函數輸出文字,然後呼叫 StrokePath 函數,可以製作鏤空文字。當然,字型需要設定大一點。如果使用陰影或點陣圖圖案筆刷等,那麼可以製作各種炫麗的文字效果。

呼叫 SelectClipPath 函數可以把當前路徑作為 DC 的裁剪區域，以後僅在路徑邊界內的圖形輸出才會顯示：

```
BOOL SelectClipPath(_In_ HDC hdc, _In_ int iMode);  // iMode 指定當前裁剪區域和當前路徑的
組合方式
```

參數 iMode 指定當前裁剪區域和當前路徑的組合方式，預設情況下當前裁剪區域指的是整個客戶區，該參數可以指定為 RGN_AND、RGN_COPY、RGN_DIFF、RGN_OR、RGN_XOR 的其中一個，這些常數的含義和組合區域函數 CombineRgn 的 fnCombineMode 參數含義相同：

```
case WM_PAINT:
    hdc = BeginPaint(hwnd, &ps);
    // 建立路徑
    BeginPath(hdc);
    MoveToEx(hdc, 50, 50, NULL);
    LineTo(hdc, 150, 80);
    LineTo(hdc, 50, 110);
    CloseFigure(hdc);
    Rectangle(hdc, 160, 50, 250, 110);
    EndPath(hdc);

    // 把當前路徑作為裝置環境的裁剪區域
    SelectClipPath(hdc, RGN_COPY);

    // 繪製一個和客戶區大小相同的黑色矩形
    GetClientRect(hwnd, &rect);
    SelectObject(hdc, GetStockObject(BLACK_BRUSH));
    Rectangle(hdc, 0, 0, rect.right, rect.bottom);
    EndPaint(hwnd, &ps);
    return 0;
```

和客戶區大小相同的黑色矩形僅在路徑邊界內的部分才會顯示。

裁剪區域也是 DC 的圖形物件之一，裁剪可以將輸出限制在指定的區域或路徑內。SelectClipRgn 函數可以把指定區域作為 DC 的當前裁剪區域，SelectClipPath 函數可以把當前路徑作為 DC 的裁剪區域。

另外，呼叫 BeginPaint 函數以後會在 lpPaint 參數指定的 PAINTSTRUCT 結構中傳回需要重繪的區域，這個區域叫作無效區域。使用由 BeginPaint 函數傳回的 DC 控制碼，是無法在無效區域以外的區域進行繪製的，這個無效區域也就是裁剪區域。

可以透過呼叫 PathToRegion 函數將當前路徑轉為區域，然後進行各種區域的操作：

```
HRGN PathToRegion(_In_ HDC hdc);
```

將路徑轉為區域以後，系統將從 DC 中刪除當前路徑。

3.9 繪圖模式

繪圖模式，也稱光柵操作，用於定義畫筆、筆刷的顏色與目標顯示區域顏色的混合方式。舉例來說，呼叫 LineTo 函數畫一條線，最終顯示的顏色是由畫筆的顏色和顯示區域的顏色共同控制的，根據 DC 所選擇的繪圖模式，將畫筆的像素顏色和目標顯示區域的像素顏色執行某種位元運算，這就是光柵操作（Raster Operation，ROP）。因為只涉及兩個物件的像素顏色的運算，即畫筆或筆刷與目標顯示區域，因此也稱為二元光柵操作（ROP2）。

Windows 定義了 16 種 ROP2 運算碼，在預設的 DC 屬性中，繪圖模式是 R2_COPYPEN，意思是 Windows 只是簡單地將畫筆或筆刷像素的顏色複製到目標顯示區域像素上。

舉例來說，設定畫筆 / 筆刷顏色（PB）為 1100，設定目的地區域顏色（DES）為 1010，依據位元運算規則得到的運算結果如表 3.43 所示。

▼ 表 3.43

位元運算規則	運算結果	繪圖模式常數
0	0000	R2_BLACK
1	1111	R2_WHITE

（續表）

位元運算規則	運算結果	繪圖模式常數
~Des	0101	R2_NOT
PB ^ Des	0110	R2_XORPEN
~(PB ^ Des)	1001	R2_NOTXORPEN
Des	1010	R2_NOP
PB | Des	1110	R2_MERGEPEN
~(PB | Des)	0001	R2_NOTMERGEPEN
PB	1100	R2_COPYPEN(預設)
~PB	0011	R2_NOTCOPYPEN
PB & Des	1000	R2_MASKPEN
~(PB & Des)	0111	R2_NOTMASKPEN
~PB & Des	0010	R2_MASKNOTPEN
PB & ~Des	0100	R2_MASKPENNOT
~PB | D	1011	R2_MERGENOTPEN
PB | ~Des	1101	R2_MERGEPENNOT

表 3.43 中運算子有逐位元反轉、互斥、或、與，説明了畫筆 / 筆刷顏色值（PB）的每個顏色位元如何與目標顯示區域顏色值（Des）的每個顏色位元進行運算得到最終顯示的顏色。

前面幾種 ROP2 運算碼是比較常見的。R2_BLACK 表示不管畫筆 / 筆刷和目的地區域的顏色是什麼，繪製出來的總是黑色；R2_WHITE 表示不管畫筆 / 筆刷和目的地區域的顏色是什麼，繪製出來的總是白色；R2_NOT 表示將目的地區域的顏色反轉來確定繪製的顏色，而不管畫筆 / 筆刷的顏色；R2_XORPEN 繪圖模式挺有意思，設定為該模式以後就會用 PB^Des 計算出來的顏色繪圖，再設定一次該模式，在同一個地方進行繪圖結果是 PB ^ (PB^Des)，互斥操作兩次會復原，PB ^ (PB^Des) 的結果就是 Des，第二次的繪圖相當於抹除了第一次的繪圖痕跡；R2_NOTCOPYPEN 表示將畫筆 / 筆刷的顏色位元反轉來進行繪圖。

可以透過呼叫 SetROP2(hdc, iRop2Mode); 函數設定一種新的繪圖模式，函數執行成功，則傳回先前的繪圖模式。如果要獲取 DC 的當前繪圖模式，則可以呼叫 GetROP2(hdc) 函數，函數傳回當前的繪圖模式。後面會有一個用到 R2_NOT 繪圖模式的範例。

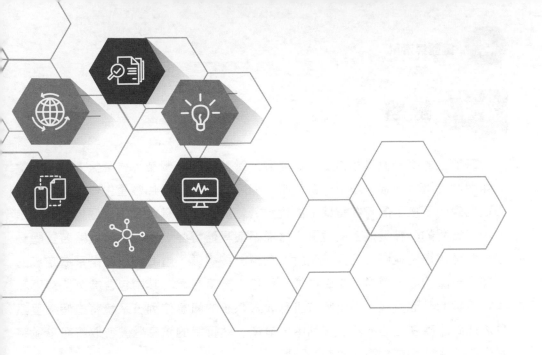

第 **4** 章
鍵盤與滑鼠

鍵盤和滑鼠是個人電腦中常用的輸入裝置。透過鍵盤可以將字母、數字、標點符號等輸入電腦中,從而向電腦發出命令;滑鼠可以對螢幕上的游標進行定位,並透過滑鼠按鈕和滾輪對游標所處位置的螢幕元素操作。一個應用程式應該回應使用者的鍵盤和滑鼠輸入事件。

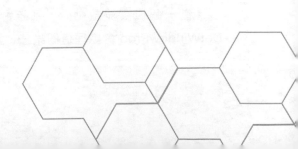

4.1　鍵盤

　　鍵盤上的每一個鍵相當於一個開關,鍵盤中有一個晶片對鍵盤上每一個鍵的開關狀態進行掃描。按下一個鍵時,開關接通,該晶片會產生一個掃描碼。掃描碼說明了按下的鍵在鍵盤上的位置。鬆開按下的鍵會產生一個掃描碼,這說明了鬆開的鍵在鍵盤上的位置。掃描碼與具體鍵盤裝置相關。鍵盤裝置驅動程式解釋掃描碼並將其轉換(映射)為虛擬按鍵碼,虛擬按鍵碼是系統定義的與裝置無關的值。轉換掃描碼以後,將建立一筆訊息,其中包含虛擬按鍵碼和有關按鍵的其他資訊,然後將該訊息放入系統的訊息佇列,系統將這個鍵盤訊息發送到對應執行緒的訊息佇列中,最後,執行緒的訊息迴圈獲取該訊息並將其分發送給對應的視窗過程進行處理。

4.1.1　使用中視窗與鍵盤焦點

　　使用中視窗(Active Window)是使用者當前使用的最上層視窗,同一時刻只能有一個程式視窗是使用中視窗。系統將其放置在 Z 順序的頂部,並突出顯示其標題列和邊框。使用者可以透過點擊最上層視窗,或使用 Alt + Tab / Alt + Esc 複合鍵來啟動最上層視窗使其成為使用中視窗,可以透過呼叫 GetActiveWindow 函數獲取使用中視窗的控制碼。還可以透過呼叫 SetActiveWindow 函數來啟動最上層視窗,類似的函數還有 BringWindowToTop、SwitchToThisWindow 和 SetForegroundWindow 等,但是在某些系統中,這些函數可能達不到預期的效果。當使用者正在使用一個視窗時,Windows 不會強制另一個視窗到達前台,僅閃爍視窗的工作列程式圖示以通知使用者。

　　桌面上的所有視窗共用鍵盤,只有使用中視窗或使用中視窗的子視窗才可以接收鍵盤輸入。具有鍵盤焦點的視窗接收鍵盤訊息,直到鍵盤焦點變為其他視窗。

　　當一個視窗被啟動時,系統會發送 WM_ACTIVATE 訊息。預設視窗過程 DefWindowProc 會處理這個訊息,並將鍵盤焦點設定為這個使用中視窗。

程式可以透過 SetFocus 函數為自己的視窗或子視窗設定鍵盤焦點：

```
HWND WINAPI SetFocus(_In_opt_ HWND hWnd);
```

函數執行成功，傳回值是以前具有鍵盤焦點的視窗的控制碼。

當鍵盤焦點從一個視窗更改為另一個視窗時，系統會向失去焦點的視窗發送 WM_KILLFOCUS 訊息，然後將 WM_SETFOCUS 訊息發送到已獲得焦點的視窗。

程式可以透過呼叫 BlockInput 函數阻止鍵盤和滑鼠輸入：

```
BOOL WINAPI BlockInput(_In_ BOOL fBlockIt);
```

fBlockIt 參數設定為 TRUE 表示阻止鍵盤和滑鼠輸入事件，設定為 FALSE 表示取消阻止。測試這個函數的時候請注意，因為編譯執行程式會使本程式成為使用中視窗，鍵盤和滑鼠輸入會故障，導致無法關閉本程式，也無法切換到其他程式，這時只能按 Ctrl + Alt + Del 複合鍵開啟工作管理員來結束本處理程序。

4.1.2 系統擊鍵訊息和非系統擊鍵訊息

按下一個鍵將產生 WM_KEYDOWN 或 WM_SYSKEYDOWN 訊息，釋放一個鍵將產生 WM_KEYUP 或 WM_SYSKEYUP 訊息。按鍵按下和按鍵抬起訊息通常是成對出現的，如果使用者按住一個鍵不放，則系統會生成一系列 WM_KEYDOWN 或 WM_SYSKEYDOWN 訊息，直到使用者釋放按鍵時，再生成一筆 WM_KEYUP 或 WM_SYSKEYUP 訊息。

系統區分系統擊鍵和非系統擊鍵，系統擊鍵生成系統擊鍵訊息 WM_SYSKEYDOWN 和 WM_SYSKEYUP，非系統擊鍵生成非系統擊鍵訊息 WM_KEYDOWN 和 WM_KEYUP。當使用者按下 F10 鍵（啟動功能表列），或輸入與 Alt 鍵組合的鍵時，將生成系統擊鍵訊息，例如 Alt + F4 複合鍵用於關閉一個程式。系統擊鍵主要用於存取系統選單，系統擊鍵訊息由預設視窗過程 DefWindowProc 進行處理。程式的視窗過程通常不應該處理系統擊鍵訊息。

DefWindowProc 不會處理非系統擊鍵訊息,因此程式視窗過程應該處理感興趣的非系統擊鍵訊息。對於 WM_KEYDOWN 和 WM_KEYUP 訊息,通常只需要處理一個即可,且都是處理 WM_ KEYDOWN 訊息,並且通常只處理那些包含方向鍵、上檔鍵 Shift 和功能鍵(F1 ~ F12)等的虛擬按鍵碼的訊息,不處理來自可顯示字元鍵的擊鍵訊息。還記得在講解訊息迴圈時說過,TranslateMessage 函數可以把 WM_KEYDOWN 訊息轉為字元訊息 WM_CHAR,這樣一來我們就可以在視窗過程中處理字元訊息 WM_CHAR 來判斷使用者是按下了哪個字元按鍵,即有了 TranslateMessage 函數的說明,對於字元按鍵我們不需要處理 WM_KEYDOWN 和 WM_KEYUP 訊息,只需要處理字元訊息 WM_CHAR。

對於系統擊鍵訊息 WM_SYSKEYDOWN 和 WM_SYSKEYUP,非系統擊鍵訊息 WM_KEYDOWN 和 WM_KEYUP,wParam 參數包含虛擬按鍵碼,用於確定哪個鍵被按下或釋放。

lParam 參數是擊鍵訊息的一些附加資訊,包含訊息的重複計數、掃描碼、擴充鍵標識、狀態描述碼、先前鍵狀態標識、轉換狀態標識等,程式通常不需要關心這些附加資訊。附加資訊如表 4.1 所示。

▼ 表 4.1

位	含義
0 ~ 15	當前訊息的重複計數,也就是由於使用者按住鍵不放而自動重複擊鍵的次數。對於 WM_KEYUP 和 WM_SYSKEYUP 訊息,重複計數始終為 1
16 ~ 23	掃描碼。掃描碼是與具體鍵盤裝置相關的,其值取決於具體的鍵盤裝置,因此程式通常會忽略掃描碼,而使用與裝置無關的虛擬按鍵碼
24	擴充鍵標識,如果是擴充鍵,則值為 1,否則為 0。對於擴充的 101 鍵和 102 鍵鍵盤,擴充鍵是鍵盤右側的 Alt 和 Ctrl,Ins、Del、Home、End、PageUp、PageDown 和數字小鍵盤中的方向鍵,NumLock 鍵、Break(Ctrl + Pause) 鍵、PrintScrn 鍵,以及數字鍵盤中的 / 和 Enter 鍵。程式通常忽略擴充鍵標識
25 ~ 28	保留

（續表）

位	含義
29	狀態描述碼。狀態描述碼表示在生成擊鍵訊息時 Alt 鍵是否已按下。如果 Alt 鍵已按下，則該位元為 1；如果 Alt 鍵已釋放，則該位元為 0。對於 WM_KEYDOWN 和 WM_KEYUP 訊息該位元始終為 0，對於 WM_SYSKEYDOWN 和 WM_SYSKEYUP 訊息該位元始終為 1
30	鍵先前狀態標識。如果在發送訊息之前鍵是按下的，則值為 1；如果鍵是抬起的，則值為 0。對於 WM_KEYUP 和 WM_SYSKEYUP 訊息該位元始終為 1，對於 WM_KEYDOWN 和 WM_SYSKEYDOWN 訊息該位元始終為 0
31	轉換狀態標識。轉換狀態標識表示是因為按下按鍵還是釋放按鍵而產生的擊鍵訊息，對於 WM_KEYDOWN 和 WM_SYSKEYDOWN 訊息該位元始終為 0，對於 WM_KEYUP 和 WM_SYSKEYUP 訊息該位元始終為 1

4.1.3 虛擬按鍵碼

虛擬按鍵碼在 WinUser.h 標頭檔中定義。下面列出常見按鍵的虛擬按鍵碼，雖然虛擬按鍵碼比較多，但是在擊鍵訊息中常用的並不多。

有關滑鼠按鈕的虛擬按鍵碼如表 4.2 所示，但是請注意，擊鍵訊息中不會有滑鼠按鈕的虛擬按鍵碼，滑鼠按鈕的虛擬按鍵碼在滑鼠訊息中（見 4.2 節）。

▼ 表 4.2

虛擬按鍵碼	數值	含義
VK_LBUTTON	0x01	滑鼠左鍵
VK_RBUTTON	0x02	滑鼠右鍵
VK_MBUTTON	0x04	滑鼠中鍵

程式可能需要處理表 4.3 中的一些鍵。但是像 BackSpace 鍵、Tab 鍵、Enter 鍵、Esc 鍵和空白鍵，通常是在字元訊息（而非擊鍵訊息）中處理。

▼ 表 4.3

虛擬按鍵碼	數值	含義
VK_BACK	0x08	BackSpace 鍵
VK_TAB	0x09	Tab 鍵
VK_CLEAR	0x0C	Clear 鍵（在 NumLock 鍵按下狀態時數字小鍵盤中的 5 鍵）
VK_RETURN	0x0D	Enter 鍵（任意一個）
VK_SHIFT	0x10	Shift 鍵（任意一個）
VK_CONTROL	0x11	Ctrl 鍵（任意一個）
VK_MENU	0x12	Alt 鍵（任意一個）
VK_PAUSE	0x13	Pause 鍵
VK_CAPITAL	0x14	Caps Lock 鍵
VK_ESCAPE	0x1B	Esc 鍵
VK_SPACE	0x20	空白鍵

表 4.4 中的一些鍵，前 8 個是較常使用的虛擬按鍵碼，現在使用這 8 個虛擬按鍵碼為 SystemMetrics4 程式增加鍵盤介面。

▼ 表 4.4

虛擬按鍵碼	數值	含義
VK_PRIOR	0x21	PgUp 鍵
VK_NEXT	0x22	PgDn 鍵
VK_END	0x23	End 鍵
VK_HOME	0x24	Home 鍵
VK_LEFT	0x25	左方向鍵
VK_UP	0x26	向上方向鍵
VK_RIGHT	0x27	右方向鍵
VK_DOWN	0x28	向下方向鍵
VK_SNAPSHOT	0x2C	Print Scrn 鍵
VK_INSERT	0x2D	Ins 鍵
VK_DELETE	0x2E	Del 鍵

數字鍵和字母鍵的虛擬按鍵碼就是其 ASCII 碼，不過通常是在字元訊息（而非擊鍵訊息）中處理，如表 4.5 所示。

▼ 表 4.5

虛擬按鍵碼	數值	含義
0x30 ～ 0x39	0x30 ～ 0x39	0 ～ 9 鍵
0x41 ～ 0x5A	0x41 ～ 0x5A	A ～ Z 鍵

左 Windows 鍵和右 Windows 鍵用於開啟 Windows 開始選單，Application 鍵位於右 Ctrl 鍵的左側，它的作用相當於滑鼠右鍵，用來啟動 Windows 或程式中的右鍵選單，如表 4.6 所示。

▼ 表 4.6

虛擬按鍵碼	數值	含義
VK_LWIN	0x5B	左 Windows 鍵
VK_RWIN	0x5C	右 Windows 鍵
VK_APPS	0x5D	Application 鍵

與數字小鍵盤中的鍵相對應的虛擬按鍵碼如表 4.7 所示。

▼ 表 4.7

虛擬按鍵碼	數值	含義
VK_NUMPAD0 ～ VK_NUMPAD9	0x60 ～ 0x69	數字小鍵盤 0 ～ 9 鍵
VK_MULTIPLY	0x6A	數字小鍵盤的 *
VK_ADD	0x6B	數字小鍵盤的 +
VK_SUBTRACT	0x6D	數字小鍵盤的 -
VK_DECIMAL	0x6E	數字小鍵盤的 .
VK_DIVIDE	0x6F	數字小鍵盤的 /

大部分鍵盤只有 12 個功能鍵，不過 Windows 提供了 24 個功能鍵的虛擬按鍵碼，程式通常把功能鍵用作鍵盤快速鍵，如表 4.8 所示。

▼ 表 4.8

虛擬按鍵碼	數值	含義
VK_F1 ～ VK_F24	0x70 ～ 0x87	F1 ～ F24 鍵
VK_NUMLOCK	0x90	Num Lock 鍵
VK_SCROLL	0x91	Scroll Lock 鍵

注意，表 4.9 中的虛擬按鍵碼僅用於 GetKeyState、GetAsyncKeyState 和 MapVirtualKey 等函數中（稍後會介紹這些函數），擊鍵訊息中不會有這些虛擬按鍵碼。

▼ 表 4.9

虛擬按鍵碼	數值	含義
VK_LSHIFT	0xA0	左 Shift 鍵
VK_RSHIFT	0xA1	右 Shift 鍵
VK_LCONTROL	0xA2	左控制鍵
VK_RCONTROL	0xA3	右控制鍵
VK_LMENU	0xA4	左 Menu 鍵
VK_RMENU	0xA5	右 Menu 鍵

開啟 Chapter3\SystemMetrics4 專案，在 WM_VSCROLL 訊息中增加 SB_TOP 和 SB_BOTTOM 捲動請求，分別表示垂直捲軸捲動到頂部和底部，然後增加對 WM_KEYDOWN 訊息的處理：

```
case WM_VSCROLL:
    si.cbSize = sizeof(SCROLLINFO);
    si.fMask = SIF_ALL;
    GetScrollInfo(hwnd, SB_VERT, &si);
    iVertPos = si.nPos;
    switch (LOWORD(wParam))
    {
    case SB_LINEUP:
        si.nPos -= 1;
        break;
```

```
        case SB_LINEDOWN:
            si.nPos += 1;
            break;
        case SB_PAGEUP:
            si.nPos -= si.nPage;
            break;
        case SB_PAGEDOWN:
            si.nPos += si.nPage;
            break;
        case SB_THUMBTRACK:
            si.nPos = si.nTrackPos;
            break;
        case SB_TOP:
            si.nPos = 0;
            break;
        case SB_BOTTOM:
            si.nPos = NUMLINES - 1;
            break;
        }
        // 設定位置，然後獲取位置，如果 si.nPos 越界，Windows 不會設定
        si.cbSize = sizeof(SCROLLINFO);
        si.fMask = SIF_POS;
        SetScrollInfo(hwnd, SB_VERT, &si, TRUE);
        GetScrollInfo(hwnd, SB_VERT, &si);
        // 如果 Windows 更新了捲軸位置，我們更新客戶區
        if (iVertPos != si.nPos)
        {
            ScrollWindow(hwnd, 0, s_iHeight * (iVertPos - si.nPos), NULL, NULL);
            UpdateWindow(hwnd);
        }
        return 0;

// ............

case WM_KEYDOWN:
    switch (wParam)
    {
    case VK_UP:      // 向上方向鍵
        SendMessage(hwnd, WM_VSCROLL, SB_LINEUP, 0);
```

```
        break;
    case VK_DOWN:    // 向下方向鍵
        SendMessage(hwnd, WM_VSCROLL, SB_LINEDOWN, 0);
        break;
    case VK_PRIOR:   // PgUp 鍵
        SendMessage(hwnd, WM_VSCROLL, SB_PAGEUP, 0);
        break;
    case VK_NEXT:    // PgDn 鍵
        SendMessage(hwnd, WM_VSCROLL, SB_PAGEDOWN, 0);
        break;
    case VK_HOME:    // Home 鍵 ( 或 Fn + PgUp 鍵 )
        SendMessage(hwnd, WM_VSCROLL, SB_TOP, 0);
        break;
    case VK_END:     // End 鍵 ( 或 Fn + PgDn 鍵 )
        SendMessage(hwnd, WM_VSCROLL, SB_BOTTOM, 0);
        break;

    case VK_LEFT:    // 左方向鍵
        SendMessage(hwnd, WM_HSCROLL, SB_LINELEFT, 0);
        break;
    case VK_RIGHT:   // 右方向鍵
        SendMessage(hwnd, WM_HSCROLL, SB_LINERIGHT, 0);
        break;
    }
    return 0;
```

完整程式參見 Chapter4\SystemMetrics4 專案。

我們把每一個 WM_KEYDOWN 訊息轉為等同的 WM_VSCROLL 或 WM_ HSCROLL 訊息，這是透過給視窗過程發送假冒的 WM_VSCROLL 或 WM_ HSCROLL 訊息來欺騙 WindowProc 視窗過程實現的，使它認為收到了捲軸訊息，這就避免了在 WM_KEYDOWN 和 WM_VSCROLL 或 WM_HSCROLL 訊息中存在兩份相同的捲軸處理程式。

SendMessage 函數使用頻率非常高。SendMessage 函數用於向一個視窗發送訊息，不僅可以發送給自己的視窗，還可以發送給其他程式視窗，只要獲得了它們的視窗控制碼：

```
LRESULT WINAPI SendMessage(
    _In_ HWND    hWnd,     // 要向哪個視窗發送訊息，hWnd 視窗的視窗過程將接收該訊息
    _In_ UINT    Msg,      // 訊息類型
    _In_ WPARAM wParam,    // 訊息的 wParam 參數
    _In_ LPARAM lParam);   // 訊息的 lParam 參數
```

如果將 hWnd 參數指定為 HWND_BROADCAST(0xFFFF)，則會將訊息發送到系統中的所有最上層視窗。我們需要根據訊息類型建構 wParam 和 lParam 參數。函數的傳回值是視窗過程中該訊息的傳回值。

注意，SendMessage 函數實質是去呼叫指定視窗的視窗過程，並且在視窗過程處理完訊息之前函數不會傳回，即在視窗過程處理完指定訊息以後，Windows 才把控制權交還給緊接著 SendMessage 呼叫的下一行敘述。

要將訊息發送到執行緒的訊息佇列並立即傳回，可以使用 PostMessage 或 PostThreadMessage 函數。

4.1.4 修飾詞索引鍵狀態

在擊鍵訊息中，虛擬按鍵碼 0x41 ～ 0x5A 對應的是 A ～ Z 鍵，但是，通常認為按下 A ～ Z 鍵應該是小寫字母 a ～ z，在按下字母鍵的同時按下了 Shift 鍵或 CapsLock 鍵，才認為是大寫字母 A ～ Z。例如：

```
case WM_KEYDOWN:
    if (wParam == ‹a›)
        MessageBox(hwnd, TEXT(" 小寫字母 a"), TEXT(" 提示 "), MB_OK);
    if (wParam == ‹A›)
        MessageBox(hwnd, TEXT(" 大寫字母 A"), TEXT(" 提示 "), MB_OK);
    return 0;
```

上面的程式，切換為英文輸入法，按下 A 鍵，會彈出第二個訊息方塊。

還有其他情況，例如按下 A 鍵時，如果 Ctrl 鍵也被按下，那麼就是 Ctrl + A 複合鍵，這是一個快速鍵。鍵盤快速鍵通常和程式選單一起在程式的資源指令檔中定義，Windows 會把這些鍵盤快速鍵轉為選單命令訊息，程式不必自己去做轉換。關於快速鍵後面會學習。

對於產生可顯示字元的擊鍵組合，Windows 在發送擊鍵訊息的同時還發送字元訊息。有些鍵不產生字元，如 Shift 鍵、功能鍵、游標移動鍵等，對於這些鍵，Windows 只產生擊鍵訊息。

在處理擊鍵訊息時，我們可能需要知道是否有修飾詞鍵（Shift 鍵、Ctrl 鍵和 Alt 鍵）或切換鍵（CapsLock 鍵、NumLock 鍵和 ScrollLock 鍵）被按下。可以透過呼叫 GetKeyState 函數獲取擊鍵訊息發生時一個按鍵的狀態：

```
SHORT WINAPI GetKeyState(_In_ int nVirtKey);    // nVirtKey 參數指定虛擬按鍵碼
```

傳回值反映了指定按鍵的狀態。如果高位元為 1，則指定按鍵為按下狀態；否則指定按鍵為釋放狀態。最低位元反映了指定切換鍵的狀態。如果低位元為 1，則指定切換鍵為已切換（開啟）；如果低位元為 0，則指定切換鍵為未切換（未開啟）。例如：

```
case WM_KEYDOWN:
    if ((wParam == ‹A› && GetKeyState(VK_SHIFT) < 0) || (wParam == 'A' && GetKeyState
(VK_CAPITAL) & 1))
        MessageBox(hwnd, TEXT("大寫字母 A"), TEXT("提示"), MB_OK);
    return 0;
```

通常使用虛擬按鍵碼 VK_SHIFT、VK_CONTROLL 和 VK_MENU 來呼叫 GetKeyState 函數，也可以使用虛擬按鍵碼 VK_LSHIFT、VK_RSHIFT、VK_LCONTROL、VK_RCONTROL、VK_LMENU 或 VK_RMENU 來呼叫 GetKeyState 函數，用於確定是左側還是右側的 Shift 鍵、Ctrl 鍵或 Alt 鍵被按下。

注意，GetKeyState 函數並非即時檢測鍵盤狀態，它只是反映了到目前為止的鍵盤狀態，用於確定擊鍵訊息發生時一個按鍵的狀態。假設需要確定使用者是否按下了 Shift + Tab 複合鍵，可以在處理 Tab 鍵的 WM_KEYDOWN 訊息時，呼叫包含 VK_SHIFT 參數的 GetKeyState 函數。如果 GetKeyState 函數的傳回值是負的，就可以確定在按下 Tab 鍵之前已經按下了 Shift 鍵。

如果需要確定某個按鍵的即時狀態，可以使用 GetAsyncKeyState 函數：

```
SHORT WINAPI GetAsyncKeyState(_In_ int vKey);
```

4.1.5 字元訊息

對於產生字元的擊鍵，雖然可以透過使用擊鍵訊息和修飾詞索引鍵狀態把擊鍵訊息轉為字元，但是這麼做在其他國家的鍵盤上是有問題的。開啟控制台 → 語言 → 增加語言 → 俄語 → 增加，可以增加不同語言的鍵盤配置，然後可以透過點擊工作列的語言圖示來改變當前活動程式使用的鍵盤。我增加了俄語鍵盤，切換為俄語鍵盤，我現在按下 Shift + 3 複合鍵，將出現字元 "No."。因此對於這類字元按鍵，程式通常應該處理字元訊息。另外，對於 Tab 鍵、Enter 鍵、空白鍵、BackSpace 鍵、Shift 鍵 + Enter 鍵（換行）和 Esc 鍵，通常也是在字元訊息中處理。

功能鍵和一些複合鍵經常被當作快速鍵，Windows 會把選單快速鍵轉為選單命令訊息（WM_COMMAND 訊息），所以應用程式不必自己去處理這些擊鍵訊息。

因此，程式需要處理的擊鍵訊息並不多，常見的就是方向鍵、PgUp 鍵、PgDn 鍵、Home 鍵、End 鍵和功能鍵等。當使用這些鍵時，可以透過 GetKeyState 函數檢查 Shift 鍵和 Ctrl 鍵的狀態，舉例來說，Windows 程式經常使用 Shift 鍵和方向鍵的組合來擴大文字編輯器選取的範圍。

要想獲取字元擊鍵對應的具體字元，通常在訊息迴圈中使用 TranslateMessage 函數。TranslateMessage 函數將 WM_KEYDOWN 或 WM_SYSKEYDOWN 訊息傳遞給鍵盤驅動程式，驅動程式檢查訊息的虛擬按鍵碼。如果虛擬按鍵碼是字元，同時還會檢查 Shift 和 CapsLock 等鍵的狀態，然後生成一個包含具體字元的字元訊息。具體來説，TranslateMessage 函數在處理 WM_KEYDOWN 訊息時生成 WM_CHAR 或 WM_DEADCHAR 訊息，在處理 WM_SYSKEYDOWN 訊息時生成 WM_SYSCHAR 或 WM_SYSDEADCHAR 訊息。如果視窗處於活動狀態但沒有鍵盤焦點，則按下的任何鍵都將生成 WM_SYSCHAR、WM_SYSKEYDOWN 或 WM_SYSKEYUP 訊息。

字元訊息的 wParam 參數包含具體的字元，lParam 參數的內容與被轉為字元訊息的擊鍵訊息的 lParam 參數的內容相同。程式通常可以忽略除 WM_CHAR 之外的其他字元訊息，其他所有字元訊息由 DefWindowProc 函數執行預設處理。

在某些非英文鍵盤上有一些用於給字母增加音調的按鍵,這類按鍵稱為死鍵,死鍵產生的訊息就是死字元訊息。TranslateMessage 函數在處理來自死鍵的 WM_KEYDOWN 訊息時生成 WM_DEADCHAR 訊息,在處理與 Alt 鍵組合按下的死鍵的 WM_SYSKEYDOWN 訊息時生成 WM_SYSDEADCHAR 訊息。程式通常會忽略 WM_SYSDEADCHAR 訊息。

4.1.6　模擬擊鍵訊息

有兩種方法可以很方便地實現模擬擊鍵訊息。一是使用 SendMessage / PostMessage 函數發送 WM_KEYDOWN 等訊息。SendMessage 和 PostMessage 函數的用法相同,不同的是 PostMessage 函數將訊息發送到執行緒的訊息佇列並立即傳回,不會等待視窗過程把訊息處理完畢。我們已經用過 SendMessage 函數,接下來練習一下 PostMessage 函數。

二是使用 keybd_event 模擬擊鍵事件。keybd_event 函數的原型定義如下:

```
VOID WINAPI keybd_event(
    _In_ BYTE      bVk,         // 虛擬按鍵碼
    _In_ BYTE      bScan,       // 按鍵的掃描碼,可以設定為 0
    _In_ DWORD     dwFlags,     // 標識位元
    _In_ ULONG_PTR dwExtraInfo);// 與擊鍵相關的附加的 32 位元值,可以設定為 0
```

參數 dwFlags 是標識位元,如果設定為 KEYEVENTF_KEYUP,則表示按鍵抬起;如果設定為 0,則表示按鍵按下。

keybd_event 函數合成一次擊鍵事件,並不關心由誰來處理它。系統捕捉到擊鍵事件後會轉為鍵盤訊息 WM_KEYDOWN 或 WM_KEYUP 分發給當前系統中擁有鍵盤焦點的應用程式。

我的筆記型電腦只有 84 個鍵盤,沒有 Home 和 End 按鍵。我想使用數字按鍵 1 代替 Home 按鍵的效果,數字按鍵 2 代替 End 按鍵的效果。開啟 Chapter4\SystemMetrics4 專案,增加對 WM_CHAR 訊息的處理:

```
case WM_CHAR:
    switch (wParam)
```

```
{
case ‹1›:
    PostMessage(hwnd, WM_KEYDOWN, VK_HOME, 0);
    break;
case ‹2›:
    keybd_event(VK_END, 0, 0, 0);
    keybd_event(VK_END, 0, KEYEVENTF_KEYUP, 0);
    break;
}
return 0;
```

使用 keybd_event 模擬擊鍵訊息，需要注意的是對每一個按鍵必須成對使用，第一次表示按下，第二次帶有 KEYEVENTF_KEYUP 標識表示釋放按鍵。舉例來說，如果需要模擬 Win + R 開啟系統的 "執行" 程式，可以按以下方式使用 keybd_event 函數：

```
keybd_event(VK_LWIN, 0, 0, 0);
keybd_event('R', 0, 0, 0);
keybd_event('R', 0, KEYEVENTF_KEYUP, 0);
keybd_event(VK_LWIN, 0, KEYEVENTF_KEYUP, 0);
```

有時候，在按鍵按下和抬起之間可能需要暫停一會，例如模擬 Alt + Tab 複合鍵：

```
keybd_event(VK_MENU, 0, 0, 0);
keybd_event(VK_TAB, 0, 0, 0);
Sleep(3000);          // 讓切換應用程式視窗停留 3s
keybd_event(VK_TAB, 0, KEYEVENTF_KEYUP, 0);
keybd_event(VK_MENU, 0, KEYEVENTF_KEYUP, 0);
```

Sleep 函數可以暫停程式的執行：

```
VOID WINAPI Sleep(_In_ DWORD dwMilliseconds); // 暫停執行的時間間隔，以毫秒為單位
```

微軟建議使用 SendInput 函數代替 keybd_event 函數。SendInput 函數既可以模擬鍵盤輸入也可以模擬滑鼠輸入：

```
UINT WINAPI SendInput(
    _In_ UINT      nInputs,   // pInputs 陣列中的結構數
    _In_ LPINPUT pInputs,    // INPUT 結構的陣列,每個結構表示一個鍵盤或滑鼠輸入事件
    _In_ int       cbSize);   // INPUT 結構的大小,以位元組為單位
```

參數 pInputs 是一個 INPUT 結構的陣列,每個結構表示一個鍵盤或滑鼠輸入事件。INPUT 結構在 WinUser.h 標頭檔中定義如下:

```
typedef struct tagINPUT {
    DWORD    type;               // 輸入事件的類型
    union
    {
        MOUSEINPUT       mi; // MOUSEINPUT 結構
        KEYBDINPUT       ki; // KEYBDINPUT 結構
        HARDWAREINPUT   hi; // HARDWAREINPUT 結構
    };
} INPUT, *PINPUT, FAR* LPINPUT;
```

- 欄位 type 指定輸入事件的類型,該欄位可以是表 4.10 所示的值之一。

▼ 表 4.10

常數	含義
INPUT_MOUSE	該事件是滑鼠事件,使用 mi 結構
INPUT_KEYBOARD	該事件是鍵盤事件,使用 ki 結構
INPUT_HARDWARE	該事件是硬體事件,使用 hi 結構

- mi、ki、hi 都是結構,分別指定滑鼠、鍵盤和硬體事件的具體資訊。硬體事件指的是鍵盤或滑鼠以外的輸入裝置生成的訊息。這幾個結構比較簡單,如果需要使用 SendInput 函數請自行查閱 MSDN。

4.1.7 插入符號

插入符號是視窗客戶區中閃爍的水平或垂直短線、實心塊或點陣圖,通常表示插入文字或圖形的位置,很多人習慣上叫作游標。當視窗具有鍵盤焦點或處於活動狀態時可以建立、顯示插入符號;當失去鍵盤焦點或變為非活動狀態時應該銷毀插入符號。

CreateCaret 函數用於為一個視窗建立指定形狀的插入符號：

```
BOOL WINAPI CreateCaret(
    _In_      HWND    hWnd,    // 擁有插入符號的視窗的控制碼
    _In_opt_  HBITMAP hBitmap, // 點陣圖控制碼，用於定義插入符號的形狀
    _In_      int     nWidth,  // 插入符號的寬度，設定為 0 表示使用系統定義的視窗邊框寬度
    _In_      int     nHeight);// 插入符號的高度，設定為 0 表示使用系統定義的視窗邊框高度
```

參數 hBitmap 用於定義插入符號的形狀。如果設定為 NULL，則插入符號為黑色實心；如果設定為 (HBITMAP)1，則插入符號為灰色網線形狀；如果設定為點陣圖控制碼，則插入符號是指定的點陣圖。點陣圖控制碼可以透過 LoadBitmap 函數載入。如果 hBitmap 參數指定為點陣圖控制碼，則 CreateCaret 函數會忽略 nWidth 和 nHeight 參數的值。點陣圖有自己的寬度和高度。

插入符號是隱藏的，必須呼叫 ShowCaret 函數才能使插入符號可見，然後它會自動閃爍：

```
BOOL WINAPI ShowCaret(_In_opt_ HWND hWnd);
```

處理視窗重繪訊息時通常需要呼叫 HideCaret 函數隱藏插入符號：

```
BOOL WINAPI HideCaret(_In_opt_ HWND hWnd);
```

重繪訊息處理完畢再呼叫 ShowCaret 函數顯示插入符號。隱藏具有累積效果，如果程式連續 3 次呼叫 HideCaret 函數，那麼必須連續呼叫 ShowCaret 函數 3 次才可以再次顯示插入符號。

SetCaretBlinkTime 函數可以修改插入符號的閃爍時間，這會影響到其他程式，即其他程式也會使用修改後的閃爍時間：

```
BOOL WINAPI SetCaretBlinkTime(_In_ UINT uMSeconds); // 毫秒
```

SetCaretPos 函數可以移動插入符號的位置：

```
BOOL WINAPI SetCaretPos(
    _In_ int X,     // 插入符號的新 X 座標
    _In_ int Y);    // 插入符號的新 Y 座標
```

　　當失去鍵盤焦點或變為非活動狀態時應該呼叫 DestroyCaret 函數銷毀插入符號：

```
BOOL WINAPI DestroyCaret(void);
```

　　本節實現一個簡單的打字程式，篇幅關係沒有實現文字選擇功能，其實這也簡單，設定一下文字顏色與背景顏色就可以了，方向鍵僅簡單演示了左方向鍵。程式執行效果如圖 4.1 所示。

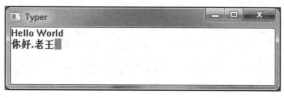

▲ 圖 4.1

　　完整程式請參考 Chapter4\Typer 專案。

　　ZeroMemory 巨集可以把指定的區塊填充為 0（清零），新申請的區塊通常需要初始化為全 0：

```
void ZeroMemory(
    [in] PVOID  Destination,    // 指向要填充零的區塊的起始位址的指標
    [in] SIZE_T Length);        // 要填充為零的區塊的大小，以位元組為單位
```

　　ZeroMemory 巨集的定義如下：

```
#define ZeroMemory RtlZeroMemory
#define RtlZeroMemory(Destination,Length) memset((Destination),0,(Length))
```

　　實質上還是呼叫了 C/C++ 執行函數庫函數 memset。

4.2　滑鼠

　　目前市面上各式各樣琳琅滿目的滑鼠，不過按外形可以分為兩鍵滑鼠、三鍵滑鼠、滾軸滑鼠、感應滑鼠和五鍵滑鼠等。滾軸滑鼠和感應滑鼠在筆記型電腦電腦中應用很普遍。往不同方向轉動滑鼠中間的小圓球，或在感應板上移動手指，游標就會向對應的方向移動。當游標到達預定位置時，按一下滑鼠或感應板，即可執行對應操作。

　　當使用者移動滑鼠時，系統在螢幕上顯示一個稱為滑鼠游標的點陣圖，滑鼠游標中包含一個稱為熱點的單像素點，熱點確定游標的位置。各種系統預先定義游標的形狀在講解註冊視窗類別 WNDCLASSEX 結構的 hCursor 欄位時説過。IDC_ARROW 標準箭頭游標的熱點位於箭頭的最上部，IDC_CROSS 十字線游標的熱點位於十字線的中心。除了系統預先定義的游標形狀，後面還會學習自訂游標。對於接收滑鼠訊息，不要求視窗必須處於活動狀態或具有輸入焦點。發生滑鼠事件時，游標位置下面的視窗通常會接收到滑鼠訊息。

　　對三鍵滑鼠來説，3 個按鈕分別被稱為左鍵、中鍵和右鍵。對滑鼠按鈕的操作包括點擊、按兩下、移動和拖動。

- 點擊：按下滑鼠按鈕，然後鬆開。

- 按兩下：連續兩次快速點擊滑鼠按鈕。

- 移動：改變滑鼠游標的位置。

- 拖動：按下滑鼠按鈕不放，並移動滑鼠游標。

　　Windows 支援帶有 5 個按鈕的滑鼠，五鍵滑鼠除了左、中、右按鈕外，還有 XBUTTON1 和 XBUTTON2，瀏覽器中通常會使用這兩個按鈕實現網頁的前進和後退功能。

　　要為習慣使用左手的使用者設定滑鼠，程式可以透過呼叫 SwapMouseButton 函數或 SystemParametersInfo 函數（使用 SPI_SETMOUSEBUTTONSWAP 標識）來反轉滑鼠左鍵和右鍵，但請注意，滑鼠是共用資源，因此反轉滑鼠左鍵和右鍵會影響其他所有程式。程式通常沒有必要提供這個功能，因為控制台已經提供給使用者習慣左手還是右手，以及啟用點擊鎖定、按兩下速度、游標移動速度等豐富的功能，具體參見控制台 → 滑鼠（開啟控制台以後，查看方式選擇小圖示）。

4.2.1　客戶區滑鼠訊息

當使用者移動、按下或釋放滑鼠按鈕時，會生成滑鼠輸入事件。系統會將滑鼠輸入事件轉為訊息，然後發送到執行緒的訊息佇列中。當使用者在視窗的客戶區內移動游標時，系統會不斷發送一系列 WM_MOUSEMOVE 訊息；當使用者在客戶區內按下或釋放滑鼠按鈕時，會發送表 4.11 所示的訊息之一。

▼ 表 4.11

訊息類型	含義
WM_LBUTTONDOWN	按下滑鼠左鍵
WM_LBUTTONUP	滑鼠左鍵被釋放
WM_LBUTTONDBLCLK	按兩下滑鼠左鍵
WM_MBUTTONDOWN	按下滑鼠中鍵
WM_MBUTTONUP	滑鼠中鍵被釋放
WM_MBUTTONDBLCLK	按兩下滑鼠中鍵
WM_RBUTTONDOWN	按下滑鼠右鍵
WM_RBUTTONUP	滑鼠右鍵被釋放
WM_RBUTTONDBLCLK	按兩下滑鼠右鍵

分別是左鍵、中鍵和右鍵的按下、釋放和按兩下訊息。滑鼠按下和滑鼠抬起訊息是成對出現的，例如一次滑鼠左鍵點擊事件會生成 WM_LBUTTONDOWN 和 WM_LBUTTONUP 訊息。

此外，程式可以透過呼叫 TrackMouseEvent 函數讓系統發送另外兩筆訊息。當滑鼠游標懸停在客戶區一段時間後發送 WM_MOUSEHOVER 訊息，當滑鼠游標離開客戶區時發送 WM_MOUSELEAVE 訊息：

```
BOOL WINAPI TrackMouseEvent(_Inout_ LPTRACKMOUSEEVENT lpEventTrack);  // TRACKMOUSEEVENT 結構
```

參數 lpEventTrack 是一個指向 TRACKMOUSEEVENT 結構的指標，在 WinUser.h 標頭檔中定義如下：

```
typedef struct tagTRACKMOUSEEVENT {
    DWORD cbSize;        // 結構的大小
    DWORD dwFlags;       // 標識位元
    HWND  hwndTrack;     // 要追蹤的視窗的控制碼
    DWORD dwHoverTime;   // 懸停逾時，以毫秒為單位
} TRACKMOUSEEVENT, *LPTRACKMOUSEEVENT;
```

- 參數 dwFlags 指定標識位元，可以是表 4.12 所示的值的組合。

▼ 表 4.12

常數	含義
TME_CANCEL	取消先前的追蹤請求，還需要同時指定要取消的追蹤類型，舉例來說，要取消懸停追蹤，需要指定為 TME_CANCEL | TME_HOVER 標識
TME_HOVER	當滑鼠游標懸停在客戶區一段時間後發送 WM_MOUSEHOVER 訊息，該訊息只會觸發一次。如果需要再次發送該訊息，則必須重新呼叫 TrackMouseEvent 函數
TME_LEAVE	當滑鼠游標離開客戶區時發送 WM_MOUSELEAVE 訊息，該訊息產生以後，所有由 TrackMouseEvent 函數設定的滑鼠追蹤請求（懸停和離開）都會被取消。請注意，如果滑鼠不在視窗的客戶區內，會立即發送 WM_MOUSELEAVE 訊息
TME_NONCLIENT	當滑鼠游標在非客戶區懸停一段時間或離開時發送非客戶區滑鼠訊息 WM_NCMOUSEHOVER 或 WM_NCMOUSELEAVE 訊息，用法和前兩個類似

- 參數 dwHoverTime 指定懸停逾時（如果在 dwFlags 參數中指定了 TME_HOVER），以毫秒為單位，可以設定為 HOVER_DEFAULT，表示使用系統預設的懸停逾時，後面的章節會用到該函數。

客戶區滑鼠訊息的 wParam 參數包含滑鼠事件發生時其他滑鼠按鈕以及 Ctrl 和 Shift 鍵的狀態標識。wParam 參數可以是表 4.13 所示的值的組合。

▼ 表 4.13

常數	含義
MK_LBUTTON	滑鼠左鍵已按下
MK_MBUTTON	滑鼠中鍵已按下
MK_RBUTTON	滑鼠右鍵已按下
MK_CONTROL	Ctrl 鍵已按下
MK_SHIFT	Shift 鍵已按下
MK_XBUTTON1	第一個 X 按鈕已按下
MK_XBUTTON2	第二個 X 按鈕已按下

舉例來説，當接收到 WM_LBUTTONDOWN 訊息時，如果 wParam & MK_SHIFT 的值為 TRUE（非零），則表示使用者按下左鍵的同時還按下了 Shift 鍵。

客戶區滑鼠訊息的 lParam 參數表示滑鼠事件發生時游標熱點的位置，lParam 參數的低位元字表示熱點的 X 座標，高位元字表示 Y 座標，相對於客戶區左上角。可以按以下方式獲取游標熱點的 X 和 Y 座標：

```
int xPos, yPos;
xPos = GET_X_LPARAM(lParam);
yPos = GET_Y_LPARAM(lParam);
```

GET_X_LPARAM 和 GET_Y_LPARAM 巨集在 Windowsx.h 標頭檔中定義如下：

```
#define GET_X_LPARAM(lp) ((int)(short)LOWORD(lp))
#define GET_Y_LPARAM(lp) ((int)(short)HIWORD(lp))
```

滑鼠游標的座標有時候可能是負值，因此不能使用 LOWORD 或 HIWORD 巨集來提取游標位置的 X 座標和 Y 座標。LOWORD 和 HIWORD 巨集傳回的是 WORD 類型，而 WORD 被定義為無號短整數：

```
typedef unsigned short WORD;
```

關於滑鼠按兩下訊息（WM_LBUTTONDBLCLK、WM_MBUTTONDBLCLK、WM_RBUTTONDBLCLK），在講解 WNDCLASSEX 結構的 style 欄位時説過，必須指定 CS_DBLCLKS 樣式才可以接收滑鼠按兩下訊息。滑鼠按兩下訊息通常會連續生成 4 筆訊息，舉例來説，按兩下滑鼠左鍵會生成以下訊息序列：

```
WM_LBUTTONDOWN
WM_LBUTTONUP
WM_LBUTTONDBLCLK
WM_LBUTTONUP
```

4.2.2　非客戶區滑鼠訊息

視窗的非客戶區包括標題列、功能表列、選單、邊框、捲軸、最小化按鈕和最大化按鈕等，當在視窗的非客戶區內發生滑鼠事件時，會生成非客戶區滑鼠訊息，非客戶區滑鼠訊息的名稱包含字母 NC。舉例來説，當游標在非客戶區中移動時會生成 WM_NCMOUSEMOVE 訊息，當游標在非客戶區時按下滑鼠左鍵會生成 WM_NCLBUTTONDOWN 訊息。表 4.14 列出了訊息。

▼ 表 4.14

訊息類型	含義
WM_NCLBUTTONDOWN	按下滑鼠左鍵
WM_NCLBUTTONUP	滑鼠左鍵被釋放
WM_NCLBUTTONDBLCLK	按兩下滑鼠左鍵
WM_NCMBUTTONDOWN	按下滑鼠中鍵
WM_NCMBUTTONUP	滑鼠中鍵被釋放
WM_NCMBUTTONDBLCLK	按兩下滑鼠中鍵
WM_NCRBUTTONDOWN	按下滑鼠右鍵
WM_NCRBUTTONUP	滑鼠右鍵被釋放
WM_NCRBUTTONDBLCLK	按兩下滑鼠右鍵
WM_NCMOUSEMOVE	移動游標

除此之外，透過呼叫 TrackMouseEvent 函數（dwFlags 參數包含 TME_NONCLIENT 標識），當滑鼠游標在非客戶區懸停一段時間或離開時會發送 WM_NCMOUSEHOVER 或 WM_NCMOUSELEAVE 訊息。

非客戶區滑鼠訊息由 DefWindowProc 函數執行預設處理，舉例來說，當滑鼠游標移動到視窗的邊框時，DefWindowProc 函數會處理非客戶區滑鼠訊息，將游標更改為雙向箭頭。如果沒有特殊需求，則程式不需要自己處理非客戶區滑鼠訊息；如果實在需要處理，則處理完以後還應該轉交給 DefWindowProc 函數。請看以下程式：

```
case WM_NCLBUTTONDOWN:
case WM_NCLBUTTONUP:
case WM_NCLBUTTONDBLCLK:
    return 0;
```

這麼做的結果是，無法使用系統選單，無法使用最小化、最大化、關閉按鈕，無法開啟程式的選單，無法透過拖拉邊框調整視窗大小等。

非客戶區滑鼠訊息的 wParam 參數包含命中測試值。每當發生滑鼠事件時（包括客戶區和非客戶區滑鼠事件），系統都會先發送 WM_NCHITTEST 訊息，DefWindowProc 函數會檢查滑鼠事件發生時的滑鼠游標熱點座標以確定是發送客戶區還是非客戶區滑鼠訊息，隨後還可能發送 WM_SYSCOMMAND 訊息，DefWindowProc 函數處理 WM_NCHITTEST 訊息以後的傳回值是指明游標熱點位置的命中測試值。命中測試值可以是表 4.15 所示的值之一。

▼ 表 4.15

命中測試值	游標熱點位置
HTTOP	在視窗的上水平邊框中
HTBOTTOM	在視窗的下水平邊框中
HTLEFT	在視窗的左邊框
HTRIGHT	在視窗的右邊框
HTTOPLEFT	在視窗邊框的左上角
HTTOPRIGHT	在視窗邊框的右上角

（續表）

命中測試值	游標熱點位置
HTBOTTOMLEFT	在視窗邊框的左下角
HTBOTTOMRIGHT	在視窗邊框的右下角
HTHSCROLL	在水平捲軸中
HTVSCROLL	在垂直捲軸中
HTBORDER	在視窗的邊框中，該視窗邊框不可調整大小
HTCAPTION	在標題列中
HTCLIENT	在客戶區中
HTCLOSE	在關閉按鈕中
HTHELP	在說明按鈕中
HTSYSMENU	在系統選單或子視窗中的關閉按鈕中
HTMENU	在選單中
HTMAXBUTTON 或 HTZOOM	在最大化按鈕中
HTMINBUTTON 或 HTREDUCE	在最小化按鈕中
HTTRANSPARENT	在被另一個視窗覆蓋的視窗中
HTNOWHERE	在螢幕背景中或在視窗之間的分界線上
HTERROR	在螢幕背景中或在視窗之間的分界線上，會產生系統蜂鳴聲以指示錯誤

　　舉例來說，如果滑鼠事件發生時游標熱點位於視窗的客戶區中，則 DefWindowProc 函數將命中測試值 HTCLIENT 傳回給視窗過程，視窗過程將 HTCLIENT 傳回給系統，系統將游標熱點的螢幕座標轉為客戶區座標，然後發送對應的客戶區滑鼠訊息；如果游標熱點位於視窗的非客戶區中，則 DefWindowProc 函數會傳回其他命中測試值，視窗過程將其傳回給系統，系統將命中測試值放在訊息的 wParam 參數中，將游標熱點的螢幕座標放在 IParam 參數中，然後發送非客戶區滑鼠訊息。

　　也可能發送 WM_SYSCOMMAND 訊息。舉例來說，大家都知道按兩下程式視窗左上角的系統選單圖示可以關閉程式，按兩下事件首先產生 WM_NCHITTEST 訊息，滑鼠游標位於系統選單圖示之上，所以 DefWindowProc

函數處理 WM_NCHITTEST 訊息以後傳回 HTSYSMENU；系統發送 WM_NCLBUTTONDBLCLK 訊息，其中 wParam 參數等於 HTSYSMENU；DefWindowProc 函數處理 WM_NCLBUTTONDBLCLK 訊息，然後發送 WM_SYSCOMMAND 訊息，其中 wParam 參數等於 SC_CLOSE（當使用者手動點擊系統選單中的"關閉"按鈕時，也是產生 WM_SYSCOMMAND 訊息）；DefWindowProc 函數處理 WM_SYSCOMMAND 訊息，並發送 WM_CLOSE 訊息；DefWindowProc 處理 WM_CLOSE 訊息，在視窗過程發送一個 WM_DESTROY 訊息，DefWindowProc 函數不會處理 WM_DESTROY 訊息，這個訊息需要我們自己處理，這一點請看 2.2.5 節的視窗關閉過程。

非客戶區滑鼠訊息的 lParam 參數包含滑鼠游標熱點的 X 座標和 Y 座標。與客戶區滑鼠訊息不同，該座標是螢幕座標而非客戶區座標，相對於螢幕左上角。可以使用 GET_X_LPARAM（lParam）和 GET_Y_LPARAM（lParam）巨集分別提取游標熱點的 X 和 Y 座標。透過呼叫 ScreenToClient 和 ClientToScreen 函數可以將螢幕座標與客戶區座標相互轉換。如果一個螢幕座標點位於視窗客戶區的左側或上方，那麼轉換成客戶區座標後，X 值或 Y 值會是負數。

4.2.3 X 按鈕訊息

當使用者按下或釋放 XBUTTON1 或 XBUTTON2 按鈕時會發送 WM_XBUTTON* 或 WM_ NCXBUTTON* 訊息，這些訊息的 wParam 參數的高位元字包含一個標識，指示使用者按下或釋放了哪個 X 按鈕。

當使用者在視窗的客戶區中按下、釋放或按兩下第一個或第二個 X 按鈕時會發送 WM_ XBUTTONDOWN、WM_XBUTTONUP 或 WM_XBUTTONDBLCLK 訊息。

- 這些訊息的 wParam 參數的低位元字包含滑鼠事件發生時其他滑鼠按鈕以及 Ctrl 和 Shift 鍵的狀態標識，可用的標識和客戶區滑鼠訊息的 wParam 參數相同。

wParam 參數的高位元字指明使用者是按下、釋放或按兩下了哪個 X 按鈕。可以是表 4.16 所示的值之一。

▼ 表 4.16

常數	含義
XBUTTON1	按下、釋放或按兩下了第一個 X 按鈕
XBUTTON2	按下、釋放或按兩下了第二個 X 按鈕

可以使用以下程式提取 wParam 參數中的資訊：

```
fwKeys = GET_KEYSTATE_WPARAM(wParam);   // 其滑鼠按鈕以及 Ctrl 和 Shift 鍵的狀態標識
fwButton = GET_XBUTTON_WPARAM(wParam);  // 按下、釋放或按兩下了哪個 X 按鈕
```

- 這些訊息的 lParam 參數表示滑鼠事件發生時游標熱點的位置。lParam 參數的低位元字表示熱點的 X 座標，高位元字表示 Y 座標，相對於客戶區左上角。可以使用 GET_X_LPARAM（lParam）和 GET_Y_LPARAM（lParam）巨集分別提取游標熱點的 X 和 Y 座標。當使用者在視窗的非客戶區中按下、釋放或按兩下第一或第二個 X 按鈕時會發送 WM_NCXBUTTONDOWN、WM_NCXBUTTONUP 或 WM_NCXBUTTONDBLCLK 訊息。

- 這些訊息的 wParam 參數的低位元字包含 DefWindowProc 函數在處理 WM_NCHITTEST 訊息時傳回的命中測試值，可用的命中測試值與非客戶區滑鼠訊息的 wParam 參數相同；高位元字表示按下了哪個 X 按鈕，即 XBUTTON1 或 XBUTTON2。

可以使用以下程式提取 wParam 參數中的資訊：

```
nHittest = GET_NCHITTEST_WPARAM(wParam);   // 命中測試值
fwButton = GET_XBUTTON_WPARAM(wParam);     // 按下、釋放或按兩下了哪個 X 按鈕
```

- 這些訊息的 lParam 參數包含滑鼠事件發生時游標熱點的 X 座標和 Y 座標，座標相對於螢幕的左上角。可以使用 GET_X_LPARAM(lParam) 和 GET_Y_LPARAM(lParam) 巨集分別提取游標熱點的 X 和 Y 座標。

請注意，對於滑鼠左鍵、中鍵或右鍵的客戶區滑鼠訊息，視窗過程處理完以後應傳回 0；但是對於 X 按鈕的客戶區訊息和非客戶區訊息處理完畢

以後應傳回 TRUE。對於 X 按鈕訊息，DefWindowProc 函數會執行預設處理，處理以後 DefWindowProc 函數會在視窗發送 WM_APPCOMMAND 訊息。DefWindowProc 函數還會處理 WM_APPCOMMAND 訊息，關於 WM_APPCOMMAND 訊息參見 MSDN。

4.2.4 滑鼠游標函數

GetCursorPos 函數可以獲取滑鼠游標的當前位置：

```
BOOL WINAPI GetCursorPos(_Out_ LPPOINT lpPoint); // 在 lpPoint 結構中傳回滑鼠游標位置，
螢幕座標
```

SetCursorPos 函數可以將滑鼠游標移動到指定的位置：

```
BOOL WINAPI SetCursorPos(_In_ int X, _In_ int Y);// 螢幕座標
```

呼叫 ShowCursor 函數可以顯示或隱藏滑鼠游標：

```
int WINAPI ShowCursor(_In_ BOOL bShow); // 設定為 TRUE 則顯示計數加 1，設定為 FALSE，
則顯示計數減 1
```

系統維護一個滑鼠游標顯示計數器，用於確定是否應該顯示游標，僅當顯示計數大於或等於 0 時才顯示游標。如果電腦安裝了滑鼠，則初始顯示計數為 0，如果未安裝滑鼠，則初始顯示計數為 -1。

GetCursorInfo 函數可以獲取滑鼠游標的顯示或隱藏狀態、游標控制碼和座標：

```
BOOL WINAPI GetCursorInfo(_Inout_ PCURSORINFO pci); // 在這個 CURSORINFO 結構中傳回滑鼠
游標資訊
```

pci 參數是一個指向 CURSORINFO 結構的指標，該結構在 WinUser.h 標頭檔中定義如下：

```
typedef struct tagCURSORINFO
{
```

```
    DWORD    cbSize;       // 該結構的大小
    DWORD    flags;        // 游標狀態標識，如果是 0 表示游標被隱藏，如果是 CURSOR_SHOWING(1)
表示正在
                           // 顯示
    HCURSOR hCursor;       // 游標控制碼
    POINT   ptScreenPos;   // 接收游標座標的 POINT 結構，螢幕座標
} CURSORINFO, *PCURSORINFO, *LPCURSORINFO;
```

SetCursor 函數可以設定游標的形狀：

```
HCURSOR WINAPI SetCursor(_In_opt_ HCURSOR hCursor); // 游標的控制碼
```

參數 hCursor 指定游標的控制碼，這個控制碼可以由 LoadCursor、CreateCursor 或 LoadImage 函數傳回。如果 hCursor 參數設定為 NULL，則從螢幕上刪除游標。函數傳回值是前一個游標的控制碼。例如呼叫 SetCursor(LoadCursor(NULL, IDC_CROSS)); 可以把游標形狀設定為系統預先定義游標十字線形狀，關於建立自訂游標後面再講。

需要注意的是，滑鼠游標是共用資源，僅當滑鼠游標位於我們程式的客戶區內時，才應該呼叫 SetCursorPos、ShowCursor、SetCursor 等函數改變滑鼠游標，在游標離開客戶區之前應該恢復為先前的狀態。

ClipCursor 函數可以將滑鼠游標的活動範圍限制在指定的矩形區域以內：

```
BOOL WINAPI ClipCursor(_In_opt_ const RECT *lpRect);    // 螢幕座標，lpRect 設定為 NULL，
則可以自由移動
```

某些加密程式為了防止使用者偵錯自己的程式或其他非法操作，經常限制使用者的滑鼠只能在自己程式的視窗範圍內活動，例如下面的程式可以實現這個目的：

```
LRESULT CALLBACK WindowProc(HWND hwnd, UINT uMsg, WPARAM wParam, LPARAM lParam)
{
    RECT rect;

    switch (uMsg)
    {
```

```
    case WM_CREATE:
        SetTimer(hwnd, 1, 100, NULL);
        return 0;

    case WM_TIMER:
        GetWindowRect(hwnd, &rect);
        ClipCursor(&rect);
        return 0;

case WM_DESTROY:
    ClipCursor(NULL);
        PostQuitMessage(0);
        return 0;
    }

    return DefWindowProc(hwnd, uMsg, wParam, lParam);
}
```

在 WM_CREATE 訊息中呼叫 SetTimer 函數建立了一個計時器，每隔 100 ms 在視窗過程發送一個 WM_TIMER 訊息。計時器將在第 5 章講解。

4.2.5 滑鼠捕捉

本節實現一個滑鼠繪製矩形的範例，用滑鼠繪圖需要追蹤滑鼠游標的位置，追蹤游標通常涉及處理 WM_LBUTTONDOWN、WM_MOUSEMOVE 和 WM_LBUTTONUP 訊息。透過記錄 WM_LBUTTONDOWN 訊息的 IParam 參數中提供的游標位置來確定起點，滑鼠移動時會不斷產生一系列 WM_MOUSEMOVE 訊息，通常也應該處理 WM_MOUSEMOVE 訊息以即時反映所繪製圖形的變化，最後，處理 WM_LBUTTONUP 訊息結束繪製。DrawRectangle 程式的執行效果如圖 4.2 所示。

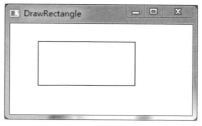

▲ 圖 4.2

DrawRectangle.cpp 原始檔案的內容如下所示：

```cpp
#include <Windows.h>
#include <Windowsx.h>

// 函數宣告
LRESULT CALLBACK WindowProc(HWND hwnd, UINT uMsg, WPARAM wParam, LPARAM lParam);
VOID DrawFrame(HWND hwnd, POINT ptLeftTop, POINT ptRightBottom);

int WINAPI WinMain(HINSTANCE hInstance, HINSTANCE hPrevInstance, LPSTR lpCmdLine, int
nCmdShow)
{
    WNDCLASSEX wndclass;
    TCHAR szClassName[] = TEXT("MyWindow");
    TCHAR szAppName[] = TEXT("DrawRectangle");
    HWND hwnd;
    MSG msg;

    wndclass.cbSize = sizeof(WNDCLASSEX);
    wndclass.style = CS_HREDRAW | CS_VREDRAW;
    wndclass.lpfnWndProc = WindowProc;
    wndclass.cbClsExtra = 0;
    wndclass.cbWndExtra = 0;
    wndclass.hInstance = hInstance;
    wndclass.hIcon = LoadIcon(NULL, IDI_APPLICATION);
    wndclass.hCursor = LoadCursor(NULL, IDC_ARROW);
    wndclass.hbrBackground = (HBRUSH)GetStockObject(WHITE_BRUSH);
    wndclass.lpszMenuName = NULL;
    wndclass.lpszClassName = szClassName;
    wndclass.hIconSm = NULL;
    RegisterClassEx(&wndclass);

    hwnd = CreateWindowEx(0, szClassName, szAppName, WS_OVERLAPPEDWINDOW,
        CW_USEDEFAULT, CW_USEDEFAULT, 400, 300, NULL, NULL, hInstance, NULL);

    ShowWindow(hwnd, nCmdShow);
    UpdateWindow(hwnd);

    while (GetMessage(&msg, NULL, 0, 0) != 0)
```

```
    {
        TranslateMessage(&msg);
        DispatchMessage(&msg);
    }

    return msg.wParam;
}

LRESULT CALLBACK WindowProc(HWND hwnd, UINT uMsg, WPARAM wParam, LPARAM lParam)
{
    HDC hdc;
    PAINTSTRUCT ps;
    static POINT ptLeftTop, ptRightBottom;   // 矩形的左上角和右下角座標
    static BOOL bStarting;

    switch (uMsg)
    {
    case WM_LBUTTONDOWN:
        //SetCapture(hwnd);
        SetCursor(LoadCursor(NULL, IDC_CROSS));

        // 初始化新矩形的左上角和右下角座標
        ptLeftTop.x = ptRightBottom.x = GET_X_LPARAM(lParam);
        ptLeftTop.y = ptRightBottom.y = GET_Y_LPARAM(lParam);
        bStarting = TRUE;
        return 0;

    case WM_MOUSEMOVE:
        if (bStarting)
        {
            SetCursor(LoadCursor(NULL, IDC_CROSS));
            // 先抹除上一次 WM_MOUSEMOVE 訊息所畫的矩形，WM_MOUSEMOVE 訊息會不斷產生
            DrawFrame(hwnd, ptLeftTop, ptRightBottom);

            // 新矩形的右下角座標
            ptRightBottom.x = GET_X_LPARAM(lParam);
            ptRightBottom.y = GET_Y_LPARAM(lParam);
            // 繪製新矩形
            DrawFrame(hwnd, ptLeftTop, ptRightBottom);
```

```
        }
        return 0;

    case WM_LBUTTONUP:
        if (bStarting)
        {
            // 抹除 WM_MOUSEMOVE 訊息中所畫的最後一個矩形
            DrawFrame(hwnd, ptLeftTop, ptRightBottom);

            // 最終矩形的右下角座標
            ptRightBottom.x = GET_X_LPARAM(lParam);
            ptRightBottom.y = GET_Y_LPARAM(lParam);

            SetCursor(LoadCursor(NULL, IDC_ARROW));
            bStarting = FALSE;
            //ReleaseCapture();

            // 繪製最終的矩形
            InvalidateRect(hwnd, NULL, TRUE);
        }
        return 0;

    case WM_PAINT:
        hdc = BeginPaint(hwnd, &ps);
        Rectangle(hdc, ptLeftTop.x, ptLeftTop.y, ptRightBottom.x, ptRightBottom.y);
        EndPaint(hwnd, &ps);
        return 0;

    case WM_DESTROY:
        PostQuitMessage(0);
        return 0;
    }

    return DefWindowProc(hwnd, uMsg, wParam, lParam);
}

VOID DrawFrame(HWND hwnd, POINT ptLeftTop, POINT ptRightBottom)
{
    HDC hdc = GetDC(hwnd);
```

```
SelectObject(hdc, GetStockObject(NULL_BRUSH));
SetROP2(hdc, R2_NOT);
Rectangle(hdc, ptLeftTop.x, ptLeftTop.y, ptRightBottom.x, ptRightBottom.y);
SelectObject(hdc, GetStockObject(WHITE_BRUSH));
ReleaseDC(hwnd, hdc);
}
```

完整程式請參考 Chapter4\DrawRectangle 專案。使用者按下滑鼠左鍵，滑鼠游標的當前位置作為要繪製矩形的左上角和右下角座標；然後不斷拖動滑鼠產生 WM_MOUSEMOVE 訊息，將矩形的右下角座標重設為滑鼠游標的當前位置，然後畫出矩形的邊框；當使用者釋放滑鼠時，繪製最終的矩形。

但是存在一個問題，在程式視窗的客戶區內按下滑鼠左鍵，然後移動滑鼠到視窗以外時，程式將停止接收 WM_MOUSEMOVE 訊息，現在釋放滑鼠，由於滑鼠落在客戶區以外，所以程式沒有接收到 WM_BUTTONUP 訊息。再將滑鼠移回程式視窗的客戶區，視窗過程仍然會認為滑鼠按鈕處於按下的狀態，程式現在不知道該如何執行了。

滑鼠按下和滑鼠抬起訊息是成對出現的，這一點沒錯，但是，在一個視窗沒有接收 WM_LBUTTONDOWN 訊息的情況下，該視窗的視窗過程可能會接收到 WM_LBUTTONUP 訊息，例如使用者在其他視窗內按下滑鼠，再移動到我們的程式視窗，然後釋放，此時就會發生這種情況；如果使用者在程式視窗按下滑鼠，然後移動滑鼠到另一個視窗再釋放，則視窗過程會接收到 WM_LBUTTONDOWN 訊息，但接收不到 WM_LBUTTONUP 訊息。

把 WM_LBUTTONDOWN 訊息中的 SetCapture(hwnd); 註釋去掉，把 WM_LBUTTONUP 訊息中的 ReleaseCapture(); 註釋也去掉，程式工作就會正常。下面解釋這兩個函數。

SetCapture 函數為指定視窗設定滑鼠捕捉，然後該視窗可以接收所有滑鼠訊息，直到呼叫 ReleaseCapture 函數或為其他視窗設定了滑鼠捕捉：

```
HWND WINAPI SetCapture(_In_ HWND hWnd); // 為 hWnd 視窗捕捉滑鼠
```

函數傳回值是先前捕捉滑鼠的視窗的控制碼，一次只能有一個視窗來捕捉滑鼠。不再需要滑鼠捕捉時必須呼叫 ReleaseCapture 函數釋放滑鼠捕捉：

```
BOOL WINAPI ReleaseCapture(void);
```

為指定視窗設定滑鼠捕捉以後，滑鼠訊息總是以客戶區滑鼠訊息的形式出現。即使滑鼠位於視窗的非客戶區，參數 IParam 表示的滑鼠游標也始終相對於客戶區。當滑鼠位於客戶區之外的左方或上方時，X 和 Y 座標會是負值。不要隨便為一個程式視窗設定滑鼠捕捉，通常只有當滑鼠在客戶區內被按下時，程式才應該捕捉滑鼠；當釋放滑鼠按鈕時，應該立即停止捕捉。

還可以使用 ClipCursor 函數在繪製矩形期間將游標活動區域限制在客戶區範圍以內，例如在 WM_LBUTTONDOWN 訊息中增加以下程式：

```
case WM_LBUTTONDOWN:
    //SetCapture(hwnd);
    GetClientRect(hwnd, &rectClient);    // 獲取客戶區座標
    ClientToScreen(hwnd, LPPOINT(&rectClient));
    ClientToScreen(hwnd, LPPOINT(&rectClient) + 1);
    ClipCursor(&rectClient);
```

不要忘了在 WM_LBUTTONUP 訊息中增加以下程式還滑鼠游標自由之身：

```
ClipCursor(NULL);
```

這樣的處理方式也很合理。

有一點需要注意，RECT 結構有一個特性，就是 RECT 結構通常不包含右邊緣和底邊緣，大家可以測試一下，將游標活動區域限制在客戶區範圍內以後，最右側和最底部是無法繪製到的。如果需要，則可以在獲取客戶區的矩形尺寸以後再為其 right 和 bottom 欄位額外加 1。有的函數處理方式則不同，例如 FillRect 函數是可以填充指定 RECT 結構的右邊緣和底邊緣的。

4.2.6　滑鼠滾輪

按下或釋放滑鼠滾輪會發送 WM_MBUTTONDOWN 或 WM_MBUTTONUP
訊息，按兩下滑鼠滾輪會發送 WM_MBUTTONDBLCLK 訊息。另外，旋轉滾輪
會發送 WM_MOUSEWHEEL 訊息。需要注意的是，WM_MOUSEWHEEL 訊息
是發送給具有輸入焦點的視窗，而非游標位置下面的視窗。

- WM_MOUSEWHEEL 訊息的 wParam 參數的高位元字表示本次滾輪旋轉的
  距離，可能是正值或負值。正值表示滾輪向前旋轉，遠離使用者；負值表
  示滾輪向後旋轉，朝向使用者。

  WM_MOUSEWHEEL 訊息的 wParam 參數的低位元字表示滑鼠事件發生時
  其他滑鼠按鈕以及 Ctrl 和 Shift 鍵的狀態標識，可用的標識和客戶區滑鼠訊
  息的 wParam 參數相同。

  可以使用以下程式獲取 wParam 參數中的資訊：

```
fwKeys = GET_KEYSTATE_WPARAM(wParam);
iDistance = GET_WHEEL_DELTA_WPARAM(wParam);
```

- WM_MOUSEWHEEL 訊息的 lParam 參數包含滑鼠事件發生時游標熱點的
  X 座標和 Y 座標，相對於螢幕左上角。可以使用 GET_X_LPARAM(lParam)
  和 GET_Y_LPARAM(lParam) 巨集分別提取游標熱點的 X 和 Y 座標。

  還有一個滑鼠滾輪水平捲動的 WM_MOUSEHWHEEL 訊息，加了一個 H 表
  示 Horizontal，其訊息參數和 WM_MOUSEWHEEL 訊息的完全相同，在此不再
  贅述。處理完這兩個訊息以後應該傳回 0。

  程式可以透過呼叫 SystemParametersInfo 函數獲取一個 WHEEL_DELTA
  值可以捲動的行數：

```
UINT uiScrollLines;    // 在 uiScrollLines 中傳回一個 WHEEL_DELTA 值所捲動的行數
SystemParametersInfo(SPI_GETWHEELSCROLLLINES, 0, &uiScrollLines, 0);
```

  捲動行數的預設值為 3，使用者可以透過控制台修改預設值。uiScrollLines
  可能傳回 0，在這種情況下不應該捲動。

常數 WHEEL_DELTA 在 WinUser.h 標頭檔中定義如下：

```
#define WHEEL_DELTA  120
```

就是說，捲動一行所需的增量為 WHEEL_DELTA / uiScrollLines。

假設 WM_MOUSEWHEEL 訊息中 wParam 參數的高位元字值為 192，正值表示滾輪向前旋轉，遠離使用者，也就是向上捲動頁面，此時應該捲動 192/(WHEEL_DELTA/uiScrollLines)，預設情況下就是 192/40 等於向上捲動 4 行。但是 192/40 還餘 32，為了提高使用者體驗，我們可以把這個 32 記錄下來，加到下一次 WM_MOUSEWHEEL 訊息中 wParam 參數的高位元字上，當然也可以捨棄這個剩餘的 32。

接下來，我們為 SystemMetrics4 程式增加滑鼠滾輪垂直捲軸介面：

```
LRESULT CALLBACK WindowProc(HWND hwnd, UINT uMsg, WPARAM wParam, LPARAM lParam)
{
    // …………
    UINT uiScrollLines;
    static int iDistancePerLine;   // 捲動一行所需距離
    static int iDistanceScroll;    // 本次處理 WM_MOUSEWHEEL 訊息需要捲動多少距離

    switch (uMsg)
    {
    case WM_CREATE:
        // …………
        SystemParametersInfo(SPI_GETWHEELSCROLLLINES, 0, &uiScrollLines, 0);
        if (uiScrollLines != 0)
            iDistancePerLine = WHEEL_DELTA / uiScrollLines;
        else
            iDistancePerLine = 0;
        return 0;
        // …………

    case WM_MOUSEWHEEL:
        if (iDistancePerLine == 0)
            return 0;
```

```
        iDistanceScroll += GET_WHEEL_DELTA_WPARAM(wParam);
        // GET_WHEEL_DELTA_WPARAM(wParam) 是正數，滾輪向前旋轉，遠離使用者，向上捲動
        while (iDistanceScroll >= iDistancePerLine)
        {
            SendMessage(hwnd, WM_VSCROLL, SB_LINEUP, 0);
            iDistanceScroll -= iDistancePerLine;
        }
        // GET_WHEEL_DELTA_WPARAM(wParam) 是負數，滾輪向後旋轉，朝向使用者，向下捲動
        while (iDistanceScroll <= -iDistancePerLine)
        {
            SendMessage(hwnd, WM_VSCROLL, SB_LINEDOWN, 0);
            iDistanceScroll += iDistancePerLine;
        }
        return 0;
        // …………

    }

    return DefWindowProc(hwnd, uMsg, wParam, lParam);
}
```

這裡僅列出了增加的部分。在 WM_CREATE 訊息中計算捲動一行所需的增量，在 WM_ MOUSEWHEEL 訊息中根據情況向上捲動或向下捲動。完整程式參見 Chapter4\SystemMetrics5 專案。

前面說過，捲動行數的預設值為 3，使用者可以透過控制台修改其預設值。如果使用者更改了系統參數，則系統會向所有最上層視窗廣播 WM_ SETTINGCHANGE 訊息。如果希望把程式做得更友善，則應該處理 WM_ SETTINGCHANGE 訊息，在該訊息中再次呼叫 SystemParametersInfo(SPI_ GETWHEELSCROLLLINES, 0, &uiScrollLines, 0);重新計算捲動一行所需的增量。

4.2.7 模擬滑鼠訊息

有兩種方法可以很方便地實現模擬滑鼠訊息，一是使用 SendMessage / PostMessage 函數發送滑鼠訊息，二是使用 mouse_event 模擬滑鼠事件。mouse_event 函數合成滑鼠移動和滑鼠按鈕點擊事件，原型如下：

```
VOID mouse_event(
    DWORD dwFlags,          // 控制滑鼠移動和按鈕點擊的標識位元
    DWORD dx,               // 滑鼠在 X 軸的絕對位置或從上次滑鼠事件產生以來移動的相對數量
    DWORD dy,               // 滑鼠在 Y 軸的絕對位置或從上次滑鼠事件產生以來移動的相對數量
    DWORD dwData,           // 根據 dwFlags 參數的設定，具有不同含義
    ULONG_PTR dwExtraInfo);// 與滑鼠事件連結的附加值，可呼叫 GetMessageExtraInfo 以獲取此
額外資訊
```

微軟建議使用 SendInput 函數代替 mouse_event ，但是 SendInput 函數用起來確實有點複雜。

參數 dwFlags 是控制滑鼠移動和按鈕點擊的標識位元，該參數可以是表 4.17 所示的值的組合。

▼ 表 4.17

常數	含義
MOUSEEVENTF_ABSOLUTE	如果設定了該標識，dx 和 dy 參數為滑鼠移動的絕對位置，否則表示從上次滑鼠事件產生以來移動的相對數量
MOUSEEVENTF_MOVE	滑鼠移動
MOUSEEVENTF_LEFTDOWN	滑鼠左鍵按下
MOUSEEVENTF_LEFTUP	滑鼠左鍵抬起
MOUSEEVENTF_MIDDLEDOWN	滑鼠中鍵按下
MOUSEEVENTF_MIDDLEUP	滑鼠中鍵抬起
MOUSEEVENTF_RIGHTDOWN	滑鼠右鍵按下
MOUSEEVENTF_RIGHTUP	滑鼠右鍵抬起
MOUSEEVENTF_XDOWN	X 按鈕按下，dwData 參數指定按下哪個 X 按鈕，XBUTTON1 或 XBUTTON2
MOUSEEVENTF_XUP	X 按鈕抬起，dwData 參數指定抬起哪個 X 按鈕，XBUTTON1 或 XBUTTON2
MOUSEEVENTF_WHEEL	滑鼠滾輪捲動，捲動量在 dwData 參數中指定
MOUSEEVENTF_HWHEEL	滑鼠滾輪水平捲動，捲動量在 dwData 參數中指定

　　如果參數 dwFlags 指定了 MOUSEEVENTF_ABSOLUTE 標識，那麼 dx 和 dy 參數為滑鼠移動的絕對位置。dx 和 dy 的值指定為 0 ～ 65535，(0, 0) 映射到螢幕的左上角，(65535, 65535) 映射到螢幕的右下角。舉例來説，如果希望把滑鼠游標移動到離螢幕左上角向右 200 像素，向下 100 像素處，那麼在 1366 × 768 解析度的電腦上，應該這樣呼叫 mouse_event 函數，我用按鍵 1 進行測試：

```
case WM_CHAR:
    switch (wParam)
    {
    case ‹1›:
        mouse_event(MOUSEEVENTF_ABSOLUTE | MOUSEEVENTF_MOVE, 200 * 65535 / 1366,
            100 * 65535 / 768, 0, 0);
        break;
    }
    return 0;
```

　　如果參數 dwFlags 沒有指定 MOUSEEVENTF_ABSOLUTE 標識，那麼 dx 和 dy 表示相對於上次滑鼠事件產生的位置的移動量，指定為正值表示滑鼠向右（或下）移動，負值表示滑鼠向左（或上）移動。但是，相對移動受指標移動速度和加速等級的設定影響，可以透過控制台修改這些值，也可以透過指定 SPI_SETMOUSESPEED 或 SPI_SETMOUSE 參數呼叫 SystemParametersInfo 函數修改指標移動速度或加速等級。假設呼叫 mouse_event(MOUSEEVENTF_MOVE, 10, 0, 0, 0);，不一定正好向右移動 10 像素。

第 5 章

計時器和時間

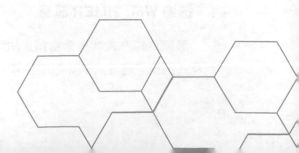

5.1 計時器

可以透過呼叫 SetTimer 函數為指定的視窗建立一個計時器，每隔指定的時間，系統就會通知程式：

```
UINT_PTR WINAPI SetTimer(
    _In_opt_  HWND        hWnd,          // 與計時器連結的視窗控制碼
    _In_      UINT_PTR    nIDEvent,      // 計時器 ID
    _In_      UINT        uElapse,       // 時間間隔，以毫秒為單位
    _In_opt_  TIMERPROC   lpTimerFunc);  // 回呼函數，可選
```

參數 uElapse 指定時間間隔，以毫秒為單位。如果 uElapse 參數小於 USER_TIMER_MINIMUM (0x0000000A)，則時間間隔會被設定為 USER_TIMER_MINIMUM；如果 uElapse 參數大於 USER_TIMER_MAXIMUM(0x7FFFFFFF)，則時間間隔會被設定為 USER_TIMER_MAXIMUM。即 uElapse 參數可以設定為 10 ～ 2147483647 ms（大約 24.8 天）。如果指定的時間間隔已過，系統就會通知應用程式。

當不再需要所建立的計時器時，需要呼叫 KillTimer 函數銷毀計時器：

```
BOOL WINAPI KillTimer(
    _In_opt_  HWND        hWnd,       // 與計時器連結的視窗控制碼，與建立計時器時 SetTimer 函數的
hWnd 值相同
    _In_      UINT_PTR    nIDEvent);  // 計時器 ID，與建立計時器時 SetTimer 函數的 nIDEvent 值相同
```

如果程式需要一個計時器，則可以在 WinMain 函數中或在處理 WM_CREATE 訊息時，呼叫 SetTimer 函數建立一個計時器；可以在 WinMain 函數傳回或在處理 WM_DESTROY 訊息時，呼叫 KillTimer 函數銷毀計時器。根據呼叫 SetTimer 函數時所設定參數的不同，使用計時器的方式可以分為以下 3 種。

1 · 透過 WM_TIMER 訊息

最簡單的方式就是每當指定的時間間隔已過，由系統發送 WM_TIMER 訊息到程式的視窗過程。例如下面的程式：

```
#define IDT_TIMER_SECOND 1
#define IDT_TIMER_MINUTE 2

LRESULT CALLBACK WindowProc(HWND hwnd, UINT uMsg, WPARAM wParam, LPARAM lParam)
{
    switch (uMsg)
    {
    case WM_CREATE:
        SetTimer(hwnd, IDT_TIMER_SECOND, 1000, NULL);        // 1s 觸發一次
        SetTimer(hwnd, IDT_TIMER_MINUTE, 1000 * 60, NULL);  // 1min 觸發一次
        return 0;

    case WM_TIMER:
        switch (wParam)
        {
        case IDT_TIMER_SECOND:
            // 處理 1s 觸發一次的那個計時器
            break;
        case IDT_TIMER_MINUTE:
            // 處理 1min 觸發一次的那個計時器
            break;
        }
        return 0;

    case WM_DESTROY:
        KillTimer(hwnd, IDT_TIMER_SECOND);
        KillTimer(hwnd, IDT_TIMER_MINUTE);
        PostQuitMessage(0);
        return 0;
    }

    return DefWindowProc(hwnd, uMsg, wParam, lParam);
}
```

在 WM_CREATE 訊息中，建立了兩個計時器。SetTimer 函數的 hWnd 參數指定接收 WM_TIMER 訊息的視窗控制碼。nIDEvent 參數指定計時器的 ID，此處的計時器 ID 不能為 0。如果程式中需要多個計時器，那麼最好把計時器 ID 定義為常數，這樣比較容易區分不同的計時器。每個計時器都應該有唯一的 ID，

如果程式比較簡單而且只需要一個計時器，可以把 nIDEvent 參數設定為 1 或其他簡單的數字。uElapse 參數指定以毫秒為單位的時間間隔。

WM_TIMER 訊息的 wParam 參數是計時器的 ID，lParam 參數是建立計時器時指定的回呼函數指標。處理完 WM_TIMER 訊息以後應該傳回 0。上面的程式在 WM_TIMER 訊息中，根據計時器 ID 來判斷本次訊息來自哪個計時器，然後分別處理。如果程式只有一個計時器，那就不需要使用 switch 分支來判斷不同的計時器 ID。

最後，記得在 WM_DESTROY 訊息中呼叫 KillTimer 函數銷毀每個計時器。可以在任何時候銷毀一個計時器，甚至可以在 WM_TIMER 訊息中就銷毀，這樣就是一個一次性計時器。

2 · 使用回呼函數

第二種方式就是每當指定的時間間隔已過，由系統呼叫 SetTimer 函數指定的回呼函數。回呼函數的概念大家應該都不陌生。計時器回呼函數的定義格式如下所示：

```
VOID CALLBACK TimerProc(
    _In_ HWND     hwnd,     // 與計時器連結的視窗控制碼
    _In_ UINT     uMsg,     // 訊息類型，總是 WM_TIMER
    _In_ UINT_PTR idEvent,  // 計時器 ID
    _In_ DWORD    dwTime);  // 自系統啟動以來經過的毫秒數，是系統呼叫 GetTickCount 函數
傳回的值
```

要使用回呼函數處理計時器，呼叫 SetTimer 函數建立計時器的時候第 4 個參數必須設定為回呼函數的位址 TimerProc。每當訊息迴圈的 GetMessage 函數獲取到 WM_TIMER 訊息，DispatchMessage 函數就會呼叫 SetTimer 函數指定的 TimerProc 回呼函數。請看範例程式：

```
#define IDT_TIMER_SECOND 1
#define IDT_TIMER_MINUTE 2

// 計時器回呼函數
```

```
VOID CALLBACK TimerProc(HWND hwnd, UINT uMsg, UINT_PTR idEvent, DWORD dwTime);

LRESULT CALLBACK WindowProc(HWND hwnd, UINT uMsg, WPARAM wParam, LPARAM lParam)
{
    switch (uMsg)
    {
    case WM_CREATE:
        SetTimer(hwnd, IDT_TIMER_SECOND, 1000, TimerProc);        // 1s 觸發一次
        SetTimer(hwnd, IDT_TIMER_MINUTE, 1000 * 60, TimerProc);   // 1min 觸發一次
        return 0;

    case WM_DESTROY:
        KillTimer(hwnd, IDT_TIMER_SECOND);
        KillTimer(hwnd, IDT_TIMER_MINUTE);
        PostQuitMessage(0);
        return 0;
    }

    return DefWindowProc(hwnd, uMsg, wParam, lParam);
}

VOID CALLBACK TimerProc(HWND hwnd, UINT uMsg, UINT_PTR idEvent, DWORD dwTime)
{
    switch (idEvent)
    {
    case IDT_TIMER_SECOND:
        // 處理 1s 觸發一次的那個計時器
        break;
    case IDT_TIMER_MINUTE:
        // 處理 1min 觸發一次的那個計時器
        break;
    }
}
```

　　如果在視窗過程中加上了對 WM_TIMER 訊息的處理，則視窗過程不會收到
該訊息。

　　如果需要改變一個已有計時器的時間間隔，可以使用相同的參數但不同的
時間間隔值再次呼叫 SetTimer 函數。

3·其他方式

除了以上兩種方式，其他的方式並不常用。

如果在呼叫 SetTimer 函數建立計時器的時候指定了視窗控制碼，系統會將計時器與該視窗相連結，只要設定的時間間隔已過；系統就會向與計時器連結的視窗發送 WM_TIMER 訊息或呼叫 TimerProc 回呼函數；如果在呼叫 SetTimer 函數的時候指定視窗控制碼為 NULL，那麼建立計時器的應用程式必須監視其訊息佇列以獲取 WM_TIMER 訊息並將訊息排程到對應的視窗。

訊息迴圈中的處理程式如下：

```
while (GetMessage(&msg, NULL, 0, 0) != 0)
{
    if (msg.message == WM_TIMER)
        msg.hwnd = hwndTimerHandler;   // hwndTimerHandler 指定為處理計時器訊息的視窗的視
窗控制碼
    TranslateMessage(&msg);
    DispatchMessage(&msg);
}
```

系統會發送 WM_TIMER 訊息到視窗控制碼為 hwndTimerHandler 的視窗對應的視窗過程中。

視窗過程中建立、銷毀計時器的範例程式：

```
int g_nTimerID;

LRESULT CALLBACK WindowProc(HWND hwnd, UINT uMsg, WPARAM wParam, LPARAM lParam)
{
    switch (uMsg)
    {
    case WM_CREATE:
        g_nTimerID = SetTimer(NULL, 0, 1000, NULL); // 計時器 ID 參數會被忽略，函數會傳回
計時器 ID
        return 0;

    case WM_TIMER:
```

```
    // 訊息迴圈中把 msg.hwnd 給予值為本視窗過程所屬的視窗控制碼，這裡才會執行
    return 0;

case WM_DESTROY:
    KillTimer(NULL, g_nTimerID);
    PostQuitMessage(0);
    return 0;
}

return DefWindowProc(hwnd, uMsg, wParam, lParam);
}
```

　　將 SetTimer 函數的視窗控制碼參數設定為 NULL，函數會忽略計時器的 ID
參數，SetTimer 函數會傳回一個計時器 ID。

　　KillTimer 函數的視窗控制碼參數也需要指定為 NULL，計時器 ID 參數指定
為 SetTimer 函數傳回的 g_nTimerID。

　　如果呼叫 SetTimer 函數時指定了回呼函數，那麼系統會呼叫指定的回呼函
數，但是，回呼函數的視窗控制碼參數始終為 NULL。

　　使用計時器有幾點需要注意。首先，WM_TIMER 訊息和 WM_PAINT 訊息一
樣是一個低優先順序的訊息，Windows 只有在訊息佇列中沒有其他訊息或沒有
其他更高優先順序的訊息的情況下才會發送 WM_TIMER 訊息。如果視窗過程忙
於處理某個訊息而沒有傳回，訊息佇列中可能累積多筆訊息，這時 WM_TIMER
訊息就會被捨棄。其次，訊息佇列中不會有多筆 WM_TIMER 訊息。如果訊息佇
列中已經存在一筆 WM_TIMER 訊息，還沒來得及處理，但又到了計時器指定的
時間間隔，那麼兩筆 WM_ TIMER 訊息會被合併成一筆。最後，計時器的準確
性還取決於系統時鐘頻率，例如最小精度是 10ms。因此 SetTimer 函數指定的
時間間隔僅為近似值，應用程式不能依賴計時器來保證某件事情在規定的精確
細微時刻一定會被處理。

　　計時器可以用於但不侷限於以下場合。

■ 如果程式需要完成一項非常複雜或耗時的任務，則可以把這個任務分成許
多小塊。每當它收到一個 WM_TIMER 訊息時，就處理一小塊任務。

■ 利用計時器即時顯示不斷變化的資訊,例如桌面右下角顯示的時間就需要定時更新。

■ 實現自動儲存功能。計時器可以提醒一個程式每隔指定的時間間隔就把使用者的工作自動儲存到磁碟上。

■ 終止應用程式的試用版。有些收費軟體可能每次只允許使用者試用幾分鐘,如果時間已到,程式就退出。

5.2 系統時間

可以呼叫 GetSystemTime 函數獲取系統的當前日期和時間,傳回的系統時間以協調世界時(Coordinated Universal Time,UTC)表示:

```
VOID WINAPI GetSystemTime(_Out_ LPSYSTEMTIME lpSystemTime); // SYSTEMTIME 結構
```

參數 lpSystemTime 是一個指向 SYSTEMTIME 結構的指標,在這個結構中傳回系統的當前日期和時間。SYSTEMTIME 結構在 minwinbase.h 標頭檔中定義如下:

```
typedef struct _SYSTEMTIME {
    WORD wYear;          // 年,範圍 1601 ～ 30827
    WORD wMonth;         // 月,範圍 1 ～ 12
    WORD wDayOfWeek;     // 星期,範圍 0 ～ 6
    WORD wDay;           // 日,範圍 1 ～ 31
    WORD wHour;          // 時,範圍 0 ～ 23
    WORD wMinute;        // 分,範圍 0 ～ 59
    WORD wSecond;        // 秒,範圍 0 ～ 59
    WORD wMilliseconds;  // 毫秒,範圍 0 ～ 999
} SYSTEMTIME, *PSYSTEMTIME, *LPSYSTEMTIME;
```

協調世界時又稱世界統一時間、世界標準時間、國際協調時間,是最主要的世界時間標準。其以原子時秒長為基礎,在時刻上儘量接近於格林威治標準時間。如果本地時間比 UTC 時間快,例如新加坡、馬來西亞、澳洲西部的時間比

UTC 快 8h，就會寫作 UTC+8，俗稱東 8 區；相反，如果本地時間比 UTC 時間慢，例如夏威夷的時間比 UTC 時間慢 10 小時，就會寫作 UTC-10，俗稱西 10 區。

GetLocalTime 函數也可以獲取系統的當前日期和時間，該函數會根據電腦的時區計算當地時間。對台灣來説，該函數獲取的時間比 GetSystemTime 函數獲取的時間快 8 小時：

```
VOID WINAPI GetLocalTime(_Out_ LPSYSTEMTIME lpSystemTime);  // SYSTEMTIME 結構
```

GetSystemTime 和 GetLocalTime 函數所獲取到的時間值的準確性完全取決於使用者是否設定了正確的時區以及是否在本機上設定正確的時間，開啟控制台→日期和時間，可以更改日期時間和時區。

要設定當前系統日期和時間，可以使用 SetSystemTime 或 SetLocalTime 函數：

```
BOOL WINAPI SetSystemTime(_In_ const SYSTEMTIME *lpSystemTime);  // lpSystemTime 是協調
世界時
BOOL WINAPI SetLocalTime( _In_ const SYSTEMTIME *lpSystemTime); // lpSystemTime 是本地
時間
```

兩個函數的區別不言而喻，假設 SYSTEMTIME 結構初始化為 "2020 年 10 月 1 號 星期四 中午 12 點"：

```
SYSTEMTIME st = {
    2020,   // 年，範圍 1601 ～ 30827
    10,     // 月，範圍 1 ～ 12
    3,      // 星期，範圍 0 ～ 6
    1,      // 日，範圍 1 ～ 31
    12,     // 時，範圍 0 ～ 23
    0,      // 分，範圍 0 ～ 59
    0,      // 秒，範圍 0 ～ 59
    0 };    // 毫秒，範圍 0 ～ 999
呼叫 SetSystemTime(&st); 桌面右下角時間顯示為 2020 年 10 月 1 號 星期四 20 點
呼叫 SetLocalTime(&st); 桌面右下角時間顯示為 2020 年 10 月 1 號 星期四 12 點
```

注意：呼叫 SetSystemTime(&st)，本機顯示的始終是本地時間，因此是（中午 12 點 + 8 小時）等於 20 點。

　　看一下時間單位 s（秒）、ms（毫秒）、μs（微秒）、ns（毫微秒），ps（皮秒）的關係：1 s = 1000 ms，1 ms = 1000 μs，1 μs = 1000 ns，1 ns = 1000 ps。還有更小的時間單位，不過一般用不到。

　　練習一下計時器和獲取系統時間函數的用法。LocalTime 程式非常簡單，每秒鐘更新一次，重新獲取系統時間，程式執行效果如圖 5.1 所示。

▲ 圖 5.1

　　因為 WinMain 函數和以前是一樣的，這裡僅列出視窗過程：

```
LRESULT CALLBACK WindowProc(HWND hwnd, UINT uMsg, WPARAM wParam, LPARAM lParam)
{
    HDC hdc;
    PAINTSTRUCT ps;
    RECT rect;
    SIZE size;
    SYSTEMTIME stLocal;
    LPTSTR arrWeek[] = { TEXT("星期日"), TEXT("星期一"), TEXT("星期二"), TEXT("星期三"),
        TEXT("星期四"), TEXT("星期五"), TEXT("星期六") };
    TCHAR szBuf[32] = { 0 };

    switch (uMsg)
    {
    case WM_CREATE:
        hdc = GetDC(hwnd);
        // 設定視窗大小
        GetLocalTime(&stLocal);
        wsprintf(szBuf, TEXT("%d年%0.2d月%0.2d日 %s %0.2d:%0.2d:%0.2d"),
            stLocal.wYear, stLocal.wMonth, stLocal.wDay, arrWeek[stLocal.wDayOfWeek],
            stLocal.wHour, stLocal.wMinute, stLocal.wSecond);
        GetTextExtentPoint32(hdc, szBuf, _tcslen(szBuf), &size);
        SetRect(&rect, 0, 0, size.cx, size.cy);
        AdjustWindowRectEx(&rect, GetWindowLongPtr(hwnd, GWL_STYLE),
            GetMenu(hwnd) != NULL, GetWindowLongPtr(hwnd, GWL_EXSTYLE));
```

```
        SetWindowPos(hwnd, NULL, 0, 0, rect.right - rect.left, rect.bottom -rect.top,
            SWP_NOZORDER | SWP_NOMOVE);
        ReleaseDC(hwnd, hdc);

        // 建立計時器
        SetTimer(hwnd, 1, 1000, NULL);
        return 0;

    case WM_TIMER:
        InvalidateRect(hwnd, NULL, FALSE);
        return 0;

    case WM_PAINT:
        hdc = BeginPaint(hwnd, &ps);
        GetLocalTime(&stLocal);
        wsprintf(szBuf, TEXT("%d 年 %0.2d 月 %0.2d 日 %s %0.2d:%0.2d:%0.2d"),
            stLocal.wYear, stLocal.wMonth, stLocal.wDay, arrWeek[stLocal.wDayOfWeek],
            stLocal.wHour, stLocal.wMinute, stLocal.wSecond);
        TextOut(hdc, 0, 0, szBuf, _tcslen(szBuf));
        EndPaint(hwnd, &ps);
        return 0;

    case WM_DESTROY:
        KillTimer(hwnd, 1);
        PostQuitMessage(0);
        return 0;
    }

    return DefWindowProc(hwnd, uMsg, wParam, lParam);
}
```

完整程式參見 Chapter5\LocalTime 專案。

5.3 Windows 時間

　　有時候可能需要計算完成一項工作所耗費的時間，雖然可以透過比較工作完成前後的系統時間來計算，但是一方面比較複雜（兩個 SYSTEMTIME 結構的加減有點複雜），另一方面系統時間可能存在不確定性（例如系統時間可以修改），最簡單可靠的方法就是使用 Windows 時間。

　　GetTickCount 函數用於獲取自系統啟動以來經過的毫秒數。因為傳回值是一個 DWORD 類型，所以最多 49.7 天，如果系統連續執行 49.7 天，時間將歸零並重新開始。還可以使用 GetTickCount64 函數，該函數傳回數值型態為 ULONGLONG。

```
DWORD WINAPI GetTickCount(void);
ULONGLONG WINAPI GetTickCount64(void);
```

　　GetTickCount 和 GetTickCount64 函數獲取的時間限於系統計時器的精度，為 10ms ～ 16ms。

　　有時候可能會使用 GetTickCount 或 GetTickCount64 函數獲取當前 Windows 時間，然後與 GetMessageTime 函數傳回的時間進行比較。GetMessageTime 函數傳回一個訊息被建立的時間，這個時間是自系統啟動以來經過的毫秒數：

```
LONG GetMessageTime(VOID);
```

　　對於更高精度的 Windows 時間獲取方法，請大家參考 MSDN。

5.4 時鐘程式

　　本節我們利用前面所學實現一個時鐘程式，Clock 程式執行效果如圖 5.2 所示。

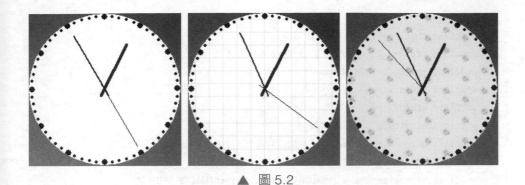

▲ 圖 5.2

初始情況下如圖 5.2 中是白色背景（左），按下按鍵 1 更換為格子背景（中），按下按鍵 2 更換為花朵背景（右）。程式雖然沒有標題列，但是仍然可以透過在客戶區中按住滑鼠左鍵進行拖動。另外，程式保留了系統選單，可以透過按下 Alt + F4 複合鍵關閉程式，按下 Esc 鍵也可以退出程式。

Clock.cpp 原始檔案的內容如下所示：

```cpp
#include <Windows.h>
#include <math.h>


// 常數定義
const int       CLOCK_SIZE = 200;              // 鐘錶的直徑
const DOUBLE    TWOPI = 2 * 3.1415926;


// 函數宣告，視窗過程
LRESULT CALLBACK WindowProc(HWND hwnd, UINT uMsg, WPARAM wParam, LPARAM lParam);
VOID DrawDots(HDC hdc);
VOID DrawLine(HDC hdc, int nAngle, int nRadiusAdjust);

int WINAPI WinMain(HINSTANCE hInstance, HINSTANCE hPrevInstance, LPSTR lpCmdLine, int
nCmdShow)
{
    WNDCLASSEX wndclass;
    TCHAR szClassName[] = TEXT("MyWindow");
    TCHAR szAppName[] = TEXT("Clock");
    HWND hwnd;
    MSG msg;
```

```
    wndclass.cbSize = sizeof(WNDCLASSEX);
    wndclass.style = CS_HREDRAW | CS_VREDRAW;
    wndclass.lpfnWndProc = WindowProc;
    wndclass.cbClsExtra = 0;
    wndclass.cbWndExtra = 0;
    wndclass.hInstance = hInstance;
    wndclass.hIcon = LoadIcon(NULL, IDI_APPLICATION);
    wndclass.hCursor = LoadCursor(NULL, IDC_ARROW);
    wndclass.hbrBackground = (HBRUSH)GetStockObject(WHITE_BRUSH);
    wndclass.lpszMenuName = NULL;
    wndclass.lpszClassName = szClassName;
    wndclass.hIconSm = NULL;
    RegisterClassEx(&wndclass);

    hwnd = CreateWindowEx(0, szClassName, szAppName, WS_POPUP | WS_SYSMENU,
        200, 100, CLOCK_SIZE, CLOCK_SIZE, NULL, NULL, hInstance, NULL);

    ShowWindow(hwnd, nCmdShow);
    UpdateWindow(hwnd);

    while (GetMessage(&msg, NULL, 0, 0) != 0)
    {
        TranslateMessage(&msg);
        DispatchMessage(&msg);
    }

    return msg.wParam;
}

LRESULT CALLBACK WindowProc(HWND hwnd, UINT uMsg, WPARAM wParam, LPARAM lParam)
{
    HDC hdc;
    PAINTSTRUCT ps;
    HRGN hRgn;
    SYSTEMTIME st;

    switch (uMsg)
    {
```

```
case WM_CREATE:
    // 建立橢圓裁剪區域
    hRgn = CreateEllipticRgn(0, 0, CLOCK_SIZE, CLOCK_SIZE);
    SetWindowRgn(hwnd, hRgn, TRUE);
    // 設定為總在最前
    SetWindowPos(hwnd, HWND_TOPMOST, 0, 0, 0, 0, SWP_NOMOVE | SWP_NOSIZE);
    // 建立計時器
    SetTimer(hwnd, 1, 1000, NULL);
    return 0;

case WM_TIMER:
    InvalidateRect(hwnd, NULL, TRUE);
    return 0;

case WM_LBUTTONDOWN:
    // 按住滑鼠左鍵可以拖動視窗
    SetCursor(LoadCursor(NULL, IDC_HAND));
    SendMessage(hwnd, WM_NCLBUTTONDOWN, HTCAPTION, 0);
    SetCursor(LoadCursor(NULL, IDC_ARROW));
    return 0;

case WM_PAINT:
    hdc = BeginPaint(hwnd, &ps);
    GetLocalTime(&st);
    // 畫點
    SelectObject(hdc, GetStockObject(BLACK_BRUSH));
    DrawDots(hdc);

    // 畫秒針、分針、時針
    SelectObject(hdc, CreatePen(PS_SOLID, 1, RGB(0, 0, 0)));
    DrawLine(hdc, st.wSecond * 6, 10);        // 秒針，秒針度數 = 秒 × 6

    DeleteObject(SelectObject(hdc, CreatePen(PS_SOLID, 2, RGB(0, 0, 0))));
    DrawLine(hdc, st.wMinute * 6, 20);        // 分針，分針度數 = 分 × 6

    DeleteObject(SelectObject(hdc, CreatePen(PS_SOLID, 3, RGB(0, 0, 0))));
    // 時針，時針度數 = 時 × 30 + 分 / 2
    DrawLine(hdc, (st.wHour % 12) * 30 + st.wMinute / 2, 30);
    DeleteObject(SelectObject(hdc, GetStockObject(BLACK_PEN)));
```

```
        SelectObject(hdc, GetStockObject(WHITE_BRUSH));
        EndPaint(hwnd, &ps);
        return 0;

    case WM_CHAR:
        switch (wParam)
        {
        case ‹1›:    // 更換視窗背景
            SetClassLongPtr(hwnd, GCLP_HBRBACKGROUND,
                (LONG)CreatePatternBrush((HBITMAP)LoadImage(NULL, TEXT("Back1.bmp"),
                    IMAGE_BITMAP, 0, 0, LR_LOADFROMFILE)));
            InvalidateRect(hwnd, NULL, TRUE);
            break;
        case ‹2›:    // 更換視窗背景
            SetClassLongPtr(hwnd, GCLP_HBRBACKGROUND,
                (LONG)CreatePatternBrush((HBITMAP)LoadImage(NULL, TEXT("Back2.bmp"),
                    IMAGE_BITMAP, 0, 0, LR_LOADFROMFILE)));
            InvalidateRect(hwnd, NULL, TRUE);
            break;
        case 0x1B:  // Esc
            SendMessage(hwnd, WM_CLOSE, 0, 0);
            break;
        }
        return 0;

    case WM_DESTROY:
        KillTimer(hwnd, 1);
        PostQuitMessage(0);
        return 0;
    }

    return DefWindowProc(hwnd, uMsg, wParam, lParam);
}

VOID DrawDots(HDC hdc)
{
    int x, y;
    int nRadius;
```

```
    for (int nAngle = 0; nAngle < 360; nAngle += 6)
    {
        x = CLOCK_SIZE / 2 + (int)((CLOCK_SIZE / 2 - 4) * sin(TWOPI * nAngle / 360));
        y = CLOCK_SIZE / 2 - (int)((CLOCK_SIZE / 2 - 4) * cos(TWOPI * nAngle / 360));
        // 每隔 30 度畫大圓，小時的小數點；每隔 6 度畫小圓，分鐘的小數點
        nRadius = nAngle % 5 ? 2 : 4;
        Ellipse(hdc, x - nRadius, y - nRadius, x + nRadius, y + nRadius);
    }
}


VOID DrawLine(HDC hdc, int nAngle, int nRadiusAdjust)
{
    int x1, y1, x2, y2;

    x1 = CLOCK_SIZE / 2 + (int)(((CLOCK_SIZE / 2 - 4) - nRadiusAdjust) * sin(TWOPI *
nAngle / 360));
    y1 = CLOCK_SIZE / 2 - (int)(((CLOCK_SIZE / 2 - 4) - nRadiusAdjust) * cos(TWOPI *
nAngle / 360));
    x2 = CLOCK_SIZE / 2 + (int)(10 * sin(TWOPI * ((DOUBLE)nAngle + 180) / 360));
    y2 = CLOCK_SIZE / 2 + (int)(10 * cos(TWOPI * ((DOUBLE)nAngle + 180) / 360));

    MoveToEx(hdc, x1, y1, NULL);
    LineTo(hdc, x2, y2);
}
```

完整程式請參考 Chapter5\Clock 專案。在呼叫 CreateWindowEx 函數建立視窗的時候，我們指定 dwStyle 視窗樣式為 WS_POPUP | WS_SYSMENU，這表示視窗是一個快顯視窗，有系統選單，但因為沒有指定 WS_CAPTION 樣式，所以沒有功能表列，不設定功能表列是為了後面將視窗裁剪為一個圓形。

在 WM_CREATE 訊息中，建立橢圓裁剪區域，並設定視窗的視窗區域，設定程式視窗總在最前，建立一個時間間隔為 1s 的計時器，這些都很簡單。

在 WM_TIMER 訊息中，透過呼叫 InvalidateRect 函數宣佈視窗客戶區無效來重新獲取時間並顯示。

在 WM_LBUTTONDOWN 訊息中，為了在客戶區按住滑鼠左鍵拖動視窗，我們呼叫 SendMessage 函數發送一個命中測試值為 HTCAPTION 的 WM_NCLBUTTONDOWN 訊息，欺騙 Windows 這是在非客戶區的標題列按下了滑鼠左鍵。

在 WM_PAINT 訊息中，呼叫 GetLocalTime 函數獲取本地時間，然後分別畫時鐘的小數點刻度和秒針、分針、時針。這沒什麼困難，唯一困難的是計算小數點刻度和秒針、分針、時針座標，可以參照圖 5.3。

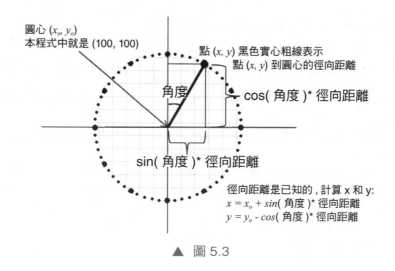

圓心 (x_o, y_o)
本程式中就是 (100, 100)

點 (x, y) 黑色實心粗線表示
點 (x, y) 到圓心的徑向距離

角度

cos(角度)* 徑向距離

sin(角度)* 徑向距離

徑向距離是已知的，計算 x 和 y:
$x = x_o + sin($ 角度 $)*$ 徑向距離
$y = y_o - cos($ 角度 $)*$ 徑向距離

▲ 圖 5.3

在 WM_CHAR 訊息中，按下按鍵 1 或 2 可以更換視窗背景，這是透過呼叫 SetClassLongPtr 函數修改 WNDCLASSEX 結構的 hbrBackground 欄位實現的，以後程式將使用 hbrBackground 欄位指定的新筆刷抹除背景。LoadImage 函數用於載入檔案中的一副點陣圖。WM_CHAR 訊息中的功能，可以用右鍵彈出選單來實現，因為還沒有學習選單，所以暫時使用字元訊息實現。

SetClassLongPtr 函數設定視窗類別記憶體中指定偏移量處的值，或設定視窗類別 WNDCLASSEX 結構中某欄位的值。要撰寫 32 位元和 64 位元版本相容的程式，應該使用 SetClassLongPtr 函數。如果編譯為 32 位元程式，對 SetClassLongPtr 函數的呼叫實際上還是呼叫 SetClassLong：

```
ULONG_PTR WINAPI SetClassLongPtr(
    _In_ HWND     hWnd,        // 視窗控制碼
    _In_ int      nIndex,      // 要設定哪一項
    _In_ LONG_PTR dwNewLong);// 新值
```

參數 nIndex 指定要設定哪一項。WNDCLASSEX 結構有一個 cbClsExtra 欄位，該欄位用於指定緊接在 WNDCLASSEX 結構後面的附加資料位元組數，可以存放自訂資料。假設我們設定 wndclass. cbClsExtra = 16，16 位元組可以存放 2 個 __int64 型態資料或 4 個 int 型態資料。nIndex 指定為 0 和 8 分別表示要設定第 1 個和第 2 個 _int64 型態資料。如果存放的是 int 型態資料，則可以設定為 0、4、8、12。如果要設定 WNDCLASSEX 結構中相關欄位的值，可以指定為表 5.1 所示索引之一。

▼ 表 5.1

常數	含義
GCL_CBCLSEXTRA	設定視窗類別附加資料位元組數，以位元組為單位
GCL_CBWNDEXTRA	設定視窗類別與每個視窗連結的額外記憶體的大小，以位元組為單位
GCLP_HBRBACKGROUND	設定視窗類別視窗背景筆刷控制碼
GCLP_HCURSOR	設定視窗類別游標控制碼
GCLP_HICON	設定視窗類別圖示控制碼
GCLP_HICONSM	設定視窗類別圖示控制碼
GCLP_HMODULE	設定視窗類別模組控制碼
GCLP_MENUNAME	設定視窗類別選單控制碼
GCL_STYLE	設定視窗類別樣式
GCLP_WNDPROC	設定視窗類別視窗過程

如果 SetClassLongPtr 函數執行成功，則傳回值是指定偏移量處或 WNDCLASSEX 結構中對應欄位的先前值；如果函數執行失敗，則傳回值為 0。

要獲取自訂資料或 WNDCLASSEX 結構中某欄位的值，可以使用 GetClassLong 或 GetClassLongPtr：

```
DWORD WINAPI GetClassLong(
    _In_ HWND hWnd,
    _In_ int  nIndex);
ULONG_PTR WINAPI GetClassLongPtr(
    _In_ HWND hWnd,
    _In_ int  nIndex);
```

函數執行成功，傳回所請求的值。

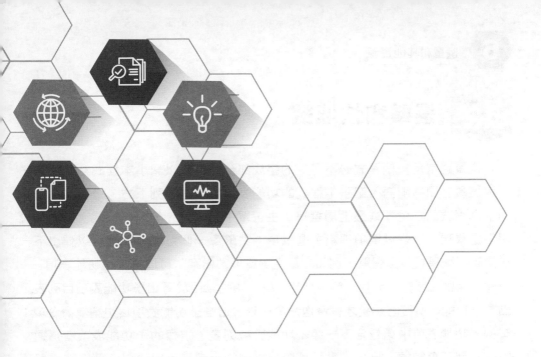

第 **6** 章
選單和其他資源

資源是增加到程式可執行檔中的二進位資料,包括標準資源和自訂資源。標準
資源包括選單、圖示、游標、點陣圖、快速鍵、字串表、程式版本資訊、HTML
和對話方塊等,自訂資源可以是程式所需的任何格式的資料。

6.1 選單和快速鍵

選單通常是一個程式必不可少的組成部分，這裡以記事本程式為例說明一下與選單有關的術語。記事本程式的功能表列位於標題列下方，這樣的功能表列稱為程式的主選單或最上層選單；主選單中有檔案、編輯、格式、查看、說明等選單項，這些選單項稱為主選單項；點擊每一個主選單項還可以彈出下一級選單，這稱為彈出選單，例如點擊主選單項 "檔案" 可以彈出子功能表項——新建、開啟、儲存、另存為等；點擊主選單項通常用於彈出子功能表項目列表，點擊子功能表項目時系統才會發送命令訊息，這些子功能表項目也稱為命令項；有的子功能表項中還包含下一級子功能表項列表，這樣的子功能表項右邊通常附帶一個三角箭頭。另外，點擊標題列左側的小圖示可以彈出一個系統選單項清單，在某些程式視窗的客戶區中點擊滑鼠右鍵也可以彈出一個子功能表項列表，這些都屬於彈出選單。只有重疊視窗或快顯視窗才能增加功能表列，子視窗不可以。

注意： 在本書中，主選單項有時候也被我稱之為彈出選單，我在有的地方也可能不再刻意區分主選單項與子功能表項，而是統稱選單項，選單項指的是主選單項還是子功能表項或是兩者，讀者在具體的上下文環境中可以區分開來。

6.1.1 為程式增加功能表列

要為程式增加選單，需要先增加選單資源。最簡單的方法是透過 VS 的資源視圖增加，現在我們為 Chapter6\HelloWindows 程式增加選單。點擊 VS 軟體左側方案總管的資源視圖，按滑鼠右鍵 HelloWindows 專案→增加→資源，開啟增加資源對話方塊，選擇 Menu 並點擊新建，如圖 6.1 所示。

▲ 圖 6.1

可以看到 VS 自動為我們增加了 HelloWindows.rc 資源指令檔，在該資源指令檔中增加了 Menu 類型的 ID 為 IDR_MENU1 的選單資源（也叫選單範本）。選取左側資源視圖中的 IDR_MENU1，開啟 VS 軟體右側的屬性對話方塊。屬性對話方塊中顯示了選單資源 IDR_MENU1 的相關屬性，如圖 6.2 所示。

修改選單資源 ID 為 IDR_MENU。

現在可以給選單資源增加選單項列表了，我們在 "請在此處輸入" 編輯方塊中輸入主選單項 "檔案"，然後在 "檔案" 選單項的下一級依次輸入子功能表項："新建"、"開啟" "儲存" "另存為"，在子功能表項 "另存為" 下面的編輯方塊中右鍵插入分隔符號，然後繼續增加子功能表項 "退出"，如圖 6.3 所示。

▲ 圖 6.2

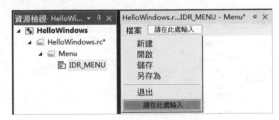

▲ 圖 6.3

點擊主選單項 "檔案" 的作用是彈出子功能表項清單，而非執行程式命令，因此主選單項 "檔案" 是沒有選單項 ID（或説命令 ID）的。我們依次將子功能表項新建、開啟、儲存、另存為、退出的選單項 ID 修改為見名知義的名字：ID_FILE_NEW、ID_FILE_OPEN、ID_FILE_SAVE、ID_FILE_SAVEAS、ID_FILE_EXIT。

繼續在主選單項 "檔案" 右邊的 "請在此處輸入" 編輯方塊中增加主選單項 "編輯"，以及子功能表項 "剪下" "複製" "貼上"；然後增加主選單項 "説明" 及子功能表項 "關於 HelloWindows"，分別設定子功能表項剪下、複製、貼上和關於 HelloWindows 的 ID 為 ID_EDIT_CUT、ID_EDIT_COPY、ID_EDIT_PASTE 和 ID_HELP_ABOUT，然後按 Ctrl + S 複合鍵儲存資源指令檔 HelloWindows.rc，如圖 6.4 所示。

▲ 圖 6.4

開啟 Chapter6\HelloWindows\HelloWindows，可以看到 VS 軟體自動為我們建立了 HelloWindows.rc 和 resource.h 兩個檔案。HelloWindows.rc 是資源指令檔，除了 VS 的視覺化資源編輯視圖（資源編輯器），我們也可以透過自己撰寫資源指令檔來增加資源。切換到方案總管視圖，用滑鼠按右鍵資源檔下面的 HelloWindows.rc 並查看程式，HelloWindows.rc 檔案的主要內容如下所示：

```
#include "resource.h"

IDR_MENU MENU
BEGIN
    POPUP " 檔案 "
    BEGIN
        MENUITEM " 新建 ",                  ID_FILE_NEW
        MENUITEM " 開啟 ",                  ID_FILE_OPEN
        MENUITEM " 儲存 ",                  ID_FILE_SAVE
        MENUITEM " 另存為 ",                ID_FILE_SAVEAS
        MENUITEM SEPARATOR
        MENUITEM " 退出 ",                  ID_FILE_EXIT
END

    POPUP " 編輯 "
    BEGIN
        MENUITEM " 剪下 ",                  ID_EDIT_CUT
        MENUITEM " 複製 ",                  ID_EDIT_COPY
        MENUITEM " 貼上 ",                  ID_EDIT_PASTE
END

    POPUP " 說明 "
    BEGIN
```

```
        MENUITEM "關於 HelloWindows",                    ID_HELP_ABOUT
    END
END
```

resource.h 標頭檔的主要內容如下所示：

```
// Microsoft Visual C++ 生成的引用檔案
// 供 HelloWindows.rc 使用
#define IDR_MENU              101
#define ID_FILE_NEW           40010
#define ID_FILE_OPEN          40011
#define ID_FILE_SAVE          40012
#define ID_FILE_SAVEAS        40013
#define ID_FILE_EXIT          40014
#define ID_EDIT_CUT           40015
#define ID_EDIT_COPY          40016
#define ID_EDIT_PASTE         40017
#define ID_HELP_ABOUT         40018
```

因為以後我們可能會學習軟體 DIY（Do It Yourself），比如為程式增加一個選單項、修改版權資訊等，這些都透過修改資源來實現。雖然不要求自己寫出資源指令檔，但是對於各種資源的定義方法我們應該了解。

資源指令檔中包含了 resource.h 標頭檔，resource.h 標頭檔中包含選單資源和子功能表項的 ID 定義等。資源在程式中的引用往往用一個數值來表示，但是直接使用數值不直觀，往往用 #define 敘述將數值定義為容易記憶和理解的常數。

在資源指令檔中選單的定義格式如下：

```
選單ID  MENU
BEGIN
    選單定義
    ......
END
```

"選單 ID　MENU" 敘述用來指定選單資源的 ID。選單 ID 是一個 16 位元的整數，範圍是 1 ~ 65535，本例中定義的選單 ID 是 IDR_MENU(101)。

選單 ID 也可以用字串來表示，例如下面的定義：

```
MainMenu    MENU
BEGIN
    選單定義
    ......
END
```

表示選單資源的 ID 是字串類型的 "MainMenu"。

選單的具體定義敘述包含在 BEGIN 和 END 關鍵字之內，這兩個關鍵字也可以用 {} 代替。

彈出選單的定義方式如下：

```
POPUP  選單文字 [, 選項清單 ]
BEGIN
    子功能表項定義
    ......
END
```

選單文字指主選單項名稱串，BEGIN 和 END 關鍵字中的內容定義彈出選單的每一個子功能表項。主選單通常由多個主選單項及下面的彈出選單組成，本例中主選單由 "檔案" "編輯" 和 "説明" 3 個主選單項及下面的彈出選單組成。彈出選單的定義也可以巢狀結構，以達到點擊子功能表項彈出下一級子功能表項清單的目的，子彈出選單的定義同樣需要 POPUP、BEGIN 和 END 關鍵字。

常用的選項值如下：

- GRAYED——選單項是灰化的；

- INACTIVE——選單項是禁用的。

有些選項是可以同時定義的，各個選項之間用逗點隔開，例如 "POPUP " 檔案 ", HELP, INACTIVE" 表示主選單項 "檔案" 和以後的主選單項是右對齊的，並且主選單項 "檔案" 是禁用的。

子功能表項的定義方式如下：

```
MENUITEM 選單文字 命令 ID [, 選項清單 ]
```

- 選單文字指子功能表項名稱串。有時候在字串的後面需要加一個帶底線的字母，例如 "開啟 (O)"，可以在字母前面加 "&" 符號，即 "開啟 (&O)"。帶底線的字母稱為便捷鍵，例如本例中當 "檔案" 彈出選單開啟的時候按下 O 鍵，那麼就相當於用滑鼠點擊了子功能表項 "開啟"，在同一個彈出選單中不同的子功能表項所用的便捷鍵必須不同。另外，要使快速鍵的提示訊息顯示在子功能表項的右邊，例如子功能表項 "開啟" 可以使用 Ctrl + O 複合鍵，可以加一個 \t（表示插入一個 Tab 字元），然後寫上 "Ctrl + O"，即 "開啟 (&O)\tCtrl + O"，這樣 \t 後面的字元會右對齊顯示。

- 命令 ID 用於區分不同的子功能表項。當點擊子功能表項的時候，系統會在視窗過程發送 WM_COMMAND 訊息，訊息的 LOWORD(wParam) 就是這個命令 ID，透過命令 ID 可以區分使用者到底點擊了哪一個子功能表項，以做出不同的處理。

- 選項清單用來定義子功能表項的各種屬性，常用的值如表 6.1 所示。

▼ 表 6.1

選項	含義
CHECKED	表示在選單項前面打上選定標識（對鉤），也就是複選標識。選定標識還包括類似選項按鈕的圓圈標識，但是在選單資源中設定選定標識以後，選單項前面顯示的是複選標識對鉤，而非單選標識圓圈
GRAYED	表示選單項是灰化的
INACTIVE	表示選單項是禁用的
MENUBREAK	表示將這個選單項和以後的選單項放到新的一行（主選單中的選單項）或一列（子功能表項）中，行與行之間沒有分隔線，列與列之間也沒有分隔線
MENUBARBREAK	表示將這個選單項和以後的選單項放到新的一行（主選單中的選單項）或一列（子功能表項）中，行與行之間沒有分隔線，列與列之間有分隔線

子功能表項之間的分隔線的定義方式如下：

```
MENUITEM SEPARATOR
```

分隔線不需要命令 ID 和屬性選項。

透過前面所學，手動修改資源指令檔內容為以下形式：

```
IDR_MENU MENU
BEGIN
    POPUP " 檔案 "
    BEGIN
        MENUITEM " 新建 (&N)\tCtrl+N",        ID_FILE_NEW
        MENUITEM " 開啟 (&O)\tCtrl+O",        ID_FILE_OPEN
        MENUITEM " 儲存 (&S)\tCtrl+S",        ID_FILE_SAVE, CHECKED, MENUBREAK
        MENUITEM " 另存為 (&A)",               ID_FILE_SAVEAS
        MENUITEM SEPARATOR
        MENUITEM " 退出 (&X)",                 ID_FILE_EXIT
    END
    POPUP " 編輯 ", INACTIVE
    BEGIN
        MENUITEM " 剪下 (&T)\tCtrl+X",        ID_EDIT_CUT
        MENUITEM " 複製 (&C)\tCtrl+C",        ID_EDIT_COPY
        MENUITEM " 貼上 (&P)\tCtrl+V",        ID_EDIT_PASTE
    END
    POPUP " 說明 ", HELP
    BEGIN
        MENUITEM " 關於 HelloWindows(&A)",          ID_HELP_ABOUT
    END
END
```

為各子功能表項設定便捷鍵；為子功能表項新建、開啟、儲存、剪下、複製、貼上分別設定快速鍵提示訊息；在彈出選單 "檔案" 中子選單項 "儲存" 的前面設定一個核取記號，並把該子功能表項及以後的子功能表項放到新的一列中；禁用彈出選單 "編輯"；將彈出選單 "說明" 設定到功能表列右側。實際上，這些屬性的設定完全可以透過 VS 資源編輯器的屬性對話方塊來設定，在此只是為了練習一下書寫資源指令檔。

除此之外，VS 的屬性對話方塊中還有 Right Justify（右對齊）和 Right Order（從右到左顯示）等選單項屬性，Right Order 屬性一般用不到。在設定子功能表項 "新建" 為 Right Order 屬性以後，資源指令檔發生了變化：

```
IDR_MENU MENUEX
BEGIN
    POPUP "檔案",                           65535,MFT_STRING,MFS_ENABLED
    BEGIN
        MENUITEM "新建 (&N)\tCtrl+N", ID_FILE_NEW,MFT_STRING | MFT_RIGHTORDER,MFS_
ENABLED
        MENUITEM "開啟 (&O)\tCtrl+O", ID_FILE_OPEN,MFT_STRING, MFS_ENABLED
        MENUITEM "儲存 (&S)\tCtrl+S", ID_FILE_SAVE,MFT_STRING | MFT_MENUBREAK,MFS_
CHECKED
        MENUITEM "另存為 (&A)",        ID_FILE_SAVEAS,MFT_STRING, MFS_ENABLED
        MENUITEM MFT_SEPARATOR
        MENUITEM "退出 (&X)",          ID_FILE_EXIT,MFT_STRING, MFS_ENABLED
    END
    POPUP "編輯",                      65535,MFT_STRING,MFS_GRAYED
    BEGIN
        MENUITEM "剪下 (&T)\tCtrl+X",  ID_EDIT_CUT,MFT_STRING, MFS_ENABLED
        MENUITEM "複製 (&C)\tCtrl+C",  ID_EDIT_COPY,MFT_STRING, MFS ENABLED
        MENUITEM "貼上 (&P)\tCtrl+V",  ID_EDIT_PASTE,MFT_STRING, MFS_ENABLED
    END
    POPUP "說明",        65535,MFT_STRING | MFT_RIGHTJUSTIFY,MFS_ENABLED
    BEGIN
        MENUITEM "關於 HelloWindows(&A)",  ID_HELP_ABOUT,MFT_STRING, MFS_ENABLED
    END
END
```

選單的定義格式變為 IDR_MENU MENUEX，這是擴充選單的定義敘述，各選單項的屬性值也變為另一種寫法，其中 MFT_* 表示類型標識，MFS_* 表示狀態標識。這都很好理解，後面會介紹擴充選單的一些用法。現在，透過資源指令檔手動去掉子功能表項 "新建" 的 MFT_RIGHTORDER 標識。

我們為 HelloWindows 程式增加功能表列。製作好選單資源以後，為一個程式視窗增加功能表列很簡單，首先需要在 HelloWindows.cpp 原始檔案中包含 resource.h 標頭檔：#include "resource.h"。

第一種方法是設定 WNDCLASSEX 結構的 lpszMenuName 欄位，該欄位是 LPCTSTR 類型，可以使用 MAKEINTRESOURCE 巨集，例如：

```
wndclass.lpszMenuName = MAKEINTRESOURCE(IDR_MENU);
```

MAKEINTRESOURCE 巨集在 WinUser.h 標頭檔中定義如下：

```
#define MAKEINTRESOURCEA(i) ((LPSTR)((ULONG_PTR)((WORD)(i))))
#define MAKEINTRESOURCEW(i) ((LPWSTR)((ULONG_PTR)((WORD)(i))))
#ifdef UNICODE
    #define MAKEINTRESOURCE  MAKEINTRESOURCEW
#else
    #define MAKEINTRESOURCE  MAKEINTRESOURCEA
#endif
```

第二種方法是在建立視窗的 CreateWindowEx 函數中指定 hMenu 參數，例如：

```
HMENU hMenu;
hMenu = LoadMenu(hInstance, MAKEINTRESOURCE(IDR_MENU));
hwnd = CreateWindowEx(0, szClassName, szAppName, WS_OVERLAPPEDWINDOW,
    CW_USEDEFAULT, CW_USEDEFAULT, 400, 300, NULL, hMenu, hInstance, NULL);
```

LoadMenu 函數用於從與應用程式實例連結的可執行模組中載入指定的選單資源：

```
HMENU WINAPI LoadMenu(
    _In_opt_ HINSTANCE hInstance,    // 要載入的選單資源所屬的模組控制碼
    _In_     LPCTSTR    lpMenuName); // 選單資源名稱
```

HMENU 是選單控制碼類型，函數執行成功，傳回值是選單資源的控制碼。

第三種方法是使用 SetMenu 函數為指定視窗設定選單：

```
case WM_CREATE:
    hMenu = LoadMenu(g_hInstance, MAKEINTRESOURCE(IDR_MENU));
    SetMenu(hwnd, hMenu);
    return 0;
```

g_hInstance 是一個全域變數，表示可執行模組控制碼，在 WinMain 函數中給予值：g_hInstance = hInstance;。

SetMenu 函數原型如下：

```
BOOL WINAPI SetMenu(
    _In_     HWND  hWnd,     // 視窗控制碼
    _In_opt_ HMENU hMenu);   // 選單控制碼，設定為 NULL 表示刪除視窗的當前選單
```

實際上這種方法很好，如果程式是多語言版本，我們可以為每種語言建立一個選單資源，在使用者選擇了不同的語言以後，動態更換選單資源。呼叫 SetMenu 設定了新選單資源以後，應該呼叫 DestroyMenu(hMenu) 函數銷毀上一個選單資源（如果存在上一個選單資源）。

增加選單以後的 HelloWindows 程式執行效果如圖 6.5 所示。

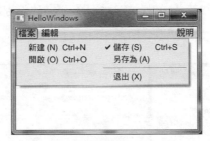

▲ 圖 6.5

在 Chapter6\HelloWindows\HelloWindows\Debug 下 可 以 看 到 生 成 了 HelloWindows.res 檔案，這是資源編譯器編譯資源指令檔 HelloWindows.rc 後得到的二進位資源檔，目的檔案 *.obj 和資源檔 *.res 最後透過連結器連結成可執行檔。資源檔 *.res 也可以透過 VS 的資源編輯器進行編輯。資源雖然被一起打包到可執行檔中，但是資源不在可執行檔的資料區，在程式中無法使用變數或位址直接對資源進行引用。Windows 提供了各種函數對資源進行載入，例如 LoadMenu、LoadIcon、LoadCursor、LoadAccelerators 等，這些函數載入的資源通常不需要釋放，程式退出時由系統釋放，程式自己建立的物件在不需要的時候通常需要釋放，而程式或系統中定義的資源通常不需要釋放。

　　當使用者點擊某一子功能表項（命令項）時，則系統會向擁有該選單的視窗發送 WM_COMMAND 訊息；如果點擊的是系統選單的子功能表項，則發送 WM_SYSCOMMAND 訊息，程式通常不需要處理 WM_SYSCOMMAND 訊息，而是交給 DefWindowProc 函數執行預設處理。

6.1.2　快速鍵

　　快速鍵也稱為鍵盤快速鍵，一個快速鍵是一個或幾個按鍵的組合。快速鍵用於啟動特定的子功能表項命令，透過使用快速鍵不需要費力移動滑鼠就能啟動子功能表項。

　　前面為 HelloWindows 程式製作選單資源的時候，已經為子功能表項新建、開啟、儲存、剪下、複製、貼上設定了快速鍵提示訊息，還需要增加快速鍵資源把快速鍵和選單命令建立連結。開啟 VS 資源視圖，用滑鼠按右鍵 HelloWindows 專案，然後選擇增加→資源，開啟增加資源對話方塊，選擇 Accelerator，點擊新建，如圖 6.6 所示。

▲　圖 6.6

　　可以看到，VS 自動在 HelloWindows.rc 檔案中增加了類型為 Accelerator 的快速鍵表 IDR_ ACCELERATOR1。選取左側的 IDR_ACCELERATOR1，開啟右側的屬性對話方塊，可以修改快速鍵表的 ID。

　　點擊資源編輯器中 ID 一列的 ID_ACCELERATOR40032 兩次，出現下拉清單，可以看到剛才增加的子功能表項的 ID 都在裡面。選擇 ID_FILE_NEW，子功能表項新建的快速鍵是 Ctrl + N，因此選擇第二列的修飾符號為 Ctrl，第三列是按鍵的虛擬按鍵碼或 ASCII，直接輸入字母 N，然後第四列的類型選擇虛擬按鍵碼 VIRTKEY，如圖 6.7 所示。

ID	修飾符號	鍵	類型
ID_FILE_NEW	Ctrl	N	VIRTKEY

▲ 圖 6.7

　　同樣的方法，為其他子功能表項增加快速鍵連結，但是為剪下、複製、貼上的按鍵類型選擇 ASCII（第四列的類型），最後如圖 6.8 所示。

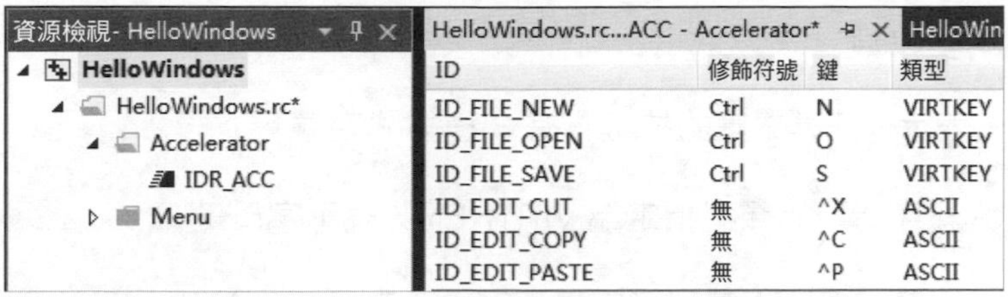

資源檢視- HelloWindows ▼ ⫟ ×	HelloWindows.rc...ACC - Accelerator* ⫟ ×	HelloWin

ID	修飾符號	鍵	類型
ID_FILE_NEW	Ctrl	N	VIRTKEY
ID_FILE_OPEN	Ctrl	O	VIRTKEY
ID_FILE_SAVE	Ctrl	S	VIRTKEY
ID_EDIT_CUT	無	^X	ASCII
ID_EDIT_COPY	無	^C	ASCII
ID_EDIT_PASTE	無	^P	ASCII

資源檢視樹狀：
- **HelloWindows**
  - HelloWindows.rc*
    - Accelerator
      - IDR_ACC
    - Menu

▲ 圖 6.8

按 Ctrl + S 複合鍵儲存 HelloWindows.rc 檔案。

開啟 HelloWindows.rc 檔案，看一下新增加的快速鍵資源：

```
IDR_ACC ACCELERATORS
BEGIN
    "N",           ID_FILE_NEW,          VIRTKEY, CONTROL, NOINVERT
    "O",           ID_FILE_OPEN,         VIRTKEY, CONTROL, NOINVERT
    "S",           ID_FILE_SAVE,         VIRTKEY, CONTROL, NOINVERT
    "^X",          ID_EDIT_CUT,          ASCII,  NOINVERT
    "^C",          ID_EDIT_COPY,         ASCII,  NOINVERT
    "^P",          ID_EDIT_PASTE,        ASCII,  NOINVERT
END
```

resource.h 標頭檔的部分內容如下所示：

```
#define IDR_MENU                  101
#define IDR_ACC                   102
#define ID_FILE_NEW               40010
```

與選單的定義相比，快速鍵的定義要簡單得多，語法如下：

```
快速鍵 ID ACCELERATORS
BEGIN
    鍵名，選單命令 ID [,類型] [,修飾符號]
    ......
END
```

快速鍵 ID 同樣可以是一個字串或 1～65535 之間的數字，快速鍵的具體定義內容包含在 BEGIN 和 END（或 {}）關鍵字之內，中間是各個快速鍵的定義，每個快速鍵佔據一行。

- 鍵名，表示快速鍵對應的按鍵，有 3 種方式定義。

    - "大寫字母"：類型指定為 VIRTKEY，表示字母鍵。

    - "^ 大寫字母"：類型指定為 ASCII，表示 Ctrl 鍵加上字母鍵。

    - "大寫字母或小寫字母或 ASCII 值"：類型指定為 ASCII，表示字母鍵。

        建議使用方式 1，不建議指定類型為 ASCII。

        例 1："a",　　　　ID_HELP_ABOUT,　　　ASCII, NOINVERT

        例 2："A",　　　　ID_HELP_ABOUT,　　　ASCII, NOINVERT

        例 3："A",　　　　ID_HELP_ABOUT,　　　VIRTKEY, NOINVERT

        例 1 中，只有按下小寫字母 a 才可以，例 2 只有按下大寫字母 A 才可以（同時按下 Shift 或 CapsLock 鍵），例 3 按下小寫字母 a 或大寫字母 A 都可以。

- 選單命令 ID。如果想把快速鍵和子功能表項連結起來，就需要指定為連結選單項的命令 ID。

- 類型。可以是 VIRTKEY 或 ASCII，分別用來表示 "鍵名" 欄位定義的是虛擬按鍵碼還是 ASCII 碼。

- 修飾符號。可以是 Control、Shift 或 Alt 中的或多個，如果指定多個，則中間用逗點隔開，表示快速鍵是鍵名指定的按鍵加上這些鍵的複合鍵。

現在我們手動為 "說明" 主選單項下面的 "關於 HelloWindows" 增加 Ctrl + Shift + A 快速鍵：

```
IDR_ACC ACCELERATORS
BEGIN
    "N",            ID_FILE_NEW,        VIRTKEY, CONTROL, NOINVERT
    "O",            ID_FILE_OPEN,       VIRTKEY, CONTROL, NOINVERT
    "S",            ID_FILE_SAVE,       VIRTKEY, CONTROL, NOINVERT
    "^X",           ID_EDIT_CUT,        ASCII, NOINVERT
    "^C",           ID_EDIT_COPY,       ASCII, NOINVERT
    "^P",           ID_EDIT_PASTE,      ASCII, NOINVERT
    "A",            ID_HELP_ABOUT,      VIRTKEY, CONTROLL, SHIFT, NOINVERT
END
```

在一個資源指令檔中，可以定義多個主選單或多個快速鍵表，也可以定義其他各式各樣的資源，例如圖示、游標、點陣圖等，這就涉及如何為這些資源取 ID 值的問題，設定值的時候要掌握的原則如下。

（1）對於同類別內的多個資源項，各項的 ID 必須為不同的值。假設定義了兩個子選單項，那麼它們的 ID 就必須用不同的數值來表示，否則系統將無法分辨。

（2）對於不同類別的資源，資源項 ID 在數值上可以是相同的，例如某子功能表項的 ID 為 40010，那麼也可以同時有 ID 為 40010 的點陣圖或圖示等，Windows 可以按類別分清每一項。

有兩種快速鍵表，系統維護一個可以用於所有應用程式的系統範圍的快速鍵表，應用程式無法修改系統快速鍵表，例如 "Alt + 空格" 開啟系統選單，"Alt + F4" 關閉程式，"Ctrl + Esc" 開啟系統開始選單，"Alt + PrintScreen" 將使用中視窗中的影像複製到剪貼簿，按鍵 "PrintScreen" 將螢幕上的影像複製到剪貼簿等。系統還為每個應用程式維護快速鍵表。應用程式可以定義任意數量的快速鍵表，並隨時更換活動快速鍵表。如果應用程式也定義了在系統快速鍵表中定義的快速鍵，則應用程式定義的快速鍵將覆蓋系統的快速鍵，請避免這種做法。

　要處理使用者按下的快速鍵，程式需要在訊息迴圈中呼叫 TranslateAccelerator 函數。該函數會監視訊息佇列中的 WM_KEYDOWN 和 WM_KEYUP 訊息，以檢查是否有與快速鍵表中相匹配的擊鍵組合。如果有，就會將其轉為 WM_COMMAND 或 WM_SYSCOMMAND（按下的是系統選單中的快速鍵）訊息，然後將該訊息發送到視窗的視窗過程。

　要呼叫 TranslateAccelerator 函數，就要先呼叫 LoadAccelerators 函數載入快速鍵表：

```
HACCEL WINAPI LoadAccelerators(
    _In_opt_ HINSTANCE hInstance,        // 要載入的快速鍵表所屬的模組控制碼
    _In_     LPCTSTR   lpTableName);     // 要載入的快速鍵表的名稱，可以使
MAKEINTRESOURCE 巨集
```

　HACCEL 是快速鍵表控制碼類型，函數執行成功，傳回指定的快速鍵表控制碼。

　TranslateAccelerator 函數原型如下：

```
int WINAPI TranslateAccelerator(
    _In_ HWND   hWnd,    // 要處理哪個視窗的訊息
    _In_ HACCEL hAccTable,// LoadAccelerators 函數載入或 CreateAcceleratorTable 函數建立
的加速鍵表控制碼
    _In_ LPMSG  lpMsg);   // 訊息結構
```

　如果有訊息被轉換，則系統將 WM_COMMAND 或 WM_SYSCOMMAND 訊息發送到視窗的視窗過程。視窗過程處理完 WM_COMMAND 或 WM_SYSCOMMAND 訊息以後，TranslateAccelerator 函數傳回非零值，否則傳回值為 0。如果 TranslateAccelerator 函數傳回非零值，就不應該再呼叫 TranslateMessage 和 DispatchMessage 函數（因為訊息已經處理），而是應該繼續下一次 GetMessage 訊息的獲取。訊息迴圈的寫法通常按以下方式：

```
HACCEL hAccel = LoadAccelerators(hInstance, MAKEINTRESOURCE(IDR_ACC));
while (GetMessage(&msg, NULL, 0, 0) != 0)
{
```

```
    if (!TranslateAccelerator(hwnd, hAccel, &msg))
    {
        TranslateMessage(&msg);
        DispatchMessage(&msg);
    }
}
```

訊息結構（MSG）有一個 hwnd 欄位，為什麼 TranslateAccelerator 函數還有一個 hWnd 參數呢？ MSG 結構由 GetMessage 函數填充。當 GetMessage 的第 2 個參數是 NULL 時，該函數獲取屬於應用程式主執行緒的所有視窗的訊息，當 GetMessage 函數傳回時，MSG 結構的 hwnd 欄位是將得到該訊息的視窗的視窗控制碼。然而，當 TranslateAccelerator 函數將鍵盤訊息轉換成 WM_COMMAND 或 WM_SYSCOMMAND 訊息時，它將 msg.hwnd 欄位取代成 TranslateAccelerator 函數第 1 個參數所指定的視窗控制碼，於是 Windows 會將所有快速鍵訊息發送給指定的視窗。如果程式有多個視窗，則每個視窗都有可能收到鍵盤訊息；如果不是這種設計，就需要在每個視窗的視窗過程中處理快速鍵訊息。所以一般把所有的快速鍵訊息都發送到主視窗，集中在主視窗的視窗過程中處理 WM_COMMAND 或 WM_SYSCOMMAND 訊息，這有利於精簡程式。

- WM_COMMAND 訊息的 wParam 和 lParam 參數如表 6.2 所示。

▼ 表 6.2

從哪發送過來的訊息	HIWORD(wParam)	LOWORD(wParam)	lParam
選單命令項	0	選單項 ID	0
快速鍵	1	選單項 ID	0
子視窗控制項	通知碼	控制項 ID	控制項控制碼

後面再講子視窗控制項的命令訊息。一般來説不在乎是選單命令項還是快速鍵發送過來的 WM_COMMAND 訊息，也就是不用區分 HIWORD(wParam)，只需要區分 LOWORD(wParam) 來根據不同的選單項 ID 做出不同的處理。

當使用者點擊了系統選單中的命令項或按下了系統選單的快速鍵，又或點擊了最小化、最大化、恢復、關閉按鈕時，視窗過程會收到 WM_SYSCOMMAND 訊息。程式通常不應該處理 WM_SYSCOMMAND 訊息，而是交給 DefWindowProc 函數執行預設處理。

- WM_SYSCOMMAND 訊息的 wParam 參數包含請求的系統命令類型，常見的值如表 6.3 所示。

▼ 表 6.3

常數	值	含義
SC_MINIMIZE	0xF020	最小化視窗
SC_MAXIMIZE	0xF030	最大化視窗
SC_RESTORE	0xF120	將視窗恢復到正常位置和大小
SC_CLOSE	0xF060	關閉視窗
SC_SIZE	0xF000	調整視窗大小
SC_MOVE	0xF010	移動視窗
SC_HSCROLL	0xF080	水平捲動
SC_VSCROLL	0xF070	垂直捲動
SC_HOTKEY	0xF150	全域熱鍵訊息

可以看到系統命令類型實際上使用的是 LOWORD(wParam)。請注意，wParam 參數的最低 4 位元由系統內部使用，因此如果想測試 wParam 參數的值，則應該使用 wParam & 0xFFF0 來得到正確的結果。如果程式需要處理 WM_SYSCOMMAND 訊息，則在處理完感興趣的系統命令以後，其餘部分必須轉交給 DefWindowProc 函數執行預設處理。

- 如果使用者使用滑鼠選擇系統選單命令項，lParam 參數的低位元字表示滑鼠游標的 X 座標，高位元字表示 Y 座標（螢幕座標），可以使用 GET_X_LPARAM(lParam) 和 GET_Y_LPARAM(lParam) 巨集來分別提取滑鼠游標的 X 和 Y 座標。

關於選單，還有許多基礎知識沒有講解。現在讓我們先練習一下前面所學的，為 HelloWindows 程式增加選單和快速鍵：

```c
#include <Windows.h>
#include <tchar.h>
#include "resource.h"

// 全域變數
HINSTANCE g_hInstance;

// 函數宣告，視窗過程
LRESULT CALLBACK WindowProc(HWND hwnd, UINT uMsg, WPARAM wParam, LPARAM lParam);

int WINAPI WinMain(HINSTANCE hInstance, HINSTANCE hPrevInstance, LPSTR lpCmdLine, int
nCmdShow)
{
    WNDCLASSEX wndclass;
    TCHAR szClassName[] = TEXT("MyWindow");
    TCHAR szAppName[] = TEXT("HelloWindows");
    HWND hwnd;
    MSG msg;

    g_hInstance = hInstance;

    wndclass.cbSize = sizeof(WNDCLASSEX);
    wndclass.style = CS_HREDRAW | CS_VREDRAW;
    wndclass.lpfnWndProc = WindowProc;
    wndclass.cbClsExtra = 0;
    wndclass.cbWndExtra = 0;
    wndclass.hInstance = hInstance;
    wndclass.hIcon = LoadIcon(NULL, IDI_APPLICATION);
    wndclass.hCursor = LoadCursor(NULL, IDC_ARROW);
    wndclass.hbrBackground = (HBRUSH)GetStockObject(WHITE_BRUSH);
    wndclass.lpszMenuName = NULL;
    wndclass.lpszClassName = szClassName;
    wndclass.hIconSm = NULL;
    RegisterClassEx(&wndclass);

    hwnd = CreateWindowEx(0, szClassName, szAppName, WS_OVERLAPPEDWINDOW,
        CW_USEDEFAULT, CW_USEDEFAULT, 400, 300, NULL, NULL, hInstance, NULL);

    ShowWindow(hwnd, nCmdShow);
```

```
    UpdateWindow(hwnd);

    HACCEL hAccel = LoadAccelerators(hInstance, MAKEINTRESOURCE(IDR_ACC));
    while (GetMessage(&msg, NULL, 0, 0) != 0)
    {
        if (!TranslateAccelerator(hwnd, hAccel, &msg))
        {
            TranslateMessage(&msg);
            DispatchMessage(&msg);
        }
    }

    return msg.wParam;
}

LRESULT CALLBACK WindowProc(HWND hwnd, UINT uMsg, WPARAM wParam, LPARAM lParam)
{
    HMENU hMenu;
    TCHAR szBuf[64] = { 0 };

    switch (uMsg)
    {
    case WM_CREATE:
        hMenu = LoadMenu(g_hInstance, MAKEINTRESOURCE(IDR_MENU));
        SetMenu(hwnd, hMenu);
        return 0;

    case WM_COMMAND:
        switch (LOWORD(wParam))
        {
        case ID_FILE_NEW:   // 新建
            wsprintf(szBuf, TEXT(" 您點擊了 新建 選單項，命令 ID：%d\n"), ID_FILE_NEW);
            MessageBox(hwnd, szBuf, TEXT(" 提示 "), MB_OK);
            break;
        case ID_EDIT_CUT:   // 剪下
            wsprintf(szBuf, TEXT(" 您點擊了 剪下 選單項，命令 ID：%d\n"), ID_EDIT_CUT);
            MessageBox(hwnd, szBuf, TEXT(" 提示 "), MB_OK);
            break;
        case ID_HELP_ABOUT: // 關於 HelloWindows
```

```
            wsprintf(szBuf, TEXT(" 您點擊了 關於 HelloWindows 選單項，命令 ID：%d\n"), ID_
HELP_ABOUT);
            MessageBox(hwnd, szBuf, TEXT(" 提示 "), MB_OK);
            break;
        case ID_FILE_EXIT:   // 退出
            wsprintf(szBuf, TEXT(" 您點擊了 退出 選單項，命令 ID：%d\n"), ID_FILE_EXIT);
            MessageBox(hwnd, szBuf, TEXT(" 提示 "), MB_OK);
            SendMessage(hwnd, WM_CLOSE, 0, 0);
            break;
        }
        return 0;

    case WM_SYSCOMMAND:
        switch (wParam & 0xFFF0)
        {
        case SC_CLOSE:
            MessageBox(hwnd, TEXT(" 您點擊了 系統選單 關閉 選單項 "), TEXT(" 提示 "), MB_
OK);
            SendMessage(hwnd, WM_CLOSE, 0, 0);
            break;
        default:
            return DefWindowProc(hwnd, uMsg, wParam, lParam);
        }
        return 0;

    case WM_DESTROY:
        PostQuitMessage(0);
        return 0;
    }

    return DefWindowProc(hwnd, uMsg, wParam, lParam);
}
```

　　完整程式請參考 Chapter6\HelloWindows 專案，程式僅演示了新建、剪下、關於 HelloWindows 和退出這幾個子功能表項的處理，以及對系統選單項 "關閉" 的處理。

6.1.3 選單的查詢、建立、增加、修改和刪除

前面的選單資源（也叫選單範本）是透過資源編輯器或撰寫資源指令檔建立的，程式還可以隨時動態建立選單範本，呼叫 LoadMenuIndirect 函數載入選單範本得到選單控制碼，然後可以透過呼叫 SetMenu 函數為視窗設定新的選單：

```
HMENU LoadMenuIndirect(_In_ const MENUTEMPLATE *lpMenuTemplate);// 指向選單範本或擴充選單
範本的指標
```

參數 lpMenuTemplate 是指向選單範本或擴充選單範本的指標。選單範本由一個 MENUITEMTEMPLATEHEADER 結構和一個或多個連續的 MENUITEMTEMPLATE 結構組成，擴充選單範本由一個 MENUEX_TEMPLATE_HEADER 結構和一個或多個連續的 MENUEX_TEMPLATE_ITEM 結構組成。MENUITEMTEMPLATEHEADER 或 MENUEX_TEMPLATE_HEADER 結構定義選單範本的頭部，MENUITEMTEMPLATE 或 MENUEX_TEMPLATE_ITEM 結構定義子功能表項。一個選單範本由一個頭部和一個或多個子功能表項組成。

MENUITEMTEMPLATEHEADER 結構在 WinUser.h 標頭檔中定義如下：

```
typedef struct {
    WORD versionNumber; // 選單範本版本編號，必須為 0
    WORD offset;        // 通常設定為 0
} MENUITEMTEMPLATEHEADER, *PMENUITEMTEMPLATEHEADER;
```

MENUITEMTEMPLATE 結構在 WinUser.h 標頭檔中定義如下：

```
typedef struct {
    WORD  mtOption;     // 功能表選項
    WORD  mtID;         // 選單 ID
    WCHAR mtString[1];  // 選單名稱
} MENUITEMTEMPLATE, *PMENUITEMTEMPLATE;
```

- mtOption 欄位指定功能表選項，常用的值如表 6.4 所示。

▼ 表 6.4

常數	含義
MF_POPUP	彈出選單
MF_CHECKED	選單項旁邊有核取記號
MF_GRAYED	選單項處於灰化或禁用狀態
MF_MENUBREAK	該選單項及後面的選單項位於新行或新列中
MF_MENUBARBREAK	該選單項及後面的選單項位於新行或新列中，列與列之間有分隔線
MF_HELP	該選單項和以後的選單項是右對齊的
MF_OWNERDRAW	預設情況下，選單項都是由系統負責繪製的，指定 MF_OWNERDRAW 選項表示該選單項由程式自己負責繪製

此外，可用的功能表選項還有 MF_STRING、MF_POPUP、MF_HILITE 等。

- mtID 欄位指定選單項 ID，彈出選單不需要指定該欄位。

- mtString 欄位指定選單名稱，是 WCHAR 類型陣列。請注意，不管程式使用 Unicode 還是 ANSI 字元集，程式資源中的字串都是使用 Unicode 編碼。

先舉一個選單範本的例子，下例中當使用者按下一個按鍵的時候就切換功能表列：

```
LRESULT CALLBACK WindowProc(HWND hwnd, UINT uMsg, WPARAM wParam, LPARAM lParam)
{
    HMENU hMenu;
    WORD arrMenuTemplate[] = {
        // MENUITEMTEMPLATEHEADER 結構
        0,
        0,

        // 多個 MENUITEMTEMPLATE 結構
        // 第 1 個彈出選單，最後一個子功能表項需要 MF_HILITE 標識
        MF_STRING | MF_POPUP, L'編', L'輯', 0,
        MF_STRING, 40030, L'剪', L'切', L'(', L'&', L'T', L')', L'\t',
L'C', L't', L'r',
            L'l', L'+', L'X', 0,
```

```
        MF_STRING, 40031, L' 複 ', L' 制 ', L'(', L'&', L'C', L')', L'\t',
L'C', L't', L'r',
            L›l›, L›+›, L›C›, 0,
        MF_STRING, 40032, L' 黏 ', L' 貼 ', L'(', L'&', L'P', L')', L'\t',
L'C', L't', L'r',
            L›l›, L›+›, L›V›, 0,
        MF_SEPARATOR, 0, 0,
        MF_STRING, 40033, L' 紅 ', L' 色 ', L'(', L'&', L'R', L')', 0,
        MF_STRING, 40034, L' 綠 ', L' 色 ', L'(', L'&', L'G', L')', 0,
        MF_STRING | MF_HILITE, 40035, L' 藍 ', L' 色 ', L'(', L'&', L'B', L')', 0,

        // 第 2 個彈出選單，最後一個子功能表項需要 MF_HILITE 標識
        MF_STRING | MF_POPUP, L' 視 ', L' 圖 ', 0,
        MF_STRING, 40036, L' 大 ', L' 圖 ', L' 標 ', L'(', L'&', L'D', L')', 0,
        MF_STRING | MF_HILITE, 40037, L' 小 ', L' 圖 ', L' 標 ', L'(', L'&',
L'S', L')', 0,

        // 第 3 個彈出選單，開始和結束都需要 MF_HILITE 標識，說明這是最後一個彈出選單
        MF_STRING | MF_POPUP | MF_HELP | MF_HILITE, L' 幫 ', L' 助 ', 0,
        MF_STRING | MF_HILITE, 40038, L' 關 ', L' 於 ', L'H', L'e', L'l',
L'l', L'o', L'W',
            L›i›, L›n›, L›d›, L›o›, L›w›, L›s›, L›(‹, L›&›, L›A›, L›)›, 0
    };

    switch (uMsg)
    {
    case WM_CREATE:
        hMenu = LoadMenu(g_hInstance, MAKEINTRESOURCE(IDR_MENU));
        SetMenu(hwnd, hMenu);
        return 0;

case WM_CHAR:
        // 從記憶體中動態載入選單資源 ( 選單範本 )
        hMenu = LoadMenuIndirect(arrMenuTemplate);
        SetMenu(hwnd, hMenu);
        return 0;

    case WM_COMMAND:
        switch (LOWORD(wParam))
```

```
        {
        case 40030:
            MessageBox(hwnd, TEXT(" 按下了 剪下 "), TEXT(" 提示 "), MB_OK);
            break;
        case 40036:
            MessageBox(hwnd, TEXT(" 按下了 大圖示 "), TEXT(" 提示 "), MB_OK);
            break;
        case 40038:
            MessageBox(hwnd, TEXT(" 按下了 關於 HelloWindows"), TEXT(" 提示 "), MB_OK);
            break;
        }
        return 0;

    case WM_DESTROY:
        PostQuitMessage(0);
        return 0;
    }

    return DefWindowProc(hwnd, uMsg, wParam, lParam);
}
```

完整程式參見 Chapter6\HelloWindows2 專案。

有的收費軟體，在使用者註冊成為正式版前，會讓一些選單項灰化，不可點擊，或乾脆沒有對應的選單項，但是程式內部仍然實現了這個選單項對應的功能，只要我們設法啟用灰化的選單項，或增加對應的選單項即可。但是，如果試用版和正式版不是一個版本，試用版缺少對應選單項對應的功能實現，就另當別論了。此外，有時候可能需要寫一個程式去控制其他目的程式，這時需要向目的程式發送 WM_COMMAND 訊息，LOWORD(wParam) 參數被指定為目的程式的選單項命令 ID，因此學好選單資源的相關操作是很重要的。

還可以透過呼叫 CreateMenu 函數建立一個空的選單。該函數傳回一個選單控制碼，然後呼叫 AppendMenu 或 InsertMenu 函數（或新版本的 InsertMenuItem）向傳回的選單控制碼增加選單項：

```
HMENU CreateMenu(void);             // 傳回選單控制碼
BOOL WINAPI AppendMenu(
```

```
_In_      HMENU    hMenu,        // 選單控制碼 ( 可以是主選單控制碼、彈出選單控制碼等 )
_In_      UINT     uFlags,       // 功能表選項
_In_      UINT_PTR uIDNewItem,   // 選單項 ID 或彈出選單控制碼
_In_opt_  LPCTSTR  lpNewItem);   // 選單名稱或點陣圖控制碼
```

參數 uFlags 指定功能表選項，可以是表 6.5 所示的值的組合。

▼ 表 6.5

常數	含義
MF_POPUP	該選單項用於彈出選單。uIDNewItem 參數被指定為彈出選單的控制碼，也就是說想增加一個可以彈出選單的選單項，需要準備一個彈出選單控制碼；lpNewItem 參數被指定為指向選單名稱串的指標
MF_STRING	選單項是文字串，lpNewItem 參數被指定為指向選單名稱串的指標
MF_BITMAP	使用點陣圖作為選單項，lpNewItem 參數被指定為點陣圖的控制碼
MF_CHECKED	在選單項旁邊顯示一個複選標識
MF_UNCHECKED	選單項旁邊沒有複選標識，這是預設情況
MF_DISABLED	禁用選單項
MF_ENABLED	啟用選單項
MF_GRAYED	灰化選單項
MF_MENUBREAK	該選單項及後面的選單項位於新行或新列中
MF_MENUBARBREAK	該選單項及後面的選單項位於新行或新列中，列與列之間有分隔線
MF_OWNERDRAW	該選單項由程式自己負責繪製，lpNewItem 參數可以指向自訂資料
MF_SEPARATOR	分隔符號，uIDNewItem 和 lpNewItem 參數將被忽略

如果 uFlags 參數沒有指定 MF_POPUP 標識，那麼 uIDNewItem 參數表示選單項 ID。

例 1 假設程式視窗沒有功能表列，現在需要全新增加主選單項及其彈出選單：

```
hMenu = CreateMenu();          // 主選單控制碼

hMenuPopup = CreateMenu();   // 第 1 個彈出選單控制碼
AppendMenu(hMenuPopup, MF_STRING, ID_FILE_NEW, TEXT(" 新建 "));
AppendMenu(hMenuPopup, MF_STRING, ID_FILE_OPEN, TEXT(" 開啟 "));
AppendMenu(hMenuPopup, MF_STRING, ID_FILE_SAVE, TEXT(" 儲存 "));
// 把第 1 個彈出選單增加到主選單，TEXT(" 檔案 ") 是選單名稱
AppendMenu(hMenu, MF_STRING | MF_POPUP, (UINT_PTR)hMenuPopup, TEXT(" 檔案 "));

hMenuPopup = CreateMenu();   // 第 2 個彈出選單控制碼
AppendMenu(hMenuPopup, MF_STRING, ID_EDIT_CUT, TEXT(" 剪下 "));
AppendMenu(hMenuPopup, MF_STRING, ID_EDIT_COPY, TEXT(" 複製 "));
AppendMenu(hMenuPopup, MF_STRING, ID_EDIT_PASTE, TEXT(" 貼上 "));
// 把第 2 個彈出選單增加到主選單，TEXT(" 編輯 ") 是選單名稱
AppendMenu(hMenu, MF_STRING | MF_POPUP, (UINT_PTR)hMenuPopup, TEXT(" 編輯 "));

SetMenu(hwnd, hMenu);
```

效果如圖 6.9 所示。

分別建立兩個彈出選單控制碼，並為之增加子功能表項，然後把彈出選單增加到主選單（同時指定選單名稱），最後呼叫 SetMenu 函數顯示到功能表列。

例 2　假設程式視窗已經有功能表列，現在需要增加一個主選單項及彈出選單。HelloWindows 程式主選單中已經有檔案、編輯和說明這 3 個彈出選單，我想再增加 "視圖" 主選單項，和 "大圖示" "小圖示" 子功能表項：

```
hMenu = GetMenu(hwnd);       // 前面講過，GetMenu 函數用於獲取一個視窗的選單控制碼
hMenuPopup = CreateMenu();  // 彈出選單控制碼
AppendMenu(hMenuPopup, MF_STRING, ID_VIEW_BIG, TEXT(" 大圖示 "));
AppendMenu(hMenuPopup, MF_STRING, ID_VIEW_SMALL, TEXT(" 小圖示 "));
AppendMenu(hMenu, MF_STRING | MF_POPUP, (UINT_PTR)hMenuPopup, TEXT(" 視圖 "));
DrawMenuBar(hwnd);
```

效果如圖 6.10 所示。

▲ 圖 6.9　　　　　　　▲ 圖 6.10

"視圖"選單項出現在右邊,這是因為當初為"說明"選單項設定了右對齊,AppendMenu 函數總是增加選單項到指定主選單或彈出選單的尾端。在選單更改以後需要呼叫 DrawMenuBar 函數強制更新功能表列。

例 3　假設程式視窗已經有功能表列,現在需要在一個彈出選單中增加幾個子功能表項。HelloWindows 程式主選單中已經有檔案、編輯和說明 3 個彈出選單,我想在"編輯"選單項中增加"紅色""綠色""藍色"子功能表項,再增加一個可以彈出子功能表項列表的子功能表項"更改大小寫",下面有"大寫字母"和"小寫字母"。當初禁用了主選單項"編輯",開啟 HelloWindows.rc資源指令檔,手動去掉主選單項"編輯"的 MFS_GRAYED 屬性,如圖 6.11 所示。

▲ 圖 6.11

```
hMenu = GetMenu(hwnd);
hMenuPopup = GetSubMenu(hMenu, 1);
AppendMenu(hMenuPopup, MF_SEPARATOR, NULL, NULL);
AppendMenu(hMenuPopup, MF_STRING, ID_EDIT_RED, TEXT("紅色 (&R)"));
AppendMenu(hMenuPopup, MF_STRING, ID_EDIT_GREEN, TEXT("綠色 (&G)"));
AppendMenu(hMenuPopup, MF_STRING, ID_EDIT_BLUE, TEXT("藍色 (&B)"));
AppendMenu(hMenuPopup, MF_SEPARATOR, NULL, NULL);
```

```
hMenuPopupSub = CreateMenu();
AppendMenu(hMenuPopupSub, MF_STRING, ID_EDIT_UPPER, TEXT(" 大寫字母 (&U)"));
AppendMenu(hMenuPopupSub, MF_STRING, ID_EDIT_LOWER, TEXT(" 小寫字母 (&L)"));
AppendMenu(hMenuPopup, MF_STRING | MF_POPUP, (UINT_PTR)hMenuPopupSub, TEXT(" 更改大小寫
(&N)"));
```

GetSubMenu 或 GetMenuItemInfo 函數可以獲取彈出選單或子功能表項的控制碼:

```
HMENU WINAPI GetSubMenu(
_In_ HMENU hMenu,   // 選單控制碼 ( 可以是主選單控制碼、彈出選單控制碼等 )
_In_ int   nPos);   // 從 0 開始的相對位置
```

主選單中最左側的主選單項位置為 0,往右增加;彈出選單中最頂部的選單項位置為 0,往下增加,分隔符號也計算在內。在上面的範例中,主選單中"檔案"的位置為 0,"編輯"的位置為 1,因此使用 GetSubMenu(hMenu, 1) 獲取的是"編輯"的彈出選單控制碼。

可以看出,AppendMenu 函數把選單項放到了最後,不能指定所放位置。InsertMenu 函數也可以增加選單項,但是可以指定插入的位置:

```
BOOL WINAPI InsertMenu(
_In_       HMENU    hMenu,       // 選單控制碼 ( 可以是主選單控制碼、彈出選單控制碼等 )
_In_       UINT     uPosition,   // 新選單項插入的位置,受 uFlags 參數的影響
_In_       UINT     uFlags,      // 功能表選項
_In_       UINT_PTR uIDNewItem,  // 選單項 ID 或彈出選單控制碼
_In_opt_ LPCTSTR  lpNewItem);  // 選單名稱或點陣圖控制碼
```

參數 uFlags 除了可以指定為 AppendMenu 函數的 uFlags 參數的那些選項,還可以是表 6.6 所示的值。

▼ 表 6.6

常數	含義
MF_BYCOMMAND	預設值,表示 uPosition 參數指定的是某選單項的 ID,新選單項將在其後
MF_BYPOSITION	表示 uPosition 參數指定的是新選單項從 0 開始的相對位置,如果 uPosition 為 -1,則新選單項將插入選單的尾端

除此之外，AppendMenu 和 InsertMenu 函數的用法完全相同。

對於例 2，在開始時使用 AppendMenu 函數，"視圖" 主選單項出現在最右側，現在改為：

```
hMenu = GetMenu(hwnd);
hMenuPopup = CreateMenu();
AppendMenu(hMenuPopup, MF_STRING, ID_VIEW_BIG, TEXT(" 大圖示 "));
AppendMenu(hMenuPopup, MF_STRING, ID_VIEW_SMALL, TEXT(" 小圖示 "));
InsertMenu(hMenu, 2, MF_STRING | MF_POPUP | MF_BYPOSITION, (UINT_PTR)
hMenuPopup, TEXT(" 視圖 "));
DrawMenuBar(hwnd);
```

AppendMenu 函數總是把選單項放到最後，現在 InsertMenu 函數的 uPosition 參數指定為 2 表示放在第 3 個的位置。效果如圖 6.12 所示。

▲ 圖 6.12

GetMenuItemID 函數可以獲取一個選單項的 ID：

```
UINT WINAPI GetMenuItemID(
    _In_ HMENU hMenu,    // 選單控制碼 ( 可以是主選單控制碼、彈出選單控制碼等 )
    _In_ int   nPos);    // 相對位置
```

函數執行成功，傳回值是指定選單項的 ID。

GetMenuString 函數可以獲取一個選單項的文字串：

```
int WINAPI GetMenuString(
    _In_       HMENU   hMenu,      // 選單控制碼 ( 可以是主選單控制碼、彈出選單控制碼等 )
    _In_       UINT    uIDItem,    // 選單項 ID 或相對位置
    _Out_opt_  LPTSTR  lpString,   // 在 lpString 中傳回選單項的名稱
    _In_       int     nMaxCount,  // lpString 緩衝區的大小，以字元為單位
    _In_       UINT    uFlag);     // MF_BYCOMMAND 或 MF_BYPOSITION
```

如果函數執行成功，則傳回值是複製到緩衝區中的字元數，不包括終止的空字元；如果函數執行失敗，則傳回值為 0。

要修改一個選單項，可以使用 ModifyMenu 函數：

```
BOOL WINAPI ModifyMenu(
    _In_      HMENU     hMnu,         // 選單控制碼 ( 可以是主選單控制碼、彈出選單控制碼等 )
    _In_      UINT      uPosition,    // 選單項 ID 或相對位置
    _In_      UINT      uFlags,       // 功能表選項
    _In_      UINT_PTR  uIDNewItem,   // 選單項 ID 或彈出選單控制碼
    _In_opt_  LPCTSTR   lpNewItem);   // 選單名稱或點陣圖控制碼
```

該函數的參數及含義和 InsertMenu 函數完全相同。

DeleteMenu 和 RemoveMenu 函數都可以刪除一個選單項：

```
BOOL WINAPI DeleteMenu(HMENU hMenu, UINT uPosition, UINT uFlags);
BOOL WINAPI RemoveMenu(HMENU hMenu, UINT uPosition, UINT uFlags);
```

參數 uFlags 可以是 MF_BYCOMMAND 或 MF_BYPOSITION。

另外，GetSystemMenu 函數可以獲取系統選單的控制碼，系統選單也是一個彈出選單：

```
HMENU WINAPI GetSystemMenu(
_In_ HWND hWnd,       // 視窗控制碼
_In_ BOOL bRevert);  // TRUE 或 FALSE
```

如果 bRevert 參數設定為 FALSE，則表示獲取系統選單的控制碼。可以利用這個控制碼對系統選單中的選單項進行修改，或向系統選單增加新的選單項，所有預先定義系統選單項的 ID 都大於 0xF000。如果程式需要向系統選單增加選單項，則選單項 ID 必須小於 0xF000；如果設定為 TRUE，則表示將系統選單恢復為預設狀態。如果 bRevert 參數為 FALSE，則 GetSystemMenu 函數傳回值是系統選單的控制碼；如果 bRevert 參數為 TRUE，則傳回值為 NULL。

前面說過，WM_SYSCOMMAND 訊息的 wParam & 0xFFF0 包含請求的系統命令類型，例如 SC_CLOSE、SC_MOVE。如果在系統選單中增加了選單項，那麼 WM_SYSCOMMAND 訊息的 LOWORD(wParam) 就是選單項 ID。

舉例來說，下面對系統選單的操作：

```
// 灰化系統選單的關閉選單項
ModifyMenu(GetSystemMenu(hwnd, FALSE), SC_CLOSE, MF_GRAYED, SC_CLOSE, TEXT(" 關閉 (&C)\
tAlt+F4"));
// 移除系統選單的關閉選單項
RemoveMenu(GetSystemMenu(hwnd, FALSE), SC_CLOSE, MF_BYCOMMAND);
// 在系統選單後面增加一個 " 開啟 " 選單項
AppendMenu(GetSystemMenu(hwnd, FALSE), MF_STRING, ID_FILE_NEW, TEXT(" 開啟 (&O)"));
// 恢復系統選單
GetSystemMenu(hwnd, TRUE);
```

6.1.4 選單狀態的設定、快顯功能表

為了接下來的測試，我在 "編輯" 主選單項下增加了幾個子功能表項和一個子彈出選單，HelloWindows.rc 檔案的主要內容如下所示：

```
IDR_MENU MENUEX
BEGIN
    POPUP " 檔案 ",                              65535,MFT_STRING,MFS_ENABLED
    BEGIN
        MENUITEM " 新建 (&N)\tCtrl+N",            ID_FILE_NEW,MFT_STRING, MFS_ENABLED
        MENUITEM " 開啟 (&O)\tCtrl+O",            ID_FILE_OPEN,MFT_STRING, MFS_ENABLED
        MENUITEM " 儲存 (&S)\tCtrl+S",            ID_FILE_SAVE,MFT_STRING, MFS_ENABLED
        MENUITEM " 另存為 (&A)",                   ID_FILE_SAVEAS,MFT_STRING, MFS_ENABLED
        MENUITEM MFT_SEPARATOR
        MENUITEM " 退出 (&X)",                     ID_FILE_EXIT,MFT_STRING, MFS_ENABLED
    END
    POPUP " 編輯 ",                              65535,MFT_STRING,MFS_ENABLED
    BEGIN
        MENUITEM " 剪下 (&T)\tCtrl+X",            ID_EDIT_CUT,MFT_STRING, MFS_ENABLED
        MENUITEM " 複製 (&C)\tCtrl+C",            ID_EDIT_COPY,MFT_STRING, MFS_ENABLED
        MENUITEM " 貼上 (&P)\tCtrl+V",            ID_EDIT_PASTE,MFT_STRING, MFS_ENABLED
        MENUITEM MFT_SEPARATOR
        MENUITEM " 紅色 (&R)",                     ID_EDIT_RED,MFT_STRING, MFS_ENABLED
        MENUITEM " 綠色 (&G)",                     ID_EDIT_GREEN,MFT_STRING, MFS_ENABLED
        MENUITEM " 藍色 (&B)",                     ID_EDIT_BLUE,MFT_STRING, MFS_ENABLED
```

```
        MENUITEM MFT_SEPARATOR

    POPUP " 更改大小寫 (&N)",                    65535,MFT_STRING,MFS_ENABLED
    BEGIN
        MENUITEM " 大寫字母 (&U)",              ID_EDIT_UPPER,MFT_STRING, MFS_ENABLED
        MENUITEM " 小寫字母 (&L)",              ID_EDIT_LOWER,MFT_STRING, MFS_ENABLED
    END
END
POPUP " 説明 ",                          65535,MFT_STRING | MFT_RIGHTJUSTIFY, MFS_ENABLED
    BEGIN
        MENUITEM " 關於 HelloWindows(&A)",       ID_HELP_ABOUT,MFT_STRING, MFS_ENABLED
    END
END
```

EnableMenuItem 函數可以啟用、禁用或灰化一個選單項，實際上禁用和灰化效果是一樣的：

```
BOOL WINAPI EnableMenuItem(
    _In_ HMENU hMenu,          // 選單控制碼
    _In_ UINT  uIDEnableItem,// 要啟用、禁用或灰化的選單項、選單項 ID 或相對位置
    _In_ UINT  uEnable);
```

uEnable 參數可以是 MF_BYCOMMAND、MF_BYPOSITION、MF_ENABLED、MF_DISABLED、MF_GRAYED。

使用前面介紹的 ModifyMenu 函數也可以達到啟用、禁用或灰化一個選單項的目的，但是 EnableMenuItem 函數更簡單一些。函數傳回值是指定選單項的先前狀態（MF_ENABLED、MF_DISABLED 或 MF_GRAYED），如果選單項不存在，則傳回值為 -1。更改選單項以後功能表列不會立即更新，可以呼叫 DrawMenuBar 函數強制更新。

GetMenuState 函數可以測試一個選單項的狀態：

```
UINT WINAPI GetMenuState(
    _In_ HMENU hMenu,     // 選單控制碼 ( 可以是主選單控制碼、彈出選單控制碼等 )
    _In_ UINT  uId,       // 選單項 ID 或相對位置
    _In_ UINT  uFlags); // MF_BYCOMMAND 或 MF_BYPOSITION
```

函數執行成功，傳回值是指定選單項的選單狀態。如果選單項是彈出選單，則傳回值的低位元位元組包含選單狀態，高位元位元組包含彈出選單中的子功能表項個數；如果指定的選單項不存在，則傳回值為 -1。選單狀態標識如表 6.7 所示。

▼ 表 6.7

常數	含義
MF_POPUP	是彈出選單
MF_CHECKED	表示在選單項前面有選定標識（複選或單選標識）
MF_DISABLED	選單項處於禁用狀態
MF_GRAYED	選單項處於灰化狀態
MF_HILITE	選單項處於反白顯示狀態
MF_MENUBREAK	選單項在新行或新列中
MF_ MENUBARBREAK	選單項在新行或新列中，列與列之間有分隔線
MF_OWNERDRAW	是自繪選單項
MF_SEPARATOR	是分隔線

但 是， 如 何 測 試 MF_ENABLED、MF_STRING、MF_UNCHECKED 或 MF_UNHILITE 呢？這 4 個常數的值均為 0，可以使用表 6.8 中的運算式。

▼ 表 6.8

常數	運算式
MF_ENABLED	!(傳回值 & (MF_DISABLED | MF_GRAYED))
MF_STRING	!(傳回值 & (MF_BITMAP | MF_OWNERDRAW))
MF_UNCHECKED	!(傳回值 & MF_CHECKED)
MF_UNHILITE	!(傳回值 & MF_HILITE)

例如：

```
hMenu = GetMenu(hwnd);
uiState = GetMenuState(hMenu, 1, MF_BYPOSITION);    //" 編輯 " 主選單項
```

```
if (uiState & MF_POPUP)
{
    wsprintf(szBuf, TEXT("%s　子功能表個數 %d　%s"), TEXT(" 是彈出選單 "), HIBYTE
(uiState),
        !(LOBYTE(uiState) & (MF_DISABLED | MF_GRAYED)) ? TEXT(" 啟用狀態 ") : TEXT(" 已
禁用或灰化 "));
    MessageBox(hwnd, szBuf, TEXT(" 提示 "), MB_OK);
}
```

效果如圖 6.13 所示。

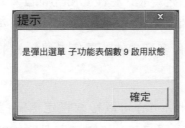

▲ 圖 6.13

CheckMenuItem 函數可以為一個選單項設定或取消複選標識：

```
DWORD WINAPI CheckMenuItem(
    _In_ HMENU hmenu,        // 選單控制碼 ( 可以是主選單控制碼、彈出選單控制碼等 )
    _In_ UINT  uIDCheckItem,// 選單項 ID 或相對位置
    _In_ UINT  uCheck);      // 標識
```

參數 uCheck 可用的標識有 MF_BYCOMMAND、MF_BYPOSITION、MF_
CHECKED（設定複選）和 MF_UNCHECKED（取消複選）。函數傳回值是指
定選單項的先前狀態（MF_CHECKED 或 MF_UNCHECKED）。如果選單項不
存在，則傳回值為 -1。主選單中的主選單項前面不能設定複選標識。

有時候，程式選單項需要模仿一組選項按鈕。在本節開頭，我為資源檔
增加了 "紅色" "綠色" "藍色" 3 個子選單項，以及一個 "更改大小寫" 彈
出選單。假設我把紅色、綠色、藍色當作一組單選子功能表項，這幾個選單項
應該在互斥的選定和非選定狀態之間切換（前面是否有圓圈標識），同一時刻
只有一個是可以選定的。當選定其中一個的時候，其他的都應該取消選定。

CheckMenuRadioItem 函數可以很方便地實現這個目的，該函數設定指定範圍內的一組選單項中的某個選單項為選定狀態，同時取消選定其他選單項：

```
BOOL WINAPI CheckMenuRadioItem(
    _In_ HMENU hmenu,   // 包含選單項群組的選單控制碼
    _In_ UINT  idFirst, // 群組中第一個選單項的選單項 ID 或相對位置
    _In_ UINT  idLast,  // 群組中最後一個選單項的選單項 ID 或相對位置
    _In_ UINT  idCheck, // 要設定選定的選單項的選單項 ID 或相對位置
    _In_ UINT  uFlags); // 標識，MF_BYCOMMAND 或 MF_BYPOSITION
```

如果將 uFlags 參數指定為 MF_BYCOMMAND，則選單項群組中選單項的 ID 在數值上應該是連續的；如果將 uFlags 參數指定為 MF_BYPOSITION，則選單項群組中選單項在功能表列中的位置應該是連續的。主選單中的選單項前面不能設定單選標識。

GetMenuItemCount(hMenu) 可以獲取指定選單控制碼下的選單項個數，例如對於本節開頭列出的選單資源，指定不同選單控制碼呼叫該函數的結果如下所示：

```
hMenu = GetMenu(hwnd);
n = GetMenuItemCount(hMenu);                  // 主選單 3
n = GetMenuItemCount(GetSubMenu(hMenu, 0)); // 檔案   6
n = GetMenuItemCount(GetSubMenu(hMenu, 1)); // 編輯   9
n = GetMenuItemCount(GetSubMenu(hMenu, 2)); // 說明   1
```

某些程式在客戶區內按右鍵可以彈出一個選單，叫作右鍵彈出選單，也叫快顯功能表或右鍵選單，可以透過呼叫 TrackPopupMenu 或 TrackPopupMenuEx 函數實現：

```
BOOL WINAPI TrackPopupMenu(
    _In_            HMENU hMenu,      // 要顯示的彈出選單的控制碼
    _In_            UINT uFlags,      // 標識
    _In_            int   x,          // 快顯功能表的 X 座標，螢幕座標
    _In_            int   y,          // 快顯功能表的 Y 座標，螢幕座標
    _In_            int   nReserved,  // 保留參數
    _In_            HWND  hWnd,       // 快顯功能表所屬的視窗控制碼，該視窗接收選單命令訊息
_In_opt_ const RECT *prcRect);        // 忽略該參數
```

- 快顯功能表使用的是彈出選單，參數 hMenu 指定要顯示的彈出選單的控制碼，如果需要使用主選單中的某個彈出選單，可以使用 GetSubMenu 函數獲取，也可以使用 CreatePopupMenu 函數建立一個空的彈出選單，然後在其中增加子功能表項，還可以使用資源編輯器製作一個彈出選單，在透過資源編輯器製作彈出選單資源時，主選單項的選單名稱可以隨意寫，因為不會顯示，只會顯示主選單項下面的彈出選單內容，然後在程式中使用 LoadMenu 函數載入並使用 GetSubMenu 函數獲取第一個彈出選單控制碼。

- 參數 uFlags 是一些標識，常用的標識如表 6.9 所示。

▼ 表 6.9

標識	含義
TPM_CENTERALIGN	快顯功能表相對於 X 參數指定的座標水平置中
TPM_LEFTALIGN	快顯功能表左側與 X 參數指定的座標對齊
TPM_RIGHTALIGN	快顯功能表右側與 X 參數指定的座標對齊
TPM_VCENTERALIGN	快顯功能表相對於 Y 參數指定的座標垂直置中
TPM_TOPALIGN	快顯功能表頂部與 Y 參數指定的座標對齊
TPM_BOTTOMALIGN	快顯功能表底部與 Y 參數指定的座標對齊
TPM_LEFTBUTTON	使用者只能使用滑鼠左鍵來選擇選單項
TPM_RIGHTBUTTON	使用者使用滑鼠左鍵或右鍵都可以選擇選單項

例如下面的程式，在客戶區內點擊滑鼠右鍵的時候出現 "編輯" 選單項的彈出選單：

```
case WM_RBUTTONDOWN:
    pt.x = GET_X_LPARAM(lParam);
    pt.y = GET_Y_LPARAM(lParam);
    ClientToScreen(hwnd, &pt);
    TrackPopupMenu(GetSubMenu(GetMenu(hwnd), 1), TPM_LEFTALIGN | TPM_TOPALIGN,
        pt.x, pt.y, 0, hwnd, NULL);
    return 0;
```

試圖顯示整個主選單是不會成功的，例如：

```
TrackPopupMenu(GetMenu(hwnd), TPM_LEFTALIGN | TPM_TOPALIGN, pt.x, pt.y, 0, hwnd, NULL);
```

顯示整個主選單，通常沒有必要，不過可以採取一些變通的方法實現。使用下面的方法可以在快顯功能表中顯示整個主選單：

```
HMENU hMenu, hMenuPopup;
POINT pt;
TCHAR szBuf[32] = { 0 };

case WM_RBUTTONDOWN:
    hMenu = GetMenu(hwnd);
    // 建立一個彈出選單
    hMenuPopup = CreatePopupMenu();
    // 把主選單的每一個彈出選單增加到剛剛建立的彈出選單中
    for (int i = 0; i < GetMenuItemCount(hMenu); i++)
    {
        GetMenuString(hMenu, i, szBuf, _countof(szBuf), MF_BYPOSITION);
        AppendMenu(hMenuPopup, MF_STRING | MF_POPUP, (UINT_PTR)
GetSubMenu(hMenu, i), szBuf);
    }
    pt.x = GET_X_LPARAM(lParam);
    pt.y = GET_Y_LPARAM(lParam);
    ClientToScreen(hwnd, &pt);
    TrackPopupMenu(hMenuPopup, TPM_LEFTALIGN | TPM_TOPALIGN, pt.x, pt.y, 0, hwnd,
NULL);
    return 0;
```

效果如圖 6.14 所示。

▲ 圖 6.14

CreatePopupMenu 函數可以建立一個空的彈出選單，然後可以使用 AppendMenu、InsertMenu 或 InsertMenuItem 函數增加選單項：

```
HMENU WINAPI CreatePopupMenu(void);
```

剛才我們彈出快顯功能表，處理的是 WM_RBUTTONDOWN 訊息，當預設視窗過程 DefWindowProc 函數處理 WM_RBUTTONUP 或 WM_NCRBUTTONUP 訊息，或使用者按下 Shift + F10 複合鍵時，都會生成 WM_CONTEXTMENU 訊息，因此程式可以處理 WM_CONTEXTMENU 訊息彈出的快顯功能表。WM_CONTEXTMENU 訊息的 wParam 參數是滑鼠按右鍵的視窗控制碼，IParam 參數的低位元字是滑鼠游標的 X 座標，高位元字是滑鼠游標的 Y 座標（螢幕座標），可以使用 GET_X_LPARAM 和 GET_Y_LPARAM 巨集從 IParam 參數中提取這兩個座標。

選單即將變為活動狀態時，包括點擊選單項、按下選單項對應的快速鍵等，視窗過程會收到 WM_INITMENU 訊息，不過程式通常不需要處理這個訊息。

在顯示任何彈出選單之前（包括快顯功能表），系統會將 WM_INITMENUPOPUP 訊息發送到視窗過程，程式可以在使用者看到之前修改選單項，例如設定選單項的複選、單選狀態，以及在某些文字編輯器程式的剪貼簿中沒有內容時貼上選單是灰化的，等等。

每當使用者點擊主選單中的選單項或滑鼠在彈出選單中的子功能表項之間移動時，視窗過程會收到 WM_MENUSELECT 訊息，程式可以回應 WM_MENUSELECT 訊息在狀態列顯示提示訊息，這個訊息在後面講狀態列的時候會用到。

6.1.5 擴充功能表選項與選單項自繪

有一些擴充功能表選項無法在資源指令檔中指定，只能透過相關函數進行設定，本節透過幾個函數介紹擴充功能表選項。

InsertMenuItem 函數也可以用於增加選單項：

```
BOOL WINAPI InsertMenuItem(
    _In_ HMENU              hMenu,        // 選單控制碼 ( 可以是主選單控制碼、彈出選單控制碼等 )
    _In_ UINT               uItem,        // 用於確定選單項插入位置,選單項 ID 或相對位置
    _In_ BOOL               fByPosition,// 設定為 TRUE 表示 uItem 參數是相對位置,FALSE 表示選
單項 ID
    _In_ LPCMENUITEMINFO lpmii);          // 指向 MENUITEMINFO 結構的指標,該結構包含新選單項的
資訊
```

MENUITEMINFO 結構還可以用在 SetMenuItemInfo、GetMenuItemInfo 函數中,該結構在 WinUser.h 標頭檔中定義如下:

```
typedef struct tagMENUITEMINFOW
{
    UINT      cbSize;         // 該結構的大小
    UINT      fMask;          // 遮罩標識,指定要獲取或設定的欄位
    UINT      fType;          // 選單項類型
    UINT      fState;         // 選單項狀態
    UINT      wID;            // 選單項 ID
    HMENU     hSubMenu;       // 彈出選單控制碼
    HBITMAP   hbmpChecked;    // 選單項選定時的點陣圖控制碼
    HBITMAP   hbmpUnchecked;  // 選單項未選定時的點陣圖控制碼
    ULONG_PTR dwItemData;     // 與選單項連結的程式自訂資料
    LPTSTR    dwTypeData;     // 選單項名稱串
    UINT      cch;            // 獲取選單項名稱時作為緩衝區的長度,傳回選單項字串的實際長度
    HBITMAP   hbmpItem;       // 選單項使用的點陣圖控制碼
}   MENUITEMINFO, FAR *LPMENUITEMINFO;
```

- 欄位 fMask 指定要獲取或設定的欄位,該欄位可以是表 6.10 所示的或多個值,MIIM_ 首碼的意思是 Menu Item Info Mask。

▼ 表 6.10

常數	含義
MIIM_FTYPE	獲取或設定 fType 欄位
MIIM_STATE	獲取或設定 fState 欄位
MIIM_ID	獲取或設定 wID 欄位
MIIM_SUBMENU	獲取或設定 hSubMenu 欄位

（續表）

常數	含義
MIIM_CHECKMARKS	獲取或設定 hbmpChecked 和 hbmpUnchecked 欄位
MIIM_DATA	獲取或設定 dwItemData 欄位
MIIM_STRING	獲取或設定 dwTypeData 欄位
MIIM_BITMAP	獲取或設定 hbmpItem 欄位

大部分的情況下都是使用字串顯示選單項，把 MENUITEMINFO.fMask 欄
位設定為 MIIM_ STRING，MENUITEMINFO.dwTypeData 欄位指定為字
串指標（如果是獲取選單項資訊，還需要把 MENUITEMINFO.cch 欄位
指定為字串緩衝區的長度）。如果需要使用點陣圖顯示選單項，則可以把
MENUITEMINFO.fMask 欄 位 設 為 MIIM_BITMAP，MENUITEMINFO.
hbmpItem 欄位指定為點陣圖控制碼。

■ 欄位 fType 指定選單項類型，該欄位可以是表 6.11 所示的一個或多個值。

▼ 表 6.11

常數	含義
MFT_MENUBREAK	選單項在新行或新列中
MFT_MENUBARBREAK	選單項在新行或新列中，列與列之間有分隔線
MFT_SEPARATOR	選單項是分隔線，dwTypeData 和 cch 欄位將被忽略
MFT_RADIOCHECK	如果將 hbmpChecked 欄位設定為 NULL，選單項前面會有一個單選標記，而非核取記號
MFT_RIGHTJUSTIFY	該選單項和以後的選單項右對齊，僅適用於主選單中的選單項
MFT_RIGHTORDER	用於支援從右到左的語言，例如阿拉伯語和希伯來語
MFT_OWNERDRAW	選單項由程式自繪。視窗在第一次顯示選單項之前會收到 WM_MEASUREITEM 訊息，並且每當必須繪製選單項時會收到 WM_DRAWITEM 訊息（例如使用者選擇它時）。如果指定了這個標識，dwItemData 欄位可以指定為程式的自訂資料

- 欄位 fState 指定選單項狀態，該欄位可以是表 6.12 所示的一個或多個值。

▼ 表 6.12

常數	含義
MFS_CHECKED	為選單項設定選定標識
MFS_UNCHECKED	取消選單項的選定標識
MFS_DISABLED 或 MFS_GRAYED	禁用選單項並將其灰化，使其無法選擇
MFS_ENABLED	啟用選單項以便可以選擇它，這是預設狀態
MFS_HILITE	突出顯示選單項
MFS_UNHILITE	取消突出顯示選單項，這是預設狀態
MFS_DEFAULT	預設選單項，選單只能包含一個預設選單項，以粗體顯示

- 欄位 wID 指定選單項 ID，或在這個欄位中傳回選單項 ID。

- 欄位 hSubMenu 指定彈出選單控制碼，或在這個欄位中傳回彈出選單控制碼。

- 欄位 hbmpChecked 指定選定標識使用的點陣圖控制碼。如果該欄位設定為 NULL，則使用預設點陣圖。如果 fType 欄位指定了 MFT_RADIOCHECK 類型，則預設點陣圖是單選標識；不然它是一個複選標識。

- 欄位 hbmpUnchecked 指定選單項未選定時的點陣圖控制碼。如果該欄位設定為 NULL，則不使用點陣圖。

  使用 SetMenuItemBitmaps 函數也可以設定選單項選定時和未選定時選單項前面顯示的點陣圖，可以呼叫 GetSystemMetrics(SM_CXMENUCHECK);GetSystemMetrics(SM_CYMENUCHECK); 獲取所需的點陣圖大小。

- 欄位 dwItemData 是與選單項連結的程式自訂資料，通常用於選單項自繪。

- 欄位 dwTypeData。僅當 fMask 欄位設定了 MIIM_STRING 標識時才使用 dwTypeData 欄位。要獲取 MFT_STRING 類型的選單項字串，可以

先 將 MENUITEMINFO 的 dwTypeData 欄 位 設 定 為 NULL，然 後 呼 叫 GetMenuItemInfo 函數，cch 傳回選單項所需緩衝區的大小（不包括字串結尾標識），然後分配 cch + 1 大小的緩衝區，把 dwTypeData 欄位設定為緩衝區的位址，cch 設定為緩衝區的大小，再次呼叫 GetMenuItemInfo 就可以獲取選單項的名稱串。

- 欄位 cch。僅當 fMask 欄位設定了 MIIM_STRING 標識時才使用 cch 欄位，如果是呼叫 SetMenuItemInfo 函數設定選單項的內容，忽略 cch 欄位。

- 欄位 hbmpItem 指定選單項所用的點陣圖的控制碼，僅當 fMask 欄位設定了 MIIM_BITMAP 標識時才使用 hbmpItem 欄位，此時選單項顯示為點陣圖，而非字串。它也可以是表 6.13 中的值之一。

▼ 表 6.13

常數	含義
HBMMENU_CALLBACK	程式自繪的點陣圖，程式必須處理 WM_MEASUREITEM 和 WM_DRAWITEM 訊息
HBMMENU_MBAR_CLOSE	功能表列的關閉按鈕
HBMMENU_MBAR_CLOSE_D	功能表列的禁用關閉按鈕
HBMMENU_MBAR_MINIMIZE	功能表列的最小化按鈕
HBMMENU_MBAR_MINIMIZE_D	功能表列的禁用最小化按鈕
HBMMENU_MBAR_RESTORE	功能表列的恢復按鈕
HBMMENU_POPUP_CLOSE	子功能表的關閉按鈕
HBMMENU_POPUP_MAXIMIZE	子功能表的最大化按鈕
HBMMENU_POPUP_MINIMIZE	子功能表的最小化按鈕
HBMMENU_POPUP_RESTORE	子功能表的恢復按鈕
HBMMENU_SYSTEM	Windows 圖示或在 dwItemData 中指定的視窗圖示

如 果 MENUITEMINFO.fType 欄 位 指 定 為 MFT_OWNERDRAW 標 識，表示選單項由程式自繪，則視窗在第一次顯示選單項之前會收到 WM_MEASUREITEM 訊息，並且每當必須繪製選單項時會收到 WM_DRAWITEM 訊

息（例如使用者選擇它時）。如果指定了這個標識，則 MENUITEMINFO 結構的 dwItemData 欄位可以指定為自訂資料，例如指向一個結構的指標。自訂資料可以包含用於繪製選單項的資訊，可以在 WM_MEASUREITEM 和 WM_DRAWITEM 訊息中使用。

1‧WM_MEASUREITEM 訊息

除了用於自繪選單項，WM_MEASUREITEM 訊息也用於自繪列表框、下拉式清單方塊等。該訊息的 wParam 參數就是 lParam 參數指向的 MEASUREITEMSTRUCT 結構的 CtlID 欄位的值。如果 wParam 參數的值為 0，則該訊息是由選單項發送的；如果 wParam 參數的值非零，則該訊息是由列表框、下拉式清單方塊等發送的；如果 wParam 參數的值非零，並且 lParam 參數指向的 MEASUREITEMSTRUCT 結構的 itemID 欄位的值為 (UINT)-1，則該訊息是由下拉式清單方塊的編輯控制項部分發送的。通常不需要 wParam 參數。

lParam 參數是一個指向 MEASUREITEMSTRUCT 結構的指標，該結構在 WinUser.h 標頭檔中定義如下：

```
typedef struct tagMEASUREITEMSTRUCT {
    UINT       CtlType;      // 控制項類型，如果是 ODT_MENU，表示選單項
    UINT       CtlID;        // 該欄位不用於選單項
    UINT       itemID;       // 選單項 ID
    UINT       itemWidth;    // 設定選單項的寬度，以像素為單位
    UINT       itemHeight;   // 設定選單項的高度，以像素為單位
    ULONG_PTR  itemData;     // 程式自訂資料，當初由 MENUITEMINFO 結構的 dwItemData 欄位指定的
} MEASUREITEMSTRUCT, NEAR *PMEASUREITEMSTRUCT, FAR *LPMEASUREITEMSTRUCT;
```

■ CtlType 欄位表示控制項類型，該欄位可能是以下值（見表 6.14）之一。

▼ 表 6.14

常數	含義
ODT_MENU	自繪選單項
ODT_LISTBOX	自繪列表框
ODT_COMBOBOX	自繪下拉式清單方塊
ODT_LISTVIEW	自繪清單檢視控制項

- CtlID 欄位表示列表框、下拉式清單方塊等的 ID，該欄位不用於選單項。

- itemID 欄位表示選單項 ID，或列表框、下拉式清單方塊等的清單項位置索引。

- itemWidth 和 itemHeight 欄位用於設定選單項，或列表框、下拉式清單方塊等的清單項寬度和高度。對 WM_MEASUREITEM 訊息的處理，主要就是透過設定 itemWidth 和 itemHeight 欄位的值來指定選單項或自繪控制項清單項的寬度和高度。

- itemData 欄位是選單項的自訂資料，或列表框、下拉式清單方塊等的清單項項目資料。

視窗過程處理完 WM_MEASUREITEM 訊息以後應傳回 TRUE。

2 · WM_DRAWITEM 訊息

對 WM_MEASUREITEM 訊息的處理，主要就是透過設定 itemWidth 和 itemHeight 欄位的值來指定選單項或自繪控制項清單項的寬度和高度。當選單項或列表框、下拉式清單方塊、按鈕等的外觀需要改變時，會向父視窗發送 WM_DRAWITEM 訊息。如果 WM_DRAWITEM 訊息是由列表框、下拉式清單方塊、按鈕等控制項發送的，則 wParam 參數是控制項的 ID；如果是由選單發送的，則 wParam 參數是 0。lParam 參數是一個指向 DRAWITEMSTRUCT 結構的指標，該結構在 WinUser.h 標頭檔中定義如下：

```
typedef struct tagDRAWITEMSTRUCT {
    UINT        CtlType;    // 控制項類型，如果是 ODT_MENU，表示選單項
    UINT        CtlID;      // 該欄位不用於選單項
    UINT        itemID;     // 選單項 ID
    UINT        itemAction; // 所需的繪製操作
    UINT        itemState;  // 新的狀態
    HWND        hwndItem;   // 選單控制碼
    HDC         hDC;        // 裝置環境控制碼
    RECT        rcItem;     // 繪製區域
    ULONG_PTR   itemData;   // 程式自訂資料，最初由 MENUITEMINFO 結構的 dwItemData 指定的
} DRAWITEMSTRUCT, NEAR *PDRAWITEMSTRUCT, FAR *LPDRAWITEMSTRUCT;
```

- CtlType 欄位表示控制項類型,可以是表 6.15 所示的值之一。

▼ 表 6.15

常數	含義
ODT_MENU	選單項
ODT_BUTTON	按鈕
ODT_LISTBOX	列表框
ODT_LISTVIEW	清單檢視控制項
ODT_COMBOBOX	下拉式清單方塊
ODT_STATIC	靜態控制項
ODT_TAB	Tab 控制項

- CtlID 欄位表示列表框、下拉式清單方塊、按鈕等的控制項 ID,不用於選單項。

- itemID 欄位表示選單項 ID,或列表框、下拉式清單方塊、按鈕等的清單項位置索引。

- itemAction 欄位表示所需的繪製操作,可以是表 6.16 所示的值的組合。

▼ 表 6.16

常數	含義
ODA_DRAWENTIRE	需要繪製整個控制項
ODA_FOCUS	控制項已經獲得或失去鍵盤焦點,應該檢查 itemState 欄位的值以確定控制項是否具有焦點
ODA_SELECT	選擇狀態已更改,應該檢查 itemState 欄位的值以確定新的選擇狀態

- itemState 欄位表示新的狀態,可以是表 6.17 所示的值的組合。

▼ 表 6.17

常數	含義
ODS_SELECTED	已選擇選單項
ODS_CHECKED	已選取選單項
ODS_GRAYED	灰化選單項
ODS_DISABLED	禁用
ODS_HOTLIGHT	突出顯示
ODS_FOCUS	該項目具有鍵盤焦點
ODS_INACTIVE	該項目處於非活動狀態
ODS_DEFAULT	該項目是預設項目
ODS_COMBOBOXEDIT	下拉式清單方塊的編輯控制項
ODS_NOACCEL	沒有按下快速鍵的情況下進行繪製
ODS_NOFOCUSRECT	沒有鍵盤焦點的情況下進行繪製

- hwndItem 欄位表示選單控制碼，或列表框、下拉式清單方塊、按鈕等的視窗控制碼。

- hDC 欄位表示裝置環境控制碼。進行自繪操作需要使用裝置環境控制碼。

- rcItem 欄位表示要繪製的選單項或列表框、下拉式清單方塊、按鈕等的矩形邊界。

- itemData 欄位表示與選單項連結的應用程式定義的自訂資料，或列表框、下拉式清單方塊等的項目資料。

對 WM_DRAWITEM 訊息的處理，主要是根據 itemState 欄位表示的狀態繪製出不同的效果。視窗過程處理完 WM_DRAWITEM 訊息以後應傳回 TRUE。

無法透過視覺化的資源編輯器來定義選單項自繪選項，可以使用 MF_OWNERDRAW 標識呼叫 AppendMenu、InsertMenu、ModifyMenu 函數，也可以使用 MFT_OWNERDRAW（等於 MF_OWNERDRAW）標識呼叫 InsertMenuItem、SetMenuItemInfo 函數來指定選單項由程式自繪。

還可以透過修改資源指令檔的方式來定義選單項自繪選項，Chapter6\
HelloWindows3\HelloWindows\HelloWindows.rc 檔案的選單資源部分如下
所示：

```
IDR_MENU MENUEX
BEGIN
    POPUP " 檔案 ",                          65535,MFT_STRING,MFS_ENABLED
    BEGIN
        MENUITEM " 新建 (&N)\tCtrl+N",        ID_FILE_NEW,MFT_STRING, MFS_ENABLED
        MENUITEM " 開啟 (&O)\tCtrl+O",        ID_FILE_OPEN,MFT_STRING, MFS_ENABLED
        MENUITEM " 儲存 (&S)\tCtrl+S",        ID_FILE_SAVE,MFT_STRING, MFS_ENABLED
        MENUITEM " 另存為 (&A)",              ID_FILE_SAVEAS,MFT_STRING, MFS_ENABLED
        MENUITEM MFT_SEPARATOR
        MENUITEM " 退出 (&X)",                ID_FILE_EXIT,MFT_STRING, MFS_ENABLED
    END
    POPUP " 編輯 ",                          65535,MFT_STRING,MFS_ENABLED
    BEGIN
        MENUITEM " 剪下 (&T)\tCtrl+X",        ID_EDIT_CUT,MFT_STRING, MFS_ENABLED
        MENUITEM " 複製 (&C)\tCtrl+C",        ID_EDIT_COPY,MFT_STRING, MFS_ENABLED
        MENUITEM " 貼上 (&P)\tCtrl+V",        ID_EDIT_PASTE,MFT_STRING, MFS_ENABLED
        MENUITEM MFT_SEPARATOR
        MENUITEM " 紅色 (&R)",                ID_EDIT_RED,MFT_STRING, MFS_ENABLED
        MENUITEM " 綠色 (&G)",                ID_EDIT_GREEN,MFT_STRING, MFS_ENABLED
        MENUITEM " 藍色 (&B)",                ID_EDIT_BLUE,MFT_STRING, MFS_ENABLED
        MENUITEM MFT_SEPARATOR
        POPUP " 更改大小寫 (&N)",             65535,MFT_STRING,MFS_ENABLED
        BEGIN
            MENUITEM " 大寫字母 (&U)",        ID_EDIT_UPPER,MFT_STRING, MFS_ENABLED
            MENUITEM " 小寫字母 (&L)",        ID_EDIT_LOWER,MFT_STRING, MFS_ENABLED
        END
    END
    POPUP " 說明 ",                          65535,MFT_STRING | MFT_RIGHTJUSTIFY,MFS_
ENABLED
    BEGIN
        MENUITEM " 關於 HelloWindows(&A)",    ID_HELP_ABOUT,MFT_STRING, MFS_ENABLED
    END
END
```

把除主選單中"檔案""編輯"和"說明"以外的所有子功能表項的 MFT_
STRING 屬性改為 MFT_STRING | MFT_OWNERDRAW 即可。程式透過處理
WM_MEASUREITEM 和 WM_DRAWITEM 訊息進行自繪。程式執行效果如圖
6.15 所示。

▲ 圖 6.15

完整程式請參考 Chapter6\HelloWindows3 專案。

6.2 圖示

圖示在系統中隨處可見,系統使用圖示來表示檔案、資料夾、捷徑、應用程
式和文件等物件。除了可以使用系統預先定義的 IDI_ 首碼的那些標準圖示,程
式也可以自訂圖示。小圖示通常用於視窗標題列左側和工作列,可以使用 SM_
CXSMICON 和 SM_CYSMICON 參數呼叫 GetSystemMetrics 函數獲取小圖示
的尺寸,通常是 16 × 16;大圖示通常用於可執行檔和捷徑,可以使用 SM_
CXICON 和 SM_CYICON 參數呼叫 GetSystemMetrics 函數獲取大圖示的尺寸,
通常是 32 × 32。圖示檔案的副檔名是 .ico,每個圖示通常含有多張內容相同的
圖片,每一張圖片具有不同的尺寸和顏色數,標準尺寸有 16 × 16、32 × 32、
48 × 48、64 × 64、96 × 96、128 × 128、256 × 256、512 × 512 等,
Windows 會根據需要顯示不同尺寸的圖示。

圖示檔案(.ico 檔案)使用類似 .bmp 檔案格式的結構來儲存,但圖示的檔
案表頭中包含了一些資訊以指定檔案中含有多少個圖示檔案以及相關的資訊。

另外，在每個圖示的資料區中還包含透明區（也叫遮罩）的設定資訊。游標檔案（.cur 檔案）也使用這種格式，因此，在大部分時候圖示與游標可以互相替代使用。

為程式增加圖示資源很簡單，開啟資源視圖，用滑鼠按右鍵專案名稱，然後選擇增加 → 資源，開啟增加資源對話方塊，選擇 Icon 類型，點擊"匯入"按鈕，可以選擇一個已經製作好的圖示。點擊"新建"的話就是自己繪製圖示，大家可以試一下，資源編輯器通常要求繪製幾張不同尺寸的圖示。我選擇的是 Chapter6\HelloWindows4\HelloWindows\Eagle.ico（一隻老鷹的圖示檔案），最大尺寸為 256 × 256。

看一下資源指令檔 HelloWindows.rc 中圖示資源的定義：

```
IDI_EAGLE   ICON  "Eagle.ico"
```

圖示 ID 同樣可以是一個字串或 1 ～ 65535 之間的數字。

資源標頭檔 resource.h 中也自動增加了 IDI_EAGLE 的常數定義：

```
#define IDI_EAGLE   103
```

為程式設定圖示很簡單，LoadIcon 或 LoadImage 函數可以從應用程式實例中載入指定的圖示資源：

```
wndclass.hIcon = LoadIcon(hInstance, MAKEINTRESOURCE(IDI_EAGLE));
```

wndclass.hIconSm 欄位指定小圖示，用於視窗標題列左側和工作列。這個欄位通常沒有必要指定，因為系統會搜尋可執行檔的圖示資源以尋找合適大小的圖示作為小圖示。

編譯執行程式，可以看到視窗標題列左側和工作列的圖示都變成了我們設定的圖示。開啟方案總管，可以看到程式檔案的圖示也變了。更改方案總管的檔案視圖為大圖示、超大圖示以後，程式檔案的圖示也隨之增大而且圖示不失真，這是因為我們提供的圖示資源檔尺寸比較大。請注意，系統對圖示有快取，方案總管中有時候可能不能立即更新程式圖示。

關於編譯生成的可執行檔使用的圖示，如果我們增加了多個圖示資源，則系統會選擇資源標頭檔 resource.h 中最先定義的那個圖示作為可執行檔的圖示。舉例來說，我又增加了一個笑臉圖示，HelloWindows.rc 檔案的部分內容如下：

```
IDI_EAGLE  ICON  "Eagle.ico"
IDI_SMILE  ICON  "Smile.ico"
```

resource.h 檔案的部分內容如下：

```
#define IDI_SMILE  103
#define IDI_EAGLE  104
```

HelloWindows.cpp 原始檔案的部分內容如下：

```
wndclass.hIcon = LoadIcon(NULL, IDI_APPLICATION);
```

編譯執行程式，可以發現生成的可執行檔的圖示為笑臉，工作列的圖示也是笑臉，而視窗標題列左側的圖示為系統預先定義的 IDI_APPLICATION 圖示。因此，如果定義了多個圖示，在 resource.h 標頭檔中應該首先定義要設定為程式圖示的圖示檔案。當然，wndclass.hIcon 欄位應該設定為要作為程式圖示的圖示檔案對應的圖示控制碼，要保持一致。

如果需要動態更換圖示，可以指定 GCLP_HICON 參數呼叫 SetClassLong 或 SetClassLongPtr 函數，例如下面的程式：

```
SetClassLongPtr(hwnd, GCLP_HICON, (LONG)LoadIcon(g_hInstance, MAKEINTRESOURCE(IDI_EAGLE)));
```

可以發現，視窗標題列左側和工作列的圖示都變成了老鷹，但不會影響可執行檔的圖示。

要動態更換圖示，也可以發送 WM_SETICON 訊息，例如：

```
SendMessage(hwnd, WM_SETICON, ICON_BIG, (LPARAM)LoadIcon(g_hInstance, MAKEINTRESOURCE
        (IDI_EAGLE)));
```

效果和呼叫 SetClassLong 或 SetClassLongPtr 函數是一樣的。WM_
SETICON 訊息的 wParam 參數指定要設定的圖示類型，指定為 ICON_BIG 表
示設定視窗的大圖示，指定為 ICON_SMALL 表示設定視窗的小圖示。在 Alt +
Tab 對話方塊中顯示大圖示，在視窗標題列左側和工作列中顯示小圖示。但是不
管指定為 ICON_BIG 還是 ICON_SMALL，Alt + Tab 對話方塊中以及視窗標題
列左側和工作列的圖示都是同時改變；lParam 參數被指定為新大圖示或小圖示
的控制碼。

6.3 游標

除了可以使用系統預先定義的那些 IDC_ 首碼開頭的標準游標，程式也可以
自訂游標。游標檔案的副檔名是 .cur，系統也支援動態游標，動態游標檔案的
副檔名是 .ani。游標和圖示檔案是類似的，通常它們可以互換使用。

要增加游標資源只需選擇 Cursor 類型，我匯入的是 Chapter6\
HelloWindows4\HelloWindows\MacCursor\point.cur 游標檔案，看一下資源指
令檔 HelloWindows.rc 中游標資源的定義：

```
IDC_POINT  CURSOR  "MacCursor\\point.cur"
```

游標 ID 同樣可以是一個字串或 1 ～ 65535 之間的數字。

資源標頭檔 resource.h 中也自動增加了 IDC_POINT 的常數定義：

```
#define  IDC_POINT  106
```

為程式設定游標，LoadCursor 或 LoadImage 函數可以從應用程式實例中
載入指定的游標資源：

```
wndclass.hCursor = LoadCursor(hInstance, MAKEINTRESOURCE(IDC_POINT));
```

編譯執行程式，可以看到當滑鼠在客戶區中的時候，滑鼠游標變成了黑色
箭頭形狀。

資源編輯器中沒有內建動態游標類型，只能將其作為自訂資源去增加。要載入動態游標，也可以使用 LoadCursorFromFile 函數從檔案中載入，例如：

```
wndclass.hCursor = LoadCursorFromFile(TEXT("MacCursor\\point.cur"));          // 普通游標
wndclass.hCursor = LoadCursorFromFile(TEXT("LittleNinja\\ninjanormal.ani")); // 動態游標
```

SetSystemCursor 函數可以使用指定的游標取代掉系統游標：

```
BOOL WINAPI SetSystemCursor(
    _In_ HCURSOR hcur,  // 用這個游標取代掉系統游標
    _In_ DWORD   id);   // 系統游標 ID
```

參數 id 指定哪個系統游標將被取代，可以是表 6.18 所示的值之一。這些值和講解註冊視窗類別的那些 IDC_ 開頭的系統預先定義游標一一對應。

▼ 表 6.18

常數	含義	與 **IDC_** 開頭的常數的關係
OCR_ APPSTARTING	標準箭頭和等待 （忙碌）	#define IDC_APPSTARTING MAKEINTRESOURCE(OCR_ APPSTARTING)
OCR_NORMAL	標準箭頭	#define IDC_ARROW MAKEINTRESOURCE(OCR_NORMAL)
OCR_CROSS	十字線	#define IDC_CROSS MAKEINTRESOURCE(OCR_CROSS)
OCR_HAND	手形	#define IDC_HAND MAKEINTRESOURCE(OCR_HAND)
OCR_HELP	箭頭和問號	#define IDC_HELP MAKEINTRESOURCE(32651)
OCR_IBEAM	工字	#define IDC_IBEAM MAKEINTRESOURCE(OCR_IBEAM)
OCR_NO	斜線圓	#define IDC_NO MAKEINTRESOURCE(OCR_NO)
OCR_SIZEALL	北、南、東和西的四角 箭頭	#define IDC_SIZEALL MAKEINTRESOURCE(OCR_SIZEALL)

（續表）

常數	含義	與 IDC_ 開頭的常數的關係
OCR_ SIZENESW	指向東北和西南的雙向箭頭	#define IDC_SIZENESW MAKEINTRESOURCE(OCR_SIZENESW)
OCR_SIZENS	指向南北的雙向箭頭	#define IDC_SIZENS MAKEINTRESOURCE(OCR_SIZENS)
OCR_ SIZENWSE	指向西北和東南的雙向箭頭	#define IDC_SIZENWSE MAKEINTRESOURCE(OCR_SIZENWSE)
OCR_SIZEWE	指向西和東的雙向箭頭	#define IDC_SIZEWE MAKEINTRESOURCE(OCR_ SIZEWE)
OCR_UP	垂直箭頭	#define IDC_UPARROW MAKEINTRESOURCE(OCR_UP)
OCR_WAIT	等待（忙碌）	#define IDC_WAIT MAKEINTRESOURCE(OCR_WAIT)

可以看到，參數 id 指定的是系統游標的資源 ID，而 IDC_ 開頭的這些常數則是被 MAKEINTRESOURCE 巨集轉為了字串類型。如果需要使用 OCR_ 開頭的常數，在包含 Windows.h 標頭檔之前必須定義常數 OEMRESOURCE，例如：#define OEMRESOURCE 1。

呼叫 SetSystemCursor 函數以後，系統會呼叫 DestroyCursor 函數銷毀參數 hcur 指定的游標資源。因此單純透過呼叫 LoadCursor 函數載入游標，並將得到的游標控制碼用於 SetSystemCursor 函數無法達到目的，還需要呼叫 CopyCursor(hcur) 巨集複製游標得到游標副本，然後把游標副本傳遞給 SetSystemCursor 函數：

```
SetSystemCursor(CopyCursor(LoadCursor(g_hInstance, MAKEINTRESOURCE(IDC_POINT))), OCR_
           NORMAL);
SetSystemCursor(CopyCursor(LoadCursorFromFile(TEXT("LittleNinja\\ninjanormal.ani"))),
           OCR_NORMAL);
```

不過，這不是永久的，重新啟動電腦後，被取代的游標會被恢復。

CopyCursor 巨集是呼叫的 CopyIcon 函數。另外，還有一個 CopyImage 函數，可以用於複製圖示、游標和點陣圖：

```
#define CopyCursor(pcur) ((HCURSOR)CopyIcon((HICON)(pcur)))
HANDLE CopyImage(
    _In_ HANDLE h,          // 要複製的影像的控制碼
    _In_ UINT   type,       // 要複製的影像類型：IMAGE_ICON、IMAGE_CURSOR 或 IMAGE_BITMAP
    _In_ int    cx,         // 新影像的寬度（像素），如果設定為 0，則複製的影像與原始影像的寬度
相同
    _In_ int    cy,         // 新影像的高度（像素），如果設定為 0，則複製的影像與原始影像的高度
相同
    _In_ UINT   flags);     // 複製標識
```

如 果 需 要 動 態 更 換 游 標， 可 以 指 定 GCLP_HCURSOR 參 數 呼 叫 SetClassLong 或 SetClassLongPtr 函數，例如下面的程式：

```
SetClassLongPtr(hwnd, GCLP_HCURSOR, (LONG)LoadCursor(g_hInstance, MAKEINTRESOURCE(IDC_
POINT)));
SetClassLongPtr(hwnd, GCLP_HCURSOR, (LONG)LoadCursorFromFile(TEXT("LittleNinja
\\ninjanormal.ani")));
```

請注意：發送 WM_SETCURSOR 訊息不能更換游標，這個訊息是更新游標。SetCursor 函數雖然可以用來設定游標，但這只能將新的游標維持很短的一段時間，因為當 Windows 在視窗過程重新發送 WM_SETCURSOR 訊息的時候，DefWindowProc 執行預設處理游標就會被設定為原來的形狀，Windows 會經常在視窗過程發送 WM_SETCURSOR 訊息。

如果需要在客戶區中繪製圖示或游標，可以使用 DrawIcon 或 DrawIconEx 函數：

```
BOOL WINAPI DrawIcon(
    _In_ HDC   hDC,         // 裝置環境控制碼
    _In_ int   X,           // 圖示或游標左上角的 X 座標
    _In_ int   Y,           // 圖示或游標左上角的 Y 座標
    _In_ HICON hIcon);      // 要繪製的圖示控制碼或游標控制碼
```

DrawIcon 函數使用 GetSystemMetrics(SM_CXICON) 和 GetSystemMetrics (SM_ CYICON) 獲取的寬度和高度值繪製圖示或游標，通常是 32 × 32。

6.4 字串表

程式中用到的字串，也可以在資源指令檔中定義，不過使用起來可能比直接在程式原始檔案中定義稍微複雜一點，但是一個程式如果需要更改為另一種語言版本，那麼直接修改一下資源指令檔中的字串資源，然後重新編譯即可。如果字串定義在程式原始檔案中，修改起來就不那麼直觀了。

有的程式可以讓使用者選擇語言版本，可以在字串表中定義不同語言的字串，同一語言的字串按規律排列，例如中文版本的字串 ID 以 10000 開頭，英文版本的以 20000 開頭。程式可以根據使用者選擇的語言載入不同語言的字串。

透過資源編輯器增加字串表，只需要選擇 String Table 類型，然後點擊"新建"按鈕，並在其中增加字串即可。接下來，我想把 HelloWindows 程式的選單設定為中文和英文兩個版本，因此需要為每個選單項分別製作兩種語言的字串。資源指令檔 HelloWindows.rc 的字串表部分如下所示：

```
STRINGTABLE
BEGIN
    IDS_FILE              " 檔案 "
    IDS_EDIT              " 編輯 "
    IDS_LANGUAGE          " 語言 "
    IDS_HELP              " 說明 "

    IDS_FILE_NEW          " 新建 (&N)\tCtrl+N"
    IDS_FILE_OPEN         " 開啟 (&O)\tCtrl+O"
    IDS_FILE_SAVE         " 儲存 (&S)\tCtrl+S"
    IDS_FILE_SAVEAS       " 另存為 (&A)"
    IDS_FILE_EXIT         " 退出 (&X)"
    IDS_EDIT_CUT          " 剪下 (&T)\tCtrl+X"
    IDS_EDIT_COPY         " 複製 (&C)\tCtrl+C"
    IDS_EDIT_PASTE        " 貼上 (&P)\tCtrl+V"
    IDS_HELP_ABOUT        " 關於 HelloWindows(&A)\tCtrl+Shift+A"
    IDS_EDIT_RED          " 紅色 (&R)"
    IDS_EDIT_GREEN        " 綠色 (&G)"
    IDS_EDIT_BLUE         " 藍色 (&B)"
```

```
        IDS_LANGUAGE_CHINESE      " 中文 (&C)"
        IDS_LANGUAGE_ENGLISH      " 英文 (&E)"

        IDS_FILE_E                "File"
        IDS_EDIT_E                "Edit"
        IDS_LANGUAGE_E            "Language"
        IDS_HELP_E                "Help"

        IDS_FILE_NEW_E            "New(&N)\tCtrl+N"
        IDS_FILE_OPEN_E           "Open(&O)\tCtrl+O"
        IDS_FILE_SAVE_E           "Save(&S)\tCtrl+S"
        IDS_FILE_SAVEAS_E         "Save As(&A)"
        IDS_FILE_EXIT_E           "Exit(&X)"
        IDS_EDIT_CUT_E            "Cut(&T)\tCtrl+X"
        IDS_EDIT_COPY_E           "Copy(&C)\tCtrl+C"
        IDS_EDIT_PASTE_E          "Paste(&P)\tCtrl+V"
        IDS_HELP_ABOUT_E          "About HelloWindows(&A)\tCtrl+Shift+A"
        IDS_EDIT_RED_E            "Red(&R)"
        IDS_EDIT_GREEN_E          "Green(&G)"
        IDS_EDIT_BLUE_E           "Blue(&B)"
        IDS_LANGUAGE_CHINESE_E    "Chinese(&C)"
        IDS_LANGUAGE_ENGLISH_E    "English(&E)"
END
```

字串表資源不需要 ID,一個字串表中可以定義多個字串,一行表示一個字串的定義,字串的定義由字串 ID 和字串組成。一個字串最多可以有 4097 個字元,字串中可以包含 \t、\n、%s 一類的逸出字元和格式化字元。對於 32 位元字串資源,整個字串表的最大長度為 65535 個字元。

看一下資源標頭檔 resource.h 中對於字串 ID 的定義:

```
#define IDS_FILE                  10000
#define IDS_EDIT                  10001
#define IDS_LANGUAGE              10002
#define IDS_HELP                  10003

#define IDS_FILE_NEW              10010
#define IDS_FILE_OPEN             10011
```

```
#define IDS_FILE_SAVE              10012
#define IDS_FILE_SAVEAS            10013
#define IDS_FILE_EXIT              10014
#define IDS_EDIT_CUT               10015
#define IDS_EDIT_COPY              10016
#define IDS_EDIT_PASTE             10017
#define IDS_HELP_ABOUT             10018
#define IDS_EDIT_RED               10019
#define IDS_EDIT_GREEN             10020
#define IDS_EDIT_BLUE              10021
#define IDS_LANGUAGE_CHINESE       10022
#define IDS_LANGUAGE_ENGLISH       10023

#define IDS_FILE_E                 20000
#define IDS_EDIT_E                 20001
#define IDS_LANGUAGE_E             20002
#define IDS_HELP_E                 20003

#define IDS_FILE_NEW_E             20010
#define IDS_FILE_OPEN_E            20011
#define IDS_FILE_SAVE_E            20012
#define IDS_FILE_SAVEAS_E          20013
#define IDS_FILE_EXIT_E            20014
#define IDS_EDIT_CUT_E             20015
#define IDS_EDIT_COPY_E            20016
#define IDS_EDIT_PASTE_E           20017
#define IDS_HELP_ABOUT_E           20018
#define IDS_EDIT_RED_E             20019
#define IDS_EDIT_GREEN_E           20020
#define IDS_EDIT_BLUE_E            20021
#define IDS_LANGUAGE_CHINESE_E     20022
#define IDS_LANGUAGE_ENGLISH_E     20023
```

對於中文，主選單中的選單項字串 ID 從 10000 開始，子功能表項字串 ID 從 10010 開始；對於英文，主選單中的選單項字串 ID 從 20000 開始，子功能表項字串 ID 從 20010 開始。

Chapter6\HelloWindows5\HelloWindows\HelloWindows.cpp 原始檔案的內容如下：

```cpp
#include <Windows.h>
#include <tchar.h>
#include "resource.h"

// 全域變數
HINSTANCE g_hInstance;
UINT g_uLanguage;

// 函數宣告，視窗過程
LRESULT CALLBACK WindowProc(HWND hwnd, UINT uMsg, WPARAM wParam, LPARAM lParam);
VOID ShowMenu(HWND hwnd, UINT uLanguage);

int WINAPI WinMain(HINSTANCE hInstance, HINSTANCE hPrevInstance, LPSTR lpCmdLine, int
nCmdShow)
{
    WNDCLASSEX wndclass;
    TCHAR szClassName[] = TEXT("MyWindow");
    TCHAR szAppName[] = TEXT("HelloWindows");
    HWND hwnd;
    MSG msg;

    g_hInstance = hInstance;

    wndclass.cbSize = sizeof(WNDCLASSEX);
    wndclass.style = CS_HREDRAW | CS_VREDRAW;
    wndclass.lpfnWndProc = WindowProc;
    wndclass.cbClsExtra = 0;
    wndclass.cbWndExtra = 0;
    wndclass.hInstance = hInstance;
    wndclass.hIcon = LoadIcon(hInstance, MAKEINTRESOURCE(IDI_FEATHER));
    wndclass.hCursor = LoadCursor(NULL, IDC_ARROW);
    wndclass.hbrBackground = (HBRUSH)GetStockObject(WHITE_BRUSH);
    wndclass.lpszMenuName = NULL;
    wndclass.lpszClassName = szClassName;
    wndclass.hIconSm = NULL;
    RegisterClassEx(&wndclass);

    HMENU hMenu = LoadMenu(hInstance, MAKEINTRESOURCE(IDR_MENU));
    hwnd = CreateWindowEx(0, szClassName, szAppName, WS_OVERLAPPEDWINDOW,
```

```
        CW_USEDEFAULT, CW_USEDEFAULT, 400, 300, NULL, hMenu, hInstance, NULL);

    ShowWindow(hwnd, nCmdShow);
    UpdateWindow(hwnd);

    HACCEL hAccel = LoadAccelerators(hInstance, MAKEINTRESOURCE(IDR_ACC));
    while (GetMessage(&msg, NULL, 0, 0) != 0)
    {
        if (!TranslateAccelerator(hwnd, hAccel, &msg))
        {
            TranslateMessage(&msg);
            DispatchMessage(&msg);
        }
    }


    return msg.wParam;
}

LRESULT CALLBACK WindowProc(HWND hwnd, UINT uMsg, WPARAM wParam, LPARAM lParam)
{
    switch (uMsg)
    {
    case WM_CREATE:
        g_uLanguage = 10000;
        return 0;

    case WM_COMMAND:
        // 此處沒有實現多語言
        switch (LOWORD(wParam))
        {
        case ID_FILE_NEW:
            MessageBox(hwnd, TEXT(" 按下了 新建 "), TEXT(" 提示 "), MB_OK);
            break;
        case ID_EDIT_CUT:
            MessageBox(hwnd, TEXT(" 按下了 剪下 "), TEXT(" 提示 "), MB_OK);
            break;
        case ID_HELP_ABOUT:
            MessageBox(hwnd, TEXT(" 按下了 關於 HelloWindows"), TEXT(" 提示 "), MB_OK);
            break;
```

```
        case ID_FILE_EXIT:
            SendMessage(hwnd, WM_CLOSE, 0, 0);
            break;
        case ID_LANGUAGE_CHINESE:
            g_uLanguage = 10000;
            ShowMenu(hwnd, g_uLanguage);
            break;
        case ID_LANGUAGE_ENGLISH:
            g_uLanguage = 20000;
            ShowMenu(hwnd, g_uLanguage);
            break;
        }
        return 0;

    case WM_INITMENUPOPUP:
        if (g_uLanguage == 10000)
            CheckMenuRadioItem(GetSubMenu(GetMenu(hwnd), 2), ID_LANGUAGE_CHINESE,
                ID_LANGUAGE_ENGLISH, ID_LANGUAGE_CHINESE, MF_BYCOMMAND);
        else
            CheckMenuRadioItem(GetSubMenu(GetMenu(hwnd), 2), ID_LANGUAGE_CHINESE,
                ID_LANGUAGE_ENGLISH, ID_LANGUAGE_ENGLISH, MF_BYCOMMAND);
        return 0;

    case WM_DESTROY:
        PostQuitMessage(0);
        return 0;
    }

    return DefWindowProc(hwnd, uMsg, wParam, lParam);
}

VOID ShowMenu(HWND hwnd, UINT uLanguage)
{
    HMENU hMenu, hMenuPopup, hMenuTemp, hMenuPopupTemp;
    TCHAR szBuf[256] = { 0 };
    UINT uID;

    hMenu = LoadMenu(g_hInstance, MAKEINTRESOURCE(IDR_MENU));   // 選單資源的主選單
    hMenuTemp = CreateMenu();                                   // 主選單
```

```
    for (int i = 0; i < GetMenuItemCount(hMenu); i++)
    {
        hMenuPopup = GetSubMenu(hMenu, i);          // 選單資源的每個彈出選單
        hMenuPopupTemp = CreateMenu();              // 每個彈出選單
        for (int j = 0; j < GetMenuItemCount(hMenuPopup); j++)
        {
            uID = GetMenuItemID(hMenuPopup, j);
            GetMenuString(hMenuPopup, j, szBuf, _countof(szBuf), MF_BYPOSITION);
            // 判斷是不是分隔線
            if (_tcslen(szBuf) != 0)
            {
                // 子功能表項的 ID 從 40010 開始，子功能表字串的 ID 就是：uID - 40000
+ uLanguage
                LoadString(g_hInstance, uID - 40000 + uLanguage, szBuf,
_countof(szBuf));
                AppendMenu(hMenuPopupTemp, MF_STRING, uID, szBuf);
            }
            else
            {
                AppendMenu(hMenuPopupTemp, MF_SEPARATOR, 0, NULL);
            }
        }
        // 將每個彈出選單增加到主選單
        LoadString(g_hInstance, uLanguage + i, szBuf, _countof(szBuf));
        AppendMenu(hMenuTemp, MF_STRING | MF_POPUP, (UINT_PTR)hMenuPopupTemp, szBuf);
    }

    SetMenu(hwnd, hMenuTemp);
    DrawMenuBar(hwnd);
}
```

完整程式請參考 Chapter6\HelloWindows5 專案。在 WM_INITMENUPOPUP
訊息中，根據使用者當前所選擇的語言，在 "中文" 或 "英文" 選單項前面顯
示一個單選標識。

就上面的範例而言，定義 "中文" 和 "英文" 兩個選單資源會更簡單一些，
在此只是演示另一種實現方法。

6.5 程式版本資訊

　　什麼是版本資訊呢？在我的電腦上，devenv.exe 是 VS 的主程式檔案，用滑鼠按右鍵該檔案，選擇屬性，開啟 devenv.exe 屬性對話方塊。在詳細資訊標籤可以看到以下資訊，如圖 6.16 所示。

▲ 圖 6.16

　　要增加版本資訊資源，只需要選擇 Version 類型的資源，點擊 "新建" 按鈕，然後根據需要進行修改即可，直接編譯程式，生成的程式檔案就會有版本資訊。

　　開啟 HelloWindows.rc 看一下資源指令檔中版本資訊的定義，然後進行具體解釋：

```
VS_VERSION_INFO VERSIONINFO
FILEVERSION     1,0,0,1
PRODUCTVERSION  1,0,0,1
FILEFLAGSMASK   0x3fL
#ifdef _DEBUG
    FILEFLAGS   0x3L
#else
    FILEFLAGS   0x2L
#endif
FILEOS          0x40004L
FILETYPE        0x1L
FILESUBTYPE     0x0L
```

```
BEGIN
    BLOCK "StringFileInfo"
    BEGIN
        BLOCK "080404B0"
        BEGIN
            VALUE "CompanyName", "Windows 程式設計研究中心 "
            VALUE "FileDescription", " 程式版本資訊範例程式 "
            VALUE "FileVersion", "1.1"
            VALUE "InternalName", "HelloWin.exe"
            VALUE "LegalCopyright", "Copyright (C) 2019"
            VALUE "OriginalFilename", "HelloWin.exe"
            VALUE "ProductName", "HelloWindows"
            VALUE "ProductVersion", "1.1"
        END
    END

    BLOCK "VarFileInfo"
    BEGIN
        VALUE "Translation", 0x804, 1200
    END
END
```

前面的 FILEVERSION、PRODUCTVERSION、FILEFLAGSMASK、FILEFLAGS、FILEOS、FILETYPE、FILESUBTYPE 屬於版本資訊的固定屬性，具體含義如表 6.19 所示。

▼ 表 6.19

屬性	含義
FILEVERSION	檔案版本編號
PRODUCTVERSION	產品版本編號
FILEFLAGSMASK	指定 FILEFLAGS 屬性中哪些位元有效
FILEFLAGS	檔案版本標識，VS_FF_DEBUG(0x00000001) 偵錯版本、VS_FF_PRERELEASE (0x00000002) 預發行版本、VS_FF_PATCHED(0x00000004) 更新版本、VS_FF_ PRIVATEBUILD(0x00000008) 內部版本、VS_FF_SPECIALBUILD(0x00000020) 特殊版本等

（續表）

屬性	含義
FILEOS	適用的作業系統，可以是 VOS_UNKNOWN(0x00000000)、VOS_NT(0x00040000)、VOS_WINCE (0x00050000)、VOS_NT_WINDOWS32(0x00040004) 等
FILETYPE	檔案類型，可以是 VFT_UNKNOWN(0x00000000)、VFT_APP(0x00000001)、VFT_DLL (0x00000002)、VFT_DRV(0x00000003)、VFT_FONT(0x00000004)、VFT_VXD(0x00000005)、VFT_STATIC_LIB(0x00000007) 等
FILESUBTYPE	檔案的子類型

後面是一些區塊宣告，區塊宣告有兩種：變數類型的區塊和字串類型的區塊。

變數類型的區塊定義方式如下：

```
BLOCK "VarFileInfo"
BEGIN
    VALUE "Translation", 語言 ID, 字元集 ID
    ......
END
```

語言 ID 的常用值有 0x0804（簡體中文）、0x0404（繁體中文）、0x0409（美式英文），字元集 ID 的常用值有 1200（Unicode）、0（7 位元 ASCII），一般使用 0x804 和 0x04B0 來定義，也就是簡體中文和 Unicode（0x04B0 的十進位是 1200）。變數類型區塊用來表示資源中定義了哪些語言和字元集的字串類型區塊，例如本例中有一句 "VALUE "Translation", 0x804, 1200" 表示對應有一個名為 "080404B0" 的字串類型的區塊。語言和字元集是在變數類型區塊中定義的，其值是將語言 ID 和字元集 ID 組合成一個十六進位格式。

字串類型區塊的定義格式如下：

```
BLOCK "StringFileInfo"
BEGIN
    BLOCK " 語言集 "
    BEGIN
```

```
        VALUE "字串名稱", "字串"
        ……
    END
END
```

在語言和字元集的字串類型區塊的定義中，可以定義多筆字串類型的版本資訊。這些版本資訊的字串名稱有 12 種，如表 6.20 所示。

▼ 表 6.20

字串名稱	含義
Comments	備註
CompanyName	公司
FileDescription	檔案說明
FileVersion	產品版本
InternalName	內部名稱
LegalCopyright	版權
LegalTrademarks	合法商標
OriginalFilename	原始檔案名稱
PrivateBuild	內部版本說明
ProductName	產品名稱
ProductVersion	產品版本
SpecialBuild	特殊版本說明

如果想要獲取一個可執行檔的版本資訊，需要使用 GetFileVersionInfoSize、GetFileVersionInfo、VerQueryValue 共 3 個函數。首先呼叫 GetFileVersionInfoSize 函數檢測可執行檔中有沒有版本資訊資源，函數傳回版本資訊資源的位元組長度；如果檢測到檔案中有版本資訊資源，呼叫 GetFileVersionInfo 函數將版本資訊讀取到一個緩衝區中；然後呼叫 VerQueryValue 從緩衝區中分別獲取每一項的資訊。版本資訊不是本書的重點，在此不再舉例。

自訂資源

　　透過自訂資源，可以在可執行檔中增加任何格式的資料，可以是二進位資料，也可以是一個磁碟檔案。自訂資源的用途非常廣泛，例如稍微複雜一點的程式除了有一個主程式，還有動態連結程式庫檔案。可以把 .dll 檔案打包到可執行檔中，使用者執行程式的時候把它們釋放到本機；可以把病毒木馬程式嵌入可執行檔中，使用者執行程式的時候，釋放出來並執行；程式執行過程中，可能需要一些資料，可以作為自訂資源嵌入可執行檔中，需要的時候隨時載入，等等。

　　要增加自訂資源，開啟資源視圖，用滑鼠按右鍵專案名稱，然後選擇增加→資源，開啟增加資源對話方塊，點擊 "自訂" 按鈕，彈出新建自訂資源對話方塊，要求我們輸入資源類型，資源類型可以隨意寫，例如輸入 MyData，點擊 "確定" 按鈕，可以看到資源編輯器自動增加了 MyData 類型的資源 IDR_MYDATA1，修改資源 ID 為 IDR_MYDATA，就可以在資源編輯器中輸入我們需要的二進位資料了。如圖 6.17 所示。

HelloWindows.r...MYDATA - RCDATA 📌 ×	HelloWindows.cpp*
00000000　12 34 56 78 90 AB CD EF　12 34 56 78 90 AB CD EF	.4Vx.....4Vx....
00000010　12	.

▲ 圖 6.17

　　這些二進位資料需要儲存為檔案，然後編譯程式，就可以嵌入可執行檔中。可以修改一下檔案名稱，如圖 6.18 所示。

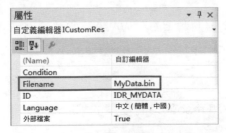

▲ 圖 6.18

　　然後，按 Ctrl + S 複合鍵儲存。回到方案總管解決方案視圖，在資源檔下面有一個 mydata1.bin 檔案，這個是剛才 VS 自動生成的，將其刪除，我們只需要 MyData.bin。

　　開啟資源指令檔 HelloWindows.rc，看一下剛剛增加的自訂資源的定義敘述：

```
IDR_MYDATA   MYDATA   "MyData.bin"
```

　　如果想使用其他檔案作為自訂資源，可以把 MyData.bin 換為其他檔案名稱。

　　資源標頭檔 resource.h 中也增加了對 IDR_MYDATA 的 ID 常數定義：

```
#define IDR_MYDATA   107
```

　　如果需要把一個檔案作為自訂資源，則可以開啟增加資源對話方塊，點擊 "匯入"，選擇所需的檔案，然後點擊 "開啟" 按鈕。如果不是常見的 Windows 檔案類型，VS 會要求我們輸入資源類型名稱。在這裡我選擇的是 "站著等你三千年 .wav"，點擊開啟以後，如圖 6.19 所示。

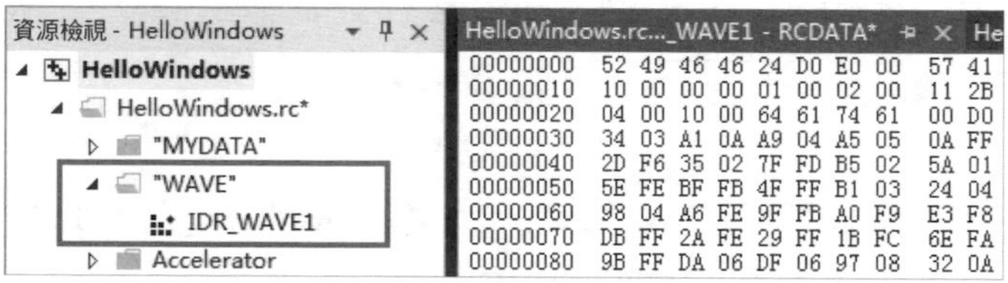

▲ 圖 6.19

　　自動為我們增加了資源類型為 "WAVE" 的資源 IDR_WAVE1，在此我修改其 ID 為 IDR_WAVE。但請注意，WAVE 類型並不是標準資源類型，而是自訂資源類型。

　　HelloWindows.rc 和 resource.h 檔案的相關部分如下所示：

```
IDR_WAVE    WAVE   "站著等你三千年 .wav"
#define IDR_WAVE   108
```

　　自訂資源的資源類型可以隨意修改，所對應的檔案也可以隨意指定為其他檔案，或隨意編輯檔案內容。

　　現在，我們已經為程式增加了一首歌曲資源，在程式執行以後，將這首歌曲載入到記憶體中並播放：

```
LRESULT CALLBACK WindowProc(HWND hwnd, UINT uMsg, WPARAM wParam, LPARAM lParam)
{
    HRSRC hResBlock;
    HANDLE hRes;
    LPVOID lpMusic;

    switch (uMsg)
    {
    case WM_CREATE:
        hResBlock = FindResource(g_hInstance, MAKEINTRESOURCE(IDR_WAVE),
TEXT("WAVE"));
        hRes = LoadResource(g_hInstance, hResBlock);
        lpMusic = LockResource(hRes);
        PlaySound((LPCTSTR)lpMusic, NULL, SND_MEMORY | SND_ASYNC | SND_LOOP);
        return 0;

    case WM_DESTROY:
        PostQuitMessage(0);
        return 0;
    }

    return DefWindowProc(hwnd, uMsg, wParam, lParam);
}
```

　　編譯執行程式，歌聲響起來。完整程式參見 Chapter6\HelloWindows7。當然也可以先釋放到本機再進行播放，只需要一個建立檔案的函數呼叫即可。如果自訂資料比較重要，就需要資料加密，否則很容易被他人提取出原始資源檔。

　　FindResource 或 FindResourceEx 函數可以獲取模組中具有指定類型和名稱的資源：

```
HRSRC WINAPI FindResource(
_In_opt_  HMODULE hModule,    // 模組控制碼
_In_      LPCTSTR lpName,     // 資源名稱，通常使用 MAKEINTRESOURCE
_In_      LPCTSTR lpType);    // 資源類型名稱
```

如果函數執行成功，則傳回值是指定資源區塊的控制碼；如果函數執行失敗，則傳回值為 NULL，要獲取錯誤資訊，請調用 GetLastError：

DWORD GetLastError(void);// 傳回錯誤程式，例如 0 表示操作成功完成，1 功能錯誤，2 找不到指定的檔案

有時候，程式的書寫錯誤可能不容易被發現，這時候就需要不斷偵錯。很多 API 函數在執行失敗以後會設定錯誤程式，因此我們可以透過呼叫 GetLastError 獲取最近的函數呼叫的錯誤程式，找到函數呼叫的錯誤原因。假設 FindResource 函數呼叫的第 3 個參數 lpType 是錯誤的：

```
hResBlock = FindResource(g_hInstance, MAKEINTRESOURCE(IDR_WAVE), TEXT("WAV"));
```

那麼可以在不確定的程式前面設中斷點。此處我就在上面這一行上按 F9 鍵設定中斷點，然後按 F5 鍵偵錯執行。在中斷點處暫停執行後，點擊 VS 功能表列的偵錯→視窗→監視→監視 1，把監看視窗呼叫出來，然後可以在 VS 底部看到監視 1 視窗，在名稱一欄輸入 "$err,hr"。然後，按 F10 鍵單步執行，監看視窗如圖 6.20 所示。

監視 1	
名稱	值
🔵 $err,hr	ERROR_RESOURCE_TYPE_NOT_FOUND: 找不到映射檔案中指定的資源類型。

▲ 圖 6.20

"$err,hr" 就是在監看視窗查看上一次函數呼叫錯誤程式的命令，同時把詳細資訊也顯示出來。如果是 $err，則僅顯示一個數字型式的錯誤程式編號。透過上面的錯誤訊息，我們很容易知道是資源類型名稱寫錯了。有的 API 函數在執行失敗後可能不會設定錯誤程式，就不能透過這個方法找錯誤原因了。究竟能不能透過 GetLastError 函數獲取錯誤程式，MSDN 都會有說明。

想追蹤哪個變數,可以在監看視窗中輸入變數名稱,例如想看一下執行 lpMusic = LockResource (hRes); 這一行程式碼後 lpMusic 的值,如圖 6.21 所示。

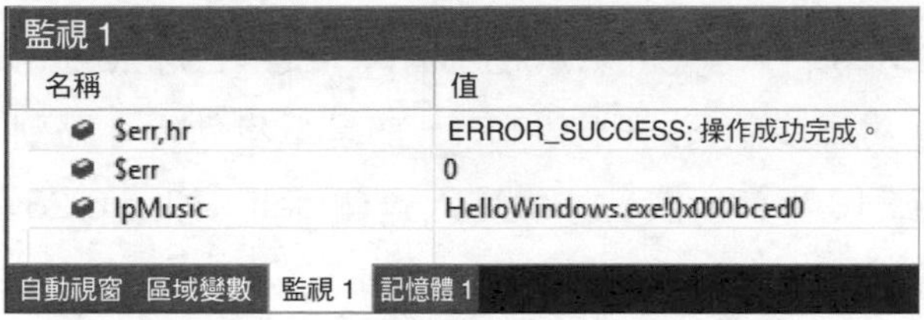

監視 1	
名稱	值
🌀 $err,hr	ERROR_SUCCESS: 操作成功完成。
🌀 $err	0
🌀 lpMusic	HelloWindows.exe!0x000bced0

自動視窗　區域變數　監視 1　記憶體 1

▲ 圖 6.21

想知道 lpMusic 指向的記憶體資料,可以複製 lpMusic 的記憶體位址值貼上到記憶體 1 視窗中進行查看。自動視窗顯示的是最近用到的變數值。

實際上,LoadAccelerators、LoadCursor、LoadIcon、LoadMenu、LoadString、LoadBitmap 等資源載入函數在內部都呼叫了 FindResource 函數。想要追蹤一個 API 函數在內部呼叫了哪些函數,需要使用偵錯符號檔案(.pdb)。偵錯符號檔案是編譯器在將原始檔案編譯為可執行檔的時候為了支援偵錯而儲存的偵錯資訊,包括變數名稱、函數名稱和原始程式碼行等。通常我們編譯程式的時候也會生成一個 .pdb 檔案。

點擊 VS 功能表列的偵錯→選項,開啟選項對話視窗。選擇偵錯→符號,選取 Microsoft 符號伺服器,也可以同時選取 NuGet.org 符號伺服器,在此目錄下快取符號(C):中選擇一個資料夾進行存放。在一開始,每次進行偵錯的時候,都會從微軟伺服器下載對應的符號檔案,速度比較慢,還會導致 VS 軟體很卡,但是隨著以後不斷寫程式,不斷偵錯,本機符號檔案會越來越多,所以基本上不需要再從微軟伺服器進行下載,那時候速度就很快了。但是 2020 年以後,微軟好像已經不再提供符號檔案的下載了。

在 WinMain 函數的 HMENU hMenu = LoadMenu(hInstance, MAKEINTRESOURCE(IDR_MENU)); 一行設定中斷點,按 F5 鍵偵錯執行。在中斷點處暫停執行後,切換到反組譯視窗,如圖 6.22 所示。

```
  37:      HMENU hMenu = LoadMenu(hInstance, MAKEINTRESOURCE(IDR_MENU));
000910C2 6A 65              push        65h
000910C4 56                push        esi
000910C5 FF 15 6C 20 09 00  call        dword ptr [__imp__LoadMenuW@8 (09206Ch)]
```

▲ 圖 6.22

按 F10 鍵單步執行，到 call dword ptr [__imp__LoadMenuW@8 (09206Ch)] 這一行，按 F11 鍵單步執行。F10 和 F11 都是單步執行，區別是 F11 遇到 call 會進入內部，而 F10 不會。按 F11 鍵進入這個 call，如圖 6.23 所示。

```
_LoadMenuW@8:
758F4391 8B FF              mov         edi,edi       已用時間 <=1ms
758F4393 55                push        ebp
758F4394 8B EC              mov         ebp,esp
758F4396 6A 00              push        0
758F4398 FF 75 0C           push        dword ptr [ebp+0Ch]
758F439B 6A 04              push        4
758F439D FF 75 08           push        dword ptr [ebp+8]
758F43A0 FF 15 D8 00 95 75  call        dword ptr [_pfnFindResourceExW (759500D8h)]
758F43A6 85 C0              test        eax,eax
758F43A8 74 60              je          _LoadMenuW@8+79h (758F440Ah)
758F43AA 50                push        eax
758F43AB FF 75 08           push        dword ptr [ebp+8]
758F43AE E8 C1 07 00 00     call        _CommonLoadMenu@8 (758F4B74h)
758F43B3 5D                pop         ebp
758F43B4 C2 08 00           ret         8
```

▲ 圖 6.23

如果沒有偵錯符號檔案，call dword ptr [_pfnFindResourceExW (759500D8h)] 的顯示如圖 6.24 所示。

```
758F4393 55                push        ebp
758F4394 8B EC              mov         ebp,esp
758F4396 6A 00              push        0
758F4398 FF 75 0C           push        dword ptr [ebp+0Ch]
758F439B 6A 04              push        4
758F439D FF 75 08           push        dword ptr [ebp+8]
758F43A0 FF 15 D8 00 95 75  call        dword ptr ds:[759500D8h]
758F43A6 85 C0              test        eax,eax
758F43A8 74 60              je          758F440A
758F43AA 50                push        eax
758F43AB FF 75 08           push        dword ptr [ebp+8]
758F43AE E8 C1 07 00 00     call        758F4B74
758F43B3 5D                pop         ebp
758F43B4 C2 08 00           ret         8
```

▲ 圖 6.24

把 FindResource 函數傳回的資源區塊的控制碼 hResBlock 作為參數呼叫
LoadResource 函數，即可得到資源的控制碼：

```
HGLOBAL WINAPI LoadResource(
    _In_opt_ HMODULE hModule,    // 模組控制碼
    _In_     HRSRC   hResInfo); // FindResource 或 FindResourceEx 函數傳回的資源區塊控制碼
```

如果函數執行成功，則傳回值是資源的控制碼；如果函數執行失敗，則傳
回值為 NULL。

要獲取記憶體中資源資料的指標，還需要把 LoadResource 函數傳回的資
源控制碼 hRes 作為參數呼叫 LockResource 函數：

```
LPVOID WINAPI LockResource(_In_ HANDLE hResData);
```

要獲取資源的大小，可以在呼叫 FindResource 函數以後呼叫 SizeofResource
(g_hInstance, hResBlock);，函數傳回值是 DWORD 類型的資源大小。

在使用資源後不需要手動釋放，當不再需要的時候系統會自動釋放。

Note

第 **7** 章

點陣圖

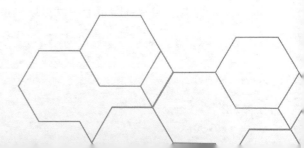

　　點陣圖也稱點陣影像，透過使用一格一格的像素點來描述影像。點陣圖的檔案類型有很多，例如 .bmp、.jpg、.png、.gif 等。點陣圖由一個個像素點組成。當放大點陣圖時，像素點隨之放大，但是每個像素點所表示的顏色是單一的，所以在點陣圖放大以後就會出現馬賽克狀。點陣圖的優點是色彩比較豐富，可以逼真地展現自然界的各類實物，顏色資訊越多，影像色彩越豐富，但是佔用的儲存空間就越大。通常會拿點陣圖和向量圖作比較，向量圖是根據幾何特性繪製圖形，向量圖並不儲存影像的具體顏色資訊，而是對影像的描述，向量圖可以任意放大而不影響清晰度。向量圖色彩不豐富，無法表現逼真的實物，不過向量圖的檔案通常很小。向量圖通常用來製作圖示、Logo、草稿、動畫等簡單直接的影像。做向量圖的軟體有 Illustrator、CorelDRAW、AutoCAD 等。向量圖的檔案類型有 .ai、.cdr、.dwg、.wmf、.emf 等，.wmf 和 .emf 是 Windows 圖資料定義格式。

　　點陣圖分為兩種，裝置相關點陣圖（Device Dependent Bitmap，DDB）和裝置無關點陣圖（Device Independent Bitmap，DIB）。DDB 也稱為 GDI 點陣圖或裝置相容點陣圖，是 16 位元 Windows 中唯一可用的點陣圖格式。然而，隨著顯示技術的改進和各種類型顯示裝置的增加，一些問題浮出水面，這些問題只能透過裝置無關點陣圖 DIB 來解決。DDB 顯示的影像隨著電腦顯示裝置設定的不同而不同，因此 DDB 一般不儲存為檔案，而是作為程式執行時期的內部點陣圖格式在記憶體中使用。DDB 是由 GDI 和裝置驅動程式管理的 GDI 物件，與 DIB 相比，DDB 具有更好的 GDI 性能，在一些場合仍然很有用。

　　DIB 不依賴於裝置，因為 DIB 格式包含了完整的影像資訊，可以在不同的裝置上顯示。Windows 程式中直接支援的 DIB 檔案格式是 .bmp。.bmp 點陣圖通常沒有壓縮，.bmp 檔案比較大，例如一個 1024 × 768 解析度的 .bmp 檔案的大小為 1024 × 768 × 3 位元組 / 像素，再加上 54 位元組的點陣圖檔案表頭，一共需要 2359350 位元組（2.25 MB）的儲存空間，因此在網路上使用更多的是 .jpg、.png、.gif 等經過壓縮的點陣圖。沒有壓縮的好處是執行速度快，不需要解碼，複製到顯示卡中就可以直接顯示在螢幕上。

　　與點陣圖相關的參數有寬度、高度、色彩深度等。寬度和高度以像素為單位。色彩深度是指點陣圖中要用多少個二進位位元來表示每個像素點的顏色，常用的色彩深度有 1 位元（單色）、2 位元（4 色，CGA）、4 位元（16 色，VGA）、8 位元（256 色）、16 位元（增強色）、24 位元和 32 位元等。每像素只有 1 位元的點陣圖稱為單色點陣圖，每個像素值不是 0 就是 1，0 代表黑色，1 代表白色。要想表示更多顏色，就需要每個像素有更多的位元，2 位元可以有 4 種顏色，4 位元有 16 種顏色，8 位元有 256 種顏色，16 位元有 65536 種顏色，24 位元（即一個像素需要 3 位元組來描述）則有 16777216 種顏色。24 位元色稱為真彩色，它可以達到人眼分辨的極限，顏色數是 1677 萬多種，即 2 的 24 次方。但 32 位元色並不是 2 的 32 次方顏色數，32 位元色也是 1677 萬多種，不過它增加了 256 階顏色的灰度。有的顯示卡能達到 36 位元色，它是 27 位元顏色數再加 512 階顏色灰度。

7.1　DDB

　　Windows 有 4 種類型的裝置環境（DC），分別是顯示 DC、列印 DC、記憶體 DC（也稱記憶體相容 DC）和資訊 DC，每種類型的 DC 都有特定的用途。前面我們都是在顯示 DC 上進行繪圖。

　　DDB 通常作為程式執行時期的內部點陣圖格式在記憶體中使用。DDB 也稱為 GDI 點陣圖或裝置相容點陣圖，是與記憶體 DC 連結的圖形物件之一，GDI 可以直接寫入 DDB。一般來說 DC 對應於特定的圖形輸出裝置（例如顯示器），但記憶體 DC 只存在於記憶體，它不是一個真實的圖形輸出裝置，它和特定的真實裝置 "相容"。有了這個記憶體 DC 控制碼，就可以和在真實 DC 上一樣執行 GDI 繪圖操作。

　　要建立一個記憶體 DC，必須有一個對應於真實裝置的 DC 控制碼。CreateCompatibleDC 函數建立與指定裝置相容的記憶體 DC：

```
HDC CreateCompatibleDC(_In_ HDC hdc);      // 裝置環境控制碼，通常指定為對應於真實裝置的現有
DC 的控制碼
```

hdc 參數通常指定為對應於真實裝置的現有 DC 的控制碼。如果設定為 NULL，則該函數將建立與應用程式當前顯示器相容的記憶體 DC。如果函數執行成功，則傳回一個記憶體 DC 控制碼；如果函數執行失敗，則傳回值為 NULL。例如下面的程式：

```
hdc = GetDC(hwnd);
hdcMem = CreateCompatibleDC(hdc);
// …………
ReleaseDC(hwnd, hdc);
```

但是，CreateCompatibleDC 函數建立的記憶體 DC 只有 1 像素寬，1 像素高，而且是單色，因此在記憶體 DC 中進行繪製操作以前，應該在記憶體 DC 中選入合適寬度和高度的 DDB。要將 DDB 選入記憶體 DC，就要先呼叫 CreateCompatibleBitmap 函數建立與指定 DC 連結的裝置相容的點陣圖：

```
HBITMAP CreateCompatibleBitmap(
    _In_ HDC hdc,          // 裝置環境控制碼，通常指定為對應於真實裝置的現有 DC 的控制碼
    _In_ int nWidth,       // 點陣圖寬度，以像素為單位
    _In_ int nHeight);     // 點陣圖高度，以像素為單位
```

函數執行成功，傳回值是 DDB 的控制碼。例如下面的程式：

```
hdc = GetDC(hwnd);
hdcMem = CreateCompatibleDC(hdc);
hBitmap = CreateCompatibleBitmap(hdc, nWidth, nHeight);
SelectObject(hdcMem, hBitmap);
// 繪圖操作
DeleteObject(hBitmap);
DeleteDC(hdcMem);
ReleaseDC(hwnd, hdc);
```

呼叫 GDI 繪圖函數在記憶體 DC 上進行繪圖，就會畫在裝置相容點陣圖上。一些繪圖程式就是使用這種方式，建立一個 DDB 作為畫布。當不再需要記憶體 DC 時，需要呼叫 DeleteDC 函數刪除記憶體 DC；當不再需要裝置相容點陣圖時，需要呼叫 DeleteObject 函數將其刪除，這和刪除邏輯畫筆、邏輯筆刷、邏輯字型等一樣。

選入記憶體 DC 中的點陣圖也可以透過呼叫 LoadBitmap 或 LoadImage 函數載入 DIB 獲得。此時不需要像 CreateCompatibleBitmap 函數那樣指定寬度和高度，DIB 有自己的寬度值和高度值，這兩個函數傳回點陣圖控制碼和裝置相容。增加點陣圖資源的方法非常簡單，只需要選擇 Bitmap 資源類型點擊匯入即可。資源指令檔中對點陣圖資源的定義格式如下所示：

```
IDB_BITMAP  BITMAP  "someimg.bmp"
```

先看一個範例，再解釋幾個函數。DDB 程式從程式資源或檔案中載入一副點陣圖，將傳回的點陣圖控制碼選入記憶體 DC，在點陣圖上輸出一些文字，然後把這幅點陣圖顯示到程式的客戶區中。程式執行效果如圖 7.1 所示。

▲ 圖 7.1

DDB.cpp 原始檔案的部分內容如下所示：

```cpp
LRESULT CALLBACK WindowProc(HWND hwnd, UINT uMsg, WPARAM wParam, LPARAM lParam)
{
    PAINTSTRUCT ps;
    HDC hdc, hdcMem;
    HBITMAP hBitmap;
    BITMAP bmp;

    switch (uMsg)
    {
    case WM_PAINT:
        hdc = BeginPaint(hwnd, &ps);
        hdcMem = CreateCompatibleDC(hdc);
        //hBitmap = LoadBitmap(g_hInstance, MAKEINTRESOURCE(IDB_GIRL));
```

```
    hBitmap = (HBITMAP)LoadImage(NULL, TEXT("Girl.bmp"), IMAGE_BITMAP, 0, 0,
            LR_LOADFROMFILE);
    SelectObject(hdcMem, hBitmap);

    // 繪圖操作
    SetBkMode(hdcMem, TRANSPARENT);
    TextOut(hdcMem, 10, 10, TEXT(" 窈窕淑女 君子好逑 "), _tcslen(TEXT(" 窈窕淑女 君子
好逑 ")));

    // 把記憶體點陣圖複製到視窗客戶區中
    GetObject(hBitmap, sizeof(bmp), &bmp);
    BitBlt(hdc, 0, 0, bmp.bmWidth, bmp.bmHeight, hdcMem, 0, 0, SRCCOPY);

    EndPaint(hwnd, &ps);
    DeleteObject(hBitmap);
    DeleteDC(hdcMem);
    return 0;

case WM_DESTROY:
    PostQuitMessage(0);
    return 0;
}

return DefWindowProc(hwnd, uMsg, wParam, lParam);
}
```

完整程式參見 Chapter7\DDB 專案。

LoadBitmap 函數用於從指定的模組中載入指定的點陣圖資源：

```
HBITMAP LoadBitmap(
    _In_ HINSTANCE hInstance,      // 模組控制碼
    _In_ LPCTSTR    lpBitmapName);   // 要載入的點陣圖資源的名稱，可以使用 MAKEINTRESOURCE
巨集
```

如果函數執行成功，則傳回指定點陣圖的控制碼；如果函數執行失敗，則傳回值為 NULL。

也可以把 hInstance 參數設定為 NULL，載入系統預先定義的點陣圖，此時 lpBitmapName 參數可以透過 MAKEINTRESOURCE 巨集使用表 7.1 所示的值之一。

▼ 表 7.1

常數	形狀	常數	形狀
OBM_BTNCORNERS	●	OBM_REDUCE	
OBM_BTSIZE		OBM_REDUCED	
OBM_CHECK	✔	OBM_RESTORE	
OBM_CHECKBOXES		OBM_RESTORED	
OBM_CLOSE		OBM_RGARROW	
OBM_COMBO		OBM_RGARROWD	
OBM_DNARROW		OBM_RGARROWI	
OBM_DNARROWD		OBM_SIZE	
OBM_DNARROWI		OBM_UPARROW	
OBM_LFARROW		OBM_UPARROWD	
OBM_LFARROWD		OBM_UPARROWI	
OBM_LFARROWI		OBM_ZOOM	
OBM_MNARROW		OBM_ZOOMD	

如果需要使用 OBM_ 開頭的常數，在 Windows.h 標頭檔之前必須定義常數 OEMRESOURCE。

LoadImage 函數可以載入圖示、游標、點陣圖等，該函數傳回對應的影像控制碼：

```
HANDLE WINAPI LoadImage(
    _In_opt_ HINSTANCE hinst,      // 模組控制碼，如果需要載入系統的預先定義或載入檔案，則設
定為 NULL
    _In_     LPCTSTR   lpszName,  // 要載入的影像的名稱
    _In_     UINT      uType,     // 要載入的影像類型，IMAGE_ICON、IMAGE_CURSOR 或 IMAGE_
BITMAP
    _In_     int       cxDesired,// 影像的寬度，以像素為單位，設定為 0 表示使用資源的實際寬度
    _In_     int       cyDesired,// 影像的高度，以像素為單位，設定為 0 表示使用資源的實際高度
    _In_     UINT      fuLoad);   // 載入選項
```

參數 fuLoad 指定載入選項，常用的值如表 7.2 所示。

▼ 表 7.2

常數	含義
LR_DEFAULTCOLOR	預設值
LR_DEFAULTSIZE	如 果 cxDesired 或 cyDesired 值 設 定 為 0， 則 使 用 GetSystemMetrics(SM_ CXICON 或 SM_CXCURSOR) 和 GetSystemMetrics(SM_CYICON 或 SM_ CYCURSOR) 獲 取的寬度和高度值；如果未指定該標識且 cxDesired 和 cyDesired 設定為 0，則使用影像檔的實際尺寸
LR_LOADFROMFILE	從檔案載入圖示、游標或點陣圖
LR_MONOCHROME	以黑白方式載入影像
LR_SHARED	如果對同一資源多次呼叫本函數，則直接使用先前傳回的影像控制碼，而不會再去呼叫本函數。載入系統圖示或游標時，必須使用 LR_SHARED
LR_CREATEDIBSECTION	當 uType 參數指定了 IMAGE_BITMAP 時，該函數傳回 DIB 節點陣圖而非裝置相容點陣圖

如果沒有指定 LR_SHARED 標識，當不再使用載入的圖示、游標或點陣圖時，則需要呼叫 DestroyIcon 刪除圖示，呼叫 DestroyCursor 刪除游標，呼叫 DeleteObject 刪除點陣圖。

如果函數執行成功，則傳回新載入影像的控制碼；如果函數執行失敗，則傳回值為 NULL。

GetObject 函數用於獲取指定圖形物件（畫筆、筆刷、字型和點陣圖等）的資訊：

```
int GetObject(
    _In_  HGDIOBJ hgdiobj,      // 圖形物件控制碼
    _In_  int     cbBuffer,     // 緩衝區的大小
    _Out_ LPVOID  lpvObject);   // 存放資訊的緩衝區
```

如果函數執行成功，並且 lpvObject 參數是一個有效的緩衝區指標，則傳回值為儲存在緩衝區中的位元組數，如果 lpvObject 參數設定為 NULL，函數傳回所需的緩衝區大小；如果函數執行失敗，則傳回值為 0。

點陣圖的基本資訊可以用一個 BITMAP 結構來描述，該結構在 wingdi.h 標頭檔中定義如下：

```
typedef struct tagBITMAP
{
    LONG    hmType;       // 點陣圖類型，必須為 0
    LONG    bmWidth;      // 點陣圖的寬度，以像素為單位
    LONG    bmHeight;     // 點陣圖的高度，以像素為單位
    LONG    bmWidthBytes;// 點陣圖中每一個像素行中的位元組數，必須是 2 的倍數，WORD 對齊
    WORD    bmPlanes;     // 顏色平面的數量，可透過 GetDeviceCaps(hdc, PLANES) 獲取，通常是 1
    WORD    bmBitsPixel;  // 每個像素使用的位數，可透過 GetDeviceCaps(hdc, BITSPIXEL) 獲取，
通常是 32
    LPVOID  bmBits;       // 指向點陣圖像素位元資料的指標
} BITMAP, *PBITMAP, NEAR *NPBITMAP, FAR *LPBITMAP;
```

圖形裝置有一個顏色平面數的概念。不同的圖形裝置儲存像素資料的方法不同，有的用一個顏色平面，有的用多個顏色平面。每個像素點的顏色位數 = 色彩深度（每個像素使用的位數）× 顏色平面數，色彩深度和顏色平面數表示顏色格式。DDB 的顏色格式與顯示器裝置的顏色格式相匹配，和顯示 DC 有相同的顏色記憶體組織，這就是裝置相容的概念。這樣的記憶體組織如果放在其他顯示裝置上，顯示出來的顏色可能不同，這就是裝置相關。再詳細解釋就比較複

雜了，對於點陣圖，本書只介紹程式設計中常用的點陣圖操作，更深入的描述
是數位影像處理的範圍。現在的電腦透過呼叫 GetDeviceCaps(hdc, PLANES)
函數獲取到的顏色平面數是 1，透過呼叫 GetDeviceCaps(hdc, BITSPIXEL) 函
數獲取到的每個像素點的顏色位數是 32。

7.2 位元區塊轉送

本節介紹位元區塊轉送函數 BitBlt、PatBlt、MaskBlt、PlgBlt、StretchBlt
和 TransparentBlt 的用法。雖然函數比較多，但是用法基本一致，了解 BitBlt
函數的用法以後，其他的就很簡單了。

BitBlt（Bit Block Transfer，位元區塊轉送）函數把來源 DC 中的指定矩形
區域複製到目標 DC 中的指定位置，該函數是最常使用的：

```
BOOL BitBlt(
    _In_ HDC    hdcDest, // 目標裝置環境控制碼
    _In_ int    nXDest,  // 目標矩形左上角的 X 座標
    _In_ int    nYDest,  // 目標矩形左上角的 Y 座標
    _In_ int    nWidth,  // 來源矩形和目標矩形的寬度
    _In_ int    nHeight, // 來源矩形和目標矩形的高度
    _In_ HDC    hdcSrc,  // 來源裝置環境控制碼
    _In_ int    nXSrc,   // 來源矩形左上角的 X 座標
    _In_ int    nYSrc,   // 來源矩形左上角的 Y 座標
    _In_ DWORD dwRop);   // 光柵操作碼，通常指定為 SRCCOPY
```

參數 dwRop 指定光柵操作碼 ROP，前面介紹過繪圖模式（二元光柵操作
ROP2），ROP2 定義畫筆、筆刷的顏色與目標顯示區域顏色的混合方式。這裡
的光柵操作是三元光柵操作，區塊轉送的 ROP 碼是一個 32 位元的整數，對應
的操作涉及 3 個物件：來源像素、目標像素和筆刷。區塊轉送函數使用的 ROP
碼有 256 種，它們是對 3 個物件進行不同位元運算（反轉、與、或、互斥）的
結果。有些 ROP 碼對應的操作結果實在太難想像，例如 ROP 碼 0x00E20746
對應的操作是 ((目標像素 ^ 筆刷) & 來源像素) ^ 目標像素，很難想像最
後得到的點陣圖是什麼樣子。在實際使用中很多演算法組合並不常用，所以

Windows 只對 15 種常用的 ROP 碼定義了常數。並不是每一種 ROP 碼都要用到全部 3 個物件，有的甚至連 1 個也用不到，例如全黑 BLACKNESS 或全白 WHITENNESS 的 ROP 碼。15 種常用的 ROP 碼如表 7.3 所示。

　　舉例來說，設定筆刷（B）為 11110000，設定來源像素（S）為 11001100，設定目標像素（D）為 10101010，依據位元運算規則得到的運算結果如表 7.3 所示。

▼ 表 7.3

位元運算規則	運算結果	ROP 碼	常數
0	00000000	0x000042	BLACKNESS
1	11111111	0xFF0062	WHITENNESS
S	11001100	0xCC0020	SRCCOPY
~S	00110011	0x330008	NOTSRCCOPY
~D	01010101	0x550009	DSTINVERT
B	11110000	0xF00021	PATCOPY
B ^ D	01011010	0x5A0049	PATINVERT
S ^ D	01100110	0x660046	SRCINVERT
S | D	11101110	0xEE0086	SRCPAINT
B & S	11000000	0xC000CA	MERGECOPY
S & D	10001000	0x8800C6	SRCAND
S & ~D	01000100	0x440328	SRCERASE
~(S | D)	00010001	0x1100A6	NOTSRCERASE
~S | D	10111011	0xBB0226	MERGEPAINT
B | ~S | D	11111011	0xFB0A09	PATPAINT

　　前 3 種不需要解釋。NOTSRCCOPY 是把來源點陣圖的每個位元反轉得到的顏色，DSTINVERT 是把目的地區域的每個位元反轉得到的顏色，PATCOPY 則直接使用筆刷的顏色。其他的（例如 PATINVERT、SRCINVERT、SRCPAINT、MERGECOPY、SRCAND 等）有時候也可能用到。

接下來實現一個使用 SRCPAINT 光柵操作碼的範例。我想把 DDB 程式顯示的人物裁剪一下，只顯示中間的橢圓部分，SRCPAINT 程式執行效果如圖 7.2 所示。

▲ 圖 7.2

SRCPAINT.cpp 原始檔案的部分內容如下所示：

```cpp
LRESULT CALLBACK WindowProc(HWND hwnd, UINT uMsg, WPARAM wParam, LPARAM lParam)
{
    PAINTSTRUCT ps;
    HDC hdc;
    static HBITMAP hBitmap, hBitmapMask;
    static BITMAP bmp;
    static HDC hdcMem, hdcMemMask;
    RECT rect;

    switch (uMsg)
    {
    case WM_CREATE:
        hdc = GetDC(hwnd);
        // 來源點陣圖，載入人物，hdcMem
        hdcMem = CreateCompatibleDC(hdc);
        hBitmap = (HBITMAP)LoadImage(NULL, TEXT("Girl.bmp"), IMAGE_BITMAP, 0, 0,
                    LR_LOADFROMFILE);
        SelectObject(hdcMem, hBitmap);
        GetObject(hBitmap, sizeof(bmp), &bmp);
```

```
// 遮罩點陣圖，白色背景黑色橢圓，hdcMemMask
hdcMemMask = CreateCompatibleDC(hdc);
hBitmapMask = CreateCompatibleBitmap(hdc, bmp.bmWidth, bmp.bmHeight);
SelectObject(hdcMemMask, hBitmapMask);

SelectObject(hdcMemMask, GetStockObject(NULL_PEN));
Rectangle(hdcMemMask, 0, 0, bmp.bmWidth + 1, bmp.bmHeight + 1);
SelectObject(hdcMemMask, GetStockObject(BLACK_BRUSH));
Ellipse(hdcMemMask, 0, 0, bmp.bmWidth + 1, bmp.bmHeight + 1);
SelectObject(hdcMemMask, GetStockObject(BLACK_PEN));
SelectObject(hdcMemMask, GetStockObject(WHITE_BRUSH));
ReleaseDC(hwnd, hdc);

// 遮罩點陣圖複製到記憶體點陣圖，並執行光柵操作
SetRect(&rect, 0, 0, bmp.bmWidth, bmp.bmHeight);
SetBkMode(hdcMem, TRANSPARENT);
SetTextColor(hdcMem, RGB(255, 255, 255));
DrawText(hdcMem, TEXT("窈窕淑女 君子好逑"), _tcslen(TEXT("窈窕淑女 君子好逑")),
    &rect, DT_CENTER | DT_VCENTER | DT_SINGLELINE);
BitBlt(hdcMem, 0, 0, bmp.bmWidth, bmp.bmHeight, hdcMemMask, 0, 0, SRCPAINT);

// 設定視窗大小
AdjustWindowRectEx(&rect, GetWindowLongPtr(hwnd, GWL_STYLE),
    GetMenu(hwnd) != NULL, GetWindowLongPtr(hwnd, GWL_EXSTYLE));
SetWindowPos(hwnd, NULL, 0, 0, rect.right - rect.left, rect.bottom - rect.top,
    SWP_NOZORDER | SWP_NOMOVE);
return 0;


case WM_PAINT:
    hdc = BeginPaint(hwnd, &ps);
    // 將執行光柵操作的記憶體點陣圖複製到視窗客戶區中
    BitBlt(hdc, 0, 0, bmp.bmWidth, bmp.bmHeight, hdcMem, 0, 0, SRCCOPY);
    EndPaint(hwnd, &ps);
    return 0;


case WM_DESTROY:
    DeleteObject(hBitmap);
    DeleteObject(hBitmapMask);
    DeleteDC(hdcMem);
```

```
        DeleteDC(hdcMemMask);
        PostQuitMessage(0);
        return 0;
    }

    return DefWindowProc(hwnd, uMsg, wParam, lParam);
}
```

完整程式參見 Chapter7\SRCPAINT。hdcMem 和 hdcMemMask 都定義為靜態變數,呼叫 BeginPaint / EndPaint 以及 GetDC 等函數獲取的 hdc 的使用時間不能超出本筆訊息,但是使用 CreateCompatibleDC 函數建立的 hdc 就沒有這個限制,可以在任何時候建立並且一直使用到不再需要為止。

SRCPAINT 即 S | D,黑色矩形的顏色位元全為 0,0 和任何數逐位元或,其結果不變,也就是說黑色矩形範圍內的人物圖片不變;黑色矩形以外的部分是白色的,顏色位元全為 1,1 和任何數逐位元或,其結果為 1,因此呼叫 BitBlt 以後黑色矩形以外的部分顯示為白色。

實際應用中,可能會遇到更複雜的情況。大家可以使用 Photoshop 製作遮罩點陣圖,然後使用合適的光柵操作碼進行位元區塊轉送操作。

PatBlt 函數使用當前筆刷填充矩形,該函數的光柵操作只涉及筆刷顏色和目的地區域顏色,可用的光柵操作碼有 PATCOPY、PATINVERT、DSTINVERT、BLACKNESS 和 WHITENNESS:

```
BOOL PatBlt(
    _In_ HDC    hdc,      // 目標裝置環境控制碼
    _In_ int    nXLeft,   // 要填充的矩形左上角的 X 座標
    _In_ int    nYLeft,   // 要填充的矩形左上角的 Y 座標
    _In_ int    nWidth,   // 矩形的寬度
    _In_ int    nHeight,  // 矩形的高度
    _In_ DWORD  dwRop);   // 光柵操作碼
```

PatBlt 函數的功能和矩形填充函數 FillRect 與 InvertRect 等類似,但 PatBlt 包含了它們的全部功能,例如 ROP 碼被指定為 DSTINVERT,那麼 PatBlt 的功能就相當於 InvertRect 函數;ROP 碼被指定為 PATCOPY,PatBlt 的功能就相

當於 FillRect 函數。當然，PatBlt 函數能完成的工作 BitBlt 函數也都能完成（不指定來源 DC 控制碼及相關參數即可）。舉例來説，下面的 BitBlt 和 PatBlt 兩個函數呼叫實現的功能完全相同：

```
SelectObject(hdc, CreateHatchBrush(HS_BDIAGONAL, RGB(255, 0, 0)));
BitBlt(hdc, 0, 0, 100, 100, NULL, 0, 0, PATCOPY);
PatBlt(hdc, 0, 0, 100, 100, PATCOPY);
```

和 BitBlt 函數相比，MaskBlt 函數多了遮罩點陣圖控制碼和遮罩點陣圖的開始座標參數：

```
BOOL MaskBlt(
    _In_ HDC      hdcDest,   // 目標裝置環境控制碼
    _In_ int      nXDest,    // 目標矩形左上角的 X 座標
    _In_ int      nYDest,    // 目標矩形左上角的 Y 座標
    _In_ int      nWidth,    // 來源矩形和目標矩形的寬度
    _In_ int      nHeight,   // 來源矩形和目標矩形的高度
    _In_ HDC      hdcSrc,    // 來源裝置環境控制碼
    _In_ int      nXSrc,     // 來源矩形左上角的 X 座標
    _In_ int      nYSrc,     // 來源矩形左上角的 Y 座標
    _In_ HBITMAP  hbmMask,   // 遮罩點陣圖的控制碼，必須是單色點陣圖
    _In_ int      xMask,     // 遮罩點陣圖左上角的 X 座標
    _In_ int      yMask,     // 遮罩點陣圖左上角的 Y 座標
    _In_ DWORD    dwRop);    // 兩個光柵操作碼，使用 MAKEROP4 巨集
```

和 BitBlt 函數相比，MaskBlt 多了 hbmMask、xMask 和 yMask 這 3 個參數。另外，dwRop 可以使用 MAKEROP4 巨集指定兩個 ROP 碼。

- 參數 dwRop 是一個 DWORD 類型。背景光柵操作碼儲存在 dwRop 的高位元字的高位元位元組中，前景光柵操作碼儲存在 dwRop 的高位元字的低位元位元組中，dwRop 的低位元字被忽略，應為 0。巨集 MAKEROP4 可以建立前景和背景光柵操作程式的組合。

- 參數 hbmMask 指定一幅黑白點陣圖，如果點陣圖中對應位置的像素位元為黑（為 0），那麼使用背景 ROP 碼來對來源和目標進行位元運算；如果對應位置的像素位元為白（為 1），那麼使用前景 ROP 碼來對來源和目標進行位元運算。如果沒有提供遮罩點陣圖，則 MaskBlt 函數的功能和 BitBlt 函數完全相同，使用前景光柵操作程式。

注意：遮罩點陣圖要求必須是黑白兩色的，如果使用其他色彩深度的點陣圖，那麼函數呼叫將會失敗。可以使用 Photoshop 自己製作遮罩點陣圖，也可以呼叫 CreateBitmap 或 CreateBitmapIndirect 函數建立指定寬度、高度和顏色格式的 DDB，這兩個函數適合於建立單色點陣圖。如果感覺 MaskBlt 函數不易理解，則完全可以透過多次呼叫 BitBlt 函數來達到同樣的效果。

和 BitBlt 函數一樣，PlgBlt 函數也是把來源 DC 中的指定矩形區域複製到目標 DC 中的指定位置。BitBlt 函數的目標位置由 nXDest、nYDest、nWidth 和 nHeight 這 4 個參數指定，而 PlgBlt 函數的目標位置由 lpPoint 參數指向的 3 個 POINT 陣列指定，先看函數原型：

```
BOOL PlgBlt(
  _In_        HDC      hdcDest,  // 目標裝置環境控制碼
  _In_ const POINT     *lpPoint, // POINT 結構陣列
  _In_        HDC      hdcSrc,   // 來源裝置環境控制碼
  _In_        int      nXSrc,    // 來源矩形左上角的 X 座標
  _In_        int      nYSrc,    // 來源矩形左上角的 Y 座標
  _In_        int      nWidth,   // 來源矩形的寬度
  _In_        int      nHeight,  // 來源矩形的高度
  _In_        HBITMAP  hbmMask,  // 遮罩點陣圖的控制碼，必須是單色點陣圖，用於遮罩來源矩形的
顏色
  _In_        int      xMask,    // 遮罩點陣圖左上角的 X 座標
  _In_        int      yMask);   // 遮罩點陣圖左上角的 Y 座標
```

- 參數 lpPoint 指向含有 3 個 POINT 結構的陣列（這種使用 POINT 結構陣列的方法在 PolyLine 函數中已經使用過），其中第 1 個點指定矩形的左上角，第 2 個點指定右上角，第 3 個點指定左下角，不需要第 4 個點是因為系統可以透過上面 3 個點的座標推導出來。可以自己指定矩形的點，説明我們可以把矩形設計成平行四邊形，這樣一來影像可以被斜角伸展，還可以旋轉、縮放等。

- 參數 hbmMask 指定遮罩點陣圖的控制碼，必須是單色點陣圖，用於遮罩來源矩形的顏色。如果遮罩點陣圖對應的像素位元的值為 1，則把來源矩形的對應像素位元複製到目標矩形；如果為 0，則不複製。

StretchBlt 函數也和 BitBlt 函數一樣，把來源 DC 中的指定矩形區域複製到目標 DC 中的指定位置，但是 StretchBlt 函數可以分別指定目標矩形和來源矩形的寬度和高度，即該函數可以實現縮放：

```
BOOL StretchBlt(
    _In_ HDC    hdcDest,      // 目標裝置環境控制碼
    _In_ int    nXOriginDest, // 目標矩形左上角的 X 座標
    _In_ int    nYOriginDest, // 目標矩形左上角的 Y 座標
    _In_ int    nWidthDest,   // 目標矩形的寬度
    _In_ int    nHeightDest,  // 目標矩形的高度
    _In_ HDC    hdcSrc,       // 來源裝置環境控制碼
    _In_ int    nXOriginSrc,  // 來源矩形左上角的 X 座標
    _In_ int    nYOriginSrc,  // 來源矩形左上角的 Y 座標
    _In_ int    nWidthSrc,    // 來源矩形的寬度
    _In_ int    nHeightSrc,   // 來源矩形的高度
    _In_ DWORD  dwRop);       // 光柵操作碼
```

這個函數將來源 hdcSrc 中以（nXOriginSrc, nYOriginSrc）為左上角，寬度和高度分別為 nWidthSrc 和 nHeightSrc 的矩形以 dwRop 指定的光柵操作方式傳送到目標 hdcDest 中，目標矩形左上角為（nXOriginDest, nYOriginDest），目標矩形區域的寬度和高度分別為 nWidthDest 和 nHeightDest，寬度和高度可以指定為負值以達到鏡像的目的。如果來源 DC 中的矩形大小和目標 DC 中的矩形大小不一樣，則函數會將像素資料自動伸展縮放，但是 StretchBlt 函數對像素的縮放方式僅是刪除多餘的像素（從大到小）或重複像素（從小到大），並不像一些圖形處理軟體一樣可以進行插值計算，所以伸展縮放的效果並不好，只適用於對圖形品質要求不高的場合。

與 DC 相關的 5 種圖形模式，我們已經學過背景模式、繪圖模式（二元三元光柵操作）、映射模式、多邊形填充模式，還有一個伸展模式。SetStretchBltMode 函數可以設定點陣圖的伸展模式：

```
int SetStretchBltMode(
    _In_ HDC hdc,              // 裝置環境控制碼
    _In_ int iStretchMode);    // 伸展模式
```

參數 iStretchMode 指定伸展模式，可以是表 7.4 所示的值之一。

▼ 表 7.4

常數	含義
COLORONCOLOR 或 STRETCH_DELETESCANS	StretchBlt 函數只是簡單地去掉像素行或列，而不做任何邏輯操作。這對彩色點陣圖來說是最佳的方法
BLACKONWHITE 或 STRETCH_ANDSCANS	這是預設情況，如果兩個或多個像素必須被結合成一個像素，StretchBlt 將對像素進行邏輯與操作。只有當所有的像素都是白色時，才是白色，即黑色像素比白色像素佔優勢。這對以白色為底，影像主要是黑色的單色點陣圖來說效果比較好
WHITEONBLACK 或 STRETCH_ORSCANS	如果兩個或多個像素必須被結合成一個像素，StretchBlt 將對像素進行邏輯或操作。只有當所有的像素都是黑色時，才是黑色，即白色像素比黑色像素佔優勢。這對以黑色為底，影像主要是白色的單色點陣圖來說效果比較好
HALFTONE 或 STRETCH_HALFTONE	Windows 根據要結合的來源的顏色，計算平均目標顏色，設定為該模式以後必須呼叫 SetBrushOrgEx 函數來設定筆刷原點

介紹最後一個位元區塊轉送函數 TransparentBlt，意即透明傳送。TransparentBlt 函數和 StretchBlt 函數的唯一區別是把光柵指令引數取代為了透明顏色參數：

```
BOOL TransparentBlt(
    _In_ HDC  hdcDest,        // 目標裝置環境控制碼
    _In_ int  xoriginDest,    // 目標矩形左上角的 X 座標
    _In_ int  yoriginDest,    // 目標矩形左上角的 Y 座標
    _In_ int  wDest,          // 目標矩形的寬度
    _In_ int  hDest,          // 目標矩形的高度
    _In_ HDC  hdcSrc,         // 來源裝置環境控制碼
    _In_ int  xoriginSrc,     // 來源矩形左上角的 X 座標
    _In_ int  yoriginSrc,     // 來源矩形左上角的 Y 座標
    _In_ int  wSrc,           // 來源矩形的寬度
    _In_ int  hSrc,           // 來源矩形的高度
    _In_ UINT crTransparent);// 指定一個 RGB 顏色值，來源點陣圖中的這個顏色視為透明
```

crTransparent 參數指定一個透明色，來源 hdcSrc 指定的矩形區域中和這個顏色相同的像素不會被複製。如果需要用到 ROP 碼，那麼只能使用其他函數了。各種位元區塊轉送函數都有它們的優缺點，在實際應用中，可以根據實際情況靈活使用。

7.3 DIB

DIB 在 Windows 程式中用得非常廣泛，例如圖示、游標、最小化 / 最大化按鈕等都是用的點陣圖，不過在格式上存在微小的區別。Windows 程式中直接支援的 DIB 檔案格式是 .bmp，本節介紹 .bmp 檔案格式。

.bmp 檔案的開始是一個 BITMAPFILEHEADER 結構，稱為檔案表頭，該結構共 14 位元組，在 wingdi.h 標頭檔中定義如下：

```
typedef struct tagBITMAPFILEHEADER {
    WORD    bfType;      // 檔案類型，或說是檔案簽名，必須是 BM，也就是 0x4D42
    DWORD   bfSize;      // 整個點陣圖檔案的大小，以位元組為單位
    WORD    bfReserved1; // 保留欄位，必須為 0
    WORD    bfReserved2; // 保留欄位，必須為 0
    DWORD   bfOffBits;   // 點陣圖像素資料的偏移量，通常是 0x36，即從第 54 位元組往後就是像素資料
} BITMAPFILEHEADER, FAR *LPBITMAPFILEHEADER, *PBITMAPFILEHEADER;
```

BITMAPFILEHEADER 結構的後面通常是一個 BITMAPINFOHEADER 結構，稱為資訊表頭。該結構共 40 位元組，在 wingdi.h 標頭檔中定義如下：

```
typedef struct tagBITMAPINFOHEADER {
    DWORD   biSize;         // 該結構的大小，0x28，即 40
    LONG    biWidth;        // 點陣圖的寬度，以像素為單位
    LONG    biHeight;       // 點陣圖的高度，以像素為單位
    WORD    biPlanes;       // 目標裝置的顏色平面數，設定為 1
    WORD    biBitCount;     // 每一像素位元數，彩色點陣圖通常是 0x18 或 0x20，即 24 或 32
    DWORD   biCompression;  // 點陣圖的壓縮類型，通常是 BI_RGB(0) 表示未壓縮
    DWORD   biSizeImage;    // 像素資料的大小，不包括檔案表頭。對於 BI_RGB 點陣圖，可以
設定為 0
    LONG    biXPelsPerMeter; // 目標裝置的水平解析度，單位是像素 / 米，可以設定為 0
```

```
    LONG        biYPelsPerMeter; // 目標裝置的垂直解析度,單位是像素 / 米,可以設定為 0
    DWORD       biClrUsed;       // 顏色表中實際使用的色彩索引數,彩色點陣圖沒有顏色表,所以
是 0
    DWORD       biClrImportant;  // 顯示點陣圖所需的色彩索引數,0
} BITMAPINFOHEADER, FAR *LPBITMAPINFOHEADER, *PBITMAPINFOHEADER;
```

可以看到,檔案表頭和資訊表頭結構包含了與點陣圖相關的一些參數。在
這兩個資料結構的後面,是點陣圖的像素資料。對於 24 位元點陣圖,每個像素
用 3 位元組來表示,這 3 位元組分別表示像素的藍色、綠色和紅色值。整個 .bmp
檔案由這 3 個部分組成。

7.4 DDB 與 DIB

GetDIBits 函數可以把指定裝置相容點陣圖 DDB 的像素資料轉為裝置無關
點陣圖 DIB 像素資料:

```
int GetDIBits(
    _In_    HDC            hdc,        // 裝置環境控制碼
    _In_    HBITMAP        hbmp,       // DDB 相容點陣圖控制碼
    _In_    UINT           uStartScan, // 起始掃描行,獲取整數張點陣圖就設定為 0
    _In_    UINT           cScanLines, // 掃描行數,獲取整數張點陣圖就設定為點陣圖的高度
    _Out_   LPVOID         lpvBits,    // 在這個參數中傳回指定格式的 DIB 像素資料
    _Inout_ LPBITMAPINFO   lpbi,       // BITMAPINFO 結構的指標,指定 DIB 的格式,可使用
BITMAPINFOHEADER 結構
    _In_    UINT           uUsage);    // 通常設定為 DIB_RGB_COLORS(0)
```

參數 lpvBits 傳回指定格式的 DIB 像素資料,這些資料可以儲存為點陣
圖檔案,不過還需要點陣圖檔案表頭和資訊表頭資料,lpvBits 指向的緩衝
區不包含這兩個結構的資料;這些資料可以透過呼叫 SetDIBitsToDevice 或
StretchDIBits 函數顯示到裝置上。

接下來實現一個螢幕截圖程式,ScreenShots 程式的用法是,使用者點擊
開始截圖選單,或按 Ctrl + N 複合鍵開始截圖,出現一個十字線,使用者可以
透過滑鼠來移動十字線的位置,確定位置以後點擊滑鼠左鍵,這時截圖區域的

左上角就確定好了；然後使用者可以移動滑鼠確定右下角的位置，確定以後點擊滑鼠左鍵；程式客戶區中會顯示使用者的截圖，使用者可以選擇儲存圖片或繼續截圖。截圖的方法有很多種，某些截圖工具就可以即時顯示座標和尺寸，這些資訊透過一個子視窗來顯示。如果桌面上有一個程式視窗，某些截圖程式還可以自動辨識，要實現這樣一個截圖程式還是挺複雜的。本例因為限於目前所學以及篇幅關係，所以比較簡單。完整程式請參考 Chapter7\ScreenShots 專案。

如果需要在視窗過程中使用 hInstance 實例控制碼，以前都是使用全域變數，則在 WinMain 函數中給予值。呼叫 CreateWindow 或 CreateWindowEx 函數後，視窗過程會收到 WM_CREATE 訊息，實際上 WM_CREATE 訊息的 lParam 參數提供了豐富的資訊，lParam 參數是一個指向 CREATESTRUCT 結構的指標，該結構在 WinUser.h 標頭檔中定義如下：

```
typedef struct tagCREATESTRUCT {
    LPVOID    lpCreateParams;// CreateWindow/Ex 函數的 lpParam 參數
    HINSTANCE hInstance;     // 實例控制碼
    HMENU     hMenu;         // 主選單控制碼
    HWND      hwndParent;    // 父視窗控制碼
    int       cy;            // 視窗的高度，以像素為單位
    int       cx;            // 視窗的寬度，以像素為單位
    int       y;             // 視窗左上角的 Y 座標，以像素為單位
    int       x;             // 視窗左上角的 X 座標，以像素為單位
    LONG      style;         // 視窗樣式
    LPCTSTR   lpszName;      // 視窗標題
    LPCTSTR   lpszClass;     // 視窗類別
    DWORD     dwExStyle;     // 視窗擴充樣式
} CREATESTRUCT, *LPCREATESTRUCT;
```

另外，本程式獲取桌面 DC 用的是 CreateDC 函數，CreateDC 函數使用指定的裝置名稱獲取 DC 控制碼，例如 CreateDC(TEXT("DISPLAY"), NULL, NULL, NULL); 獲取的是螢幕 DC 控制碼。和 CreateCompatibleDC 函數一樣，當不再需要該函數時可以呼叫 DeleteDC 函數刪除 DC，不能用 ReleaseDC，ReleaseDC 函數和 GetDC / GetWindowDC 配對使用。

hdcDesk、hdcMem、hdcMemResult 都 被 定 義 為 靜 態 變 數, 和 CreateCompatibleDC 函數一樣,可以在任何時候呼叫 CreateDC 建立 hdc, 並且可以一直使用它到不再需要為止。

case ID_START:使用者開始截圖以後,最小化本程式,最小化需要一定 的時間,因此程式呼叫 Sleep(500); 暫停程式 0.5s,然後截取整數個螢幕內容 到 hdcMem;去掉程式的標題列、邊框等,然後最大化顯示,客戶區中顯示的 是截取的整個螢幕的內容,然後使用者可以在這個截取的螢幕內容中選擇截取 哪一部分。

WM_MOUSEMOVE 和 WM_LBUTTONDOWN 訊息的處理邏輯比較簡單, DrawCrossLine 函數中用的是 R2_XORPEN 繪圖模式,DrawRect 函數中用的 是 R2_NOTXORPEN 繪圖模式。GDI 繪圖過程中經常會出現閃爍、抖動現象, 主要原因是對顯示 DC 的操作太過頻繁,解決方法是先在記憶體 DC 中完成所有 繪圖操作,再把這個記憶體 DC 一次性繪製到顯示 DC,這樣就不會出現閃爍、 抖動,這就是通常所說的"雙快取技術"。另外,儲存圖片的 SaveBmp 函數用 到了建立檔案、寫入檔案的函數,這些函數後面會介紹。截圖以後,點陣圖沒 有複製到剪貼簿,等學習了剪貼簿以後讀者就會知道,該功能只需要幾行程式。

第 **8** 章
子視窗控制項

呼叫 CreateWindow / CreateWindowEx 函數建立視窗的時候，將視窗樣式指定為 WS_CHILD 或 WS_CHILDWINDOW 就可以建立一個子視窗。子視窗的位置可以在父視窗客戶區的任何地方，這樣的子視窗需要程式註冊視窗類別提供視窗過程。程式也可以透過系統預先定義的視窗類別視窗過程來建立標準子視窗控制項，程式中常見的標準子視窗控制項有按鈕、選項按鈕、複選按鈕、編輯方塊、下拉式清單方塊、列表框、捲軸控制項等，像方案總管視窗就包含多個子視窗控制項，例如工具列、樹狀檢視控制項、捲軸控制項等。標準子視窗控制項也稱為通用控制項（Common Control）。

程式可以把視窗類別指定為系統預先定義的相關子視窗控制項類別名稱呼叫 CreateWindow/CreateWindowEx 函數建立一個子視窗控制項，子視窗控制項和父視窗之間可以互相發送訊息來進行通訊。子視窗控制項在對話方塊程式中用得更普遍，不需要呼叫 CreateWindow / CreateWindowEx 函數，直接在資源指令檔中定義子視窗控制項即可，也可以透過資源編輯器從工具箱中拖曳子視窗控制項到對話方塊程式介面的合適位置。

ComCtl32.dll 提供對通用控制項的支援。Windows Vista 及以後的系統支援通用控制項 6 系列版本，程式可以透過呼叫 DllGetVersion 函數來確定系統中 ComCtl32.dll 的版本編號，DllGetVersion 函數由動態連結程式庫 Shell32.dll 提供，如果需要呼叫該函數，則只能透過 LoadLibrary 和 GetProcAddress 函數動態載入。

常見的子視窗控制項的系統預先定義視窗類別如表 8.1 所示。

▼ 表 8.1

系統預先定義的視窗類別字串	含義
Button	按鈕（普通按鈕、選項按鈕、複選按鈕、群組方塊）
Edit	編輯方塊
ListBox	列表框
ComboBox	下拉式清單方塊
ScrollBar	捲軸
Static	靜態控制項
MDIClient	MDI 客戶視窗

另外，有一些類別名稱系統內部使用的，例如 ComboLBox（多一個 L）表示下拉式清單方塊內的列表框的類別名稱，#32770 表示對話方塊類別名稱。

按鈕（Button）類別有許多樣式屬性，基於 Button 類別指定不同的樣式可以建立普通按鈕、選項按鈕、複選按鈕和群組方塊等。Button 類別可以指定的按鈕樣式如表 8.2 所示，BS_ 首碼表示 Button Style。

▼ 表 8.2

常數	含義
BS_PUSHBUTTON	普通按鈕
BS_DEFPUSHBUTTON	預設按鈕，和普通按鈕一樣，但是有一個較深的輪廓。如果是在對話方塊程式中，當其他按鈕沒有鍵盤焦點時，使用者可以透過按下 Enter 鍵選擇該按鈕
BS_RADIOBUTTON	選項按鈕，可以選取、取消選取
BS_AUTORADIOBUTTON	自動選項按鈕
BS_CHECKBOX	核取方塊，可以選取、取消選取
BS_AUTOCHECKBOX	自動核取方塊
BS_3STATE	三態核取方塊，可以選取、取消選取或顯示為灰色，灰色狀態表示未確定核取方塊的狀態
BS_AUTO3STATE	自動三態核取方塊
BS_LEFTTEXT 或 BS_RIGHTBUTTON	對於選項按鈕、核取方塊或三態核取方塊，文字預設顯示在按鈕右側，該樣式表示顯示在按鈕左側
BS_TEXT	按鈕矩形內顯示文字
BS_MULTILINE	如果文字串太長而無法顯示在一行，則將按鈕文字顯示為多行
BS_LEFT	左對齊按鈕矩形內的文字
BS_RIGHT	右對齊按鈕矩形內的文字

（續表）

常數	含義
BS_CENTER	文字在按鈕矩形內水平置中
BS_TOP	文字在按鈕矩形的頂部
BS_BOTTOM	文字在按鈕矩形的底部
BS_VCENTER	文字在按鈕矩形內垂直置中
BS_FLAT	按鈕預設具有立體樣式，該樣式表示按鈕是二維樣式
BS_PUSHLIKE	使選項按鈕、核取方塊或三態核取方塊看起來像按鈕一樣
BS_OWNERDRAW	自繪按鈕，當按鈕需要重繪時父視窗會收到 WM_DRAWITEM 訊息，不能將該樣式與任何其他按鈕樣式一起使用
BS_ICON	圖示按鈕
BS_BITMAP	點陣圖按鈕
BS_GROUPBOX	群組方塊，用於對其他控制項進行分組，由一個矩形和顯示在矩形左上角的文字組成
BS_NOTIFY	系統可以發送包含 BN_KILLFOCUS 和 BN_SETFOCUS 通知碼的 WM_COMMAND 訊息到其父視窗
BS_SPLITBUTTON	拆分按鈕，拆分按鈕分為兩部分，左側是主要部分，類似於普通或預設按鈕；右側有一個向下的小箭頭，點擊箭頭時可以彈出一個選單。拆分按鈕是通用控制項版本 6 中引入的一種按鈕，如圖所示：
BS_DEFSPLITBUTTON	預設拆分按鈕，有一個較深的輪廓。如果是在對話方塊程式中，當其他按鈕沒有鍵盤焦點時，使用者可以透過按下 Enter 鍵選擇該按鈕
BS_COMMANDLINK	命令連結按鈕，左側有一個藍色箭頭指向按鈕文字（Windows 7 系統中為綠色箭頭）。命令連結按鈕是通用控制項版本 6 中引入的一種按鈕，如圖所示：
BS_DEFCOMMANDLINK	預設命令連結按鈕，有一個較深的輪廓。如果是在對話方塊程式中，當其他按鈕沒有鍵盤焦點時，使用者可以透過按下 Enter 鍵選擇該按鈕

下面介紹自動選項按鈕、自動核取方塊和自動三態核取方塊。以三態核取方塊與自動三態核取方塊為例，使用者點擊三態核取方塊以後不會自動選取或變灰，程式需要回應點擊事件設定選取或變灰狀態；而如果是自動三態核取方塊，則點擊一次就會自動選取，再點擊一次則核取方塊顯示為灰色，第三次點擊則會取消選取，如此迴圈，程式在需要的時候只需要獲取其狀態即可。

普通按鈕、預設按鈕、選項按鈕和核取方塊都可以同時指定 BS_ICON 或 BS_BITMAP 樣式，例如 BS_PUSHBUTTON | BS_BITMAP，或 BS_AUTORADIOBUTTON | BS_BITMAP，表示在普通按鈕上顯示一副點陣圖，或選項按鈕旁邊顯示一副點陣圖。BS_ICON 或 BS_BITMAP 樣式也可以單獨使用，表示在普通按鈕上顯示一個圖示或一副點陣圖。指定 BS_ICON 或 BS_BITMAP 樣式以後，需要發送 BM_SETIMAGE 訊息為其設定圖示或點陣圖，後面再詳細解釋這個訊息。

BS_ 首碼的樣式是按鈕專用樣式。除了這些按鈕專用樣式，因為子視窗控制項也是一個視窗，所以大部分用於普通視窗的 API 函數和視窗樣式適用於子視窗控制項。例如表 8.3 的視窗樣式可以用於按鈕。

▼ 表 8.3

視窗樣式	含義
WS_CHILD 或 WS_CHILDWINDOW	視窗是子視窗
WS_VISIBLE	視窗最初可見，可以透過呼叫 ShowWindow 或 SetWindowPos 函數顯示和隱藏視窗
WS_GROUP	該視窗是一組控制項的第一個控制項，該群組由第一個具有 WS_GROUP 樣式的控制項和在其後定義的所有控制群組成，直到下一個具有 WS_GROUP 樣式的控制項（不包括該控制項）出現。如果是在對話方塊程式中，使用者可以使用方向鍵將鍵盤焦點從群組中的控制項移動到下一個控制項。另外，每個群組中的第一個控制項通常具有 WS_TABSTOP 樣式，如果是在對話方塊程式中，按下 Tab 鍵可以將鍵盤焦點移動到下一個具有 WS_TABSTOP 樣式的控制項

（續表）

視窗樣式	含義
WS_TABSTOP	該視窗是一個控制項，當使用者按下 Tab 鍵時，該控制項可以接收鍵盤焦點，如果是在對話方塊程式中，按下 Tab 鍵可以將鍵盤焦點移動到下一個具有 WS_TABSTOP 樣式的控制項上
WS_BORDER	視窗有一個細線邊框
WS_DLGFRAME	視窗具有對話方塊樣式的邊框
WS_SIZEBOX 或 WS_THICKFRAME	視窗具有大小調整邊框
WS_DISABLED	視窗最初被禁用，禁用的視窗無法接收使用者的輸入，要想啟用可以呼叫 EnableWindow 函數

其中，WS_CHILD 和 WS_VISIBLE 是必須指定的，WS_CHILD 表示該視窗是一個子視窗。如果不指定 WS_VISIBLE 樣式，則子視窗控制項不會顯示。

另外，一些擴充視窗樣式也可以用於子視窗控制項，例如 WS_EX_ACCEPTFILES 表示該子視窗控制項可以接受拖放檔案。

8.1.1　按鈕與父視窗通訊

按鈕可以向其父視窗發送訊息，父視窗也可以向按鈕發送訊息。父視窗可以透過呼叫 SendMessage 或 SendDlgItemMessage 函數發送訊息到子視窗控制項：

```
LRESULT SendMessage(HWND hWnd, UINT Msg, WPARAM wParam, LPARAM lParam);
LRESULT SendDlgItemMessage(HWND hDlg, int nIDDlgItem, UINT Msg, WPARAM wParam, LPARAM lParam);
```

SendDlgItemMessage 函數的 Dlg 指的是 Dialog 對話方塊，該函數通常用於在對話方塊程式中向子視窗控制項發送訊息，但是也可以在普通重疊視窗中向子視窗控制項發送訊息。hDlg 參數指定父視窗控制碼，nIDDlgItem 參數指定子視窗控制項 ID，每個子視窗控制項都有一個 ID。呼叫 CreateWindow/CreateWindowEx 函數建立子視窗控制項的時候，第 10 個參數 hMenu 不再指定為選單控制碼，而是指定為子視窗控制項 ID。

(1) 對於 BS_ICON 或 BS_BITMAP 樣式的按鈕，BM_SETIMAGE 訊息用於
為按鈕設定圖示或點陣圖，wParam 參數指定影像類型，可以是 IMAGE_
ICON（圖示）或 IMAGE_BITMAP（點陣圖），lParam 參數可以指定為影
像的控制碼（HICON 或 HBITMAP），傳回值是先前與按鈕連結的影像的
控制碼（如果有的話），否則傳回值是 NULL；BM_GETIMAGE 訊息用於
獲取與按鈕連結的圖示或點陣圖的控制碼，wParam 參數指定影像類型，
可以是 IMAGE_ICON（圖示）或 IMAGE_BITMAP（點陣圖），lParam 參
數沒有用到，傳回值是與按鈕連結的影像的控制碼（如果有的話），否則
傳回值是 NULL。

(2) BM_SETSTYLE 訊息用於設定按鈕的樣式，wParam 參數可以指定為按鈕
新樣式的組合；lParam 參數可以指定為 TRUE（重繪按鈕）或 FALSE（不
重繪按鈕）。當然，透過呼叫 SetWindowLongPtr 函數也可以達到同樣的
目的。

(3) BM_SETCHECK 訊息用於設定選項按鈕、核取方塊或三態核取方塊的
選取狀態，wParam 參數可以指定為 BST_CHECKED（選取）、BST_
UNCHECKED（取消選取）或 BST_INDETERMINATE（灰色，表示不確
定狀態，用於三態核取方塊），lParam 參數沒有用到，指定為 0 即可；
BM_GETCHECK 訊息用於獲取選項按鈕、核取方塊或三態核取方塊的選
取狀態，wParam 和 lParam 參數沒有用到，都指定為 0 即可，傳回值可以
是 BST_CHECKED（已選取）、BST_UNCHECKED（未選取）或 BST_
INDETERMINATE（灰色，表示不確定狀態，用於三態核取方塊）。

(4) BM_SETSTATE 訊息用於設定普通按鈕是否按下的狀態，wParam 參數可以
指定為 TRUE（突出顯示，按下狀態）或 FALSE（取消突出顯示，非按下
狀態），lParam 參數沒有用到；BM_GETSTATE 訊息用於獲取普通按鈕、
選項按鈕、核取方塊或三態核取方塊的當前狀態（選取狀態，是否按下和是
否具有鍵盤焦點等），wParam 和 lParam 參數沒有用到，都指定為 0 即可，
傳回值可以是 BST_CHECKED（已選取）、BST_UNCHECKED（未選取）、
BST_INDETERMINATE（灰色，表示不確定狀態，用於三態核取方塊）、
BST_PUSHED（普通按鈕處於按下狀態）、BST_FOCUS（按鈕具有鍵盤

焦點）、BST_HOT（滑鼠懸停在按鈕上）、BST_DROPDOWNPUSHED（按鈕處於下拉狀態，並且僅當按鈕具有 BTNS_DROPDOWN 樣式時用於工具列按鈕）。

（5）BM_CLICK 訊息可以模擬使用者點擊按鈕，該訊息的 wParam 和 lParam 參數都沒有用到。該訊息會導致系統向按鈕的父視窗發送包含 BN_CLICKED 通知碼的 WM_COMMAND 訊息。

呼叫 CheckDlgButton 或 CheckRadioButton 函數等於發送 BM_SETCHECK 訊息；呼叫 IsDlgButtonChecked 函數等於發送 BM_GETCHECK 訊息：

```
BOOL CheckDlgButton(
    _In_ HWND hDlg,              // 父視窗控制碼
    _In_ int  nIDButton,        // 子視窗控制項 ID
    _In_ UINT uCheck);          // 設定選取狀態,BST_CHECKED、BST_UNCHECKED 或
BST_INDETERMINATE
BOOL CheckRadioButton(
    _In_ HWND hDlg,             // 父視窗控制碼
    _In_ int  nIDFirstButton,   // 群組中第一個選項按鈕的 ID
    _In_ int  nIDLastButton,    // 群組中最後一個選項按鈕的 ID
_In_ int  nIDCheckButton);      // 要設定選取的選項按鈕的 ID

UINT IsDlgButtonChecked(
    _In_ HWND hDlg,             // 父視窗控制碼
    _In_ int nIDButton);        // 子視窗控制項 ID,函數傳回值可以是 BST_CHECKED、
BST_UNCHECKED
                                // 或 BST_INDETERMINATE
```

一組複選按鈕中通常可以同時選取多個，而一組選項按鈕中通常只能選取一個。CheckDlgButton 函數通常用於設定核取方塊的選取狀態。

CheckDlgButton 函數也可以用於設定選項按鈕，但是如果在一組選項按鈕中選取一個，還需要多次呼叫 CheckDlgButton 取消選取其他的，所以設定選項按鈕的狀態通常使用 CheckRadioButton 函數。指定一組選項按鈕的第一個和最後一個以及需要選取哪一個，函數會自動完成任務。

　　建議使用自動選項按鈕，同群組的選項按鈕會隨著使用者選取一個而自動取消選取其他選項按鈕。在程式中只需要在初始化的時候設定選取哪一個，並在需要的時候呼叫 IsDlgButtonChecked 函數檢查選取狀態即可。同樣，複選按鈕也不會因為使用者的點擊而自動變為選取或取消選取等，因此建議使用自動複選按鈕，在初始化的時候設定選取哪些，並在需要的時候呼叫 IsDlgButtonChecked 函數檢查每一個的狀態即可。

　　當使用者點擊按鈕時，它會接收鍵盤焦點，系統會向按鈕的父視窗發送包含 BN_CLICKED 通知碼的 WM_COMMAND 訊息。不過對於自動選項按鈕、自動核取方塊或自動三態核取方塊通常不需要處理該訊息，因為這些按鈕可以自動設定其狀態。如果是普通按鈕，則可能需要處理該訊息。表 8.4 再次列出 WM_COMMAND 訊息的 wParam 和 lParam 參數的含義。

▼ 表 8.4

從哪發送過來的訊息	HIWORD(wParam)	LOWORD(wParam)	lParam
選單命令項	0	選單項 ID	0
快速鍵	1	選單項 ID	0
子視窗控制項	通知碼	控制項 ID	控制項控制碼

　　除了 BN_CLICKED 通知碼，其他常見的與按鈕有關的包含在 WM_COMMAND 訊息中的通知碼如表 8.5 所示。

▼ 表 8.5

通知碼	含義
BN_SETFOCUS	按鈕獲得了鍵盤焦點
BN_KILLFOCUS	按鈕失去了鍵盤焦點
BN_DBLCLK 或 BN_DOUBLECLICKED	按兩下按鈕

　　獲得鍵盤焦點的按鈕周圍會顯示一圈虛線，此時按下空白鍵就相當於點擊了按鈕。只有具有 BS_NOTIFY 樣式的按鈕才會發送 BN_SETFOCUS、BN_KILLFOCUS 和 BN_DBLCLK 通知碼，但是無論如何設定按鈕樣式，點擊按鈕都會發送 BN_CLICKED 通知碼。

BS_GROUPBOX 樣式表示群組方塊,用於對其他控制項進行分組,由一個矩形和顯示在矩形左上角的文字組成。群組方塊不會獲得鍵盤焦點,既不處理滑鼠或鍵盤輸入,也不會導致系統發送 WM_COMMAND 訊息到父視窗。

對於自繪按鈕、下拉式清單方塊和列表框等,程式只需要在必要的時候負責繪製它們的外觀即可,系統會正常處理使用者和這些控制項的互動,例如使用者點擊控制項,系統會向父視窗發送 WM_COMMAND 訊息。在介紹自繪選單的時候說過,WM_DRAWITEM 訊息既用於選單項,也用於其他一些子視窗控制項的自繪,當選單項或子視窗控制項需要自繪的時候,視窗過程會收到 WM_DRAWITEM 訊息。如果 WM_DRAWITEM 訊息是由子視窗控制項發送的,則 wParam 參數是子視窗控制項的 ID;如果是由選單項發送的,則 wParam 參數為 0。lParam 參數是一個指向 DRAWITEMSTRUCT 結構的指標,關於該結構的定義參見 6.1.5 節。

接下來實現一個例子,Buttons 程式在視窗客戶區中使用系統預先定義的 Button 類別呼叫 CreateWindowEx 函數分別建立了普通按鈕、圖示按鈕、點陣圖按鈕、自繪按鈕、一組自動選項按鈕、一組自動複選按鈕、一組自動三態複選按鈕、預設按鈕。Buttons.cpp 原始檔案的內容如下所示:

```cpp
#include <Windows.h>
#include <tchar.h>
#include <strsafe.h>
#include "resource.h"

// 函數宣告
LRESULT CALLBACK WindowProc(HWND hwnd, UINT uMsg, WPARAM wParam, LPARAM lParam);
// 按下預設按鈕
VOID OnDefPushButton(HWND hwnd);

int WINAPI WinMain(HINSTANCE hInstance, HINSTANCE hPrevInstance, LPSTR lpCmdLine, int
                   nCmdShow)
{
    WNDCLASSEX wndclass;
    TCHAR szAppName[] = TEXT("Buttons");      // 程式標題、視窗類別
    HWND hwnd;
```

```
    MSG msg;

    wndclass.cbSize = sizeof(WNDCLASSEX);
    wndclass.style = CS_HREDRAW | CS_VREDRAW;
    wndclass.lpfnWndProc = WindowProc;
    wndclass.cbClsExtra = 0;
    wndclass.cbWndExtra = 0;
    wndclass.hInstance = hInstance;
    wndclass.hIcon = LoadIcon(NULL, IDI_APPLICATION);
    wndclass.hCursor = LoadCursor(NULL, IDC_ARROW);
    wndclass.hbrBackground = (HBRUSH)GetStockObject(WHITE_BRUSH);
    wndclass.lpszMenuName = NULL;
    wndclass.lpszClassName = szAppName;
    wndclass.hIconSm = NULL;
    RegisterClassEx(&wndclass);

    hwnd = CreateWindowEx(0, szAppName, szAppName, WS_OVERLAPPEDWINDOW,
        CW_USEDEFAULT, CW_USEDEFAULT, 300, 600, NULL, NULL, hInstance, NULL);

    ShowWindow(hwnd, nCmdShow);
    UpdateWindow(hwnd);

    while (GetMessage(&msg, NULL, 0, 0) != 0)
    {
        TranslateMessage(&msg);
        DispatchMessage(&msg);
    }

    return msg.wParam;
}

// 全域變數
struct
{
    int     m_nStyle;
    PTSTR   m_pText;
}Buttons[] = {
    BS_PUSHBUTTON | BS_NOTIFY | WS_TABSTOP,              TEXT(" 普通按鈕 "),
// CtrlID 1000
```

```
    BS_ICON | BS_NOTIFY | WS_TABSTOP,                  TEXT(" 圖示按鈕 "),
    BS_BITMAP | BS_NOTIFY | WS_TABSTOP,                TEXT(" 點陣圖按鈕 "),
    BS_OWNERDRAW,                                      TEXT(" 自繪按鈕 "),

    BS_GROUPBOX,                                       TEXT(" 政治面貌 "),
// CtrlID 1004
    BS_AUTORADIOBUTTON | BS_NOTIFY | WS_GROUP | WS_TABSTOP, TEXT(" 政黨黨員 "),
    BS_AUTORADIOBUTTON | BS_NOTIFY,                    TEXT(" 政黨團員 "),
    BS_AUTORADIOBUTTON | BS_NOTIFY,                    TEXT(" 無黨派人士 "),

    BS_GROUPBOX,                                       TEXT(" 個人愛好 "),
// CtrlID 1008
    BS_AUTOCHECKBOX | BS_NOTIFY | WS_GROUP | WS_TABSTOP,   TEXT(" 看書 "),
    BS_AUTOCHECKBOX | BS_NOTIFY,                       TEXT(" 唱歌 "),
    BS_AUTOCHECKBOX | BS_NOTIFY,                       TEXT(" 聽音樂 "),

    BS_GROUPBOX,                                       TEXT(" 榮譽稱號 "),
// CtrlID 1012
    BS_AUTO3STATE | BS_NOTIFY | WS_GROUP | WS_TABSTOP, TEXT(" 團隊核心 "),
    BS_AUTO3STATE | BS_NOTIFY,                         TEXT(" 技術能手 "),
    BS_AUTO3STATE | BS_NOTIFY,                         TEXT(" 先進個人 "),

    BS_DEFPUSHBUTTON | BS_NOTIFY | WS_TABSTOP,         TEXT(" 預設按鈕 "),
// CtrlID 1016
};


#define NUM (sizeof(Buttons) / sizeof(Buttons[0]))

LRESULT CALLBACK WindowProc(HWND hwnd, UINT uMsg, WPARAM wParam, LPARAM lParam)
{
    static HWND hwndButton[NUM];            // 子視窗控制項控制碼陣列
    int arrPos[NUM] = {10, 40, 70, 100,     // 每個子視窗控制項的起始 Y 座標
        130, 150, 180, 210,
        250, 270, 300, 330,
        370, 390, 420, 450,
        490 };
    LPDRAWITEMSTRUCT lpDIS;

    switch (uMsg)
```

```
        {
    case WM_CREATE:
        // 建立 17 個子視窗控制項
        for (int i = 0; i < NUM; i++)
        {
            hwndButton[i] = CreateWindowEx(0, TEXT("Button"), Buttons[i].m_pText,
                WS_CHILD | WS_VISIBLE | Buttons[i].m_nStyle, 20, arrPos[i],
                150, 25, hwnd, (HMENU)(1000 + i),
                ((LPCREATESTRUCT)lParam)->hInstance, NULL);
        }

        // 移動 3 個群組方塊的位置
        MoveWindow(hwndButton[4], 10, arrPos[4], 170, 115, TRUE);
        MoveWindow(hwndButton[8], 10, arrPos[8], 170, 115, TRUE);
        MoveWindow(hwndButton[12], 10, arrPos[12], 170, 115, TRUE);

        // 為圖示按鈕、點陣圖按鈕設定圖示、點陣圖
        SendDlgItemMessage(hwnd, IDC_ICONBUTTON, BM_SETIMAGE, IMAGE_ICON,
            (LPARAM)LoadImage(((LPCREATESTRUCT)lParam)->hInstance,
MAKEINTRESOURCE(IDI_SMILE),
                IMAGE_ICON, 20, 20, LR_DEFAULTCOLOR));
        SendDlgItemMessage(hwnd, IDC_BITMAPBUTTON, BM_SETIMAGE, IMAGE_BITMAP,
            (LPARAM)LoadBitmap(((LPCREATESTRUCT)lParam)->hInstance, MAKEINTRESOURCE(IDB
                                _KONGLONG)));

        // 設定預設按鈕的文字
        SetDlgItemText(hwnd, IDC_DEFPUSHBUTTON, TEXT(" 獲取單選複選狀態 "));

        // 選項按鈕群組、複選按鈕群組、三態複選按鈕群組，預設情況下分別選取一項
        CheckRadioButton(hwnd, IDC_AUTORADIOBUTTON1, IDC_AUTORADIOBUTTON3,
IDC_AUTORADI-OBUTTON2);
        CheckDlgButton(hwnd, IDC_AUTOCHECKBOX3, BST_CHECKED);
        CheckDlgButton(hwnd, IDC_AUTO3STATE2, BST_INDETERMINATE);
        return 0;

    case WM_COMMAND:
        if (HIWORD(wParam) == BN_CLICKED)    // 可以省略該判斷
        {
            switch (LOWORD(wParam))
```

```
            {
            // 子視窗控制項 ID 常數定義參見 resource.h，可以根據需要在此處理每個控制項的點擊
事件
            case IDC_PUSHBUTTON:        break;
            case IDC_ICONBUTTON:        break;
            case IDC_BITMAPBUTTON:      break;
            case IDC_OWNERDRAWBUTTON:   break;
            case IDC_AUTORADIOBUTTON1:  break;
            case IDC_AUTORADIOBUTTON2:  break;
            case IDC_AUTORADIOBUTTON3:  break;
            case IDC_AUTOCHECKBOX1:     break;
            case IDC_AUTOCHECKBOX2:     break;
            case IDC_AUTOCHECKBOX3:     break;
            case IDC_AUTO3STATE1:       break;
            case IDC_AUTO3STATE2:       break;
            case IDC_AUTO3STATE3:       break;
            case IDC_DEFPUSHBUTTON:     OnDefPushButton(hwnd); break;
            }
        }
        return 0;

    case WM_DRAWITEM:
        lpDIS = (LPDRAWITEMSTRUCT)lParam;
        // 先把按鈕矩形填充為和視窗背景一致的白色，然後畫一個黑色圓角矩形
        SelectObject(lpDIS->hDC, GetStockObject(NULL_PEN));
        SelectObject(lpDIS->hDC, GetStockObject(WHITE_BRUSH));
        Rectangle(lpDIS->hDC, 0, 0, lpDIS->rcItem.right + 1, lpDIS->rcItem.
bottom + 1);
        SelectObject(lpDIS->hDC, GetStockObject(BLACK_BRUSH));
        RoundRect(lpDIS->hDC, 0, 0, lpDIS->rcItem.right + 1, lpDIS->rcItem.
bottom + 1, 20, 20);

        // 當使用者點擊按鈕的時候，繪製 COLOR_HIGHLIGHT 顏色的圓角矩形
        if (lpDIS->itemState & ODS_SELECTED)
        {
          SelectObject(lpDIS->hDC, GetSysColorBrush(COLOR_HIGHLIGHT));
          RoundRect(lpDIS->hDC, 0, 0, lpDIS->rcItem.right + 1, lpDIS->rcItem.
bottom + 1, 20, 20);
        }
```

```
      // 當按鈕獲得焦點的時候，可以繪製一個焦點矩形
      if (lpDIS->itemState & ODS_FOCUS)
      {
        InflateRect(&lpDIS->rcItem, -2, -2);
        DrawFocusRect(lpDIS->hDC, &lpDIS->rcItem);
      }

      // 自繪按鈕的文字，透明背景的白色文字
      SetBkMode(lpDIS->hDC, TRANSPARENT);
      SetTextColor(lpDIS->hDC, RGB(255, 255, 255));
      DrawText(lpDIS->hDC, TEXT(" 自繪按鈕 "), _tcslen(TEXT(" 自繪按鈕 ")),
          &lpDIS->rcItem, DT_CENTER | DT_VCENTER | DT_SINGLELINE);

      // 恢復裝置環境
      SelectObject(lpDIS->hDC, GetStockObject(BLACK_PEN));
      SelectObject(lpDIS->hDC, GetStockObject(WHITE_BRUSH));
      return TRUE;

    case WM_DESTROY:
      PostQuitMessage(0);
      return 0;
    }

    return DefWindowProc(hwnd, uMsg, wParam, lParam);
}

VOID OnDefPushButton(HWND hwnd)
{
    TCHAR szBuf[128] = { 0 };

    if (IsDlgButtonChecked(hwnd, IDC_AUTORADIOBUTTON1) & BST_CHECKED)
        StringCchCopy(szBuf, _countof(szBuf), TEXT(" 政治面貌：政黨黨員 \n"));
    if (IsDlgButtonChecked(hwnd, IDC_AUTORADIOBUTTON2) & BST_CHECKED)
        StringCchCopy(szBuf, _countof(szBuf), TEXT(" 政治面貌：政黨團員 \n"));
    if (IsDlgButtonChecked(hwnd, IDC_AUTORADIOBUTTON3) & BST_CHECKED)
        StringCchCopy(szBuf, _countof(szBuf), TEXT(" 政治面貌：無黨派人士 \n"));

    StringCchCat(szBuf, _countof(szBuf), TEXT(" 個人愛好："));
    if (IsDlgButtonChecked(hwnd, IDC_AUTOCHECKBOX1) & BST_CHECKED)
```

```
        StringCchCat(szBuf, _countof(szBuf), TEXT("看書"));
    if (IsDlgButtonChecked(hwnd, IDC_AUTOCHECKBOX2) & BST_CHECKED)
        StringCchCat(szBuf, _countof(szBuf), TEXT("唱歌"));
    if (IsDlgButtonChecked(hwnd, IDC_AUTOCHECKBOX3) & BST_CHECKED)
        StringCchCat(szBuf, _countof(szBuf), TEXT("聽音樂"));
    StringCchCat(szBuf, _countof(szBuf), TEXT("\n"));

    StringCchCat(szBuf, _countof(szBuf), TEXT("榮譽稱號："));
    if (IsDlgButtonChecked(hwnd, IDC_AUTO3STATE1) & BST_CHECKED)
        StringCchCat(szBuf, _countof(szBuf), TEXT("團隊核心"));
    if (IsDlgButtonChecked(hwnd, IDC_AUTO3STATE2) & BST_CHECKED)
        StringCchCat(szBuf, _countof(szBuf), TEXT("技術能手"));
    if (IsDlgButtonChecked(hwnd, IDC_AUTO3STATE3) & BST_CHECKED)
        StringCchCat(szBuf, _countof(szBuf), TEXT("先進個人"));
    StringCchCat(szBuf, _countof(szBuf), TEXT("\n"));

    MessageBox(hwnd, szBuf, TEXT("個人簡介整理"), MB_OK);
}
```

完整程式請參考 Chapter8\Buttons 專案。在 WM_CREATE 訊息中，程式使用系統預先定義的 Button 類別呼叫 CreateWindowEx 函數分別建立了 17 個子視窗控制項，lpWindowName 參數對普通重疊視窗或快顯視窗來説是視窗標題，對按鈕來説是顯示在按鈕上的文字；視窗位置參數 x 和 y 指定子視窗左上角的位置，相對父視窗客戶區左上角；寬度和高度參數 nWidth 和 nHeight 指定每個子視窗的寬度和高度；因為建立的是子視窗，所以父視窗參數 hWndParent 指定為 hwnd；對普通重疊視窗或快顯視窗來説，hMenu 參數指定選單控制碼，對子視窗來説，則用於指定其 ID，每個子視窗的 ID 應該是唯一的，在 WM_COMMAND 訊息中透過子視窗 ID 來確定是從哪個子視窗發送過來的訊息。

然後呼叫 MoveWindow 函數改變 3 個群組方塊的位置和大小，讓每個群組方塊可以包圍對應的群組。群組方塊沒有什麼實際意義，僅提供一種視覺上的分組效果。一個群組的界定依靠的是 WS_GROUP 樣式，一個群組由第一個具有 WS_GROUP 樣式的控制項和在其後定義的所有控制群組成，直到下一個具有 WS_ GROUP 樣式的控制項出現。如果是在對話方塊程式中，使用者可以使用方向鍵將鍵盤焦點從群組中的控制項移動到下一個控制項。每個群組中的第

一個控制項通常具有 WS_TABSTOP 樣式，如果是在對話方塊程式中，按下 Tab
鍵可以將鍵盤焦點移動到下一個具有 WS_TABSTOP 樣式的控制項上。但是，預
設情況下，普通重疊視窗中的子視窗控制項無法使用方向鍵或 Tab 鍵達到上述
目的，這是一個問題。

　　然後程式呼叫 SendDlgItemMessage 函數向圖示按鈕和點陣圖按鈕分別發
送 BM_SETIMAGE 訊息設定其影像。資源指令檔中的圖示大小是 32 × 32，而
按鈕大小為 150 × 25，因此載入圖示用的是 LoadImage 函數，該函數可以指
定圖示的寬度和高度。資源指令檔中的恐龍點陣圖大小正好是 150 × 25，所以
使用 LoadBitmap 函數直接載入即可。最後一個子視窗控制項是預設按鈕，程
式呼叫 SetDlgItemText 函數改變按鈕文字為 "獲取單選複選狀態"。

　　SetWindowText 函數可以設定指定程式視窗的視窗標題，也可以設定子視
窗控制項的文字：

```
BOOL WINAPI SetWindowText(
    _In_      HWND    hWnd,        // 程式視窗或控制項的控制碼，其文字將被更改
    _In_opt_ LPCTSTR lpString); // 新視窗標題或控制項文字
```

　　也可以透過發送 WM_SETTEXT 訊息達到同樣的目的。但如果是設定其他
程式中的視窗標題或控制項文字，則需要發送 WM_SETTEXT 訊息，而不能呼叫
SetWindowText。

　　GetWindowText 函數用於獲取指定程式視窗的視窗標題或子視窗控制項的
文字：

```
int WINAPI GetWindowText(
    _In_  HWND    hWnd,          // 程式視窗或控制項的控制碼
    _Out_ LPTSTR lpString,      // 接收文字的緩衝區
    _In_   int     nMaxCount);  // 緩衝區的大小，以字元為單位
```

　　如果函數執行成功，則傳回值是複製到緩衝區中的字串長度，以字元為單
位，不包括終止空字元；如果視窗沒有標題或控制項沒有文字，或指定的視窗、
控制項控制碼無效，則傳回值為 0。也可以透過發送 WM_GETTEXT 訊息達到
同樣的目的。但如果是獲取其他程式中的視窗標題或控制項文字，則需要發送
WM_GETTEXT 訊息，而不能呼叫 GetWindowText。

在獲取指定程式視窗的視窗標題或子視窗控制項的文字前，可以先呼叫 GetWindowTextLength 函數獲取其文字的長度：

```
int WINAPI GetWindowTextLength(_In_ HWND hWnd);
```

如果函數執行成功，則傳回值是視窗標題或子視窗控制項文字的長度，以字元為單位，不包括終止的空字元，程式可以根據傳回值分配合適大小的緩衝區以進一步獲取具體的文字；如果視窗沒有標題或控制項沒有文字，或指定的視窗、控制項控制碼無效，則傳回值為 0。也可以透過發送 WM_GETTEXTLENGTH 訊息達到同樣的目的。但如果是獲取其他程式中的視窗標題或控制項文字長度，則需要發送 WM_GETTEXTLENGTH 訊息，而不能呼叫 GetWindowTextLength。

對於子視窗控制項，SetWindowText 和 GetWindowText 函數需要提供子視窗控制項控制碼，這可能需要先呼叫 GetDlgItem 函數獲取子視窗控制項控制碼：

```
HWND WINAPI GetDlgItem(
    _In_opt_ HWND hDlg,          // 父視窗控制碼
    _In_     int  nIDDlgItem);   // 子視窗控制項 ID
```

如果已經知道了子視窗控制項控制碼，可以透過呼叫 GetDlgCtrlID 函數獲取其 ID：

```
int WINAPI GetDlgCtrlID(_In_ HWND hwndCtl);
```

當然，要獲取子視窗控制項 ID，還可以透過指定 GWLP_ID 索引呼叫 GetWindowLongPtr 函數獲取。

要獲取子視窗控制項文字，還有一個更簡單的函數：

```
UINT WINAPI GetDlgItemText(
    _In_  HWND   hDlg,          // 父視窗控制碼
    _In_  int    nIDDlgItem,    // 子視窗控制項 ID
    _Out_ LPTSTR lpString,      // 接收文字的緩衝區
    _In_  int    nMaxCount);    // 緩衝區的長度，以字元為單位
```

如果函數執行成功，則傳回值是複製到緩衝區的字元數，不包括終止空字元；如果函數執行失敗，則傳回值為 0。

要設定子視窗控制項文字可以使用 SetDlgItemText 函數：

```
BOOL WINAPI SetDlgItemText(
    _In_ HWND     hDlg,           // 父視窗控制碼
    _In_ int      nIDDlgItem,     // 子視窗控制項 ID
    _In_ LPCTSTR lpString);       // 字串指標
```

上面這兩個函數實際上也是透過發送 WM_GETTEXT 和 WM_SETTEXT 訊息實現的。

另外需要介紹的只有 WM_DRAWITEM 訊息的處理了。如果不處理該訊息，那麼自繪按鈕只顯示一個灰色背景，因為程式視窗客戶區是白色背景，所以先把自繪按鈕矩形填充為和視窗背景一致的白色，然後畫一個黑色圓角矩形，這是自繪按鈕的正常狀態。當使用者點擊按鈕的時候，繪製 COLOR_HIGHLIGHT 顏色的圓角矩形，當按鈕獲得焦點的時候，繪製一個焦點矩形，最後繪製自繪按鈕的文字，其背景是透明的，文字顏色為白色。

再介紹兩個函數。要接收滑鼠和鍵盤輸入，子視窗必須是可見（顯示）並且啟用的。如果一個子視窗是可見的，但是沒有啟用，那麼子視窗中的文字是灰色的。如果在建立子視窗的時候沒有指定 WS_VISIBLE 樣式，則子視窗將不會顯示，程式可以透過呼叫 ShowWindow 函數來顯示：

```
ShowWindow(hwndChild, SW_SHOW);
```

程式可以透過呼叫以下敘述來隱藏一個子視窗：

```
ShowWindow(hwndChild, SW_HIDE);
```

可以透過呼叫 IsWindowVisible 函數來判斷一個視窗是否可見：

```
IsWindowVisible(hwnd);
```

可以透過呼叫 EnableWindow 函數啟用或禁用指定的視窗或子視窗控制項。

視窗禁用以後無法接收滑鼠和鍵盤輸入：

```
BOOL WINAPI EnableWindow(
    _In_ HWND hWnd,       // 視窗或子視窗控制項控制碼
    _In_ BOOL bEnable); // TRUE 表示啟用，FALSE 表示禁用
```

可以透過呼叫 IsWindowEnabled 函數來判斷一個視窗或子視窗控制項是否處於啟用狀態：

```
BOOL WINAPI IsWindowEnabled(_In_ HWND hWnd);
```

最後，看一下 Buttons 程式存在的幾個問題。

(1) 可以看到按鈕都有一個灰色背景，而程式視窗客戶區的背景是白色背景，兩者顏色不一致，看上去不太美觀。要想將客戶區的背景改變為灰色背景很簡單，只需要引入 wndclass.hbrBackground = (HBRUSH)(COLOR_BTNFACE + 1); 敘述即可（如果想更改子視窗控制項的背景，則稍微麻煩一些）。

(2) 子視窗控制項的文字字型有點難看，這個問題很好解決，只需要呼叫 SendMessage 或 SendDlgItemMessage 函數給每個子視窗控制項發送一個 WM_SETFONT 訊息即可，wParam 參數可以指定為新字型控制碼，lParam 參數可以指定為 TRUE 或 FALSE，表示是否立即重繪控制項。例如下面的程式：

```
hFont = CreateFont(12, 0, 0, 0, 0, 0, 0, 0, GB2312_CHARSET, 0, 0, 0, 0, TEXT(" 宋體 "));
for (int i = 0; i < NUM; i++)
    SendMessage(hwndButton[i], WM_SETFONT, (WPARAM)hFont, FALSE);
```

(3) 要修改這些子視窗控制項的視覺樣式，可以用滑鼠按右鍵一個檔案，然後選擇 "屬性" ，開啟屬性對話方塊，看一看 Windows 10 系統中諸如 "確定" "取消" 等按鈕的視覺樣式，以及當滑鼠經過時按鈕的色彩變化。

(4) 雖然設定了 WS_GROUP、WS_TABSTOP 樣式，但還是無法使用方向鍵或 Tab 鍵來達到移動焦點到群組中另一個控制項或移動焦點到下一個具有 WS_TABSTOP 樣式的控制項上的目的。

8.1.2　系統色彩

　　Windows 提供了幾十種系統預先定義的顏色，用於顯示視窗、功能表列、工具列、捲軸、按鈕等不同的部分。程式可以透過呼叫 GetSysColor 函數獲取這些顏色值，也可以透過呼叫 SetSysColors 函數改變系統預先定義的顏色值，但是這會影響其他程式。表 8.6 列出了部分系統預先定義的顏色。（顏色效果請查看 Chapter8\SysColors.png。）

▼ 表 8.6

常數	含義	顏色
COLOR_3DFACE、COLOR_BTNFACE	三維顯示元素和對話方塊背景的顏色，文字顏色為 COLOR_BTNTEXT	
COLOR_BTNTEXT	按鈕上的文字，背景顏色為 COLOR_BTNFACE	
COLOR_3DHIGHLIGH、COLOR_3DHILIGHT、COLOR_BTNHILIGHT、COLOR_BTNHIGHLIGHT	三維顯示元素的反白顏色	
COLOR_3DLIGHT	三維顯示元素的淺色	
COLOR_3DSHADOW COLOR_BTNSHADOW	三維顯示元素的陰影顏色	
COLOR_3DDKSHADOW	三維顯示元素的暗陰影顏色	
COLOR_ACTIVEBORDER	使用中視窗邊框顏色	
COLOR_ACTIVECAPTION	使用中視窗標題列背景顏色，文字顏色為 COLOR_CAPTIONTEXT	
COLOR_CAPTIONTEXT	使用中視窗標題列文字顏色，背景顏色為 COLOR_ACTIVECAPTION	
COLOR_INACTIVEBORDER	非使用中視窗邊框顏色	
COLOR_INACTIVECAPTION	非使用中視窗標題列背景顏色，文字顏色為 COLOR_INACTIVECAPT-IONTEXT	

（續表）

常數	含義	顏色
COLOR_ INACTIVECAPTIONTEXT	非使用中視窗標題列文字顏色，背景顏色為 COLOR_INACTIVECAPTION	
COLOR_APPWORKSPACE	多重文件介面（MDI）程式的背景顏色	
COLOR_GRAYTEXT	灰色（禁用）文字顏色	
COLOR_HIGHLIGHT	選擇的控制項背景顏色，文字顏色為 COLOR_ HIGHLIGHTTEXT	
COLOR_HIGHLIGHTTEXT	選擇的控制項文字顏色，背景顏色為 COLOR_ HIGHLIGHT	
COLOR_HOTLIGHT	超連結的文字顏色，背景顏色為 COLOR_ WINDOW	
COLOR_INFOBK	工具提示控制項的背景顏色，文字顏色為 COLOR_INFOTEXT	
COLOR_INFOTEXT	工具提示控制項的文字顏色，背景顏色為 COLOR_INFOBK	
COLOR_MENUBAR	功能表列的背景顏色	
COLOR_MENU	選單背景顏色，文字顏色為 COLOR_MENUTEXT	
COLOR_MENUTEXT	選單中的文字顏色，背景顏色為 COLOR_MENU	
COLOR_MENUHILIGHT	突出顯示選單項的顏色	
COLOR_SCROLLBAR	捲軸背景顏色	
COLOR_WINDOWFRAME	視窗邊框顏色	
COLOR_WINDOW	視窗背景，文字顏色為 COLOR_WINDOWTEXT 和 COLOR_HOTLITE	
COLOR_WINDOWTEXT	視窗中的文字顏色，背景顏色為 COLOR_ WINDOW	

舉例來說，COLOR_BTNFACE 用於三維顯示元素和對話方塊背景的顏色，也是普通按鈕的表面顏色和其他按鈕的背景顏色，它們對應的文字顏色為 COLOR_BTNTEXT，普通視窗的視窗背景和文字顏色分別是 COLOR_WINDOW

和 COLOR_WINDOWTEXT。在不同的系統中系統色彩值的定義有所不同，而且有的顏色值可能與系統實際使用的有所不同，例如 COLOR_MENUBAR 表示功能表列背景顏色，是淺灰色，實際上在 Windows 10 系統預設情況下是白色背景。

8.1.3　視覺樣式

　　視覺樣式定義了通用控制項的外觀。Windows Vista 及以後的系統支援通用控制項函數庫 ComCtl32.dll 版本 6，只有版本 6 及更新版本才支援視覺樣式，程式建立的子視窗控制項預設使用版本 5 定義的控制項，因此要使用視覺樣式，必須增加應用程式清單或預先編譯指令，以指定程式應該使用通用控制項版本 6 定義的控制項。

　　程式清單以 XML 格式撰寫，程式清單檔案的名稱是可執行檔的名稱，後跟副檔名 .manifest，例如要為 Buttons 專案增加程式清單，程式清單檔案名稱為 Buttons.exe.manifest。以 Buttons 專案為例，為其增加程式清單檔案，首先開啟方案總管視圖，用滑鼠按右鍵 Buttons 專案下的原始檔案，然後選擇增加→新建專案，開啟增加新專案對話方塊，輸入檔案名稱 Buttons.exe.manifest，點擊 "增加"，然後輸入以下內容：

```
<?xml version="1.0" encoding="UTF-8" standalone="yes" ?>

<assembly xmlns="urn:schemas-microsoft-com:asm.v1" manifestVersion="1.0" >
  <assemblyIdentity
    version="1.0.0.0"                              // 程式清單的版本
    processorArchitecture="*"                      // 處理器類型
    name="CompanyName.ProductName.YourApplication" // 公司名稱 . 產品名稱 . 程式名稱
    type="win32"                                   // 應用程式的類型
  />

  <description>Your application description here.</description>   // 程式的描述，隨意寫

  <dependency>
    <dependentAssembly>
      <assemblyIdentity
```

```
            type="win32"                                      // 控制項的類型
            name="Microsoft.Windows.Common-Controls"          // 控制項的名稱
            version="6.0.0.0"                                 // 控制項的版本
            processorArchitecture="*"                         // 處理器類型
            publicKeyToken="6595b64144ccf1df"                 // 金鑰權杖
            language="*"                                      // 控制項的語言
        />
    </dependentAssembly>
  </dependency>
</assembly>
```

　　如果程式僅針對 32 位元 Windows 平台，則可以將 processorArchitecture 項設定為 "x86"；如果程式僅針對 64 位元 Windows 平台，則可以將 processorArchitecture 項設定為 "amd64"；如果針對所有平台，則可以指定為 "*"。

　　如果使用的是 VS 2005 或以上版本的整合開發工具，則可以在原始檔案中使用預先編譯指令代替程式清單檔案，效果是一樣的：

```
#pragma comment(linker,"\"/manifestdependency:type='win32' \
    name=›Microsoft.Windows.Common-Controls› version=›6.0.0.0› \
    processorArchitecture=›*› publicKeyToken=›6595b64144ccf1df› language=›*›\"")
```

8.1.4　控制項的子類別化與超類別化

　　普通重疊視窗中的子視窗控制項無法使用方向鍵或 Tab 鍵將焦點移動到群組中另一個控制項或下一個具有 WS_TABSTOP 樣式的控制項上。在這裡，以 Tab 鍵為例說明處理方法，程式可以處理字元訊息。如果使用者按下了 Tab 鍵，就把鍵盤焦點設定到下一個具有 WS_TABSTOP 樣式的子視窗控制項上；如果使用者按下了 Shift + Tab 複合鍵，就把鍵盤焦點設定到上一個具有 WS_TABSTOP 樣式的子視窗控制項上。同時，程式處理 Enter 鍵，使用者按下 Enter 鍵相當於點擊了預設按鈕，發送一個 BM_CLICK 訊息。

　　在 Buttons 程式中，具有 WS_TABSTOP 樣式的子視窗控制項一共有 7 個。自繪按鈕雖然沒有顯性設定 WS_TABSTOP 樣式，但我們還是為之響應 Tab 鍵。

增加以下全域變數：

```
// 回應 Tab 鍵的 8 個子視窗控制項
int idFocus[] = { IDC_PUSHBUTTON, IDC_ICONBUTTON, IDC_BITMAPBUTTON,
IDC_OWNERDRAWBUTTON,
            IDC_AUTORADIOBUTTON1, IDC_AUTOCHECKBOX1, IDC_AUTO3STATE1,
IDC_DEFPUSHBUTTON };
// 當前具有鍵盤焦點的按鈕索引
int idFocusIndex;
```

增加對 WM_SETFOCUS 和 WM_CHAR 訊息的處理。在 WM_SETFOCUS 訊息中把鍵盤焦點設定到當前具有鍵盤焦點的按鈕上：

```
case WM_SETFOCUS:
    SetFocus(GetDlgItem(hwnd, idFocus[idFocusIndex]));
    return 0;

case WM_CHAR:
    if (wParam == VK_TAB)
    {
        idFocusIndex += GetKeyState(VK_SHIFT) < 0 ? 7 : 1;
        idFocusIndex %= 8;
        SetFocus(GetDlgItem(hwnd, idFocus[idFocusIndex]));
    }
    if (wParam == VK_RETURN)
    {
        SendDlgItemMessage(hwnd, IDC_DEFPUSHBUTTON, BM_CLICK, 0, 0);
    }
    return 0;
```

完整程式參見 Chapter8\Buttons2。編譯執行程式，第一個按鈕獲得了鍵盤焦點，按 Tab 鍵測試一下，沒有任何反應！這是因為子視窗控制項獲得鍵盤焦點以後，父視窗就失去了鍵盤焦點，導致父視窗無法接收鍵盤輸入。子視窗控制項獲得鍵盤焦點以後，該子視窗控制項會接收所有鍵盤輸入，但實際上它只會回應空白鍵，此時的空白鍵具有和點擊滑鼠相同的效果。現在的情況是，父視窗已經失去鍵盤焦點，無法接收鍵盤輸入，而子視窗控制項獲得鍵盤焦點以後，系統預先定義的視窗過程只會回應空白鍵，Tab 鍵和 Enter 鍵得不到回應。

我們希望子視窗控制項視窗過程回應 Tab 鍵和 Enter 鍵，可以為子視窗控制項設定一個新的視窗過程 ButtonProc 來處理 Tab 鍵和 Enter 鍵，其他情況則轉交給控制項的預設視窗過程去處理。具體做法是，在 WM_CREATE 訊息中，為每一個子視窗控制項呼叫 ButtonProcOld[i] = SetWindowLongPtr(hwndButton[i], GWLP_WNDPROC, (LONG_PTR)ButtonProc) 函數，設定其新視窗過程為 ButtonProc。SetWindowLongPtr 函數傳回的是原視窗過程位址，這個位址需要儲存下來。

未透過新視窗過程處理的任何訊息都應該呼叫 CallWindowProc 函數將其傳遞給原視窗過程。新視窗過程 ButtonProc 程式如下，控制項和普通重疊視窗的視窗過程函數定義是一樣的：

```
LRESULT CALLBACK ButtonProc(HWND hwndButton, UINT uMsg, WPARAM wParam, LPARAM lParam)
{
    int id = GetWindowLongPtr(hwndButton, GWLP_ID);

    switch (uMsg)
    {
    case WM_CHAR:
        if (wParam == VK_TAB)
        {
            idFocusIndex += GetKeyState(VK_SHIFT) < 0 ? 7 : 1;
            idFocusIndex %= 8;
            SetFocus(GetDlgItem(GetParent(hwndButton), idFocus[idFocusIndex]));
        }
        if (wParam == VK_RETURN)
        {
            SendDlgItemMessage(GetParent(hwndButton), IDC_DEFPUSHBUTTON,
BM_CLICK, 0, 0);
        }
        break;
    }

    return CallWindowProc(ButtonProcOld[id - 1000], hwndButton, uMsg, wParam, lParam);
}
```

完整程式參見 Chapter8\Buttons3。實際上對於處理方向鍵和 Tab 鍵，上面的程式是遠遠不夠的。這個問題點到為止，子視窗控制項通常用於對話方塊程式，對話方塊的預設視窗過程內建了鍵盤處理。對於對話方塊程式，直接在資源指令檔中定義子視窗控制項即可，也可以透過資源編輯器從工具箱中拖曳子視窗控制項到對話方塊程式的合適位置，控制項的大小可以直接拖拉調整，樣式可以透過屬性對話方塊直接設定，系統會根據我們設定的相關參數自動呼叫 CreateWindow / CreateWindowEx 函數建立子視窗控制項，所以説在對話方塊程式中使用子視窗控制項非常簡單，但是它隱匿了太多的細節。為了學習到原理性的內容，我們先苦後甜，為以後合理使用子視窗控制項奠定基礎。

GetParent 函數用於獲取指定視窗的父視窗控制碼：

```
HWND WINAPI GetParent(_In_ HWND hWnd);
```

與之對應的，還有一個 SetParent 函數用於設定一個視窗的父視窗：

```
HWND WINAPI SetParent(
    _In_     HWND hWndChild,        // 子視窗控制碼
    _In_opt_ HWND hWndNewParent);   // 新父視窗控制碼
```

如果函數執行成功，則傳回值是前一個父視窗的控制碼；如果函數執行失敗，則傳回值為 NULL。

CallWindowProc 函數用於把新視窗過程未處理的訊息傳遞給原視窗過程：

```
LRESULT WINAPI CallWindowProc(
    _In_ WNDPROC lpPrevWndFunc, // 原視窗過程
    _In_ HWND    hWnd,
    _In_ UINT    Msg,
    _In_ WPARAM  wParam,
    _In_ LPARAM  lParam);
```

該函數僅造成將後面 4 個參數存入堆疊和呼叫指定位址（lpPrevWndFunc）的作用。

重疊視窗中子視窗控制項的預設視窗過程無法滿足我們的要求，為此呼叫 SetWindowLongPtr 函數為子視窗控制項設定一個新的視窗過程。攔截控制項的部分訊息進行處理，這就是控制項的子類別化，也是通用控制項版本 6 之前的子類別化方法。

舊的子類別化方法存在一些缺點，版本 6 的子類別化方法僅支援 Unicode，涉及 4 個函數：SetWindowSubclass、DefSubclassProc、GetWindowSubclass 和 RemoveWindowSubclass，前兩個函數是必須使用的，後兩個函數是可選使用的。

SetWindowSubclass 函數為需要子類別化的視窗設定新的視窗過程：

```
BOOL SetWindowSubclass(
    _In_ HWND          hWnd,           // 要子類別化的視窗控制碼
    _In_ SUBCLASSPROC pfnSubclass,    // 指向新子類別視窗過程的指標
    _In_ UINT_PTR      uIdSubclass,    // 子類別 ID，該參數與 pfnSubclass 參數一起唯一標識一個
子類別
    _In_ DWORD_PTR     dwRefData);     // 使用者自訂資料，傳遞給新子類別視窗過程的 dwRefData
參數
```

SetWindowSubclass 函數需要引入標頭檔 CommCtrl.h，還需要使用匯入函數庫 Comctl32.lib。在引入相關標頭檔以後，增加以下預先編譯指令：

```
#pragma comment(lib, "Comctl32.lib")
```

新版本的子類別視窗過程的函數宣告略有不同，它有兩個額外的子類別 ID 和自訂資料參數：

```
LRESULT CALLBACK MyWndProc(HWND hWnd, UINT uMsg, WPARAM wParam, LPARAM lParam,
    UINT_PTR uIdSubclass, DWORD_PTR dwRefData);
```

SUBCLASSPROC 是子類別視窗過程指標類型，在 CommCtrl.h 標頭檔中定義：

```
typedef LRESULT (CALLBACK *SUBCLASSPROC)(HWND hWnd, UINT uMsg, WPARAM wParam, LPARAM
lParam,
    UINT_PTR uIdSubclass, DWORD_PTR dwRefData);
```

可以在 WM_CREATE 訊息中呼叫 SetWindowSubclass 函數為子視窗控制
項設定新視窗過程：

```
for (int i = 0; i < NUM; i++)
    SetWindowSubclass(hwndButton[i], ButtonProc, i, 0);
```

子視窗控制項新視窗過程如下：

```
LRESULT CALLBACK ButtonProc(HWND hwndButton, UINT uMsg, WPARAM wParam, LPARAM lParam,
    UINT_PTR uIdSubclass, DWORD_PTR dwRefData)
{
    int id = GetWindowLongPtr(hwndButton, GWLP_ID);

    switch (uMsg)
    {
    case WM_KEYDOWN:
        if (wParam == VK_TAB)
        {
            idFocusIndex += GetKeyState(VK_SHIFT) < 0 ? 7 : 1;
            idFocusIndex %= 8;
            SetFocus(GetDlgItem(GetParent(hwndButton), idFocus[idFocusIndex]));
        }
        if (wParam == VK_RETURN)
        {
            SendDlgItemMessage(GetParent(hwndButton), IDC_DEFPUSHBUTTON,
BM_CLICK, 0, 0);
        }

        break;
}

    // 其他訊息透過呼叫 DefSubclassProc 函數傳遞給預設視窗過程
    return DefSubclassProc(hwndButton, uMsg, wParam, lParam);
}
```

完整程式參見 Chapter8\Buttons4。可以看到，新版本的子類別化方法功能
更強大，使用更簡單。

要獲取子類別視窗的自訂資料，可以呼叫 GetWindowSubclass 函數：

```
BOOL GetWindowSubclass(
    _In_  HWND         hWnd,         // 子類別視窗控制碼
    _In_  SUBCLASSPROC pfnSubclass,  // 子類別視窗過程
    _In_  UINT_PTR     uIdSubclass,  // 子類別 ID
    _Out_ DWORD_PTR    *pdwRefData); // 在這裡傳回自訂資料的指標
```

RemoveWindowSubclass 函數用於刪除一個子類別：

```
BOOL RemoveWindowSubclass(
    _In_  HWND         hWnd,         // 子類別視窗
    _In_  SUBCLASSPROC pfnSubclass,  // 子類別視窗過程
    _In_  UINT_PTR     uIdSubclass); // 子類別 ID
```

對子視窗控制項進行子類別化，影響的僅是被子類別化的視窗，要對多個控制項視窗進行子類別化就必須對每個視窗都進行子類別化操作。還有一個超類別化的概念，在 C++ 中，可以透過繼承一個基礎類別來形成一個衍生的類別，子視窗控制項超類別化可以完成的功能與之類似。註冊一個視窗類別提供視窗過程，就可以呼叫 CreateWindow / CreateWindowEx 函數建立一個視窗。我們可以獲取一個系統預先定義控制項類別的 WNDCLASSEX 結構，然後根據需要來修改部分欄位，例如可以將結構中的視窗過程位址指定為自訂的視窗過程位址。最後，使用這個修改後的結構註冊一個類別（以自訂的名稱），一個新的視窗類別衍生出來了。

GetClassInfoEx 函數用於獲取一個視窗類別資訊：

```
BOOL WINAPI GetClassInfoEx(
    _In_opt_ HINSTANCE    hinst,      // lpszClass 所屬的模組控制碼，要獲取系統預先定義類資
訊，則設定為 NULL
    _In_     LPCTSTR      lpszClass,  // 要獲取的視窗類別名稱
    _Out_    LPWNDCLASSEX lpwcx);     // 在這個 WNDCLASSEX 結構中傳回視窗類別資訊
```

在呼叫 GetClassInfoEx 函數前，WNDCLASSEX 結構的 cbSize 欄位必須設定為 WNDCLASSEX 結構的長度。在獲取 WNDCLASSEX 結構的資訊後，可以根據需要修改結構的內容，其中有兩個欄位是必須要修改的，hInstance 欄

位必須設定為應用程式的模組控制碼，lpszClassName 欄位必須設定為一個
自訂的名稱，還可以將視窗過程位址指定為自訂的視窗過程位址。當然，原視
窗過程位址應該儲存下來，不感興趣的訊息應該轉發到原視窗過程中。完成這
些修改以後，可以使用經過修改的 WNDCLASSEX 結構呼叫 RegisterClassEx
函數註冊視窗類別，然後可以把視窗類別指定為剛剛註冊的視窗類別，呼叫
CreateWindow / CreateWindowEx 函數建立視窗。關於超類別化的範例參見
Chapter8\Buttons5 專案。

8.1.5　命令連結按鈕與拆分按鈕

　　命令連結按鈕是通用控制項版本 6 中引入的一種按鈕。指定 BS_
COMMANDLINK 樣式可以建立一個命令連結按鈕，左側有一個藍色箭頭指向
按鈕文字，按鈕文字下面可以顯示一些說明文字作為按鈕文字的補充。要設定
按鈕文字，可以透過呼叫 SetWindowText/SetDlgItemText 函數或發送 WM_
SETTEXT 訊息來進行；要設定說明文字，可以透過發送 BCM_SETNOTE 訊息
來進行，該訊息的 wParam 參數沒有用到，將 lParam 參數指定為字串指標。

　　拆分按鈕也是通用控制項版本 6 中引入的一種按鈕。指定 BS
SPLITBUTTON 樣式可以建立一個拆分按鈕。拆分按鈕分為兩部分，左側是主
要部分，類似於普通或預設按鈕；右側有一個下拉箭頭，點擊箭頭通常會彈出
一個選單。點擊下拉箭頭，系統會發送包含 BCN_DROPDOWN 通知碼的 WM_
NOTIFY 訊息。和其他按鈕一樣，點擊命令連結按鈕和拆分按鈕的左側會發送包
含 BN_CLICKED 通知碼的 WM_COMMAND 訊息。

　　WM_NOTIFY 訊息的 wParam 參數是控制項的 ID，不過通常不使用這個參
數，而是使用 lParam 參數。lParam 參數通常是一個指向 NMHDR 結構的指標，
該結構包含通知碼和一些附加資訊。對於其他通知碼，lParam 參數可能是指向
一個更大結構的指標，但是這些結構的第一個欄位總是 NMHDR 結構，所以把
lParam 參數強制轉為指向 NMHDR 結構的指標總是正確的。NMHDR 結構在
WinUser.h 標頭檔中定義如下：

```
typedef struct tagNMHDR
{
```

```
    HWND        hwndFrom;  // 控制項的視窗控制碼
    UINT_PTR    idFrom;    // 控制項的 ID
    UINT        code;      // 通知碼
}   NMHDR;
```

處理 WM_NOTIFY 訊息的程式通常如下，先把 lParam 參數轉為指向 NMHDR 結構的指標，確定通知碼的類型，然後才可以進一步確定 lParam 指向的是什麼結構：

```
case WM_NOTIFY:
    switch (((LPNMHDR)lParam)->code)
    {
    case BCN_DROPDOWN:
        // BCN_DROPDOWN 通知碼的 lParam 參數是一個指向 NMBCDROPDOWN 結構的指標
        // 把 lParam 參數轉為指向 NMBCDROPDOWN 結構的指標，然後使用結構中的欄位
        break;

case 其他通知碼 :
        // 對於其他通知碼，lParam 參數可能是指向其他資料結構的指標
        break;
}

    return 0;
```

如果程式需要發送 WM_NOTIFY 訊息，SendMessage 函數的視窗控制碼參數需指定為父視窗控制碼，例如：

```
NMHDR nmh;
nmh.hwndFrom = hwndCtrl;                // 控制項視窗控制碼
nmh.idFrom = GetDlgCtrlID(hwndCtrl);    // 控制項 ID
nmh.code = 通知碼 ;                      // 通知碼
SendMessage(GetParent(hwndCtrl), WM_NOTIFY, nmh.idFrom, (LPARAM)&nmh);
```

BCN_DROPDOWN 通知碼的 lParam 參數是一個指向 NMBCDROPDOWN 結構的指標，該結構在 CommCtrl.h 標頭檔中定義如下：

```
typedef struct tagNMBCDROPDOWN
{
```

```
    NMHDR    hdr;
    RECT     rcButton;    // 按鈕的矩形區域，相對於自己的客戶區左上角
} NMBCDROPDOWN, *LPNMBCDROPDOWN;
```

舉一個例子，點擊拆分按鈕的下拉箭頭，系統會發送一個包含 BCN_
DROPDOWN 通知碼的 WM_NOTIFY 訊息。程式處理該訊息彈出一個選單：

```
case WM_NOTIFY:
    switch (((LPNMHDR)lParam)->code)
    {
    case BCN_DROPDOWN:
        pDropDown = (NMBCDROPDOWN*)lParam;
        if (pDropDown->hdr.hwndFrom = GetDlgItem(hwnd, IDC_SPLITBUTTON))
        {
            POINT pt;
            HMENU hMenu;
            pt.x = pDropDown->rcButton.left;
            pt.y = pDropDown->rcButton.bottom;
            // 拆分按鈕的矩形客戶區座標轉為螢幕座標
            ClientToScreen(pDropDown->hdr.hwndFrom, &pt);
            hMenu = LoadMenu(hInstance, MAKEINTRESOURCE(IDR_MENU));
            TrackPopupMenu(GetSubMenu(hMenu, 0), TPM_LEFTALIGN | TPM_TOPALIGN,
                pt.x, pt.y, 0, hwnd, NULL);
        }
        break;
    }
    return 0;
```

完整程式參見 Chapter8\CommandLinkAndSplitButton 專案。

另外，發送 BCM_SETSPLITINFO / BCM_GETSPLITINFO 訊息可以設定 /
獲取拆分按鈕控制項的資訊，這兩個訊息的 wParam 參數沒有用到。lParam 參
數是一個指向 BUTTON_SPLITINFO 結構的指標，該結構包含有關拆分按鈕的
資訊。

8.2 編輯控制項

編輯控制項通常叫作編輯方塊或文字標籤,是一個矩形視窗,可以用於輸入和編輯文字,編輯控制項的應用比較廣泛。編輯控制項的常用樣式如表 8.7 所示。

▼ 表 8.7

樣式	含義
ES_MULTILINE	編輯控制項預設為單行編輯控制項,指定 ES_MULTILINE 樣式表示建立一個多行編輯控制項
ES_AUTOHSCROLL	對於單行編輯控制項,當使用者輸入文字時,如果文字字數填滿了編輯控制項,則無法繼續輸入。指定該樣式以後,在必要時編輯控制項會自動水平捲動,這樣一來使用者輸入的文字字數就不受編輯控制項的長度影響。對於多行編輯控制項,如果沒有指定 ES_AUTOHSCROLL 樣式,當使用者輸入的文字多於可在單行上顯示的字數時,文字將自動換行顯示到下一行;如果指定了 ES_AUTOHSCROLL 樣式,當使用者輸入的文字多於可在單行上顯示的字數時,控制項將自動水平捲動,文字不會換行
ES_AUTOVSCROLL	僅適用於多行編輯控制項。如果沒有指定該樣式,當使用者輸入的文字行數高於編輯控制項的高度時,無法繼續輸入。在指定該樣式後,在必要時編輯控制項會自動垂直捲動,這樣一來使用者輸入的文字行數就不受編輯控制項的高度影響
ES_LEFT	文字在編輯控制項中左對齊
ES_RIGHT	文字在編輯控制項中右對齊
ES_CENTER	文字在編輯控制項中置中對齊。右對齊和置中對齊的多行編輯控制項不能具有 ES_AUTOHSCROLL 樣式,即不能自動水平捲動,超過一行限制以後會自動換行顯示
ES_LOWERCASE	輸入的所有大寫字母都轉為小寫
ES_UPPERCASE	輸入的所有小寫字母都轉為大寫
ES_NUMBER	只能在編輯控制項中輸入數字
ES_READONLY	將編輯控制項設定為唯讀狀態,不允許編輯其中的文字

（續表）

樣式	含義
ES_PASSWORD	將單行編輯控制項中的所有字元顯示為星號，版本 6 中顯示為黑圓圈（如果需要顯示為其他字元，可以透過發送 EM_SETPASSWORDCHAR 訊息進行設定），該樣式通常用於密碼一類的敏感資訊
ES_NOHIDESEL	預設情況下，當編輯控制項失去輸入焦點時，所選取的文字會失去突出顯示。在指定該樣式後，即使編輯控制項失去輸入焦點，所選取的文字也會突出顯示
ES_WANTRETURN	對於對話方塊程式中的多行編輯控制項，如果沒有指定 ES_WANTRETURN 樣式，當使用者按下 Enter 鍵時，不會換行，不過可以按 Ctrl + Enter 複合鍵進行換行。在指定該樣式後，按下 Enter 鍵就可以換行

預設情況下，編輯控制項是沒有邊框的，可以指定 WS_BORDER 視窗樣式為其增加一個邊框。當然，WS_CHILD | WS_VISIBLE 視窗樣式是子視窗控制項必不可少的。如果需要為編輯控制項增加水平或垂直捲軸，可以指定 WS_HSCROLL 或 WS_VSCROLL 視窗樣式。

系統在建立編輯控制項時，會自動建立文字緩衝區，並設定其初始大小，預設情況下最大緩衝區大小約為 32KB 個字元，有時候可能需要限制使用者輸入。比如有一個使用者名稱文字標籤，可能想限制使用者最多可以輸入 20 個字元，有時候可能需要比 32KB 更大的緩衝區，可以透過向編輯控制項發送 EM_SETLIMITTEXT（和 EM_LIMITTEXT 相同）訊息來設定緩衝區大小，將 wParam 參數指定為最大字元數，沒有用到 lParam 參數。對於單行編輯控制項，可以設定的最大字元數為 0x7FFFFFFE（約 2G）；對於多行編輯控制項，可以設定為系統支援的最大大小，如果 wParam 參數為 0，則表示使用可用的最大大小。

對於每個編輯控制項，系統維護一個唯讀標識，指示控制項的文字是讀取寫入（預設）或唯讀，可以透過向控制項發送 EM_SETREADONLY 訊息來設定文字的讀取寫入或唯讀標識，wParam 參數為 TRUE 表示唯讀，FALSE 表示讀取寫入，沒有用到 lParam 參數；要確定編輯控制項是否為唯讀，而沒有名為 EM_GETREADONLY 的訊息，可以使用 GWL_STYLE 常數呼叫 GetWindowLongPtr 函數獲取控制項樣式（ES_READONLY）。

可以透過呼叫 SetWindowText / SetDlgItemText 函數或發送 WM_SETTEXT 訊息來設定編輯控制項的文字,這幾個設定視窗文字的方法對於所有視窗幾乎都適用。當然,還有 GetWindowText / GetDlgItemText 和 WM_GETTEXT 訊息。

有時候需要把一個數值型態資料顯示到編輯控制項中,或從編輯控制項中獲取一個字串作為數值型使用,將文字轉為數值或將數值轉為文字需要額外的函數呼叫。為了簡化操作,Windows 提供了兩個函數來處理這個問題。

SetDlgItemInt 函數可以把一個數值型態資料顯示到編輯控制項中:

```
BOOL WINAPI SetDlgItemInt(
    _In_ HWND hDlg,          // 父視窗控制碼
    _In_ int  nIDDlgItem,    // 編輯控制項 ID
    _In_ UINT uValue,        // 數值型態資料
    _In_ BOOL bSigned);      // 指示 uValue 參數是有號還是無號數
```

參數 bSigned 指示 uValue 參數是有號數還是無號數。如果該參數為 TRUE 且 uValue 小於 0,則在編輯控制項中的第一個數字之前會增加一個減號;如果該參數為 FALSE,則把 uValue 視為無號數。

GetDlgItemInt 函數可以從編輯控制項中獲取一個字串並傳回數值型:

```
UINT WINAPI GetDlgItemInt(
    _In_      HWND hDlg,           // 父視窗控制碼
    _In_      int  nIDDlgItem,     // 編輯控制項 ID
    _Out_opt_ BOOL *lpTranslated,  // 函數執行成功還是失敗,傳回 TRUE 表示成功,FALSE 表示
失敗
    _In_      BOOL bSigned);       // 是否檢查編輯控制項中的字串開頭有沒有減號
```

- 參數 bSigned 表示是否檢查編輯控制項中的字串開頭有沒有減號。如果該參數為 TRUE 並且在字串開頭發現了減號,則傳回有號整數值,在這種情況下需要把傳回值強制轉為 int 類型;否則傳回不帶正負號的整數值。

- 因為函數傳回值是從編輯控制項中獲取到的十進位數字值,所以透過參數 lpTranslated 表示函數執行結果,傳回 TRUE 表示成功,FALSE 表示失敗。如果不需要檢查函數執行成功還是失敗,可以將該參數設定為 NULL。

除了上面介紹的訊息，表 8.8 所示的訊息也可以用於編輯控制項，不過這些訊息通常用於多行編輯控制項。多行編輯控制項可以用於實現一個簡單的文字編輯器。

▼ 表 8.8

訊息類型	含義
EM_UNDO	撤銷最近一次的編輯操作，即刪除剛剛插入的文字或恢復剛剛已刪除的文字，例如： `SendMessage(hwndEdit, EM_UNDO, 0, 0);`
EM_CANUNDO	編輯控制項的撤銷佇列是否不為空，即能不能撤銷上次的編輯操作，如果可以，傳回 TRUE，例如： `bResult = SendMessage(hwndEdit, EM_CANUNDO, 0, 0);`
EM_GETLINECOUNT	獲取多行編輯控制項中的總行數，例如： `nCount = SendMessage(hwndEdit, EM_GETLINECOUNT, 0, 0);` 如果編輯控制項中沒有文字，則傳回值為 1

EM_LINELENGTH	對於單行編輯控制項，wParam 和 lParam 參數都沒有用到，傳回單行編輯控制項中的字元個數，不包含終止空字元
	
	對於多行編輯控制項，wParam 參數指定為一個字元的字元索引（第 1 行第 1 個字元索引為 0），沒有用到 lParam 參數，傳回指定字元所在行的字元個數，例如下面的多行編輯控制項：
	
	``
	1
	23
	456
	``
	
	`nLength = SendMessage(hwndEdit, EM_LINELENGTH, 4, 0);`

EM_LINELENGTH	傳回 2。上面編輯控制項中的文字在記憶體中的形式為（確認和分行符號也包括在內）： `3100 0D00 0A00 3200 3300 0D00 0A00 3400 3500 3600 0D00 0A00` 索引為 4 的字元就是第 2 行的 3，第 2 行的字元個數是 2

（續表）

訊息類型	含義

EM_GETLINE	將單行編輯控制項中的文字複製到指定的緩衝區並傳回複製的字元數，不包含終止空字元；對於多行編輯控制項，則是複製指定行的文字並傳回複製的字元數，不包含終止空字元。對於單行編輯控制項，沒有用到 wParam 參數，lParam 參數指定為緩衝區指標；對於多行編輯控制項，wParam 參數指定為從 0 開始的行號，lParam 參數指定為緩衝區指標。需要注意的是，因為傳回的文字不包括終止空字元，所以緩衝區應該清零。另外，在發送訊息前，緩衝區的第一個字元必須設定為緩衝區的長度。例如：
	`TCHAR szBuf[128] = { 0 };`
	`szBuf[0] = 128;`
	`// 單行編輯控制項`
	`nCount = SendMessage(hwndEdit, EM_GETLINE, 0, (LPARAM)szBuf);`
	`// 多行編輯控制項`
	`nCount = SendMessage(hwndEdit, EM_GETLINE, 2, (LPARAM)szBuf);`

EM_LINEINDEX	獲取多行編輯控制項中指定行的第 1 個字元的字元索引，該訊息與 EM_LINEFROMCHAR 訊息相反，例如：
	
	``
	123
	456
	789
	│
	``
	
	`nIndex = SendMessage(hwndEdit, EM_LINEINDEX, 2, 0);`
	wParam 參數指定為從 0 開始的行號，指定為 -1 表示當前行號（游標所在的行），沒有用到 lParam 參數。上面的函數呼叫傳回 10，因為確認和分行符號也包括在內，上面編輯控制項中的文字在記憶體中的形式為：3100 3200 3300 0D00 0A00 3400 3500 3600 0D00 0A00 **3700** 3800 3900 0D00 0A00

EM_LINEFROMCHAR	用於多行編輯控制項，傳回指定字元索引的字元所在行的行索引。該訊息與 EM_LINEINDEX 訊息相反
EM_GETMODIFY	編輯控制項的內容是否已被修改，如果已被修改傳回 TRUE，否則傳回 FALSE，例如： `bResult = SendMessage(hwndEdit, EM_GETMODIFY, 0, 0);`

（續表）

訊息類型	含義
EM_SETSEL	透過指定一段字元的開始和結束位置（字元索引），在編輯控制項中選取一段文字，例如： `SendMessage(hwndEdit, EM_SETSEL, 3, 8);` 函數執行後顯示如下： Hello Windows
EM_SETSEL	即包括開始位置，但不包括結束位置。如果開始位置為 0 且結束位置為 -1，則選取編輯控制項中的所有文字；如果開始位置為 -1，則取消當前選取。選取文字以後，控制項會在結束位置顯示閃爍的游標。如果開始和結束位置為相同的值，則會移動游標到此處，這是設定游標位置的一種方法

EM_GETSEL	傳回編輯控制項中當前所選取文字的開始和結束位置，例如：
	
	`DWORD dwResult; DWORD dwStart, dwEnd;`
	`dwResult = SendMessage(hwndEdit, EM_GETSEL, (WPARAM)&dwStart,`
	`(LPARAM)&dwEnd);`
	
	在 dwStart 和 dwEnd 中傳回當前選取文字的開始和結束位置（字元索引），結束位置是選取的最後一個字元的索引加 1。該訊息的傳回值是 DWORD 類型，LOWORD(dwResult) 等於開始位置，HIWORD(dwResult) 等於結束位置。如果沒有選取文字，則開始和結束位置都是游標的位置

EM_REPLACESEL	將當前選取的文字取代為指定的的文字，例如： `SendMessage(hwndEdit, EM_REPLACESEL, TRUE, (LPARAM)szStr);` wParam 參數可以指定為 TRUE 或 FALSE，表示是否可以撤銷本次取代操作。如果指定為 TRUE；則表示可以撤銷操作；如果指定為 FALSE，則表示無法撤銷操作。lParam 參數指定為要取代的字串。如果沒有選取的文字，則將 lParam 參數指定的字串插入游標位置
EM_SCROLLCARET	在編輯控制項中將游標捲動到可見視圖中，在設定選取區域（或改變了游標位置）後，這個區域可能落在客戶區的外面，使用者看不到它。如果希望控制項能夠捲動以將新位置的內容落在客戶區中，可以發送 EM_SCROLLCARET 訊息，例如： `SendMessage(hwndEdit, EM_SCROLLCARET, 0, 0);`

（續表）

訊息類型	含義
WM_COPY	複製當前選取的內容到剪貼簿（如果樣式為 ES_PASSWORD，則不支援該訊息），例如： `SendMessage(hwndEdit, WM_COPY, 0, 0);`
WM_CUT	刪除編輯控制項中當前選取的內容，並把當前選取的內容以 CF_TEXT 格式複製到剪貼簿，例如： `SendMessage(hwndEdit, WM_CUT, 0, 0);`
WM_PASTE	把剪貼簿中 CF_TEXT 格式的內容插入編輯控制項的游標位置，例如： `SendMessage(hwndEdit, WM_PASTE, 0, 0);`
WM_CLEAR	刪除編輯控制項中當前選取的內容，如果當前沒有選取文字，則刪除游標右側的字元，例如： `SendMessage(hwndEdit, WM_CLEAR, 0, 0);`
WM_UNDO	撤銷最近一次的編輯操作，即刪除剛剛插入的任何文字或恢復剛剛已刪除的文字，例如： `SendMessage(hwndEdit, WM_UNDO, 0, 0);`

編輯控制項的通知碼以 WM_COMMAND 訊息的形式發送給父視窗，常見的通知碼如表 8.9 所示。

▼ 表 8.9

通知碼	含義
EN_SETFOCUS	編輯控制項獲得了輸入焦點
EN_KILLFOCUS	編輯控制項失去了輸入焦點
EN_UPDATE	編輯控制項的內容將變化
EN_CHANGE	編輯控制項的內容已變化。如果是多行編輯控制項，並且是透過程式碼（例如 SetWindowText、SetDlgItemText、SetDlgItemInt 等）改變了多行編輯控制項的內容，則不會收到 EN_CHANGE 和 EN_UPDATE 這兩個通知碼
EN_ERRSPACE	編輯控制項的緩衝區已滿
EN_MAXTEXT	編輯控制項已經沒有空間完成文字插入
EN_HSCROLL	編輯控制項的水平捲軸被點擊
EN_VSCROLL	編輯控制項的垂直捲軸被點擊

　　系統內建的記事本程式實際上用的就是 Edit 多行編輯控制項。透過本節所學，實現記事本的文字編輯功能很容易。如果需要實現一個文字編輯器，那麼建議學習功能更加強大的 RichEdit 豐富文字控制項。如果說 Edit 編輯控制項可以實現一個記事本程式，那麼 RichEdit 豐富文字控制項可以實現一個記事本程式（也是系統內建的）。本節的基礎知識幾乎能適用於 RichEdit 控制項，RichEdit 控制項提供了更多的功能。

　　接下來，實現一個單行編輯控制項的例子，EditDemo 程式執行效果如圖 8.1 所示。

▲ 圖 8.1

　　具體程式不在此處列出，參見 Chapter8\EditDemo 專案。

　　"會員註冊" "使用者名稱" "密碼" 和 "年齡" 這些文字用的都是 Static 類別靜態控制項。靜態控制項後面再講。因為用不到這些靜態控制項的 ID，所以靜態控制項的 ID 我都設定為 -1。至於靜態控制項、編輯控制項和按鈕控制項置放的位置，讀者可以自己設計，這不是重點。在 WM_CREATE 訊息中，建立所有控制項以後，發送 WM_SETFONT 訊息設定所有控制項的字型；發送 EM_SETLIMITTEXT 訊息設定使用者名稱，且分別限制密碼、年齡 3 個編輯控制項輸入 20、12、3 個字元；呼叫 AdjustWindowRectEx 函數設定程式視窗大小。

　　在 WM_COMMAND 訊息中，要獲取使用者名稱和密碼字串，首先發送 EM_LINELENGTH 訊息確定字串的長度，然後分配緩衝區，發送 EM_GETLINE 訊息獲取字串，要獲取年齡則直接呼叫 GetDlgItemInt 函數得到無號數值型，然後透過 wsprintf 函數格式化。當然，使用 GetWindowText / GetDlgItemText 或 WM_GETTEXT 訊息獲取編輯控制項的文字串也完全可以。

另外需要介紹的是 WM_CTLCOLORSTATIC 訊息。預設情況下靜態控制項有一個灰色背景，而程式客戶區的背景是白色，因此應該將靜態控制項的背景顏色設定為白色。在繪製靜態控制項以前，系統會發送 WM_CTLCOLORSTATIC 訊息到靜態控制項的父視窗。該訊息的 wParam 參數是靜態控制項視窗對應的 DC 控制碼，lParam 參數是靜態控制項的視窗控制碼。程式可以呼叫 SetTextColor 函數設定文字顏色，呼叫 SetBkColor 函數設定文字的背景顏色等，最後傳回一個筆刷控制碼，靜態控制項會使用這個筆刷來抹除背景。本例對 WM_CTLCOLORSTATIC 訊息的處理，僅是透過呼叫 GetSysColorBrush 函數傳回一個白色筆刷。

常用的類似訊息如表 8.10 所示。

▼ 表 8.10

訊息類型	針對的控制項類型
WM_CTLCOLORSTATIC	靜態控制項和唯讀或禁用的編輯控制項（正常狀態的編輯控制項不會收到該訊息，而是收到 WM_CTLCOLOREDIT 訊息）
WM_CTLCOLOREDIT	非唯讀或禁用的編輯控制項
WM_CTLCOLORBTN	自繪按鈕（但是對於自繪按鈕，通常處理的是 WM_DRAWITEM 訊息）
WM_CTLCOLORLISTBOX	列表框
WM_CTLCOLORSCROLLBAR	捲軸控制項
WM_CTLCOLORDLG	對話方塊

後面 5 個訊息的 wParam 和 lParam 參數的含義和 WM_CTLCOLORSTATIC 訊息完全相同，wParam 參數是控制項對應的 DC 控制碼，lParam 參數是控制項的視窗控制碼。例如下面的程式：

```
case WM_CTLCOLOR***:
    SetTextColor((HDC)wParam, RGB(255, 255, 255));
    SetBkColor((HDC)wParam, RGB(0, 0, 0));
    hbrBkgnd = CreateSolidBrush(RGB(0, 0, 0));
    return (LRESULT)hbrBkgnd;
```

　　禁用的編輯控制項的文字顏色始終為 COLOR_GRAYTEXT，在 WM_
CTLCOLOR*** 訊息中呼叫 SetTextColor 函數設定禁用編輯控制項的文字顏色
是無效的。

8.3 列表框

　　列表框也是經常使用的子視窗控制項，包含可供使用者選擇的項目列表，
使用者可以從中選擇一個或多個專案。如果列表框不夠大，顯示不了所有清單
項，則列表框可以顯示一個捲軸。另外，每一個清單項都可以設定一個與之連
結的 32 位元資料，稱為項目資料，可以設定為指向某些自訂資料的指標。普通
的列表框效果如圖 8.2 所示。

▲ 圖 8.2

　　列表框控制項可用的樣式如表 8.11 所示。

▼ 表 8.11

樣式	含義
LBS_HASSTRINGS	預設樣式（除自繪列表框）。列表框中的清單項是字串，程式可以透過發送 LB_GETTEXT 訊息來獲取指定清單項的文字
LBS_MULTIPLESEL	多選列表框。選取一個清單項以後，可以繼續點擊其他清單項以選取
LBS_EXTENDEDSEL	多選列表框。選取一個清單項以後，如果繼續點擊其他清單項，則會自動取消選取前一個；要想多選，可以在選取一個以後按住 Ctrl 鍵繼續選取其他清單項，或按住 Shift 鍵同時選取一個範圍的多個清單項，個人感覺該樣式比 LBS_MULTIPLESEL 樣式的使用者的體驗更友善

（續表）

樣式	含義
LBS_NOTIFY	當使用者點擊（LBN_SELCHANGE）、按兩下（LBN_DBLCLK）或取消選取（LBN_SELCANCEL）清單項時，會向父視窗發送包含上述通知碼的 WM_COMMAND 訊息，通常都會指定該樣式
LBS_SORT	按字母順序對列表框中的清單項進行排序
LBS_STANDARD	WS_BORDER | WS_VSCROLL | LBS_NOTIFY | LBS_SORT 樣式
LBS_NOREDRAW	在預設情況下，如果增加或刪除了清單項，列表框會自動重繪。指定該樣式可以阻止這種情況發生。有時候如果需要大量增加或刪除清單項，則可以暫時關閉自動重繪。也可以透過發送 WM_SETREDRAW 訊息來開啟或關閉自動重繪，wParam 參數可以指定為 TRUE 表示開啟自動重繪，或 FALSE 表示關閉自動重繪，沒有用到 IParam 參數
LBS_DISABLENOSCROLL	該樣式與 WS_VSCROLL 樣式一起使用，在指定該樣式後，如果列表框中的清單項比較少，則不需要使用捲軸，但還是會顯示禁用的垂直捲軸。如果未指定該樣式，則不需要使用捲軸時會隱藏捲軸
LBS_NOSEL	清單項只能查看，不能選擇
LBS_OWNERDRAWFIXED	自繪列表框，並且列表框中的清單項高度相同，建立列表框時父視窗會收到 WM_MEASUREITEM 訊息，列表框每次需要重繪時會收到 WM_DRAWITEM 訊息
LBS_OWNERDRAWVARIABLE	自繪列表框，並且列表框中的清單項高度可以不同，建立列表框時系統會為每一個清單項發送 WM_MEASUREITEM 訊息，當列表框需要重繪時會收到 WM_DRAWITEM 訊息。該樣式會導致啟用 LBS_NOINTEGRALHEIGHT 樣式。如果指定了 LBS_MULTICOLUMN 樣式，則忽略該樣式。Variable 表示可變。 講解選單項自繪的時候說過，除了用於自繪選單項，WM_MEASUREITEM 訊息也用於列表框、下拉式清單方塊等，該訊息的 IParam 參數是一個指向 MEASUREITEMSTRUCT 結構的指標，對 WM_MEASUREITEM 訊息的處理通常是設定 itemWidth 和 itemHeight 欄位，也就是設定這些控制項的寬度和高度，視窗過程處理完 WM_MEASUREITEM 訊息以後應傳回 TRUE。

（續下頁）

（續表）

樣式	含義
LBS_ OWNERDRAWVARIABLE	LBS_OWNERDRAWFIXED 和 LBS_ OWNERDRAWVARIABLE 樣式的不同之處在於，指定為後者，系統會為每一個清單項都發送 WM_MEASUREITEM 訊息，如何區分每一個清單項呢？MEASUREITEMSTRUCT 結構的 itemID 欄位表示選單項 ID，或列表框、下拉式清單方塊等的清單項位置索引（從 0 開始），因此可以為列表框中的清單項設定不同的寬度和高度
LBS_ NOINTEGRALHEIGHT	指定列表框的大小與程式在建立列表框時指定的大小完全相同，預設情況下系統可能會自動調整列表框的大小。對於具有 LBS_OWNERDRAWVARIABLE 樣式的列表框，始終強制使用 LBS_NOINTEGRALHEIGHT 樣式
LBS_MULTICOLUMN	多列列表框，通常不使用該樣式。如果列表框的高度顯示不了所有清單項，則可以在一行中顯示多個清單項，列表框會自動計算列的寬度，程式也可以發送 LB_ SETCOLUMNWIDTH 訊息設定寬度，該樣式的列表框不能垂直捲動，因為它忽略收到的任何 WM_VSCROLL 訊息。如果列表框具有 LBS_OWNERDRAWFIXED 樣式，可以在列表框發送 WM_MEASUREITEM 訊息時設定寬度；不能同時指定 LBS_MULTICOLUMN 和 LBS_ OWNERDRAWVARIABLE 樣式，如果同時指定了兩者，則忽略 LBS_OWNERDRAWVARIABLE 樣式
LBS_USETABSTOPS	允許辨識並展開清單項字串中的 \t 定位字元，程式可以透過發送 LB_SETTABSTOPS 訊息指定每個定位字元的位置，wParam 參數指定為定位字元的個數，IParam 參數指定為定位字元位置的陣列，類似於 TabbedTextOut 函數指定定位字元的最後兩個參數

當列表框中發生事件時，系統會以 WM_COMMAND 訊息的形式向父視窗發送通知碼，常見的通知碼如表 8.12 所示。

▼ 表 8.12

通知碼	含義
LBN_SETFOCUS	列表框獲取了鍵盤焦點
LBN_KILLFOCUS	列表框失去了鍵盤焦點
LBN_SELCHANGE	列表框中的選擇已更改，通常是在使用者點擊一個清單項的時候發生，使用者按下方向鍵改變選擇或鍵盤焦點的時候也會發送該通知碼。如果是透過發送 LB_SETSEL、LB_SETCURSEL、LB_SELECTSTRING、LB_SELITEMRANGE 或 LB_SELITEMRANGEEX 訊息更改了選擇，則不會發送該通知碼，即如果是程式碼更改了選取項，就不會收到 LBN_SELCHANGE 通知碼
LBN_DBLCLK	按兩下列表框中的某個清單項
LBN_SELCANCEL	取消選取列表框中的某個清單項
LBN_ERRSPACE	列表框無法分配足夠的記憶體來完成請求

　　清單項的增加、刪除、尋找等都是透過發送訊息來實現的。清單項的位置索引是從 0 開始的，列表框中第 1 個清單項的索引為 0，第 2 個清單項的索引為 1，依此類推。表 8.13 列出常見的列表框訊息。

▼ 表 8.13

訊息類型	含義

LB_ADDSTRING	增加一個字串類型的清單項，如果沒有指定 LBS_SORT 樣式，則該項會被增加到列表的尾端，否則增加以後會自動排序。該訊息的 wParam 參數沒有用到，lParam 參數指定為字串指標，該訊息傳回該新增加清單項的索引，如果發生錯誤，則傳回 LB_ERR(-1)。如果沒有足夠的記憶體空間來完成插入，則傳回 LB_ERRSPACE(-2)。例如：
	`nIndex = SendMessage(hwndListBox, LB_ADDSTRING, 0, (LPARAM)`
	`TEXT（"組合語言"））;`

LB_DELETESTRING	刪除一個清單項，wParam 參數指定為清單項索引，lParam 參數沒有用到，傳回值是列表框中剩餘清單項的個數，如果發生錯誤，則傳回 LB_ERR(-1)。例如： `nCount = SendMessage(hwndListBox, LB_DELETESTRING, 2, 0);`

（續表）

訊息類型	含義

LB_INSERTSTRING	與 LB_ADDSTRING 訊息不同的是，LB_INSERTSTRING 訊息的 wParam 參數可以指定為插入位置索引。即使列表框具有 LBS_SORT 樣式，也可以插入正確的位置。如果 wParam 參數指定為 -1，則插入列表的尾端。該訊息傳回該新增加清單項的索引，如果發生錯誤，則傳回 LB_ERR(-1)。如果沒有足夠的記憶體空間來完成插入，則傳回 LB_ERRSPACE(-2)。例如：
	
	`nIndex = SendMessage(hwndListBox, LB_`
	`INSERTSTRING, 1, (LPARAM)TEXT("組合語言"));`

LB_RESETCONTENT	刪除列表框中的所有清單項，例如： `SendMessage(hwndListBox, LB_RESETCONTENT, 0, 0);`

LB_FINDSTRING	尋找列表框中以指定字串開頭的第一個清單項，wParam 參數指定從哪個位置開始搜尋。如果搜尋到列表框的尾端還是沒有找到匹配項，則繼續從頭搜尋到 wParam 參數指定的位置，如果 wParam 參數指定為 -1，則表示從頭開始搜尋；lParam 參數指定為要搜尋的字串，不區分大小寫。傳回值是第一個匹配項的索引，如果沒有找到，則傳回 LB_ERR(-1)。例如：
	
	`nIndex = SendMessage(hwndListBox, LB_FINDSTRING,`
	`-1, (LPARAM)TEXT("C++"));`

LB_FINDSTRINGEXACT	和 LB_FINDSTRING 訊息不同的是，該訊息尋找列表框中與指定字串完全匹配的第一個清單項，不區分大小寫。除此之外，和 LB_FINDSTRING 訊息完全相同
LB_SELECTSTRING	用於單選列表框，該訊息與 LB_FINDSTRING 訊息的不同之處在於，找到匹配項後會選取該項，除此之外完全相同

LB_GETTEXT	獲取指定清單項的字串文字，wParam 參數指定為清單項的索引，lParam 參數指定為字串緩衝區，傳回值是字元個數，不包括終止空字元，如果發生錯誤，則傳回 LB_ERR(-1)。可以在發送 LB_GETTEXT 訊息前發送 LB_GETTEXTLEN 訊息，以獲取字串的字元個數（不包括終止空字元）。例如：
	
	`nCount = SendMessage(hwndListBox, LB_GETTEXT, 2, (LPARAM)`
	`szBuf);`

LB_GETTEXTLEN	獲取列表框中指定清單項的文字字元個數，wParam 參數指定為清單項的索引，lParam 參數沒有用到，傳回值是字元個數，不包括終止空字元，如果發生錯誤，則傳回 LB_ERR(-1)。例如： `nCount = SendMessage(hwndListBox, LB_GETTEXTLEN, 2, 0);`

（續表）

訊息類型	含義
LB_SETCURSEL	用於單選列表框，選取一個清單項，wParam 參數指定為清單項的索引，如果指定為 -1，則表示取消所有選擇，在這種情況下即使沒有發生錯誤，傳回值也為 LB_ERR(-1)，lParam 參數沒有用到，如果發生錯誤，則傳回 LB_ERR(-1)。例如： `nResult = SendMessage(hwndListBox, LB_SETCURSEL, 2, 0);`
LB_GETCURSEL	用於單選列表框，獲取當前選取項的索引，wParam 和 lParam 參數都沒有用到，如果當前沒有選取項，則傳回值為 LB_ERR(-1)。例如： `nIndex = SendMessage(hwndListBox, LB_GETCURSEL, 0, 0);`
LB_SETSEL	用於多選列表框，選取或取消選取一個清單項，wParam 參數指定為 TRUE 表示選取一個清單項，指定為 FALSE 表示取消選取一個清單項。lParam 參數指定為清單項索引，如果指定為 -1，表示選取或取消選取所有清單項；如果發生錯誤，傳回值為 LB_ERR (-1)。例如： `nResult = SendMessage(hwndListBox, LB_SETSEL, TRUE, 1);`
LB_GETSEL	可用於單選列表框和多選列表框，獲取一個清單項的選取狀態，wParam 參數指定為清單項索引，lParam 參數沒有用到。如果該清單項是選取狀態，則傳回值大於 0，否則傳回值為 0；如果發生錯誤，則傳回值為 LB_ERR(-1)。例如： `nResult = SendMessage(hwndListBox, LB_GETSEL, 1, 0);`
LB_GETSELCOUNT	用於多選列表框，獲取多選列表框中選取清單項的數量，wParam 和 lParam 參數都沒有用到，傳回值是多選列表框中選取清單項的數量，如果發生錯誤，則傳回值為 LB_ERR (-1)。例如： `nCount = SendMessage(hwndListBox, LB_GETSELCOUNT, 0, 0);`
LB_GETSELITEMS	用於多選列表框，發送 LB_GETSELCOUNT 訊息獲得了多選列表框中選取清單項的數量以後，可以發送 LB_GETSELITEMS 訊息獲取這些選取項的索引，LB_GETSELITEMS 訊息的 wParam 參數指定為需要獲取的清單項個數，lParam 參數指定為一個整數陣列，存放選取項的索引。傳回值是傳回到陣列中的選取項索引個數，如果發生錯誤，則傳回值為 LB_ERR (-1)。例如： （續下頁）

（續表）

訊息類型	含義

LB_GETSELITEMS	`nCount = SendMessage(hwndListBox, LB_GETSELCOUNT, 0, 0);`
	`LPINT pInt = new INT[nCount];`
	`nCount = SendMessage(hwndListBox, LB_GETSELITEMS, nCount,`
	`(LPARAM)pInt);`

LB_SELITEMRANGE	用於多選列表框，選取或取消選取一個或多個連續的清單項，wParam 參數指定為 TRUE 表示選取，或 FALSE 表示取消選取，LOWORD(lParam) 指定為連續清單項的第一項的索引，HIWORD(lParam) 指定為連續清單項的最後一項的索引，可以使用 MAKELPARAM 巨集建構 lParam 參數。如果發生錯誤，則傳回值為 LB_ERR(-1)。例如：
	`nResult = SendMessage(hwndListBox, LB_SELITEMRANGE, TRUE,`
	`MAKELPARAM(1, 3));`
	還有一個 LB_SELITEMRANGEEX 訊息與之類似

LB_SETTOPINDEX	捲動列表框使指定的清單項位於列表框的頂部，如果到了最大捲動範圍，則無法將其捲動到頂部，僅是讓指定的清單項可見，wParam 參數指定為清單項的索引，lParam 參數沒有用到。如果發生錯誤，則傳回值為 LB_ERR(-1)。例如： `SendMessage(hwndListBox, LB_SETTOPINDEX, 3, 0);`
LB_GETTOPINDEX	傳回列表框可見清單項中最頂部的索引，最初，索引為 0 的清單項位於列表框的頂部，但是如果列表框發生了捲動，則位於頂部的可能是其他清單項，該訊息的 wParam 和 lParam 參數都沒有用到。如果發生錯誤，則傳回 LB_ERR(-1)。例如： `nIndex = SendMessage(hwndListBox, LB_GETTOPINDEX, 0, 0);`
LB_GETCOUNT	獲取列表框中的清單項總數，wParam 和 lParam 參數都沒有用到。如果發生錯誤，則傳回 LB_ERR(-1)

LB_SETITEMDATA	為一個清單項設定專案資料，wParam 參數指定為清單項索引，如果設定為 -1，表示為列表框中的所有清單項設定相同的專案資料。lParam 參數指定為專案資料。如果發生錯誤，則傳回值為 LB_ERR(-1)。例如：
	`nResult = SendMessage(hwndListBox, LB_SETITEMDATA,`
	`2, (LPARAM) lpData);`

（續表）

訊息類型	含義
LB_GETITEMDATA	獲取與一個清單項連結的項目資料，wParam 參數指定為清單項索引，lParam 參數沒有用到，傳回值是與指定清單項連結的專案資料。如果發生錯誤，則傳回 LB_ERR(-1)。例如： `lpData = (LPVOID)SendMessage(hwndListBox, LB_GETITEMDATA, 2, 0);`
LB_DIR	這個訊息後面地單獨講解
LB_ADDFILE	這個訊息後面會單獨講解

　　複習一下，呼叫 CreateWindow / CreateWindowEx 函數建立列表框控制項後，列表框中還沒有清單項，需要發送 LB_ADDSTRING / LB_INSERTSTRING 訊息增加清單項。要刪除一個清單項可以發送 LB_DELETESTRING 訊息，要清空列表框可以發送 LB_RESETCONTENT 訊息，要獲取一個清單項的文字可以發送 LB_GETTEXTLEN、LB_GETTEXT 訊息，可以發送 LB_SETITEMDATA 訊息為每個清單項設定一個連結的項目資料，要獲取與清單項連結的專案資料可以發送 LB_GETITEMDATA 訊息，要獲取一個清單項的選取狀態可以發送 LB_GETSEL 訊息，根據字串尋找一個清單項可以發送 LB_FINDSTRING / LB_FINDSTRINGEXACT 訊息，獲取列表框中的清單項總數可以發送 LB_GETCOUNT 訊息。

　　對於單選列表框：可以發送 LB_SETCURSEL 或 LB_GETCURSEL 訊息來設定或獲取當前選取項。另外，LB_SELECTSTRING 訊息也是針對單選列表框的。

　　對於多選列表框：要選取或取消選取一個清單項可以發送 LB_SETSEL 訊息，要選取或取消選取一片連續的清單項可以發送 LB_SELITEMRANGE 訊息，要獲取所有選取項的索引可以發送 LB_GETSELCOUNT、LB_GETSELITEMS 訊息。

　　對自繪列表框感興趣的讀者需要注意幾點，對於沒有指定 LBS_HASSTRINGS 樣式的自繪列表框：發送 LB_ADDSTRING/LB_INSERTSTRING 訊息增加清單項時，lParam 參數指定的字串會儲存為項目資料而非清單項字串；發送 LB_DELETESTRING 訊息會導致系統向列表框的父視窗發送 WM_DELETEITEM 訊息，以刪除與該清單項連結的項目資料；發送 LB_RESETCONTENT 訊息會導致系統中的每個清單項向列表框的父視窗發送 WM_DELETEITEM 訊息，以刪除與每個清單項連結的項目資料；發送 LB_GETTEXTLEN 訊息傳回的始終是 DWORD 的大小（4），發送 LB_GETTEXT 訊息獲取的是與清單項連結的項目資料；可以發送 LB_SETITEMDATA 或 LB_GETITEMDATA 訊息以設定、修改或獲取項目資料；發送 LB_FINDSTRING 訊息時，wParam 參數指定從哪個位置開始搜尋，IParam 參數指定為要搜尋的字串，LB_FINDSTRING 採取的操作取決於是否指定了 LBS_SORT 樣式，如果指定了 LBS_SORT 樣式，系統會將 WM_COMPAREITEM 訊息發送給列表框父視窗，以確定哪個清單項與指定的字串匹配，否則將尋找與 IParam 參數匹配的項目資料。

再看一下拖動列表框。拖動列表框允許使用者將清單項從一個位置拖動到另一個位置，以改變排列順序。拖動列表框僅用於單選列表框。如果想讓一個列表框可以拖動，在建立列表框控制項以後，則需要呼叫 MakeDragList(hwndListBox); 函數將其更改為拖動列表框。

呼叫 MakeDragList 函數時系統會定義拖動清單訊息。當發生拖動事件時，系統會向拖動列表框的父視窗發送拖動清單訊息，父視窗必須處理拖動清單訊息。拖動清單訊息的 ID 值是多少呢？拖動清單訊息的具體值還沒有確定，程式可以透過註冊訊息的方式獲取這個值，呼叫 RegisterWindowMessage (DRAGLISTMSGSTRING); 函數會傳回一個 0xC000 ～ 0xFFFF 範圍內的訊息 ID，該訊息 ID 在整個系統中是唯一的。DRAGLISTMSGSTRING 是一個常數，在 CommCtrl.h 標頭檔中定義如下：

```
#define DRAGLISTMSGSTRING  TEXT("commctrl_DragListMsg")
```

有了拖動清單訊息 ID，就可以在視窗過程中處理該訊息。例如下面的程式：

```
static UINT WM_DRAGLIST;
......
MakeDragList(hwndListBox);
WM_DRAGLIST = RegisterWindowMessage(DRAGLISTMSGSTRING);
```

拖動清單訊息的 wParam 參數是拖動列表框的控制項 ID，lParam 參數是一個指向 DRAGLISTINFO 結構的指標，其中包含拖動事件的通知碼和其他資訊，拖動清單訊息的傳回值取決於具體的通知碼。DRAGLISTINFO 結構在 CommCtrl.h 標頭檔中定義如下：

```
typedef struct tagDRAGLISTINFO {
    UINT uNotification;   // 通知碼，指示拖動事件的類型
    HWND hWnd;            // 拖動列表框的視窗控制碼
    POINT ptCursor;       // 拖動事件發生時滑鼠游標的 X 和 Y 座標
} DRAGLISTINFO, *LPDRAGLISTINFO;
```

uNotification 欄位表示通知碼，指示拖動事件的類型，該欄位可以是表 8.14 所示的值之一。

▼ 表 8.14

常數	含義
DL_BEGINDRAG	使用者在清單項上點擊了滑鼠左鍵，開始拖動
DL_DRAGGING	使用者正在拖動清單項，在開始拖動後，只要移動滑鼠就會發送 DL_DRAGGING 通知碼
DL_CANCELDRAG	使用者透過點擊滑鼠右鍵或按 Esc 鍵取消了拖動操作
DL_DROPPED	使用者已釋放滑鼠左鍵，拖動操作完成

當使用者點擊一個清單項時，將發送包含 DL_BEGINDRAG 通知碼的拖動清單訊息，可以透過呼叫 LBItemFromPt 函數來確定游標下的清單項索引，儲存該清單項索引，在拖動操作完成後需要移動該清單項，然後傳回 TRUE 表示開始拖動操作，或傳回 FALSE 表示禁止拖動。LBItemFromPt 函數用於獲取指定座標處的清單項索引：

```
int LBItemFromPt(
    HWND  hLB,            // 列表框控制項控制碼
    POINT pt,             // 點座標，使用 ((LPDRAGLISTINFO)lParam)->ptCursor 欄位
    BOOL  bAutoScroll);   // 是否自動捲動
```

參數 bAutoScroll 指定是否自動捲動。如果設定為 TRUE，則表示在拖動過程中當滑鼠游標移到列表框的上方或下方時，列表框自動捲動一行，在這種情況下因為滑鼠游標不在清單項上，所以該函數會傳回 LB_ERR(-1)；設定為 FALSE，則不會自動捲動。在處理 DL_BEGINDRAG 通知碼的時候，因為還沒有開始拖動，所以該參數設定為 TRUE 或 FALSE 都可以。

開始拖動以後，只要移動滑鼠就會發送 DL_DRAGGING 通知碼，可以透過呼叫 LBItemFromPt 函數來確定游標下的清單項索引，然後可以呼叫 DrawInsert 函數在游標下清單項的左上方繪製插入圖示。處理完該通知碼以後的傳回值指定了滑鼠游標的類型，傳回值可以是 DL_STOPCURSOR、DL_COPYCURSOR 或 DL_MOVECURSOR。DrawInsert 函數用於在拖動列表框的父視窗中繪製插入圖示：

```
void DrawInsert(
    HWND handParent,// 拖動列表框的父視窗控制碼
    HWND hLB,       // 拖動列表框的控制碼
    int  nItem);    // 在哪個位置顯示插入圖示，在 DL_DRAGGING 通知碼中可以設定為游標下的清單
項索引
```

如果使用者透過點擊滑鼠右鍵或按 Esc 鍵取消了拖動操作，則會發送 DL_CANCELDRAG 通知碼，程式通常不需要處理該通知碼。如果使用者透過釋放滑鼠左鍵完成了拖動操作，則會發送 DL_DROPPED 通知碼，可以透過呼叫 LBItemFromPt 函數來確定游標下的清單項索引，然後把被拖動的清單項移動到游標下清單項的前面。系統會忽略 DL_CANCELDRAG 和 DL_DROPPED 通知碼的傳回值，通常可以傳回 0。

接下來實現一個例子，ListBoxDemo 程式執行效果如圖 8.3 所示。

▲ 圖 8.3

在 WinMain 函數中呼叫 CreateWindowEx 的時候，沒有指定 WS_THICKFRAME 和 WS_MAXIMIZEBOX 樣式，因此程式視窗不可調整大小，而且最大化按鈕故障；程式的列表框是一個拖動列表框，使用者可以隨意拖動清單項的位置。

在 WM_CREATE 訊息中，建立了列表框控制項、兩個靜態控制項、兩個編輯方塊控制項和 3 個按鈕，項目資料編輯方塊使用了 ES_NUMBER 樣式，使用者只能輸入數字。初始情況下，3 個按鈕是禁用的。

在 WM_COMMAND 訊息中，程式處理了 BN_CLICKED、LBN_SELCHANGE 和 EN_UPDATE 通知碼，分別對應著使用者點擊 3 個按鈕、列表框中的選擇已更改和編輯控制項的內容已變化。

switch (uMsg) 中包含 case 訊息 ID。因為 case 後面需要的是一個常數，所以對於 WM_DRAGLIST 訊息的處理單獨用了一個 if 判斷，然後在 if 敘述中分別處理 DL_BEGINDRAG、DL_DRAGGING 和 DL_DROPPED 通知碼。

對於各控制項 ID 的定義，請查看 resource.h 標頭檔，由於篇幅關係，具體程式不在此處列出，參見 Chapter8\ListBoxDemo 專案。

最後，研究一下 LB_DIR 和 LB_ADDFILE 訊息。要了解這兩個訊息，不妨先看一下 DlgDirList 函數。DlgDirList 函數把指定目錄中指定屬性的子目錄和檔案的名稱顯示到列表框中：

```
int DlgDirList(
    _In_    HWND    hDlg,           // 列表框的父視窗控制碼
    _Inout_ LPTSTR  lpPathSpec,     // 目錄名稱和檔案名稱的組合，可以是絕對路徑或相對路徑
    _In_    int     nIDListBox,     // 列表框控制項 ID
    _In_    int     nIDStaticPath,  // 靜態控制項 ID，用於顯示當前當前驅動器和目錄，可以設
定為 0
    _In_    UINT    uFileType);     // 指定檔案或目錄的屬性
```

- 參數 lpPathSpec 是 Include 目錄名稱和檔案名稱的字串緩衝區指標，可以是絕對路徑或相對路徑，例如 "C:\" "C:\Windows*.*" 或 "*.*"。該函數將字串拆分為目錄和檔案名稱，然後在目錄中搜尋與檔案名稱匹配的檔案名稱。如果字串未指定目錄，則在目前的目錄中搜尋。如果字串引用檔

案名稱,則檔案名稱必須至少包含一個萬用字元(?或*);如果字串不引
用檔案名稱,則把檔案名稱指定為萬用字元*。將指定目錄中與檔案名稱匹
配並且具有 uFileType 參數指定的屬性的所有檔案名稱都增加到列表框中。

- 參數 uFileType 指定檔案或目錄的屬性,lpPathSpec 目錄中具有該屬性的
  檔案或目錄的名稱會被增加到列表框中。該參數可以是表 8.15 所示的或多
  個值。

▼ 表 8.15

常數	含義
DDL_READWRITE	讀取寫入檔案,這是預設設定
DDL_ARCHIVE	存檔檔案
DDL_HIDDEN	隱藏檔案
DDL_READONLY	唯讀檔案
DDL_SYSTEM	系統檔案
DDL_DIRECTORY	包括子目錄,指定目錄中的子目錄名稱都會顯示到列表框中,子目錄名稱顯示為 [子目錄名稱]
DDL_DRIVES	所有映射的驅動器都顯示到列表框中,顯示為 [-x-],其中 x 是磁碟機代號
DDL_EXCLUSIVE	僅包含具有指定屬性的檔案。預設情況下,即使未指定 DDL_READWRITE,也會列出讀取寫入檔案
DDL_POSTMSGS	如果設定了該標識,則 DlgDirList 函數使用 PostMessage 函數將訊息發送到列表框;如果未設定,則使用 SendMessage 函數

如果函數執行成功,則傳回值為非零值;如果函數執行失敗,則傳回值為
0。呼叫該函數實際上就是向列表框發送 LB_RESETCONTENT 和 LB_DIR 訊息,
因此 LB_DIR 訊息的用法和該函數完全一樣。例如下面的程式:

```
TCHAR szPath[] = TEXT("*.*");
......
case WM_CREATE:
    hInstance = ((LPCREATESTRUCT)lParam)->hInstance;
    hwndStatic = CreateWindowEx(0, TEXT("Static"), TEXT(""),
        WS_CHILD | WS_VISIBLE, 10, 0, 350, 20, hwnd, (HMENU)(1000), hInstance, NULL);
```

```
hwndListBox = CreateWindowEx(0, TEXT("ListBox"), NULL,
    WS_CHILD | WS_VISIBLE | WS_BORDER | WS_VSCROLL | LBS_NOTIFY,
    10, 25, 200, 240, hwnd, (HMENU)1001, hInstance, NULL);
DlgDirList(hwnd, szPath, 1001, 1000,
    DDL_ARCHIVE | DDL_READONLY | DDL_SYSTEM | DDL_DIRECTORY | DDL_DRIVES);
return 0;
```

程式執行效果如圖 8.4 所示。

DlgDirList 函數的 nIDStaticPath 參數指定的靜態控制項的作用是顯示當前的完整目錄名稱；如果 uFileType 參數包含 DDL_DIRECTORY 標識並且目前的目錄存在上一層目錄，則會在列表框中顯示一個 [..] 表示上一層目錄。DlgDirList 函數呼叫中的 lpPathSpec 參數不可以直接指定為 TEXT("*.*") 常字串：

```
DlgDirList(hwnd, TEXT("*.*"), IDC_LISTBOX, IDC_STATICPATH,
    DDL_ARCHIVE | DDL_READONLY | DDL_SYSTEM | DDL_DIRECTORY | DDL_DRIVES);
```

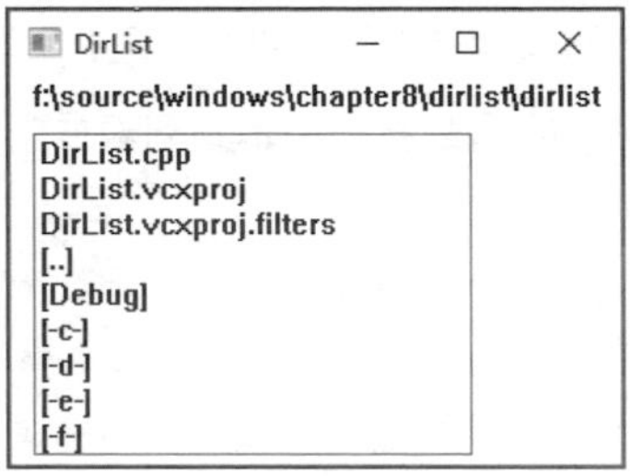

▲ 圖 8.4

因為該函數會將 lpPathSpec 參數指定的字串拆分為目錄和檔案名稱。

DlgDirSelectEx 函數獲取由 DlgDirList 函數填充的列表框中當前選定的清單項的文字內容：

```
BOOL DlgDirSelectEx(
    _In_  HWND    hDlg,          // 列表框的父視窗控制碼
    _Out_ LPTSTR  lpString,      // 接收所選清單文字內容的緩衝區指標
    _In_  int     nCount,        // 緩衝區的長度，以字元為單位
    _In_  int     nIDListBox);   // 列表框控制項 ID
```

如果當前選擇的是目錄名稱,則傳回值為 TRUE;如果當前選擇的不是目錄名稱,則傳回值為 FALSE。如果當前選擇的是目錄名稱或磁碟機代號,函數將刪除封閉的中括號 []（目錄名稱前後的 []）和連字號 -（磁碟機代號前後的 -）。該函數實際上就是向列表框發送 LB_GETCURSEL 和 LB_GETTEXT 訊息。

LB_ADDFILE 訊息向由 DlgDirList 函數填充的列表框中增加指定的檔案名稱,wParam 參數沒有用到,lParam 參數是指向檔案名稱緩衝區的指標,傳回值是新增加清單項的索引。如果發生錯誤,則傳回 LB_ERR(-1)。例如:

```
SendMessage(hwndListBox, LB_ADDFILE, 0,
    (LPARAM)TEXT("F:\\Source\\Windows\\Chapter8\\DirList\\DirList.sln"));
```

關於目錄清單的簡單例子,參見 Chapter8\DirList 專案。

8.4 下拉式清單方塊

下拉式清單方塊是編輯控制項和列表框組合起來的一種子視窗控制項,結合了編輯控制項和單選列表框的大部分功能,其用法和編輯控制項、列表框類似。編輯控制項部分用於顯示當前選擇的清單項,列表框部分列出了使用者可以選擇的清單項。有 3 種樣式的下拉式清單方塊,如圖 8.5 所示。

▲ 圖 8.5

在下拉式清單方塊的列表框中沒有選取項的情況下,下拉式清單方塊的編輯控制項中不會顯示任何內容,但是可以在編輯控制項中設定一個提示文字,以提示使用者進行選擇,如圖 8.6 所示。

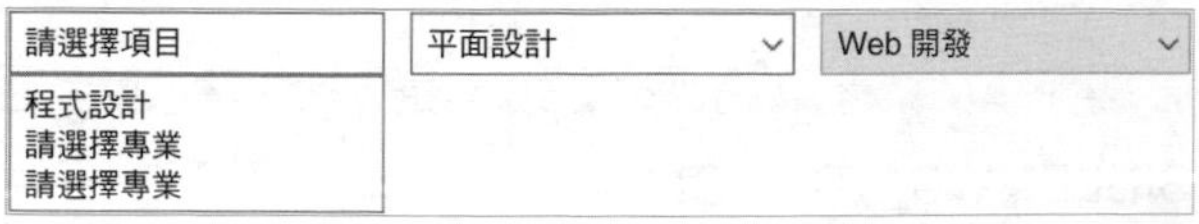

▲ 圖 8.6

先看一下下拉式清單方塊的樣式，表 8.16 所示是常用的部分下拉式清單方塊樣式。

▼ 表 8.16

樣式	含義
CBS_SIMPLE	始終顯示列表框（前提是下拉式清單方塊必須具有一定高度，高度至少可以容納編輯控制項和一行列記錄），列表框中的當前選取項會顯示到編輯控制項中，使用者也可以在編輯控制項中自行輸入內容
CBS_DROPDOWN	列表框部分平時是收起的，使用者可以透過點擊右側的下拉箭頭來展開列表框以選擇清單項。選取的清單項會顯示到編輯控制項中，在編輯控制項中使用者也可以自行輸入內容
CBS_DROPDOWNLIST	與 CBS_DROPDOWN 類似，不同之處在於編輯控制項部分被靜態文字項取代，列表框部分平時也是收起的，使用者可以透過點擊下拉式清單方塊來展開列表框以選擇清單項。選取的清單項會顯示到靜態文字項中，使用者無法在靜態文字項中輸入內容，只能選擇列表框中的清單項
CBS_AUTOHSCROLL	當使用者輸入文字時，如果文字字數填滿了編輯控制項，則無法繼續輸入。在指定該樣式後，在必要時編輯控制項會自動水平捲動，這樣一來使用者輸入的文字字數就不受編輯控制項的長度影響
CBS_DISABLENOSCROLL	該樣式通常與 WS_VSCROLL 樣式一起使用。在指定該樣式後，如果列表框中的清單項比較少，則不需要使用捲軸，但還是會顯示禁用的垂直捲軸；如果未指定該樣式，則不需要使用捲軸時會隱藏捲軸
CBS_SORT	按字母順序對列表框中的清單項進行排序
CBS_HASSTRINGS	預設樣式（除自繪下拉式清單方塊）
CBS_OWNERDRAWFIXED	自繪列表框，列表框中的清單項具有相同的高度
CBS_OWNERDRAWVARIABLE	自繪列表框，列表框中的清單項高度可變

除了上面這些下拉式清單方塊樣式，通常還需要指定視窗樣式 WS_CHILD | WS_VISIBLE | WS_VSCROLL。

　　下拉式清單方塊的列表框中清單項的增加、刪除、尋找等都是透過發送訊息來實現的。表 8.17 列出了常見的下拉式清單方塊訊息，表中前半部分訊息的用法和編輯控制項、列表框類似。

▼ 表 8.17

訊息類型	含義
CB_ADDSTRING	增加一個字串類型的清單項。如果沒有指定 CBS_SORT 樣式，則該項會增加到列表的尾端，否則增加以後會自動排序。wParam 參數沒有用到，lParam 參數指定為字串指標，傳回值是新增加項的索引。如果發生錯誤，則傳回值為 CB_ERR(-1)；如果沒有足夠的記憶體空間來完成操作，則傳回值為 CB_ERRSPACE(-2)
CB_DELETESTRING	刪除列表框中的清單項。wParam 參數指定為要刪除清單項的索引，lParam 參數沒有用到，傳回值是列表框中剩餘清單項的數目。如果發生錯誤，則傳回值為 CB_ERR(-1)
CB_INSERTSTRING	與 CB_ADDSTRING 訊息不同的是，CB_INSERTSTRING 訊息的 wParam 參數可以指定為插入位置索引，即使下拉式清單方塊具有 CBS_SORT 樣式，也可以插入正確的位置。如果 wParam 參數指定為 -1，則插入列表的尾端。該訊息傳回新增加清單項的索引，如果發生錯誤，則傳回 CB_ERR(-1)；如果沒有足夠的記憶體空間來完成插入，則傳回 CB_ERRSPACE(-2)
CB_RESETCONTENT	刪除列表框中的所有清單項，編輯控制項中的內容也會消失。該訊息的 wParam 和 lParam 參數都沒有用到
CB_FINDSTRING	尋找列表框中以指定字串開頭的第一個清單項，不區分大小寫。wParam 參數指定從哪個位置開始搜尋。如果搜尋到列表框的尾端還是沒有找到匹配項，則繼續從頭搜尋到 wParam 參數指定的位置，如果 wParam 參數指定為 -1，則從頭開始搜尋。lParam 參數指定為要搜尋的字串，傳回值是第一個匹配項的索引；如果沒有找到，則傳回 CB_ERR(-1)
CB_FINDSTRINGEXACT	和 CB_FINDSTRING 訊息不同的是，該訊息尋找列表框中與指定字串完全匹配的第一個清單項，不區分大小寫。除此之外，和 CB_FINDSTRING 訊息完全相同
CB_SELECTSTRING	該訊息與 CB_FINDSTRING 訊息的不同之處在於，找到匹配項以後會選取該項，並把選取項的文字顯示到編輯控制項中，除此之外完全相同

（續表）

訊息類型	含義
CB_SETCURSEL	從列表框中選取一個清單項，並把清單項的文字顯示到編輯控制項中。wParam 參數指定為要選取清單項的索引，如果指定為 -1，則取消所有選取並清除編輯控制項的內容（這種情況下即使沒有發生錯誤傳回值也為 CB_ERR(-1)），lParam 參數沒有用到，傳回值是所選清單項的索引。如果發生錯誤，則傳回 CB_ERR(-1)
CB_GETCURSEL	獲取列表框中當前選取項的位置索引。wParam 和 lParam 參數都沒有用到，如果當前沒有選取項，則傳回值為 CB_ERR(-1)
CB_GETLBTEXT	獲取列表框中一個清單項的文字。wParam 參數指定為清單項的索引。lParam 參數指定為字串緩衝區，傳回值是字元個數，不包括終止空字元。如果發生錯誤，則傳回 CB_ERR(-1)。可以在發送 CB_GETTEXT 訊息之前發送 CB_GETTEXTLEN 訊息，以獲取字串的字元個數（不包括終止空字元）
CB_GETLBTEXTLEN	獲取列表框中一個清單項的文字長度，以字元為單位。wParam 參數指定為清單項的索引，lParam 參數沒有用到，傳回值是字元個數，不包括終止空字元。如果發生錯誤，則傳回 CB_ERR(-1)
CB_LIMITTEXT	限制使用者可以在下拉式清單方塊的編輯控制項中輸入的文字長度，以字元為單位。wParam 參數指定為最大字元數，可以設定的最大字元數為 0x7FFFFFFE（約 2G），如果設定為 0，則表示限制為最大支援長度。lParam 參數沒有用到，如果下拉式清單方塊沒有 CBS_AUTOHSCROLL 樣式，則將字元個數設定為大於編輯控制項的長度所能容納的大小是無效的，預設情況下最大緩衝區大小約為 32KB 個字元，傳回值始終為 TRUE
CB_GETCOUNT	獲取列表框中的清單項總數。wParam 和 lParam 參數都沒有用到。如果發生錯誤，則傳回 CB_ERR(-1)
CB_SETTOPINDEX	捲動列表框以使指定的清單項位於列表框的頂部，如果到了最大捲動範圍，則無法將其捲動到頂部，僅是讓指定的清單項可見。wParam 參數指定為清單項的索引，lParam 參數沒有用到，執行成功傳回值為 0。如果發生錯誤，則傳回 CB_ERR(-1)

（續表）

訊息類型	含義
CB_GETTOPINDEX	傳回列表框可見清單項中最頂部的索引，最初，索引為 0 的清單項位於列表框的頂部，但是如果列表框內容發生了捲動，則位於頂部的可能是其他清單項。wParam 和 IParam 參數都沒有用到，傳回值是清單項中最頂部的索引。如果發生錯誤，則傳回 CB_ERR(-1)
CB_SETEDITSEL	選擇下拉式清單方塊編輯控制項中的部分字元。wParam 參數沒有用到，LOWORD(IParam) 指定起始位置，如果指定為 -1，則表示刪除所有選擇；HIWORD(IParam) 指定結束位置，如果指定為 -1，則表示從起始位置選擇到尾端，該訊息僅支援 CBS_SIMPLE 和 CBS_DROPDOWN 樣式的下拉式清單方塊，執行成功傳回值為 TRUE，會選取起始位置到結束位置前一個字元之間的所有字元。如果發生錯誤，則傳回 CB_ERR(-1)
CB_GETEDITSEL	獲取下拉式清單方塊編輯控制項中當前選擇的字元的開始和結束位置。wParam 參數可以設定為一個指向 DWORD 值的指標，該值接收選擇的起始位置，也可以設定為 NULL。IParam 參數可以設定為一個指向 DWORD 值的指標，該值接收選擇的結束位置，也可以設定為 NULL，傳回值是一個 DWORD 值，LOWORD（傳回值）表示選擇的起始位置，HIWORD（傳回值）表示選擇的結束位置
CB_SETITEMDATA	設定列表框中指定清單項的項目資料。wParam 參數指定為清單項的索引，IParam 參數指定為與清單項連結的 32 位元資料。如果發生錯誤，則傳回 CB_ERR(-1)
CB_GETITEMDATA	獲取列表框中指定清單項的項目資料。wParam 參數指定為清單項的索引，IParam 參數沒有用到，傳回值是與清單項連結的項目資料。如果發生錯誤，則傳回 CB_ERR(-1)
CB_SETCUEBANNER	在下拉式清單方塊的列表框中沒有選取項的情況下，為下拉式清單方塊的編輯控制項設定提示文字。wParam 參數沒有用到，IParam 參數指定為提示文字串指標，執行成功傳回值為 1。如果發生錯誤，則傳回 CB_ERR(-1)
CB_GETCUEBANNER	獲取下拉式清單方塊的編輯控制項中顯示的提示文字。wParam 參數指定為字串緩衝區指標。IParam 參數指定為緩衝區的長度，以字元為單位，執行成功傳回值為 1；如果編輯控制項中沒有提示文字，則傳回 0。如果發生錯誤，則傳回 CB_ERR(-1)

（續表）

訊息類型	含義
CB_SHOWDROPDOWN	顯示或隱藏具有 CBS_DROPDOWN 或 CBS_DROPDOWNLIST 樣式的下拉式清單方塊的列表框。wParam 參數可以指定為 TRUE 表示顯示下拉式選單，或 FALSE 表示隱藏下拉式選單，lParam 參數沒有用到，傳回值始終為 TRUE
CB_GETDROPPEDSTATE	檢查下拉式選單是顯示的還是隱藏的，wParam 和 lParam 參數都沒有用到。如果下拉式選單是顯示的，則傳回 TRUE；否則傳回 FALSE
CB_GETCOMBOBOXINFO	獲取下拉式清單方塊的相關資訊。wParam 參數沒有用到，lParam 參數指定為一個指向 COMBOBOXINFO 結構的指標，執行成功傳回值為 TRUE，執行失敗傳回值為 FALSE。該訊息和呼叫 GetComboBoxInfo 函數的效果相同。COMBOBOXINFO 結構在 WinUser.h 標頭檔中定義如下： ```c\ntypedef struct tagCOMBOBOXINFO\n{\n DWORD cbSize; // 該結構的大小，以位元組為單位\n RECT rcItem; // 下拉式清單方塊中編輯控制項的矩形範圍\n RECT rcButton; // 下拉箭頭按鈕的矩形範圍\n DWORD stateButton;// 下拉箭頭的按鈕狀態，可以是\n // STATE_SYSTEM_INVISIBLE、\n // STATE_SYSTEM_PRESSED 或 0，分別表示\n // 沒有按鈕、按下了按鈕或未按下按鈕\n HWND hwndCombo; // 下拉式清單方塊的視窗控制碼\n HWND hwndItem; // 編輯控制項的視窗控制碼\n HWND hwndList; // 列表框的視窗控制碼\n} COMBOBOXINFO, *PCOMBOBOXINFO, *LPCOMBOBOXINFO;\n```
CB_GETDROPPED-CONTROLRECT	獲取整數個下拉式清單方塊的矩形區域，包括編輯控制項和展開以後的下拉式選單，wParam 參數沒有用到，lParam 參數是一個指向 RECT 結構的指標，在這個 RECT 結構中傳回整個下拉式清單方塊的矩形範圍，執行成功傳回值為 TRUE，執行失敗傳回 FALSE

（續表）

訊息類型	含義
CB_SETDROPPEDWIDTH	設定具有 CBS_DROPDOWN 或 CBS_DROPDOWNLIST 樣式的下拉式清單方塊的列表框的最小允許寬度，以像素為單位。wParam 參數設定為最小允許寬度，IParam 參數沒有用到，執行成功，則傳回值為列表框的新最小寬度；如果發生錯誤，則傳回 CB_ERR （-1）。預設情況下，下拉式選單的最小允許寬度為 0 或下拉式清單方塊寬度，列表框的實際寬度是最小允許寬度或下拉式清單方塊寬度，以較大者為準，即預設情況下列表框的寬度和下拉式清單方塊的寬度相同，因為列表框平時都處於隱藏狀態，為了完整顯示一些較長的清單項，有必要設定一個比下拉式清單方塊寬度更大的最小寬度
CB_GETDROPPEDWIDTH	獲取具有 CBS_DROPDOWN 或 CBS_DROPDOWNLIST 樣式的下拉式清單方塊的列表框的最小允許寬度，以像素為單位。wParam 和 IParam 參數都沒有用到，執行成功，則傳回值為最小寬度；如果發生錯誤，則傳回 CB_ERR(-1)。預設情況下，下拉式選單的最小允許寬度為 0 或下拉式清單方塊寬度，列表框的實際寬度是最小允許寬度或下拉式清單方塊寬度，以較大者為準
CB_DIR	呼叫 DlgDirListComboBox 函數實際上就是向下拉式清單方塊發送 CB_RESETCONTENT 和 CB_DIR 訊息。DlgDirListComboBox、DlgDirSelectComboBoxEx 函數的用法和 DlgDirList、DlgDirSelectEx 完全相同，在此不再贅述

對於 CBS_SIMPLE 和 CBS_DROPDOWN 樣式的下拉式清單方塊，使用者如果在編輯控制項中自行輸入了內容，那麼列表框中的選取項就會自動取消選取，這時獲取編輯控制項中的文字可以使用 GetWindowText/ GetDlgItemText 函數；如果沒有自行輸入內容，既可以使用 GetWindowText/GetDlgItemText 函數，也可以發送 CB_GETLBTEXT 訊息。因此對於 CBS_SIMPLE 和 CBS_DROPDOWN 樣式的下拉式清單方塊，最好還是使用 GetWindowText/ GetDlgItemText 函數獲取編輯控制項中的文字。

對於 CBS_DROPDOWNLIST 樣式的下拉式清單方塊，不存在使用者自行輸入內容，因此要獲取編輯控制項中的文字，既可以使用 GetWindowText / GetDlgItemText 函數，也可以發送 CB_GETLBTEXT 訊息。

通常可以發送 CB_SETCUEBANNER 訊息為下拉式清單方塊設定一個提示文字，提示文字不屬於編輯控制項的真正內容，即呼叫 GetWindowText / GetDlgItemText 函數無法獲取顯示在編輯控制項中的提示文字內容，函數傳回的字元個數始終為 0。如果下拉式清單方塊的列表框中存在比較長的清單項，可以透過發送 CB_SETDROPPEDWIDTH 訊息為具有 CBS_DROPDOWN 或 CBS_DROPDOWNLIST 樣式的下拉式清單方塊的列表框設定一個最小寬度。如果需要，可以透過發送 CB_SETITEMDATA 訊息為下拉式清單方塊中列表框的每個清單項設定一個項目資料。

接下來看一下下拉式清單方塊的通知碼。當下拉式清單方塊中發生事件時，系統會以 WM_COMMAND 訊息的形式向父視窗發送通知碼。常見的通知碼如表 8.18 所示。

▼ 表 8.18

通知碼	含義
CBN_SETFOCUS	下拉式清單方塊獲得了鍵盤焦點
CBN_KILLFOCUS	下拉式清單方塊失去了鍵盤焦點
CBN_SELCHANGE	當更改了下拉式清單方塊的列表框中的當前選擇時，使用者可以透過點擊清單項或使用方向鍵來更改選擇。和列表框的 LBN_SELCHANGE 通知碼類似，如果是程式碼更改了選取項，則不會收到 CBN_SELCHANGE 通知碼
CBN_SELENDOK	使用者完成了清單項的選擇，例如選擇了一個清單項並且清單項收起時，如果使用者使用方向鍵更改了選取項並且列表框收起可能收不到該通知碼，則建議處理 CBN_SELCHANGE 通知碼（如果是使用者在編輯控制項中自行輸入了內容，則不會發送這兩個通知碼）。如果是程式碼更改了選取項，則不會收到 CBN_SELENDOK 通知碼
CBN_DBLCLK	當使用者按兩下下拉式清單方塊的列表框中的清單項時，該通知碼通常用於 CBS_SIMPLE 樣式的下拉式清單方塊，對於 CBS_DROPDOWN 或 CBS_DROPDOWNLIST 樣式的下拉式清單方塊，點擊會導致隱藏列表框，因此無法按兩下清單項

（續表）

通知碼	含義
CBN_DROPDOWN	當下拉式清單方塊的下拉式選單即將可見時
CBN_CLOSEUP	當下拉式清單方塊的下拉式選單收起時
CBN_EDITUPDATE	當下拉式清單方塊的編輯控制項即將顯示使用者更改的文字時發送，用於 CBS_SIMPLE 和 CBS_DROPDOWN 樣式的下拉式清單方塊。如果是因為清單項選擇的更改而改變了編輯控制項中的文字，則不會收到該通知碼
CBN_EDITCHANGE	使用者已更改下拉式清單方塊的編輯控制項中的文字，CBN_EDITUPDATE 通知碼是在螢幕顯示更改的文字前發送的，而 CBN_EDITCHANGE 通知碼是在螢幕顯示更改的文字後發送的，用於 CBS_SIMPLE 和 CBS_DROPDOWN 樣式的下拉式清單方塊，如果是因為清單項選擇的更改而改變了編輯控制項中的文字，則不會收到該通知碼
CBN_ERRSPACE	下拉式清單方塊無法分配足夠的記憶體來完成請求

還有一個擴充下拉式清單方塊類別，類別名稱 ComboBoxEx，ComboBoxEx 的清單項前面可以設定一個影像。這和清單檢視控制項有點類似，但是清單檢視控制項的功能更強大，因此關於 ComboBoxEx 的用法不再講解。Chapter8\ControlSpy 提供了一個 ControlSpy V6 小工具，該工具對於了解常用子視窗控制項的樣式、訊息和通知碼等有一定的幫助。有需要的讀者可以依賴使用文件研究一下。

再介紹一個 Up-Down 控制項，類別名稱 msctls_updown32。Up-Down 控制項就是一對箭頭（ ）。該控制項通常與編輯控制群組合在一起使用，點擊箭頭可以增加或減小編輯控制項中的值。編輯控制項稱為其夥伴視窗，這需要先建立一個編輯控制項，然後在編輯控制項旁邊建立一個 Up-Down 控制項（ ）。感興趣的讀者請自行參考 MSDN。

8.5 捲軸控制項

前面我們學過在呼叫 CreateWindowEx 函數建立重疊視窗或快顯視窗時，可以指定 WS_HSCROLL 或 WS_VSCROLL 視窗樣式建立一個標準水平或垂直捲軸 ScrollBar。標準捲軸顯示在客戶區的底部或右側，當程式視窗的輸出內容比較多導致無法在一個客戶區範圍內完全顯示時，可以捲動標準捲軸以顯示超出客戶區範圍的內容。標準捲軸在非客戶區，屬於程式視窗的一部分，因此沒有自己的視窗控制碼。

除了標準捲軸，還可以透過指定視窗類別 ScrollBar 呼叫 CreateWindowEx 函數建立一個水平或垂直捲軸控制項。捲軸控制項可以以任何大小顯示在客戶區的任何地方，這取決於 CreateWindowEx 函數的 x、y、nWidth 和 nHeight 參數的設定。捲軸控制項的用法和標準捲軸類似，同樣需要處理 WM_HSCROLL 或 WM_VSCROLL 訊息，這兩個訊息的 LOWORD(wParam) 表示使用者的捲動請求，如果 LOWORD(wParam) 是 SB_THUMBPOSITION 或 SB_THUMBTRACK，那麼 HIWORD(wParam) 表示捲軸的當前位置，在其他情況下 HIWORD(wParam) 無意義。如果訊息是由捲軸控制項發送的，則 lParam 參數是捲軸控制項的控制碼；如果訊息是由標準捲軸發送的，則 lParam 參數為 NULL。透過 lParam 參數可以區分訊息是標準捲軸還是捲軸控制項發送的。捲軸控制項內建鍵盤介面，不需要像標準捲軸那樣處理 WM_KEYDOWN 訊息。當使用者按上下左右方向鍵、PgUp 鍵、PgDn 鍵、Home 鍵、End 鍵時，系統會向捲軸控制項發送包含對應捲動請求的 WM_HSCROLL 或 WM_VSCROLL 訊息。

捲軸控制項的樣式很簡單，通常就是指定 SBS_HORZ 或 SBS_VERT 樣式，分別表示建立一個水平或垂直捲軸控制項。例如下面的程式：

```
case WM_CREATE:
    hInstance = ((LPCREATESTRUCT)lParam)->hInstance;
    GetClientRect(hwnd, &rect);
    // 位於客戶區頂部的水平捲軸控制項
    hwndSBHorzTop = CreateWindowEx(0, TEXT("ScrollBar"),
```

```
        NULL, WS_CHILD | WS_VISIBLE | SBS_HORZ,
        0, 0, rect.right, GetSystemMetrics(SM_CYHSCROLL),
        hwnd, (HMENU)(1001), hInstance, NULL);
    // 位於客戶區底部的水平捲軸控制項
    hwndSBHorzBottom = CreateWindowEx(0, TEXT("ScrollBar"),
        NULL, WS_CHILD | WS_VISIBLE | SBS_HORZ,
        0, rect.bottom - GetSystemMetrics(SM_CYHSCROLL), rect.right, GetSystemMetrics
            (SM_CYHSCROLL),
        hwnd, (HMENU)(1002), hInstance, NULL);
    // 位於客戶區左側的垂直捲軸控制項
    hwndSBVertLeft = CreateWindowEx(0, TEXT("ScrollBar"),
        NULL, WS_CHILD | WS_VISIBLE | SBS_VERT,
        0, 0, GetSystemMetrics(SM_CXVSCROLL), rect.bottom,
        hwnd, (HMENU)(1003), hInstance, NULL);
    // 位於客戶區右側的垂直捲軸控制項
    hwndSBVertRight = CreateWindowEx(0, TEXT("ScrollBar"),
        NULL, WS_CHILD | WS_VISIBLE | SBS_VERT,
        rect.right - GetSystemMetrics(SM_CXVSCROLL), 0, GetSystemMetrics(SM_
CXVSCROLL), rect.bottom,
        hwnd, (HMENU)(1004), hInstance, NULL);
    return 0;
```

標準捲軸的預設範圍是 0 ～ 100，捲軸控制項的預設範圍為空。可以透過呼叫 SetScrollRange 函數把範圍改成對程式有意義的值，透過呼叫 SetScrollPos 函數設定捲軸在捲軸中的位置。也可以透過呼叫 SetScrollInfo 函數設定捲軸的最小和最大捲動範圍、頁面大小以及捲軸位置。

接下來實現一個螢幕取色、調色程式。Color 程式執行效果如圖 8.7 所示。

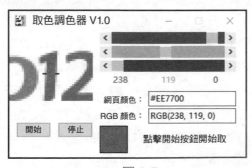

▲ 圖 8.7

程式有兩個功能：調色和取色。拖動水平捲軸可以分別設定紅、綠、藍顏色值（0～255）。紅、綠、藍顏色的值會即時顯示在捲軸下面的顏色值靜態控制項中，顏色結果會即時顯示在兩個編輯控制項和下方的小矩形框中。點擊"開始"按鈕可以獲取滑鼠游標處的 COLORREF 顏色值，透過 GetRValue、GetGValue 和 GetBValue 巨集可以提取其紅、綠、藍顏色值，然後更新水平捲軸、顏色值靜態控制項、編輯控制項和顏色結果矩形的顯示。滑鼠游標附近的 40 像素 × 40 像素影像放大 3 倍以後顯示在程式客戶區左上角（0, 0, 120, 120）的地方，程式可以隨時按下空白鍵停止取色。

完整程式請參考 Chapter8\Color 專案，請大家參考程式介面和程式原始程式碼閱讀下面的説明。

在 WM_CREATE 訊息中，程式建立了表 8.19 所示的控制項，並做了一些設定與初始化工作。

▼ 表 8.19

控制項	類別名稱	樣式
開始、停止按鈕	Button	WS_CHILD | WS_VISIBLE | BS_PUSHBUTTON
3 個水平捲軸	ScrollBar	WS_CHILD | WS_VISIBLE | SBS_HORZ
RGB 顏色值	Static	WS_CHILD | WS_VISIBLE | SS_CENTER
網頁顏色和 RGB 顏色	Static	WS_CHILD | WS_VISIBLE
網頁顏色和 RGB 顏色編輯方塊	Edit	WS_CHILD | WS_VISIBLE | WS_BORDER | ES_AUTOHSCROLL | ES_NOHIDESEL
點擊開始按鈕開始取色	Static	WS_CHILD | WS_VISIBLE | SS_CENTER

關於 WM_CTLCOLORSCROLLBAR 和 WM_CTLCOLORSTATIC 訊息的處理，在講解編輯控制項的時候已經説過。在 WM_CTLCOLORSCROLLBAR 訊息中分別為 3 個水平捲軸傳回紅、綠、藍筆刷以填充其背景；在 WM_CTLCOLORSTATIC 訊息中呼叫 SetTextColor 分別設定紅、綠、藍顏色值靜態控制項的文字顏色。文字的背景顏色預設就是白色，因此不需要呼叫 SetBkColor 或 SetBkMode 函數設定。靜態控制項預設情況下是灰色背景，因

此傳回一個 GetSysColorBrush(COLOR_WINDOW) 白色筆刷。如果不明確靜態控制項背景、文字背景具體指的是哪個範圍，請調用以上函數自行測試。

WM_HSCROLL、WM_COMMAND 和 WM_SYSCOMMAND 訊息的處理很簡單，使用者點擊"開始"按鈕，呼叫 SetWindowPos 函數置頂顯示本程式。啟動 2 個計時器，一個是 100 ms 觸發一次，用於獲取滑鼠游標處的 COLORREF 顏色值，然後更新水平捲軸、顏色值靜態控制項、兩個編輯方塊、顏色結果矩形的顯示，並把滑鼠游標附近的 40 像素 × 40 像素影像放大 3 倍以後顯示在程式客戶區左上角（0, 0, 120, 120）。另一個是 1s 觸發一次，用於讓本程式的"停止"按鈕即時具有鍵盤焦點，以回應使用者按下空白鍵停止取色，因為 SetActiveWindow、BringWindowToTop、SwitchToThisWindow 和 SetForegroundWindow 等啟動視窗函數的效果不盡如人意，所以本程式採用模擬滑鼠點擊客戶區的方法以啟動程式視窗。程式視窗啟動以後會收到 WM_SETFOCUS 訊息，程式處理該訊息，把輸入焦點設定為開始或停止按鈕。

另外，還有一個 Trackbar 追蹤條控制項，如圖 8.8 所示，類別名稱 msctls_ trackbar32，和捲軸控制項用法類似，感興趣的讀者請自行參考 MSDN。

▲ 圖 8.8

8.6　靜態控制項

靜態控制項可以用於顯示簡單圖形、文字或影像，也可以透過自繪訂製其外觀。靜態控制項必須指定 SS_NOTIFY 樣式才能接收鼠鍵輸入並在使用者點擊或按兩下時通知其父視窗（WM_COMMAND 訊息）。

要想在靜態控制項中顯示簡單圖形，可以指定表 8.20 所示的樣式。

▼ 表 8.20

樣式	含義
SS_BLACKFRAME	建立一個黑色邊框的無填充矩形框
SS_GRAYFRAME	建立一個灰色邊框的無填充矩形框
SS_WHITEFRAME	建立一個白色邊框的無填充矩形框
SS_ETCHEDFRAME	建立一個具有三維外觀邊框的無填充矩形框
SS_ETCHEDHORZ	建立一條具有三維外觀的橫線
SS_ETCHEDVERT	建立一條具有三維外觀的分隔號
SS_BLACKRECT	建立一個黑色填充的無邊框矩形
SS_GRAYRECT	建立一個灰色填充的無邊框矩形
SS_WHITERECT	建立一個白色填充的無邊框矩形

　　以上 9 種樣式不能組合使用。呼叫 CreateWindowEx 函數建立上述 9 種簡
單圖形時，會忽略視窗標題參數 lpWindowName，9 種簡單圖形的顯示效果如
圖 8.9 所示（在 COLOR_BTNFACE 視窗背景上繪製的）。簡單圖形樣式的靜態
控制項可以用於標記或分隔其他子視窗控制項。

▲ 圖 8.9

　　要想在靜態控制項中顯示文字，可以指定表 8.21 所示的樣式。

▼ 表 8.21

樣式	含義
SS_LEFT	在指定的矩形範圍內左對齊顯示文字。如果一行顯示不了，則會自動換行到下一行；如果一個單字的長度超過控制項的寬度，則會被裁剪
SS_CENTER	在指定的矩形範圍內置中對齊顯示文字。如果一行顯示不了，則會自動換行到下一行；如果一個單字的長度超過控制項的寬度，則會被裁剪

（續表）

樣式	含義
SS_RIGHT	在指定的矩形範圍內右對齊顯示文字。如果一行顯示不了，則會自動換行到下一行；如果一個單字的長度超過控制項的寬度，則會被裁剪
SS_SIMPLE	在指定的矩形範圍內顯示一行左對齊文字。即使控制項指定了較高的高度也不會自動換行顯示，如果禁用該控制項，則控制項不會使其文字變灰
SS_ LEFTNOWORDWRAP	與 SS_SIMPLE 類似，也不會自動換行，但是控制項的高度會完全顯示

在圖 8.10 中，分別指定上面的樣式建立了長寬為 80 × 60 的 5 個靜態控制項（在白色視窗背景上繪製）。

▲ 圖 8.10

SS_LEFT、SS_CENTER 和 SS_RIGHT 樣 式 的 文 字 靜 態 控 制 項 都 可 以自動換行，但前提是控制項具有足夠的高度，否則超出控制項大小範圍的部分不會顯示。如果需要根據字串的實際長度和高度來指定靜態控制項的寬度和高度參數，可以使用相關字元、字串計算函數，例如 GetCharWidth32、GetTextExtentPoint32 等。

要想在靜態控制項中顯示影像，可以指定表 8.22 所示的樣式。

▼ 表 8.22

樣式	含義
SS_ICON	圖示。CreateWindowEx 函數的視窗標題參數 lpWindowName 指定為圖示 ID 值，該樣式會忽略 CreateWindowEx 函數的長寬參數 nWidth 和 nHeight，系統自動調整靜態控制項的大小以適應圖示，圖示的大小預設情況下使用 GetSystemMetrics (SM_CXICON) 和 GetSystemMetrics(SM_CYICON) 傳回的值，通常是 32 × 32，可以同時指定 SS_REALSIZEIMAGE 樣式以使用圖示的實際大小。即在預設情況下，不管長寬參數 nWidth 和 nHeight 指定為多少，也不管圖示的實際大小是多少，系統總認為圖示大小為 32 × 32，並調整靜態控制項大小為 32 × 32，如果指定了 SS_REALSIZEIMAGE 樣式，則會使用圖示的實際大小，並把靜態控制項調整為圖示的實際大小
SS_BITMAP	點陣圖。CreateWindowEx 函數的視窗標題參數 lpWindowName 指定為點陣圖 ID 值，該樣式會忽略 CreateWindowEx 函數的長寬參數 nWidth 和 nHeight，系統會根據點陣圖的實際大小自動調整靜態控制項的大小。如果想使用 nWidth 和 nHeight 指定的大小，則可以同時指定 SS_REALSIZECONTROL 樣式，系統會自動調整點陣圖（放大或縮小）以適應靜態控制項的大小
SS_ENHMETAFILE	圖資料定義

例如下面的程式：

```
hwndIcon = CreateWindowEx(0, TEXT("Static"), TEXT("#101"),
        WS_CHILD | WS_VISIBLE | SS_ICON | SS_NOTIFY,
        10, 10, 100, 100, hwnd, (HMENU)(1001), hInstance, NULL);
hwndBmp = CreateWindowEx(0, TEXT("Static"), TEXT("#102"),
        WS_CHILD | WS_VISIBLE | SS_BITMAP | SS_NOTIFY,
        10, 50, 100, 100, hwnd, (HMENU)(1002), hInstance, NULL);
```

ID 為 101 的資源是一個 64 × 64 大小的圖示，ID 為 102 的資源是一個 77 × 73 大小的點陣圖，資源指令檔的部分內容如下所示：

```
IDI_PANDA              ICON                "Panda.ico"
IDB_SMILE              BITMAP              "SmileFace.bmp"
```

資源標頭檔的部分內容如下所示：

```
#define IDI_PANDA                        101
#define IDB_SMILE                        102
```

CreateWindowEx 函數的 lpWindowName 參數只能設定為 TEXT("#101") 的
形式。TEXT("#IDI_PANDA") 是不可以的，使用 MAKEINTRESOURCE 巨集也
不可以。執行效果如圖 8.11 所示。

▲ 圖 8.11

在圖 8.11 中，對於圖示，因為沒有指定 SS_REALSIZEIMAGE 樣式，
所以系統會認為圖示大小為 32 × 32，系統自動調整 64 × 64 大小的圖示為
32 × 32，並調整靜態控制項大小為 32 × 32；對於點陣圖，因為沒有指定
SS_REALSIZECONTROL 樣式，所以系統會使用點陣圖的實際大小，也就是
77 × 73，並根據點陣圖的實際大小自動調整靜態控制項的大小為 77 × 73。

對於影像靜態控制項，還可以同時指定 SS_CENTERIMAGE 樣式，該樣式
可以讓影像在 CreateWindowEx 函數的（x, y, nWidth, nHeight）定義的矩形範
圍內水平和垂直置中顯示。

在講解資源的時候說過，選單、圖示、游標等的 ID 也可以使用字串，例如：

```
Panda               ICON                "Panda.ico"
SmileFace           BITMAP              "SmileFace.bmp"
```

此 時，CreateWindowEx 函 數 的 lpWindowName 參 數 可 以 指 定 為
TEXT("Panda")、TEXT("SmileFace")。

可以透過發送 STM_SETIMAGE 訊息為影像靜態控制項設定一個新影像。wParam 參數指定影像類型，可以是 IMAGE_ICON（圖示，用於 SS_ICON 樣式）、IMAGE_BITMAP（點陣圖，用於 SS_BITMAP 樣式）、IMAGE_CURSOR（游標，用於 SS_ICON 樣式）或 IMAGE_ENHMETAFILE（增強圖資料定義，用於 SS_ENHMETAFILE 樣式）。lParam 參數指定為影像的控制碼（HICON、HBITMAP、HCURSOR 等）。傳回值是先前與靜態控制項連結的影像的控制碼（如果有的話）；否則傳回值是 NULL。

STM_GETIMAGE 訊息用於獲取與影像靜態控制項連結的影像的控制碼，wParam 參數指定影像類型，lParam 參數沒有用到。傳回值是與靜態控制項連結的影像的控制碼（如果有的話）；否則傳回值是 NULL。

對於文字靜態控制項，如果想在一個字元的底部顯示底線，則可以在該字元的前面使用一個 & 符號，如果本意是想顯示一個 & 符號，則需要指定 SS_NOPREFIX 樣式；SS_SUNKEN 樣式表示在靜態控制項周圍繪製一個半凹陷的邊框，對於邊框，還可以指定普通視窗樣式中那些與視窗邊框有關的樣式；SS_OWNERDRAW 樣式表示自繪靜態控制項，每當需要繪製控制項時，父視窗就會收到 WM_DRAWITEM 訊息。

靜態控制項的通知碼有 STN_CLICKED 點擊時、STN_DBLCLK 按兩下時、STN_DISABLE 禁用靜態控制項時和 STN_ENABLE 啟用靜態控制項時，這些通知碼透過 WM_COMMAND 訊息的形式發送，但前提是必須指定 SS_NOTIFY 樣式，預設情況下靜態控制項不會發送通知碼。

最後，需要處理的訊息可能還有 WM_CTLCOLORSTATIC，該訊息針對靜態控制項和唯讀或禁用的編輯控制項。

8.7 SysLink 控制項

SysLink 控制項是 Comctl32.dll 版本 6 以後引入的子視窗控制項，可以用於顯示普通文字和超連結。超連結的文字顏色預設情況下是藍色，帶底線，超連結支援 Href、ID 屬性。學過 HTML 的讀者對於建立超連結的方法應該很熟悉。
Href 支援任何協定，例如 http、https、ftp、mailto 等。一個 SysLink 控制項中
可以有多個超連結。ID 為可選屬性，它在一個 SysLink 控制項中必須是唯一的。
當使用者點擊超連結時，系統會發送包含 NM_CLICK 通知碼的 WM_NOTIFY 訊
息。要區分是哪一個超連結，可以使用其位置索引，索引從 0 開始。例如下面
的程式建立了一個 SysLink 控制項（只有一個超連結）：

```
hwndSysLink = CreateWindowEx(0, TEXT("SysLink"),
    TEXT(" 我喜歡 <a href=\"http://www.WindowsChs.com/\">Windows 程式設計 </a>"),
    WS_CHILD | WS_VISIBLE, 10, 10, 200, 20, hwnd, (HMENU)(1001), hInstance, NULL);
```

執行效果如下所示：

我喜歡 Windows 程式設計

普通文字 "我喜歡" 的顏色是黑色，超連結文字的顏色是藍色，SysLink 控
制項的背景是灰色。

超連結的狀態和屬性可以透過發送 LM_SETITEM 訊息來進行設定。
wParam 參數沒有用到。IParam 參數是一個指向 LITEM 結構的指標，該結構包
含超連結所需的新狀態和屬性，也用於 LM_GETITEM 訊息中獲取超連結的狀態
和屬性。LITEM 結構在 CommCtrl.h 標頭檔中定義如下：

```
typedef struct tagLITEM
{
    UINT        mask;                    // 標識，要設定或獲取哪些項目
    int         iLink;                   // 超連結的索引
    UINT        state;                   // 超連結的狀態，和 stateMask 設定為相同的值
    UINT        stateMask;               // 超連結的狀態遮罩
    WCHAR       szID[MAX_LINKID_TEXT];   // ID，最大字元數 MAX_LINKID_TEXT(48)
    WCHAR       szUrl[L_MAX_URL_LENGTH];// URL，最大字元數 L_MAX_URL_LENGTH (2048 +
32 + sizeof("://"))
} LITEM, *PLITEM;
```

- mask 欄位指定要設定或獲取哪些項目，可以是表 8.23 所示的或多個標識
  的組合。

▼ 表 8.23

常數	含義
LIF_ITEMINDEX	超連結的索引，因為通常都是透過索引來確定 SysLink 控制項中的超連結，所以不管是設定還是獲取，都需要指定該標識，並為 iLink 欄位設定一個值
LIF_ITEMID	超連結的 ID，對應 szID 欄位
LIF_URL	超連結的 URL，對應 szUrl 欄位
LIF_STATE	超連結的狀態，對應 stateMask 欄位

- state 和 stateMask 欄位使用相同的值，可用的值如表 8.24 所示。

▼ 表 8.24

常數	含義
LIS_ENABLED	預設值，該連結可以回應使用者輸入，除非建立控制項的時候指定了 WS_DISABLED 樣式
LIS_FOCUSED	該連結具有鍵盤焦點，此時按 Enter 鍵會發送包含 NM_CLICK 通知碼的 WM_NOTIFY 訊息
LIS_VISITED	該連結已被使用者存取過
LIS_HOTTRACK	當滑鼠懸停在控制項上時，將以不同的顏色（COLOR_HIGHLIGHT 為藍色）突出顯示

SysLink 控制項可用的部分樣式如表 8.25 所示。

▼ 表 8.25

常數	含義
LWS_TRANSPARENT	SysLink 控制項背景透明
LWS_NOPREFIX	如果文字包含 & 符號，則將其視為文字字元 &，而非快速鍵的首碼

當使用者點擊一個超連結時，系統會發送包含 NM_CLICK 通知碼的 WM_NOTIFY 訊息。當超連結具有輸入焦點時，按下 Enter 鍵會發送包含 NM_RETURN 通知碼的 WM_NOTIFY 訊息。程式通常用同樣的方法處理這兩個訊息，

要區分是哪一個超連結,可以使用其位置索引,索引從 0 開始。這兩個通知碼的 IParam 參數是一個指向 NMLINK 結構的指標,該結構在 CommCtrl.h 標頭檔中定義如下:

```
typedef struct tagNMLINK
{
    NMHDR    hdr;    // NMHDR 結構
    LITEM    item;   // LITEM 結構,包含超連結的狀態和屬性資訊
} NMLINK, *PNMLINK;
```

例如下面的範例:

```
LRESULT CALLBACK WindowProc(HWND hwnd, UINT uMsg, WPARAM wParam, LPARAM lParam)
{
    HINSTANCE hInstance;
    static HFONT hFont;
    static HWND hwndSysLink;

    LITEM li = { 0 };
    PNMLINK pnmLink;

    switch (uMsg)
    {
    case WM_CREATE:
        hInstance = ((LPCREATESTRUCT)lParam)->hInstance;
        hwndSysLink = CreateWindowEx(0, TEXT("SysLink"),
            TEXT(" 我喜歡 <a href=\"http://www.WindowsChs.com/\" ID= \"Windows\" >Windows
程式設計 </a>\n")
            TEXT(" 我喜歡 <a href=\"http://www.taobao.com/\" ID=\"taobao\" >淘寶購物 </a>\n")
            TEXT(" 我喜歡 <a href=\"http://www.jd.com/\" ID=\"jd\" >京東商場 </a>"),
            WS_CHILD | WS_VISIBLE | WS_TABSTOP | LWS_TRANSPARENT,
            10, 10, 200, 60, hwnd, (HMENU)(1001), hInstance, NULL);
        hFont = CreateFont(18, 0, 0, 0, 0, 0, 0, 0, DEFAULT_CHARSET, 0, 0, 0, 0, TEXT
                        (" 微軟雅黑 "));
        SendMessage(hwndSysLink, WM_SETFONT, (WPARAM)hFont, FALSE);
        return 0;

    case WM_LBUTTONDBLCLK:
```

```
        li.mask = LIF_ITEMINDEX | LIF_URL;
        li.iLink = 0;
        StringCchCopy(li.szUrl, L_MAX_URL_LENGTH, TEXT("https://msdn.microsoft.
com/"));
        SendMessage(hwndSysLink, LM_SETITEM, 0, (LPARAM)&li);
        return 0;

    case WM_NOTIFY:
        switch (((LPNMHDR)lParam)->code)
        {
        case NM_CLICK:
        case NM_RETURN:
            pnmLink = (PNMLINK)lParam;
            if (pnmLink->hdr.hwndFrom == hwndSysLink)
            {
                if (pnmLink->item.iLink == 0)
                    ShellExecute(NULL, TEXT("open"), pnmLink->item.szUrl, NULL, NULL,
SW_SHOW);
                else if (pnmLink->item.iLink == 1)
                    ShellExecute(NULL, TEXT("open"), pnmLink->item.szUrl, NULL, NULL,
SW_SHOW);
                else if (pnmLink->item.iLink == 2)
                    ShellExecute(NULL, TEXT("open"), pnmLink->item.szUrl, NULL, NULL,
SW_SHOW);
            }
            break;
        }
        return 0;

    case WM_DESTROY:
        DeleteObject(hFont);
        PostQuitMessage(0);
        return 0;
    }

    return DefWindowProc(hwnd, uMsg, wParam, lParam);
}
```

　　完整程式參見 Chapter8\SysLinkDemo。在建立 SysLink 控制項時,指定 LWS_TRANSPARENT 透明樣式;在客戶區中按兩下時,程式發送一個 LM_SETITEM 訊息,設定第 1 個超連結的 URL 為 https://msdn.microsoft.com/;在 WM_NOTIFY 訊息中處理 NM_CLICK 和 NM_RETURN 通知碼,根據超連結的索引分別進行處理,ShellExecute 函數用於開啟一個檔案或 URL,後面會學習這個函數。程式執行效果如圖 8.12 所示。

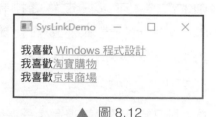

▲ 圖 8.12

　　實際上我更傾向於使用靜態控制項 Static 來替代 SysLink 控制項,因為 SysLink 控制項的外觀不太容易控制,例如改變超連結的文字顏色、去除超連結的底線等。

8.8 全域熱鍵與特定執行緒熱鍵

　　熱鍵,也叫快速鍵。當使用者在熱鍵控制項中輸入用於熱鍵的複合鍵時,複合鍵的名稱會顯示在熱鍵控制項中,如 `Ctrl + Shift + C` ,複合鍵包括修飾鍵(Ctrl、Alt、Shift)和伴隨鍵(數字字母鍵、方向鍵、功能鍵 F1 ~ F12)。使用者輸入複合鍵以後,程式可以獲取熱鍵控制項中的複合鍵,以設定全域熱鍵或特定於執行緒的熱鍵。

　　發送 HKM_GETHOTKEY 訊息可以獲取熱鍵控制項中的修飾鍵和伴隨鍵,訊息的 wParam 和 IParam 參數都沒有用到。該訊息傳回一個包含修飾鍵標識和伴隨鍵的虛擬按鍵碼的 DWORD 值,LOBYTE(LOWORD(傳回值)) 表示熱鍵的伴隨鍵的虛擬按鍵碼,HIBYTE(LOWORD(傳回值)) 表示熱鍵的修飾鍵標識。修飾鍵標識可以是表 8.26 所示的值的組合。

▼ 表 8.26

常數	值	含義
HOTKEYF_SHIFT	1	Shift 鍵
HOTKEYF_CONTROL	2	Ctrl 鍵
HOTKEYF_ALT	4	Alt 鍵

發送 HKM_SETHOTKEY 訊息可以設定熱鍵控制項中的修飾鍵和伴隨鍵，LOBYTE(LOWORD (wParam)) 表示熱鍵的伴隨鍵的虛擬按鍵碼，HIBYTE(LOWORD (wParam)) 表示熱鍵的修飾鍵標識，lParam 參數沒有用到，該訊息始終傳回 0。

全域熱鍵與指定的視窗相連結，不管該視窗是否處於活動狀態，按下全域熱鍵以後，系統都會通知該視窗。可以透過發送 WM_SETHOTKEY 訊息設定全域熱鍵。每當使用者按下全域熱鍵時，如果發送 WM_SETHOTKEY 訊息設定全域熱鍵的視窗處於活動狀態，那麼將收到 WM_SYSCOMMAND 訊息（wParam 等於 SC_HOTKEY，lParam 等於視窗的控制碼）；如果該視窗沒有處於活動狀態，那麼系統會啟動該視窗到前台顯示，在呼叫 WM_SETHOTKEY 訊息設定全域熱鍵的應用程式退出之前，熱鍵一直有效。

WM_SETHOTKEY 訊息的 LOWORD(wParam) 指定熱鍵的伴隨鍵的虛擬按鍵碼，HIWORD(wParam) 指定熱鍵的修飾鍵標識，因此 LOWORD(HKM_GETHOTKEY) 訊息的傳回值可以用作 WM_SETHOTKEY 訊息的 wParam 參數，wParam 參數設定為 NULL 表示刪除與視窗連結的全域熱鍵；lParam 參數沒有用到。具有 WS_CHILD 視窗樣式的視窗不能設定全域熱鍵。該訊息的傳回值包括表 8.27 所示的幾種情況。

▼ 表 8.27

傳回值	含義
-1	熱鍵無效（例如 VK_ESCAPE、VK_SPACE 和 VK_TAB 等都是無效的熱鍵）
0	視窗無效
1	成功，沒有其他視窗具有相同的熱鍵
2	成功，但另一個視窗已具有相同的熱鍵

一個視窗只能連結一個全域熱鍵，如果視窗已經有一個與之連結的全域熱鍵，則新設定的全域熱鍵將取代舊的全域熱鍵；如果多個視窗具有相同的全域熱鍵，則由全域熱鍵啟動的視窗是隨機的。

發送 WM_SETHOTKEY 訊息可以設定一個與指定視窗相連結的全域熱鍵。按下全域熱鍵以後，如果該視窗沒有處於活動狀態，則系統會啟動該視窗；如果該視窗處於活動狀態，則會收到 WM_SYSCOMMAND 訊息（wParam 等於 SC_HOTKEY，lParam 等於視窗的控制碼），所以該訊息主要用於將程式視窗調到前台。全域熱鍵也稱為視窗啟動熱鍵。

如果需要在使用者按下熱鍵以後執行某種操作，例如 QQ 程式不管是處於最小化還是活動狀態，按下 Ctrl + Alt + A 複合鍵都可以開啟 QQ 截圖程式，這可以透過呼叫 RegisterHotKey 函數設定特定於執行緒的系統範圍的熱鍵來實現。在使用者按下 RegisterHotKey 函數指定的熱鍵以後，系統會發送 WM_HOTKEY 訊息到執行緒的訊息佇列，該熱鍵不會把程式視窗調到前台。執行緒的概念後面再講，程式執行以後會建立一個主執行緒。如果需要，程式可以透過呼叫 CreateThread 函數建立其他執行緒：

```
BOOL WINAPI RegisterHotKey(
    _In_opt_ HWND hWnd,          // 視窗控制碼，將接收由熱鍵生成的 WM_HOTKEY 訊息
    _In_     int  id,            // 熱鍵的 ID
    _In_     UINT fsModifiers,   // 修飾鍵標識
    _In_     UINT vk);           // 伴隨鍵的虛擬按鍵碼
```

- hWnd 參數指定視窗控制碼，該視窗將接收由熱鍵生成的 WM_HOTKEY 訊息，熱鍵與 hWnd 指定的視窗相連結。如果設定為 NULL，則 WM_HOTKEY 訊息將發送到呼叫該函數的執行緒的訊息佇列中，即在這種情況下熱鍵與呼叫該函數的執行緒相連結。程式可以在訊息迴圈中處理該訊息以決定發送給哪個視窗，如同計時器的其他方式的訊息迴圈中的處理程式。

- id 參數指定熱鍵的 ID，因為一個程式可以透過呼叫 RegisterHotKey 函數設定多個熱鍵，在 WM_HOTKEY 訊息中可以透過 id 來確定是哪個熱鍵。程式可以指定 0x0000 ～ 0xBFFF 範圍內的 id 值，如果是動態連結程式庫，則必須指定 0xC000 ～ 0xFFFF 範圍內的 id 值（一個程式可以同時載入多

個動態連結程式庫，為避免與其他動態連結程式庫定義的熱鍵 id 衝突，動態連結程式庫應使用 GlobalAddAtom 函數來分配一個熱鍵 id）。

- fsModifiers 參數指定修飾鍵標識，可以是表 8.28 所示的值的組合，這些標識的值和 HOTKEYF_ 開頭的那些標識的值並不對應。

▼ 表 8.28

常數	值	含義
MOD_ALT	1	Alt
MOD_CONTROL	2	Ctrl
MOD_SHIFT	4	Shift
MOD_WIN	8	Windows 鍵，但是 Windows 鍵通常是保留給作業系統使用

如果函數執行成功，則傳回值為非零值；如果函數執行失敗，則傳回值為 0。要獲取錯誤資訊，請調用 GetLastError。

特定於執行緒的系統範圍的熱鍵表示在系統中是唯一的。如果系統中其他程式已經註冊過相同的熱鍵複合鍵，則 RegisterHotKey 函數呼叫會失敗。如果使用相同的 Hwnd 和 id 又建立了一個或多個複合鍵不同的特定執行緒熱鍵，則舊熱鍵與新熱鍵都可以工作。

如果需要取消註冊熱鍵，可以呼叫 UnregisterHotKey 函數：

```
BOOL WINAPI UnregisterHotKey(_In_opt_ HWND hWnd, _In_ int id);
```

WM_HOTKEY 訊息的 wParam 參數是生成訊息的熱鍵的 id，LOWORD(IParam) 是以 MOD_ 開頭的修飾鍵標識，HIWORD(IParam) 是伴隨鍵的虛擬按鍵碼。

關於全域熱鍵和特定執行緒熱鍵的範例參見 Chapter8\HotKeyDemo 專案。部分程式如下：

```
LRESULT CALLBACK WindowProc(HWND hwnd, UINT uMsg, WPARAM wParam, LPARAM lParam)
{
```

```
    HINSTANCE hInstance;
    static HWND hwndHotKeyHwnd, hwndBtnSetHwnd;       // 與視窗啟動熱鍵相關的熱鍵控制項和按
鈕控制碼
    static HWND hwndHotKeyThread, hwndBtnSetThread; // 與特定執行緒熱鍵相關的熱鍵控制項和
按鈕控制碼
    static HFONT hFont;
    DWORD dwHotKey;          // 發送 HKM_GETHOTKEY 訊息獲取熱鍵控制項的修飾鍵和伴隨的傳回值
    DWORD dwRet;             // 發送 WM_SETHOTKEY 訊息設定視窗啟動熱鍵的傳回值
    UINT fsModifiers = 0;    // RegisterHotKey 函數的 fsModifiers 參數，修飾鍵標識

    switch (uMsg)
    {
    case WM_CREATE:
        hInstance = ((LPCREATESTRUCT)lParam)->hInstance;
        // 2 個熱鍵控制項
        hwndHotKeyHwnd = CreateWindowEx(0, TEXT("msctls_hotkey32"), NULL,
            WS_CHILD | WS_VISIBLE,
            10, 10, 120, 22, hwnd, (HMENU)IDC_HOTKEYHWND, hInstance, NULL);
        hwndHotKeyThread = CreateWindowEx(0, TEXT("msctls_hotkey32"), NULL,
            WS_CHILD | WS_VISIBLE,
            140, 10, 120, 22, hwnd, (HMENU)IDC_HOTKEYTHREAD, hInstance, NULL);

        // 2 個按鈕
        hwndBtnSetHwnd = CreateWindowEx(0, TEXT("Button"), TEXT(" 設定視窗啟動熱鍵 "),
            WS_CHILD | WS_VISIBLE | BS_PUSHBUTTON,
            10, 40, 120, 25, hwnd, (HMENU)IDC_BTNSETHWND, hInstance, NULL);
        hwndBtnSetThread = CreateWindowEx(0, TEXT("Button"), TEXT(" 註冊特定執行緒熱鍵 "),
            WS_CHILD | WS_VISIBLE | BS_PUSHBUTTON,
            140, 40, 120, 25, hwnd, (HMENU)IDC_BTNSETTHREAD, hInstance, NULL);

        // 設定字型
        hFont = CreateFont(18, 0, 0, 0, 0, 0, 0, 0, GB2312_CHARSET, 0, 0, 0, 0, TEXT
                            (" 微軟雅黑 "));
        SendMessage(hwndHotKeyHwnd, WM_SETFONT, (WPARAM)hFont, FALSE);
        SendMessage(hwndHotKeyThread, WM_SETFONT, (WPARAM)hFont, FALSE);
        SendMessage(hwndBtnSetHwnd, WM_SETFONT, (WPARAM)hFont, FALSE);
        SendMessage(hwndBtnSetThread, WM_SETFONT, (WPARAM)hFont, FALSE);
        return 0;
```

```
case WM_SETFOCUS:
    SetFocus(hwndHotKeyHwnd);
    return 0;

case WM_COMMAND:
    switch (LOWORD(wParam))
    {
    case IDC_BTNSETHWND:
        dwHotKey = SendMessage(hwndHotKeyHwnd, HKM_GETHOTKEY, 0, 0);
        if (!HIBYTE(LOWORD(dwHotKey)) || !LOBYTE(LOWORD(dwHotKey)))
        {
            MessageBox(hwnd, TEXT(" 設定視窗啟動熱鍵需要修飾鍵和伴隨鍵 "), TEXT(" 錯誤 "),
                        MB_OK);
            return 0;
        }
        // 設定視窗啟動熱鍵
        dwRet = SendMessage(hwnd, WM_SETHOTKEY, LOWORD(dwHotKey), 0);
        if (dwRet <= 0)
            MessageBox(hwnd, TEXT(" 視窗啟動熱鍵設定失敗 "), TEXT(" 錯誤 "), MB_OK);
        else if (dwRet == 1)
            MessageBox(hwnd, TEXT(" 成功，沒有其他視窗具有 "), TEXT(" 成功 "), MB_OK);
        else if (dwRet == 2)
            MessageBox(hwnd, TEXT(" 成功，但另一個視窗已具有 "), TEXT(" 警告 "), MB_OK);
        break;

    case  IDC_BTNSETTHREAD:
        dwHotKey = SendMessage(hwndHotKeyThread, HKM_GETHOTKEY, 0, 0);
        if (HIBYTE(LOWORD(dwHotKey)) & HOTKEYF_SHIFT)
            fsModifiers |= MOD_SHIFT;
        if (HIBYTE(LOWORD(dwHotKey)) & HOTKEYF_CONTROL)
            fsModifiers |= MOD_CONTROL;
        if (HIBYTE(LOWORD(dwHotKey)) & HOTKEYF_ALT)
            fsModifiers |= MOD_ALT;
        if (!fsModifiers || !LOBYTE(LOWORD(dwHotKey)))
        {
            MessageBox(hwnd, TEXT(" 註冊特定執行緒熱鍵需要修飾鍵和伴隨鍵 "), TEXT(" 錯誤 "),
                        MB_OK);
            return 0;
        }
```

```
            // 註冊特定執行緒熱鍵
            if (RegisterHotKey(hwnd, 1, fsModifiers, LOBYTE(LOWORD(dwHotKey))))
                MessageBox(hwnd, TEXT(" 註冊特定執行緒熱鍵成功 "), TEXT(" 註冊成功 "), MB_OK);
            else
                MessageBox(hwnd, TEXT(" 註冊特定執行緒熱鍵失敗 "), TEXT(" 註冊失敗 "), MB_OK);
            break;
        }
        return 0;


    case WM_SYSCOMMAND:
        // 如果該視窗處於活動狀態，則會收到 WM_SYSCOMMAND 訊息
        // 實際程式設計中很少處理 SC_HOTKEY 的 WM_SYSCOMMAND 訊息
        if ((wParam & 0xFFF0) == SC_HOTKEY)
        {
            MessageBox(hwnd, TEXT(" 視窗啟動熱鍵訊息 "), TEXT(" 訊息 "), MB_OK);
            return 0;
        }
        return DefWindowProc(hwnd, uMsg, wParam, lParam);

    case WM_HOTKEY:
        // 處理特定執行緒熱鍵訊息
        if (wParam == 1)
            MessageBox(hwnd, TEXT(" 特定執行緒熱鍵訊息 "), TEXT(" 訊息 "), MB_OK);
        return 0;

    case WM_DESTROY:
        UnregisterHotKey(hwnd, 1);
        DeleteObject(hFont);
        PostQuitMessage(0);
        return 0;
    }

    return DefWindowProc(hwnd, uMsg, wParam, lParam);
}
```

當使用者更改了熱鍵控制項中的內容時，系統會發送包含 EN_CHANGE 通知碼的 WM_COMMAND 訊息。

8.9 IP 位址控制項

目前應用最廣泛的 IP 位址是基於 IPv4 的，一個 IP 位址的長度為 32 位元，即 4 位元組（DWORD）資料。IP 位址中的每位元組使用一個十進位數字來表示，每位元組的數值範圍是 0 ～ 255，數字之間使用小數點分隔。IPv4 的 IP 位址格式為 XXX.XXX.XXX.XXX，這種 IP 位址標記法稱為點分十進位標記法。IP 位址控制項允許使用者以點分十進位標記法輸入 IP 位址，如圖 8.13 所示。

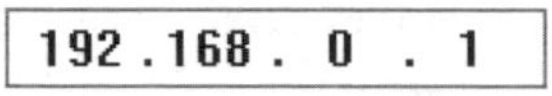

```
192.168. 0 . 1
```

▲ 圖 8.13

4 個數字是 4 個域，實際上每個域都是一個編輯控制項。當 IP 位址控制項獲得、失去鍵盤焦點時會收到 EN_SETFOCUS、EN_KILLFOCUS 通知碼。當 IP 位址控制項中的任何域更改時，都會收到 EN_CHANGE 通知碼（透過 WM_COMMAND 訊息的形式），這些通知碼通常都不需要處理。

IP 位址控制項常用的訊息如表 8.29 所示。

▼ 表 8.29

訊息類型	含義
IPM_SETADDRESS	設定 IP 位址控制項中的 IP 位址。wParam 參數沒有用到。IParam 參數指定為新位址的 32 位元 DWORD 值，但是我們習慣上使用點分十進位書寫 IP 位址，使用 MAKEIPADDRESS 巨集可以解決這個問題，例如 MAKEIPADDRESS(192, 168, 0, 1)
IPM_GETADDRESS	獲取 IP 位址控制項中的 IP 位址。wParam 參數沒有用到。IParam 參數指定為接收位址的 32 位元 DWORD 值的指標。IP 位址的 4 個數字是 4 個域，可以使用 FIRST_IPADDRESS、SECOND_IPADDRESS、THIRD_IPADDRESS 和 FOURTH_IPADDRESS 巨集分別提取每個域的值，如果某個域為空，則值為 0。IPM_GETADDRESS 訊息的傳回值為不可為空域的個數
IPM_CLEARADDRESS	清空 IP 位址控制項中的內容，wParam 和 IParam 參數都沒有用到

（續表）

訊息類型	含義
IPM_ISBLANK	IP 位址控制項中的所有域是否都為空。wParam 和 IParam 參數都沒有用到。如果所有域都為空，傳回非零值；否則傳回 0
IPM_SETRANGE	預設情況下每個域位元組的數值範圍是 0 ～ 255，可以透過發送該訊息設定 IP 位址控制項中指定域的數值範圍，wParam 參數指定為域的索引，LOBYTE(LOWORD(IParam)) 設定為範圍的最小值，HIBYTE (LOWORD(IParam)) 設定為範圍的最大值，可以使用 MAKEIPRANGE 巨集，執行成功，則傳回非零值；否則傳回 0

當使用者更改了 IP 位址控制項中的域，或滑鼠游標從一個域移動到另一個域時，會發送包含 IPN_FIELDCHANGED 通知碼的 WM_NOTIFY 訊息（發送 IPM_SETADDRESS 訊息不會生成該通知碼）。對於 WM_NOTIFY 訊息，要先把 IParam 參數轉為指向 NMHDR 結構的指標，確定通知碼的類型，然後才可以確定 IParam 參數是不是一個指向更大結構的指標。IPN_FIELDCHANGED 通知碼的 IParam 參數是一個指向 NMIPADDRESS 結構的指標，該結構包含當前域的索引和值，在 CommCtrl.h 標頭檔中定義如下：

```
typedef struct tagNMIPADDRESS
{
    NMHDR hdr;
    int iField; // 域索引
    int iValue; // 該域的值
} NMIPADDRESS, *LPNMIPADDRESS;
```

程式可以獲取 ((LPNMIPADDRESS)IParam)->iValue 值，也可以修改該值。如果某個域為空，則值為 -1。

8.10 影像清單 ImageList_Create 函數

影像清單是具有相同大小的多個影像的集合，每個影像都可以透過其索引來引用，影像清單用於有效管理大量圖示或點陣圖。影像列表並不是一個視窗，因此沒有視窗類別。可以透過呼叫 ImageList_Create 函數建立一個影像清單，函數傳回 HIMAGELIST 影像清單控制碼：

```
HIMAGELIST ImageList_Create(
    int  cx,        // 每個影像的寬度，以像素為單位
    int  cy,        // 每個影像的高度，以像素為單位
    UINT flags,     // 要建立的影像列表類型標識，設定為 0 表示預設
    int  cInitial,  // 影像列表最初包含的影像個數
    int  cGrow);    // 當影像列表中的影像個數超過 cInitial 時，可以動態增長的影像個數，可以
設定為 0
```

flags 參數指定要建立的影像列表的類型，可以是表 8.30 所示的值的組合。

▼ 表 8.30

常數	含義
ILC_COLOR	預設情況，使用 ILC_COLOR4（4 位元色 DIB）
ILC_COLOR24	24 位元色 DIB
ILC_COLOR32	32 位元色 DIB
ILC_COLORDDB	使用裝置相關點陣圖 DDB
ILC_MASK	使用遮罩，包含兩個點陣圖，其中一個是用作遮罩的單色點陣圖。如果沒有指定該標識，則僅包含一個點陣圖。圖示或游標通常需要指定該類型，因為圖示或游標內含遮罩資料
ILC_ORIGINALSIZE	使用所增加的影像的原始實際大小

當不再需要影像清單的時候，可以透過呼叫 ImageList_Destroy 函數將其銷毀：

```
BOOL ImageList_Destroy(_In_opt_ HIMAGELIST himl);
```

建立影像列表以後，可以增加、刪除、取代、合併、繪製和拖動影像。本書主要講解增加、刪除和取代影像。可以透過呼叫 ImageList_Add 函數把點陣圖增加到影像列表中，透過呼叫 ImageList_AddIcon 巨集把圖示或游標增加到影像列表中：

```
int ImageList_Add(
    _In_      HIMAGELIST himl,        // 影像列表控制碼
    _In_      HBITMAP    hbmImage,    // 要增加的點陣圖控制碼
 _In_opt_ HBITMAP    hbmMask);       // 遮罩點陣圖的控制碼，如果不需要，可以設定為 NULL
```

ImageList_Add 函數可以一次將一個或多個點陣圖增加到影像列表中，hbmImage 參數指定要增加到影像列表的點陣圖控制碼。假設影像列表的長寬為 32 像素 × 32 像素，如果需要增加 10 個 32 × 32 大小的點陣圖，可以把這 10 個點陣圖製作到一個長寬為 320 像素 × 32 像素的大點陣圖中，函數會根據影像清單和點陣圖的寬度自動計算點陣圖個數。

```
int ImageList_AddIcon(
    HIMAGELIST himl,     // 影像列表控制碼
    HICON      hicon);   // 要增加的圖示或游標控制碼，圖示或游標檔案本身包含遮罩資料
```

在 ImageList_Add 和 ImageList_AddIcon 將每個影像增加到影像清單時系統會為其分配索引。索引從 0 開始，清單中的第一個影像的索引為 0，下一個影像的索引為 1，依此類推。增加單一影像時，函數將傳回影像的索引；當一次增加多個影像時，函數傳回第一個影像的索引；函數執行失敗，則傳回 -1。

呼叫 ImageList_Replace 函數可以用一個新點陣圖取代影像列表中的舊點陣圖，呼叫 ImageList_ ReplaceIcon 函數可以用一個新圖示或游標取代影像列表中的舊圖示或游標：

```
BOOL ImageList_Replace(
    HIMAGELIST himl,        // 影像列表控制碼
    int        i,          // 要取代的點陣圖的索引
    HBITMAP    hbmImage,   // 新點陣圖控制碼
    HBITMAP    hbmMask);   // 新遮罩點陣圖控制碼
int ImageList_ReplaceIcon(
```

```
_In_ HIMAGELIST himl,    // 影像列表控制碼
_In_ int        i,       // 要取代的圖示或游標的索引
_In_ HICON      hicon);  // 新圖示或游標控制碼
```

對於 ImageList_ReplaceIcon 函數，執行成功，傳回影像的索引；否則傳回 -1。

如果 ImageList_ReplaceIcon 函數的參數 i 設定為 -1，則表示增加到影像清單的尾端，ImageList_ AddIcon 巨集實際上就是呼叫的 ImageList_ReplaceIcon 函數：

```
#define ImageList_AddIcon(himl, hicon) ImageList_ReplaceIcon(himl, -1, hicon)
```

要從影像清單中刪除影像可以呼叫 ImageList_Remove 函數：

```
BOOL ImageList_Remove(
    HIMAGELIST himl,    // 影像列表控制碼
    int        i);      // 影像索引
```

如果影像索引參數 i 設定為 -1，則從影像列表中刪除所有影像。

8.11 工具提示控制項

工具提示控制項是一個小視窗。當滑鼠游標懸停在一個控制項或特定區域上時，該視窗會自動彈出，通常用於顯示一些提示或說明資訊。在方案總管中，當使用者把滑鼠懸停在某一檔案上時，會彈出一個工具提示控制項，顯示該檔案的大小、類型和修改日期。

一般來說可以在WM_CREATE訊息中按以下方式建立一個工具提示控制項：

```
hwndTip = CreateWindowEx(WS_EX_TOPMOST, TEXT("tooltips_class32"), NULL,
    WS_POPUP | TTS_ALWAYSTIP,
    CW_USEDEFAULT, CW_USEDEFAULT, CW_USEDEFAULT, CW_USEDEFAULT,
    hwnd, NULL, hInstance, NULL);
```

先看一下工具提示控制項所用的視窗樣式。工具提示控制項是一個沒有標題列的快顯視窗，因此使用 WS_POPUP，而非 WS_CHILD。實際上不指定 WS_POPUP 樣式也可以，因為當建立工具提示控制項時，系統總是預設增加 WS_POPUP 和 WS_EX_TOOLWINDOW 視窗樣式；沒有指定 WS_VISIBLE 樣式，是因為當滑鼠游標懸停在指定控制項或特定區域上時工具提示控制項才顯示；TTS_ALWAYSTIP 是工具提示控制項專用樣式，該樣式表示即使工具提示控制項的父視窗處於非活動狀態，當滑鼠游標懸停在指定控制項或特定區域上時也會彈出工具提示控制項。

不管程式視窗是否位於 Z 序的頂部，例如被其他程式視窗遮擋了一半的情況下，我們都希望工具提示控制項在需要顯示的時候顯示在頂層，因此指定了 WS_EX_TOPMOST 擴充視窗樣式。

工具提示控制項的視窗位置和大小不需要指定，系統會自動決定如何顯示，因此視窗位置和大小參數指定為 CW_USEDEFAULT 即可。如果需要設定工具提示控制項的最大寬度，則可以向其發送 TTM_SETMAXTIPWIDTH 訊息。當文字在一行顯示不完全時，會自動換行顯示。

當滑鼠游標懸停在一個控制項或特定區域上時，工具提示控制項會自動彈出，工具提示控制項的"工具"指的就是這些控制項或特定區域。一個工具提示控制項可以為多個"工具"提供服務，在建立工具提示控制項後，可以透過發送 TTM_ADDTOOL 訊息為工具提示控制項增加"工具"。這裡以 Chapter8\ EditDemo 為例，為 3 個編輯控制項（"工具"）設定提示文字，在 WM_CREATE 訊息中增加以下程式：

```
TOOLINFO ti;
ZeroMemory(&ti, sizeof(TOOLINFO));
ti.cbSize = sizeof(TOOLINFO);
ti.uFlags = TTF_IDISHWND | TTF_SUBCLASS;

ti.uId = (UINT_PTR)hwndUserName;
ti.lpszText = TEXT(" 請輸入使用者名稱，最少 3 個字元 ");
SendMessage(hwndTip, TTM_ADDTOOL, 0, (LPARAM)&ti);
```

```
ti.uId = (UINT_PTR)hwndPassword;
ti.lpszText = TEXT(" 請輸入密碼，最少 3 個字元 ");
SendMessage(hwndTip, TTM_ADDTOOL, 0, (LPARAM)&ti);

ti.uId = (UINT_PTR)hwndAge;
ti.lpszText = TEXT(" 請輸入 0 ～ 120 歲的年齡 ");
SendMessage(hwndTip, TTM_ADDTOOL, 0, (LPARAM)&ti);
```

現在，當滑鼠游標懸停在使用者名稱、密碼或年齡編輯控制項（"工具"）上時，會彈出對應的提示文字；在使用者點擊滑鼠按鈕、滑鼠游標離開"工具"或等待幾秒後，工具提示控制項會消失。

發送 TTM_ADDTOOL 訊息可以為工具提示控制項增加"工具"，也可以説是向工具提示控制項註冊該"工具"。wParam 參數沒有用到。lParam 參數是一個指向 TOOLINFO 結構的指標，該結構包含工具提示控制項顯示"工具"所需的相關資訊。TOOLINFO 結構在 CommCtrl.h 標頭檔中定義如下：

```
typedef struct {
    UINT      cbSize;      // 該結構的大小
    UINT      uFlags;      // 控制工具提示控制項顯示的標識
    HWND      hwnd;        // rect 欄位指定的邊界矩形所屬的視窗控制碼
    UINT_PTR  uId;         //" 工具 " 的視窗控制碼或 ID
    RECT      rect;        //" 工具 " 的邊界矩形座標，如果 uFlags 欄位包含 TTF_IDISHWND 標識，
                           // 則忽略該欄位
    HINSTANCE hinst;       // 包含字串資源的模組控制碼 ( 如果 lpszText 欄位指定為字串資源
ID)
    LPTSTR    lpszText;    //" 工具 " 的提示文字串指標，或指定為字串資源 ID
    LPARAM    lParam;      // 與 " 工具 " 連結的 32 位元自訂資料
    void      *lpReserved; // 保留，必須設定為 NULL
} TOOLINFO, *PTOOLINFO, *LPTOOLINFO;
```

- uFlags 欄位是控制工具提示控制項顯示的標識，常用的標識如表 8.31 所示。

▼ 表 8.31

標識	含義
TTF_IDISHWND	uId 欄位是 "工具" 的視窗控制碼。如果沒有設定該標識,則 uId 欄位是 "工具" 的 ID
TTF_PARSELINKS	應解析工具提示文字中的連結,例如: ti.lpszText = TEXT(" 請輸入使用者名稱,最少 3 個字元,<a href=\"https: //www.baidu.com/\"> 百度一下 </a>"); // 如果未指定該標識,則不會解析 a 標籤
TTF_SUBCLASS	預設情況下,系統會將與滑鼠相關的訊息發送給 "工具"。"工具" 可以是一個控制項或子視窗,也可以是一個矩形區域,即滑鼠訊息會被發送到控制項或子視窗的視窗過程,或矩形區域所屬視窗的視窗過程,而非工具提示控制項,因此與滑鼠相關的訊息還需要透過發送 TTM_RELAYEVENT 訊息手動轉發到工具提示控制項,這樣工具提示控制項才可以在適當的時間和位置顯示 "工具" 提示文字。在指定該標識後,系統會子類別化 "工具" 以攔截訊息,例如 WM_MOUSEMOVE,然後滑鼠訊息將自動轉發到工具提示控制項以得到處理
TTF_TRACK	使工具提示控制項視窗顯示在與其對應的 "工具" 旁邊。在指定該標識後需要透過發送 TTM_TRACKACTIVATE 訊息啟動工具提示控制項,並根據 TTM_TRACKPOSITION 訊息提供的座標移動工具提示控制項
TTF_ABSOLUTE	使工具提示控制項視窗顯示在 TTM_TRACKPOSITION 訊息提供的座標處(螢幕座標),該標識必須與 TTF_TRACK 標識一起使用
TTF_TRANSPARENT	把工具提示控制項的滑鼠訊息轉發到父視窗

- hwnd 欄位是 rect 欄位指定的邊界矩形所屬的視窗控制碼。如果 lpszText 欄位指定為 LPSTR_TEXTCALLBACK,則 hwnd 是接收 TTN_GETDISPINFO 通知碼(WM_NOTIFY)的視窗控制碼。

- uId 欄位表示 "工具" 的視窗控制碼或 ID,取決於 uFlags 欄位是否指定了 TTF_IDISHWND 標識。

- rect 欄位指定"工具"的邊界矩形座標,相對於 hwnd 欄位指定的視窗的客戶區。如果 uFlags 包含 TTF_IDISHWND 標識,則忽略該欄位。

- hinst 欄位指定包含字串資源的模組控制碼(如果 lpszText 欄位指定為字串資源 ID)。

- lpszText 欄位表示"工具"的提示文字串指標,或指定為字串資源 ID。如果該欄位設定為 LPSTR_TEXTCALLBACK,則工具提示控制項會將 TTN_GETDISPINFO 通知碼(WM_NOTIFY)發送到 hwnd 欄位指定的視窗,程式可以處理該通知碼以設定提示文字。

兩種用法:"工具"可以是一個控制項或子視窗,也可以是一個矩形區域。如果 uFlags 欄位指定了 TTF_IDISHWND 標識,那麼 uId 欄位指定為"工具"的視窗控制碼,此時"工具"是一個控制項或子視窗,當滑鼠游標懸停在這個控制項或子視窗上時,會彈出工具提示控制項。

如果 uFlags 欄位沒有指定 TTF_IDISHWND 標識,可以把 rect 欄位指定為一個矩形區域以作為"工具",hwnd 欄位指定為 rect 欄位指定的"工具"所屬的視窗控制碼,uId 欄位指定為"工具"的 ID。舉例來説,把程式視窗的客戶區右下角 50 像素 × 50 像素的矩形區域定義為"工具":

```
RECT rcClient;
GetClientRect(hwnd, &rcClient);
SetRect(&rcClient, rcClient.right - 50, rcClient.bottom - 50, rcClient.
right, rcClient.bottom);
ZeroMemory(&ti, sizeof(ti));
ti.cbSize = sizeof(TOOLINFO);
ti.uFlags = TTF_SUBCLASS;
ti.rect = rcClient;
ti.hwnd = hwnd;
ti.uId = 1001;
ti.lpszText = TEXT(" 把程式視窗的客戶區右下角 50 像素 *50 像素的矩形區域定義為 " 工具 "");
SendMessage(hwndTip, TTM_ADDTOOL, 0, (LPARAM)&ti);
```

上述程式執行效果如圖 8.14 所示。

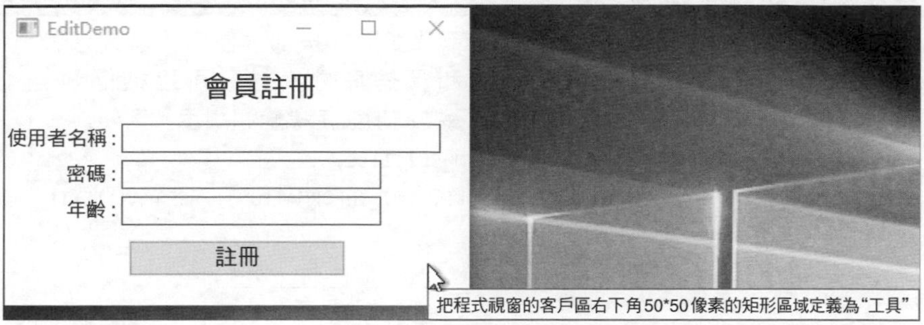

▲ 圖 8.14

對於矩形區域的 "工具"，如果想改變矩形區域的大小，可以透過發送 TTM_NEWTOOLRECT 訊息為 "工具" 設定新的邊界矩形。wParam 參數沒有用到，lParam 參數是一個指向 TOOLINFO 結構的指標。

增加 "工具" 以後，還可以透過發送 TTM_UPDATETIPTEXT 訊息來更改 "工具" 的提示文字等資訊。wParam 參數沒有用到，lParam 參數是一個指向 TOOLINFO 結構的指標。

"工具" 的提示文字可以透過發送 TTM_GETTEXT 訊息獲取。wParam 參數指定為要複製到 TOOLINFO 結構的 lpszText 欄位指向的緩衝區中的字元個數，包括終止空字元。lParam 參數同樣是一個指向 TOOLINFO 結構的指標。

工具提示控制項的常用樣式如表 8.32 所示。

▼ 表 8.32

樣式	含義
TTS_ALWAYSTIP	即使工具提示控制項的父視窗處於非活動狀態，當滑鼠游標懸停在指定控制項或特定區域上時也會彈出工具提示控制項
TTS_BALLOON	工具提示控制項具有卡通 "氣球" 的外觀，控制項視窗是圓角矩形，並有一個指向 "工具" 的箭頭

（續表）

樣式	含義

TTS_CLOSE	在工具提示控制項上顯示 "關閉" 按鈕，僅當工具提示控制項具有 TTS_BALLOON 樣式和標題時才有效。可以透過發送 TTM_SETTITLE 訊息為工具提示控制項設定標題和圖示。例如：
	
	`SendMessage(hwndTip, TTM_SETTITLE,`
	`    (WPARAM)LoadIcon(NULL, IDI_INFORMATION), (LPARAM)TEXT("提示訊息"));`

TTS_NOPREFIX	程式可以使用相同的字串資源作為選單項和工具提示控制項中的文字。預設情況下系統會自動刪除 & 字元，並在第一個定位字元 (\t) 處終止字串，在指定該樣式後可以防止從字串中刪除 & 字元或在定位字元處終止字串

8.11.1　逾時時間

滑鼠游標必須懸停在 "工具" 上一段時間後工具提示控制項才會彈出，預設的逾時時間為滑鼠按兩下的時間，即 GetDoubleClickTime() 函數傳回的值，通常為 500ms。要指定非預設逾時值，可以向工具提示控制項發送 TTM_SETDELAYTIME 訊息。

- TTM_SETDELAYTIME 訊息的 wParam 參數用於指定要設定哪個逾時時間值，可以是表 8.33 所示的值之一。

▼ 表 8.33

常數	含義
TTDT_INITIAL	設定在工具提示控制項視窗出現之前滑鼠游標必須在 "工具" 的邊界矩形內保持靜止的時間。要將該逾時值恢復為預設值，可以把 lParam 參數設定為 -1
TTDT_AUTOPOP	設定如果滑鼠游標在 "工具" 的邊界矩形內靜止，工具提示控制項視窗保持可見的時間（保持顯示的時間）。要將該逾時值恢復為預設值，可以把 lParam 參數設定為 -1

（續表）

常數	含義
TTDT_RESHOW	設定當滑鼠游標從一個 "工具" 移動到另一個 "工具" 時，後面這個 "工具" 顯示工具提示控制項所需的時間。要將該逾時值恢復為預設值，可以把 IParam 參數設定為 -1

TTDT_AUTOMATIC	預設情況下，AUTOPOP 時間是 INITIAL 時間的 10 倍，RESHOW 時間是 INITIAL 時間的 1/5。如果設定了該標識，則 IParam 參數可以指定為以毫秒為單位的正值表示 INITIAL 時間，如果 IParam 參數指定為負值，則將所有 3 個逾時時間恢復為預設值。通常不需要指定該標識。預設比例如下：
	`nInitial = GetDoubleClickTime();`
	`nAutoPop = GetDoubleClickTime() * 10;`
	`nReShow  = GetDoubleClickTime() / 5;`

- IParam 參數指定逾時時間，以毫秒為單位。

例如下面的程式：

```
// 設定逾時時間
SendMessage(hwndTip, TTM_SETDELAYTIME, TTDT_INITIAL, 100);
SendMessage(hwndTip, TTM_SETDELAYTIME, TTDT_AUTOPOP, 10000);
```

工具提示控制項可以是活動的也可以是非活動的。當它處於活動狀態且滑鼠游標位於 "工具" 上時，會顯示 "工具" 提示文字；當它處於非活動狀態時，即使滑鼠游標位於 "工具" 上，也不會顯示 "工具" 提示文字，可以透過發送 TTM_ACTIVATE 訊息來啟動或停用工具提示控制項。TTM_ ACTIVATE 訊息的 wParam 參數可以指定為 TRUE 表示啟動控制項，或 FALSE 表示停用控制項；IParam 參數沒有用到。

8.11.2　追蹤工具提示

"工具" 提示文字可以是固定的，也可以隨滑鼠游標的移動而移動，稱為追蹤工具提示。要建立追蹤工具提示，發送 TTM_ADDTOOL 訊息註冊 "工具" 的時候需要在 TOOLINFO 結構的 uFlags 欄位中包含 TTF_TRACK 標識；還需要透過向工具提示控制項發送 TTM_TRACKACTIVATE 訊息手動啟動（顯示）或停用（隱藏）追蹤工具提示；追蹤工具提示處於啟動狀態時，還需要透過向工具提示控制項發送 TTM_TRACKPOSITION 訊息來指定追蹤工具提示的位置。

　　追蹤工具提示的位置需要程式手動控制，因此在發送 TTM_ADDTOOL 訊息註冊工具時 TOOLINFO 結構的 uFlags 欄位中不需要包含 TTF_SUBCLASS 標識，也不需要透過發送 TTM_RELAYEVENT 將滑鼠訊息轉發到工具提示控制項上。

　　發送 TTM_ADDTOOL 訊息註冊 "工具" 的時候需要在 TOOLINFO 結構的 uFlags 欄位中包含 TTF_TRACK 標識。在指定該標識後，工具提示控制項視窗顯示在與其對應的 "工具" 旁邊；如果同時指定 TTF_ABSOLUTE 標識，則可以將工具提示控制項視窗顯示在 TTM_TRACKPOSITION 訊息提供的座標處（螢幕座標），該標識必須與 TTF_TRACK 標識一起使用。即指定了 TTF_ABSOLUTE 標識可以將工具提示控制項視窗顯示在 TTM_TRACKPOSITION 訊息提供的座標處（螢幕座標），而非 "工具" 旁邊，因此通常都是同時指定這兩個標識：TTF_TRACK 和 TTF_ABSOLUTE。接下來實現一個追蹤工具提示的例子，當滑鼠游標在客戶區中移動時即時顯示游標位置處的座標，TrackTool.cpp 原始檔案的部分內容如下所示：

```
LRESULT CALLBACK WindowProc(HWND hwnd, UINT uMsg, WPARAM wParam, LPARAM lParam)
{
    HINSTANCE hInstance;
    static HWND hwndTip;
    static BOOL bTracking = FALSE;
    static int oldX, oldY;
    int newX, newY;
    static TOOLINFO ti = { sizeof(TOOLINFO) };
    TRACKMOUSEEVENT tme = { sizeof(TRACKMOUSEEVENT) };
    POINT pt;
    TCHAR szBuf[24] = { 0 };

    switch (uMsg)
    {
    case WM_CREATE:
        hInstance = ((LPCREATESTRUCT)lParam)->hInstance;
```

```
    // 建立工具提示控制項
    hwndTip = CreateWindowEx(WS_EX_TOPMOST, TEXT("tooltips_class32"), NULL,
        WS_POPUP | TTS_ALWAYSTIP,
        CW_USEDEFAULT, CW_USEDEFAULT, CW_USEDEFAULT, CW_USEDEFAULT,
        hwnd, NULL, hInstance, NULL);

    // 增加追蹤工具，使用者端區域
    ti.uFlags = TTF_TRACK | TTF_ABSOLUTE;
    ti.hwnd = hwnd;
    ti.uId = 1001;
    GetClientRect(hwnd, &ti.rect);
    SendMessage(hwndTip, TTM_ADDTOOL, 0, (LPARAM)&ti);
    return 0;

case WM_MOUSEMOVE:
    // 程式可以透過呼叫 TrackMouseEvent 函數讓系統發送另外兩筆訊息：
    // 當滑鼠游標懸停在客戶區一段時間後發送 WM_MOUSEHOVER 訊息；
    // 當游標離開客戶區時發送 WM_MOUSELEAVE 訊息
    if (!bTracking)
    {
        tme.dwFlags = TME_LEAVE;
        tme.hwndTrack = hwnd;
        TrackMouseEvent(&tme);

        bTracking = TRUE;
    }

    // 啟動追蹤工具提示
    SendMessage(hwndTip, TTM_TRACKACTIVATE, (WPARAM)TRUE, (LPARAM) &ti);

    newX = GET_X_LPARAM(lParam);
    newY = GET_Y_LPARAM(lParam);
    if ((newX != oldX) || (newY != oldY))
    {
        oldX = newX;
        oldY = newY;

        // 更改 " 工具 " 的提示文字
        wsprintf(szBuf, TEXT(" 滑鼠的客戶區座標：%d, %d"), newX, newY);
```

```
                ti.lpszText = szBuf;
                SendMessage(hwndTip, TTM_SETTOOLINFO, 0, (LPARAM)&ti);

                // 移動追蹤工具提示的位置
                pt = { newX, newY };
                ClientToScreen(hwnd, &pt);
                SendMessage(hwndTip, TTM_TRACKPOSITION, 0, MAKELPARAM(pt.x, pt.y));
            }
            return 0;

    case WM_MOUSELEAVE:
        // 停用追蹤工具提示
        SendMessage(hwndTip, TTM_TRACKACTIVATE, FALSE, (LPARAM)&ti);
        bTracking = FALSE;
        return 0;

    case WM_DESTROY:
        PostQuitMessage(0);
        return 0;
    }

    return DefWindowProc(hwnd, uMsg, wParam, lParam);
}
```

完整程式參見 Chapter8\TrackTool 專案。

另外，常用的訊息還有設定工具提示控制項視窗中背景顏色的 TTM_SETTIPBKCOLOR 訊息、設定工具提示控制項視窗中文字顏色的 TTM_SETTIPTEXTCOLOR 訊息等。

8.12 清單檢視

清單檢視控制項和列表框控制項類似，但是清單檢視控制項提供了多種排列和顯示清單項的方法，比列表框控制項更靈活。清單檢視控制項有圖示、小圖示、清單、報表（也稱詳情視圖，有列標題）等排列顯示方式，如圖 8.15 所示。

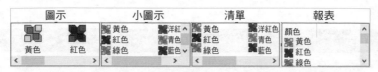

▲ 圖 8.15

　　圖示視圖的每一個清單項通常會顯示一個 32 像素 × 32 像素的圖示，圖示下方顯示清單項文字；小圖示視圖的每一個清單項通常會顯示一個 16 像素 × 16 像素的圖示，圖示右側顯示清單項文字；清單視圖的每一個清單項通常會顯示一個 16 像素 × 16 像素的圖示，圖示右側顯示清單項文字，清單項按列排序；報表視圖的每一個清單項的最左一列通常會顯示一個 16 像素 × 16 像素的圖示，圖示右側顯示清單項文字，每一個清單項還可以選擇顯示其他列（也稱子項），用於顯示一些附加資訊，按列排序，每一列的頂部會顯示一個列標題。另外，和清單方塊控制項一樣，每個清單項都可以連結一個項目資料。

　　清單項文字實際上是一個編輯控制項，報表視圖的列標題是一個標題控制項，類別名稱 SysHeader32。標題控制項用得不多，本書不作介紹，需要的讀者請自行參考 MSDN。

　　在通用控制項版本 6 及以後的版本中，新增了延展視圖。延展視圖的清單項可以顯示多行標籤文字，如圖 8.16 所示。實際上這 5 種視圖，讀者應該都很熟悉，因為桌面用的就是一個清單檢視控制項。另外，方案總管中也用到了這些視圖，Windows 7 和 Windows 10 的方案總管中用於顯示檔案和資料夾的控制項是 DirectUIHWND 類別，實際上就是清單檢視控制項的擴充。

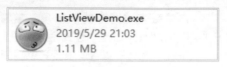

▲ 圖 8.16

　　清單檢視控制項的相關基礎知識比較多，讓我們先看一下常用的清單檢視控制項樣式，如表 8.34 所示。

▼ 表 8.34

樣式	含義
LVS_ICON	圖示視圖
LVS_SMALLICON	小圖示視圖
LVS_LIST	清單檢視
LVS_REPORT	報表視圖，第一列始終是左對齊的
LVS_SHOWSELALWAYS	即使控制項失去輸入焦點，也始終顯示選擇
LVS_SINGLESEL	一次只能選擇一個清單項，預設情況下，清單項可以多選
LVS_SORTASCENDING	清單項按清單項文字升冪排列
LVS_SORTDESCENDING	清單項按清單項文字降冪排列
LVS_EDITLABELS	預設情況下清單項文字不能編輯，在指定該標識後清單項的文字可以被編輯。當使用者完成清單項文字的編輯以後，父視窗會收到包含 LVN_ENDLABELEDIT 通知碼的 WM_NOTIFY 訊息，處理該通知碼只需要簡單地傳回 TRUE 表示接受編輯，或 FALSE 表示拒絕編輯即可
LVS_NOLABELWRAP	對於圖示視圖，如果清單項文字比較長，預設情況下會分多行顯示。在指定該樣式後，清單項文字單行顯示
LVS_ALIGNLEFT	對於圖示視圖和小圖示視圖，在預設情況下，在清單檢視控制項的矩形範圍內，所有清單項在寬度範圍內排列完一行後，會換到下一行。在指定該樣式後，先在高度範圍內排列完一列，然後換到下一列
LVS_NOCOLUMNHEADER	對於報表視圖，在預設情況下每一列的頂部都會顯示一個標題。在指定該樣式後，則不顯示標題
LVS_AUTOARRANGE	對於圖示、小圖示視圖自動排列
LVS_OWNERDRAWFIXED	自繪報表視圖中的清單項，當需要重繪時會收到 WM_DRAWITEM 訊息，程式應該處理該訊息繪製每個清單項，系統不會為每個清單項發送單獨的 WM_DRAWITEM 訊息

　　沒有延展視圖樣式，如果需要延展視圖，可以發送 LVM_SETVIEW 訊息。wParam 參數可以指定為 LV_VIEW_ICON、LV_VIEW_SMALLICON、LV_VIEW_LIST、LV_VIEW_DETAILS、LV_VIEW_TILE 分別表示圖示、小圖示、清單、報表和延展視圖。lParam 參數沒有用到。

再看一下常用的清單檢視控制項擴充樣式（見表 8.35）。擴充樣式不能直接設定，可以透過發送 LVM_ SETEXTENDEDLISTVIEWSTYLE 訊息來進行設定。wParam 參數用於指定 IParam 參數中的哪些樣式將受到影響。該參數可以是擴充樣式的組合，只會更改 wParam 參數中指定的擴充樣式。如果該參數設定為 0，則 IParam 參數中的所有樣式都將受到影響，該參數通常可以設定為 0。IParam 參數指定要設定的清單檢視控制項擴充樣式，可以是擴充樣式的組合，IParam 參數中未指定但在 wParam 參數中指定的樣式將被刪除。如果執行成功，則傳回包含先前清單檢視控制項擴充樣式的 DWORD 值。

▼ 表 8.35

樣式	含義
LVS_EX_CHECKBOXES	清單項前面顯示一個核取方塊
LVS_EX_AUTOCHECKSELECT	點擊清單項即自動選取核取方塊。對於報表視圖，在設定該樣式後，第一列的列標題前面會顯示一個核取方塊，點擊核取方塊可以在全部選取和全部取消選取之間切換
LVS_EX_LABELTIP	如果清單項文字因為寬度或高度限制沒有完全顯示出來，當滑鼠在清單項上時會彈出一個提示文字以顯示完整的清單項文字
LVS_EX_FULLROWSELECT	用於報表視圖，預設情況下選擇一個清單項只會突出顯示第一列，指定該樣式並選擇一個清單項後會整行突出顯示（包括子項）
LVS_EX_GRIDLINES	用於報表視圖，清單項之間以及列與列之間會顯示格線，整個清單檢視控制項（報表視圖）就像是一個表格
LVS_EX_HEADERDRAGDROP	用於報表視圖，可以透過拖動列標題來調整列的順序
LVS_EX_SUBITEMIMAGES	用於報表視圖，在指定該樣式後，子項文字前面也可以顯示一個影像

下面的程式建立了一個小圖示視圖清單檢視控制項，即使清單檢視控制項失去輸入焦點也始終顯示選擇，清單項的文字可以編輯：

```
hwndListView = CreateWindowEx(0, TEXT("SysListView32"), NULL,
    WS_CHILD | WS_VISIBLE | LVS_SMALLICON | LVS_SHOWSELALWAYS | LVS_EDITLABELS,
    10, 0, 300, 200, hwnd, (HMENU)IDC_LISTVIEW, hInstance, NULL);
```

可以透過發送 LVM_SETEXTENDEDLISTVIEWSTYLE 訊息來設定清單檢視控制項的擴充樣式，例如：

```
SendMessage(hwndListView, LVM_SETEXTENDEDLISTVIEWSTYLE, 0, LVS_EX_CHECKBOXES | LVS_EX_
AUTOCHECKSELECT);
```

8.12.1　增加列標題和清單項

在建立清單檢視控制項後，可以透過發送 LVM_INSERTITEM 訊息增加清單項。如果是 LVS_REPORT 報表視圖樣式，還必須首先透過發送 LVM_INSERTCOLUMN 訊息來增加列標題。

LVM_INSERTCOLUMN 訊息的 wParam 參數指定為列的索引（第一列為 0，第二列為 1，依次類推），lParam 參數是一個指向包含列屬性的 LVCOLUMN 結構的指標。如果執行成功，則傳回新列的索引；如果執行失敗，則傳回 -1。只有在報表視圖中才會顯示列標題，在其他視圖中即使增加了列也不會顯示。LVCOLUMN 結構在 CommCtrl.h 標頭檔中定義如下：

```
typedef struct _LVCOLUMN {
    UINT    mask;        // 遮罩標識，指定哪個欄位有效
    int     fmt;         // 列標題和清單項子項的文字在列中的對齊方式，但最左一列始終左對齊
    int     cx;          // 列的寬度，以像素為單位
    LPTSTR  pszText;     // 列標題字串指標，如果獲取列資訊，則是字串緩衝區位址
    int     cchTextMax;  // pszText 指向的緩衝區的大小，以字元為單位，如果是設定列資訊，則忽
略該欄位
    int     iSubItem;    // 列的索引，通常和 wParam 參數使用相同的值
    int     iImage;      // 影像清單中影像的從 0 開始的索引，指定的影像將顯示在列標題左側
    int     iOrder;      // 按從左到右的順序排列的列偏移，舉例來說，0 表示最左邊的列，通常不
設定
    int     cxMin;       // 列的最小寬度，以像素為單位，通常不設定
    int     cxDefault;   // 一般不使用
    int     cxIdeal;     // 列的理想寬度，唯讀（用於獲取，而非設定）
} LVCOLUMN, *LPLVCOLUMN;
```

- mask 欄位是遮罩標識，指定哪個欄位有效，該欄位可以是表 8.36 所示的或多個值。

▼ 表 8.36

標識	含義
LVCF_FMT	fmt 欄位有效
LVCF_WIDTH	cx 欄位有效
LVCF_TEXT	pszText 欄位有效
LVCF_SUBITEM	iSubItem 欄位有效
LVCF_IMAGE	iImage 欄位有效
LVCF_ORDER	iOrder 欄位有效
LVCF_MINWIDTH	cxMin 欄位有效
LVCF_DEFAULTWIDTH	cxDefault 欄位有效
LVCF_IDEALWIDTH	cxIdeal 欄位有效

- fmt 欄位指定列標題和清單項子項的文字在列中的對齊方式。最左欄始終是 LVCFMT_LEFT 左對齊方式，這無法改變。常用的值如表 8.37 所示。

▼ 表 8.37

常數	含義
LVCFMT_LEFT	文字左對齊
LVCFMT_RIGHT	文字右對齊
LVCFMT_CENTER	文字置中對齊
LVCFMT_SPLITBUTTON	列標題顯示為拆分按鈕

　　例如下面的程式，為報表視圖設定了 2 列，第 1 列寬度為 160 像素，第 2 列寬度為 100 像素，每一列的列標題前面會顯示一個圖示：

```
// 如果是報表視圖樣式，必須先設定列標題
lvc.mask = LVCF_SUBITEM | LVCF_TEXT | LVCF_WIDTH | LVCF_IMAGE;
lvc.iSubItem = 0; lvc.cx = 160; lvc.pszText = TEXT(" 專業名稱 "); lvc.iImage = 0;
SendMessage(hwndListView, LVM_INSERTCOLUMN, 0, (LPARAM)&lvc);
lvc.iSubItem = 1; lvc.cx = 100; lvc.pszText = TEXT(" 價格 "); lvc.iImage = 1;
SendMessage(hwndListView, LVM_INSERTCOLUMN, 1, (LPARAM)&lvc);
```

影像列表的程式如下：

```
// 影像列表
hImagListNormal = ImageList_Create(GetSystemMetrics(SM_CXICON),
    GetSystemMetrics(SM_CYICON), ILC_MASK | ILC_COLOR32, 10, 0);
hImagListSmall = ImageList_Create(GetSystemMetrics(SM_CXSMICON),
    GetSystemMetrics(SM_CYSMICON), ILC_MASK | ILC_COLOR32, 10, 0);
for (int i = 0; i < 10; i++)
{
    // 資源檔中定義了 10 個圖示 ,IDI_ICON1 ～ IDI_ICON10
    hiconItem = LoadIcon(hInstance, MAKEINTRESOURCE(IDI_ICON1 + i));
    ImageList_AddIcon(hImagListNormal, hiconItem);
    ImageList_AddIcon(hImagListSmall, hiconItem);
    DestroyIcon(hiconItem);
}
SendMessage(hwndListView, LVM_SETIMAGELIST, LVSIL_SMALL, (LPARAM)hImagListSmall);
```

LVM_SETIMAGELIST 訊息用於把影像清單分配給清單檢視控制項，wParam 參數指定影像列表的類型，可以是表 8.38 所示的值之一（常用的）。

▼ 表 8.38

類型	含義
LVSIL_NORMAL	大圖示的影像列表
LVSIL_SMALL	小圖示的影像列表
LVSIL_STATE	帶狀態影像的影像清單

IParam 參數指定為影像列表控制碼，如果執行成功，則傳回值為先前與控制項連結的影像清單的控制碼。

圖示視圖、延展視圖中的大圖示，不一定就是 GetSystemMetrics(SM_CXICON) × GetSystemMetrics(SM_CYICON) 的大小，還可以設定的更大或更小；小圖示、清單檢視、報表視圖中的小圖示也不一定就是 GetSystemMetrics(SM_CXSMICON) × GetSystemMetrics(SM_CYSMICON) 的大小，也可以設定的更大或更小。

LVM_INSERTITEM 訊息用於向清單檢視控制項中增加清單項，wParam 參數沒有用到，lParam 參數是一個指向 LVITEM 結構的指標。如果執行成功，則傳回值為新增加清單項的索引；如果執行失敗，則傳回 -1。LVITEM 結構在 CommCtrl.h 標頭檔中定義如下：

```
typedef struct {
    UINT    mask;        // 遮罩標識，設定或獲取哪些欄位的值
    int     iItem;       // 新清單項的從 0 開始的索引，如果該值大於控制項中的清單項總數，則插
入尾端
    int     iSubItem;    // 清單項的子項的索引，通常設定為 0( 第一列 )
    UINT    state;       // 指定清單項的狀態、狀態影像和疊加影像，stateMask 欄位指定該欄位的
有效位元
    UINT    stateMask;   // 指定 state 欄位的有效位元
    LPTSTR  pszText;     // 清單項文字串指標，如果獲取清單項資訊，則是字串緩衝區位址
    int     cchTextMax;  // pszText 緩衝區的大小，以字元為單位，獲取清單項資訊時需要該欄位
    int     iImage;      // 影像清單中影像的從 0 開始的索引，指定的影像將顯示在清單項左側
    LPARAM  lParam;      // 與清單項相連結的項目資料
    int     iIndent;     // 清單項縮排數，設定為 1 表示 1 個影像寬度，2 表示 2 個影像寬度 ...
    int     iGroupId;    // 清單項所群組的 ID
    UINT    cColumns;
    PUINT   puColumns;
    int     *piColFmt;
    int     iGroup;      // 清單項所屬的群組索引
} LVITEM, *LPLVITEM;
```

- mask 欄位是遮罩標識，表示要設定或獲取哪些欄位的值，可以是表 8.39 所示的值的組合（常用的）。

▼ 表 8.39

標識	含義
LVIF_IMAGE	iImage 欄位有效
LVIF_INDENT	iIndent 欄位有效
LVIF_PARAM	lParam 欄位有效
LVIF_STATE	state 欄位有效
LVIF_TEXT	pszText 欄位有效

- state 欄位指定清單項的狀態、狀態影像索引或疊加影像索引。該欄位的第 0 ~ 7 位元包含清單項狀態標識，可以設定為 LVIS_CUT、LVIS_DROPHILITED、LVIS_FOCUSED、LVIS_SELECTED（具體含義參見 stateMask 欄位）；該欄位的第 8 ~ 11 位元指定清單項的疊加影像索引，疊加影像疊加在清單項的圖示影像上執行遮罩運算，要設定疊加影像可以使用 INDEXTOOVERLAYMASK（影像索引）巨集；該欄位的第 12 ~ 15 位元指定狀態影像索引，狀態影像顯示在清單項的圖示旁邊，要設定狀態影像可以使用 INDEXTOSTATEIMAGEMASK（影像索引）巨集。如果是獲取指定清單項的狀態、狀態影像索引或疊加影像索引，則不需要設定該欄位（mask 欄位需要指定 LVIF_STATE 標識）。

- stateMask 欄位指定 state 欄位的有效位元，也就是指定 state 欄位的狀態位元、狀態影像索引位元或疊加影像索引位元中哪一個有效，可以是表 8.40 所示的值的組合。

▼ 表 8.40

標識	含義
LVIS_CUT	state 欄位的第 0 ~ 7 位元有效，清單項為剪下狀態
LVIS_DROPHILITED	state 欄位的第 0 ~ 7 位元有效，清單項突出顯示為拖放目標
LVIS_FOCUSED	state 欄位的第 0 ~ 7 位元有效，清單項具有焦點（要為清單項設定焦點，應首先保證清單檢視控制項具有焦點）
LVIS_SELECTED	state 欄位的第 0 ~ 7 位元有效，清單項為已選取狀態
LVIS_OVERLAYMASK	state 欄位的第 8 ~ 11 位元有效，state 欄位應使用 INDEXTOOVERLAYMASK（影像索引）巨集設定疊加影像索引
LVIS_STATEIMAGEMASK	state 欄位的第 12 ~ 15 位元有效，state 欄位應使用 INDEXTOSTATEIMAGEMASK（影像索引）巨集設定狀態影像索引

要獲取或設定所有狀態，可以將該欄位設定為 (UINT)-1。

舉例來説，要設定清單項為選取狀態，可以把 state 和 stateMask 欄位都設定為 LVIS_SELECTED。關於狀態影像或疊加影像的用法，請讀者自行閱讀相關文章。

■ iGroupId 欄位表示清單項所群組的 ID，或指定為 I_GROUPIDCALLBACK 表示清單檢視控制項會向父視窗發送 LVN_GETDISPINFO 通知碼以獲取群組的索引，也可以指定為 I_GROUPIDNONE 表示該清單項不屬於任何群組。此處就不詳細介紹分組了。

例如下面的程式增加了兩個清單項，每個清單項前面顯示一個圖示：

```
LVITEM lvi;
ZeroMemory(&lvi, sizeof(LVITEM));
lvi.mask = LVIF_TEXT | LVIF_IMAGE;
lvi.iItem = 0; lvi.pszText = TEXT(" 組合語言程式設計 "); lvi.iImage = 0;
SendMessage(hwndListView, LVM_INSERTITEM, 0, (LPARAM)&lvi);
lvi.iItem = 1; lvi.pszText = TEXT("Windows 程式設計 "); lvi.iImage = 1;
SendMessage(hwndListView, LVM_INSERTITEM, 0, (LPARAM)&lvi);
```

對於報表視圖，在增加一個清單項後，接著發送 LVM_SFTITEM 或 LVM_SETITEMTEXT 訊息為該清單項增加子項（其他列）。wParam 參數沒有用到，lParam 參數同樣是一個指向 LVITEM 結構的指標。例如：

```
LVITEM lvi;
ZeroMemory(&lvi, sizeof(LVITEM));
lvi.mask = LVIF_TEXT | LVIF_IMAGE;
lvi.iItem = 0; lvi.pszText = TEXT(" 組合語言程式設計 "); lvi.iImage = 0;
SendMessage(hwndListView, LVM_INSERTITEM, 0, (LPARAM)&lvi);

// 增加一個子項，也就是第 2 列，索引為 1
lvi.iSubItem = 1; lvi.pszText = TEXT("18000");
SendMessage(hwndListView, LVM_SETITEM, 0, (LPARAM)&lvi);
```

延展視圖的清單項可以顯示多行標籤文字，例如把報表視圖的子項全部顯示到延展視圖清單項文字的後續行中，如圖 8.17 所示。

▲ 圖 8.17

可以透過發送 LVM_SETTILEINFO 訊息設定延展視圖清單項資訊來實現。LVM_SETTILEINFO 訊息的 wParam 參數沒有用到。lParam 參數是一個指向包含要設定的資訊的 LVTILEINFO 結構的指標，該結構在 CommCtrl.h 標頭檔中定義如下：

```
typedef struct tagLVTILEINFO
{
    UINT    cbSize;      // 該結構的大小
    int     iItem;       // 清單項索引
    UINT    cColumns;    // 列數，不包括第一列
    PUINT   puColumns;   // 列索引（或說子項索引）陣列，指定要顯示的列以及這些列的順序
    int*    piColFmt;    // 列格式陣列（例如 LVCFMT_LEFT），對應於 puColumns 中指定的每個列
} LVTILEINFO, *PLVTILEINFO;
```

這裡我寫了一個可以切換各種視圖的範例程式 ListViewDemo，完整程式請參考 Chapter8\ListViewDemo 專案。

8.12.2 清單檢視控制項訊息和通知碼

有很多關於清單檢視控制項的基礎知識，本節介紹一些常用的訊息（見表8.41）和通知碼。完整介紹請參考 MSDN。

▼ 表 8.41

訊息類型	含義
LVM_DELETEITEM	刪除一個清單項，wParam 參數指定為清單項索引，lParam 參數沒有用到。例如： `SendMessage(hwndListView, LVM_DELETEITEM, 1, 0);`
LVM_DELETEALLITEMS	刪除所有清單項，wParam 和 lParam 參數都沒有用到
LVM_DELETECOLUMN	刪除一列，wParam 參數指定為列索引，lParam 參數沒有用到
LVM_SETITEMSTATE	更改指定清單項的狀態。wParam 參數指定為清單項的索引，如果指定為 -1，則表示更改所有清單項的狀態；lParam 參數指定為指向 LVITEM 結構的指標，stateMask 欄位指定要更改的狀態位元，state 欄位指定清單項的新狀態（可以設定為 LVIS_CUT、LVIS_DROPHILITED、LVIS_FOCUSED、LVIS_SELECTED），其他欄位將被忽略
LVM_GETCOUNTPERPAGE	計算在清單檢視或報表視圖中可以垂直放置在清單檢視控制項的可見區域中的清單項個數（僅完全可見的清單項）。wParam 和 lParam 參數都沒有用到。如果執行成功，則傳回完全可見的清單項個數。如果當前視圖是圖示視圖或小圖示視圖，則傳回值是清單檢視控制項中的清單項總數
LVM_APPROXIMATEVIEWRECT	計算顯示給定數量的清單項所需的大約寬度和高度。wParam 參數指定為要顯示的清單項個數，如果設定為 -1，表示使用控制項中的清單項總數；LOWORD(lParam) 和 HIWORD(lParam) 指定為建議的控制項寬度和高度值，寬度和高度值通常都可以設定為 -1，表示使用當前寬度和高度值。如果執行成功，則傳回一個 DWORD 值，該值包含顯示指定數量的清單項所需的近似寬度（在 LOWORD 中）和高度（在 HIWORD 中），以像素為單位
LVM_SCROLL	捲動清單檢視控制項的內容。wParam 參數指定為要捲動的水平距離，lParam 參數指定為要捲動的垂直距離，以像素為單位
LVM_FINDITEM	搜尋具有指定特徵的清單項。wParam 參數指定開始搜尋的清單項索引（不包括指定項），指定為 -1 表示從頭開始搜尋；lParam 參數是一個指向 LVFINDINFO 結構的指標，該結構包含有關要搜尋的內容資訊。如果執行成功，則傳回第一個符合條件的清單項的索引；否則傳回 -1

（續表）

訊息類型	含義
LVM_GETITEMCOUNT	用於獲取清單檢視控制項中的清單項的總個數，wParam 和 lParam 參數都沒用到
LVM_GETSELECTIONMARK	通常用於單選清單檢視控制項。wParam 和 lParam 參數都沒有用到，該訊息傳回選取清單項的索引；如果當前沒有選取項，則傳回 -1
LVM_GETSELECTEDCOUNT	獲取已選取清單項的總個數。wParam 和 lParam 參數都沒有用到。如果執行成功，則傳回總數目；如果沒有已選取項，則傳回 0
LVM_GETNEXTITEM	搜尋與 wParam 參數指定的清單項有一定關係的清單項，wParam 參數指定開始搜尋的清單項索引（不包括指定項），指定為 -1 表示從頭開始搜尋。lParam 參數用於說明與 wParam 中指定項的關係，可以是以下值中的或多個。 （1）按索引搜尋 · LVNI_ALL——預設值，從 wParam 參數指定的索引開始往後搜尋（搜尋大於指定索引的） · LVNI_PREVIOUS——從 wParam 參數指定的索引開始往前搜尋（搜尋小於指定索引的） （2）按座標關係搜尋（物理位置） · LVNI_ABOVE——從 wParam 參數指定的清單項的座標處開始向上搜尋 · LVNI_BELOW——從 wParam 參數指定的清單項的座標處開始向下搜尋 · LVNI_TOLEFT——從 wParam 參數指定的清單項的座標處開始向左搜尋 · LVNI_TORIGHT——從 wParam 參數指定的清單項的座標處開始向右搜尋 （3）按清單項狀態搜尋 · LVIS_CUT——清單項為剪下狀態 · LVIS_DROPHILITED——清單項突出顯示為拖放目標 · LVIS_FOCUSED——清單項具有焦點 · LVIS_SELECTED——清單項為已選取狀態

（續表）

訊息類型	含義
LVM_GETITEM	用於獲取清單項的資訊。wParam 參數沒有用到，lParam 參數是一個指向 LVITEM 結構的指標。該結構在講解 LVM_INSERTITEM 訊息時已經介紹過。該訊息可以獲取清單項或子項的資訊（透過 iItem 和 iSubItem 欄位指定）。如果訊息執行成功，則傳回 TRUE；否則傳回 FALSE

當使用者滑鼠按右鍵清單項時，清單檢視控制項的父視窗會收到包含 NM_RCLICK 通知碼的 WM_NOTIFY 訊息，lParam 參數是一個指向 NMITEMACTIVATE 結構的指標。

對於報表視圖，當使用者點擊列標題時會收到包含 LVN_COLUMNCLICK 通知碼的 WM_NOTIFY 訊息，訊息的 lParam 參數是一個指向 NMLISTVIEW 結構的指標，NMLISTVIEW.iSubItem 欄位是列的索引，這時程式可以透過發送 LVM_SORTITEMS 訊息根據所點擊的列進行排序（如果指定了 LVS_SORTASCENDING 和 LVS_SORTDESCENDING 樣式，則只可以根據清單項文字進行排序）。

8.12.3　選取項的獲取

對於單選清單檢視控制項，可以發送 LVM_GETSELECTIONMARK 訊息獲取選取項。wParam 和 lParam 參數都沒有用到。如果有選取項，則傳回選取清單項的索引；如果當前沒有選取項，則傳回 -1。

如果多選清單檢視控制項，沒有獲取所有選取清單項索引的相關訊息或函數，則可以透過類似下面的程式迴圈獲取每個已選取清單項的資訊：

```
// 獲取已選取清單項總數
int nCount = SendMessage(hwndListView, LVM_GETSELECTEDCOUNT, 0, 0);
if (nCount > 0)
{
    LPTSTR pBuf = new TCHAR[nCount * 128];
    ZeroMemory(pBuf, sizeof(TCHAR) * nCount * 128);
    TCHAR szText[128] = { 0 };
```

```
    lvi.mask = LVIF_TEXT;
    lvi.iSubItem = 0; lvi.pszText = szText; lvi.cchTextMax = _countof(szText);

    // 先搜尋出第一個選取項
    int nIndex = SendMessage(hwndListView, LVM_GETNEXTITEM, -1, LVIS_SELECTED);
    // 獲取清單項的資訊
    lvi.iItem = nIndex;
    SendMessage(hwndListView, LVM_GETITEM, 0, (LPARAM)&lvi);
    StringCchCopy(pBuf, nCount * 128, lvi.pszText);
    StringCchCat(pBuf, nCount * 128, TEXT("\n"));

    for (int i = 0; i < nCount - 1; i++)
    {
        // 按索引往後搜尋
        nIndex = SendMessage(hwndListView, LVM_GETNEXTITEM, nIndex, LVIS_SELECTED);
        // 獲取清單項的資訊
        lvi.iItem = nIndex;
        SendMessage(hwndListView, LVM_GETITEM, 0, (LPARAM)&lvi);
        StringCchCat(pBuf, nCount * 128, lvi.pszText);
        StringCchCat(pBuf, nCount * 128, TEXT("\n"));
    }
    MessageBox(hwnd, pBuf, TEXT(" 已選取清單項 "), MB_OK);
    delete[] pBuf;
}
```

8.13 樹狀檢視

　　樹狀檢視控制項通常用於顯示一些具有層次關係的項目，例如方案總管左側的功能窗格用的就是 SysTreeView32 樹狀檢視控制項。每個項目都有一個標籤文字和一個可選的影像，每個項目都可以有一個與之連結的項目資料。每個項目都可以包含與之連結的一系列子項（子節點），具有一個或多個子項的項目稱為父項（父節點）。子項顯示在其父項下方，並適當縮排以表示它從屬於父項。按兩下父項，可以展開或折疊連結的子項列表。沒有父項的項目出現在層次結構的頂部，稱為根項（根節點）。每個項目的標籤文字實際上是一個編輯控制項。

樹狀檢視控制項常用的樣式如表 8.42 所示。

▼ 表 8.42

樣式	含義
TVS_CHECKBOXES	樹狀檢視項前面顯示一個核取方塊。雖然可以顯示核取方塊,但樹狀檢視控制項並不能多選
TVS_EDITLABELS	允許使用者編輯樹狀檢視項的標籤文字,在使用者完成對標籤文字的編輯後,樹狀檢視控制項的父視窗會收到包含 TVN_ENDLABELEDIT 通知碼 的 WM_NOTIFY 訊息,處理該通知碼只需要簡單地傳回 TRUE 表示接受編輯,或 FALSE 表示拒絕編輯
TVS_HASLINES	樹狀檢視項的前面會顯示一個線條,表明項目的層次結構關係
TVS_HASBUTTONS	父節點前面顯示加號(+)或減號(-)按鈕,使用者點擊按鈕可以展開或折疊父項的子項列表。要在樹狀檢視控制項的根節點中包含按鈕,還必須指定 TVS_LINESATROOT
TVS_LINESATROOT	表明項目層次結構關係的線條連結到根節點。如果未指定 TVS_HASLINES,則忽略該樣式
TVS_SHOWSELALWAYS	當樹狀檢視控制項失去焦點時,選取的項目也保持選取狀態
TVS_TRACKSELECT	在樹狀檢視控制項中啟用熱追蹤,即當滑鼠懸停在樹狀檢視項上時,游標形狀變為小手

關於表明項目層次結構關係的線條,以及父節點前面顯示的加號(+)或減號(-)按鈕,請參照圖 8.18。

▲ 圖 8.18

圖中有圖書和世界兩個根節點。圖書下面有平面設計和程式設計兩個子節點，世界下面有美國和中國兩個子節點；中國下面又有北京市和上海市兩個子節點。

8.13.1　項目的增加

建立樹狀檢視控制項以後，可以透過發送 TVM_INSERTITEM 訊息在樹狀檢視控制項中插入新項目。wParam 參數沒有用到。lParam 參數是一個指向 TVINSERTSTRUCT 結構的指標，該結構指定樹狀檢視項的屬性。如果執行成功，則傳回新項目的 HTREEITEM 類型的控制碼；否則傳回 NULL。TVINSERTSTRUCT 結構定義如下：

```
typedef struct {
    HTREEITEM hParent;        // 父項控制碼，如果設定為 TVI_ROOT 或 NULL，表示增加一個根節點
    HTREEITEM hInsertAfter;   // 在 hInsertAfter 指定的項目後面插入新項目
    union {
        TVITEMEX itemex;      // TVITEMEX 結構，包含要增加的項目的資訊
        TVITEM   item;        // TVITEM 結構，包含要增加的項目的資訊
    } DUMMYUNIONNAME;
} TVINSERTSTRUCT, *LPTVINSERTSTRUCT;
```

- 如果 hInsertAfter 欄位指定了一個項目控制碼，則在 hInsertAfter 指定的項目後面插入新項目，可以指定為表 8.43 所示的值。

▼ 表 8.43

常數	含義
TVI_FIRST	將項目插入列表的開頭
TVI_LAST	將項目插入列表的尾端
TVI_ROOT	將項目增加為根節點
TVI_SORT	按字母順序將項目插入清單

- TVITEMEX 比 TVITEM 結構多了幾個欄位，通常使用 TVITEM 結構即可，該結構也用於設定、獲取樹狀檢視項資訊的 TVM_SETITEM、TVM_GETITEM 訊息。TVITEM 結構定義如下：

```
typedef struct tagTVITEM {
    UINT       mask;              // 遮罩標識，指定哪個欄位有效
    HTREEITEM  hItem;             // 項目控制碼，設定、獲取項目資訊時需要該欄位
    UINT       state;
    UINT       stateMask;         // 這兩個欄位的用法和清單檢視控制項 LVITEM 結構的名稱相同欄位類似
    LPTSTR     pszText;           // 項目的文字
    int        cchTextMax;        // 項目的文字緩衝區長度，以字元為單位
    int        iImage;            // 當項目處於非選定狀態時使用的影像清單索引
    int        iSelectedImage;    // 當項目處於選定狀態時使用的影像清單索引
    int        cChildren;         // 通常不用
    LPARAM     lParam;            // 與項目連結的資料
} TVITEM, *LPTVITEM;
```

mask 欄位是遮罩標識，指定哪個欄位有效，可以是以下一個或多個值（見表 8.44）。

▼ 表 8.44

標識	含義
TVIF_HANDLE	hItem 欄位有效
TVIF_STATE	state 和 stateMask 欄位有效
TVIF_TEXT	pszText 和 cchTextMax 欄位有效
TVIF_IMAGE	iImage 欄位有效
TVIF_SELECTEDIMAGE	iSelectedImage 欄位有效
TVIF_CHILDREN	cChildren 欄位有效
TVIF_PARAM	lParam 欄位有效

例如下面的程式：

```
LRESULT CALLBACK WindowProc(HWND hwnd, UINT uMsg, WPARAM wParam, LPARAM lParam)
{
    HINSTANCE hInstance;
    static HWND hwndTreeView;                // 樹狀檢視控制項
    static HTREEITEM htrBook, htrWorld;      // 根節點：圖書、世界
    static HTREEITEM htrAmerican, htrChina;  // 世界：美國、中國

    static HIMAGELIST hImagList;
```

```
    HBITMAP     hbmImage;

    TVINSERTSTRUCT tvi = { 0 };

    switch (uMsg)
    {
    case WM_CREATE:
        hInstance = ((LPCREATESTRUCT)lParam)->hInstance;
        // 建立樹狀檢視控制項
        hwndTreeView = CreateWindowEx(0, TEXT("SysTreeView32"), NULL,
            WS_CHILD | WS_VISIBLE | WS_BORDER |
            TVS_HASLINES | TVS_LINESATROOT | TVS_HASBUTTONS |
            TVS_EDITLABELS | TVS_SHOWSELALWAYS | TVS_TRACKSELECT,
            10, 0, 200, 200, hwnd, (HMENU)IDC_TREEVIEW, hInstance, NULL);

        // 影像列表
        hImagList = ImageList_Create(24, 24, ILC_COLOR32, 8, 0);
        for (int i = 0; i < 8; i++)
        {
            // 資源檔中定義了 8 個點陣圖
            hbmImage = (HBITMAP)LoadImage(hInstance, MAKEINTRESOURCE(IDB_BMP_
BOOK + i),
                IMAGE_BITMAP, 24, 24, 0);
            ImageList_Add(hImagList, hbmImage, NULL);
            DeleteObject(hbmImage);
        }
        SendMessage(hwndTreeView, TVM_SETIMAGELIST, TVSIL_NORMAL, (LPARAM)hImagList);

        // 為樹狀檢視控制項增加項目
        // 根節點：圖書、世界
        tvi.item.mask = TVIF_TEXT | TVIF_IMAGE | TVIF_SELECTEDIMAGE;
        tvi.hInsertAfter = TVI_LAST;

        tvi.hParent = TVI_ROOT;
        tvi.item.pszText = TEXT(" 圖書 "); tvi.item.iImage = tvi.item.
iSelectedImage = 0;
        htrBook = (HTREEITEM)SendMessage(hwndTreeView, TVM_INSERTITEM, 0,
(LPARAM)&tvi);
        tvi.item.pszText = TEXT(" 世界 "); tvi.item.iImage = tvi.item.
```

```
iSelectedImage = 1;
        htrWorld = (HTREEITEM)SendMessage(hwndTreeView, TVM_INSERTITEM, 0,
(LPARAM)&tvi);

        // 圖書 ( 平面設計、程式設計 )
        tvi.hParent = htrBook;
        tvi.item.pszText = TEXT(" 平面設計 "); tvi.item.iImage = tvi.item.
iSelectedImage = 2;
        SendMessage(hwndTreeView, TVM_INSERTITEM, 0, (LPARAM)&tvi);
        tvi.item.pszText = TEXT(" 程式設計 "); tvi.item.iImage = tvi.item.
iSelectedImage = 3;
        SendMessage(hwndTreeView, TVM_INSERTITEM, 0, (LPARAM)&tvi);

        // 世界 ( 美國、中國 )
        tvi.hParent = htrWorld;
        tvi.item.pszText = TEXT(" 美國 "); tvi.item.iImage = tvi.item.
iSelectedImage = 4;
        htrAmerican = (HTREEITEM)SendMessage(hwndTreeView, TVM_
INSERTITEM, 0, (LPARAM)&tvi);
        tvi.item.pszText = TEXT(" 中國 "); tvi.item.iImage = tvi.item.
iSelectedImage = 5;
        htrChina = (HTREEITEM)SendMessage(hwndTreeView, TVM_INSERTITEM,
0, (LPARAM)&tvi);

        // 中國 ( 北京市、上海市 )
        tvi.hParent = htrChina;
        tvi.item.pszText = TEXT(" 北京市 "); tvi.item.iImage = tvi.item.
iSelectedImage = 6;
        SendMessage(hwndTreeView, TVM_INSERTITEM, 0, (LPARAM)&tvi);
        tvi.item.pszText = TEXT(" 上海市 "); tvi.item.iImage = tvi.item.
iSelectedImage = 7;
        SendMessage(hwndTreeView, TVM_INSERTITEM, 0, (LPARAM)&tvi);
        return 0;

    case WM_DESTROY:
        ImageList_Destroy(hImagList);
        PostQuitMessage(0);
        return 0;
    }
```

```
    return DefWindowProc(hwnd, uMsg, wParam, lParam);
}
```

完整程式參見 Chapter8\TreeViewDemo 專案。

8.13.2　選取項的獲取

要獲取選取項很簡單，在使用者將選取項從一個項目更改為另一個項目後，樹狀檢視控制項的父視窗會收到包含 TVN_SELCHANGED 通知碼的 WM_NOTIFY 訊息，lParam 參數是一個指向 NMTREEVIEW 結構的指標。NMTREEVIEW 結構的 itemOld 和 itemNew 欄位都是 TVITEM 結構，包含先前所選項目和新選擇項目的資訊，但請注意，只有結構的 mask、hItem、state 和 lParam 欄位有效。NMTREEVIEW 結構的定義如下：

```
typedef struct tagNMTREEVIEW {
    NMHDR   hdr;       // NMHDR 結構
    UINT    action;    // 導致選擇更改的操作類型，可以是：
                       // TVC_BYKEYBOARD（透過擊鍵）、TVC_BYMOUSE（透過點擊滑鼠）或 TVC_
UNKNOWN（未知）
    TVITEM itemOld;    // TVITEM 結構，包含先前所選項目的資訊
    TVITEM itemNew;    // TVITEM 結構，包含新選擇項目的資訊
    POINT   ptDrag;    // 事件發生時滑鼠的座標（相對於客戶區）
} NMTREEVIEW, *LPNMTREEVIEW;
```

例如下面處理 TVN_SELCHANGED 通知碼的程式：

```
case WM_NOTIFY:
    switch (((LPNMHDR)lParam)->code)
    {
    case TVN_SELCHANGED:
        pnmTV = (LPNMTREEVIEW)lParam;
        wsprintf(szBuf, TEXT(" 項目控制碼：0x%X"), pnmTV->itemNew.hItem);
        SetDlgItemText(hwnd, IDC_STATICSELECTED, szBuf);    // 選取的項目控制碼顯示到靜態
控制項中
        break;
    }
    return 0;
```

如果不是在處理 TVN_SELCHANGED 通知碼的情況下，可以透過發送 TVM_GETNEXTITEM 訊息來獲取具有某種特徵的樹狀檢視項。wParam 參數指定要獲取的項目，可以是表 8.45 所示的值之一。

▼ 表 8.45

常數	含義
TVGN_CARET	獲取當前選取的項目
TVGN_CHILD	獲取 IParam 參數指定的項的第一個子項
TVGN_NEXTSELECTED	獲取 IParam 參數指定的項後面的選取的項目
TVGN_PARENT	獲取 IParam 參數指定的項的父專案
TVGN_PREVIOUS	獲取 IParam 參數指定的項的上一個兄弟項目
TVGN_NEXT	獲取 IParam 參數指定的項的下一個兄弟項目
TVGN_ROOT	獲取樹狀檢視控制項的最頂部或第一項

IParam 參數指定為一個項目控制碼，如果不需要，可以設定為 0。如果執行成功，則傳回符合條件項目的控制碼。

例如下面的程式：

```
HTREEITEM htrSelected;
htrSelected = (HTREEITEM)SendMessage(hwndTreeView, TVM_GETNEXTITEM, TVGN_CARET, 0);
wsprintf(szBuf, TEXT(" 項目控制碼：0x%X"), htrSelected);
SetDlgItemText(hwnd, IDC_STATICSELECTED, szBuf);
```

8.13.3　其他訊息和通知碼

常用的其他訊息如表 8.46 所示。

▼ 表 8.46

訊息類型	含義
TVM_DELETEITEM	刪除一個樹狀檢視項及其所有子項。wParam 參數沒有用到，IParam 參數指定為項目控制碼，如果設定為 TVI_ROOT 或 NULL，則刪除所有項目

（續表）

訊息類型	含義
TVM_GETCOUNT	獲取樹狀檢視控制項中的項目總數。wParam 和 IParam 參數都沒有用到
TVM_SETITEM	設定樹狀檢視項的部分或全部屬性。wParam 參數沒有用到，IParam 參數是一個指向包含新項目屬性的 TVITEM 結構的指標
TVM_GETITEM	獲取樹狀檢視項的部分或全部屬性。wParam 參數沒有用到，IParam 參數是一個指向 TVITEM 結構的指標

當使用者滑鼠按右鍵樹狀檢視項時，樹狀檢視控制項的父視窗會收到包含 NM_RCLICK 通知碼的 WM_NOTIFY 訊息，IParam 參數是一個指向 NMHDR 結構的指標。

8.14 狀態列

狀態列是顯示在視窗底部的子視窗控制項，可以在其中顯示各種狀態資訊，狀態列可以分為多個部分以顯示不同類型的資訊。呼叫 CreateWindowEx 函數建立狀態列的時候，狀態列的視窗過程會自動設定視窗的初始位置和大小，狀態列的寬度與父視窗的客戶區寬度相同，高度則基於狀態列 DC 所選擇字型的高度。另外，當父視窗的大小更改時，只需要簡單地向狀態列發送一個 WM_SIZE 訊息（wParam 和 IParam 參數都設定為 0 即可），狀態列就能自動調整大小。

舉例來說，下面的程式建立了一個狀態列，當父視窗的視窗大小更改時，狀態列會自動調整大小：

```
LRESULT CALLBACK WindowProc(HWND hwnd, UINT uMsg, WPARAM wParam, LPARAM lParam)
{
    HINSTANCE hInstance;
    static HWND hwndStatus;

    switch (uMsg)
    {
    case WM_CREATE:
```

```
        hInstance = ((LPCREATESTRUCT)lParam)->hInstance;
        hwndStatus = CreateWindowEx(0, TEXT("msctls_statusbar32"), NULL, WS_CHILD |WS_
                        VISIBLE,
            0, 0, 0, 0, hwnd, (HMENU)IDC_STATUSBAR, hInstance, NULL);
        return 0;

    case WM_SIZE:
        SendMessage(hwndStatus, WM_SIZE, 0, 0);
        return 0;

    case WM_DESTROY:
        PostQuitMessage(0);
        return 0;
    }

    return DefWindowProc(hwnd, uMsg, wParam, lParam);
}
```

如果只是簡單地建立一個狀態列，也可以呼叫 DrawStatusText 函數：

```
void DrawStatusText(
    HDC     hdc,    // 裝置環境控制碼
    LPCRECT lprc,   // 狀態列所屬的矩形區域，相對於父視窗客戶區
    LPCTSTR pszText,// 狀態列文字串，可以使用定位字元 \t
    UINT    uFlags);// 文字繪製標識，可以設定為 0，或設定為 SBT_NOBORDERS 表示不使用邊框
```

該函數使用和狀態列視窗過程相同的技術繪製狀態列，但是不會自動設定狀態列的大小和位置。例如下面的程式：

```
case WM_SIZE:
    hdc = GetDC(hwnd);
    hFont = CreateFont(18, 0, 0, 0, 0, 0, 0, 0, GB2312_CHARSET, 0, 0, 0, 0, TEXT
(" 微軟雅黑 "));
    SelectObject(hdc, hFont);
    SetRect(&rect, 0, HIWORD(lParam) - 20, LOWORD(lParam), HIWORD(lParam));
    DrawStatusText(hdc, &rect, TEXT(" 這是 DrawStatusText 函數設定的狀態列 "), 0);
    ReleaseDC(hwnd, hdc);
    return 0;
```

效果如圖 8.19 所示。

▲ 圖 8.19

DrawStatusText 函數的 pszText 字串中可以使用定位字元（\t），預設情況下，文字在狀態列的指定矩形範圍內左對齊，可以在文字中嵌入定位字元以使其置中或右對齊。第 1 個定位字元左側的文字左對齊，第 1 個定位字元右側的文字置中對齊，第 2 個定位字元字元右側的文字右對齊。例如：

```
DrawStatusText(hdc, &rect, TEXT(" 這是 \tDrawStatusText\t 函數設定的狀態列 "), 0);
```

效果如下所示：

| 這是 | DrawStatusText | 函數設定的狀態列 |

狀態列常見的樣式如表 8.47 所示。

▼ 表 8.47

樣式	含義
SBARS_SIZEGRIP	狀態列的右端包含一個大小調整控點
CCS_TOP	顯示在父視窗客戶區的頂部
CCS_LEFT	顯示在父視窗客戶區的左側
CCS_RIGHT	顯示在父視窗客戶區的右側
CCS_VERT	垂直顯示
SBT_TOOLTIPS	啟用工具提示，需要發送 SB_SETTIPTEXT 訊息

8.14.1 為狀態列分欄

一個狀態列最多可以包含 256 個部分，每個部分稱之為 "指示器"，可以透過發送 SB_SETPARTS 訊息來為狀態列增加指示器，或説為狀態列分欄。SB_SETPARTS 訊息的 wParam 參數指定為指示器的數量，lParam 參數是一個指定每個指示器右邊緣座標的數值型陣列，如果把某個陣列元素設定為 -1，則表示把狀態列的剩餘部分全部分配給該指示器。

舉例來說，下面的程式把狀態列分為 3 欄，第 1 欄、第 2 欄的寬度分別為 150、230，第 3 欄則使用客戶區剩餘的寬度：

```
INT nArrParts[] = { 150, 380, -1 };
......
SendMessage(hwndStatus, SB_SETPARTS, _countof(nArrParts), (LPARAM)nArrParts);
```

在分欄後，透過發送 SB_SETTEXT 訊息為每一欄設定文字。wParam 參數的高位元字沒有用到，LOBYTE(LOWORD(wParam)) 指定為欄的索引號，欄索引從 0 開始；HIBYTE(LOWORD(wParam)) 指定繪製類型，通常指定為 0 即可。如果不需要解析定位字元，可以指定 SBT_NOTABPARSING。lParam 參數指定為要設定的文字串指標。例如：

```
SendMessage(hwndStatus, SB_SETTEXT,
    MAKEWORD(0, 0), (LPARAM)TEXT(" 滑鼠位置：(1000, 1000)"));
SendMessage(hwndStatus, SB_SETTEXT,
    MAKEWORD(1, 0), (LPARAM)TEXT(" 滑鼠點的顏色：RGB(100, 100, 100)"));
SendMessage(hwndStatus, SB_SETTEXT,
    MAKEWORD(2, 0), (LPARAM)TEXT("6-20 23:56:31"));
```

效果如下所示：

滑鼠位置：(1000, 1000)	滑鼠點的顏色：RGB(100, 100, 100)	6-20 23:56:31

要獲取專欄的文字，可以發送 SB_GETTEXTLENGTH 和 SB_GETTEXT 訊息。如果狀態列只有一欄，可以使用 WM_SETTEXT、WM_GETTEXTLENGTH、WM_GETTEXT 訊息來執行文字操作，因為這些訊息僅處理欄索引為 0 的部分。

關於狀態列的範例程式參見 Chapter8\StatusBarDemo 專案。

8.14.2　MenuHelp

　　在本節中，我們為 Chapter6\HelloWindows 專案增加狀態列選單提示功能。當使用者選擇一個選單項時，很多程式都會在底部的狀態列中顯示該選單項的說明提示訊息，可以回應 WM_MENUSELECT 訊息並從訊息參數中獲取使用者所選擇的選單項 ID，根據選單項 ID 獲取對應的提示訊息字串，然後將其顯示到狀態列中。但是還有更簡單的，系統提供了一個專用函數 MenuHelp，可以在處理 WM_MENUSELECT 或 WM_COMMAND 訊息時呼叫該函數，在指定的狀態列視窗中顯示當前選單項的說明提示文字。

```
void MenuHelp(
    UINT       uMsg,        // 正在處理的訊息，可以是 WM_MENUSELECT 或 WM_COMMAND
    WPARAM     wParam,      // 訊息的 wParam 參數
    LPARAM     lParam,      // 訊息的 lParam 參數
    HMENU      hMainMenu,   // 程式的主選單控制碼
    HINSTANCE  hInst,       // 包含字串資源的模組控制碼
    HWND       hwndStatus,  // 狀態列控制碼
UINT       *lpwIDs);
```

- 通常是在 WM_MENUSELECT 訊息中呼叫 MenuHelp 函數，將函數的前 3 個參數 uMsg、wParam、lParam 設定為視窗過程函數的對應參數即可。

- WM_MENUSELECT 訊息的 lParam 參數就是使用者正在瀏覽的選單控制碼，因此 MenuHelp 函數的 hMainMenu 參數直接設定為 lParam 即可。

- 要配合 MenuHelp 函數，需要把每個選單項對應的說明提示文字定義在字串表中，函數會自動呼叫 LoadString 函數載入正確的字串，參數 hInst 指定為包含字串資源的模組控制碼。

- hwndStatus 參數指定為狀態列視窗的控制碼。

　　如圖 8.20 所示，我為每個子功能表項和主選單中的選單項建立了字串表。

ID	值	標題
ID_FILE	20010	這是檔案彈出選單
ID_EDIT	20011	這是編輯彈出選單
ID_HELP	20012	這是關於彈出選單
ID_FILE_NEW	40010	這是新建選單項
ID_FILE_OPEN	40011	這是開啟選單項
ID_FILE_SAVE	40012	這是儲存選單項
ID_FILE_SAVEAS	40013	這是另存為選單項
ID_FILE_EXIT	40014	這是退出選單項
ID_EDIT_CUT	40015	這是剪下選單項
ID_EDIT_COPY	40016	這是複製選單項
ID_EDIT_PASTE	40017	這是貼上選單項
ID_HELP_ABOUT	40018	這是關於選單項

▲ 圖 8.20

在這裡，我定義子功能表項所用的字串 ID 值和選單資源中子選單項的 ID 值相同，而主選單中的選單項所用的字串 ID 值分別為 ID_FILE(20010)、ID_EDIT (20011) 和 ID_HELP(20012)。lpwIDs 參數指定為一個數值型陣列，第 1 個陣列元素指定為子功能表項的基數，第 2 個陣列元素指定為彈出選單的基數，基數加上使用者當前瀏覽的選單項 ID 得到的數值就是 MenuHelp 函數要載入的字串 ID。例如：

```
UINT uArrIDs[] = { 0, ID_FILE };
......
case WM_MENUSELECT:
    MenuHelp(uMsg, wParam, lParam, (HMENU)lParam, g_hInstance, hwndStatus, uArrIDs);
    return 0;
```

對於子功能表項，基數指定為 0 即可；彈出選單沒有 ID，系統按照選單項的索引號加上基數當作字串 ID。對於第 1 個彈出選單 "檔案"，函數載入的是 ID 為 ID_FILE(20010) 的字串；對於第 2 個彈出選單 "編輯"，選單索引為 1，所以函數載入的是 ID 為 ID_EDIT(20011) 的字串，依此類推。

完整程式請參考 Chapter8\HelloWindows 專案。

8.15 工具列

工具列一般位於功能表列的下方，包含一個或多個按鈕。這些按鈕實際上都是一副影像，所以說它們只是模擬按鈕，而非真正的按鈕子視窗控制項。每個按鈕對應於程式選單中的某個選單項，提供給使用者了一種更直觀的方式來存取應用程式的選單項。當使用者按下按鈕的時候視窗過程會收到 WM_COMMAND 訊息，這是為了和選單、快速鍵使用同一份程式來處理使用者按下工具列按鈕的操作。在工具列中，有的按鈕按下後會自動彈起；有的按鈕按下後保留在 "選取" 狀態，再按一次後恢復彈起狀態，按鈕的 "選取" 狀態可以是互斥或不互斥的，按鈕也可以被灰化或隱藏，所有這些屬性和選單項的屬性類似。

要建立工具列，首先需要使用 Photoshop 等工具製作一副點陣圖，例如對於 HelloWindows 程式可以製作一副如圖 8.21 所示的 .bmp 點陣圖，長寬為 450 像素 × 50 像素，表示 9 個 50 像素 × 50 像素的按鈕，需要注意的是，每一個按鈕圖片的大小必須相同，然後有序置放到一副大點陣圖中。

▲ 圖 8.21

上面的每個點陣圖分別對應於新建、開啟、儲存、另存為、退出、剪下、複製、貼上和關於選單項。

建立工具列的程式很簡單，例如：

```
hwndToolBar = CreateWindowEx(0, TEXT("ToolbarWindow32"), NULL,
    WS_CHILD | WS_VISIBLE | TBSTYLE_FLAT,
    0, 0, 0, 0, hwnd, (HMENU)IDC_TOOLBAR, g_hInstance, NULL);
```

稍後再講工具列的樣式。

在建立工具列後，可以透過發送 TB_ADDBITMAP 訊息將一個或多個影像增加到工具列的按鈕影像清單中。wParam 參數指定點陣圖中按鈕影像的數量，如果 lParam 參數指定的是系統預先定義的點陣圖，則忽略 wParam 參數；lParam 參數是一個指向 TBADDBITMAP 結構的指標，該結構包含點陣圖資源的 ID 以及包含點陣圖資源的可執行檔的模組控制碼。如果執行成功，則傳回第一個新影像的索引；否則傳回 -1。TBADDBITMAP 結構在 CommCtrl.h 標頭檔中定義如下：

```
typedef struct tagTBADDBITMAP {
    HINSTANCE       hInst;  // 包含點陣圖資源的可執行檔的模組控制碼
    UINT_PTR        nID;    // 點陣圖資源的 ID
} TBADDBITMAP, *LPTBADDBITMAP;
```

在發送 TB_ADDBITMAP 訊息增加影像前，還應該發送 TB_BUTTONSTRUCTSIZE 和 TB_ SETBITMAPSIZE 訊息到工具列（見表 8.48）。

▼ 表 8.48

訊息類型	含義
TB_BUTTONSTRUCTSIZE	指定 TBBUTTON 結構的大小。wParam 參數指定為 TBBUTTON 結構的大小,以位元組為單位。IParam 參數沒有用到
TB_SETBITMAPSIZE	設定要增加到工具列中的每個點陣圖影像的大小(如果不設定,預設情況下是 24 像素 × 22 像素)。wParam 參數沒有用到。LOWORD(IParam) 指定點陣圖影像的寬度,HIWORD (IParam) 指定點陣圖影像的高度,以像素為單位

例如下面的程式:

```
#define NUMBTNS 11
......
// 為工具列增加影像
SendMessage(hwndToolBar, TB_BUTTONSTRUCTSIZE, sizeof(TBBUTTON), 0);
SendMessage(hwndToolBar, TB_SETBITMAPSIZE, 0, MAKELPARAM(50, 50));
TBADDBITMAP tbab;
tbab.hInst = g_hInstance;
tbab.nID = IDB_BITMAP;        // 工具列圖片已經增加到點陣圖資源
SendMessage(hwndToolBar, TB_ADDBITMAP, NUMBTNS - 2, (LPARAM)&tbab);
```

只有 9 個按鈕影像,但是我還想在"退出"和"貼上"後各增加一個豎分隔符號,所以 NUMBTNS 定義為 11。

增加影像也可以透過建立影像清單的方式,例如下面的程式:

```
hImagList = ImageList_Create(50, 50, ILC_MASK | ILC_COLOR32, NUMBTNS, 0);
ImageList_Add(hImagList, LoadBitmap(g_hInstance, MAKEINTRESOURCE(IDB_BITMAP)), NULL);
SendMessage(hwndToolBar, TB_SETIMAGELIST, 0, (LPARAM)hImagList);
```

接下來還需要將影像與按鈕相連結,在將點陣圖增加到按鈕影像清單後,可以透過發送 TB_ ADDBUTTONS 訊息把按鈕增加到工具列中。將 wParam 參數設定為要增加的按鈕個數,IParam 參數是一個指向 TBBUTTON 結構陣列的指標,其中包含要增加的按鈕的資訊,陣列中的元素個數必須與 wParam 參數指定的按鈕數相同。發送 TB_ADDBUTTONS 訊息,一次可以增加多個按鈕,也可以透過發送 TB_INSERTBUTTON 訊息在工具列中插入一個按鈕。wParam 參數指定為按鈕從 0 開始的索引;IParam 參數是一個指向 TBBUTTON 結構的指標,其中包含要插入的按鈕的資訊。TBBUTTON 結構在 CommCtrl.h 標頭檔中定義如下:

```
typedef struct {
    int       iBitmap;       // 按鈕影像的索引
    int       idCommand;     // 按鈕命令 ID,通常指定為某個選單項 ID
    BYTE      fsState;       // 按鈕狀態
    BYTE      fsStyle;       // 按鈕樣式
    BYTE      bReserved[2];  // 保留欄位
    DWORD_PTR dwData;        // 自訂資料
    INT_PTR   iString;       // 按鈕文字,顯示在按鈕影像的下邊,如果不需要顯示按鈕文字,則可
以設定為 -1
} TBBUTTON, *PTBBUTTON, *LPTBBUTTON;
```

例如下面的程式:

```
TBBUTTON tbButtons[NUMBTNS] = {
    { 0, ID_FILE_NEW,    TBSTATE_ENABLED, BTNS_BUTTON, { 0 }, 0, (INT_PTR)TEXT(" 新建 ") },
    { 1, ID_FILE_OPEN,   TBSTATE_ENABLED, BTNS_BUTTON, { 0 }, 0, (INT_PTR)TEXT(" 開啟 ") },
    { 2, ID_FILE_SAVE,   TBSTATE_ENABLED, BTNS_BUTTON, { 0 }, 0, (INT_PTR)TEXT(" 儲存 ") },
    { 3, ID_FILE_SAVEAS, TBSTATE_ENABLED, BTNS_BUTTON, { 0 }, 0, (INT_PTR)TEXT(" 另存為 ") },
    { 4, ID_FILE_EXIT,   TBSTATE_ENABLED, BTNS_BUTTON, { 0 }, 0, (INT_PTR)TEXT(" 退出 ") },
    { 0, 0,              TBSTATE_ENABLED, TBSTYLE_SEP, { 0 }, 0, -1 },
    { 5, ID_EDIT_CUT,    TBSTATE_ENABLED, BTNS_BUTTON, { 0 }, 0, (INT_PTR)TEXT(" 剪下 ") },
    { 6, ID_EDIT_COPY,   TBSTATE_ENABLED, BTNS_BUTTON, { 0 }, 0, (INT_PTR)TEXT(" 複製 ") },
    { 7, ID_EDIT_PASTE,  TBSTATE_ENABLED, BTNS_BUTTON, { 0 }, 0, (INT_PTR)TEXT(" 貼上 ") },
    { 0, 0,              TBSTATE_ENABLED, TBSTYLE_SEP, { 0 }, 0, -1 },
{ 8, ID_HELP_ABOUT,  TBSTATE_ENABLED, BTNS_BUTTON, { 0 }, 0, (INT_PTR)TEXT(" 關於 ") } };
......
SendMessage(hwndToolBar, TB_ADDBUTTONS, NUMBTNS, (LPARAM)&tbButtons);
```

TBBUTTON 結構並沒有一個 size 欄位,因此在發送 TB_ADDBUTTONS 訊息前,應該確保已經發送 TB_BUTTONSTRUCTSIZE 訊息。發送 TB_ADDBUTTONS 訊息增加按鈕後,可以透過發送 TB_SETBUTTONSIZE 訊息設

定工具列上按鈕的大小（不設定也可以），系統會根據按鈕影像的大小自動調整按鈕大小。wParam 參數沒有用到，LOWORD(IParam) 指定按鈕的寬度，HIWORD(IParam) 指定按鈕的高度，以像素為單位。

工具列視窗過程會在收到 WM_SIZE 或 TB_AUTOSIZE 訊息時自動調整工具列的大小，每當父視窗的大小發生變化時，或在發送調整工具列大小的訊息（例如 TB_SETBUTTONSIZE 訊息）後，程式都應向工具列發送一個 WM_SIZE 或 TB_AUTOSIZE 訊息（wParam 和 IParam 參數都設定為 0 即可）。

每一個 TBBUTTON 結構都設定了影像索引，以及與各選單項對應的 ID，現在工具列可以正常執行了，如圖 8.22 所示。

▲ 圖 8.22

完整程式請參考 Chapter8\HelloWindows2 專案。

接下來，看一下 TBBUTTON 結構的 fsState 按鈕狀態和 fsStyle 按鈕樣式欄位。fsState 欄位指定按鈕狀態，常用的值如表 8.49 所示。

▼ 表 8.49

按鈕狀態	含義
TBSTATE_ENABLED	按鈕可用
TBSTATE_HIDDEN	按鈕隱藏
TBSTATE_INDETERMINATE	按鈕灰化
TBSTATE_CHECKED	按鈕處於選取狀態
TBSTATE_PRESSED	按鈕被按下
TBSTATE_WRAP	該按鈕後面的按鈕換行到下一行中

fsStyle 欄位指定按鈕樣式，常用的值如表 8.50 所示。

▼ 表 8.50

按鈕樣式	含義
BTNS_BUTTON	建立一個標準按鈕
BTNS_AUTOSIZE	按鈕自動調整其寬度，系統會根據按鈕影像的寬度加上文字的寬度來計算
BTNS_CHECK	建立雙狀態按鈕，當使用者點擊按鈕時在按下和彈起狀態之間切換
BTNS_SEP	建立一個分隔符號

常用的工具列樣式如表 8.51 所示。

▼ 表 8.51

工具列樣式	含義
CCS_BOTTOM	工具列顯示在父視窗客戶區的底部
CCS_LEFT	工具列顯示在父視窗客戶區的左側
CCS_RIGHT	工具列顯示在父視窗客戶區的右側
CCS_VERT	垂直顯示。要建立一個垂直顯示的工具列，可以在呼叫 CreateWindowEx 函數建立工具列的時候指定 CCS_VERT 樣式，並在發送 TB_ADDBUTTONS 訊息時，為每個 TBBUTTON 結構指定 TBSTATE_ENABLED | TBSTATE_WRAP 狀態
CCS_ADJUSTABLE	啟用工具列的自訂功能，允許使用者將按鈕拖動到新位置或透過將其拖離工具列來刪除按鈕。此外，使用者可以按兩下工具列以顯示 "自訂工具列" 對話方塊，該對話方塊允許使用者增加、刪除和重新排列工具列按鈕
TBSTYLE_ALTDRAG	允許使用者在按住 Alt 鍵的同時拖動按鈕來更改其位置。如果未指定該樣式，則是在按住 Shift 鍵的同時拖動按鈕來更改位置。請注意，必須同時指定 CCS_ADJUSTABLE 樣式
TBSTYLE_FLAT	建立一個平面工具列，在平面工具列中，工具列和按鈕的背景都是透明的，按鈕文字顯示在按鈕影像的下方
TBSTYLE_LIST	按鈕文字顯示在按鈕影像的右側

（續表）

工具列樣式	含義
TBSTYLE_TOOLTIPS	當滑鼠懸停在工具列按鈕上時顯示工具提示控制項
TBSTYLE_WRAPABLE	當工具列太窄而不能在一行顯示所有按鈕時，工具列按鈕可以換行到下一行顯示

8.15.1 為按鈕顯示工具提示

要為按鈕顯示工具提示，在呼叫 CreateWindowEx 函數建立工具列的時候必須指定 TBSTYLE_TOOLTIPS 樣式，可以透過以下幾種方式為按鈕設定工具提示文字。

- 透過 TBBUTTON 結構的 iString 欄位為每個按鈕設定工具提示文字，還必須發送 TB_SETMAXTEXTROWS 訊息將最大文字行設定為 0，以使 iString 欄位指定的文字顯示為工具提示而非按鈕文字。

- 使用 TBSTYLE_LIST 樣式建立工具列，透過 TBBUTTON 結構的 iString 欄位為每個按鈕設定工具提示文字，然後設定 TBSTYLE_EX_MIXEDBUTTONS 工具列擴充樣式 SendMessage (hwndToolBar, TB_SETEXTENDEDSTYLE, 0, TBSTYLE_EX_MIXEDBUTTONS);。

- 處理 TTN_NEEDTEXT 通知碼（等於 TTN_GETDISPINFO，#define TTN_NEEDTEXT TTN_GETDISPINFO）的 WM_NOTIFY 訊息。lParam 參數是一個指向 NMTTDISPINFO 結構的指標，在 CommCtrl.h 標頭檔中定義如下：

```
typedef struct {
NMHDR      hdr;        // NMHDR 結構
LPTSTR     lpszText;   // 指定為工具提示文字串指標，如果 hinst 是模組控制碼，則為字串資源 ID
TCHAR      szText[80]; // 工具提示文字的緩衝區，可以將文字複製到該緩衝區，而非指定字串指標或
                       // 字串資源 ID
HINSTANCE  hinst;      // 包含字串資源的模組控制碼
UINT       uFlags;     // 標識
LPARAM     lParam;     // 自訂資料
} NMTTDISPINFO, *LPNMTTDISPINFO;
```

設定 NMTTDISPINFO 結構的方法有 3 種，可以任選其一。

1）字串包含在資源中，這時可以將 hinst 欄位設定為包含資源的模組控制碼，並把 lpszText 欄位設定為字串 ID，其他欄位保持為 NULL，工具提示控制項會呼叫 LoadString 函數載入字串。

2）字串在記憶體中，將字串指標放入 lpszText 欄位中，其他欄位保持為 NULL。

3）將字串複製到 szText 欄位中，其他欄位保持為 NULL。

在 HelloWindows2 程式中，為了配合 MenuHelp 函數，已經把每個選單項對應的說明提示文字定義在字串表中，定義子功能表項所用的說明提示文字串 ID 值和選單資源中子選單項的 ID 值相同，hdr.idFrom 欄位正好是按鈕的命令 ID，因此可以使用方法 1。例如下面的程式：

```
case TTN_NEEDTEXT:
LPNMTTDISPINFO lpnmTDI;
lpnmTDI = (LPNMTTDISPINFO)lParam;
lpnmTDI->hinst = g_hInstance;
lpnmTDI->lpszText = (LPTSTR)lpnmTDI->hdr.idFrom;
return 0;
```

- 處理 TBN_GETINFOTIP 通知碼的 WM_NOTIFY 訊息。lParam 參數是一個指向 NMTBGETINFOTIP 結構的指標，該結構和上面的 NMTTDISPINFO 結構類似。

8.15.2　自訂工具列

工具列具有簡單、直接、美觀的特點，但是如果選單項比較多，想要全部顯示可能會佔據大量的空間。為此可以在呼叫 CreateWindowEx 函數建立工具列時指定 CCS_ADJUSTABLE 樣式啟用工具列的自訂功能，使用者可以自由排列工具列按鈕，或僅選擇顯示使用者感興趣的按鈕。

　　在指定 CCS_ADJUSTABLE 樣式後，使用者可以將按鈕拖動到新位置或透過將其拖離工具列來刪除按鈕（按住 Shift 鍵）。此外，當使用者按兩下工具列的時候，會彈出一個自訂工具列對話方塊，如圖 8.23 所示。

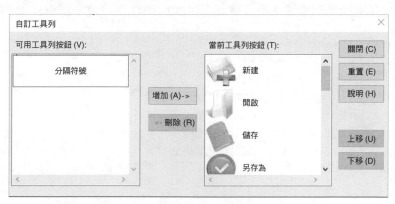

▲ 圖 8.23

　　右側的列表框是當前工具列上顯示的所有按鈕。在選擇一個清單項（按鈕）後，使用者可以點擊上移下移按鈕調整清單項（按鈕）的順序，也可以點擊 "刪除" 按鈕刪除不需要的清單項（按鈕）。刪除一個清單項（按鈕）以後，該清單項（按鈕）會顯示到左邊的可用工具列按鈕列表框中。即左邊的列表框顯示的是可以插入工具列的按鈕，右邊的列表框顯示的是當前工具列上顯示的所有按鈕。除了可以透過按兩下工具列彈出一個自訂工具列對話方塊，程式還可以透過向工具列發送 TB_CUSTOMIZE 訊息以開啟自訂工具列對話方塊。

　　當使用者透過自訂工具列對話方塊來插入、刪除一個清單項（按鈕）時，工具列的父視窗會收到包含 TBN_QUERYINSERT、TBN_QUERYDELETE 通知碼的 WM_NOTIFY 訊息，程式可以處理這兩個通知碼並傳回 TRUE 表示允許插入、刪除操作，或傳回 FALSE 表示拒絕插入、刪除操作。例如下面的程式：

```
case WM_NOTIFY:
    switch (((LPNMHDR)lParam)->code)
    {
    case TBN_QUERYINSERT:
    case TBN_QUERYDELETE:
        return TRUE;
```

自訂工具列對話方塊中兩個列表框的維護需要處理 TBN_GETBUTTONINFO 通知碼，當工具列需要全部按鈕的資訊時，會多次發送包含 TBN_GETBUTTONINFO 通知碼的 WM_NOTIFY 訊息。lParam 參數是一個指向 NMTOOLBAR 結構的指標，該結構在 CommCtrl.h 標頭檔中定義如下：

```
typedef struct tagNMTOOLBAR {
    NMHDR     hdr;        // NMHDR 結構
    int       iItem;      // 按鈕從 0 開始的索引
    TBBUTTON  tbButton;   // 用於每個按鈕的 TBBUTTON 結構
    int       cchText;    // 按鈕文字中的字元數
    LPTSTR    pszText;    // 按鈕文字的字串緩衝區位址
    RECT      rcButton;   // 按鈕所屬的矩形區域範圍
} NMTOOLBAR, *LPNMTOOLBAR;
```

一般來説處理 TBN_GETBUTTONINFO 通知碼的程式如下：

```
case TBN_GETBUTTONINFO:
    LPNMTOOLBAR lpnmTB;
    lpnmTB = (LPNMTOOLBAR)lParam;
    // 如果不是最後一個按鈕
    if (lpnmTB->iItem < NUMBTNS)
    {
        lpnmTB->tbButton = tbButtons[lpnmTB->iItem];
        return TRUE;
    }
    return FALSE;
```

工具列控制項每次都會發送一個 TBN_GETBUTTONINFO 通知碼，並且 NMTOOLBAR 結構中的 iItem 欄位會依次遞增，每次需要在 lpnmTB->tbButton 欄位中傳回一個按鈕的資訊，如果還有剩餘的按鈕資訊沒有告訴工具列（比如可用按鈕和已顯示按鈕加起來總共有 9 個，現在傳回了 8 個，那麼還剩 1 個按鈕的資訊沒有告訴工具列），則應該在訊息的傳回值中傳回 TRUE。工具列根據這個傳回值知道還有多餘的按鈕沒有處理，於是馬上將 iItem 欄位加 1 並再次發送 TBN_GETBUTTONINFO 通知碼，如此迴圈，直到訊息的傳回值是 FALSE 為止。為什麼工具列不知道需要獲取的按鈕數量，而需要由父視窗來確定呢？這是因為工具列只維護目前顯示的按鈕。假設工具列上當前顯示了 8 個按鈕，而程式處理 TBN_GETBUTTONINFO 通知碼共傳回了 9 個按鈕的資訊。這 9 個按鈕中包括了已經顯示在工具列上的 8 個按鈕和可以增加到工具列上的另外 1 個按鈕。工具列就會對這 9 個按鈕和工具列上目前已顯示的所有按鈕進行比較，把已經顯示的 8 個按鈕放在自訂工具列對話方塊右邊的列表框中，把剩餘的 1 個放在對話方塊左邊的列表框中。

到現在為止，增加、刪除以及兩個列表框已經可以正常執行了，"上移" "下移" 按鈕不需要額外處理就可以正常執行。當使用者點擊 "說明" "重置" 按鈕的時候，工具列的父視窗會收到包含 TBN_CUSTHELP、TBN_RESET 通知碼的 WM_NOTIFY 訊息，程式需要自行處理這兩個通知碼，感興趣的讀者請自行閱讀 MSDN。

8.16　進度指示器控制項

進度指示器控制項通常用於一些需要長時間操作的任務以即時顯示進度。進度指示器控制項常用的樣式如表 8.52 所示。

▼ 表 8.52

樣式	含義
PBS_VERTICAL	進度指示器從下到上垂直顯示進度狀態（預設情況下是從左到右）
PBS_MARQUEE	進度指示條的大小不會增加，而是沿著進度指示器的長度方向重複移動

進度指示器控制項常用的訊息類型如表 8.53 所示。

▼ 表 8.53

訊息類型	含義
PBM_SETRANGE、PBM_SETRANGE32	設定進度指示器的最小值和最大值（預設情況下範圍值為 0 ～ 100），並重繪以反映新範圍
PBM_SETPOS	設定進度指示器的當前位置，並重繪以反映新位置

（續表）

訊息類型	含義
PBM_GETPOS	獲取進度指示器的當前位置
PBM_SETSTEP	指定進度指示器的步進值增量，步進值增量是進度指示器在收到 PBM_STEPIT 訊息時增加其當前位置的量，預設情況下步進值增量為 10
PBM_STEPIT	把進度指示器的當前位置增加一個步進值增量，並重繪以反映新位置
PBM_DELTAPOS	把進度指示器的當前位置增加指定的量，並重繪以反映新位置

關於進度指示器控制項的範例程式參見 Chapter8\ProgressDemo 專案。

8.17 日期控制項

日期控制項可以讓使用者選擇年月日，如圖 8.24 所示。

▲ 圖 8.24

可以透過指定 MCS_WEEKNUMBERS 樣式在日期控制項左側顯示週數，如圖 8.24（右圖）所示。

通常可以按以下方式建立一個日期控制項：

```
// 日期控制項
hwndMonthCal = CreateWindowEx(0, TEXT("SysMonthCal32"), NULL,
    WS_CHILD | WS_VISIBLE | MCS_WEEKNUMBERS,
    0, 0, 0, 0, hwnd, (HMENU)IDC_MONTHCAL, hInstance, NULL);
```

```
// 根據日期控制項所需的最小大小調整其位置
SendMessage(hwndMonthCal, MCM_GETMINREQRECT, 0, (LPARAM)&rect);
MoveWindow(hwndMonthCal, 10, 0, rect.right, rect.bottom, FALSE);
```

日期控制項常用的訊息如表 8.54 所示。

▼ 表 8.54

訊息類型	含義

MCM_GETCURSEL	獲取當前選定的日期。wParam 參數沒有用到，lParam 參數指定為一個指向接收當前所選日期資訊的SYSTEMTIME 結構的指標。該訊息不能用於 MCS_MULTISELECT 樣式的日期控制項。例如：
	
	`SendMessage(hwndMonth, MCM_GETCURSEL, 0, (LPARAM)&st);`
	`wsprintf(szBuf, TEXT("%d 年 %0.2d 月 %0.2d 日"), st.wYear, st.wMonth, st.wDay);`
	`MessageBox(hwnd, szBuf, TEXT("提示"), MB_OK);`

MCM_GETTODAY	獲取今天的日期，該訊息的用法和 MCM_GETCURSEL 訊息相同
MCM_SETCURSEL	設定日期控制項的當前選定日期，如果指定的日期不在視圖中，控制項會更新顯示視圖。wParam 參數沒有用到，lParam 參數是一個指向要設定為當前所選日期資訊的 SYSTEMTIME 結構的指標。該訊息不能用於 MCS_MULTISELECT 樣式的日期控制項
MCM_SETTODAY	設定今天的日期，該訊息的用法和 MCM_SETCURSEL 訊息相同
MCM_GETMINREQRECT	根據當前字型、控制項樣式等計算日期控制項所需的最小容量。wParam 參數沒有用到，lParam 參數是一個指向接收邊界矩形資訊的 RECT 結構的指標，矩形座標相對於父視窗客戶區的左上角

關於日期控制項的範例程式參見 Chapter8\MonthDemo 專案。

還有一個日期時間控制項，可以顯示時間，類別名稱 SysDateTimePick32。日期時間控制項的日期控制項部分平時是收起的，點擊右側的下拉按鈕可以展開，如圖 8.25 所示。感興趣的讀者請自行參閱 MSDN。

▲ 圖 8.25

8.18 Tab 索引標籤控制項

透過使用索引標籤控制項,當使用者點擊不同的標籤時,可以顯示不同的頁面(子視窗或對話方塊),如圖 8.26 所示。

在圖 8.26 中,程式具有 4 個標籤,標籤的文字稱為文字標籤。標籤是指包含文字標籤的那個矩形區域。當使用者點擊不同的標籤時,下方會顯示不同的子視窗,子視窗通常使用對話方塊。前面說過,在對話方塊中置放子視窗控制項很簡單。如圖 8.26 所示,當滑鼠懸停在標籤上時,可以選擇顯示工具提示。每個標籤的文字標籤前面還可以選擇顯示一個圖示,每個標籤都可以設定一個與之連結的自訂資料。

▲ 圖 8.26

在圖 8.27 中,程式的整個客戶區是一個索引標籤控制項。4 個標籤下面是用於顯示不同子視窗的區域,叫作顯示區域。顯示區域用於顯示不同的子視窗,圖中框選出來的矩形區域就是顯示區域。

▲ 圖 8.27

索引標籤控制項常用的樣式如表 8.55 所示。

▼ 表 8.55

樣式	含義
TCS_FIXEDWIDTH	所有標籤的寬度相同（預設情況下每個標籤的寬度會根據圖示和文字標籤的寬度自動調整）。另外，可以透過發送 TCM_SETITEMSIZE 訊息設定標籤的寬度和高度
TCS_MULTILINE	預設情況下所有標籤顯示在一行，如果顯示不完全，會在右側顯示一個 Up-Down 控制項以捲動標籤： 平面設計　Web 開發　Windows 程式設計　◀ ▶ 指定該樣式以後，如果多個標籤在一行顯示不完全，可以顯示為多行
TCS_VERTICAL	標籤顯示在程式視窗的左側，標籤文字標籤垂直顯示，通用控制項版本 6 可能不支援該樣式
TCS_RIGHT	與 TCS_VERTICAL 樣式一起使用，標籤顯示在程式視窗的右側，通用控制項版本 6 可能不支援該樣式
TCS_TOOLTIPS	標籤顯示工具提示，需要處理 TTN_NEEDTEXT 訊息（等於 TTN_GETDISPINFO）

通常可以按以下方式建立一個索引標籤控制項：

```
// 根據父視窗客戶區的大小建立索引標籤控制項
GetClientRect(hwnd, &rect);
hwndTabControl = CreateWindowEx(0, TEXT("SysTabControl32"), NULL,
    WS_CHILD | WS_VISIBLE | TCS_MULTILINE | TCS_TOOLTIPS,
    0, 0, rect.right, rect.bottom, hwnd, (HMENU)IDC_TABCONTROL, hInstance, NULL);
```

建立索引標籤控制項以後，可以透過發送 TCM_INSERTITEM 訊息增加標籤。wParam 參數指定為新標籤中從 0 開始的索引。lParam 參數指定為一個指向 TCITEM 結構的指標，該結構指定標籤的屬性。TCITEM 結構還可以用於 TCM_SETITEM、TCM_GETITEM 訊息設定、獲取指定標籤的屬性，該結構在 CommCtrl.h 標頭檔中定義如下：

```
typedef struct {
    UINT    mask;        // 遮罩標識，指定要設定或獲取哪些欄位的值
```

```
    DWORD   dwState;      // 一般不用
    DWORD   dwStateMask;  // 一般不用
    LPTSTR  pszText;      // 標籤文字標籤的字串指標，如果是獲取資訊，則是緩衝區位址
    int     cchTextMax;   // pszText 欄位指向的緩衝區的大小（字元），如果不是獲取資訊，則忽略
該欄位
    int     iImage;       // 影像清單的索引
    LPARAM  lParam;       // 自訂資料
} TCITEM, *LPTCITEM;
```

mask 欄位是遮罩標識，指定要設定或獲取哪些欄位的值，可以是表 8.56 中的或多個值。

▼ 表 8.56

標識	含義
TCIF_STATE	dwState 欄位有效
TCIF_TEXT	pszText 欄位有效
TCIF_IMAGE	iImage 欄位有效
TCIF_PARAM	lParam 欄位有效

例如下面的程式：

```
// 增加標籤
TCITEM tci;
tci.mask = TCIF_TEXT;
tci.pszText = TEXT(" 平面設計 ");
SendMessage(hwndTabControl, TCM_INSERTITEM, 0, (LPARAM)&tci);
tci.pszText = TEXT("Web 開發 ");
SendMessage(hwndTabControl, TCM_INSERTITEM, 1, (LPARAM)&tci);
tci.pszText = TEXT("Windows 程式設計 ");
SendMessage(hwndTabControl, TCM_INSERTITEM, 2, (LPARAM)&tci);
tci.pszText = TEXT(" 加密解密 ");
SendMessage(hwndTabControl, TCM_INSERTITEM, 3, (LPARAM)&tci);
```

要想在使用者點擊不同的標籤時顯示不同的頁面（子視窗或對話方塊），就需要建立這些子視窗或對話方塊，通常是使用對話方塊。但是因為還沒有學習對話方塊，所以這裡以普通的子視窗為例。因為是 4 個標籤，所以需要建立 4

個子視窗。為了簡單起見，我基於同一視窗類別建立了 4 個子視窗，子視窗的
建立及其視窗過程如下所示：

```
// 全域變數
HWND hwndChild[4];

// 建立 4 個標籤對應的 4 個子視窗
wndclass.cbSize = sizeof(WNDCLASSEX);
wndclass.style = CS_HREDRAW | CS_VREDRAW;
wndclass.lpfnWndProc = WindowProcChild;
wndclass.cbClsExtra = 0;
wndclass.cbWndExtra = 0;
wndclass.hInstance = hInstance;
wndclass.hIcon = LoadIcon(NULL, IDI_APPLICATION);
wndclass.hCursor = LoadCursor(NULL, IDC_ARROW);
wndclass.hbrBackground = (HBRUSH)GetStockObject(WHITE_BRUSH);
wndclass.lpszMenuName = NULL;
wndclass.lpszClassName = TEXT("ChildWindow");
wndclass.hIconSm = NULL;
RegisterClassEx(&wndclass);
for (int i = 0; i < 4; i++)
    hwndChild[i] = CreateWindowEx(0, TEXT("ChildWindow"), NULL, WS_CHILD | WS_VISIBLE,
        0, 0, 0, 0, hwnd, NULL, hInstance, NULL);

LRESULT CALLBACK WindowProcChild(HWND hwnd, UINT uMsg, WPARAM wParam, LPARAM lParam)
{
    HDC hdc;
    PAINTSTRUCT ps;
    RECT rect;

    switch (uMsg)
    {
    case WM_PAINT:
        hdc = BeginPaint(hwnd, &ps);
        GetClientRect(hwnd, &rect);
        if (hwnd == hwndChild[0])
            DrawText(hdc, TEXT(" 平面設計 價格 1 萬元 "), _tcslen(TEXT(" 平面設計 價格 1 萬元
")),
                &rect, DT_SINGLELINE | DT_VCENTER | DT_CENTER);
```

```
        else if (hwnd == hwndChild[1])
            DrawText(hdc, TEXT("Web 開發 價格 2 萬元 "), _tcslen(TEXT("Web 開發 價格 2 萬元 ")),
                &rect, DT_SINGLELINE | DT_VCENTER | DT_CENTER);
        else if (hwnd == hwndChild[2])
            DrawText(hdc, TEXT("Windows 程式設計 價格 3 萬元 "), _tcslen(TEXT ("Windows
程式設計價格 3 萬元 ")),
                &rect, DT_SINGLELINE | DT_VCENTER | DT_CENTER);
        else
            DrawText(hdc, TEXT("加密解密 價格 4 萬元 "), _tcslen(TEXT("加密解密 價格 4 萬元 ")),
                &rect, DT_SINGLELINE | DT_VCENTER | DT_CENTER);
        EndPaint(hwnd, &ps);
        return 0;

    case WM_DESTROY:
        PostQuitMessage(0);
        return 0;
    }

    return DefWindowProc(hwnd, uMsg, wParam, lParam);
}
```

增加標籤以後，初始情況下第一個（即索引為 0）標籤處於選取狀態。
在使用者選擇了其他標籤後，索引標籤控制項的父視窗會收到包含 TCN_
SELCHANGE 通知碼的 WM_NOTIFY 訊息，lParam 參數是指向 NMHDR 結
構的指標。處理該通知碼就是透過發送 TCM_GETCURSEL 訊息（wParam 和
lParam 參數都沒有用到）獲取索引標籤控制項的當前選取項，銷毀或隱藏不相
關的子視窗，並顯示需要的子視窗。例如下面的程式：

```
case TCN_SELCHANGE:
    nIndex = SendMessage(hwndTabControl, TCM_GETCURSEL, 0, 0);
    for (int i = 0; i < 4; i++)
        ShowWindow(hwndChild[i], SW_HIDE);
    ShowWindow(hwndChild[nIndex], SW_SHOW);
    break;
```

索引標籤控制項指定 TCS_TOOLTIPS 樣式以後可以顯示工具提示，需要處
理 TTN_NEEDTEXT 訊息。該訊息在學習工具列按鈕工具提示的時候已經詳細講

解過了。此處 NMTTDISPINFO 結構的 hdr.idFrom 欄位是標籤的索引。例如下
面的程式：

```
case TTN_NEEDTEXT:
    LPNMTTDISPINFO lpnmTDI;
    lpnmTDI = (LPNMTTDISPINFO)lParam;
    switch (lpnmTDI->hdr.idFrom)
    {
    case 0:
        StringCchCopy(lpnmTDI->szText, 80, TEXT(" 這是平面設計的工具提示文字 "));
        break;
    case 1:
        StringCchCopy(lpnmTDI->szText, 80, TEXT(" 這是 Web 開發的工具提示文字 "));
        break;
    case 2:
        StringCchCopy(lpnmTDI->szText, 80, TEXT(" 這是 Windows 程式設計的工具提示文字 "));
        break;
    case 3:
        StringCchCopy(lpnmTDI->szText, 80, TEXT(" 這是加密解密的工具提示文字 "));
        break;
    }
    break;
```

　　除此之外，還需要處理 WM_SIZE 訊息。在 WM_SIZE 訊息中，根據父視窗
客戶區的大小調整索引標籤控制項的大小。可以根據索引標籤控制項的大小計
算出顯示區域的大小，然後利用顯示區域的大小調整子視窗的大小。例如下面
的程式：

```
case WM_SIZE:
    // 根據父視窗客戶區的大小調整索引標籤控制項的大小
    MoveWindow(hwndTabControl, 0, 0, LOWORD(lParam), HIWORD(lParam), TRUE);

    // 根據索引標籤控制項的視窗矩形大小計算顯示區域的大小，然後調整子視窗的大小
    SetRect(&rect, 0, 0, LOWORD(lParam), HIWORD(lParam));
    SendMessage(hwndTabControl, TCM_ADJUSTRECT, FALSE, (LPARAM)&rect);
    for (int i = 0; i < 4; i++)
        MoveWindow(hwndChild[i],
            rect.left, rect.top, rect.right - rect.left, rect.bottom - rect.
```

```
top, TRUE);
    return 0;
```

TCM_ADJUSTRECT 訊息可以根據索引標籤控制項的視窗大小計算出顯示區域的大小，wParam 設定為 FALSE，lParam 參數指定為索引標籤控制項視窗大小的 RECT 結構，並在這個 RECT 結構中傳回顯示區域的大小；TCM_ADJUSTRECT 訊息也可以根據顯示區域的大小計算索引標籤控制項的視窗大小，此時 wParam 參數應該設定為 TRUE，lParam 參數指定為索引標籤控制項顯示區域大小的 RECT 結構，並在這個 RECT 結構中傳回索引標籤控制項的大小。該訊息僅用於標籤位於頂部的索引標籤控制項。

完整程式參見 Chapter8\TabControlDemo 專案。

關於索引標籤控制項的訊息，我們已經學習了 TCM_INSERTITEM、TCM_GETCURSEL、TCM_ ADJUSTRECT，以及 TCN_SELCHANGE 通知碼等。其他常用的訊息如表 8.57 所示。

▼ 表 8.57

訊息類型	含義
TCM_SETCURSEL	選擇索引標籤控制項中的標籤
TCM_SETITEM	設定索引標籤控制項中標籤的資訊
TCM_GETITEM	獲取索引標籤控制項中標籤的資訊
TCM_SETITEMSIZE	在固定寬度（TCS_FIXEDWIDTH）或程式自繪（TCS_OWNERDRAWFIXED）的索引標籤控制項中設定標籤的寬度和高度
TCM_SETMINTABWIDTH	設定索引標籤控制項中標籤的最小寬度
TCM_SETIMAGELIST	將影像列表分配給索引標籤控制項
TCM_DELETEITEM	從索引標籤控制項中刪除一個標籤
TCM_DELETEALLITEMS	從索引標籤控制項中刪除所有標籤
TCM_GETITEMCOUNT	獲取索引標籤控制項中的標籤數

動畫控制項

　　動畫控制項是一個用於顯示 AVI（Audio-Video Interleaved，音訊視訊交錯格式）剪輯的視窗，動畫控制項通常用於在漫長的操作期間指示系統活動，舉例來說，Windows XP 系統在尋找檔案的過程中會顯示一個手電筒形狀的動畫。不過動畫控制項只能顯示不包含音訊的 AVI 剪輯，並且應該是未壓縮的 AVI 檔案或使用 BI_RLE8 編碼壓縮的 AVI 檔案。動畫控制項的功能非常有限，如果需要多媒體播放和錄製功能，可以使用 MCIWnd 控制項。

　　動畫控制項常用的樣式有：ACS_AUTOPLAY 開啟 AVI 剪輯後立即開始播放動畫，ACS_CENTER 將動畫置中放在動畫控制項的視窗中。如果未指定 ACS_CENTER 樣式，呼叫 CreateWindowEx 函數時可以不指定寬度參數和高度參數，動畫控制項會根據 AVI 剪輯中影格的尺寸設定控制項的寬度和高度。動畫控制項的建立如下所示：

```
hwndAnimate = CreateWindowEx(0, TEXT("SysAnimate32"), NULL,
    WS_CHILD | WS_VISIBLE | WS BORDER | ACS_CENTER,
    10, 0, 330, 330, hwnd, (HMENU)IDC_ANIMATE, hInstance, NULL);
```

　　動畫控制項可以對 AVI 檔案執行開啟、播放、停止、關閉等操作，相關的訊息如表 8.58 所示。

▼ 表 8.58

訊息類型	含義
ACM_OPEN	開啟 AVI 剪輯並在動畫控制項中顯示第一影格。wParam 參數指定為 AVI 資源所屬的模組控制碼，如果設定為 NULL，表示使用建立動畫控制項時指定的 HINSTANCE 值；如果 IParam 參數指定為 AVI 檔案路徑，則 wParam 參數也可以設定為 NULL。IParam 參數指定為 AVI 檔案路徑或 AVI 資源名稱（MAKEINTRESOURCE 巨集），如果該參數設定為 NULL，則系統將關閉動畫控制項中先前開啟的 AVI 檔案或從記憶體中刪除 AVI 資源

（續表）

訊息類型	含義
ACM_PLAY	在動畫控制項中播放 AVI 剪輯。wParam 參數指定為重播 AVI 剪輯的次數，指定為 -1 表示無限重播剪輯；LOWORD(IParam) 指定從哪一影格開始播放，HIWORD(IParam) 指定播放到哪一影格結束，指定為 -1 表示播放到 AVI 剪輯的最後一影格，例如 MAKELPARAM(0,-1)
ACM_STOP	停止在動畫控制項中播放 AVI 剪輯。wParam 和 IParam 參數都沒有用到

例如下面的程式：

```
case WM_COMMAND:
    switch (LOWORD(wParam))
    {
    case IDC_BTNOPEN:
        SendMessage(hwndAnimate, ACM_OPEN, NULL, (LPARAM)TEXT("Colck.avi"));
        break;
    case IDC_BTNPLAY:
        SendMessage(hwndAnimate, ACM_PLAY, -1, MAKELPARAM(0, -1));
        break;
    case IDC_BTNSTOP:
        SendMessage(hwndAnimate, ACM_STOP, NULL, NULL);
        break;
    case IDC_BTNCLOSE:
        SendMessage(hwndAnimate, ACM_OPEN, NULL, NULL);
        break;
    }
    return 0;
```

關於動畫控制項的範例程式參見 Chapter8\AnimateDemo 專案。

第 **9** 章

對話方塊

　　在圖形化使用者介面中，對話方塊是一種特殊的視窗，用來向使用者顯示資訊（例如 MessageBox 訊息方塊），或在需要的時候獲得使用者的輸入以做出回應（例如記事本 Notepad 的尋找、取代對話方塊）。之所以稱之為 "對話方塊"，是因為它們使電腦和使用者之間組成了一個對話：通知使用者一些資訊，或是請求使用者的輸入，又或兩者皆有。通常在可以開啟對話方塊的選單項後面加上 "…"，例如 "檔案" 選單下的 "另存為 ..." 表示會開啟一個選擇檔案名稱的對話方塊。對話方塊中的按鈕、文字標籤和圖示等稱為 "子視窗控制項"。

對話方塊分為模態（modal，也稱有模式）對話方塊和非模態（modeless，也稱無模式）對話方塊。模態對話方塊要求使用者必須做出回應，否則使用者不能繼續進行本程式的其他操作，例如記事本程式"格式"選單下的"字型"對話方塊，只有在使用者點擊確定或取消以後才可以回到記事本編輯介面繼續自己的工作；非模態對話方塊是一種不強制使用者回應的對話方塊，例如記事本程式"編輯"選單下的"尋找"和"取代"對話方塊，在不關閉的情況下使用者仍然可以回到編輯介面繼續做自己的工作。

Windows 在資源指令檔中定義對話方塊資源範本，然後在程式中利用這個範本建立對話方塊。模態對話方塊和非模態對話方塊的資源定義可以説是相同的，但是建立模態和非模態對話方塊所呼叫的函數不同，銷毀模態和非模態對話方塊所呼叫的函數也不同。

9.1 模態對話方塊

先看一下建立模態對話方塊的巨集 DialogBox，它的作用是從一個對話方塊範本資源中建立模態對話方塊：

```
INT_PTR DialogBox(
    HINSTANCE hInstance,     // 模組控制碼，該模組包含對話方塊範本
    LPCTSTR   lpTemplate,    // 對話方塊範本，可以使用 MAKEINTRESOURCE（對話方塊範本 ID）
巨集
    HWND      hWndParent,    // 父視窗控制碼
    DLGPROC   lpDialogFunc); // 對話方塊視窗過程
```

DialogBox 巨集透過呼叫 DialogBoxParam 函數來實現，在 WinUser.h 標頭檔中有以下定義：

```
#define DialogBoxA(hInstance, lpTemplate, hWndParent, lpDialogFunc) \
DialogBoxParamA(hInstance, lpTemplate, hWndParent, lpDialogFunc, 0L)
#define DialogBoxW(hInstance, lpTemplate, hWndParent, lpDialogFunc) \
DialogBoxParamW(hInstance, lpTemplate, hWndParent, lpDialogFunc, 0L)
```

DialogBoxParam 函數原型如下：

```
INT_PTR DialogBoxParam(
    HINSTANCE hInstance,         // 模組控制碼，該模組包含對話方塊範本資源
    LPCTSTR   lpTemplateName,    // 對話方塊範本，可以使用 MAKEINTRESOURCE( 對話方塊範本 ID)
巨集
    HWND      hWndParent,        // 父視窗控制碼
    DLGPROC   lpDialogFunc,      // 對話方塊視窗過程
    LPARAM    dwInitParam);      // 傳遞到對話方塊視窗過程中 WM_INITDIALOG 訊息的 lParam 參數
```

大部分的情況下使用 DialogBoxParam 函數建立對話方塊，呼叫 DialogBoxParam 函數時，可以透過 dwInitParam 參數向對話方塊視窗過程中傳遞一些附加資料（透過對話方塊視窗過程的 WM_INITDIALOG 訊息的 lParam 參數接收）。

對話方塊視窗過程的定義形式如下：

```
INT_PTR CALLBACK DialogProc(
    HWND   hwndDlg,    // 對話方塊視窗控制碼
    UINT   uMsg,       // 訊息類型
    WPARAM wParam,     // 訊息的 wParam 參數
    LPARAM lParam);    // 訊息的 lParam 參數
```

只有在對話方塊視窗過程中呼叫 EndDialog 函數後，DialogBox / DialogBoxParam 函數才傳回，這兩個函數的傳回值是 EndDialog 函數第 2 個參數指定的值。

INT_PTR 資料型態在 BaseTsd.h 標頭檔中定義：

```
#if defined(_WIN64)
typedef __int64 INT_PTR;
#else
typedef int INT_PTR;
#endif
```

即如果編譯為 64 位元，則它是 __int64 類型；如果編譯為 32 位元，則它是 int 類型。

結束模態對話方塊的函數是 EndDialog：

```
BOOL EndDialog(
    HWND    hDlg,        // 對話方塊視窗控制碼
    INT_PTR nResult);    // 傳回給 DialogBox/DialogBoxParam 函數的值
```

建立非模態對話方塊用的是 CreateDialog 巨集或 CreateDialogParam 函數，所需參數和 DialogBox、DialogBoxParam 函數相同；關閉非模態對話方塊需要呼叫 DestroyWindow 函數。

普通重疊視窗在建立之前需要呼叫 RegisterClassEx 函數註冊一個視窗類別然後呼叫 CreateWindowEx 函數建立視窗。建立視窗所需的參數（例如視窗樣式、位置、大小和視窗過程位址等參數）由視窗類別 CreateWindowEx 函數中的參數共同提供。實際上對話方塊和普通重疊視窗類別，建立對話方塊的函數在內部還是透過呼叫 CreateWindowEx 函數建立，使用的視窗樣式、位置、大小等參數取自資源指令檔中定義的對話方塊範本。使用的視窗類別系統內建類別名稱 #32770”，“#32770”類別的視窗過程叫作“對話方塊管理器”，Windows 在這裡處理對話方塊的大部分訊息，例如維護客戶區的更新、鍵盤介面（按 Tab 鍵在不同的子視窗之間切換、按 Enter 鍵相當於點擊了預設按鈕等）。“對話方塊管理器”在初始化對話方塊時會根據對話方塊範本資源中定義的子視窗控制項來建立對話方塊中的所有子視窗，它類似於普通重疊視窗的預設視窗過程。程式中我們定義的對話方塊視窗過程由“對話方塊管理器”呼叫。在處理一個訊息前，“對話方塊管理器”會先呼叫程式指定的對話方塊視窗過程，然後根據對話方塊視窗過程的傳回值決定是否處理該訊息（這一點參見 9.1.2 節對話方塊視窗過程的講解）。

Windows 對模態對話方塊和非模態對話方塊的處理有些不同。在 DialogBoxParam 函數建立模態對話方塊後使擁有視窗（父視窗）故障，Windows 暫時控制整個應用程式的訊息佇列，Windows 在內部為對話方塊啟動訊息迴圈來獲取和分發訊息，在這個訊息迴圈中把訊息發送給“對話方塊管理器”，“對話方塊管理器”會呼叫使用者定義的對話方塊視窗過程。在對話方塊視窗程序呼叫 EndDialog 函數後，DialogBoxParam 函數結束對話方塊並終

止訊息迴圈，系統使擁有視窗（父視窗）有效，且傳回 EndDialog 函數呼叫中的 nResult 參數，即模態對話方塊建立以後系統會遮罩本程式其他視窗的訊息，應用程式只會回應該對話方塊的訊息，直到呼叫 EndDialog 函數收到結束模態對話方塊的訊息後，才會把控制權交還給應用程式。

而對於非模態對話方塊，CreateDialogParam 函數在建立非模態對話方塊後立即傳回。非模態對話方塊的訊息是透過使用者程式（父視窗）中的訊息迴圈分發的。

建立模態對話方塊或非模態對話方塊時，WM_INITDIALOG 訊息最先被發送到對話方塊視窗過程，這類似於普通重疊視窗的 WM_CREATE 訊息，程式可以在該訊息中做一些初始化的工作。

9.1.1　模態對話方塊範例程式

我們透過一個範例來說明模態對話方塊的用法。大部分程式的 "說明" 選單下會有一個子功能表項 "關於本程式"，點擊 "關於本程式" 選單項通常可以彈出一個模態對話方塊（呼叫 DialogBoxParam 函數），對話方塊中可以是一些程式版本、版權資訊等，如圖 9.1 所示。

▲ 圖 9.1

可以在 WM_COMMAND 訊息中處理 "關於本程式" 選單訊息，呼叫 DialogBoxParam 函數建立模態對話方塊：

```
case ID_HELP_ABOUT:
    // 建立模態對話方塊
```

```
DialogBoxParam(hInstance, MAKEINTRESOURCE(IDD_DIALOG), hwnd, DialogProc, NULL);
break;
```

完整程式參見 Chapter9\ModalDialogBox 專案。

ID 為 IDD_DIALOG 的資源是對話方塊範本資源，其 ID 為資源 ID。要建立對話方塊，就需要先新建一個對話方塊資源，在 VS 中開啟資源視圖，用滑鼠按右鍵專案名稱，然後選擇增加→資源，開啟增加資源對話方塊，選擇類型 Dialog，點擊 "新建" 按鈕，系統會自動建立一個對話方塊範本資源。預設情況下，對話方塊標題為 Dialog，標題列中有一個關閉按鈕，對話方塊中有確定、取消按鈕。對話方塊的大小可以透過拖拉調整，對話方塊的樣式可以透過 VS 右側的屬性面板來修改。先選取對話方塊，然後透過屬性面板來設定各種屬性，選擇一個屬性後，屬性面板底部會顯示其含義。常用的屬性如表 9.1 所示。

▼ 表 9.1

屬性	含義
Border	邊框樣式，可以設定為：調整大小（Resizing，WS_THICKFRAME）、對話方塊外框（Dialog Frame，DS_MODALFRAME）、無（None）
Caption	設定對話方塊標題
ID	設定對話方塊資源的 ID
Menu	為對話方塊指定選單資源 ID
Maximize Box	對話方塊標題列中包含最大化按鈕
Minimize Box	對話方塊標題列中包含最小化按鈕
System Modal	對話方塊具有 Topmost 樣式
X Pos 和 Y Pos	指定對話方塊左上角的 X、Y 座標（對話方塊單位），本例中是相對於父視窗客戶區左上角。在 9.3 節中，我們會學習建立一個模態對話方塊作為程式主視窗，即最上層視窗，這時 X、Y 座標相對於螢幕左上角

設定對話方塊的屬性後，可以在其中增加子視窗控制項。開啟 VS 右側的工具箱面板，可以看到裡面幾乎包含了前面我們學習過的各種子視窗控制項，選擇一個子視窗控制項，在對話方塊中點擊滑鼠左鍵就可以將其插入對話

方塊中，或可以從工具箱中拖曳一個子視窗控制項到對話方塊中。增加子視窗控制項以後，可以選取一個控制項，透過屬性面板設定其屬性與樣式。範例程式中我增加了 2 個 Static Text 靜態控制項，分別設定其 Caption 屬性為 "程式版本：ModalDialogBox V1.0" 和 "本程式由老王設計開發 \n 微訊號：WindowsSuper\n 版權所有 老王"。

對話方塊範本用於定義對話方塊的寬度、高度、樣式以及包含的子視窗控制項等。開啟資源指令檔 ModalDialogBox.rc 看一下 VS 生成的對話方塊範本：

```
IDD_DIALOG DIALOGEX 16, 16, 160, 80
STYLE DS_SETFONT | DS_MODALFRAME | DS_FIXEDSYS | WS_POPUP | WS_CAPTION | WS_SYSMENU
CAPTION " 關於 ModalDialogBox"
FONT 8, "MS Shell Dlg", 400, 0, 0x1
BEGIN
    DEFPUSHBUTTON    " 確定 ", IDOK, 45, 57, 50, 14
    PUSHBUTTON       " 取消 ", IDCANCEL, 102, 57, 50, 14
    LTEXT            " 程式版本：ModalDialogBox V1.0", IDC_STATIC, 7, 7, 115, 8
    LTEXT            " 本程式由老王設計開發 \n 微訊號：WindowsSuper\n 版權所有 老王 ", IDC_
STATIC,
                     7, 24, 145, 29
END
```

對話方塊資源的定義形式如下：

```
對話方塊 ID DIALOGEX X 座標 , Y 座標 , 寬度 , 高度
[ 可選屬性 ]
BEGIN
    子視窗控制項定義
    ......
END
```

對話方塊中的子視窗控制項定義敘述在 BEGIN/END（當然也可以用 {}）之中。在這之前，可以定義對話方塊的一些可選屬性，每種屬性用一行定義，常用的可選屬性如表 9.2 所示。

▼ 表 9.2

定義語法	含義
CAPTION "文字"	對話方塊的標題
STYLE 樣式組合	定義對話方塊的視窗樣式，同 CreateWindowEx 中的 dwStyle 參數
EXSTYLE 樣式組合	定義對話方塊的擴充視窗樣式，同 CreateWindowEx 中的 dwExStyle 參數
FONT 字型大小,"字型名稱", 字型粗細,是否斜體,字元集	對話方塊所用字型
MENU 選單名稱或 ID	對話方塊中使用的選單
CLASS "類別名稱"	對話方塊使用的視窗類別如果不定義，則使用 Windows 內建的類別 #32770

　　STYLE 樣式組合還可以包含對話方塊專用樣式，常用的對話方塊樣式如表 9.3 所示。

▼ 表 9.3

對話方塊樣式	含義
DS_FIXEDSYS	使用 SYSTEM_FIXED_FONT 字型，而非預設的 SYSTEM_FONT
DS_MODALFRAME	模態對話方塊邊框
DS_SETFONT	對話方塊範本中包含字型資料，透過 FONT 屬性設定一種字型
DS_SHELLFONT	表示對話方塊應使用系統字型，FONT 屬性必須設定為 MS Shell Dlg 字型（系統映射字型），否則該樣式無效
DS_ABSALIGN	對話方塊的座標相對於螢幕座標，而非預設的相對於父視窗客戶區座標
DS_CENTER	對話方塊顯示在螢幕中央
DS_CENTERMOUSE	對話方塊以滑鼠當前位置為中心顯示

　　無論是否指定 WS_VISIBLE 樣式，系統始終都會顯示模態對話方塊。

　　兩種定義子視窗控制項的語法如下，[] 裡面的表示可選項。

1 . 子視窗控制項定義的通用語法如下：

```
CONTROL " 視窗文字 ", ID, " 類別名稱 , 樣式組合 , x, y, 寬度 , 高度 [, 擴充樣式組合 ]
```

　　前面都已經介紹過視窗樣式、控制項專用樣式和擴充視窗樣式。類別名稱可以是我們前面學習過的各種子視窗控制項類別名稱。"對話方塊管理器"在初始化的時候把每一筆控制項定義敘述轉換成類似下面的 CreateWindowEx 函數呼叫：

```
CreateWindowEx( 擴充樣式組合 , 視窗文字 , 類別名稱  樣式組合 ,
    x, y, 寬度 , 高度 , 對話方塊視窗控制碼 , ID, hInstance, NULL);
```

　　Windows 在建立子視窗時會自動包含 WS_CHILD 和 WS_VISIBLE 樣式，因此子視窗控制項定義的通用語法中不需要額外指定這兩個樣式。所有可以用 CreateWindowEx 函數建立的子視窗都可以在資源指令檔中定義，只要知道需要使用的類別名稱樣式即可。

2 . 子視窗控制項定義的通用語法看上去不直觀，資源編輯器允許使用另一種語法來定義子視窗控制項：

```
控制項名稱 [ 視窗文字 ,] ID, x, y, 寬度 , 高度 [, 樣式 ] [, 擴充樣式 ]
```

　　控制項名稱並不是類別名稱基於同一個類別名稱定不同的樣式可以建立不同風格的控制項，例如基於 Button 類別指定 BS_PUSHBUTTON、BS_DEFPUSHBUTTON、BS_AUTORADIOBUTTON 和 BS_ AUTOCHECKBOX 樣式可以分別建立普通按鈕、預設按鈕、自動選項按鈕和自動核取方塊。對應的，控制項名稱可以分別指定為 PUSHBUTTON、DEFPUSHBUTTON、AUTORADIOBUTTON 和 AUTOCHECKBOX。控制項名稱是資源編譯器使用的縮寫名稱，資源編譯器把控制項名稱解釋為對應的類別名稱樣式，常見的控制項名稱如表 9.4 所示。

▼ 表 9.4

控制項名稱	控制項	基於的類別	預設樣式（還包括 WS_ CHILD 和 WS_VISIBLE）
PUSHBUTTON	按鈕	Button	BS_PUSHBUTTON、 WS_TABSTOP
DEFPUSHBUTTON	預設按鈕	Button	BS_DEFPUSHBUTTON、 WS_TABSTOP
CHECKBOX	核取方塊	Button	BS_CHECKBOX、 WS_TABSTOP
AUTOCHECKBOX	自動核取方塊	Button	BS_AUTOCHECKBOX、 WS_TABSTOP
STATE3	三態核取方塊	Button	BS_3STATE、WS_TABSTOP
AUTO3STATE	自動三態核取 方塊	Button	BS_AUTO3STATE、 WS_TABSTOP
RADIOBUTTON	選項按鈕	Button	BS_RADIOBUTTON、 WS_TABSTOP
AUTORADIOBUTTON	自動選項按鈕	Button	BS_AUTORADIOBUTTON、 WS_TABSTOP
GROUPBOX	群組方塊	Button	BS_GROUPBOX
SCROLLBAR	捲軸	ScrollBar	SBS_HORZ
CTEXT	置中文字	Static	SS_CENTER、WS_GROUP
LTEXT	左對齊文字	Static	SS_LEFT、WS_GROUP
RTEXT	右對齊文字	Static	SS_RIGHT、WS_GROUP
ICON	圖示框	Static	SS_ICON
EDITTEXT	編輯控制項	Edit	ES_LEFT、WS_BORDER、 WS_TABSTOP
COMBOBOX	下拉式清單方 塊	ComboBox	CBS_SIMPLE、 WS_TABSTOP
LISTBOX	列表框	ListBox	LBS_NOTIFY、 WS_BORDER

看一下範例。敘述

```
GROUPBOX    "群組方塊", -1, 5, 5, 100, 100
PUSHBUTTON  "退出", IDCANCEL, 50, 85, 50, 14
```

和敘述

```
CONTROL "群組方塊", -1, "Button", BS_GROUPBOX, 5, 5, 100, 100
CONTROL "退出", IDCANCEL, "Button", BS_PUSHBUTTON | WS_TABSTOP, 50, 85, 50, 14
```

編譯後產生的二進位資源檔是一樣的

當用到的控制項沒有縮寫語法時，就必須用 CONTROL 敘述定義了。下面定義了一條橫線和一個圖片框：

```
CONTROL "", IDC_STATIC, "Static", SS_ETCHEDHORZ, 5, 50, 100, 1
CONTROL IDB_BITMAP, IDC_STATIC, "Static", SS_BITMAP, 5, 55, 50, 50
```

上面講的這些資源指令檔中定義子視窗控制項的語法，都可以透過工具箱直觀地增加。關於透過工具箱增加控制項並設定其屬性的方法，請讀者自行測試。透過工具箱增加控制項後，可以查看資源指令檔如何定義，並了解哪一個屬性對應哪一個視窗樣式、控制項樣式或擴充視窗樣式。

在子視窗控制項的 ID 定義中有兩個特殊的 ID 值——IDOK 和 IDCANCEL，在 WinUser.h 標頭檔中，它們的值被定義為 1 和 2。IDOK 是預設的"確定"按鈕 ID，IDCANCEL 是預設的"取消"按鈕 ID。如果一個按鈕的 ID 是 IDOK，那麼當鍵盤焦點不在其他控制項上時，按下確認鍵就相當於按下了這個按鈕；按下 Esc 鍵相當於按下 ID 為 IDCANCEL 的按鈕；點擊標題列的關閉按鈕也相當於按下了 ID 為 IDCANCEL 的按鈕。如果對話方塊中沒有 ID 為 IDOK 的預設按鈕，那麼當使用者按下 Enter 鍵時，系統也會向對話方塊視窗過程發送一筆 LOWORD(wParam) 等於 IDOK（如果有其他預設按鈕，則是其 ID）的 WM_COMMAND 訊息。

在對話方塊中，可以定義多個子視窗控制項。有的子視窗控制項可以擁有輸入焦點（如按鈕、文字標籤與下拉式清單方塊等），有的則不能（如靜態文字與圖示等），當對話方塊中有多個允許包含輸入焦點的子視窗控制項時（設定了 WS_TABSTOP 樣式），使用者可以按 Tab 鍵將輸入焦點切換到下一個具有 WS_TABSTOP 樣式的子視窗控制項上，也可以按 Shift + Tab 複合鍵切換到上一個，Tab 鍵切換的順序就叫作 Tab 鍵順序。Tab 鍵順序並不是根據子視窗控制項的座標位置自動排列的，而是按照子視窗控制項在資源指令檔中定義的先後順序來排列的。在定義時最好根據子視窗控制項的位置適當排列定義敘述的順序，以免按下 Tab 鍵切換的時候焦點會上下左右無規則地跳來跳去。使用資源編輯器的工具箱插入子視窗控制項後，選取對話方塊，開啟選單格式→ Tab 鍵順序，可以看到每個控制項旁邊顯示了序號，可以依次點擊每個控制項以重新排列，資源編輯器會根據設定重新調整資源指令檔中定義敘述的順序。

對話方塊的位置、大小以及所有子視窗控制項的度量單位根據當前所選擇字型的大小來決定，橫向（x 座標和寬度）每單位為字元平均寬度的 1/4，縱向（y 座標和高度）每單位為字元平均高度的 1/8，由於字型的字元高度大致為寬度的 2 倍，因此雖然這種計算方法有些令人費解，但是橫向和縱向的數值還是大致相同的，即對話方塊水平單位是當前所選擇字型字元平均寬度的 1/4，垂直單位是當前所選擇字型字元平均高度的 1/8。在上面的對話方塊範本定義中，對話方塊的左上角距離父視窗的左邊有 4 個字元寬，距離父視窗的上邊有 2 個字元高，對話方塊本身有 45 個字元寬，10 個字元高。透過這種對話方塊單位，使用同樣的座標和大小值可以使對話方塊在使用各種顯示器和字型的情況下，保持同樣的尺寸和外觀。同時也因為對話方塊單位的這種特性，確定字型後，通常不可以再改變，否則容易使對話方塊介面混亂。

在不指定 DS_SETFONT | DS_FIXEDSYS 對話方塊樣式，以及不設定 FONT 屬性的情況下，對話方塊使用 SYSTEM_FONT 字型。GetDialogBaseUnits 函數可以獲取系統字型字元的平均寬度和高度，例如：

```
xChar = LOWORD(GetDialogBaseUnits());
yChar = HIWORD(GetDialogBaseUnits());
```

9.1.2　對話方塊視窗過程

模態和非模態對話方塊的視窗程序定義形式一樣，對話方塊視窗過程的處理邏輯通常是下面的樣子：

```
// 對話方塊視窗過程
INT_PTR CALLBACK DialogProc(HWND hwndDlg, UINT uMsg, WPARAM wParam, LPARAM lParam)
{
    switch (uMsg)
    {
    case WM_INITDIALOG:
        // 初始化工作
        return TRUE;

    case WM_COMMAND:
        // 子視窗控制項
        switch (LOWORD(wParam))
        {
        case IDOK:
        case IDCANCEL:
            EndDialog(hwndDlg, 0);
            break;
        }
        return TRUE;
    }

    return FALSE;
}
```

　　對話方塊視窗過程中的很多訊息通常不需要處理，例如 WM_PAINT 和 WM_DESTROY 訊息等，因為對話方塊的大部分訊息由 "對話方塊管理器" 處理，例如維護客戶區的更新、鍵盤介面（按 Tab 鍵在不同的子視窗之間切換、按 Enter 鍵相當於點擊了預設按鈕等）。對話方塊視窗過程和普通的視窗過程在使用上有以下區別。

- 普通視窗過程對於不同的訊息處理有各種不同含義的傳回值。前面說過，程式中我們定義的對話方塊視窗過程是由 "對話方塊管理器" 呼叫的。在處理訊息前，"對話方塊管理器" 會先呼叫程式指定的對話方塊視窗過程，然後根據對話方塊視窗過程的傳回值決定是否處理該訊息。對話方塊視窗過程應該傳回 BOOL 類型的值，傳回 TRUE 表示告訴 "對話方塊管理器" 已經處理了某筆訊息；傳回 FALSE 表示告訴 "對話方塊管理器" 沒有處理該訊息，在這種情況下 "對話方塊管理器" 可以執行預設處理。

- 建立模態對話方塊或非模態對話方塊時，WM_INITDIALOG 訊息最先被發送到對話方塊視窗過程，這類似於普通重疊視窗的 WM_CREATE 訊息，程式可以在該訊息中做一些初始化的工作。WM_INITDIALOG 訊息的傳回值有一些特殊，如果程式想自行設定輸入焦點到某個子視窗控制項，那麼可以呼叫 SetFocus 函數把輸入焦點設定到需要的子視窗控制項上，然後傳回 FALSE；如果傳回 TRUE 的話，那麼系統會自動將輸入焦點設定到第一個具有 WS_TABSTOP 樣式的子視窗控制項上。

- 預設情況下對話方塊視窗的標題列上沒有圖示。如果需要像普通視窗一樣顯示一個圖示，則可以在 WM_INITDIALOG 訊息中透過發送 WM_SETICON 訊息來設定。

9.1.3　模態對話方塊範例程式 2

本節引用 9.1.1 節的 ModalDialogBox 專案，但是模態對話方塊的設計和功能不同。使用者點擊顏色群組的顏色選項按鈕選擇一個顏色，然後點擊形狀群組的選項按鈕選擇一個形狀後，會在對話方塊右下角的靜態控制項中繪製出對應顏色和形狀的圖形。使用者點擊對話方塊的"確定"按鈕後，父視窗客戶區中會顯示模態對話方塊中所選擇顏色和形狀的圖形。ModalDialogBox2 專案的對話方塊設計如圖 9.2 所示（右圖顯示了 Tab 鍵順序）。

▲ 圖 9.2

對話方塊範本定義如下，我透過工具箱增加並設定每個控制項的屬性：

```
IDD_DIALOG DIALOGEX 16, 16, 159, 145
STYLE DS_SETFONT | DS_MODALFRAME | DS_FIXEDSYS | WS_POPUP | WS_CAPTION | WS_SYSMENU
```

```
CAPTION " 關於 ModalDialogBox"
FONT 8, "MS Shell Dlg", 400, 0, 0x1
BEGIN
  GROUPBOX        " 顏色 ",IDC_STATIC,8,7,64,109
  CONTROL         "White",IDC_RADIO_WHITE,"Button",BS_AUTORADIOBUTTON | WS_GROUP |
                      WS_TABSTOP,13,18,35,10
  CONTROL         "Red",IDC_RADIO_RED,"Button",BS_AUTORADIOBUTTON,13,30,29,10
  CONTROL         "Green",IDC_RADIO_GREEN,"Button",BS_AUTORADIOBUTTON,13,42,35,10
  CONTROL         "Blue",IDC_RADIO_BLUE,"Button",BS_AUTORADIOBUTTON,13,54,29,10
  CONTROL         "Cyan",IDC_RADIO_CYAN,"Button",BS_AUTORADIOBUTTON,13,66,33,10
  CONTROL         "Magenta",IDC_RADIO_MAGENTA,"Button",BS_AUTORADIOBUTTON,13,78,44,10
  CONTROL         "Yellow",IDC_RADIO_YELLOW,"Button",BS_AUTORADIOBUTTON,13,90,36,10
  CONTROL         "Black",IDC_RADIO_BLACK,"Button",BS_AUTORADIOBUTTON,13,102,32,10
  GROUPBOX        " 形狀 ",IDC_STATIC,83,7,64,39,WS_GROUP
  CONTROL         "Rectangle",IDC_RADIO_RECT,"Button",BS_AUTORADIOBUTTON | WS_GROUP |
                      WS_TABSTOP,87,18,48,10
  CONTROL         "Ellipse",IDC_RADIO_ELLIPSE,"Button",BS_AUTORADIOBUTTON,87,30,35,10
  LTEXT           "",IDC_STATIC_DRAW,83,54,60,55          // 控制項名稱 LTEXT 隱含 WS_
GROUP
  DEFPUSHBUTTON   " 確定 ",IDOK,35,122,50,14,WS_GROUP        // 控制項名稱 DEFPUSHBUTTON 隱含
WS_TABSTOP
  PUSHBUTTON      " 取消 ",IDCANCEL,95,122,50,14,WS_GROUP    // 控制項名稱 PUSHBUTTON 隱含
WS_TABSTOP
END
```

表 9.5 再次列出 WS_GROUP 和 WS_TABSTOP 樣式的含義。

▼ 表 9.5

樣式	含義
WS_GROUP	該視窗是一組控制項中的第一個控制項。該群組由第一個具有 WS_GROUP 樣式的控制項和在其後定義的所有控制群組成,直到下一個具有 WS_GROUP 樣式的控制項(不包括該控制項)出現。如果是在對話塊程式中,則使用者可以使用方向鍵將鍵盤焦點從群組中的控制項移動到群組中的下一個控制項上。另外,每個群組中的第一個控制項通常具有 WS_TABSTOP 樣式,如果是在對話方塊程式中,則使用者可以使用 Tab 鍵將鍵盤焦點從一個群組移動到另一個組
WS_TABSTOP	該視窗是一個控制項,當使用者按下 Tab 鍵時,該控制項可以接收鍵盤焦點,如果是在對話方塊程式中,則按下 Tab 鍵可以將鍵盤焦點移動到下一個具有 WS_TABSTOP 樣式的控制項上

在上面的對話方塊範本定義中，子視窗控制項分為 6 群組：顏色群組的 8 個選項按鈕是一組；形狀群組方塊是一組；形狀群組的 2 個選項按鈕是一組；控制項名稱 LTEXT 隱含 WS_GROUP，因此靜態控制項也是一組；確定按鈕是一組；取消按鈕是一組。群組方塊和靜態控制項不會接收鍵盤焦點，因此按下 Tab 鍵的時候，只會在顏色群組、形狀群組、確定按鈕和取消按鈕之間切換。當輸入焦點在一組中的控制項上時，可以透過按下方向鍵在該群組的所有控制項之間來回切換。確定和取消按鈕的定義用的是控制項名稱方式，預設具有 WS_TABSTOP 樣式。如果不為這兩個按鈕設定 WS_GROUP 樣式，那麼確定和取消按鈕就屬於一個群組。假設當前確定按鈕具有輸入焦點，按下方向鍵可以切換到取消按鈕，而這兩個按鈕分別設定 WS_GROUP 樣式以後就各自成為一組，只能透過按下 Tab 鍵進行切換。

預設情況下增加的靜態控制項 ID 為 IDC_STATIC(-1)，本例中控制項名稱為 LTEXT，是靜態控制項，因為需要在上面繪圖，會用到 ID，因此設定其 ID 為 IDC_STATIC_DRAW(1011)。

參見 Chapter9\ModalDialogBox2 專案理解本程式。使用者點擊 "關於 ModalDialogBox" 選單項後，彈出模態對話方塊。如果使用者點擊模態對話方塊的 "確定" 按鈕，對話方塊視窗過程中 EndDialog 函數的 nResult 參數設定為 IDOK，點擊 "取消" 按鈕則設定為 IDCANCEL。如果點擊 "確定" 按鈕，就更新父視窗客戶區以繪製模態對話方塊中所選擇顏色和形狀的圖形。

顏色和形狀被定義為一個 COLORSHAPE 結構，並在 WindowProc 視窗過程中初始化為紅色和橢圓，然後傳遞給 DialogBoxParam 函數的 dwInitParam 參數。可以透過 DialogProc 對話方塊視窗過程的 WM_INITDIALOG 訊息中的 lParam 參數獲取該結構指標，在對話方塊視窗過程 DialogProc 中有以下兩個變數：

```
static COLORSHAPE cs, *pCS;
static HWND hwndStatic;

switch (uMsg)
{
```

```
case WM_INITDIALOG:
    // lParam 參數就是 DialogBoxParam 函數的 dwInitParam 參數傳遞過來的自訂資料
    pCS = (PCOLORSHAPE)lParam;    // 該參數的值在使用者點擊確定按鈕以後被設定
    cs = *pCS;                     // 該參數在本視窗過程中作為靜態區域變數
```

pCS 已經指向 WindowProc 函數中定義的 COLORSHAPE 結構,透過 cs = *pCS; 敘述複製出一個變數 cs,在對話方塊視窗過程 DialogProc 中作為靜態區域變數使用。如果使用者點擊了模態對話方塊的"確定"按鈕,則透過 pCS 指標設定 WindowProc 函數中定義的 COLORSHAPE 結構,在 WindowProc 函數的 WM_PAINT 訊息中會使用 COLORSHAPE 結構的新的顏色和形狀值;之所以複製出一個 cs 變數,是因為如果使用者點擊的是"取消"按鈕,則不改變 WindowProc 函數中定義的 COLORSHAPE 結構的值。實際上,把顏色和形狀值定義為全域變數更簡單,這種透過 DialogBoxParam 函數的 dwInitParam 參數傳遞值的方式,是為了在程式設計中避免使用全域變數。但在以後的學習中,遇到類似情況我可能會使用定義全域變數的方式。

前面說過,對話方塊視窗過程通常不需要處理 WM_PAINT 和 WM_DESTROY 訊息。但是為了隨著使用者選擇不同的顏色或形狀而即時更新靜態控制項 IDC_STATIC_DRAW 的客戶區,必須處理 WM_PAINT 訊息。處理完該訊息後一定要傳回 FALSE,這相當於告訴"對話方塊管理器"還需要執行對 WM_PAINT 訊息的預設處理,否則模態對話方塊的客戶區將得不到正確的更新。

9.2 非模態對話方塊

如果需要在一段時間內一直顯示或使用某個對話方塊,可以建立非模態對話方塊,例如文字處理程式使用的搜尋對話方塊,對話方塊會一直保留在螢幕上,使用者可以在顯示對話方塊的同時傳回編輯介面繼續自己的工作,再次搜尋相同的單字或在對話方塊中輸入新的單字以搜尋。建立非模態對話方塊用的是 CreateDialog 巨集或 CreateDialogParam 函數,函數根據對話方塊範本資源建立一個非模態對話方塊:

```
HWND CreateDialogParam(
    HINSTANCE hInstance,       // 模組控制碼,該模組包含對話方塊範本
    LPCTSTR   lpTemplateName,  // 對話方塊範本,可以使用 MAKEINTRESOURCE (對話方塊範本 ID)
巨集建立此值
    HWND      hWndParent,      // 父視窗控制碼
    DLGPROC   lpDialogFunc,    // 對話方塊視窗過程
    LPARAM    dwInitParam);    // 傳遞到對話方塊視窗過程中 WM_INITDIALOG 訊息的 lParam 參數
的值
```

建立非模態對話方塊後,系統會將其設定為使用中視窗。在非模態對話方塊保持顯示的情況下,允許使用者操作本程式的其他視窗,但是即使非模態對話方塊變為非活動狀態,它也會在 Z 序中始終處於父視窗的上方。

模態和非模態對話方塊在使用中有以下幾個不同點。

- CreateDialogParam 函數在建立對話方塊後,會根據對話方塊範本是否指定了 WS_VISIBLE 樣式來決定是否顯示對話方塊視窗。如果指定了,則顯示;如果沒有指定,則程式需要在以後自行呼叫 ShowWindow 函數來顯示非模態對話方塊。而透過呼叫 DialogBoxParam 函數建立模態對話方塊的時候,不管是否指定了 WS_VISIBLE 樣式都會顯示模態對話方塊。

- CreateDialogParam 函數在建立對話方塊視窗後立即傳回,傳回值是非模態對話方塊視窗的控制碼;而 DialogBoxParam 函數要在對話方塊視窗關閉以後才傳回,傳回值是 EndDialog 函數中的 nResult 參數。非模態對話方塊不能像模態對話方塊那樣向應用程式傳回一個值,但是非模態對話方塊過程可以透過呼叫 SendMessage 函數向父視窗發送訊息。

- CreateDialogParam 函數呼叫傳回後,通常需要在父視窗的訊息迴圈中獲取對話方塊訊息;而 DialogBoxParam 函數建立的模態對話方塊是使用 Windows 迴圈它內建的訊息。

- 關閉非模態對話方塊使用 DestroyWindow 函數,而不能使用關閉模態對話方塊的 EndDialog 函數。DestroyWindow 函數呼叫使對話方塊的視窗控制碼無效,如果在其他函數呼叫中使用該控制碼則會失敗,有的程式使用一個對話方塊控制碼的全域變數(例如 g_hwndDlgModeless),當銷毀非模

態對話方塊時，應同時將對話方塊控制碼全域變數設定為 NULL，在其他需要該控制碼的函數呼叫以前檢查控制碼是否為 NULL。例如下面的非模態對話方塊視窗過程對 WM_CLOSE 訊息的處理：

```
case WM_CLOSE:
    DestroyWindow(hwndDlg);
    g_hwndDlgModeless = NULL;   // g_hwndDlgModeless 是非模態對話方塊控制碼全域變數
    return TRUE;
```

非模態對話方塊範本資源中通常應該指定 WS_VISIBLE 樣式，否則程式需要在以後自行呼叫 ShowWindow 函數來顯示。呼叫 CreateDialogParam 函數以後會傳回一個非模態對話方塊控制碼，可以把這個控制碼儲存在一個全域變數中，例如 g_hwndDlgModeless，通常需要在父視窗的訊息迴圈中獲取對話方塊訊息（會用到 g_hwndDlgModeless）。父視窗訊息迴圈的程式如下所示：

```
while (GetMessage(&msg, NULL, 0, 0) != 0)
{
    if (g_hwndDlgModeless == NULL || !IsDialogMessage(g_hwndDlgModeless, &msg))
    {
        TranslateMessage(&msg);
        DispatchMessage(&msg);
    }
}
```

如果父視窗訊息迴圈中的某筆訊息是針對非模態對話方塊的，IsDialogMessage 函數就會將該訊息發送到對話方塊視窗過程並傳回 TRUE，否則傳回 FALSE。只有當 g_hwndDlgModeless 為 NULL 或訊息迴圈中的訊息不是發送給對話方塊的時候才應該呼叫 TranslateMessage 和 DispatchMessage 函數（分發訊息給父視窗）。

如果父視窗程式使用了鍵盤快速鍵，那麼訊息迴圈應該按以下方式撰寫：

```
HACCEL hAccel = LoadAccelerators(hInstance, MAKEINTRESOURCE(IDR_ACC));
while (GetMessage(&msg, NULL, 0, 0) != 0)
{
    if (g_hwndDlgModeless == NULL || !IsDialogMessage(g_hwndDlgModeless, &msg))
```

```
    {
        if (!TranslateAccelerator(hwnd, hAccel, &msg))
        {
            TranslateMessage(&msg);
            DispatchMessage(&msg);
        }
    }
}
```

全域變數 g_hwndDlgModeless 初值為 0，g_hwndDlgModeless 將保持為 0 直到非模態對話方塊被建立。

關於非模態對話方塊的簡單範例程式參見 Chapter9\ModelessDialogBox 專案。

9.3 對話方塊程式的書寫

鑑於模態對話方塊的特徵，使用它來做小程式的主視窗非常方便，因為用一句 DialogBoxParam 函數呼叫就可以搞定，既不用註冊視窗類別也不用寫訊息迴圈，這對看到建立視窗的幾十行程式就感到頭疼的讀者來說是個福音，我也很喜歡用模態對話方塊作為程式的主視窗。這種方法的缺點就是無法使用依賴訊息迴圈來完成功能，例如無法使用快速鍵。對話方塊程式的常用格式如下所示：

```
#include <windows.h>
#include "resource.h"

#pragma comment(linker,"\"/manifestdependency:type='win32' \
    name=›Microsoft.Windows.Common-Controls› version=›6.0.0.0› \
    processorArchitecture=›*› publicKeyToken=›6595b64144ccf1df› language=›*›\"")

// 全域變數
HINSTANCE g_hInstance;
```

```
// 函數宣告
INT_PTR CALLBACK DialogProc(HWND hwndDlg, UINT uMsg, WPARAM wParam, LPARAM lParam);

int WINAPI WinMain(HINSTANCE hInstance, HINSTANCE hPrevInstance, LPSTR lpCmdLine, int
nCmdShow)
{
    g_hInstance = hInstance;

    // 建立模態對話方塊
    DialogBoxParam(hInstance, MAKEINTRESOURCE(IDD_MAIN), NULL, DialogProc, NULL);
    return 0;
}

INT_PTR CALLBACK DialogProc(HWND hwndDlg, UINT uMsg, WPARAM wParam, LPARAM lParam)
{
    switch (uMsg)
    {
case WM_INITDIALOG:
        // 設定標題列左側和工作列中的程式小圖示
        SendMessage(hwndDlg, WM_SETICON,
            ICON_SMALL, (lPARAM)LoadIcon(g_hInstance, MAKEINTRESOURCE(IDI_ICON_
PANDA)));
        return TRUE;

    case WM_COMMAND:
        switch (LOWORD(wParam))
        {
        case IDC_BTN_BROWSE:    // 處理按下瀏覽按鈕
            break;

        case IDC_BTN_OPEN:      // 處理按下開啟按鈕
            break;
        }
        return TRUE;

    case WM_CLOSE:
        EndDialog(hwndDlg, 0);
        return TRUE;
    }
```

```
    return FALSE;
}
```

完整程式請參考 Chapter9\DialogBoxProgram 專案。如何設計對話方塊的客戶區內容，以及要實現什麼樣的功能，是使用者的工作。另外，前面介紹的普通重疊視窗中子視窗控制項的用法基本上都適用於對話方塊中的控制項，在此不再一一列舉。簡單起見，以後的範例程式基本上全部採用對話方塊程式。

表 9.6 再次列出 WM_COMMAND 訊息的 wParam 和 lParam 參數的含義。

▼ 表 9.6

從哪發送過來的訊息	HIWORD(wParam)	LOWORD(wParam)	lParam
選單命令項	0	選單項 ID	0
快速鍵	1	選單項 ID	0
子視窗控制項	通知碼	控制項 ID	控制項控制碼

前面說過，如果一個按鈕的 ID 是 IDOK，當鍵盤焦點不在其他控制項上時，按下確認鍵就相當於按下了這個按鈕，按下 Esc 鍵時相當於按下了 ID 為 IDCANCEL 的按鈕，點擊標題列的關閉按鈕也相當於按下了 ID 為 IDCANCEL 的按鈕。要想避免在使用者按下確認或 Esc 鍵時結束對話方塊，可以刪除預設的 "確定" 和 "取消" 按鈕，並刪除 WM_COMMAND 訊息中對 IDOK 和 IDCANCEL 的處理，要關閉對話方塊可以處理 WM_CLOSE 訊息。

9.4 透過 Photoshop 切片和自繪技術實現一個優雅的程式介面

如果對 Windows 預設的程式介面不滿意，熟悉 Photoshop 的讀者，可以透過自己製作程式介面圖片，並對需要的元件（例如按鈕）進行切片，實現一個優雅的程式介面。例如 ProgramPicture 程式的執行效果如圖 9.3 所示，該程式所用圖片素材是採用 2002 版本的金山毒霸軟體。

GOP- 金山毒霸專殺工具

掃描目錄：

☐ 掃描記憶體　　☐ 掃描子目錄　　☐ 自動清除

掃描狀態：

檔案路徑　　　　　　　　　　　　　　　掃描結果　　處理結果

線上購買本軟體
金山毒霸版權所有 盜版必究

金山毒霸2002
第三代（全面嵌入式）防毒軟體

▲ 圖 9.3

　　有了素材，實現這樣一個程式介面是非常簡單的，本程式用到了 .bmp 圖片素材（見圖 9.4）。

　　程式介面背景可以透過處理 WM_CTLCOLORDLG 訊息來實現；靜態控制項和核取方塊等的背景顏色可以透過處理 WM_CTLCOLORSTATIC 訊息來實現；Home 按鈕、關閉按鈕、瀏覽按鈕和掃描按鈕可以透過處理 WM_DRAWITEM 訊息來進行按鈕自繪，按鈕指定為 BS_OWNERDRAW 樣式後不應該再指定其他樣式。需要注意的是，開始掃描和停止掃描用同一個按鈕，因此需要一個 BOOL 全域變數 g_bStartScanning 以標記是否已經開始掃描，然後根據不同的狀態顯示不同的圖片。

▲ 圖 9.4

建立一個對話方塊程式，透過視覺化的資源編輯器，可以很方便地插入各個子視窗控制項。建立對話方塊資源後，需要設定對話方塊的 Border 屬性為 None，這樣一來就去掉了對話方塊程式的標題列。為了實現視窗拖動，可以處理 WM_LBUTTONDOWN 訊息，沒有標題列就沒有視窗標題，因此在 WM_INITDIALOG 訊息中應該呼叫 SetWindowText 函數設定一個視窗標題（否則在工作列中不顯示視窗標題）。

還有一個問題，那就是各個子視窗控制項的置放位置和大小怎麼確定。資源編輯器左下角有一個原型影像功能，可以選擇 Chapter9\ProgramPicture\ProgramPicture\Res\JinShan.png 作為原型影像，這樣一來就可以將各個子視窗控制項置放到正確的位置並設定合理的大小，如圖 9.5 所示。

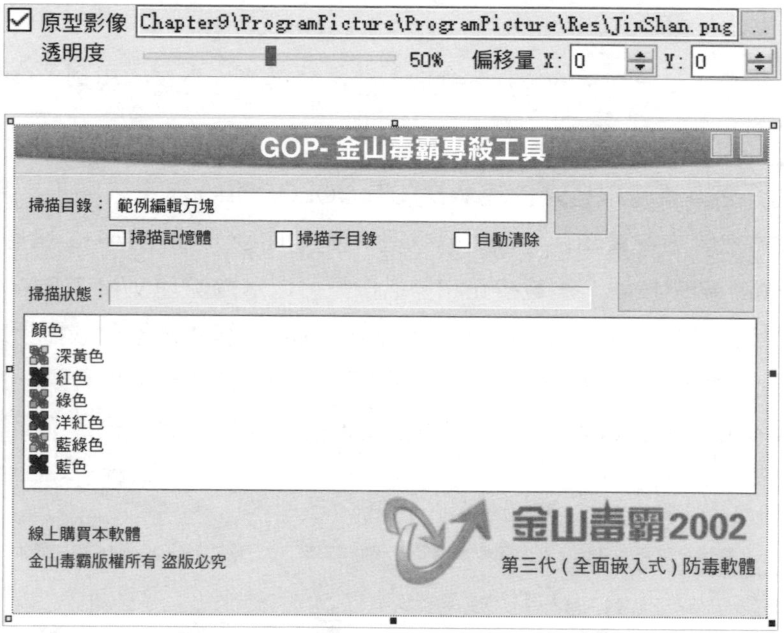

▲ 圖 9.5

完整程式請參考 Chapter9\ProgramPicture 專案。

最後補充一下，還可以呼叫 DialogBoxIndirect 巨集或 DialogBoxIndirect Param 函數，透過記憶體中的對話方塊範本來建立模態對話方塊；呼叫 CreateDialogIndirect 巨集或 CreateDialogIndirectParam 函數，透過記憶體中 的對話方塊範本來建立非模態對話方塊。在記憶體中建立對話方塊範本的方法 和在記憶體中建立選單的方法類似，這些函數的用法很簡單，如果需要，請讀 者自行參考 MSDN。

第 **10** 章

通用對話方塊

通用對話方塊函數庫包含一組用於執行常見應用程式任務的對話方塊，例如開啟檔案、選擇顏色和列印文件等，通用對話方塊實現了應用程式使用者介面的一致性，例如點擊不同程式的檔案選單下的開啟檔案子功能表項，通常都會彈出相同的開啟檔案對話方塊。要彈出開啟檔案、選擇顏色和列印文件等通用對話方塊用的是不同的函數，在使用這些函數時，基本上都要初始化一個結構的一些欄位並將該結構的指標傳遞給這些函數。函數會建立並顯示對應的對話方塊，當使用者關閉對話方塊時，函數將控制權返還給程式，然後程式可以從先前傳遞給函數的結構中獲取需要的資訊。

常見的通用對話方塊以及建立通用對話方塊所需的函數和所用結構如表 10.1 所示。

▼ 表 10.1

通用對話方塊	說明	函數	所用結構
開啟檔案	使用者可以在對話方塊中輸入或選擇要開啟的檔案名稱，還包括一個檔案副檔名清單以過濾顯示的檔案名稱	GetOpenFileName	OPENFILENAME
儲存檔案	使用者可以在對話方塊中輸入或選擇用於儲存的檔案名稱，還包括一個檔案副檔名清單以過濾顯示的檔案名稱	GetSaveFileName	OPENFILENAME
尋找	使用者可以在對話方塊中輸入要尋找的字串，還可以指定搜尋選項，例如搜尋方向以及是否區分大小寫	FindText	FINDREPLACE
取代	使用者可以在對話方塊中輸入要尋找的字串和取代字串，還可以指定搜尋選項，例如是否區分大小寫以及取代選項	ReplaceText	FINDREPLACE
選擇字型	使用者可以在對話方塊的字型列表中選擇一個字型及其樣式、磅值和其他字型屬性，例如字型顏色、底線、刪除線	ChooseFont	CHOOSEFONT

（續表）

通用對話方塊	說明	函數	所用結構
選擇顏色	使用者可以選擇基本顏色或自訂顏色	ChooseColor	CHOOSECOLOR
頁面設定	使用者可以選擇頁面設定選項，例如紙張方向、大小、來源和邊距	PageSetupDlg	PAGESETUPDLG
列印	顯示已安裝的印表機及其設定資訊，使用者可以選擇列印工作選項，例如要列印的頁面範圍和份數，然後開始列印過程	PrintDlg	PRINTDLG

　　除"尋找"和"取代"對話方塊以外，其他通用對話方塊都是模態的。"尋找"和"取代"對話方塊則是非模態對話方塊，如果使用"尋找"和"取代"對話方塊，還應該在程式的主訊息迴圈中使用 IsDialogMessage 函數，以確保"尋找"和"取代"對話方塊正確處理鍵盤輸入（例如 Tab 和 Esc 鍵）。

10.1　開啟和儲存檔案

　　用於建立開啟檔案對話方塊的函數是 GetOpenFileName：

```
BOOL WINAPI GetOpenFileName(_Inout_ LPOPENFILENAME lpofn);
```

　　參數 lpofn 是一個指向 OPENFILENAME 結構的指標，呼叫 GetOpenFileName 函數前需要初始化該結構的一些欄位，當函數傳回時會填充該結構的相關欄位，結構中包含使用者所選擇檔案的資訊。如果使用者輸入或選擇了一個檔案名稱並點擊"開啟"按鈕，則函數傳回值為 TRUE，OPENFILENAME 結構的 lpstrFile 欄位指向的緩衝區包含使用者選擇的檔案名稱（完整路徑）；如果使用者點擊了"取消"按鈕或關閉了對話方塊或發生錯誤，則傳回值為 FALSE。

　　GetOpenFileName 函數只是傳回使用者所選擇檔案名稱的資訊，至於如何開啟這個檔案並讀寫檔案內容，還需要使用者自己寫程式去操作，例如記事本程式在使用者點擊開啟選單以後會呼叫 GetOpenFileName 函數獲取到檔案名稱，然後額外寫程式開啟這個文字檔，讀取文字內容並顯示到多行編輯控制項中。

　　OPENFILENAME 結構在 commdlg.h 標頭檔中定義如下：

```
typedef struct tagOFN {
    DWORD          lStructSize;        // 該結構的大小
    HWND           hwndOwner;          // 對話方塊的擁有者視窗控制碼
    HINSTANCE      hInstance;          // 用於自訂對話方塊，指定包含對話方塊範本的模組控制碼
    LPCTSTR        lpstrFilter;        // 檔案副檔名過濾字串
    LPTSTR         lpstrCustomFilter;
    DWORD          nMaxCustFilter;
    DWORD          nFilterIndex;       // 篩檢程式索引（從 1 開始），設定為 1 表示預設顯示第 1
個篩檢程式
    LPTSTR         lpstrFile;          // 傳回使用者所選擇的檔案名稱（完整路徑）的緩衝區
    DWORD          nMaxFile;           // lpstrFile 緩衝區的大小，以字元為單位
    LPTSTR         lpstrFileTitle;     // 傳回使用者所選擇檔案的檔案名稱和副檔名（不包括路徑）
的緩衝區
    DWORD          nMaxFileTitle;      // lpstrFileTitle 緩衝區的大小，以字元為單位
    LPCTSTR        lpstrInitialDir;    // 初始目錄字串指標，對話方塊顯示以後預設顯示的目錄
    LPCTSTR        lpstrTitle;         // 在對話方塊標題列中顯示的字串
    DWORD          Flags;              // 標識位元
    WORD           nFileOffset;        // lpstrFile 指向的字串中的檔案名稱部分從 0 開始的字元偏
移量
    WORD           nFileExtension;     // lpstrFile 指向的字串中的副檔名部分從 0 開始的字元偏
移量
    LPCTSTR        lpstrDefExt;        // 預設副檔名字串
    LPARAM         lCustData;
    LPOFNHOOKPROC  lpfnHook;
    LPCTSTR        lpTemplateName;     // 自訂對話方塊範本名稱
    void           *pvReserved;
    DWORD          dwReserved;
    DWORD          FlagsEx;
} OPENFILENAME, *LPOPENFILENAME;
```

　　常用的欄位解釋如下。

- lStructSize 欄位指定該結構的大小。

- hwndOwner 欄位指定對話方塊的擁有者視窗控制碼。

- lpstrFilter 欄位指定檔案副檔名過濾字串清單，顯示在對話方塊右下角的檔案類型下拉式清單方塊中。每一項由兩個字串組成。第 1 個字串是篩檢程式描述字串，例如 "文字檔 (*.txt)\0" ；第 2 個字串指定篩檢程式模式，例如 "*.txt\0" 。要為一項指定多個篩檢程式模式，需要使用分號分隔篩檢程式模式，例如 "*.txt;*.doc;*.docx\0" ，不要在篩檢程式模式字串中包含空格。檔案副檔名過濾字串列表的最後一個字串必須以兩個空字元結束。如果 lpstrFilter 欄位為 NULL，則對話方塊不顯示任何篩檢程式，此時可以選擇任何副檔名的檔案。下面的檔案副檔名過濾字串列表定義了兩項：

```
ofn.lpstrFilter = TEXT(" 文字檔 (*.txt, *.doc, *.docx)\0*.txt;*.doc;*.docx\0All(*.*)
\0*. *\0");
```

用 " " 定義的字串結尾會自動增加一個 "\0" ，因此雙引號內部最後一個字串後面只需要一個 "\0" 。

- 檔案副檔名過濾字串列表的每一項都有一個索引，從 1 開始，nFilterIndex 欄位指定預設顯示哪一項，例如設定為 1 表示預設顯示第 1 個篩檢程式。GetOpenFileName 函數傳回後，nFilterIndex 欄位被設定為使用者選擇的篩檢程式的索引。

- lpstrFile 欄位是傳回使用者所選擇檔案名稱（完整路徑）的緩衝區，該緩衝區也用於初始化對話方塊中編輯控制項所顯示的檔案名稱。如果不需要初始化，則緩衝區的第 1 個字元必須設定為 NULL。

如果 Flags 欄位指定了 OFN_ALLOWMULTISELECT 標識並且使用者選擇了多個檔案，則緩衝區包含目前的目錄，也就是所有所選檔案的檔案名稱。對於方案總管樣式的對話方塊，目錄和每個檔案名稱字串以 NULL 分隔，在最後一個檔案名稱後面有一個額外的 NULL 字元。如果緩衝區太小，則函數傳回 FALSE，呼叫 CommDlgExtendedError 函數獲取錯誤碼會傳回 FNERR_BUFFERTOOSMALL。在這種情況下，lpstrFile 緩衝區的前 2 位元組包含所需的大小，以字元為單位。例如圖 10.1 中開啟了 6 個檔案。

lpstrFile 欄位傳回的內容如圖 10.2 所示。

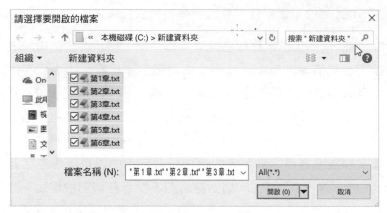

▲ 圖 10.1

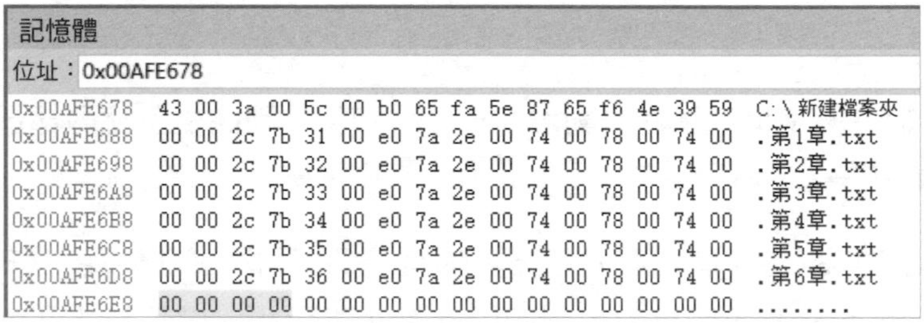

記憶體

位址：0x00AFE678

```
0x00AFE678  43 00 3a 00 5c 00 b0 65 fa 5e 87 65 f6 4e 39 59   C:\新建檔案夾
0x00AFE688  00 00 2c 7b 31 00 e0 7a 2e 00 74 00 78 00 74 00   .第1章.txt
0x00AFE698  00 00 2c 7b 32 00 e0 7a 2e 00 74 00 78 00 74 00   .第2章.txt
0x00AFE6A8  00 00 2c 7b 33 00 e0 7a 2e 00 74 00 78 00 74 00   .第3章.txt
0x00AFE6B8  00 00 2c 7b 34 00 e0 7a 2e 00 74 00 78 00 74 00   .第4章.txt
0x00AFE6C8  00 00 2c 7b 35 00 e0 7a 2e 00 74 00 78 00 74 00   .第5章.txt
0x00AFE6D8  00 00 2c 7b 36 00 e0 7a 2e 00 74 00 78 00 74 00   .第6章.txt
0x00AFE6E8  00 00 00 00 00 00 00 00 00 00 00 00 00 00 00 00   ........
```

▲ 圖 10.2

目錄名稱尾端通常沒有 "\" 字元（在根目錄下選擇多個檔案時會包括 "\" 字元）。如果需要把目錄名稱和每一個檔案名稱拼接成一個帶完整路徑的檔案名稱，需要做一些處理，具體請看後面的範例程式。

- nMaxFile 欄位指定 lpstrFile 緩衝區的大小，以字元為單位。

- lpstrFileTitle 欄位是傳回使用者所選檔案的檔案名稱和副檔名的緩衝區。

- nMaxFileTitle 欄位指定 lpstrFileTitle 緩衝區的大小，以字元為單位。

- lpstrInitialDir 欄位指定初始目錄，也就是對話方塊顯示以後預設顯示的目錄。

- lpstrTitle 欄位指定在對話方塊標題列中顯示的字串。如果該欄位為 NULL，則系統使用預設標題（"開啟"或"另存為 (GetSaveFileName)"）。

- Flags 欄位是標識位元，常用的標識如表 10.2 所示。

▼ 表 10.2

標識	含義
OFN_EXPLORER	預設值，對話方塊使用方案總管樣式的使用者介面。如果指定了 OFN_ALLOWMULTISELECT 多選標識，則必須指定該標識才可以使用方案總管樣式的使用者介面
OFN_FILEMUSTEXIST	使用者只能在檔案名稱編輯控制項中輸入一個已經存在的檔案名稱，如果使用者輸入了一個當前所選目錄中不存在的檔案名稱，則系統會提示檔案不存在，使用這個標識的時候必須同時指定 OFN_PATHMUSTEXIST 標識
OFN_PATHMUSTEXIST	使用者只能在檔案名稱編輯控制項中輸入一個已經存在的路徑
OFN_ALLOWMUITISELECT	使用者可以選擇多個檔案
OFN_CREATEPROMPT	如果使用者在檔案名稱編輯控制項中輸入了一個不存在的檔案，系統會彈出對話方塊提示使用者是否新建這個檔案，如果使用者選擇了"是"按鈕，對話方塊關閉並且函數傳回所指定的名字
OFN_OVERWRITEPROMPT	儲存檔案時，如果使用者在檔案名稱編輯控制項中輸入了一個已經存在的檔案名稱，系統會提示使用者是否覆蓋已經存在的檔案

- nFileOffset 欄位傳回 lpstrFile 指向的字串中的檔案名稱部分從 0 開始的字元偏移量。

- nFileExtension 欄位傳回 lpstrFile 指向的字串中的副檔名部分從 0 開始的字元偏移量，副檔名是檔案名稱字串中最後一個點（.）之後的子字串。例如對於檔案名稱 "C:\dir1\dir2\file.ext"，nFileOffset 欄位傳回 13(file.ext)，nFileExtension 欄位傳回 18(ext)。

- lpstrDefExt 欄位是預設副檔名字串。如果使用者沒有在編輯控制項中輸入副檔名，則會將預設副檔名附加到檔案名稱字串中，副檔名字串不需要包含點（.）。

用於建立儲存檔案對話方塊的函數是 GetSaveFileName：

```
BOOL WINAPI GetSaveFileName(_Inout_ LPOPENFILENAME lpofn);
```

參數 lpofn 同樣是一個指向 OPENFILENAME 結構的指標。呼叫 GetSaveFileName 函數前需要初始化該結構的一些欄位，當函數傳回時會填充該結構的相關欄位，結構中包含使用者選擇的檔案的資訊。如果使用者輸入或選擇了一個檔案名稱並點擊"儲存"按鈕，則傳回值為 TRUE，OPENFILENAME 結構的 lpstrFile 欄位指向的緩衝區包含使用者選擇的檔案名稱（完整路徑）；如果使用者點擊了"取消"按鈕或關閉了對話方塊或發生錯誤，則傳回值為 FALSE。

儲存檔案對話方塊讓使用者選擇一個要儲存的檔案名稱，函數傳回所選擇的檔案名稱的資訊。儲存檔案需要程式額外書寫程式。

下面實現一個開啟檔案（支援多選）、儲存檔案對話方塊的程式 OpenSaveFile：

```
#include <windows.h>
#include <tchar.h>
#include <strsafe.h>
#include "resource.h"

#pragma comment(linker,"\"/manifestdependency:type='win32' \
    name=›Microsoft.Windows.Common-Controls› version=›6.0.0.0› \
    processorArchitecture=›*› publicKeyToken=›6595b64144ccf1df› language=›*›\"")

// 全域變數
HINSTANCE g_hInstance;

// 函數宣告
INT_PTR CALLBACK DialogProc(HWND hwndDlg, UINT uMsg, WPARAM wParam, LPARAM lParam);
```

```
int WINAPI WinMain(HINSTANCE hInstance, HINSTANCE hPrevInstance, LPSTR lpCmdLine, int
nCmdShow)
{
    g_hInstance = hInstance;

    // 建立模態對話方塊
    DialogBoxParam(hInstance, MAKEINTRESOURCE(IDD_MAIN), NULL, DialogProc, NULL);
    return 0;
}

INT_PTR CALLBACK DialogProc(HWND hwndDlg, UINT uMsg, WPARAM wParam, LPARAM lParam)
{
    static HWND hwndList;
    TCHAR szFile[MAX_PATH * 512] = { 0 };    // 傳回使用者選擇的檔案名稱的緩衝區大一點,
本程式允許多選
    TCHAR szFileTitle[MAX_PATH] = { 0 };     // 傳回使用者所選檔案的檔案名稱和副檔名的緩衝區

    OPENFILENAME ofn = { 0 };
    ofn.lStructSize - sizeof(ofn);
    ofn.hwndOwner = hwndDlg;
    ofn.lpstrFilter =
        TEXT(" 文字檔 (*.txt, *.doc, *.docx)\0*.txt;*.doc;*.docx\0All(*.*)\  0*.*\0");
    ofn.nFilterIndex = 1;                    // 預設選擇第 1 個篩檢程式
    ofn.lpstrFile = szFile;                  // 傳回使用者選擇的檔案名稱的緩衝區
    ofn.lpstrFile[0] = NULL;                 // 不需要初始設定檔案名稱編輯控制項
    ofn.nMaxFile = _countof(szFile);
    ofn.lpstrFileTitle = szFileTitle;        // 傳回使用者選擇的檔案的檔案名稱和副檔名的
緩衝區
    ofn.nMaxFileTitle = _countof(szFileTitle);
    ofn.lpstrInitialDir = TEXT("C:\\");      // 初始目錄

    LPTSTR lpStr;
    TCHAR szDir[MAX_PATH] = { 0 };
    TCHAR szBuf[MAX_PATH] = { 0 };

    switch (uMsg)
    {
    case WM_INITDIALOG:
```

```
        hwndList = GetDlgItem(hwndDlg, IDC_LIST_FILENAME);
        return TRUE;

    case WM_COMMAND:
        switch (LOWORD(wParam))
        {
        case IDC_BTN_OPEN:
            ofn.lpstrTitle = TEXT(" 請選擇要開啟的檔案 ");// 對話方塊標題列中顯示的字串
            ofn.Flags = OFN_EXPLORER | OFN_PATHMUSTEXIST | OFN_FILEMUSTEXIST | OFN_
CREATEPROMPT | OFN_ALLOWMULTISELECT;
            if (GetOpenFileName(&ofn))
            {
                // 先清空列表框
                SendMessage(hwndList, LB_RESETCONTENT, 0, 0);

                lpStr = ofn.lpstrFile + _tcslen(ofn.lpstrFile) + 1;
                if (lpStr[0] == NULL)
                {
                    // 使用者只選擇了一個檔案
                    SendMessage(hwndList, LB_ADDSTRING, 0, (LPARAM)ofn.lpstrFile);
                }
                else
                {
                    // 使用者選擇了多個檔案
                    StringCchCopy(szDir, _countof(szDir), ofn.lpstrFile);
                    if (szDir[_tcslen(szDir) - 1] != TEXT('\\'))
                        StringCchCat(szDir, _countof(szDir), TEXT("\\"));
                    while (lpStr[0] != NULL)
                    {
                        StringCchCopy(szBuf, _countof(szBuf), szDir);
                        StringCchCat(szBuf, _countof(szBuf), lpStr);
                        SendMessage(hwndList, LB_ADDSTRING, 0, (LPARAM)szBuf);
                        lpStr += _tcslen(lpStr) + 1;
                    }
                }
            }
            break;

        case IDC_BTN_SAVE:
```

```
        ofn.lpstrTitle = TEXT(" 請選擇要儲存的檔案名稱 ");        // 對話方塊標題列中顯示
的字串

        ofn.lpstrDefExt = TEXT("txt");                         // 預設副檔名
        ofn.Flags = OFN_EXPLORER | OFN_OVERWRITEPROMPT;
        if (GetSaveFileName(&ofn))
        {
            SendMessage(hwndList, LB_RESETCONTENT, 0, 0);
            SendMessage(hwndList, LB_ADDSTRING, 0, (LPARAM)ofn.lpstrFile);
        }
        break;

    case IDCANCEL:
        EndDialog(hwndDlg, 0);
        break;
    }
    return TRUE;
    }

    return FALSE;
}
```

完整程式請參考 Chapter10\OpenSaveFile 專案。

10.2 瀏覽資料夾與遍歷目錄

要想讓使用者選擇一個資料夾，可以呼叫 SHBrowseForFolder 函數：

```
PIDLIST_ABSOLUTE  SHBrowseForFolder(_In_ LPBROWSEINFO lpbi);
```

函數傳回值為 PIDLIST_ABSOLUTE 資料型態，在 shtypes.h 標頭檔中定義
如下：

```
#define PIDLIST_ABSOLUTE  LPITEMIDLIST
typedef ITEMIDLIST          *LPITEMIDLIST;

typedef struct _ITEMIDLIST
```

```
    {
    SHITEMID mkid;
}   ITEMIDLIST;

typedef struct _SHITEMID
    {
    USHORT cb;
    BYTE abID[ 1 ];
    }   SHITEMID;
```

傳回數值型態 PIDLIST_ABSOLUTE 指定所選資料夾相對於命名空間根目錄的位置。如果使用者在對話方塊中點擊了 "取消" 按鈕、關閉了對話方塊或發生了錯誤，則傳回值為 NULL。

lpbi 參數是一個指向 BROWSEINFO 結構的指標，BROWSEINFO 結構在 ShlObj.h 標頭檔中定義如下：

```
typedef struct _browseinfo {
    HWND                hwndOwner;      // 對話方塊的擁有者視窗控制碼
    PCIDLIST_ABSOLUTE pidlRoot;         // 開始瀏覽的根資料夾的位置，不需要可以設定為 NULL
    LPTSTR              pszDisplayName; // 傳回使用者選擇的資料夾名稱的緩衝區
    LPCTSTR             lpszTitle;      // 顯示在對話方塊上部靜態控制項中的文字
    UINT                ulFlags;        // 標識位元
    BFFCALLBACK         lpfn;
    LPARAM              lParam;
    int                 iImage;
} BROWSEINFO, *PBROWSEINFO, *LPBROWSEINFO;
```

ulFlags 欄位指定標識位元，常用的標識如表 10.3 所示。

▼ 表 10.3

標識	含義
BIF_RETURNONLYFSDIRS	如果使用者選擇不屬於檔案系統的資料夾（例如網路、家庭群組），則對話方塊的 "確定" 按鈕將顯示為灰色
BIF_NEWDIALOGSTYLE	使用新的使用者介面，新的使用者介面具有多項新功能

（續表）

標識	含義
BIF_EDITBOX	在對話方塊中包含一個編輯控制項，允許使用者輸入資料夾名稱
BIF_USENEWUI	使用新使用者介面，對話方塊中包含一個編輯控制項，相當於 BIF_NEWDIALOGSTYLE | BIF_EDITBOX
BIF_BROWSEINCLUDEFILES	對話方塊中顯示檔案和資料夾，通常不設定該標識
BIF_BROWSEINCLUDEURLS	對話方塊可以顯示 URL 捷徑，還必須設定 BIF_USENEWUI 和 BIF_BROWSEINCLUDEFILES 標識，通常不設定該標識

SHBrowseForFolder 函數傳回一個 PIDLIST_ABSOLUTE 類型值，即指向 ITEMIDLIST 結構的指標。不必深究這個結構，因為使用 SHGetPathFromIDList 函數可以很方便地將它轉換成目錄名稱串（完整路徑）：

```
BOOL SHGetPathFromIDList(
    _In_  PCIDLIST_ABSOLUTE pidl,     // 指向 ITEMIDLIST 結構的指標
    _Out_ LPTSTR            pszPath);// 傳回目錄名稱的緩衝區
```

要遍歷一個目錄中的子目錄或檔案，首先呼叫 FindFirstFile 函數。該函數傳回一個 HANDLE 類型的尋找控制碼 hFindFile，並傳回找到的第一個子目錄或檔案的資訊；如果 FindFirstFile 函數執行成功，則接下來可以利用 hFindFile 控制碼迴圈呼叫 FindNextFile 函數繼續尋找其他目錄或檔案，直到 FindNextFile 函數傳回 FALSE 為止；最後呼叫 FindClose 函數關閉 hFindFile 尋找控制碼。使用這幾個函數尋找檔案的程式通常如下所示：

```
WIN32_FIND_DATA fd = { 0 };
// 遍歷目錄
hFindFile = FindFirstFile(szDir, &fd);
if (hFindFile != INVALID_HANDLE_VALUE)
{
    do
    {
        // 處理本次找到的檔案
    } while (FindNextFile(hFindFile, &fd));
```

```
    FindClose(hFindFile);
}
```

FindFirstFile 函數用於在目錄中搜尋指定名稱的子目錄或檔案：

```
HANDLE WINAPI FindFirstFile(
    _In_  LPCTSTR            lpFileName,      // 要尋找的檔案名稱,檔案名稱可以包含萬用字元,
例如 * 或 ?
    _Out_ LPWIN32_FIND_DATA lpFindFileData);// 指向尋找結構 WIN32_FIND_DATA 的指標
```

- lpFileName 參數指定要尋找的檔案名稱。如果檔案名稱中不包含路徑,那麼將在目前的目錄中尋找,包含路徑的話將在指定路徑中尋找。在檔案名稱中可以使用萬用字元 "*" 或 "?" 指定尋找符合指定特徵的檔案。下面是檔案名稱格式的幾個範例：

```
C:\Windows\*.*              // 在 C:\Windows 目錄中尋找所有類型的檔案
C:\Windows\System32\*.dll   // 在 C:\Windows\System32 目錄中尋找所有副檔名為 .dll 的檔案
C:\Windows\System.ini       // 在 C:\Windows 目錄中尋找 System.ini 檔案
C:\Windows\a???.*           // 在 C:\Windows 目錄中尋找所有以 a 開頭的長度為 4 個字元的任何檔案
Test.dat                    // 在目前的目錄中尋找 Test.dat 檔案
*.*                         // 在目前的目錄中尋找所有檔案
```

- lpFindFileData 參數是一個指向尋找結構 WIN32_FIND_DATA 的指標。該結構傳回找到的目錄或檔案的資訊,在 minwinbase.h 標頭檔中定義如下：

```
typedef struct _WIN32_FIND_DATA {
    DWORD     dwFileAttributes;      // 檔案系統屬性
    FILETIME  ftCreationTime;        // FILETIME 格式的檔案建立時間
    FILETIME  ftLastAccessTime;      // FILETIME 格式的最後存取時間
    FILETIME  ftLastWriteTime;       // FILETIME 格式的最後修改時間
    DWORD     nFileSizeHigh;         // 檔案大小的高 32 位元 DWORD 值,以位元組為單位
    DWORD     nFileSizeLow;          // 檔案大小的低 32 位元 DWORD 值,以位元組為單位
    DWORD     dwReserved0;           // 保留欄位
    DWORD     dwReserved1;           // 保留欄位
    TCHAR     cFileName[MAX_PATH];   // 檔案名稱 ( 不包括路徑 )
    TCHAR     cAlternateFileName[14];// 該檔案的替代名稱,8.3 檔案名稱格式,通常用不到
} WIN32_FIND_DATA, *PWIN32_FIND_DATA, *LPWIN32_FIND_DATA;
```

dwFileAttributes 欄位引用檔案系統內容，透過這個欄位可以檢查找到的究竟是一個子目錄還是一個檔案，以及其他檔案系統屬性，常見的屬性如表 10.4 所示。

▼ 表 10.4

屬性	含義
FILE_ATTRIBUTE_NORMAL	普通檔案
FILE_ATTRIBUTE_DIRECTORY	找到的是一個目錄
FILE_ATTRIBUTE_READONLY	唯讀檔案
FILE_ATTRIBUTE_TEMPORARY	用於臨時儲存的檔案
FILE_ATTRIBUTE_HIDDEN	隱藏檔案或目錄
FILE_ATTRIBUTE_SYSTEM	作業系統使用的檔案或目錄
FILE_ATTRIBUTE_ARCHIVE	存檔檔案或目錄
FILE_ATTRIBUTE_COMPRESSED	壓縮的檔案或目錄
FILE_ATTRIBUTE_ENCRYPTED	已加密的檔案或目錄

如果 FindFirstFile 函數執行成功，則傳回值是在後續呼叫 FindNextFile 或 FindClose 時使用的尋找控制碼，而 lpFindFileData 參數指向的 WIN32_FIND_DATA 結構包含找到的第一個目錄或檔案的資訊；如果函數執行失敗或無法從 lpFileName 參數指定的搜尋字串中找到目錄或檔案，則傳回值為 INVALID_HANDLE_VALUE(-1)，這種情況下的 lpFindFileData 參數指向的結構的內容不確定。

FindNextFile 函數以尋找控制碼和尋找結構為參數，繼續尋找目錄或檔案：

```
BOOL WINAPI FindNextFile(
    _In_  HANDLE            hFindFile,      // 尋找控制碼
    _Out_ LPWIN32_FIND_DATA lpFindFileData);// 指向尋找結構 WIN32_FIND_DATA 的指標
```

如果函數執行成功，則傳回值為 TRUE，lpFindFileData 參數指向的結構包含找到的下一個目錄或檔案的資訊；如果函數執行失敗，則傳回值為 FALSE，這種情況下的 lpFindFileData 參數指向的結構的內容不確定。

　　例如下面的程式，呼叫 SHBrowseForFolder 函數建立一個瀏覽資料夾對話方塊，然後呼叫 SHGetPathFromIDList 函數把上一個函數的傳回值轉為完整目錄名稱串，拼接一個尋找字串 szSearch 用於 FindFirstFile 函數，接著就是 FindNextFile(hFindFile, &fd) 的迴圈呼叫。如果找到的是一個目錄，那麼應該遞迴往下一層找。這有點麻煩，本例中僅處理了找到的各種檔案，例如普通檔案、暫存檔案、隱藏檔案等，後面會有遞迴尋找的範例。程式如下：

```c
#include <windows.h>
#include <Shlobj.h>
#include <tchar.h>
#include <strsafe.h>
#include "resource.h"

#pragma comment(linker,"\"/manifestdependency:type='win32' \
    name=›Microsoft.Windows.Common-Controls› version=›6.0.0.0› \
    processorArchitecture=›*› publicKeyToken=›6595b64144ccf1df› language=›*›\"")

// 全域變數
HINSTANCE g_hInstance;

// 函數宣告
INT_PTR CALLBACK DialogProc(HWND hwndDlg, UINT uMsg, WPARAM wParam, LPARAM lParam);

int WINAPI WinMain(HINSTANCE hInstance, HINSTANCE hPrevInstance, LPSTR lpCmdLine, int
nCmdShow)
    {g_hInstance = hInstance;

    // 建立模態對話方塊
    DialogBoxParam(hInstance, MAKEINTRESOURCE(IDD_MAIN), NULL, DialogProc, NULL);
    return 0;
}

INT_PTR CALLBACK DialogProc(HWND hwndDlg, UINT uMsg, WPARAM wParam, LPARAM lParam)
{
    static HWND hwndList;
    PIDLIST_ABSOLUTE pItemIdList;    // SHBrowseForFolder 函數傳回值
    BROWSEINFO bi = { 0 };
    bi.hwndOwner = hwndDlg;
```

```
bi.lpszTitle = TEXT(" 請選擇一個資料夾 ");
bi.ulFlags = BIF_USENEWUI | BIF_RETURNONLYFSDIRS;


TCHAR szDir[MAX_PATH] = { 0 };   // SHGetPathFromIDList 函數傳回的目錄名稱的緩衝區
HANDLE hFindFile;
WIN32_FIND_DATA fd = { 0 };
TCHAR szSearch[MAX_PATH] = { 0 };
TCHAR szDirFile[MAX_PATH] = { 0 };


switch (uMsg)
{
case WM_INITDIALOG:
    hwndList = GetDlgItem(hwndDlg, IDC_LIST_FILENAME);
    return TRUE;


case WM_COMMAND:
    switch (LOWORD(wParam))
    {
    case IDC_BTN_BROWSE:
        pItemIdList = SHBrowseForFolder(&bi);
        if (pItemIdList)
        {
            // 使用者選擇的資料夾名稱顯示到靜態控制項中
            SHGetPathFromIDList(pItemIdList, szDir);
            SetDlgItemText(hwndDlg, IDC_STATIC_DIR, szDir);

            if (szDir[_tcslen(szDir) - 1] != TEXT('\\'))
                StringCchCat(szDir, _countof(szDir), TEXT("\\"));
            // 拼接搜尋字串
            StringCchCopy(szSearch, _countof(szSearch), szDir);
            StringCchCat(szSearch, _countof(szSearch), TEXT("*.*"));
            // 遍歷目錄
            hFindFile = FindFirstFile(szSearch, &fd);
            if (hFindFile != INVALID_HANDLE_VALUE)
            {
                // 先清空列表框
                SendMessage(hwndList, LB_RESETCONTENT, 0, 0);

                do
                {
```

```
                    // 處理本次找到的各種檔案，沒有處理找到的目錄
                    if (!(fd.dwFileAttributes & FILE_ATTRIBUTE_DIRECTORY))
                    {
                            StringCchCopy(szDirFile, _countof(szDirFile), szDir);
                            StringCchCat(szDirFile, _countof(szDirFile), fd.
cFileName);

                            SendMessage(hwndList, LB_ADDSTRING, 0, (LPARAM)szDirFile);
                    }
                } while (FindNextFile(hFindFile, &fd));

                // 關閉尋找控制碼
                FindClose(hFindFile);
            }
        }
        break;

    case IDCANCEL:
        EndDialog(hwndDlg, 0);
        break;
    }
    return TRUE;

    }

    return FALSE;
}
```

完整程式請參考 Chapter10\SHBrowseForFolder 專案。程式執行效果如圖 10.3 所示。

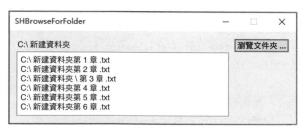

▲ 圖 10.3

尋找和取代

"尋找" 和 "取代" 對話方塊的樣式通常如圖 10.4 所示。

▲ 圖 10.4

建立尋找對話方塊的函數是 FindText，使用者可以在對話方塊中輸入要搜尋的字串和相關搜尋選項；建立取代對話方塊的函數是 ReplaceText，使用者可以在對話方塊中輸入要搜尋的字串和取代的字串，以及控制尋找和取代操作的選項。

```
HWND WINAPI FindText(_In_ LPFINDREPLACE lpfr);
HWND WINAPI ReplaceText(_Inout_ LPFINDREPLACE lpfr);
```

"尋找" 和 "取代" 對話方塊都是非模態對話方塊。如果函數執行成功，則傳回值是對話方塊的視窗控制碼，可以透過該控制碼與父視窗進行通訊；如果函數執行失敗，則傳回值為 NULL。

參數 lpfr 是一個指向 FINDREPLACE 結構的指標，先看一下該結構的定義，再介紹 "尋找" 和 "取代" 對話方塊的工作原理。該結構在 commdlg.h 標頭檔中定義如下：

```
typedef struct {
    DWORD        lStructSize;     // 該結構的大小
    HWND         hwndOwner;       // 對話方塊的擁有者視窗控制碼，不能為 NULL
    HINSTANCE    hInstance;
    DWORD        Flags;           // 標識位元
```

```
    LPTSTR        lpstrFindWhat;    //" 尋找內容 " 編輯控制項中的字串緩衝區，緩衝區大小至少為
80 個字元
    LPTSTR        lpstrReplaceWith;//" 取代為 " 編輯控制項中的字串緩衝區，緩衝區大小至少為
80 個字元
    WORD          wFindWhatLen;     // lpstrFindWhat 欄位指向的緩衝區的長度，以位元組為單位
    WORD          wReplaceWithLen; // lpstrReplaceWith 欄位指向的緩衝區的長度，以位元組為單位
    LPARAM        lCustData;
    LPFRHOOKPROC lpfnHook;
    LPCTSTR       lpTemplateName;
} FINDREPLACE, *LPFINDREPLACE;
```

Flags 欄位是標識位元，可以是標識的組合（常用的），如表 10.5 所示。

▼ 表 10.5

標識	含義
FR_FINDNEXT	點擊了 "尋找下一個" 按鈕
FR_REPLACE	點擊了 "取代" 按鈕
FR_REPLACEALL	點擊了 "全部取代" 按鈕
FR_DOWN	已選取搜尋方向的 "向下" 選項按鈕，指示應從當前位置搜尋到文件尾端；否則就是已選取 "向上" 選項按鈕，指示應從當前位置搜尋到文件開頭
FR_MATCHCASE	已選取 "匹配大小寫" 核取方塊
FR_WHOLEWORD	已選取 "全字匹配" 核取方塊
FR_HIDEUPDOWN	隱藏搜尋方向的 "向上" 和 "向下" 選項按鈕
FR_HIDEMATCHCASE	隱藏 "匹配大小寫" 核取方塊
FR_HIDEWHOLEWORD	隱藏 "全字匹配" 核取方塊
FR_NOUPDOWN	禁用搜尋方向的 "向上" 和 "向下" 選項按鈕
FR_NOMATCHCASE	禁用 "匹配大小寫" 核取方塊
FR_NOWHOLEWORD	禁用 "全字匹配" 核取方塊
FR_DIALOGTERM	對話方塊正在關閉

在呼叫 FindText 和 ReplaceText 函數後，系統根據 FINDREPLACE 結構中欄位的設定初始化對話方塊，例如根據 Flags 欄位的值設定對話方塊中相關控

制項的選取、禁用或隱藏狀態，lpstrFindWhat 欄位指向的緩衝區的內容會顯示到 "尋找內容" 編輯控制項中，lpstrReplaceWith 欄位指向的緩衝區的內容會顯示到 "取代為" 編輯控制項中（尋找對話方塊不需要該欄位）。

"尋找" 和 "取代" 對話方塊都是非模態對話方塊。在呼叫 FindText 和 ReplaceText 函數後，系統顯示對話方塊並馬上傳回，對話方塊保持顯示狀態，直到使用者關閉對話方塊。如果使用者按下了對話方塊中的某個按鈕，則對話方塊設定 FINDREPLACE 結構的相關欄位並透過 "尋找取代訊息" 通知父視窗的視窗過程，程式中處理尋找和取代的功能集中在這個 "尋找取代訊息" 中完成。在該訊息中可以根據 Flags 欄位的值確定使用者按下了哪個按鈕，根據 lpstrFindWhat 欄位指向的緩衝區確定 "尋找內容" 編輯控制項的內容，根據 lpstrReplaceWith 欄位指向的緩衝區確定 "取代為" 編輯控制項的內容。由於對話方塊必須向父視窗發送訊息，因此 hwndOwner 欄位必須指定為父視窗的控制碼。

"尋找取代訊息" 的 ID 值是多少呢？和拖動清單訊息類似，在呼叫 FindText 和 ReplaceText 前，需要呼叫 RegisterWindowMessage(FINDMSGS TRING) 函數以獲取 "尋找取代訊息" 的 ID， "尋找取代訊息" 的 lParam 參數是指向建立對話方塊時指定的 FINDREPLACE 結構的指標。FINDMSGSTRING 常數在 commdlg.h 標頭檔中定義如下：

```
#define FINDMSGSTRING   TEXT("commdlg_FindReplace")
```

在程式的訊息迴圈中使用 IsDialogMessage 函數以確保對話方塊正確處理鍵盤輸入（例如 Tab 鍵和 Esc 鍵）。因此，如果需要使用 "尋找" 和 "取代" 對話方塊，不適合使用對話方塊程式。另外，FINDREPLACE 結構和搜尋與取代字串的緩衝區變數應該是全域或靜態區域變數，這樣在下一次訊息處理的時候還可以繼續使用上次儲存的值。

"尋找" 和 "取代" 對話方塊的應用場合不多，主要用於多行編輯控制項和豐富文字控制項，這裡僅實現一個簡單的範例程式 FindReplaceText，FindReplaceText.cpp，原始檔案的內容如下所示：

```
#include <Windows.h>
#include <tchar.h>
#include <strsafe.h>
#include "resource.h"

#pragma comment(linker,"\"/manifestdependency:type='win32' \
    name=›Microsoft.Windows.Common-Controls› version=›6.0.0.0› \
    processorArchitecture=›*› publicKeyToken=›6595b64144ccf1df› language=›*›\"")

// 函數宣告
LRESULT CALLBACK WindowProc(HWND hwnd, UINT uMsg, WPARAM wParam, LPARAM lParam);

// 全域變數
HWND g_hwndFind;      // 訊息迴圈中會用到這兩個全域變數
HWND g_hwndReplace;

int WINAPI WinMain(HINSTANCE hInstance, HINSTANCE hPrevInstance, LPSTR lpCmdLine, int
                   nCmdShow)
{
    WNDCLASSEX wndclass;
    TCHAR szAppName[] = TEXT("FindReplaceText");
    HWND hwnd;
    MSG msg;

    wndclass.cbSize = sizeof(WNDCLASSEX);
    wndclass.style = CS_HREDRAW | CS_VREDRAW;
    wndclass.lpfnWndProc = WindowProc;
    wndclass.cbClsExtra = 0;
    wndclass.cbWndExtra = 0;
    wndclass.hInstance = hInstance;
    wndclass.hIcon = LoadIcon(NULL, IDI_APPLICATION);
    wndclass.hCursor = LoadCursor(NULL, IDC_ARROW);
    wndclass.hbrBackground = (HBRUSH)GetStockObject(WHITE_BRUSH);
    wndclass.lpszMenuName = MAKEINTRESOURCE(IDR_MENU);
    wndclass.lpszClassName = szAppName;
    wndclass.hIconSm = NULL;
    RegisterClassEx(&wndclass);

    hwnd = CreateWindowEx(0, szAppName, szAppName, WS_OVERLAPPEDWINDOW,
```

```
        CW_USEDEFAULT, CW_USEDEFAULT, 400, 300, NULL, NULL, hInstance, NULL);

    ShowWindow(hwnd, nCmdShow);
    UpdateWindow(hwnd);

    while (GetMessage(&msg, NULL, 0, 0) != 0)
    {
        if ((g_hwndFind == NULL || !IsDialogMessage(g_hwndFind, &msg)) &&
            (g_hwndReplace == NULL || !IsDialogMessage(g_hwndReplace, &msg)))
        {
            TranslateMessage(&msg);
            DispatchMessage(&msg);
        }
    }

    return msg.wParam;
}

LRESULT CALLBACK WindowProc(HWND hwnd, UINT uMsg, WPARAM wParam, LPARAM lParam)
{
    static UINT WM_FINDREPLACE;
    static TCHAR szFindWhat[80] = { 0 };
    static TCHAR szReplaceWith[80] = { 0 };
    static FINDREPLACE fr = { 0 };

    LPFINDREPLACE lpfr;
    TCHAR szBuf[256] = { 0 };

    switch (uMsg)
    {
    case WM_CREATE:
        // 獲取尋找取代訊息的 ID
        WM_FINDREPLACE = RegisterWindowMessage(FINDMSGSTRING);

        // 初始化 FINDREPLACE 結構，該結構只應該初始化一次
        fr.lStructSize = sizeof(FINDREPLACE);
        fr.hwndOwner = hwnd;
        fr.lpstrFindWhat = szFindWhat;
        fr.lpstrReplaceWith = szReplaceWith;
```

```
        fr.wFindWhatLen = sizeof(szFindWhat);
        fr.wReplaceWithLen = sizeof(szReplaceWith);
        //fr.Flags = FR_DOWN | FR_MATCHCASE;
        return 0;

    case WM_COMMAND:
        switch (LOWORD(wParam))
        {
        case ID_EDIT_FIND:
            if (g_hwndFind == NULL && g_hwndReplace == NULL)
            {
                // &掉上次關閉對話方塊時設定的 FR_DIALOGTERM 標識值
                fr.Flags &= ~FR_DIALOGTERM;
                g_hwndFind = FindText(&fr);
            }
            break;

        case ID_EDIT_REPLACE:
            if (g_hwndReplace == NULL && g_hwndFind == NULL)
            {
                // &掉上次關閉對話方塊時設定的 FR_DIALOGTERM 標識值
                fr.Flags &= ~FR_DIALOGTERM;
                g_hwndReplace = ReplaceText(&fr);
            }
            break;
        }
        return 0;

    case WM_DESTROY:
        PostQuitMessage(0);
        return 0;
    }

    ////////////////////////////////////////////////////////////////////
    if (uMsg == WM_FINDREPLACE)
    {
        lpfr = (LPFINDREPLACE)lParam;
        // 關閉對話方塊
        if (lpfr->Flags & FR_DIALOGTERM)
```

```
{
    g_hwndFind = NULL;
    g_hwndReplace = NULL;
}

// 尋找下一個
else if (lpfr->Flags & FR_FINDNEXT)
{
    StringCchCopy(szBuf, _countof(szBuf), TEXT(" 點擊了 " 尋找下一個 " 按鈕 "));
    if (lpfr->Flags & FR_DOWN)
        StringCchCat(szBuf, _countof(szBuf), TEXT("\n 選取了 " 向下 " 選項按鈕 "));
    else
        StringCchCat(szBuf, _countof(szBuf), TEXT("\n 選取了 " 向上 " 選項按鈕 "));
    if (lpfr->Flags & FR_MATCHCASE)
        StringCchCat(szBuf, _countof(szBuf), TEXT("\n 選取了 " 匹配大小寫 " 核取方塊 "));
    if (lpfr->Flags & FR_WHOLEWORD)
        StringCchCat(szBuf, _countof(szBuf), TEXT("\n 選取了 " 全字匹配 " 核取方塊 "));

    StringCchCat(szBuf, _countof(szBuf), TEXT("\n\n 尋找內容："));
    StringCchCat(szBuf, _countof(szBuf), fr.lpstrFindWhat);
    MessageBox(hwnd, szBuf, TEXT(" 提示 "), MB_OK);
}

// 取代
else if (lpfr->Flags & FR_REPLACE)
{
    StringCchCopy(szBuf, _countof(szBuf), TEXT(" 點擊了 " 取代 " 按鈕 "));
    if (lpfr->Flags & FR_DOWN)
        StringCchCat(szBuf, _countof(szBuf), TEXT("\n 選取了 " 向下 " 選項按鈕 "));
    else
        StringCchCat(szBuf, _countof(szBuf), TEXT("\n 選取了 " 向上 " 選項按鈕 "));
    if (lpfr->Flags & FR_MATCHCASE)
        StringCchCat(szBuf, _countof(szBuf), TEXT("\n 選取了 " 匹配大小寫 " 核取方塊 "));
    if (lpfr->Flags & FR_WHOLEWORD)
        StringCchCat(szBuf, _countof(szBuf), TEXT("\n 選取了 " 全字匹配 " 核取方塊 "));

    StringCchCat(szBuf, _countof(szBuf), TEXT("\n\n 尋找內容："));
    StringCchCat(szBuf, _countof(szBuf), fr.lpstrFindWhat);
    StringCchCat(szBuf, _countof(szBuf), TEXT("\n 取代內容："));
```

```
            StringCchCat(szBuf, _countof(szBuf), fr.lpstrReplaceWith);
            MessageBox(hwnd, szBuf, TEXT(" 提示 "), MB_OK);
        }


        // 全部取代
        else if (lpfr->Flags & FR_REPLACEALL)
        {
            StringCchCopy(szBuf, _countof(szBuf), TEXT(" 點擊了 " 全部取代 " 按鈕 "));
            if (lpfr->Flags & FR_DOWN)
                StringCchCat(szBuf, _countof(szBuf), TEXT("\n 選取了 " 向下 " 選項按鈕 "));
            else
                StringCchCat(szBuf, _countof(szBuf), TEXT("\n 選取了 " 向上 " 選項按鈕 "));
            if (lpfr->Flags & FR_MATCHCASE)
                StringCchCat(szBuf, _countof(szBuf), TEXT("\n 選取了 " 匹配大小寫 " 核取方塊 "));
            if (lpfr->Flags & FR_WHOLEWORD)
                StringCchCat(szBuf, _countof(szBuf), TEXT("\n 選取了 " 全字匹配 " 核取方塊 "));
            StringCchCat(szBuf, _countof(szBuf), TEXT("\n\n 尋找內容："));
            StringCchCat(szBuf, _countof(szBuf), fr.lpstrFindWhat);
            StringCchCat(szBuf, _countof(szBuf), TEXT("\n 取代內容："));
            StringCchCat(szBuf, _countof(szBuf), fr.lpstrReplaceWith);
            MessageBox(hwnd, szBuf, TEXT(" 提示 "), MB_OK);
        }


        return 0;
    }
    //////////////////////////////////////////////////////////////////////


    return DefWindowProc(hwnd, uMsg, wParam, lParam);
}
```

10.4 選擇字型

　　字型對話方塊允許使用者選擇邏輯字型的屬性，例如字型名稱、大小、字體、效果（底線、刪除線、字型顏色）以及字元集等。建立字型對話方塊用的函數是 ChooseFont：

```
BOOL WINAPI ChooseFont(_Inout_ LPCHOOSEFONT lpcf);
```

如果使用者點擊了"確定"按鈕,則函數傳回 TRUE,並在 CHOOSEFONT
結構中傳回有關使用者選擇的字型的資訊;如果使用者點擊了"取消"按鈕、
關閉了對話方塊或發生錯誤,則傳回 FALSE。

lpcf 參數是一個指向 CHOOSEFONT 結構的指標,該結構包含函數用於初
始化字型對話方塊的資訊,函數在該結構中傳回有關使用者選擇的字型的資訊。
該結構在 commdlg.h 標頭檔中定義如下:

```
typedef struct {
    DWORD         lStructSize;       // 該結構的大小
    HWND          hwndOwner;         // 對話方塊的擁有者視窗控制碼
    HDC           hDC;               // 忽略該欄位

    LPLOGFONT     lpLogFont;         // 函數使用該 LOGFONT 結構初始化對話方塊的字型,並傳回字型
資訊
    INT           iPointSize;        // 傳回所選字型的大小,單位是 1/10 磅
    DWORD         Flags;             // 標識位元
    COLORREF      rgbColors;         // 字型顏色
    LPARAM        lCustData;
    LPCFHOOKPROC  lpfnHook;
    LPCTSTR       lpTemplateName;
    HINSTANCE     hInstance;
    LPTSTR        lpszStyle;
    WORD          nFontType;         // 傳回所選字型的類型
    INT           nSizeMin;
    INT           nSizeMax;
} CHOOSEFONT, *LPCHOOSEFONT;
```

- lStructSize 欄位指定該結構的大小。

- hwndOwner 欄位指定對話方塊的擁有者視窗控制碼。

- lpLogFont 欄位指定為一個指向 LOGFONT 結構的指標,函數使用該結構
  初始化對話方塊的字型,並透過該結構傳回使用者所選擇的字型資訊,傳
  回的 LOGFONT 結構可以用於建立邏輯字型。

- iPointSize 欄位傳回所選字型的大小，單位是 1/10 磅。

- Flags 欄位是標識位元，用於初始化字型對話方塊，函數傳回時也會設定這些標識以指示使用者的選擇。常用的標識如表 10.6 所示。

▼ 表 10.6

標識	含義
CF_EFFECTS	顯示 "效果" 群組方塊，包括刪除線、底線核取方塊和顏色下拉式清單方塊。指定該標識以後，可以透過 CHOOSEFONT 結 構 的 lpLogFont->lfStrikeOut、lpLogFont-> lfUnderline、rgbColors 欄位初始化字型對話方塊的效果群組方塊中的刪除線、底線、顏色控制項，函數在這些欄位中傳回使用者的相關選擇
CF_INITTOLOGFONTSTRUCT	使用 lpLogFont 欄位指向的結構來初始化對話方塊相關控制項
CF_NOVERTFONTS	僅列出水平方向字型
CF_TTONLY	僅列出 TrueType 字型
CF_FIXEDPITCHONLY	僅列出等寬字型

- nFontType 欄位傳回使用者所選字型的類型，例如 BOLD_FONTTYPE 粗體、ITALIC_FONTTYPE 斜 體、REGULAR_FONTTYPE 常 規 等。 實 際 上這些字型類型資訊以及字型大小、效果資訊等都已經包含在 LOGFONT 結構中。

關於字型對話方塊的簡單範例程式參見 Chapter10\ChooseFont 專案。

10.5 選擇顏色

選擇顏色對話方塊的效果如圖 10.5 所示。

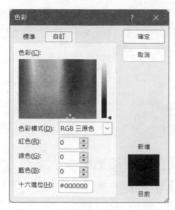

▲ 圖 10.5

使用者可以從對話方塊左側的"標準"或右側的"自訂"中選擇一種顏色。"標準"是系統預先定義好的顏色,也可以在"自訂"中點擊選擇一種顏色,或輸入紅、綠、藍顏色值,也可以輸入色調、飽和度、亮度來生成一個顏色值。選擇一種顏色後,顏色效果會即時顯示在"新增 | 目前"靜態控制項中。實際上對話方塊中除幾個編輯控制項和按鈕以外,其他的控制項基本上都是靜態控制項。

建立選擇顏色對話方塊的函數是 ChooseColor:

```
BOOL WINAPI ChooseColor(_Inout_ LPCHOOSECOLOR lpcc);
```

lpcc 參數是一個指向 CHOOSECOLOR 結構的指標,該結構包含用於初始化對話方塊的資訊。當 ChooseColor 函數傳回時,該結構包含使用者選擇的顏色的資訊。

如果使用者點擊對話方塊的"確定"按鈕,則傳回值為 TRUE;如果使用者點擊了"取消"按鈕、關閉了對話方塊或發生錯誤,則傳回值為 FALSE。

CHOOSECOLOR 結構在 commdlg.h 標頭檔中定義如下：

```
typedef struct {
    DWORD           lStructSize;    // 該結構的大小
    HWND            hwndOwner;      // 對話方塊的擁有者視窗控制碼
    HWND            hInstance;
    COLORREF        rgbResult;      // 建立對話方塊時初始選擇的顏色，函數傳回使用者所選擇的顏色
    COLORREF        *lpCustColors;  // 自訂顏色陣列，用於存放對話方塊左下角的 16 個自訂顏色
    DWORD           Flags;          // 標識位元
    LPARAM          lCustData;
    LPCCHOOKPROC lpfnHook;
    LPCTSTR         lpTemplateName;
} CHOOSECOLOR, *LPCHOOSECOLOR;
```

Flags 欄位是標識位元，用於初始化顏色對話方塊。當對話方塊傳回時，系統會設定這些標識以指示使用者的輸入。該欄位可以是表 10.7 所示的標識的組合。

▼ 表 10.7

標識	含義
CC_FULLOPEN	對話方塊顯示右側的自訂顏色相關控制項。如果未設定該標識，則使用者必須點擊對話方塊左側的 "規定自訂顏色 (D)>>" 按鈕才可以顯示自訂顏色相關控制項
CC_PREVENTFULLOPEN	禁用對話方塊左側的 "規定自訂顏色 (D)>>" 按鈕
CC_RGBINIT	使用 CHOOSECOLOR 結構中 rgbResult 欄位指定的顏色作為對話方塊的初始顏色選擇

關於選擇顏色對話方塊的簡單範例程式參見 Chapter10\ChooseColor 專案。

還有一個用於建立頁面設定對話方塊的 PageSetupDlg 函數，用於列印的 PrintDlg 函數，因為應用不多，有需要的讀者請自行參考 MSDN。

Deepen Your Mind

Deepen Your Mind